# 항공기 전자전기계기 | 심화편

## Avionics for AMEs

BM (주)도서출판 성안당

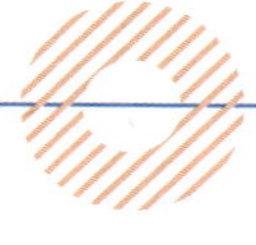



1948년, 첫 민간 항공기가 역사적인 비행을 시작한 이래 우리나라는 지속적인 항공 산업 육성을 통해 세계 7위의 항공운송국가로 성장하였으며 더불어 항공 안전과 서비스 측면에서도 세계 최고 수준을 유지하고 있습니다.

이러한 상황 속에서 앞으로 세계 항공시장은 2030년까지 연평균 4.6% 성장이 예상되고 있으며 그 성장의 중심은 아시아, 그 중에서도 동북아시아의 성장이 가장 높을 것으로 예측되고 있어 우리나라 항공 산업이 다시 한 번 크게 도약할 수 있는 기회를 맞이합니다.

다가오는 큰 기회를 선점하고 항공선진국과 경쟁하기 위해서는 글로벌 항공인력 양성이 우선되어야 하고 이를 위해 국제수준의 표준화된 교육과 체계화된 시스템을 갖춰야 한다고 생각합니다.

그 동안 우리나라 항공 산업은 괄목할만한 성장을 이루었지만 국내 항공분야의 저변이 넓지 못하고 항공종사자를 체계적으로 양성할 수 있는 교재 등이 미비하여 항공분야에서 일하고 싶어 하는 사람들이 쉽게 접할 수 없는 것이 매우 아쉬웠습니다.

또한, 항공사고 대다수 원인이 조종사 과실 또는 정비 미흡 등 항공종사자의 인적요인에 기인하는 부분이 크다고 볼 수 있기 때문에 능력 있는 항공종사자를 양성하기 위해서는 기초교육훈련부터 표준화하여 역량을 향상시킬 필요가 있어

국토교통부에서는 체계적인 항공종사자 인력양성을 위하여 항공정비사, 조종사, 항공교통관제사 등을 위한 항공법규, 항공정비일반, 항공기기체, 항공기엔진, 항공전자·전기·계기(기본), 항공기상 등의 「항공종사자 표준교재」를 지속적으로 발간하여 왔습니다.

이번에는 항공기 시스템이 디지털기반으로 변화되고, 종종 헬리콥터 사고가 발생함에 따라 헬리콥터와 항공전자 · 전기 · 계기(심화) 등 2종의 표준교재를 발간하게 되었습니다.

헬리콥터, 항공전자 · 전기 · 계기(심화) 항공정비사 표준교재는 헬리콥터에 대한 비행원리를 포함하는 전문지식과 최근 일반화된 위성항법(GPS) 및 통신항법 등에 대한 정비 업무를 수행하기 위해 알아야 할 항공기와 장비 등에 대한 기초 원리부터 정비 실무를 수행하기 위해 필요한 기초 지식뿐 만 아니라 항공 정비관리 실무 이론을 포함하였습니다.

더불어 국제민간항공기구(ICAO)의 항공정비사 교육훈련 가이드라인의 내용을 충실히 반영하였고, 전 세계 항공산업을 선도하는 미연방항공청(FAA)과 유럽항공안전청(EASA)의 항공정비사 교육훈련 표준교재 내용도 반영하여 글로벌 항공정비사 양성이 가능토록 하였습니다.

바라건대, 항공정비사를 꿈꾸는 학생, 교육기관의 교수, 현업에 종사하는 항공정비사들에게도 교육의 표준 지침서가 되어 우리나라 항공정비 분야의 기초를 튼튼히 하고 저변이 확대하는 데 크게 기여하기를 바랍니다.

끝으로 이 책을 발간하는데 아낌없는 노력과 수고를 하신 집필자, 연구자, 감수자 등 편찬진에게 진심으로 감사드리며 내실 있고 좋은 책을 만들기 위해 노력하신 항공정책실 항공안전정책과장 이하 직원들의 노고에 감사를 표합니다.

항공정책실장 김 상 도

# 표준교재 이용 및 저작권 안내

**항공기 전자전기계기(심화)**
Avionics for AMEs

## 표준교재의 목적

본 표준교재는 체계적인 글로벌 항공종사자 인력양성을 위해 개발되었으며 현장에서 항공안전 확보를 위해 노력하는 항공종사자가 알아야 할 기본적인 지식을 집대성하였습니다.

## 본 교재의 저작권

이 표준교재는 「저작권법」 제24조의2에 따른 국토교통부의 공공저작물로서 별도의 이용허락 없이 자유이용이 가능합니다.

다만, 이 표준교재는 '공공저작물 자유이용허락 표시 기준(공공누리, KOGL) 제3유형 ' 에 따라 공개하고 있으므로 다음 사항을 준수하여야 합니다.

### 1. 공공누리 이용약관의 준수

본 저작물은 공공누리가 적용된 공공저작물에 해당하므로 공공누리 이용약관(www.kogl.or.kr)을 준수하여야 합니다.

### 2. 출처의 명시

본 저작물을 이용하려는 사람은 「저작권법」 제37조 및 공공누리 이용조건에 따라 반드시 출처를 명시하여야 합니다.

### 3. 본질적 내용 등의 변경금지

본 저작물을 이용하려는 사람은 저작물을 변형하거나 2차적 저작물을 작성할 경우 저작인격권을 침해할 수 있는 본질적인 내용의 변경 또는 저작자의 명예를 훼손 하여서는 아니 됩니다.

### 4. 제 3자의 권리 침해 및 부정한 목적 사용금지

본 저작물을 이용하려는 사람은 본 저작물을 이용함에 있어 제3자의 권리를 침해하거나 불법행위 등 부정한 목적으로 사용해서는 아니 됩니다.

## 표준교재의 이용 및 주의사항

이 표준교재는 「항공안전법」 제34조에 따른 항공종사자에게 필요한 기본적인 지식을 모아 제시한 것이며, 항공종사자를 양성하는 전문교육기관 등에서는 이 표준교재에 포함된 내용 이상을 해당 교육 과정에 반영하여 활용할 수 있습니다.

또한, 이 표준교재는 「저작권법」 및 「공공데이터의 제공 및 이용 활성화에 관한 법률」에 따른 공공 저작물 또는 공공데이터에 해당하므로 관련 규정에서 정한 범위에서 누구나 자유롭게 이용이 가능합니다.

그리고 「공공데이터의 제공 및 이용 활성화에 관한 법률」에 따라 이 표준교재를 발행한 국토교통부는 표준교재의 품질, 이용하는 사람 또는 제3자에게 발생한 손해에 대하여 민사상ㆍ형사상의 책임을 지지 아니합니다.

## 표준교재의 정정 신고

이 표준교재를 이용하면서 다음과 같은 수정이 필요한 사항이 발견된 경우에는 항공교육훈련포털(www.kaa.atims.kr)로 신고하여 주시기 바랍니다.

- 항공법규 등 관련 규정의 개정으로 내용 수정이 필요한 경우
- 기술된 내용이 보편타당하지 않거나, 객관적인 사실과 다른 경우
- 오탈자 및 앞뒤 문맥이 맞지 않아 내용과 의미 전달이 곤란한 경우
- 관련 삽화 등이 누락되거나 추가적인 설명이 필요한 경우

※ 주의 : 표준교재 내용에는 오류, 누락 및 관련 규정 미반영 사항 등이 있을 수 있으므로 의심이 가는 부분은 반드시 정확성 여부를 확인하시기 바랍니다.

# Contents 목차

# 항공통신 및 항법시스템

# 제1장 전기전자

# 직류전기 기초
## DC electrical fundamentals

### 1.1.1 정전기와 전도체 (Static Electricity and Conduction)

#### 1.1.1.1 정전기(Static Electricity)

모든 물질은 그 자체가 전기를 띠는(즉, 대전된) 입자인 원자로 구성되어 있다. 원자는 중성자와 양성자로 이루어진 핵을 가지고 있고, 그 주위에는 "각(shell)" 이 있으며, 이 각에는 전자가 들어있다. 일반적으로 물질들은 전자와 양성자의 수가 동일한 경우 중성의 전기를 띤다. 만약 전자가 양성자보다 많으면 음의 전기를 띤다고 하고, 반대로 전자가 양성자보다 적으면 양의 전기를 띤다고 한다.

#### 1.1.1.2 고체에서 전도 (Conduction of Electricity in Solids)

전기가 금속을 통해 이동할 때, 자유전자를 외곽전자 궤도에서부터 빠르게 두드리고 전자가 원자에서 다른 원자로 점프하는 것으로 인하여 도미노효과(domino effect)가 나타나고, 이것을 전도전류(conduction current)라고 한다.

구리는 도체로서 가장 일반적으로 사용되는 재료이다. 황동, 알루미늄, 탄소도 역시 일반적으로 사용되고, 은과 금은 이들보다 우수한 도체이지만, 그것들은 고가로 인해 특수 용도로만 사용된다. 전도가 잘되는 순서는 은, 구리, 금, 알루미늄, 황동, 탄소 순이다.

#### 1.1.1.3 액체에서 전도 (Conduction of Electricity in Liquids)

전류가 액체를 거쳐 지나갔을 때, 그것은 우리가 이온이라고 부르는 것을 만들어낸다. 그것은 전자를 얻거나 또는 잃어버린 액체 또는 기체의 원자이다. 만약 그것이 전자를 얻는다면, 전체적으로 양성자보다 많은 전자를 갖는 음전하를 나타내고, 그것을 음이온이라고 한다. 만약 그것이 전자를 잃으면, 전체적으로 양성자보다 적은 전자를 갖는, 양전하를 나타내고, 이것을 양이온이라고 한다.

#### 1.1.1.4 기체에서 전도 (Conduction of Electricity in Gases)

정상상태에서 기체는 절연체이지만, 이온화되었을 때 기체는 도체가 된다.

열 또는 높은 전위는 기체의 원자 또는 분자로부터 전자를 제거할 수 있거나, 또는 전자로 하여금 기체의 원자 또는 분자로 이동하게 할 수 있다. 따라서 이온이 형성되었을 때, 기체는 이온화되었다고 하고, 그리고 이 상태에서 기체의 저항은 현저하게 감소된다.

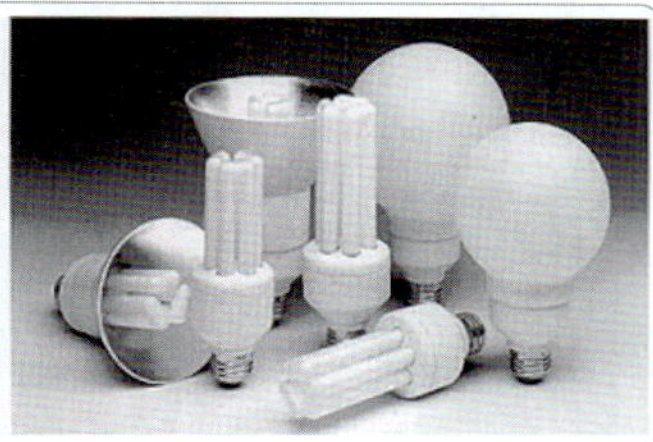

[그림 1-1] 가스의 전기전도

### 1.1.1.5 진공에서 전도
### (Conduction of Electricity in a Vacuum)

진공에서 전류의 전도는 자유전자를 자유롭게 할 수 있는 기체분자가 없기 때문에 전류전도가 훨씬 어렵다. 도체에 열을 가하면 열전자가 방출하게 된다.

텔레비젼이 오실로스코프의 전자관 또는 음극선관에서와 같이 전자를 방출하려면, 높은 전압을 가해야 하는데, 이를 위해서는 그림 1-2와 같이 음의 전극(cathode) 이 필요하다.

전자는 열이온방출, 즉 도체에 열을 가함으로서 음극에서 전자가 방출되고, 정전기 흡인으로 인해 양극의 금속판(anode)으로 흐르게 된다.

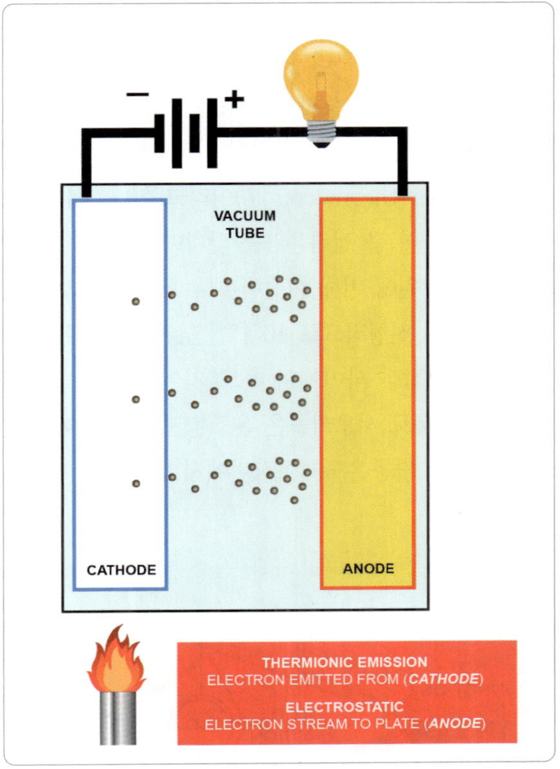


[그림 1-2] 진공에서 전기전도

## 1.1.2 전기의 발생
## (Generation of Electricity)

### 1.1.2.1 마찰에 의한 전압발생
### (Voltage Produced by Friction)

그리스 철학자, 탈레스 오브 밀레투스는 호박 막대가 모피로 문질러졌을 때, 막대는 종이, 대팻밥과 같은 매우 가벼운 물체를 끌어당긴다는 것을 발견했다. 유사한 특성을 나타내는 다른 물질은 유리를 비단으로 문질렀을 때, 에보나이트를 모피로 문질렀을 때와 비슷한 양상을 나타낸다. 영국 과학자, 윌리엄 길버트는 끌어당기는 성질을 갖는 물질 모두를 호박을 의미하는 그리스 기원의 단어인, ELECTRICS이라고 분류했다.

길버트는 전기를 연구 대상으로 했기 때문에, 강한 마찰을 주었을 때 호박 또는 유리와 같은 물질은 전기를 띠게 하거나 전기로 충전되고 있는 것으로 인지했다.

자연 상태 또는 중성상태에서, 각각의 원자는 균형 잡힌 수의 양성자와 전자를 가질 것이다. 두 가지 물질의 물체가 서로 다른 전하를 가지고 서로 가까이 있을 때, 2개 사이에 전기적인 힘이 가해진다. 그러나 물체가 접촉하지 않았기 때문에, 그들의 전하는 동등하게 될 수 없다. 전류가 흐를 수 없는, 이러한 전기적인 힘의 존재를 정전기, 또는 정전기력이라고 한다.

### 1.1.2.2 압력에 의한 전압발생
### (Voltage Produced by Pressure)

기전력을 발생시키는 특수화된 방법은 석영과 같은 특정 이온결정의 특성을 활용한다. 이 결정은 응력이 표면에 가해질 때마다 전압을 발생시키는 놀라운 능력을 가지고 있다. 만약 석영의 결정이 압착되었다면 반대극성의 전하는 2개의 결정에서 마주보고 있는 표면에 나타날 것이다. 만약 힘이 반대로 되고 결정이 신장되었다면, 전하는 다시 나타나게 될 것이지만 압착에

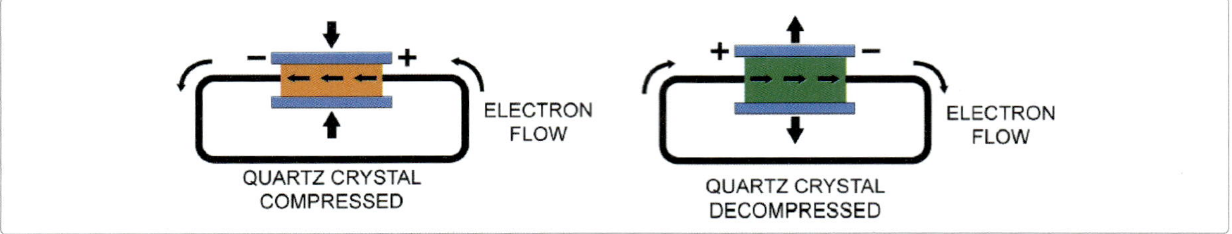


[그림 1-3] 압력에 의해 생성되는 전압

의해 생성된 것과 반대극성이 된다. 이러한 유형의 결정에 진동운동을 가한다면 그것은 양쪽 면 사이에 역극성의 전압이 생성될 것이다. 그러므로 석영 또는 유사한 결정은 기계에너지를 전기에너지로 변환하는 데 사용될 수 있다. 이 현상을 압전효과(piezoelectric effect)라고 한다.

기전력을 발생시키는 이 방법은 높은 전압 또는 큰 전력 필요조건을 갖는 응용분야에는 적합하지 않지만 낮은 전압이 효과적으로 사용될 수 있는 음향장치와 통신장치에 폭 넓게 사용된다. 이러한 유형의 결정은 또 다른 흥미로운 성질인, "역 압전효과(converse piezoelectric effect)" 를 지니고 있다. 즉, 그것들은 전기에너지를 기계에너지로 변환시킬 수 있다.

### 1.1.2.3 열에 의한 전압발생 (Voltage Produced by Heat)

구리와 같은 한 토막의 금속이 한쪽 끝단에서 가열되었을 때, 원자가전자는 뜨거운 끝단에서 떠나서 더 차가운 끝단 쪽을 향하여 가려는 경향이 있다. 그러나 철과 같은 일부 금속에서는, 반대 현상이 일어나고 전자는 뜨거운 끝단 쪽을 향하여 이동하는 경향이 있다. 음전하, 즉 전자는 구리를 통해 열에서 멀리 이동하고 철을 통해 열 쪽을 향하여 이동한다. 이들은 철에서 구리로 전류계를 거쳐 냉접점의 철로 건너간다. 이 장치를 서모커플(thermocouple)이라고 한다. 서모커플은 결정보다 더 큰 전력용량을 갖지만, 그러나 그것은 일부 다른 전원에 비해 여전히 매우 작다. 서모커플에 열전기 전압, 전형적으로 100[℃] 당 4~5[㎷]는 주로 열접점과 냉접점 사이에서 온도 차이에 따라 달라진다. 이런 이유로 서모커플은 온도를 측정하는 데 폭넓게 사용되고 자동온도제어장비에서 열감지장치로 사용된다.

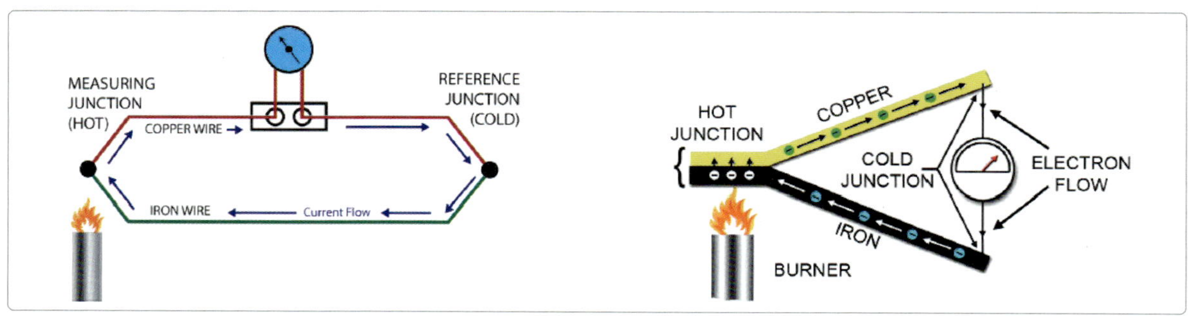


[그림 1-4] 열에 의해 생성되는 전압

### 1.1.2.4 빛에 의한 전압발생 (Voltage Produced by Light)

빛이 물질의 표면에 충돌할 때, 빛은 물질의 외부원자 주위 전자궤도에서 전자를 벗어나게 만든다. 이것은 빛이 어느 정도 움직이는 힘과 같은 에너지를 가지고 있기 때문에 일어난다. 주로 금속성 물질인, 일부 물질은 다른 물질보다 빛에 훨씬 더 민감하다. 즉, 더 많은 전자는 덜 민감한 물질로부터 방출되는 것보다 주어진 양의 빛으로, 매우 민감한 금속의 표면에서 벗어나게 만들고 방출된다. 전자를 잃으면, 감광성금속 또는 빛에 민감한 금속은 양으로 대전하게 되고, 그리고 전기력이 생성된다. 이러한 방식으로 생성된 전압을 광전전압(photoelectric voltage)이라고 한다.

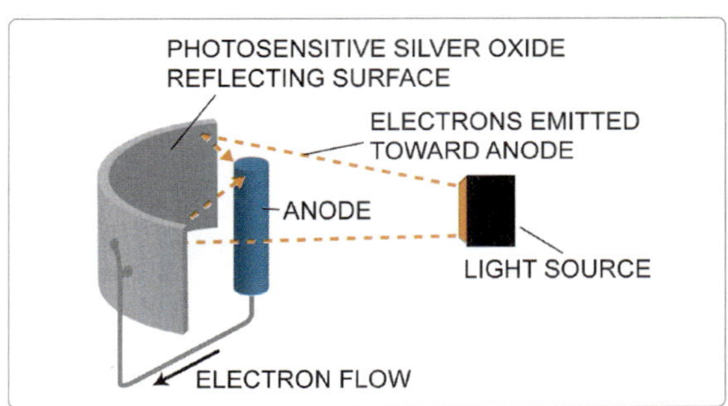


[그림 1-5] 빛에 의해 생성되는 전압

### 1.1.2.5 화학작용에 의한 전압발생 (Voltage Produced by Chemical Action)

전압은 특정 물질이 화학작용에 노출되었을 때 화학적으로 생성하게 된다. 만약 금속 또는 금속재료인, 두 가지 서로 다른 물질을 하나의 물질에서 화학작용이 다른 물질보다 더 큰 화학작용을 일으키는 용액에 담그었다면, 두 물질 사이에 전위 차이가 존재한다.

일차전지는 오직 화학반응이 진행되는 동안에만 기전력을 생성한다. 화학반응이 완료되었을 경우, 그 다음에 전지는 사용할 수 없다. 이차전지는 재충전되는 것이고 화학반응을 반복해서 사용하도록 재기동할 수 있다.

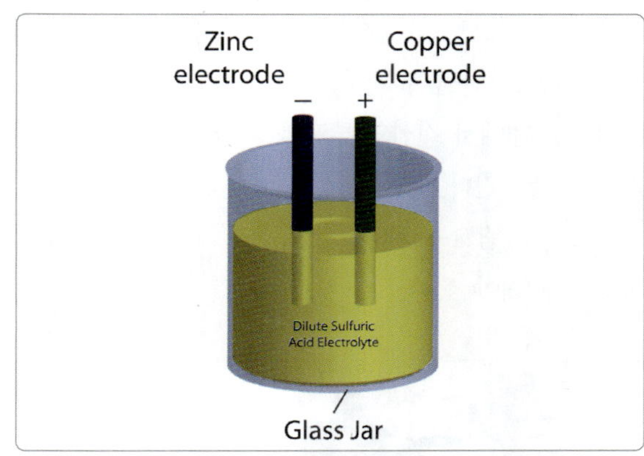


[그림 1-6] 화학작용에 의해 생성되는 전압

### 1.1.2.6 자기에 의한 전압발생 (Voltage Produced by Magnetism and Motion)

자석 또는 자성을 띤 장치는 수많은 장치에 사용된다. 가장 유용하고 널리 쓰이는 자석의 응용분야 중 한 가지는 기계적 공급원으로부터 대량의 전력을 생산하는 것이다. 다수의 상이한 공급원은 가솔린 또는 디젤엔진 그리고 수력터빈 또는 증기터빈과 같은 기계적 동력을 생각하게 된다. 그러나 이러한 공급원 에너지를 전기로 최종 변환하는 것은 전자기유도의 원리를 사용하는 발전기에 의해 이루어진다. 이 발전기에는 여러 유형과 크기가 있다. 모든 전자기유도 발전기의 작동원리에서 전압의 발생은 기본적으로 아래 세가지 조건이 모두 있어야 한다.

- 전압이 일으켜지게 될 도체가 있어야 한다.
- 도체 주변에 자기장이 있어야 한다.
- 자계(자기장의 영역)와 도체 사이에 상대운동이 있어야 한다. 도체는 그것이 자기장을 가로지르도록 움직여야 하거나, 또는 자계는 도체가 자력선을 교차하도록 움직여야 한다.

도체가 자기장을 가로 질러 움직일 때 그리고 자력선을 절단할 때, 도체 내에 전자는 한쪽 방향 또는 또 다른 쪽 방향으로 나아가게 된다. 이렇게 하여 전기력 또는 전압을 만들어 낸다.

자기장 내에서 전선의 루프를 회전시키는 것은 기전력을 발생시킨다.

루프는 그림 1-7과 같이 도체와 자속선 사이에 상대운동을 해야 한다.

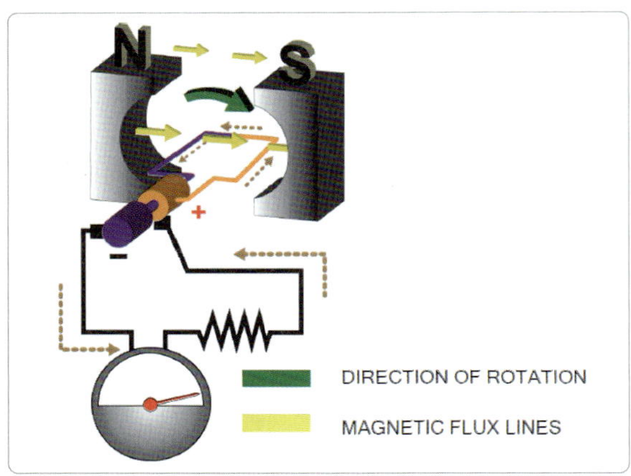


[그림 1-7] 자기와 운동에 의해 생성되는 전압

## 1.1.3 직류전원 (DC Sources of Electricity)

### 1.1.3.1 전지(Cells)

전지는 크게 두 가지 범주로 분류된다.
- 일차전지.
- 이차전지.

### (가) 일차전지(primary cell)

일반적인 유형의 건전지는 레클란세전지(leclanche cell, 망간건전지)라고도 한다. 전지의 내부부품은 원통형 아연용기에 있다. 이 아연용기는 전지의 음극판으로도 이용된다. 용기는 아연이 가루반죽으로부터 격리되도록, 압지(blotting paper)와 같은, 비전도성 재료로 만들어져 있다. 탄소전극은 중앙에 위치를 정했고, 그것은 전지의 양극단자로 이용된다. 가루반죽은 염화암모늄, 분말코크스, 가루탄소, 이산화망간, 염화아연, 흑연, 그리고 물과 같은 여러 물질의 혼합물이다.

아연용기는 음극단자이기 때문에, 전기적으로 절연시키기 위해 약간의 절연재료로 보호해야 한다. 이러한 이유로 제작 시 마분지용기와 금속용기 안에 전지를 밀봉하여 제조한다.

### (나) 이차전지(Secondary Cell)

이러한 유형의 전지는 비교적 비싼 다른 유형의 전지보다 충전과 방전 횟수가 더 적을 수 있다. 이것의 단점은 납산 또는 니켈-카드뮴 전지와 비교할 때도 은-아연전지가 더 무거워지고 크기도 더 커지는 것이다. 자동차 축전지는 이차전지의 일반적인 예이다.

### 1.1.3.2 그 이외의 이차전지 (Other Types of Secondary Cells)

지난 10년 동안 새롭고 다양한 유형의 전지가 빠르게 개발되어 왔다. 최근에 개발된 전지는 은-아연, 니켈-아연, 니켈-카드뮴, 은-카드뮴, 유기리튬과 무기리튬, 그리고 수은전지이다.

### (가) 은-아연전지(Silver-Zinc Cells)

은-아연전지는 비상장비에 동력을 공급하기 위해 광범위하게 사용된다. 이러한 유형의 전지는 비교적 비싸고 다른 유형의 전지보다 충전과 방전 횟수가 더 적을 수 있다. 납산 또는 니켈-카드뮴 전지와 비교할 때, 이것의 단점은 은-아연전지의 경량화, 소형화, 그리고 양호한 전기용량이라는 관점에서 보다 더 무거워지고 더 커진다는 점이다. 은-아연전지는 니켈-카드뮴전지의 수산화칼륨과 물과 동일한 전해액을 사용하지만, 양극단자와 음극단자는 니켈-카드뮴전지와는 다르다. 양극단자는 산화은으로 구성되어 있고 음극단자는 아연으로 구성되어 있다.

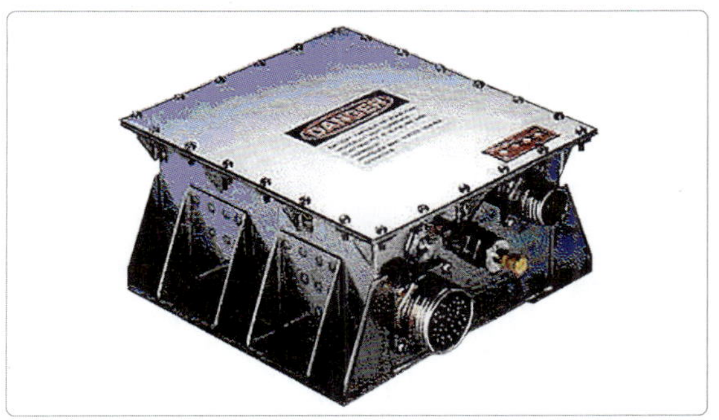

[그림 1-8] 은-아연 전지

### 1.1.3.3 서모커플(Thermocouples)

서모커플은 온도를 감지하는 데 사용되는 여러 유형의 장치 중 하나이다. 항공기에서 이용되는 전형적인 용도는 다음과 같다.

- 피스톤엔진에서 실린더헤드의 온도를 감지한다.
- 가스터빈엔진의 연소실을 지나가는 배기 가스 온도(Exhaust Gas Temperature)를 감지한다.
- 일부 구형 항공기에서, 항공기 엔진 내부와 주위에 비정상적으로 급격한 온도의 상승을 감지하여 화재경고 탐지기로서의 기능을 한다.

### (가) 서모커플 작동원리(Thermocouple Operation)

열에 의한 기전력은 2개의 서로 다른 금속의 접합부에서 만들어진다. 그림 1-9는 이 개념을 보여준다. 결합된 금속접합부분은 열접점(hot junction)이라고 하고 반면에 금속이 결합되지 않은 구간은 냉접점(cold junction) 이라고 한다.

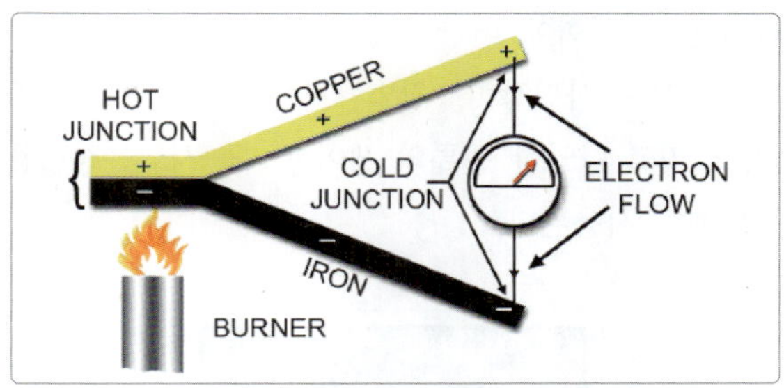


[그림 1-9] 서모커플 작동

### 1.1.3.4 빛(Light)

빛은 사람의 눈에 보이는 전자기 방사선이다. 빛은 전파와 비슷한 형태로 이동하는 것으로 생각되고 전파같이, 빛은 파장으로 측정된다. 빛은 진공상태에서 초당 186,000[mile] (300,000,000[m])로 이동한다. 속력은 다양한 유형의 매질을 거쳐 지나가면서 감소한다. 빛의 주파수범위는 300~300,000,000[GHz] 이다.

- 400,000[GHz] 이하 – 적외선
- 400,00~750,000[GHz] – 육안으로 볼 수 있음
- 750,000[GHz] 이상 – 자외선

### (가) 광전지(Photo Cell)

광전지(photo cell)는 내부저항이 빛의 세기에 따라 변화하는 감광기구이다. 저항 변화는 그것에 부딪치는 빛에 비례하지 않는다. 광전지는 황화카드뮴(CdS) 또는 셀렌화카드뮴(CdSe)과 같은 감광물질로 만들어진다.

그림 1-10은 전형적인 광전지를 보여준다. 감광물질은 더 많은 접촉 길이를 고려하여 S-모양으로, 유리 또는 세라믹의 절연회로기판 상에 침전시켰다. 광전지는 어떤 다른 장치보다도 빛에 더 민감하다. 저항은 수억 ohm에서 수백 ohm까지 다양하다. 그것은 저조도 용도에 유용하고, 300[mW]까지의 낮은 전력소비로 200~300[V]의 동작전압을 견딜 수 있다. 광전지의

단점은 빛 변화에 대한 반응이 느리다는 것이다.

광전지는 사진장비, 침범탐지장치, 자동도어개폐기, 그리고 다양한 종류의 제어장치와 시험용장비용 광도계로 사용된다.

[그림 1-10] 광전지

## 1.1.4 직류회로(DC Circuits)

### 1.1.4.1 옴의 법칙(Ohm's Law)

19세기 독일 물리학자인 조지 시몬 옴 박사는 전압, 전류, 그리고 저항이 명확한 방식으로 서로 관련되어 있음을 발견했다. 그는 모든 직류회로의 작동에 적용되는 법칙을 발견했다. 이 연관관계가 발견되기 전에는 전압이나 저항이 변했다면 전류가 어떻게 영향을 받을 것인지를 예측할 방법이 없었다.

"순수한 저항으로 구성된 회로에 흐르는 전류의 양은 회로에 가해진 기전력에 정비례하고 회로의 전체저항에 반비례한다."

$$V = I \times R$$

여기에서, V = 전압

I = 전류

R = 저항

### 1.1.4.2 키르히호프의 전류법칙 (Kirchoff's Current Law)

키르히호프 전류법칙은 교차점 쪽으로 흐르는 전류의 합이 교차점에서 떠나서 흐르는 전류의 합과 같다고 정의한다. 화살표는 전류 흐름의 방향을 나타내고, 교차점은 전선이 만나는 곳이다. I1은 교차점 쪽으로 흐르는 것임에 반하여 I2와 I3은 흘러나온다.

$$I_1 = I_2 + I_3$$

### 1.1.4.3 키르히호프의 전압법칙 (Kirchoff's Voltage Law)

키르히호프의 전압법칙은 폐회로의 주위를 돌아서 전압강하의 합은 전압원의 합과 같다고 정의한다.

3개의 저항 양단에 전압강하는 공급전압과 같다.

$$E_1 + E_2 + E_3 = E_A$$

## 1.1.5 저항 / 저항기(Resistance / Resistor)

### 1.1.5.1 저항(Resistance)

저항은 '전자의 자유 흐름에 대한 물질에 의해 야기되는 방해' 로 정의된다.

저항은 옴(ohm) 단위로 측정되고 문자 R로 표시된다. 옴은 그리스 부호 오메가(omega, Ω)로서 표시된다. 일반적으로 전기회로에서 저항은 기존 단위인 'ohm' 보다 훨씬 크므로 킬로옴 또는 메가옴과 같은 큰 측정단위가 사용된다. 도체의 저항에 영향을 미치는 요소는 다음과 같다.

- 길이
- 단면적
- 재료
- 온도

## 1.1.5.2 저항에 온도효과 (Temperature Effect on Resistance)

대부분의 물질이 지니는 전기 저항은 온도가 증가된 에너지와 자유전자의 수에 따라 증가하기 때문에 그에 따라 변하는 만큼 비례한다. 온도 변화로 인하여 저항이 변화하는 양은 각각 재질에 따라 다를 수 있다. 이 변화의 양을 온도계수(temperature coefficient)라고 한다.

온도계수는 그리스 부호 alpha($\alpha$)로 표시된다. 온도계수는 재료의 유형에 따라 양수, 음수, 또는 0이 된다.

### (가) 온도계수(Temperature Co-Efficient)

### (1) 정 온도계수(Positive Temperature Co-Efficient(PTC))

정온도계수를 갖는 재료의 저항은 온도 증가에 따라 증가한다. 대부분의 금속은 정온도계수를 나타내는데, 대표적인 금속으로는 구리, 금, 알루미늄 등이다.

### (2) 부 온도계수(Negative Temperature Co-Efficient(NTC))

부온도계수를 갖는 재료의 저항은 온도 증가에 따라 감소한다. 부온도계수를 나타내는 금속으로는 유리, 세라믹, 반도체 등이다.

### (나) 무 온도계수(Zero Temperature Co-Efficient (ZTC))

망가닌과 유레카와 같은 금속은 온도가 변해도 저항 값이 변하지 않는데, 이러한 경우 무온도계수를 갖는다고 한다.

## 1.1.5.3 서미스터(Thermistors)

서미스터는 체온에 비교적 미세한 변화를 드러냈을 때 전기저항에 큰 변화를 나타내는 온도민감 비홑성반도체이다.

서미스터는 유형에 따라, 부온도계수 또는 정온도계수를 갖는다.

서미스터는 재료의 전기저항이 그것의 온도변화에 따라 민감하게 반응하는 특성을 활용하여, 온도 측정기 등에 널리 적용된다. 이외에도 서미스터는 작은 온도의 변화에도 신속하고 큰 출력으로 반응하는 특성을 활용하는 곳에 주로 사용되어 진다.

### (가) 부 온도계수 서미스터(NTC Thermistors)

오늘날 부온도계수 서미스터는 전원이 장치, 즉 보호장비용 스위치에 공급되었을 때 돌입전류(inrush current)를 제한해야 하는 데 사용된다.

프로젝터 램프와 같이 램프가 어느 정도 예열될 때까지 시간을 두어 전류를 제한하는 회로에 사용된다. 이러한 장치를 "보호장비용 스위치(switch on protection)"라고 한다. 이 장치는 매번 전원을 켤 때마다 적절한 돌입전류제한을 제공하기 위하여 주위의 저항 상태로 되돌아갈 시간이 필요하다. 이 시간은 각각의 장치, 설치환경설정, 그리고 주위 운전온도에 따라 다르다. 최소 60(second)의 대기시간이 요구된다.

### (나) 정 온도계수 서미스터(PTC Thermistors)

정온도계수 서미스터는 특정 온도에서 저항의 증가를 나타내는 감온반도체저항기이다. 정온도계수 서미스터의 저항 변화는 주위 온도에 따른 변화에 의한 것이거나 또는 내부적으로 장치를 통해 흐르는 전류의 결과로서 자체 열에 의해 발생할 수 있다. 정온도계수 서미스터의 실제 응용 사례들은 이러한 재료 특성을 기반으로 한다.

### (다) 정 온도계수 과열안전장치 (PTC Over-Temperature Protectors)

정온도계수 과열안전장치는 전환온도(switch temperature) 이하의 모든 온도에서 낮은 저항상태를 유지한다. 전환온도에 도달했거나 또는 초과했을 때, 그것에 의해서 중대한 구성요소를 보호하기 위해 구동회로소자에 전류를 제한하는 장치는, 온도 상승에 따라 저항이 급격히 증가한다. 온도가 정격동작 수준까지 감소할 경우, 장치는 낮은 저항 상태로 재설정된다.

### (라) 정 온도계수 과전류안전장치 (PTC Over-Current Protectors)

정온도계수 과전류안전장치는 보호하고자 하는 부하와 직렬로 연결된다. 정상운전조건에서, 정온도계수는 전류흐름에 무시해도 될 정도로 낮은 저항상태에 있게 된다. 단락회로 또는 과전류 상태가 발생할 때, 그것에 의하여 정상운전수준 훨씬 이하로 회로에서 전류흐름을 제한하는 정온도계수는 높은 저항상태로 전환될 것이다. 결함 조건이 제거되었을 때, 정온도계수는 전류흐름이 정상수준으로 복구하게 하는 낮은 저항상태로 되돌아갈 것이다.

### (마) 전압가변저항기(Voltage Dependant Resistor)

전압가변저항기 또는 배리스터(varistor, 반도체 저항소자)는 교류입력 양단에 직접 연결된 서지보호장치로서 사용된다.

정지 상태는 보호하고자 하는 구성요소에 관하여 높은 임피던스 또는 높은 값의 megaohm 을 갖지만, 회로의 특성을 바꾸지는 않는다. 전력 서지 또는 역서지 전압(voltage spike)이 감지되었을 때, 과전압에 대한 순간 분로경로(shunt path)를 만들어 내어 배리스터 저항이 급격히 감소하므로 정밀구성요소들을 보호할 수 있게 된다.

분로경로는 단락회로를 만들어내기 때문에, 직렬 퓨즈는 과정 중에 손상을 받게된다. 전압가변저항기는 매우 빠른 반응시간과 적은 누설전류를 갖는 특성이 있다.

## 1.1.6 전력(Power)

### 1.1.6.1 전력(Power)

전류가 저항을 통해 흐를 때, 전기에너지는 열로 전환된다. 이것은 램프 필라멘트가 가열되어 백열상태의 백열광을 발하는 전기 토치로 이해하기 쉽다. 비록 결과가 분명하지는 않지만, 정확히 동일한 과정의 에너지 변환은 전류가 모든 전자부품을 통해 흐를 때 진행된다.

### 1.1.6.2 정격(Power Rating)

전체 일의 양은 총 작업량은 서로 다른 시간거리로 수행 될 수도 있다. 예를 들어, 정해진 수의 전자는 그들이 이동하는 비율에 따라, 1[second] 또는 1[hour]에 한 지점에서 다른 지점으로 이동하게 된다. 두 가지 경우 모두에서, 전체 일의 양은 동일하다. 그러나 일이 짧은 시간 동안 이루어졌을 때, 와트 수, 또는 순간 전력비율은 동일한 일의 양이 더 긴 기간 동안 이루어졌을 때보다 더 크다. 저항기에서 열의 소산은 다음과 같이 증가될 수 있다.

- 크기
- 공기흐름
- 히트싱크(heatsink, 정류기 등에 부착되는 열 흡수·소산 장치)

## 1.1.7 커패시턴스 / 커패시터 (Capacitance / Capacitor)

### 1.1.7.1 기본적인 커패시터(Basic Capacitor)

만약 우리가 2개의 도체 또는 극판을 서로 가깝게 배치하거나, 또는 절연체 또는 유전체로 격리시켰다면, 그리고 그것들에 전압을 가한다면 각각의 극판을 충전하는 전자는 하나의 극판에서 다른 극판으로 이동한다. 정해진 전압에 대해 이러한 결합으로 유지되는 전하는 2개의 극판 사이에서 생성될 수 있는 매우 강한 전기장 때문에 상당히 클 수 있다. 이러한 결합을 커패시터라고 한다.

- 유전체

전기에 대한 비전도체, 특히 백만 분의 1($10^{-6}$) 미만의 전기전도성을 가진 물질을 말한다.

### (가) 커패시턴스에 영향을 미치는 요소 (Factors Affecting Capacitance)

모든 정해진 커패시터 극판의 결합에 대한 커패시턴스(capacitance, 정전용량)은 일정하다. 만약 우리가 커패시터에 더 높은 전압을 가한다면, 충전이 유지되는 것을 증진시킬 수 있지만, 그러나 충전 / 전압 비율, 즉, 커패시턴스는 동일하게 유지된다.

$$C = \frac{Q}{V}$$

여기에서, C는 farad 단위의 커패시턴스
Q는 coulomb 단위에 전하
V는 volt 단위에 전압

### (나) 유전체(Dielectric)

유전체란 전기적 유도 작용을 일으키는 물질로써 보통 부도체이다. 커패시턴스는 유전체 재료에 좌우되는데, 이것은 전기장을 지원하는 능력을 가지고 있고 자성재료에서의 투과성과 유사한 기능을 갖는다. 유전체 재료는 도체로서는 부도체이지만, 정전기장에 대해서는 효율적인 특성을 지닌 장치이다.

만약 반대 전하 전극 사이에 전류의 흐름이 최소로 유지되고 반면에 정전기 지속선이 방해받지 않거나 가로막히지 않는다면 정전기장은 에너지를 저장할 수 있다.

[그림 1-11] 유전체 구조

## 1.1.8 자기(Magnetism)

### 1.1.8.1 자기(Magnetism)

전기의 원리를 올바르게 이해하려면, 자기와 전기장치에 대한 자기의 영향을 연구하는 것이 필요하다. 자기와 전기는 매우 밀접하게 관련되어 있다. 오늘날의 최신의 전기장치와 전자장치의 대부분은 자기 없이는 움직일 수 없다. 최신 컴퓨터, 테이프레코더, 그리고 비디오 재생장비는 자기화테이프(magnetized tape)를 사용한다. 고성능스피커는 증폭기 출력을 가청음으로 변환시키기 위해 자석을 이용한다. 전기 전동기는 전기에너지를 기계적 운동으로 변환하기 위해 자석을 이용하고, 발전기는 기계적 운동을 전기에너지로 변환하기 위해 자석을 이용한다. 자기에 대한 두 가지 이론이 있다.

- 웨버(weber) 이론
- 도메인(domain) 이론

### (가) 웨버의 자기이론
### (Weber's Theory of Magnetism)

자기이론은 재료의 분자정렬을 고찰한다. 이것은 웨버의 이론으로 알려져 있다. 이 이론은 모든 자성물질이 작은 분자자석으로 구성되어 있다고 가정한다. 자화되지 않는 재료는 무작위로 배열된 분자자석을 가지고 있다. 이것은 모든 자기효과를 없애버린다.

자화재료는 각각의 분자의 북자극이 한쪽 방향을 가리키고, 대부분 남자극이 반대방향을 향하도록 분자자석이 정렬되어 있을 것이다.

이렇게 정렬된 분자를 가지고 있는 재료는 그때 하나의 실제적인 북자극과 하나의 실제적인 남자극을 갖게 될 것이다.

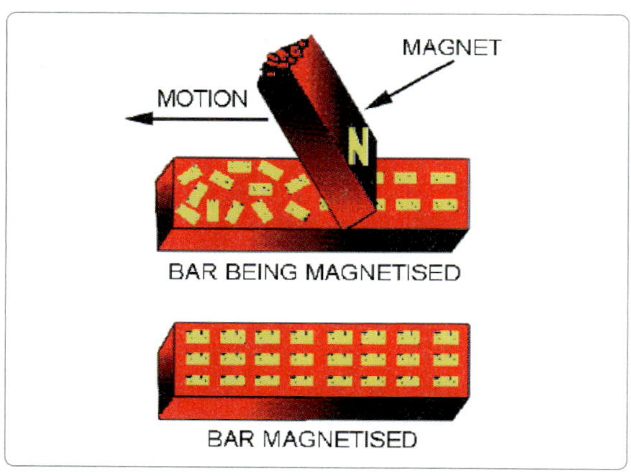


[그림 1-12] 분자자석

### (나) 도메인 이론(Domain Theory)

최신의 자기이론은 전자스핀 원리를 기반으로 한다. 원자구조에 대한 연구에서, 모든 물질은 각각의 원자가 하나 이상의 전자궤도 전자를 포함하고 있는 방대한 양의 원자로 구성되어 있다.

전자는 핵과의 거리에 따라 다양한 각과 하위 각으로 전자궤도를 이루는 것으로 간주된다.

원자의 구조는 이전에 태양계와 비교된바가 있고,

여기서 핵의 궤도를 그리며 돌아가는 전자는 태양의 궤도를 그리며 돌아가는 행성에 해당한다.

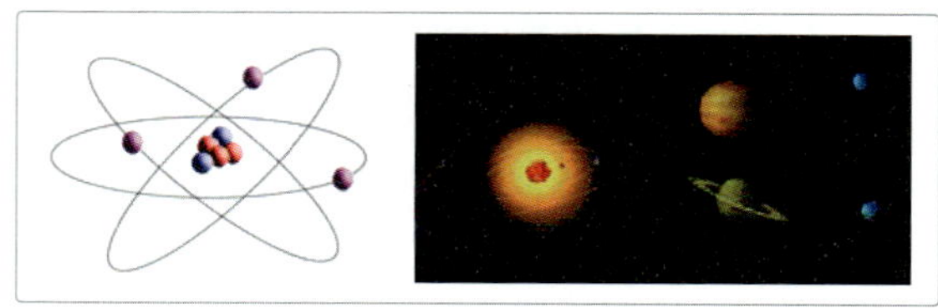

[그림 1-13] 태양을 공전하는 행성과 핵을 공전하는 전자

태양에 대하여 궤도운동과 마찬가지로, 각각의 행성도 그것의 축을 중심으로 회전한다. 전자도 또한 원자의 핵의 궤도를 그리며 돌아가는 것과 마찬가지로 그것의 축을 중심으로 회전한다고 믿어진다.

## 1.1.9 직류전동기 / 발전기 이론
## (DC Motor / Generator Theory)

### 1.1.9.1 직류발전기(DC Generators)

### (가) 기본적인 직류발전기
### (The Elementary DC Generator)

그림 1-14는 2개의 금속 링 세그먼트에 연결된 각각의 단자를 가지고 있는 단일루프 발전기 모습을 보여준다. 분할 금속 링의 2개 세그먼트는 서로 절연되어 있다. 이것은 간단한 정류자(commutator) 모양을 이룬다.

직류발전기에 있는 정류자는 교류발전기의 슬립링과 같은 역할을 한다. 이것이 그들의 구조에서 주요 차이점이다.

정류자는 외부회로로 전기자 루프 연결부를 기계적으로 반대방향으로 연결한다. 이것은 전기자 루프에 전압의 극성이 반대로 되는 순간에 발생한다. 이 과정을 통하여, 정류자는 그림의 그래프에서 보여주는 것과 같이 발생된 교류전압을 맥동 직류전압으로 바꾼다. 이 작용을 정류라고 한다.

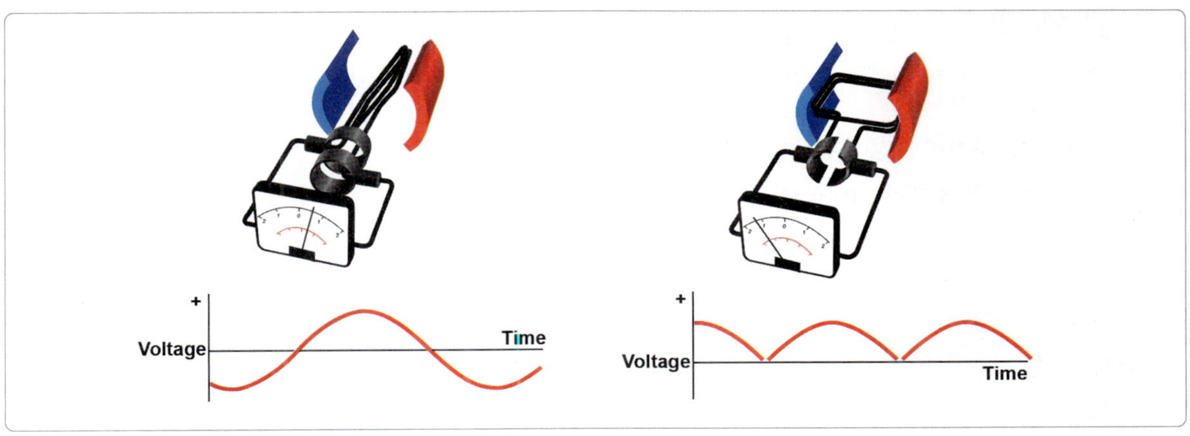



[그림 1-14] 분리된 2개의 세그먼트 금속 링

## (나) 발전기 구조(Typical Generator Construction)

- 계자 틀(field frame) 또는 요크(yoke)
- 전기자(armature)
- 정류자(commutator)
- 브러시(brush)

그림 1-15은 전형적인 24[V] 직류발전기의 단면도이다.

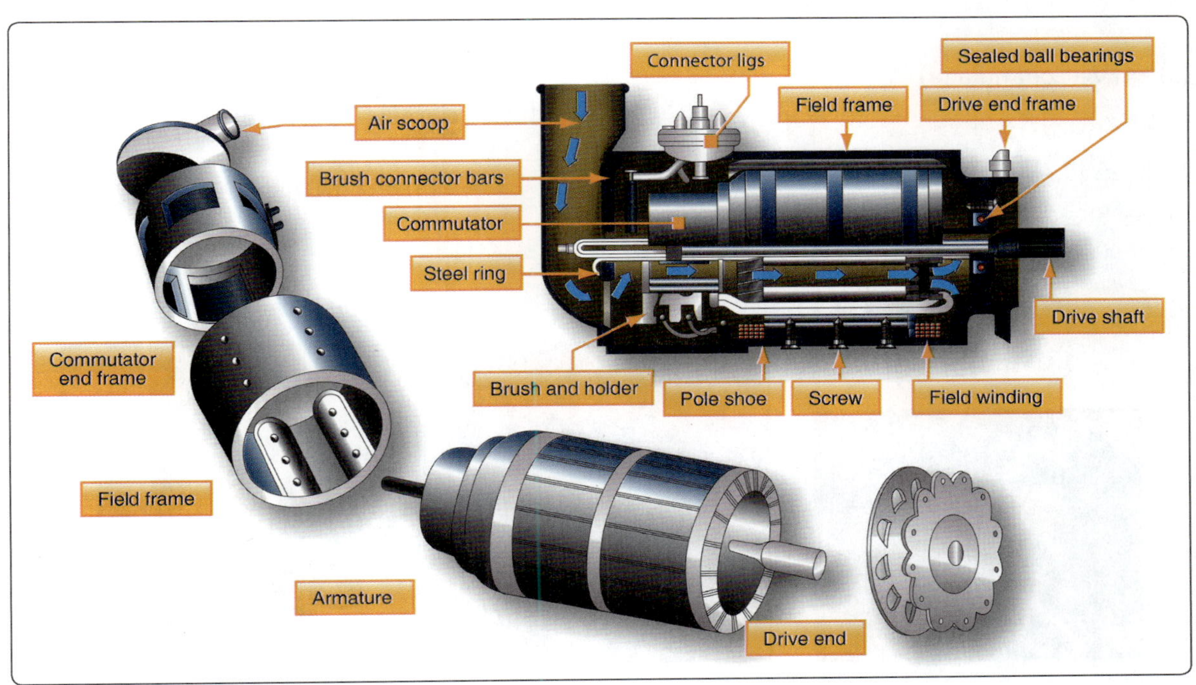



[그림 1-15] 전형적인 24[V] 항공기 발전기

## (1) 발전기 계자 틀(Generator Field Frame)

계자 틀 또는 요크는 두 가지 주요 기능이 있다.

- 자극 사이에 자기회로를 완성한다.
- 다른 발전기 부품에 대한 기계적 지지대로서 역할을 한다.

## (2) 브러시(Brushes)

브러시는 정류자의 표면을 올라타고 전기자 코일과 외부회로 사이에 전기적 접촉으로서 기능을 한다. 피그 테일(pig-tail, 접속용 구리줄)이라고 부르는, 플렉시블 편조-구리 도선은 각각의 브러시를 외부회로에 연결시킨다.

브러시는 고급 탄소로 만들어지고 프레임에 절연된 스프링 작동식 브러시 홀더(holder)에 고정된다. 브러시는 브러시홀더에서 빠져나오고 들어가는 것이 자유롭고 브러시는 정류자 표면에 있는 어느 정도의 요철을 따라갈 수 있기 때문에 마모를 고려해야 한다.

## (3) 정류자(Commutator)

정류자는 전기자의 한쪽 끝단에 위치하고 있고 쐐기 모양의 구리 세그먼트로 구성되어 있다. 각각의 세그먼트는 얇은 운모판으로서 다른 세그먼트와 절연되어 있다. 세그먼트는 볼트가 고정된 강제 V-링 또는 결합

용 플랜지로서 그곳에 고정된다. 각각의 세그먼트에 융기부분은 라이저(riser)라고 하고, 그리고 전기자 코일로부터 리드선은 각각의 라이저에 납땜된다. 일부 발전기는 라이저가 없고 리드선은 세그먼트 끝단에서 짧은 슬릿(slit, 갈라진 틈)에 납땜된다.

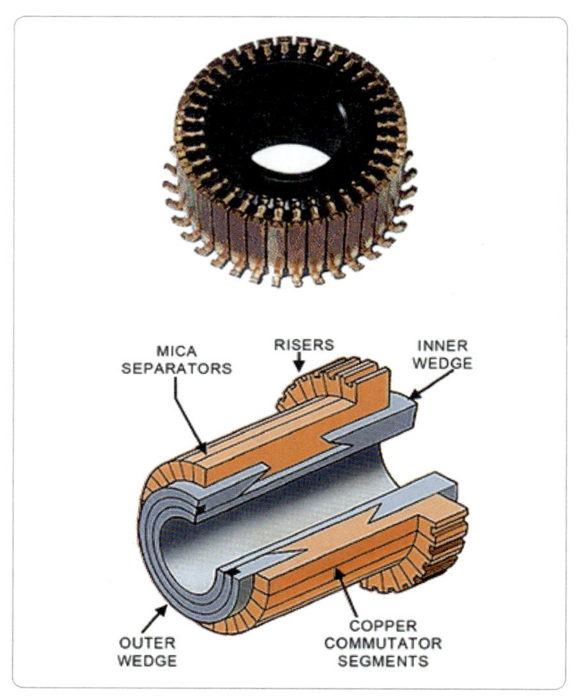


[그림 1-17] 정류자 구조 단면

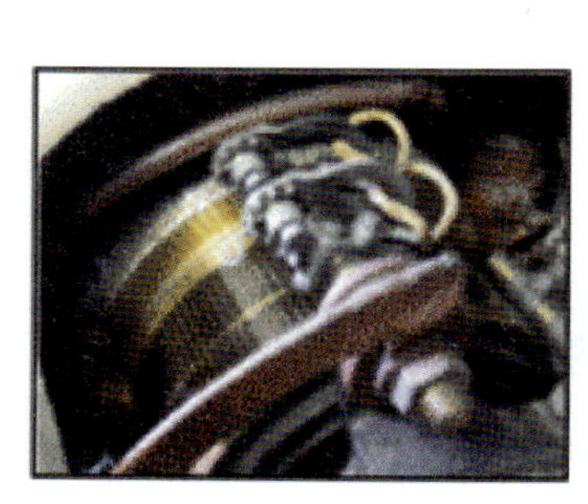

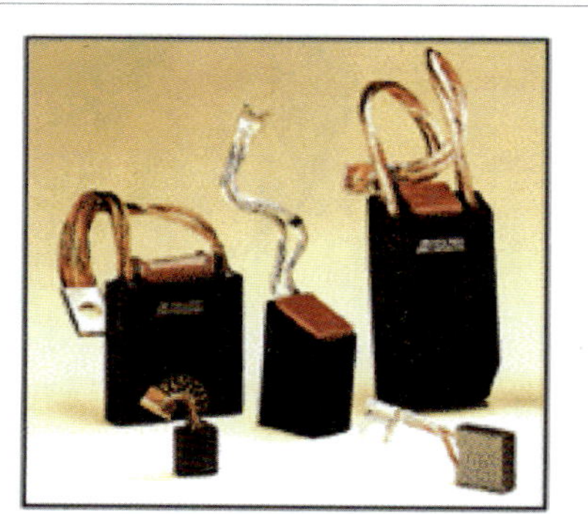

[그림 1-16] 브러시

## (4) 전기자(Armature)

전기자 어셈블리는 전기자 코일, 정류자, 그리고 그 이외의 관련 부품으로 이루어진다. 그것은 발전기의 끝단 프레임에 있는 베어링에서 회전하는 샤프트에 설치된다. 전기자의 코어는 그것이 자기장 내에서 회전했을 때 도선으로서의 기능을 다하고 그것은 와전류의 순환을 막기 위해 적층 판으로 만들었다.

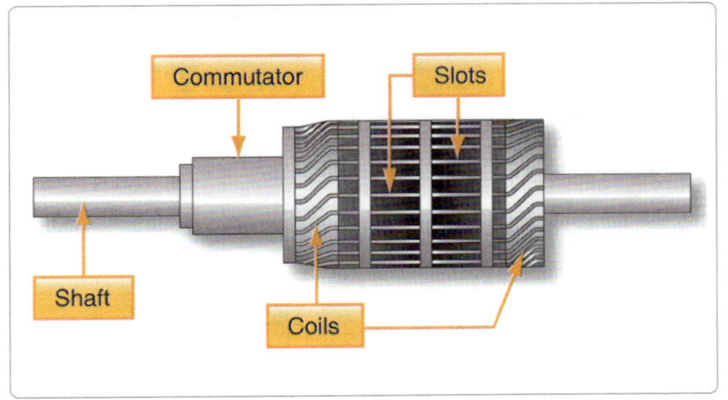


[그림 1-18] 드럼형 전기자

## (다) 단자전압(Terminal Voltage)

직류발전기 출력전압은 다음 세 가지 요인에 따른다.

- 전기자에 직렬로 연결된 도선루프의 수
- 전기자 속도
- 자기장 강도

## (라) 계자여자(Field Excitation)

직류전압이 직류발전기의 계자권선에 인가되었을 때, 전류는 권선을 통해 흐르고 안정된 자기장을 일으킨다. 이것을 계자여자(field excitation)라고 한다.

여자전압은 타려식발전기(separately excited generator)와 같은, 별도의 외부 직류전원에서 공급될 수 있거나, 또는 자기여자발전기(self-excited generator)라고 하는, 발전기의 출력으로 직접 공급될 수 있다. 자기여자발전기에서 계자권선은 발전기 출력에 직접 연결되어 있다. 계자는 출력과 직렬로, 출력과 병렬로, 또는 이 둘의 조합으로 연결하게 된다.

자기여자는 계자극이 잔류자기(residual magnetism)라고 하는, 적은 양의 영구자기를 보유하고 있다면 발생할 수 있다.

잔류자기 또는 잔류자속은 자화력이 0일 때 재료에 남아있는 자속밀도이다.

잔류자기 또는 잔류자속은 재료가 포화점까지 자화되었을 때와 동일하다는 것에 주목한다. 그러나 잔류자기의 정도는 자화력이 포화수준에 도달하지 못했을 때 보자성 값보다 낮아지게 된다.

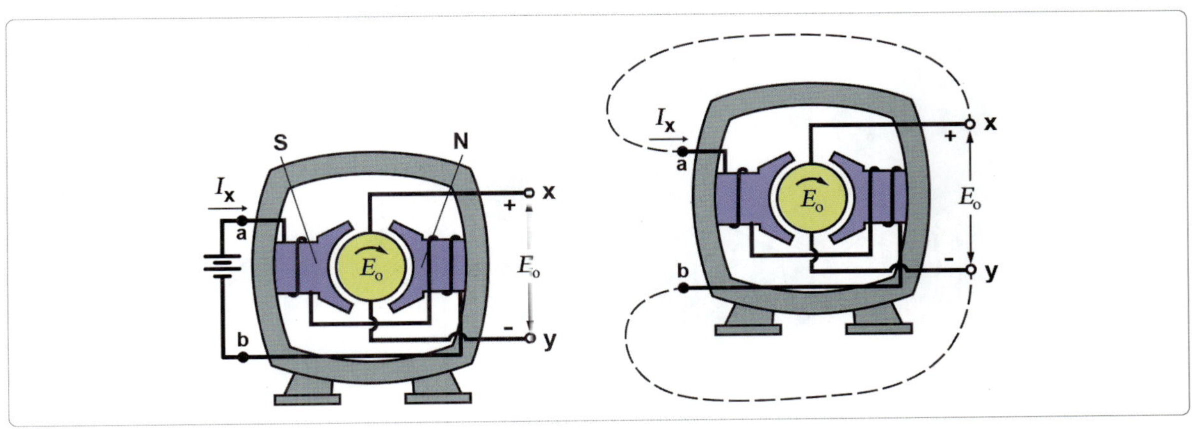


[그림 1-19] 여자전압

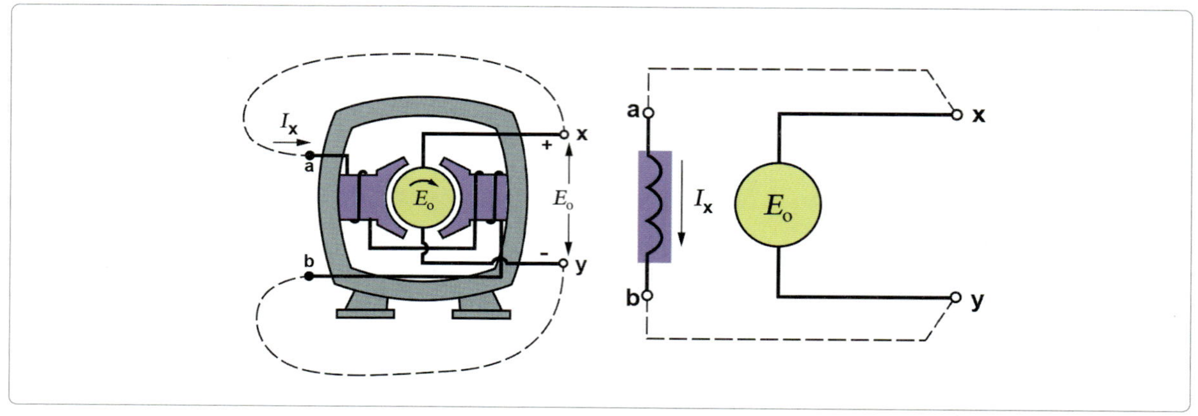

[그림 1-20] 잔류자기 또는 잔류자속

발전기가 회전하기 시작할 때, 약한 잔류자기는 적은 전압으로 하여금 전기자에서 발생하게 한다. 계자코일에 인가된 적은 전압은 적은 계자전류의 원인이 된다. 비록 적지만, 이 계자전류일지라도 자기장을 강하게 하고 전기자가 더 높은 전압을 발생시키게 한다. 전압이 높을수록 전계강도를 증진시킨다. 이 과정은 출력전압이 발전기의 정격출력에 도달할 때까지 계속된다.

### 1.1.9.2 직류전동기(DC Motors)

(가) 도체에 유도되는 힘
  (Inducing a Force on a Conductor)

도체에서 힘을 발생시키는 데 필요한 두 가지 조건이 있다.

- 도체는 전류가 <u>흐르고</u> 있어야 한다.
- 도체는 자기장 내에 있어야 한다.

이들 두 가지 조건이 존재한다면, 자기장에 수직의 방향으로 도체를 움직이려고 시도하게 될 힘이 도체에 가해질 것이다. 이것은 모든 직류전동기가 동작하는 기본이론이다.

(나) 직류전동기 유형(DC Motor Types)

모든 중요한 측면에서 직류전동기는 직류발전기와 동일하다. 그들의 구조와 작동원리는 서로 바꿔 적용할 수 있다. 많은 제조사는 직류장치를 직류 전동기 또는 직류발전기로 사용할 수 있도록 제작한다. 전동

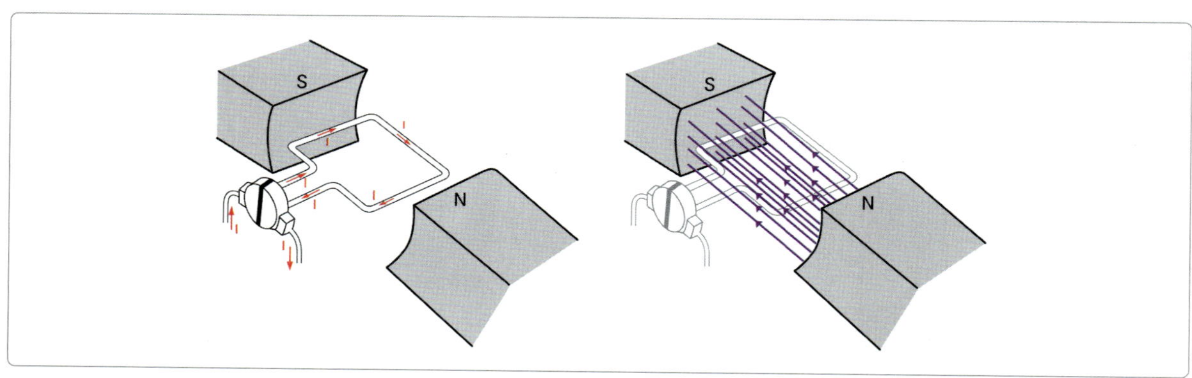



[그림 1-21] 도체에 유도되는 힘

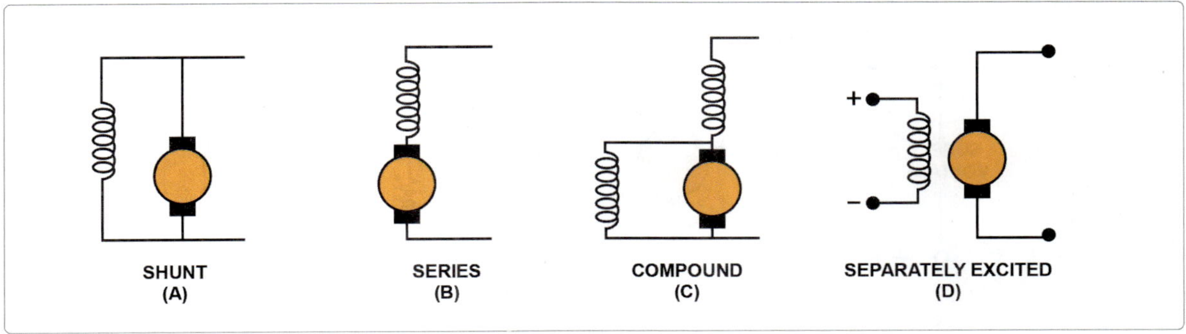



[그림 1-22] 직류전동기 유형

기와 발전기 사이에 주요 구별요소는 엔지니어가 전기적으로 제어해야 하는 요소이다. 엔지니어는 발전기에서 나오는 것과 전동기로 들어가는 것을 제어해야 한다. 발전기와 마찬가지로 직류전동기의 주요한 종류는 다음과 같다.

- 분권식(shunt wound)
- 직권식(series wound)
- 복권식(compound wound)
- 타려식(separately excited)

## (1) 직권전동기(Series Motor)

직권직류전동기에서 계자는 전기자와 직렬로 연결된다. 이 계자는 전체 전기자 전류를 운송해야 하기 때문에 여러번 굵은 선으로 감아준다.

이 유형의 전동기는 정지 상태에서 토크라고 하는, 아주 큰 양의 회전력을 발생시킨다. 이러한 특성으로 인해 직권직류전동기는 소형 전기기구, 휴대용 전동공구, 크레인, 윈치, 호이스트 등을 동작하는 데 사용될 수 있다. 또 다른 특징은 속도가 무부하와 전체쿠하 사이에서 크게 변한다는 것이다. 직권전동기는 변동부하의 조건 하에서 비교적 일정속도가 요구되는 곳에 사용될 수 없다.

## (2) 분권전동기(Shunt Motor)

분권전동기는 부하에 관계없이 일정속도가 필요한 곳에 사용된다. 그것은 상당히 양호한 시동토크를 가지고 있지만 아주 큰 부하에 적합하지 않다. 그런 까닭에 그것은 송풍기에서처럼 시동하중이 너무 크지 않은 곳이나 또는 전동기가 속도에 도달할 때까지 기계부하가 인가되지 않는 곳에 사용된다. 그것은 본질적으로 정속기계장치이다.

## (3) 복권전동기(Compound Motor)

그림에서 보여준 것과 같이 복권전동기는 2개의 계자권선이 있다. 하나는 전기자에 병렬로 연결된 분권계자이고, 다른 하나는 전기자에 직렬로 연결된 직권계자이다. 분권계자는 이러한 유형의 전동기에 표준 분권전동기에 대한 정속 이점을 제공한다. 직권계자는 전동기가 과부하 상태에서 시동했을 때 큰 토크를 발생시킬 수 있는 이점을 제공한다.

복권전동기는 분권전동기와 직권전동기 특성 모두를 가지고 있다. 분권계자가 직권계자와 전기자에 병렬로 연결되었을 때, 그림 1-23 (A)를 "외분권(long shunt)" 이라고 하고, 그림 (B)를 "내분권(short shunt)" 이라고 한다.

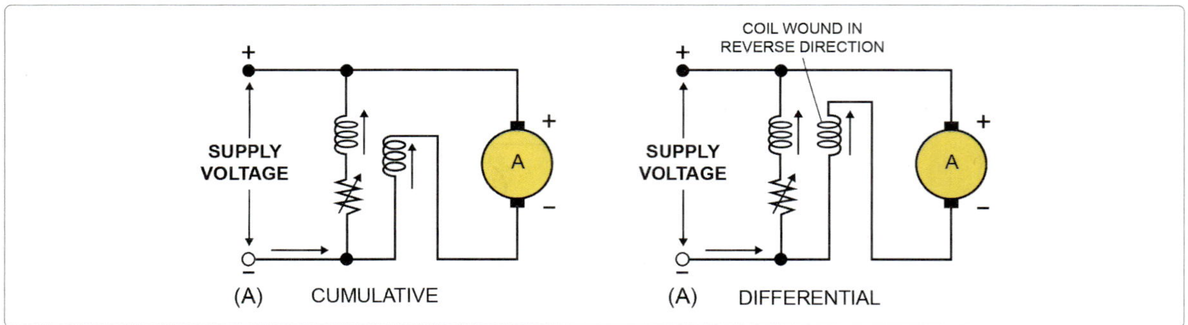


[그림 1-23] 화동복권전동기

## (4) 타려식전동기(Separately Excited Motor)

다음의 그림은 타려식전동기를 보여준다.

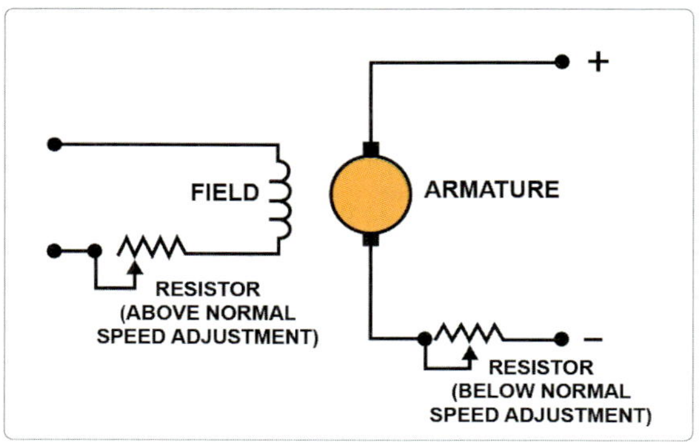


[그림 1-24] 타려식 전동기

이 회로도는 개개의 전기자회로와 개개의 계자회로를 보여준다. 전기자 연결식이 아닌 직류전력원은 계자극에 전원을 공급한다. 속도제어를 위해 가감저항기가 있다는 것을 인지한다. 전기자 가감저항기는 정상 기본속도 미만의 속도를 제어하고, 타려식 계자에 있는 가감저항기는 정격 기본속도 이상의 속도를 제어한다. 타려식직류전동기는 요구되는 회전자 토크전류를 만들어내기 위해 별도로 높은 고정자 계자전류와 충분한 전기자 전압을 발생시켜 저속에서 높은 토크 성능을 만들어 내기 위해 사용된다. 토크가 감소하고 속도가 증가하면, 고정자 계자전류 요구량은 감소하고 전기자 전압은 증가한다.

타려식전동기의 속도는 전기자 전압과 고정자 계자 전류에 의해 엄격하게 제한된다. 타려식직류전동기는 폐회로제어를 사용하는 첫 번째 유형의 전동기이고 또한 속도 또는 위치의 제어를 위해 서보장치에도 사용될 수 있다.

## (다) 시동·발전기(Starter Generators)

시동·발전기는 시동과 발전 기능 모두를 이루어내는 효율적인 수단을 제공한다. 시동·발전기는 시동기와 발전기 모두의 기능을 수행하기 때문에, 무게경감 효과가 있다.

시동·발전기는 항상 엔진 기어트레인(gear train, 톱니바퀴 열)에 의해 구동되기 때문에, 과회전 클러치(over-running clutch)가 필요 없다. 시동·발전기는 시동기로 사용했을 때 많은 양의 열을 발생하게 한다. 모든 시동·발전기는 허용되는 시동 횟수와 연속적인 시동 사이에 지정된 냉각시간을 갖는다.

이것을 듀티-싸이클(duty cycle)이라고 한다. 때때로 냉각공기 덕트가 장치에 부착되어 있다. 많은 소형 터빈엔진은 별개의 품목이라기보다는 오히려 시동·발전기를 갖추고 있다. 이것은 시동기와 발전기 모두가 매우 무겁기 때문에 상당한 정도의 무게경감을 마련한다. 전형적인 시동·발전기는 적어도 2개 세트의 권선과 1개의 전기자 권선으로 이루어진다.

시동기로서 기능을 할 때, 큰 전류는 엔진을 시동하는 데 필요한 토크를 발생시키기 위해 한 세트의 계자권선과 전기자 모두를 거쳐 흐른다.

그러나 발전기 모드에서, 오직 큰 저항 분권권선은 전류를 받아들이고 반면에 직권권선은 전류를 받아들이지 않는다. 분권권선을 통해 흐르는 전류는 전기자에서 전압을 유도하는 자기장을 일으키는 데 필요하다.

### 1.2.1 인덕턴스 / 인턱터
### (Inductance / Inductor)

#### 1.2.1.1 인덕터(Inductors)

인덕턴스는 회로에서 전류의 크기에 모든 변화에 반대하는 전기적 성질이다. 회로에서 인덕턴스를 제공하는 데 사용되는 장치는 인덕터(inductor)라고 한다.

인덕터는 또한 초크(chock), 리액터(reactor), 그리고 코일이라고도 한다. 이들 세 가지 명칭은 인덕턴스가 회로에서 반응을 나타내는 묘사방식이다. 인덕턴스와 그에 따른 인덕터는 "억제하는(chocks off)" 것이고 급격한 전류에 변화를 제한한다. 인덕터는 전류에 대하여 "반작용을 보이는(reacts against)" 전류에 감소이거나 증가에 저항한다.

인덕터는 보통 전선으로 만든 "코일(coil)" 이다. 인덕턴스는 도체에서 유도되고 있는 전압의 결과물이다. 도체에 전압을 유도하는 자기장은 도체 자체에 생기게 된다.

#### 1.2.1.2 인덕턴스(Inductance)

인덕턴스는 해당 회로에서 전류에 관련된 모든 변화에 반대하는 전기회로의 성질이라고 할 수 있다. 만약 전류가 증가한다면, 유도전류는 그 증가를 멈추려고 하거나 또는 지연시키려고 한다. 만약 전류가 감소한다면 유도전류는 전류흐름을 유지하려고 함으로서 감소를 지연시킨다.

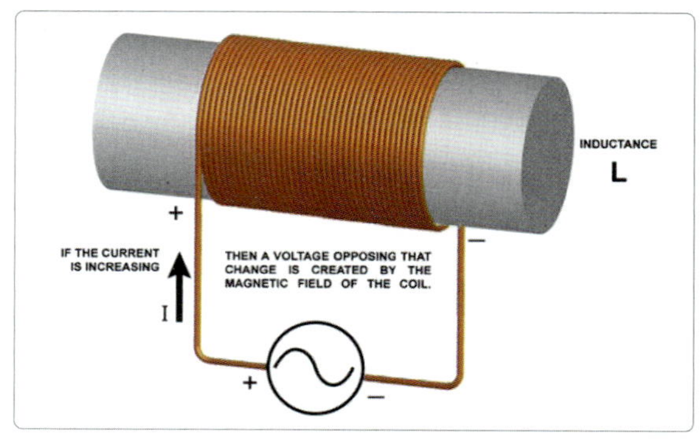



[그림 1-25] 인덕터

인덕턴스의 성질을 높이기 위해, 도체는 루프 또는 코일로 모양을 이룰 수 있다.

코일은 또한 인덕터라고도 한다. 아래의 이미지는 코일로 모양을 이룬 도체를 보여준다.

하나의 루프를 통과하는 전류는 그림 1-26 (A)에서 보여준 것과 같은 방향으로 루프를 둘러싸는 자기장을 만들어낸다.

전류가 증가하면, 자기장은 확장하고 그림 1-26 (B)에서 보여준 것과 같이 루프 모두를 절단한다.

각각의 루프에 전류는 다른 모든 루프에 영향을 준다. 다른 루프를 절단하는 자속은 전류 변화에 반대를 증가시키는 효과가 있다.

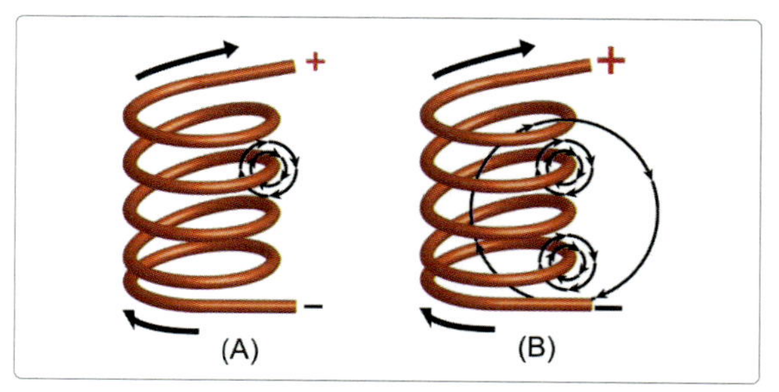



[그림 1-26] 인덕턴스

## 1.2.2 교류이론(AC Theory)

### 1.2.2.1 사인파형(Sinusoidal Waveform)

사인파는 일정불변한 동일수준에서 동등하게 변하는 대칭 파형이고 전압 또는 전류를 묘사할 수 있다. 사인파는 교류, 즉 양쪽 양(+)과 음(−)의 방향을 바꾸는 파형이고 가장 일반적으로 교류파형으로 인지 된다. 그것은 원형 회전과 직접적인 관계가 있다.

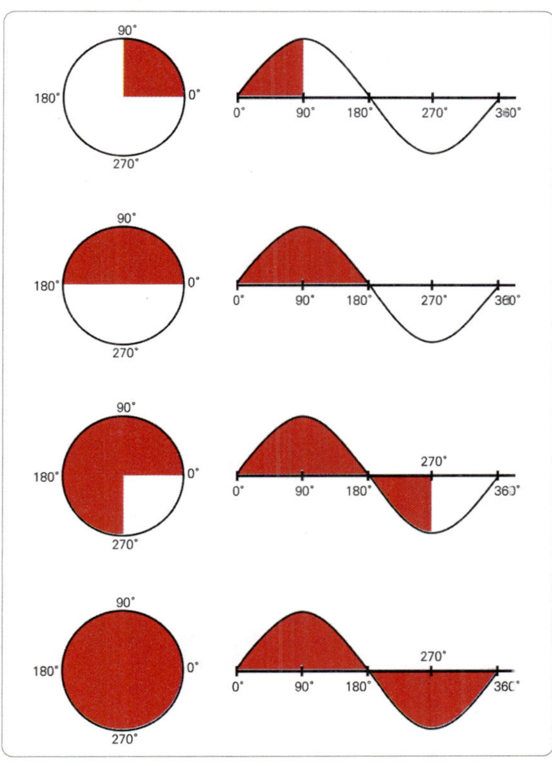

[그림 1-27] 사인파형

교류를 사용하면, 전자는 먼저 한쪽 방향으로 흐르고, 그 다음에 다른 방향으로 흐른다. 전류와 전압 모두는 지속적으로 변한다. 전류 또는 전압을 나타널 수 있는, 교류에 대한 그래프의 표현은 사인파이다.

사인파를 묘사하는 데 사용되는 2개의 축이 있다. 수직축은 전류 또는 전압의 크기와 방향을 나타낸다. 수평축은 시간, 또는 각도로서 회전각을 나타낸다.

파형이 시간 축의 위쪽에 있을 때, 전류는 양(+)의 방향으로 흐른다고 말한다. 파형이 시간 축의 아래쪽에 있을 때, 전류는 음(−)의 방향으로 흐른다고 말한다. 완전한 한 주기(1 cycle)는 360[°]에서 나타나고 그 중 절반은 양(+) 이고 절반은 음(−) 이다.

정현사인파는 루프의 360[°] 회전 동안 매 순간에 유도기전력의 값을 나타낸다. 정현사인파는 일정한 속도로 균일한 자기장을 통과하여 회전되는 단일 코일에 대한 유도기전력의 묘사이다.

## 1.2.3 Resistive(R), Capacitive(C), and Inductive(L) Circuits

### 1.2.3.1 저항성교류회로(Resistive AC Circuit)

만약 교류정현파 전압이 저항 양단에 인가되었다면, 사인파 전류는 아래에서 보여준 것과 같이 흐를 것이다. 그림 B에 표시된 사인파의 그래프에서 볼 수 있듯이, 정현파 교류전압이 0 일 때, 회로를 통하여 흐르는 전류도 역시 0이 될 것이고, 정현파 교류전압이 최대한도일 때, 전류흐름은 최대한도가 될 것이다. 극성도 마찬가지이다. 즉 전압극성이 방향을 바꿀 때, 전류흐름의 방향은 반대로 될 것이다.

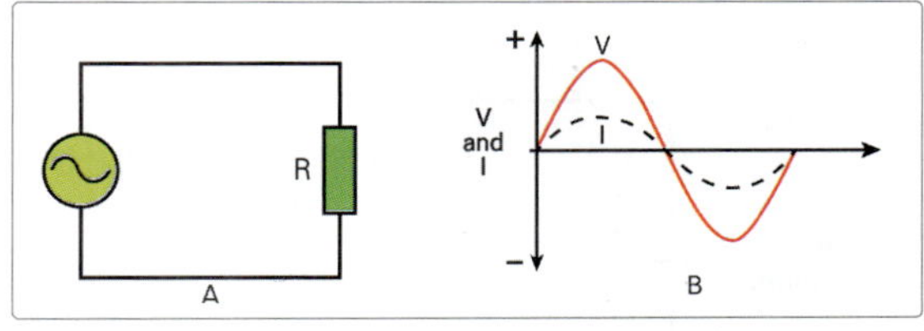

[그림 1-28] 저항성 교류회로

## 1.2.3.2 유도성회로(Inductive Circuits)

교류회로로 이동하기 전에 인덕터가 직류전원에 어떤 영향을 미치는지 알아보기 위해서 먼저 아래의 그림 1-29를 살펴보면, 회로는 스위치에 의해 직류전원에 직렬로 연결된 인덕터와 저항을 보여준다.

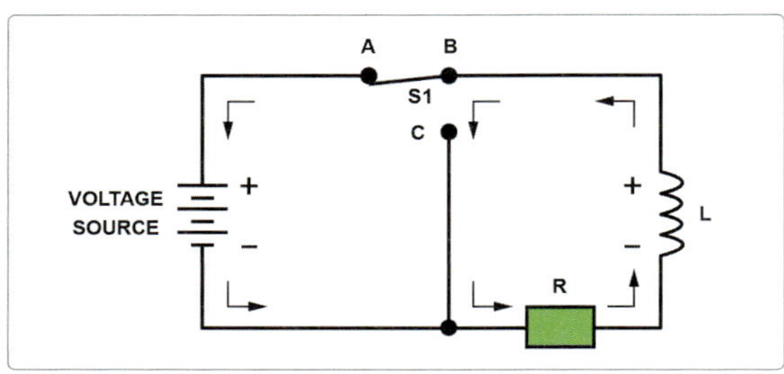

[그림 1-29] 유도성회로

스위치(S1)가 접속되는 순간, 스위치 접점 A-B 회로에 전류가 흐르지 않을 것이다. 이것은 인덕터가 전류의 모든 변화에 반대할 것이고, 그리고 초기 순간에, 인덕터는 철저히 이를 성공적으로 수행하기 때문이다.

즉, 스위치가 접속되는 순간(A-B)에, 회로에서 전류의 빠른 변화 속도는 크기에서 동일하지만 그러나 인가전압과 극성에 반대하는 인덕터의 양단에서 전압을 유도하기에 충분하다. 만약 우리가 토글스위치 S1을 접점 B-C로 만들면, 우리는 전원으로부터 인덕터의 전원을 끊고 그림 1-30과 같이 회로가 구성된다.

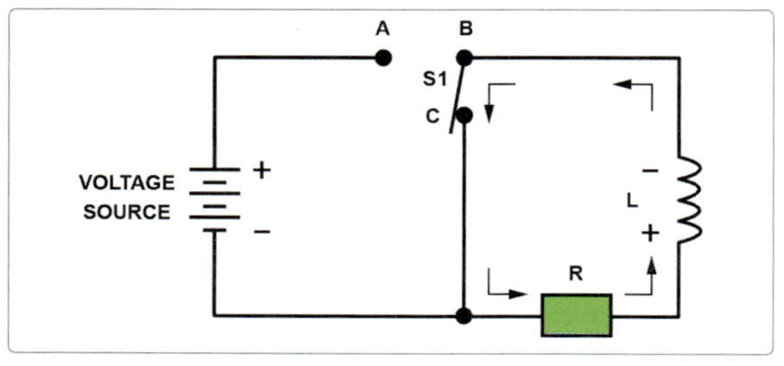

[그림 1-30] 유도성회로

전류(I)를 나타내는 위상벡터는 전압(V)을 나타내는 위

상벡터에 대해 시계방향으로 90[°]로 그려진다. 이것은 전압에 90[°] 뒤처지는 전류의 위상관계를 나타낸다.

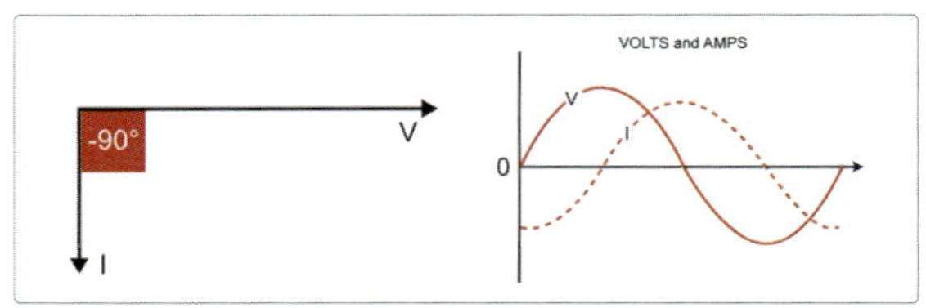


[그림 1-31] 전압을 90° 지연시키는 전류를 나타내는 위상

## 1.2.3.3 용량성회로(Capacitive Circuits)

스위치(S1)가 접속하는 순간(A-B), 회로전류는 최대한도가 될 것이다. 이것은 커패시터가 충전되기 시작할 것이고 그 결과로서 단락회로로 될 것이기 때문이다. 전류량은 오직 저항기의 크기와 회로 배선의 저항의 양에 의해서만 제한된다.

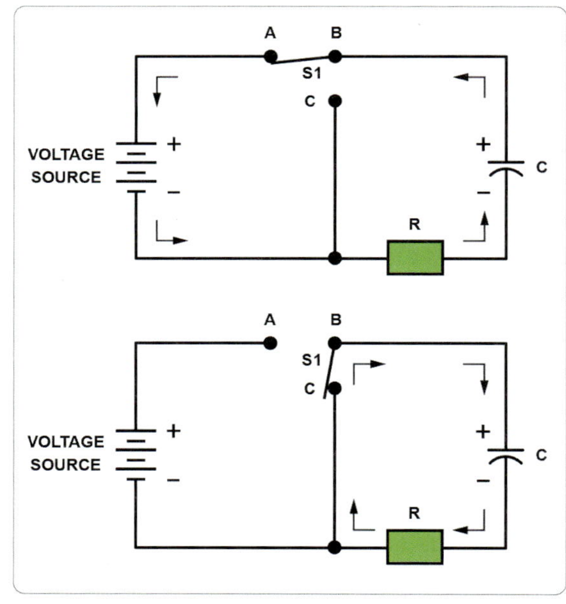

[그림 1-32] 용량성회로

전류(I)를 나타내는 위상벡터는 전압(V)을 나타내는 위상벡터에 90[°] 반시계방향으로 그려진다. 이것은 90[°]만큼 전압을 앞서는 전류의 위상관계를 나타낸다.

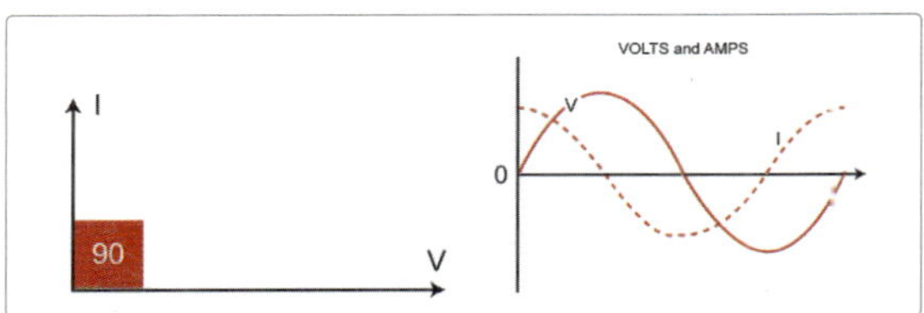


[그림 1-33] 전류를 나타내는 위상은 전압을 나타내는 위상과 시계 반대 방향으로 90 °

### 1.2.3.4 위상각(Phase Angle)

값이 끊임없이 변하는 교류에서, 특정 회로브품은 전압과 전류 사이에 위상변이를 일으킨다. 변이의 양은 위상각이라고 한다.예를 들어, 일부 전기부품은 전류로 하여금 전압보다 먼저 최대값 90[°]에 도달하게 한다. 이 상황에서 전류와 전압 사이에 90[°] 위상각이 있다. 만약 부하가 순수하게 용량성이라면, 전류는 90[°]만큼 전압을 앞설 것이다. 만약 부하가 순수하게 유도성이라면 전류는 90[°]만큼 전압에 뒤처질 것이다. 파형의 위상각은 동일한 주파수의 2개의 파형 사이에 각도차이이다. 그것은 도([°]) 또는 라디안(radian, 호도법의 각도 단위, 약 57[°], 기호 rad) 단위로 측정된다.

### 1.2.3.5 유도리액턴스(Inductive Reactance)

그림 1-34와 같이, 교류전류가 인덕터 양단에 연결되었을 때, 인덕터는 저항의 회로와 유사한 회로에 영향을 미칠 것이다.

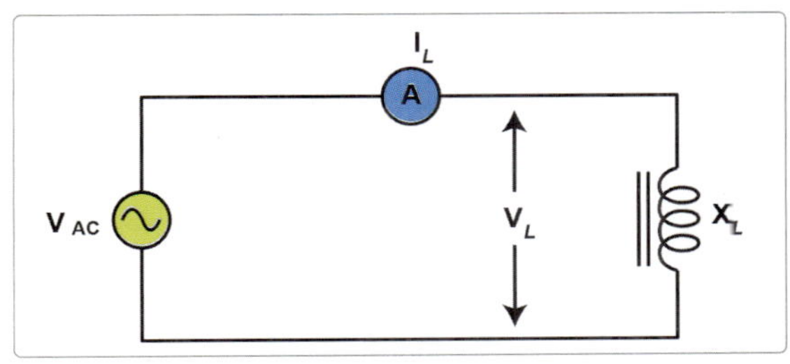


[그림 1-34] 인덕턴스를 포함하는 교류회로

교류회로에서 순수한 인덕턴스에 의해 공급되는 전류에 대한 방해가 관계 VL/IL 로서 제시되었다.

비록 이 전압과 전류의 관계는 ohm($\Omega$) 단위로 표현해야 하지만, 그것은 저항이라고 할 수는 없다. 순수한 인덕턴스는 저항이 없다.

대신 유도리액턴스는 문자약어 XL로 표시된다. 따라서 순수한 인덕터의 경우는 아래 식으로 표기된다.

$$X_L = \frac{V_L}{I_L}$$

### 1.2.3.6 용량리액턴스(Capacitive Reactance)

그림에서 보여준 것과 같이, 만약 교류회로가 순수하게 용량성인 것으로 가정한다면, 전류흐름에 대한 유일한 방해는 용량리액턴스(XC) 일 것이다.

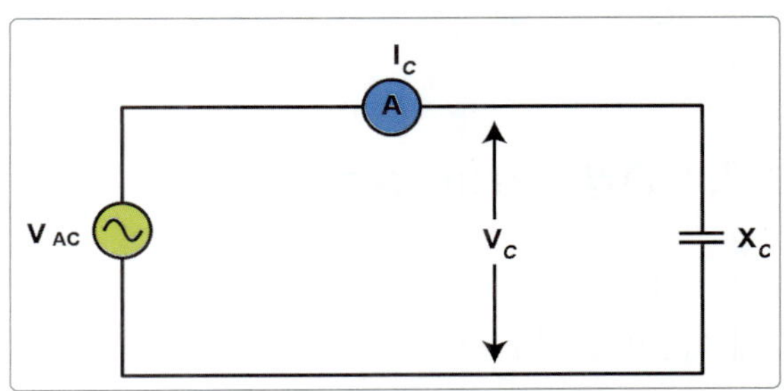


[그림 1-35] 커패시턴스를 포함하는 교류회로

유도성 회로에서 유도리액턴스와 마찬가지로, 용량리액턴스는 커패시턴스로 인하여 전류흐름을 방해한다. 그러나 인덕턴스의 효과와 교류회로에 커패시턴스 효과에는 큰 차이가 있다.

커패시터의 커패시턴스 값이 증가할 때, 커패시터가 유지할 수 있는 충전의 양은 증가할 것이고 그 결과로서 커패시터를 통과한 전류도 또한 증가할 것이다.

옴의 법칙을 적용하면, 우리는 다음과 같이 식으로 나타낼 수 있다.

$$X_C = \frac{V_C}{I_C}$$

### 1.2.3.7 전력(Power)

전력은 직류회로에서 소산되는 것과 달리, 교류회로에서 전력은 다른 유형으로 분류될 수 있다. 이 유형 중 두 가지는 다음과 같다.

- 유효전력(true power)
- 무효전력(reactive power)

직류회로와 같은 유효전력은 전기에너지가 다른 형태로 변환되었을 때 전력이 열로서 저항기에 의해서 소비된 것으로서 규정될 수 있다.

무효전력은 순수하게 무효성분 또는 회로, 즉 용량성 또는 유도성으로 전달되는 그런 다음에 교류공급원으로 되돌아가는 에너지로서 규정된다.

## 1.2.4 변압기(Transformers)

재래식 변압기는 철심 틀(former) 또는 철심에 감은 2개 이상의 코일로 구성된 장치이다. 코일은 하나의 회로에서 다른 회로로 에너지를 운반하는 자기력선으로서 연결된다.

변압기는 모든 모양과 크기로 다양하게 제작되어 있다. 매우 큰 고전압, 고전류 변압기는 도시의 전기 배전용으로 사용된다. 반대로, 소형 변압기는 전자장치에 사용된다.

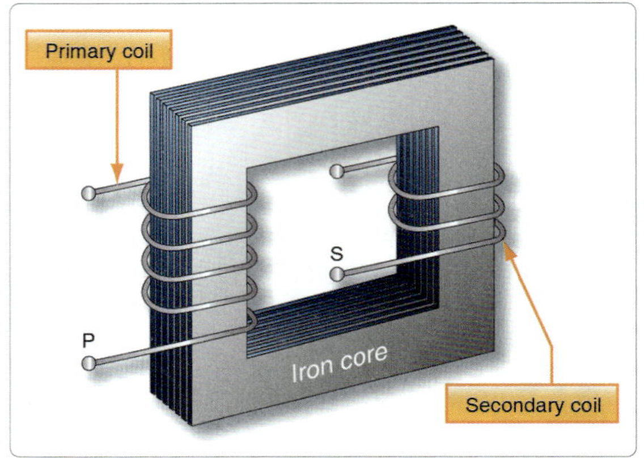


[그림 1-36] 철심변압기

가장 기본적인 형태의, 변압기는 다음과 같이 구성되어 있다.

- 일차코일 또는 일차권선은 교류전원에서 에너지를 받는다.
- 이차코일 또는 이차권선은 일차권선에서 에너지를 받고 그것을 부하로 인도한다.
- 코일 또는 권선을 지탱하는 철심은 자기력선을 위한 경로를 제공한다.

### 1.2.4.1 변압기의 구성요소 (Components of a Transformer)

권선이라고 하는 두 종류의 전선코일은 몇 가지 유형의 철심재료에 감겨진다. 어떤 경우에, 전선코일은 원통형 또는 직사각형 판지 형태에 감겨진다. 실제로 철심재료는 공기이고 변압기는 공심변압기(air-core transformer)라고 한다.

60[Hz]와 400[Hz]와 같은 저주파수에서 사용되는 변압기는 보통 철과 같은 낮은 자기저항 자성체의 철심이 필요하다. 이러한 유형의 변압기는 철심변압기(iron-core transformer)라고 한다. 대부분의 전력변압기는 철심형이다.

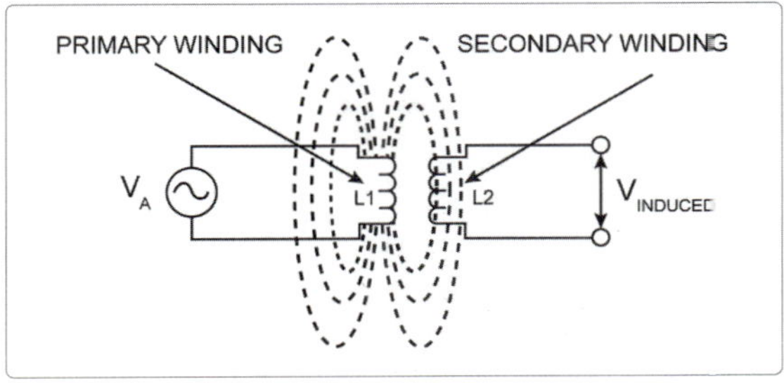

[그림 1-37] 변압기의 구성요소

## 1.2.4.2 변압기 철심 특성(Core characteristics)

변압기 철심 구조는 전압, 전류, 그리고 주파수와 같은 요소에 좌우된다. 크기 제한과 공사비용도 고려해야 할 요소이다.

일반적으로 사용되는 철심재료는 공기, 연철, 그리고 강철이다. 이러한 각각의 재료는 특정 응용분야에 적합하고 다른 응용분야에는 적합하지 않다.

공심변압기는 대개 전압원이 20[KHz] 이상의 고주파수일 때 사용되고, 철심변압기는 보통 공급원 주파수가 20[KHz] 미만의 낮은 것일 때 사용되고, 그리고 연철심변압기는 변압기가 실제로 작지만 효율적 곳에 다양하게 사용된다.

철심변압기는 공심변압기보다 더 나은 전력전송을 제공한다.

철심이 적층식 강재 판으로 조립된 변압기는 열을 쉽게 방산하는 데, 따라서 그것은 효율적인 전력 전송을 제공한다. 장비에서 발생하는 대부분의 변압기는 적층식 강재철심을 가지고 있다.

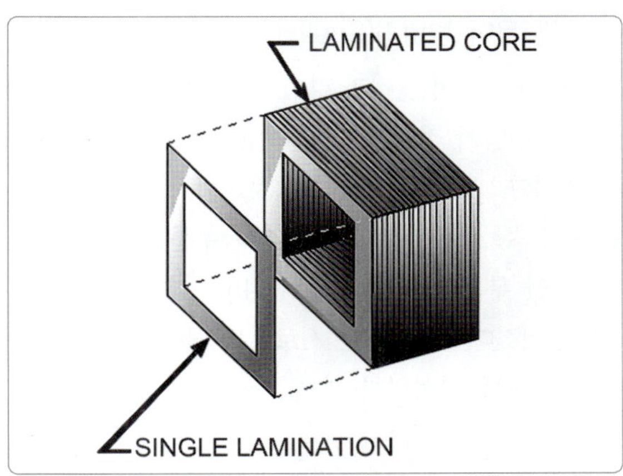

[그림 1-38] 적층식 강재판으로 조립된 철심

## 1.2.4.3 변압기 유형(Transformer Types)

### (가) 중공철심 변압기(Hollow-Core Transformers)

적층식 강재철심 변압기에 사용되는 철심에는 두 가지 주요 모양이 있다.

한 가지는 "중공철심(hollow-core)"인데, 철심은 중심을 관통하는 속이 빈 사각형으로 모양을 이루었기 때문에 명명되었다.

아래 이미지는 이러한 철심의 모양을 보여준다. 철심은 많은 강철 적층 판으로 구성되어 있다. 이미지는 또한 변압기 권선이 철심의 양쪽을 어떻게 감싸는지를 보여준다.

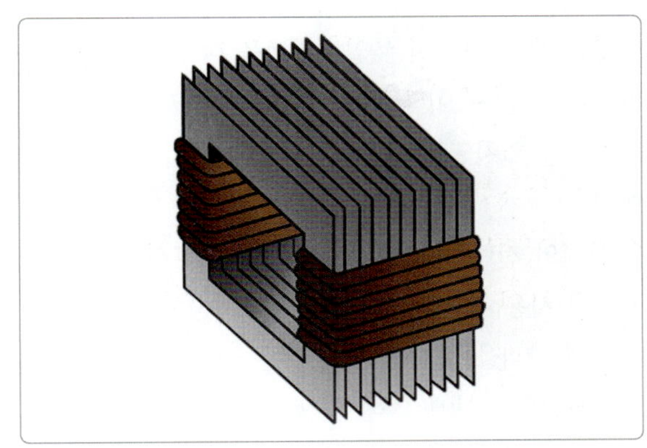

[그림 1-39] 중공철심 변압기

## (나) 쉘-코어 변압기(Shell-Core Transformers)

그림에서 보여준 것과 같이, 가장 활용성이 크고 효율적인 변압기 철심은 "쉘 코어(shell core, 외곽 철심)"이다. 그림에서 보이는 것처럼, 철심의 각각의 층은 E-형 금속부분과 I-형 금속부분으로 이루어진다. 이들 부분은 적층 판을 형성하기 위해 서로 끝이 접합되어졌다. 적층 판은 서로 절연되어 있고 그런 다음에 코어를 형성하기 위해 함께 압착되었다.

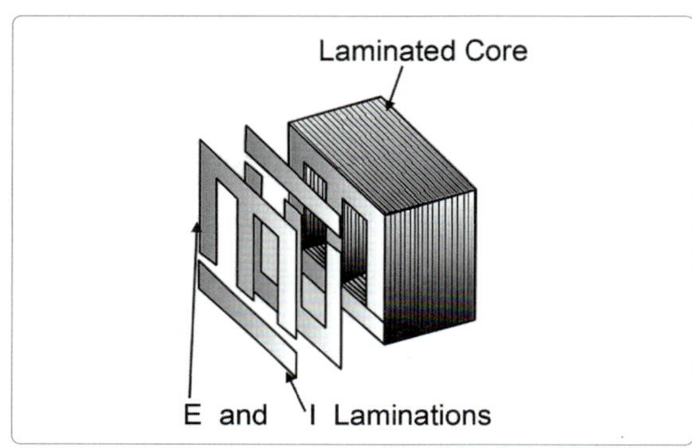


[그림 1-40] 쉘-코어 변압기

### 1.2.4.4 결합계수(Coefficient of Coupling)

변압기의 결합계수는 일차권선과 이차권선 양쪽 모두를 절단하는 전체자속선의 몫에 따라 다르다.

이상적으로 일차권선에 의해 발생된 모든 자속선은 이차권선을 절단해야 하고, 그리고 이차권선에 의해 발생된 모든 자속선은 일차권선을 절단해야 한다. 그때 결합계수는 1이라는 수이게 될 것이고, 그리고 최대 에너지는 일차권선에서 이차권선으로 이동하게 될 것이다.

실제의 전력변압기는 높은 투과율의 실리콘·강재 철심을 사용하고 높은 결합계수를 제공하기 위해 권선 사이에 간격을 밀집시킨다. 다른 권선과 연결되지 않은 하나의 권선에 의해 발생된 자속선은 "누설자속(leakage flux)"이라고 한다.

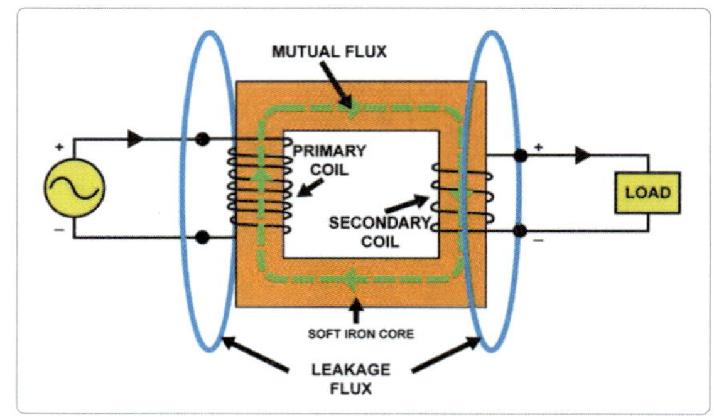


[그림 1-41] 누설자속

일차권선에 의해 발생된 누설자속은 이차권선을 절단하지 않기 때문에, 그것은 이차권선 쪽에 전압을 유도시킬 수 없다.

그런 까닭에 이차권선 쪽으로 유도된 전압은 만약 누설자속이 존재하지 않는 경우에 있게 될 것보다 더 적다.

누설자속의 효과는 이차권선에 유도된 전압을 낮추는 것이기 때문에, 효과는 인덕터를 일차권선과 직렬로 연결되었다고 가정하여 똑같은 것으로 만들 수 있다. 일차권선 양단에 적은 전압을 허용하는, 이 직렬 "누설인덕턴스(leakage inductance)"는 인가전압의 일부분을 강하시키는 것으로 추정된다.

### 1.2.4.5 상호자속(Mutual Flux)

변압기 철심에 유기되는 전체자속은 일차권선과 이차권선 양쪽 모두에 영향을 미친다. 그것은 에너지가 일차권선에서 이차권선으로 이동하는 수단이기도 하다.

이 자속은 양쪽 권선을 연결하기 때문에 "상호자속(mutual flux)"이라고 한다. 이 자속을 만들어내는 인덕턴스는 양쪽 권선에 공용이고 상호인덕턴스라고 한다.

그림 1-41의 그림에서 보여주는 이미지는 전원 전류가 일차권선에 흐르고 있을 때 변압기의 일차권선과 이차권선에 전류에 의해 생성된 자속을 보여준다.

부하저항이 이차권선에 연결되었을 때, 이차권선에 유도된 전압은 전류로 하여금 이차권선에 흐르게 한다. 이 전류는 렌츠의 법칙에 의해 일차권선의 주위에 선속자계에 반대하여 있는 이차권선의 주위에 파선으로 표시된 선속자계를 만들어낸다.

따라서 이차권선의 주위에 자속은 일차권선의 주위에 자속의 일부를 상쇄시킨다. 일차권선을 둘러싼 자속이 적을수록, 역기전력은 감소되고 더 많은 전류는 공급원으로부터 끌어낸다.

일차권선에 추가적인 전류는 원래의 전체 자속선의 수를 거의 회복하고, 더 많은 자속선을 만들어낸다.

## 1.2.4.6 변압기 효율(Transformer Efficiency)

변압기의 효율을 계산하려면, 변압기로 입력전력과 변압기로부터 출력전력을 알아야 한다. 입력전력은 일차권선에 인가된 전압과 일차권선의 전류의 곱과 같다.

출력전력은 이차권선 양단에 전압과 이차권선 전류의 곱과 같다. 입력전력과 출력전력의 차이는 전력손실을 나타낸다. 아래에 표시된 표준 효율공식을 사용하여 변압기의 효율에 대한 백분율을 계산할 수 있다.

$$Effecienncy(in\%) = \frac{P_{out}}{P_{in}} \times 100$$

여기에서, Pout은 부하에 인도된 전체출력전력
Pin은 전체입력전력

## 1.2.4.7 단권변압기(Auto Transformers)

아래 그림 1-42은 단권변압기(auto transformer)의 개략도이다.

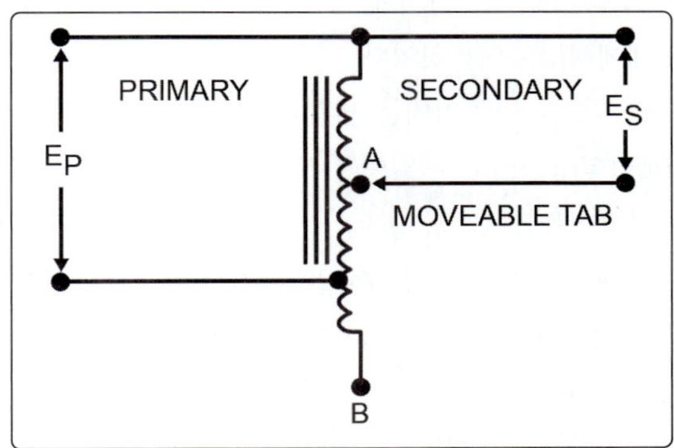


[그림 1-42] 단권변압기

단 하나의 전선코일은 전기적으로 일차권선과 이차권선을 만들어내기 위해 "분기시킨다(tapped)." 이차권선 양단에 전압은 그것들이 2개의 별개의 권선이었다면 그것이 갖게 될 일차권선 양단에 전압과 동일한 관계를 갖는다.

단권변압기는 또한 가변출력전압을 제공하게 될 조절식 탭(tap)을 갖추게 된다. 이러한 단권변압기는 보통 바리악(variac)이라는 상표명으로 불린다. 이차권선에 있는 이동식 탭은 변압기의 범위 내에서, Ep보다 높이거나 또는 낮추는 출력전압 값을 선택하는 데 사용된다. 즉, 탭이 지점 A에 있을 때, Es는 Ep보다 작다. 탭이 지점 B에 있을 때, Es는 Ep보다 크다.

## 1.2.5 교류발전기(AC Generators)

### 1.2.5.1 기본 교류발전기(Basic AC Generators)

모든 발전기는 그것이 직류발전기든, 교류발전기든 관계없이 자기유도 원리에 따라 작동된다. 기전력은 다음의 결과로서 코일에서 유도된다.

- 자기장을 교차하는 코일
- 코일을 교차하는 자기장

도체와 자기장 사이에 상대운동이 있는 한, 전압은 도체에서 유도될 것이다.

자기장을 만들어내는 발전기의 해당 부분은 계자(field)라고 한다. 전압이 유도되는 해당 부분은 전기자라고 한다.

도체와 자기장 사이에서 일어나는 상대운동에서, 모든 발전기는 회전자와 고정자, 두 가지 기계부품을 갖추어야 한다.

회전자는 회전하는 부분이고, 고정자는 고정된 상태로 있는 부분이다. 직류발전기에서 전기자는 항상 회전자이다. 교류기에서 전기자는 회전자 또는 고정자일 수도 있다.

### 1.2.5.2 교류기 유형(Alternator Types)

교류기에는 두 가지 유형이 있다.

- 회전전기자 유형 – 회전자가 전기자이고 고정자가 계자이다.
- 회전계자 유형 – 회전자가 계자이고 고정자가 전기자이다.

회전계자 교류기는 거의 독점적으로 항공기에서 사용된다.

### (가) 회전전기자 교류기
### (Revolving-Armature Alternator)

회전전기자 교류기는 전기자가 고정 자기장에서 회전하는 것이므로 직류발전기 구조와 비슷하다. 직류발전기에서 전기자 권선에서 생성된 기전력은 정류자의 도움으로 교류에서 직류로 변환된다. 교류기에서 발전된 교류는 슬립링의 도움으로 변함없는 부하에 가담한다.

회전전기자는 낮은 전력소요량의 교류기에서만 찾아볼 수 있고 대개 대량의 전력을 공급하는 데 사용되지 않는다. 슬립링을 경유하는 교류출력에 유의한다.

### (나) 회전자계 교류기(Rotating Field Alternators)

회전전기자 교류기는 전기자에서 부하로 높은 출력전압과 출력전류를 연결하기 위해 슬립링과 브러시가 필요하다.

전기자, 브러시, 그리고 슬립링은 절연하기가 어렵다. 슬립링과 브러시는 회전전기자 유형 교류기에서 전체 부하전류를 통과시키는 것이 필요하므로, 회전계자 교류기는 브러시와 슬립링이 단지 계자전류만을 운반해야 하므로 더 높은 전력 응용분야에 더 적합하다.

호락(arc-over, 아크를 발생하여 하나의 회로와 다른 회로를 단락하는 현상) 회로와 단락회로는 고전압에서 결과로서 일어날 수 있다. 이러한 이유로 고압 교류기는 보통 회전계자형이다.

회전계자형 교류기는 고정 전기자 권선, 즉 고정자와 회전계자 권선, 즉 회전자를 가지고 있다.

이 구성의 장점은 전기자가 부하회로에 미끄럼 접촉(sliding contact) 없이 부하에 직접 연결된다는 것이다. 전기자에 직접 연결부분은 큰 단면적 도체를 사용할 수 있게 만든다.

### 1.2.5.3 영구자석교류기
### (Permanent Magnet Alternators)

영구자석교류기, 엔진전용교류기, 또는 영구자석발전기라고도 한다.

영구자석교류기는 고온 절연구리권선으로 감긴 강재 고정자 코어 내에서 회전하는 높은 에너지 희토류 영구자석 회전자로 이루어진다.

전형적으로 그것들은 회전 속도에 비례하여 교류전력을 공급한다.

[그림 1-43] 영구자석

계자에 공급하고자 하는 전력에 필요조건은 없으므로, 브러시 또는 슬립링에 대해서도 필요조건이 없다.

조건부여용 전자장치 하류부분에 따라, 영구자석교류기는 전압모드, 즉 개방회로 또는 전류모드, 즉 폐쇄회로에서 동작하도록 설계될 수 있다.

이 장치는 점화여자기, 전자식통합엔진제어장치(FADEC, full authority digital engine control), 또는 가스터빈엔진에 기타 액세서리에 전원을 공급하는 중요한 구성요소이다.

### 1.2.5.4 브러시리스 교류기<br>(Brushless Alternators)

대형 제트엔진 항공기에 사용되는 교류기는 브러시리스 유형의 것이고 보통 공랭식이다. 브러시리스 교류기는 브러시 또는 슬립링 사이에 전류흐름이 없기 때문에, 높은 비행고도에서 매우 효율적이다. 앞서 설명한 바와 같이, 교류기 브러시는 회전 전자석에 전류를 운반하는 데 사용된다. 그러나 브러시리스 교류기에서 전류는 여자기를 통해 계자코일로 유도된다.

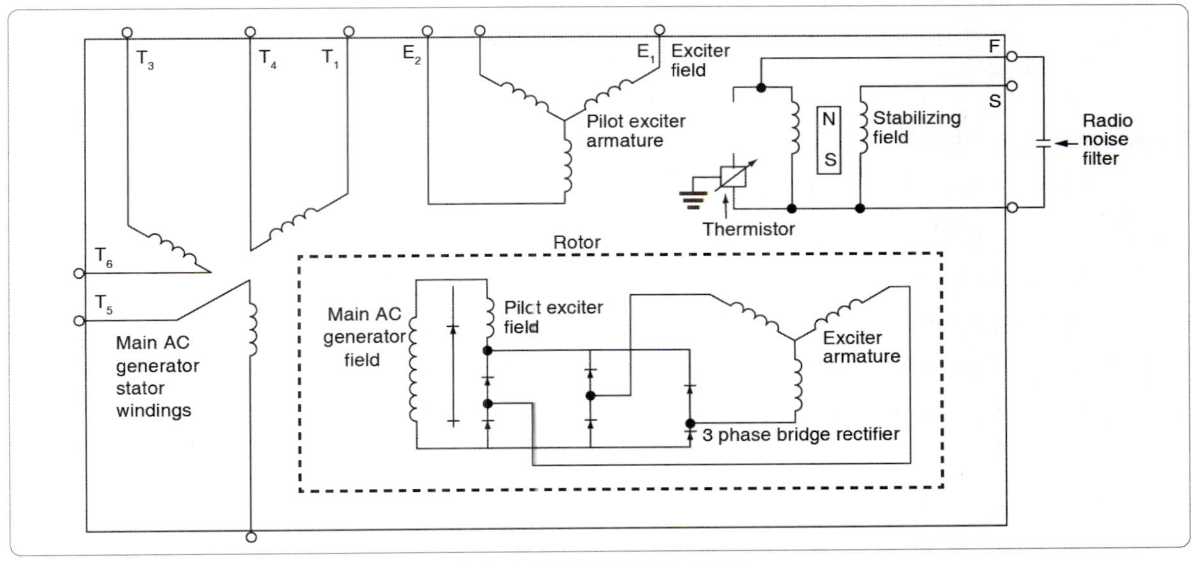


[그림 1-44] 교류발전기의 개략도

### 1.2.5.5 단상 교류기(Single-Phase Alternators)

연속적으로 교류전압을 만들어내는 발전기를 "단상교류기(single-phase alternator)" 라고 한다. 전기자 권선(고정자)은 직렬로 연결되어 있으며, 단상 교류전압이 유기되어 진다.

단상교류기는 많은 분야와 장치에 사용되고 있다. 단상교류기는 가동되고 있는 부하가 상대적으로 적을 때 가장 많이 사용된다. 단상교류기와 상대되는 개념의 장치는 다상교류기(multiphase alternator) 또는 다상교류기(polyphase alternator)가 있다.

### 1.2.5.6 2상 교류기(Two-Phase Alternators)

2상 교류발전기는 하나에서 유도된 교류전압이 다른 하나와 90[°]의 위상차가 되도록 고정자 주위에 대칭으로 일정한 간격을 둔 2개 이상의 단상권선을 가지고 있다.

이들 권선들은 하나의 권선이 최대 수의 자속선을 절단하고 있을 때, 다른 하나는 자속선을 절단되지 않도록 전기적으로 서로 독립되어 있다.

2상 교류기는 2개의 완전히 독립된 전압을 생성하도록 설계되어 있다. 각각의 전압은 자체로 단상전압으로 간주될 수도 있다.

### 1.2.5.7 2상 3선식 교류기
### (Two Phase Three Wire Alternator)

3개의 연결선이 고정자에서 빠져 나왔으며, 이것은 그림 1-44와 유사한 형태를 갖고 있다. 연결부는 출력단자에 연결되는 대신에 고정자에 연결되었을 때 전력이 유기된다. 이러한 방식으로 연결된 2상 교류기는 2상, 3선식 ('-' 삭제) 교류기라고 한다.

### 1.2.5.8 3상 교류기(Three Phase Alternators)

3상회로 또는 다상회로는 대부분의 항공기 교류발전기에 사용된다. 3상 교류기는 임의의 하나의 위상에서 유도된 전압이 다른 2개의 위상에서 120[°]만큼 변위되도록 일정한 간격을 둔 3개의 단상권선을 가지고 있다.

중립 연결부는 단상부하를 공급해야 하는 경우 단자에서 빠져나온다. 단상전압은 중립에서 A, 중립에서 B, 그리고 중립에서 C로 이용할 수 있다.

3상, Y-결선식 교류기에서, 3개의 리드선 중 임의의 2개의 양단에 전체전압, 또는 선간전압은 개개의 상전압의 벡터 합이다.

각각의 선간전압은 상전압 중 하나의 전압에 1.73배이다. 권선은 단지 위상 사이에 전류흐름을 위한 하나의 경로만을 형성하기 때문에 선간전류와 상전류는 동일하다.

또한 3상 고정자는 위상이 끝과 끝을 연결하도록 연결될 수 있는 데, 그것은 그리스 문자 $\Delta$ 처럼 보이기 때문에 델타 결선식이라 한다. 델타-결선에서 선간전압은 상전압과 같지만 선간전류는 상전류의 1.73배이다.

그림 1-45은 Y-결선과 $\Delta$-결선의 형태를 나타내고 있다.

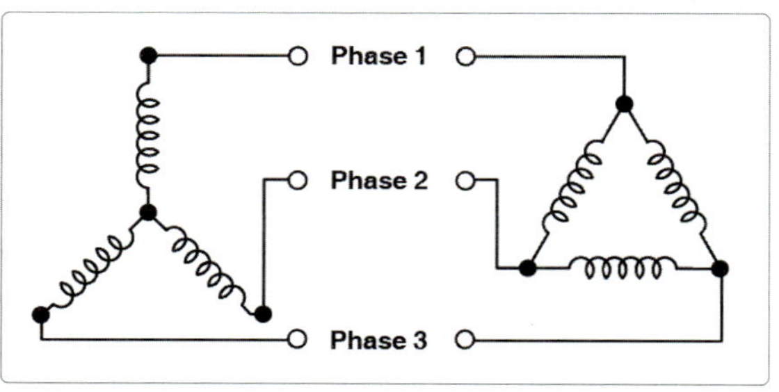


[그림 1-45] 3상 전기자 권선

### 1.2.5.9 정속구동장치 (Constant Speed Drive-CSD)

엔진은 성능에 따라 출력과 회전수가 변화하기 때문에, 발전기에 일정한 주파수를 제공하기 위해서는 교류발전기와 기어박스 사이에 정속구동장치(CSD)를 연결해야 한다.

정속구동장치는 축방향 피스톤 유압전동기에 유압유를 공급하는 유압펌프로 작동되어진다. 그때 전동기는 발전기를 구동시킨다.

펌프의 변위는 교류발전기의 회전속도를 감지하는 거버너에 의해 제어된다. 거버너의 작동은 발전기의 출력속도를 일정하게 유지하고 교류주파수를 400[Hz]로 유지한다.

### 1.2.5.10 통합구동발전기 (Integrated Drive Generator-IDG)

일부 최신 제트항공기는 통합구동발전기(IDG)라고 하는 발전기로 교류를 생산한다. 통합구동발전기는 정속구동장치와 교류발전기 모두가 동일한 하우징에 있다는 점에서 정속구동장치와 다르다.

## 1.2.6 교류전동기(AC Motors)

교류전동기는 교류 전원의 광범위한 이용에 따라 여러가지 이점이 있다.

일반적으로, 교류전동기는 직류전동기보다 가격이 저렴하다. 대부분의 교류전동기 유형은 브러시와 정류자를 사용하지 않는다. 이것은 많은 정비 문제점과 마모의 문제점을 배제할 수 있으며, 마찰에 의한 불꽃 발생 가능성도 없다.

교류 전동기는 교류 전동기의 속도가 전동기 단자로부터 인가되는 전압의 주파수에 의해 결정되기 때문에, 정속 응용분야에 적합하다.

### 1.2.6.1 비동기전동기(Asynchronous Motors)

비동기전동기는 동기속도보다 낮은 속도로 동작한다. 최고부하속도와 동기속도 사이의 백분율 차이를 슬립(slip)이라고 한다.

정상 슬립은 약 5[%]이지만, 더 높을 수도 있다. 동기전동기와 비동기전동기의 차이점은 기초설계의 차이이다.

### 1.2.6.2 유도전동기(Induction Motors)

유도전동기는 가장 일반적으로 사용되는 교류전동기 유형이다. 구조가 간단하고, 견고한 구조로 제조비용이 비교적 저렴하다. 유도전동기는 외부 전압원에 연결되지 않은 회전자가 있다.

유도전동기는 교류전압이 고정자의 회전 자기장에 의해 회전자 회로에서 유도된다는 사실에서 그것의 이름이 유래되었다. 여러가지로 이 전동기의 유도는 변압기의 일차권선과 이차권선 사이에 유도되는 것이 비슷하다.

상당히 일정한 속도로 부하를 구동하는 대형 전동기와 영구설치형 전동기는 유도전동기 형식이다. 세탁기, 냉장고 압축기, 벤치 그라인더, 그리고 테이블 톱에서 활용 사례를 찾을 수 있다.

유도전동기는 모든 전기 전동기 중에서 가장 간단하고 견고하게 만들어졌다고 볼 수 있다. 두 가지 주요 구성요소, 즉 고정자와 회전자만 있다.

### 1.2.6.3 동기전동기(Synchronous Motor)

동기전동기의 구조는 본질적으로 돌출자극교류기(salient pole alternator)의 구조와 동일하다. 실제로 이러한 교류기는 교류전동기로서 작동하게 될 수도 있다.

동기전동기는 무부하와 최고부하 사이에서 일정 속도의 특성을 갖는다. 동기전동기는 그것들이 특정 조건 하에서 동작했을 때 유도성 부하에 대한 낮은 역률을 보정할 수 있다.

### 1.2.6.4 단상유도전동기 (Single-Phase Induction Motors)

오늘날 사용 중인 단상교류유도전동기가 다른 모든 유형보다 더 많을 것이다. 그것은 가장 비싸고, 가장 낮은 정비 유형의 교류전동기가 가장 자주 사용해야 한다는 것은 필연의 것이다. 단상교류유도전동기는 해당 설명에 적합하다. 다상유도전동기와 달리, 단상전동기의 고정자 계자는 회전하지 않는다. 대신에 단순히 교류전압이 극성을 바꾸면 극 사이에 극성을 교번한다.

### 1.2.6.5 분상교류유도전동기 (Split Phase AC Induction Motors)

시동장치를 합체시킨, 한 가지 유형의 유도전동기는 분상유도전동기라고 한다.

분상전동기는 시동토크를 발생시키도록 인덕턴스, 커패시턴스, 또는 저항을 사용하여 설계된다. 원리는 교류에 대한 학습에서 배운 원리와 유사하다.

전형적으로 시동권선은 전동기가 정격속도의 75[%]에 도달할 때 분리된다.

### 1.2.6.6 커패시터 분상전동기 (Capacitor-Start Split Phase Motor)

분상유도전동기의 첫 번째 유형은 커패시터기동 유형이다. 그림은 전형적인 커패시터기동전동기의 간단한 개략도를 보여준다.

고정자는 메인권선과 시동권선, 즉 보조권선으로 이루어진다. 시동권선은 메인권선과 병렬로 연결되고 물리적으로 그것에 직각으로 배치된다.

2개의 권선 사이에 90[°] 전기적인 위상차는 보조권선을 커패시터와 시동스위치와 직렬로 연결하여 얻게 된다.

### 1.2.6.7 영구-콘덴서형 전동기 (Permanent-Split Capacitor Motors)

이 전동기의 커패시터는 정상작동 시 시동권선과 직렬 상태로 되게 한다. 시동토크는 최고부하의 약 40[%]로 상당히 작기 때문에 팬과 송풍기와 같이 낮은 관성부하가 걸리는 소형 장치에 사용된다.

가동성능과 속도조절은 적절한 커패시터 값을 선택하여 맞추어 만들 수 있다. 원심스위치는 필요 없다.

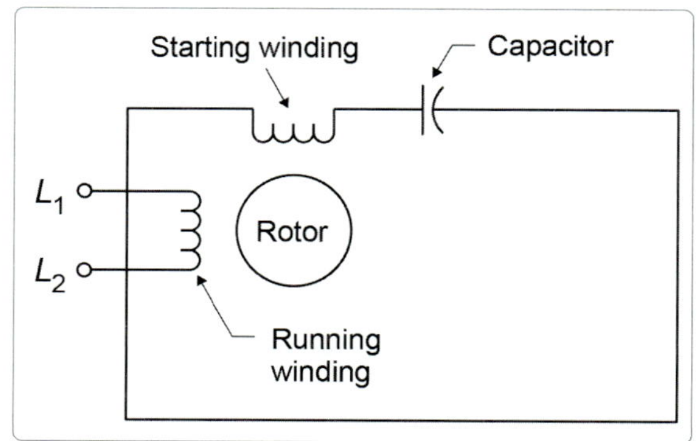


[그림 1-46] 영구-콘덴서형 전동기

### 1.2.6.8 저항기동전동기 (Resistance-Start Motor)

또 다른 유형의 분상유도전동기는 저항기동전동기이다.

이 전동기는 또한 메인권선 외에도 시동권선을 가지고 있다. 그것은 마치 커패시터기동전동기에 있는 것처럼 회로를 연결하고 차단한다.

시동권선은 메인권선과 직각으로 위치를 정한다. 2개의 권선에 전류 사이에 전기적인 위상변이는 권선의 임피던스를 동일하지 않게 하여 얻어진다.

메인권선은 인덕턴스가 높고 저항이 낮다. 그런 까닭에 전류는 큰 각도만큼 전압에 뒤처진다.

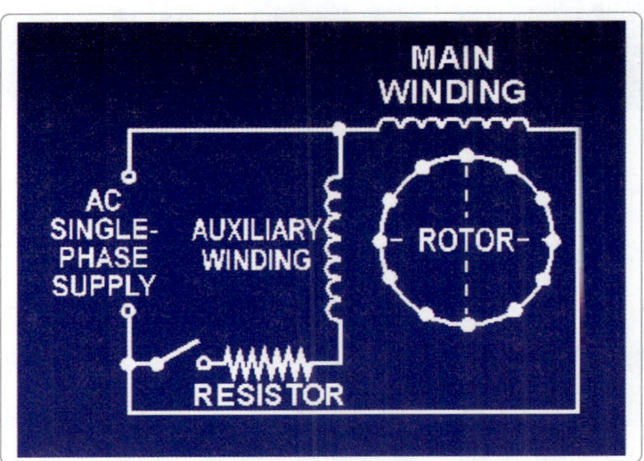


[그림 1-47] 저항기동 전동기

### 1.2.6.9 분극유도전동기
### (Shaded-Pole Induction Motor)

자체기동, 단상전동기의 개발에 있어 첫 번째 노력
의 결과는 분극유도전동기 이었다. 그것은 전동기 하
우징에서 안쪽방향으로 뻗친 계자극을 가지고 있다.
또한, 각각의 자극의 일부는 굵은 구리 링으로 둘러싸
여 있다.

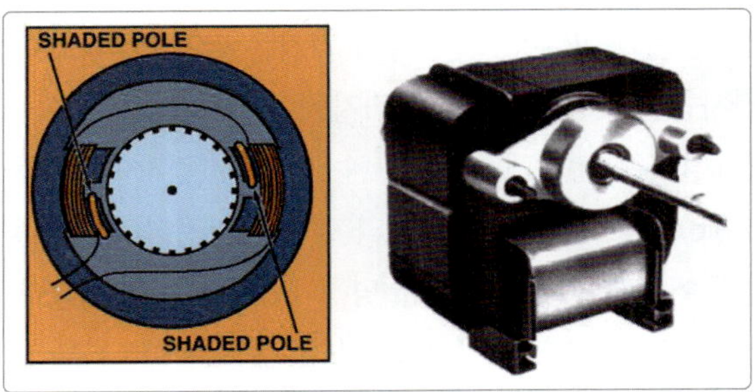


[그림 1-48] 분극유도전동기

## 1.3.1 다이오드(Diode)

### 1.3.1.1 반도체(Semiconductors)

반도체는 원자가전자각에 4개의 전자가 있다. 이러한 구조로 있는 두 가지 유형의 물질이 있는 데, 실리콘과 게르마늄이다.

탄소, 실리콘, 그리고 게르마늄은 그것들의 전자구조에서 고유한 성질을 갖는 데, 각각은 그것의 원자가전자각에 4개의 전자를 가지고 있다. 이것은 그들이 미묘한 결정을 형성하게 한다. 4개의 전자는 격자를 만들어내는, 4개의 이웃한 원자와 완벽한 공유결합을 형성한다. 우리는 탄소의 결정체형태를 다이아몬드라고 알고 있다. 실리콘의 결정체 형태는 은빛의 금속처럼 보이는 물질이다.

금속은 그들이 원자 사이를 쉽게 이동할 수 있는 "자유전자(free electron)"를 가지고 있고 전기는 전자의 흐름에 영향을 끼치기 때문에 전기도체의 특성을 갖고 있다. 실리콘 결정은 금속으로 보이지만 실제로 금속이 아니다. 실리콘 결정에 있는 모든 외곽전자들은 완벽한 공유결합에 영향을 끼치기 때문에 그것들은 주변을 이동할 수 없다. 순수한 실리콘 결정은 거의 절연체이므로 전기가 거의 흐르지 못한다.

### 1.3.1.2 실리콘 도핑(Doping Silicon)

실리콘의 성질을 변화시키기 위해 실리콘을 도핑(doping, 반도체 안에 소량의 불순물을 첨가하여 필요한 전기적 특성을 얻는 것) 하여 도체로 전환시킬 수 있다.

### 1.3.1.3 N-형(N-Type)

N-형 도핑에서, 인 또는 비소는 소량으로 실리콘에 첨가된다. 인과 비소 각각은 5개의 외곽전자를 가지고 있고, 그래서 그것들이 실리콘 격자에 들어갈 때 제자리에 있지 않다. 다섯 번째 전자는 접합할 것이 없고, 그래서 주변으로 자유롭게 이동할 수 있다. 전류가 실리콘을 거쳐 흐르게 하도록 충분한 자유전자를 생성하기 위해 아주 소량의 불순물만이 필요하다. N-형 실리콘은 양호한 도체이다. 전자는 음전하를 띠고 있기 때문에, 명칭을 N-형이라고 명명하였다.

### 1.3.1.4 P-형(P-Type)

P-형 도핑에서, 붕소 또는 갈륨은 도우펀트(dopant, 도핑을 위해 반도체에 첨가하는 소량의 화학적 불순물) 이다. 붕소와 갈륨 각각은 단지 3개의 외곽전자만을 갖는다. 실리콘 격자에 결합되었을 때 이들은 실리콘 전자가 결합할 수 없도록 격자에 "정공(hole)"을 형성한다. 전자의 결여는 양전하의 효과를 만들어내고, 이 사실에서 명칭 P-형이 유래되었다. 정공은 전류를 전도시킬 수 있다. 정공은 순조롭게 이웃으로부터 공간을 넘어 정공으로 이동하면서 전자를 받아들인다. P-형 실리콘은 양호한 도체이다.

### 1.3.1.5 다이오드 성질(Diode Properties)

P-형 물질과 N-형 물질이 접합되었을 때 흥미롭고 유용한 특성이 생기게 된다.

[그림 1-49] 다이오드 특성

일정한 전압이 인가되지 않으면, 두 물질은 접합면으로 전자와 정공을 끌어들일 것이다. 전자는 N-형 물질에서 접합면을 거쳐 흐를 것이고 P-형 물질에 있는 정공을 채울 것이다. 전자로서 정공을 채우는 것은 두 물질 사이에 대역(band)이 생기게 될 것이다. 대역은 정공 또는 전자가 없는 안정된 물질로 구성될 것이고, 그 결과 전자와 정공의 완전한 전도를 차단하는 절연체를 형성할 것이다. 이러한 접합면 지역을 '공핍지역(depletion region)" 이라고 한다.

기전력이 P-형 물질에 연결된 음(-)의 전원으로서, 그리고 N-형 물질에 양(+)의 전원으로서 인가되었을 때, P-형 물질과 N-형 물질의 접합면에 넓은 비전도성 간격 상태로 되게 하는 정공과 전자는 각각의 극성에 따라 끌어당겨질 것이다.

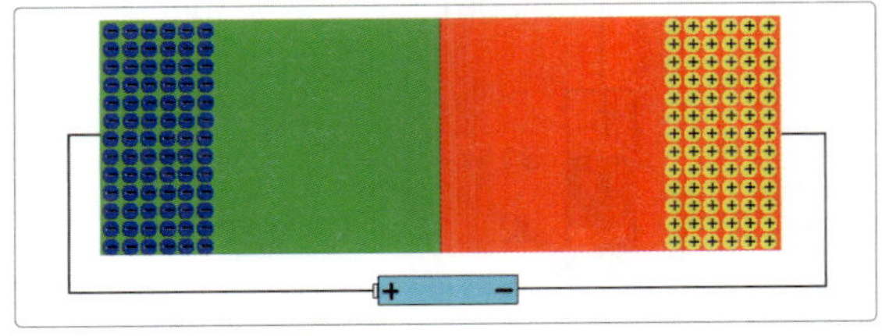

[그림 1-50] 다이오드 특성- 공핍지역

이 상태에서는 전류가 흐르지 않을 것이다. 공핍지역에서 안정된 절연체인 상태로 되게 하는 공핍지대(depletion zone)는 모든 전자와 정공이 접합지점에서 멀리 이동하여 넓어지게 된다.

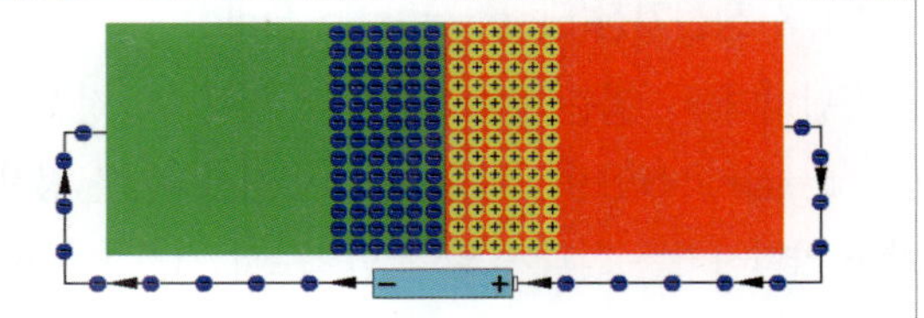

[그림 1-51] 다이오드 특성- 공핍지역

기전력 극성이 반대로 되고 정공과 전자가 접합면에서 서로를 향하여 밀어낼 때, 공핍지대는 없어지고, 그것에 의해서 전류흐름을 생기게 하는 두 물질 사이에서 전자와 정공의 교환이 일어나고, 그리고 기전력이 인가되는 동안 지속한다.

이러한 P-형 물질과 N-형 물질의 구성은 전자 "편도밸브(one way valve)" 를 만들어낸다. 전류는 오직 접합면을 거쳐 한쪽방향으로만 흐를 것이다.

### 1.3.1.6 공핍지역(Depletion Region)

공핍지역 또는 공핍 층은 자유전자 또는 정공이 없는 곳이고, 그것은 실제상 절연체이다. 인가된 전압이 없는 상태에서, 안정된 절연체를 형성하도록 접합한 상태로 P-형 물질에 정공과 N-형 물질에 전자의 끌어당김으로서 일으켜진 공핍지역이 존재한다. 충분한 전자와 정공이 합체되고 절연체가 형성되었을 때, 이것은 더 이상 전자와 정공의 전도를 차단하고, 그래서 P-형 물질과 N-형 물질은 이전에 설명한 바와 같이 여전히 자신의 극성을 유지한다.

역방향바이어스 되었을 때, 모든 자유전자와 정공이 절연체를 만들어내는 공핍지역은 다이오드의 바깥쪽 끝단으로 끌어당겨지기 때문에 넓어진다.

순방향바이어스 되었을 때, 정공과 전자가 전류흐름을 발생시키는 공핍지역은 접합면을 가로지르고 기전력으로부터의 정공과 전자로서 대체되기 때문에 없어진다.

### 1.3.1.7 정전기장(Electrostatic Field)

공핍지역에 집중되는 전자와 정공은 정전결합(electrostatic bond)을 형성한다. 이 정전결합은 정전결합을 약화시키는 힘과 동일한 힘으로서 저지해야 하기 때문에, 모든 전류흐름을 방해하는 기능을 한다. 더군다나 정전결합은 공핍지대를 없애기 위해 약화시켜져야 하고, 그래서 전류가 흐르게 된다. 정전결합을 극복하는 데 필요한 전압은 "장벽전위(barrier potential)" 이다.

### 1.3.1.8 실리콘 다이오드(Silicon Diodes)

다이오드의 가장 일반적인 형태는 실리콘으로 구성된다. 게르마늄은 실리콘보다 고온에서 덜 안정된 것이다. 실리콘 다어오드는 대부분 낮은 순방향바이어스가 필수인 특수 용도로 사용된다.

### 1.3.1.9 게르마늄 다이오드(Germanium Diodes)

초기 반도체 개발은 상업용 반도체 재료로서 게르마늄을 사용했다. 그 이유는 가공의 용이함과 더 안정된 온도특성으로 인하여, 실리콘이 반도체에서 선택되었다. 그 결과, 대부분의 초기 게르마늄 반도체는 실리콘으로 대체되었다. 이들은 주로 트랜지스터와 다이오드이었다. 그러나 게르마늄 다이오드는 본질적으로 대략 0.3[V]의 낮은 순방향 전압강하의 이점이 있는 데, 실리콘 다이오드에 비해 여러 가지 측면에서 우수하게 만드는 이러한 낮은 순방향 전압강하는 낮은 전력손실과 더 효율적인 다이오드로 귀착한다. 실리콘 다이오드 순방향 전압강하는 대략 0.7[V] 이다.

게르마늄에 의한 낮은 전압강하는 매우 낮은 신호 환경, 즉 오디오에서 FM 주파수까지 신호탐지와 낮은 차원의 논리회로에서 중요하게 된다. 결과적으로 게르마늄 다이오드는 낮은 차원 디지털 회로에서 응용분야가 증가하고 있다는 것을 알 수 있다.

### 1.3.1.10 정류다이오드(Rectifier Diode)

용어 다이오드와 정류기는 가끔 혼용하여 사용되지만, 용어 다이오드는 전형적으로 milliamp 범위에 전류를 갖는 소형 신호 장치를 의미하고, 반면에 정류기는 1~1,000[amp] 또는 그 이상을 전도하는 전력장치이다. 반도체 다이오드는 PN 접합으로 이루어지고 2개의 단자, 즉 애노드(+)와 캐소드(−)을 가지고 있다.

다이오드의 음극(cathode)은 띠로서 또는 유사한 표시 방법으로 표시되어 있다.

### 1.3.1.11 실리콘제어 정류기<br>(Silicon Controlled Rectifier(SCR))

사이리스터(thyristor)는 개방 또는 접속 스위치로서 기능을 하는 반도체장치의 그룹에 속한다. 실리콘제어정류기는 사이리스터의 한 가지 유형이다. 실리콘제어정류기는 교번하는 P−형 물질과 N−형 물질(PNPN)로 이루어진, 4−겹 반도체장치이다. 사이리스터는 보통 3개의 전극, 즉 양극, 음극, 그리고 게이트(제어 전극)를 가지고 있다.

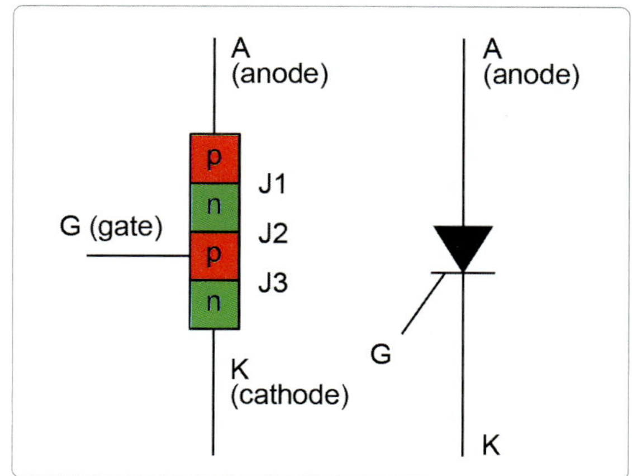


[그림 1-52] 실리콘제어 정류기

캐소드가 애노드에 대해 음으로 대전되었을 때, 전류는 펄스가 게이트에 인가될 때까지 흐르지 않는다. 그때 실리콘제어정류기가 전도하기 시작하고, 그리고 캐소드와 애노드 사이에 전압이 반대로 될 때까지 또는 특정 한계치 이하로 감소될 때까지 계속 전도가 일어난다. 실리콘제어정류기를 끊는 데 사용되는 일반적인 방법은 실리콘제어정류기를 단락시키는 것이다. 이것은 전류를 지정된 최소규정값 이하로 그것들을 통과하는 전류를 줄이고 끊는다. 이 유형의 사이리스터를 사용하면, 대량의 전력은 소량의 유발전류(triggering current) 또는 유발전압(triggering voltage)을 사용하여 연결시키거나 또는 제어될 수 있다.

실리콘제어정류기는 전동기 속도제어, 조광기, 압력제어 장치, 그리고 액체높이 조절기에 사용된다. 온도과부하–형 회로의 경우, 이종금속 센서는 온도과부하가 유지되거나 소멸되는지에 관계없이 리셋스위치로서 취소시킬 때까지, 즉 전도전류가 제거될 때까지 계속 켜져 있게 될 경고등에 전압을 가하는 실리콘제어정류기를 작동시킬 수 있다.

### 1.3.1.12 발광다이오드<br>(Light–Emitting Diodes(LEDs))

발광다이오드가 순방향바이어스 되었을 때, 전자는 표준 다이오드처럼 PN 접합을 가로지른다. 이동하는 전자가 정공과 결합할 때, 에너지는 빛의 형태로 방출된다. 이 빛은 실제로 광양자(photon) 이다. 발광다이오드에서, 반도체 물질의 하나의 겹에 큰 노출된 표면은 광양자가 가시광선으로 방출하게 한다. 이 과정은 전자발광(electroluminescence)이라고 한다. 저항기는 항상 저항기를 거쳐 흐르는 전류를 제한하기 의해 발광다이오드와 직렬로 연결해야 한다.

발광다이오드는 전형적으로 신호표시기 램프와 판독 화면표시기에 사용된다. 발광다이오드를 사용하는

일반적인 유형의 LED 화면표시기는 대부분의 디지털 시계에서 볼 수 있는 7-세그먼트 화면표시기이다. 표준형 다이오드에 사용되는 실리콘과 게르마늄은 그것들이 열을 발생시키고 생성한 빛이 매우 열악하기 때문에 발광다이오드에는 사용되지 않는다. 발광다이오드에 사용되는 반도체 재료는 다음과 같다.

- 갈륨 · 비소 – 적외선 방출
- 갈륨 · 비소 · 인산화물 – 적색광 또는 황색광 방출
- 비소 · 인산화물 – 적색광 또는 녹색광 방출

### 1.3.1.13 광전도다이오드<br>(Photo Conductive Diode)

모든 P–N 접합은 빛에 민감하다. 광전다이오드는 이 효과를 가장 효과적으로 활용하도록 설계된 P–N 접합이다. 광전다이오드는 두 가지 수단, 즉 여기에서 그것이 조명되었을 때 전류원이게 되는, 광전지(photovoltaic) 역할로서, 또는 광전도(photoconductive) 역할로서 사용될 수 있다.

광전도 모드로 광전다이오드를 사용하려면, 광전다이오드는 역방향바이어스 되는 데, 그때 광전다이오드는 그것이 조명되었을 때 전류를 흐르게 할 것이다.

광전다이오드는 빛에 의해 동작되는 특수 다이오드이다.

그것의 케이스에 구멍을 통해 비추는 빛은 자유전자를 다이오드 공핍영역으로 방출하고 그것으로 하여금 역방향바이어스 상태에서 전도하게 한다. 빛이 비추지 않을 때, 전류는 흐를 수 없다.

광전다이오드는 반도체에서 P–N 접합이 빛에 의해 비추어졌을 때 전류 또는 전압이 흐르게 하는 반도체 광센서이다.

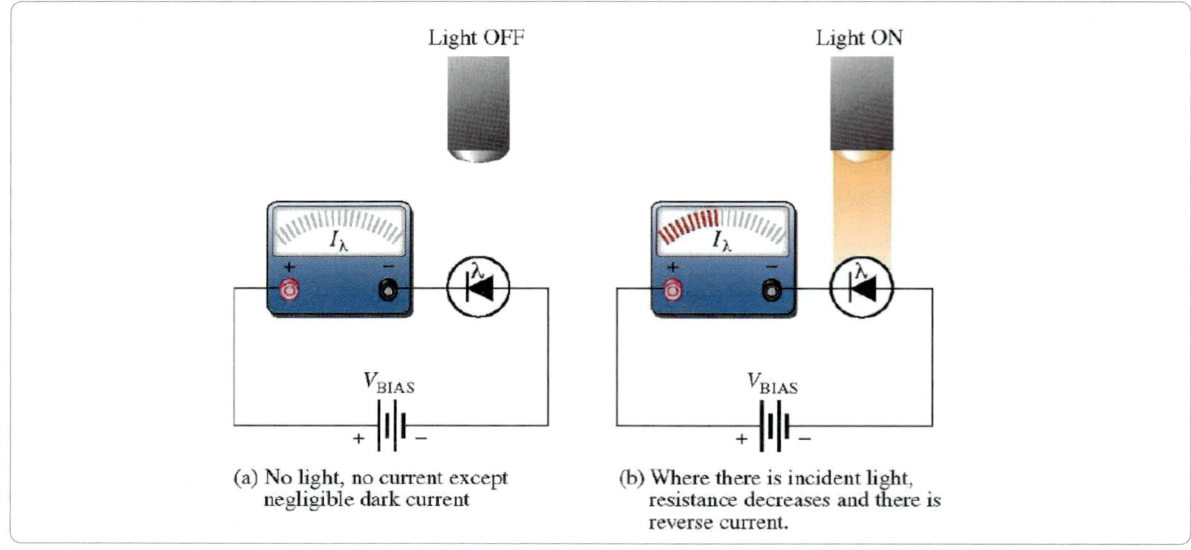


[그림 1-53] 광전도다이오드

광전다이오드는 그것의 역방향바이어스 상태에서 작동하도록 고안되었다. 즉 음(−)의 기전력이 애노드에 인가된다는 것이다. 모든 다이오드와 마찬가지로, 다이오드가 무한저항을 가지고 있지 않기 때문에, 소량의 역방향전류누설이 있다. PN 접합이 빛에 노출되었을 때, 공핍영역을 가로지르는 전자의 더 많은 이동은 광양자에 의해 일으켜지고, 결과적으로 훨씬 더 큰 역방향전류가 흐른다. 역방향전류는 광전다이오드가 순방향바이어스 되거나 또는 광원이 제거될 때까지 계속 흐를 것이다.

### 1.3.1.14 제너다이오드(Zener Diodes)

제너다이오드는 특정 역방향항복전압(reverse breakdown voltage), 즉 역방향바이어스 되었을 때 전도전압을 갖도록 설계되었다.

제너다이오드는 전압·감지스위치처럼 사용되거나 또는 전압조절을 제공하기 위한 전류·제한용저항기와 직렬로 사용될 수 있다.

### 1.3.1.15 배리스터(Varistors)

배리스터(varistor, 반도체 저항소자)는 교류입력 양단에 또는 보호하고자 하는 소자 양단에 직접 연결된 서지방지장치(surge protection device)로서 사용된다. 정지상태(rest state)는 보호하고자 하는 소자와 관련하여 수 메그옴의 높은 임피던스를 가지고 있고 회로의 특성을 바꾸지 않는다.

전력 서지 또는 전압 스파이크파형이 감지되었을 때, 과전압에 대한 순간분로경로를 만들어내고 그것에 의해서 민감한 소자를 지키는 배리스터의 저항은 급격히 감소한다. 분로경로는 단락회로를 만들어내기 때문에, 회로보호장치는 보통 과정 중에 동작한다. 회로차단기의 재설정 또는 퓨즈의 교체는 민감한 소자를 교체하는 것보다 훨씬 저렴하다. 그것들은 아주 빠른 반응시간을 가지고 있고 누설전류가 적다. 이들은 연속적인 제너다이오드처럼 동작하고 단지 항복전압 또는 클램핑 전압(clamping voltage, 특정 최고 펄스 전류와 파형 하에서의 배리스터 단자 간 전압의 최고값)을 초과했을 때에만 동작한다. 이들은 또한 일반적으로 금

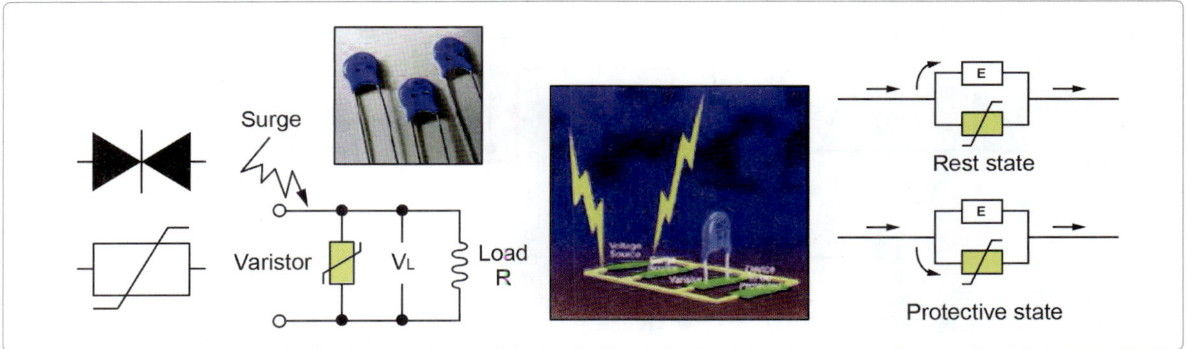


[그림 1-54] 정지상태와 보호상태의 배리스터

속산화물배리스터(MOV, metal oxide varistor)라고
도 한다.

### 1.3.1.16 반파정류기(Half-Wave Rectifier)

다이오드의 가장 중요한 용도 중 한 가지는 정류이
다. 표준 PN 접합 다이오드는 순방향 바이어스 되었을
때, 즉 낮은 저항 방향일 때, 아주 크게 전도하고 역방
향바이어스 되었을 때, 즉 높은 저항 방향일 때, 단지
조금 전도하므로 이 목적에 아주 적합하다. 만약 우리
가 이 다이오드를 교류전력의 공급원과 직렬로 배치한
다면, 다이오드는 매 주기마다 순방향바이어스 되고
역방향바이어스 될 것이다. 이 상황에서, 전류는 다른
방향보다는 한쪽방향으로 더 쉽게 흐르기 때문에 정류
가 이루어진다.

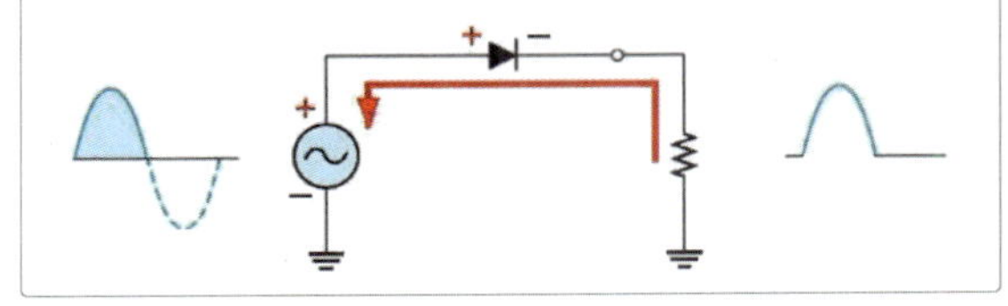

[그림 1-55] 양의 교번 시 작동

가장 간단한 정류기회로는 다이오드, 교류전원, 그
리고 부하저항기로 이루어진 반파정류기 이다.

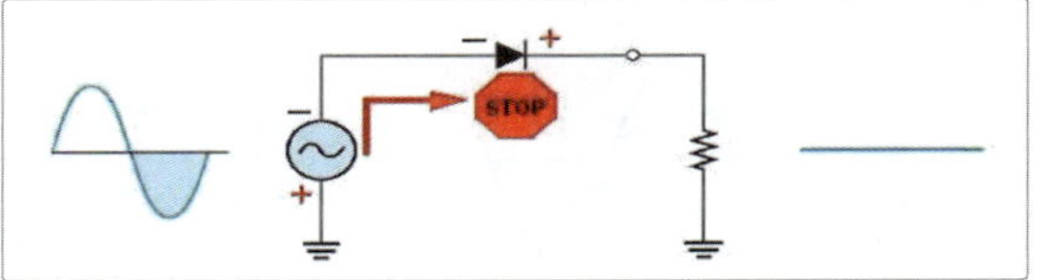

[그림 1-56] 음의 교번 시 작동

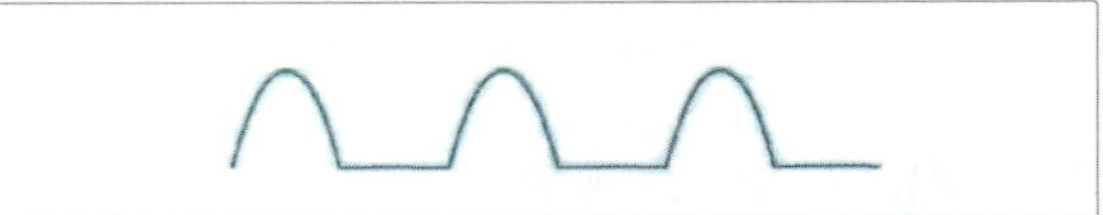

[그림 1-57] 3번의 입력주기 동안 반파정류기 출력전압

### 1.3.1.17 전파정류기(Full Wave Rectifier)

전파정류기는 부하전류가 교류전원의 매 $\frac{1}{2}$[cycle]
동안 동일한 방향으로 흐르도록 배열된 2개 이상의 다
이오드를 가지고 있는 장치이다. 변압기는 2개의 정류
기 다이오드로서 전원전압을 공급한다. 다이오드에 대
한 연결부는 다이오드가 교번 $\frac{1}{2}$[cycle]에서 전도하도
록 배열된다. 첫 번째 교번전류가 상단 다이오드를 거
쳐 흐르는 동안 하단 다이오드는 역방향바이어스 된
다. 주기에서 음(−)의 $\frac{1}{2}$ 동안, 하단 다이오드는 전도
되고 상단 다이오드는 역방향바이어스 된다. 저항기로
서 표시되는, 출력을 통한 전압측정은 항상 같은 방향
이고, 그리고 일련의 정류된 교류펄스이다.

입력전압 주기에 양쪽의 교번이 사용되기 때문에,
그 회로는 전파정류회로(full−wave rectifier)라고

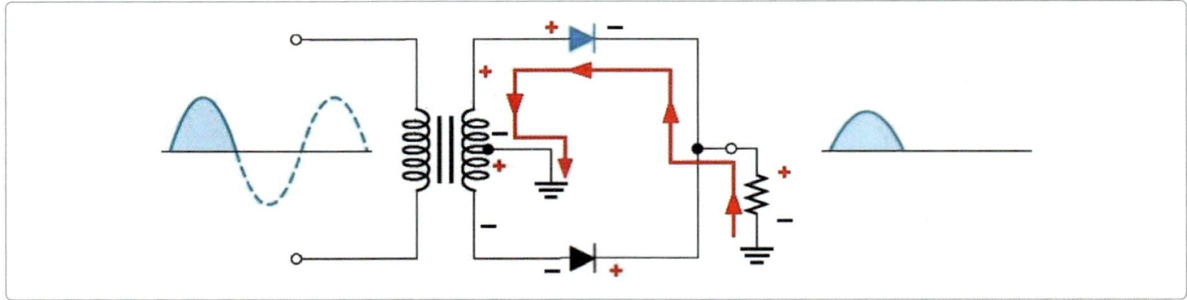

[그림 1-58] 양의 반주기 시, 상부 다이오드는 순방향 바이어스, 하부는 역방향 바이어스

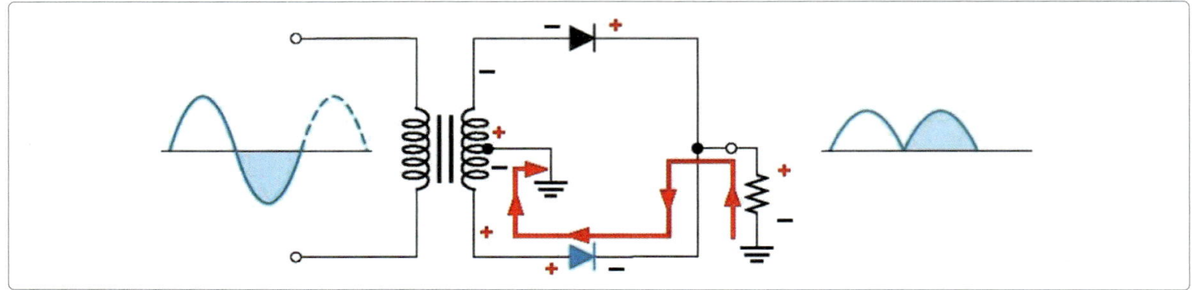

[그림 1-59] 음의 반주기 시, 하부 다이오드는 순방향 바이어스, 상부는 역방향 바이어스

한다. 정류 후, 연속된 교류펄스는 반반하게 되고 교류 리플(ac ripple, 교류 잔물결) 없이 일률적인 직류를 일으키도록 조절된다.

### 1.3.1.18 브리지정류기(The Bridge Rectifier)

4개의 다이오드가 그림에서 보여준 것과 같이 연결되었을 때, 회로는 "브리지정류기(bridge rectifier)"라고 한다. 회로에 입력은 회로망의 대각선 반대쪽 모서리에서 인가되고 출력은 나머지 두 곳의 모서리에서 취한다.

변압기 이론은 여기서 다루지 않겠지만, 교류전압이 이차권선에서 빠져 나오고 있다고 가정한다. 순환 다이오드 D1과 D2에서 양(+)의 $\frac{1}{2}$[cycle]은 순방향바이어스 되고 전류는 접지를 거쳐 인가 기전력의 양(+)의 전위로 다시 흐른다. 음(−)의 $\frac{1}{2}$[cycle] 동안, 다이오드 D1과 D2는 역방향바이어스 되지만, 그러나 전류는 이제 접지에서, 부하를 거쳐 위쪽방향으로 그리고 다

이오드 D3과 D4를 거쳐 흐르고 그 다음에 기전력의 양(+)의 전위로 다시 흐른다. 전류는 항상 부하를 거쳐 한쪽방향으로 흐르고 있고 그래서 그것은 더 이상 교번하지 않고, 그것은 단지 맥동한다. 전류는 인가전압의 $\frac{1}{2}$[cycle] 동안 부하를 거쳐 흐르기 때문에, 이 브리지정류기는 전파정류기이다.

기존의 전파정류기보다 브리지정류기에 대한 한 가지 장점은 주어진 변압기에서 브리지정류기가 기존의 전파회로의 것에 거의 두 배인 전압출력을 생성한다는 것이다. 이것은 일부 소자에 값을 지정하여 표시하게 된다. 동일한 변압기가 양쪽 회로에서 사용되었다고 가정한다. 발생된 최고전압은 양쪽 회로에서 1,000[V] 이다. 이전 그림에서 보여준 기존의 전파회로에서, 중앙 탭에서 X 이거나 또는 Y까지의 최고전압은 500[V] 이다. 임의의 순간에 단지 1개의 다이오드만이 전도할 수 있기 때문에, 임의의 순간에 정류될

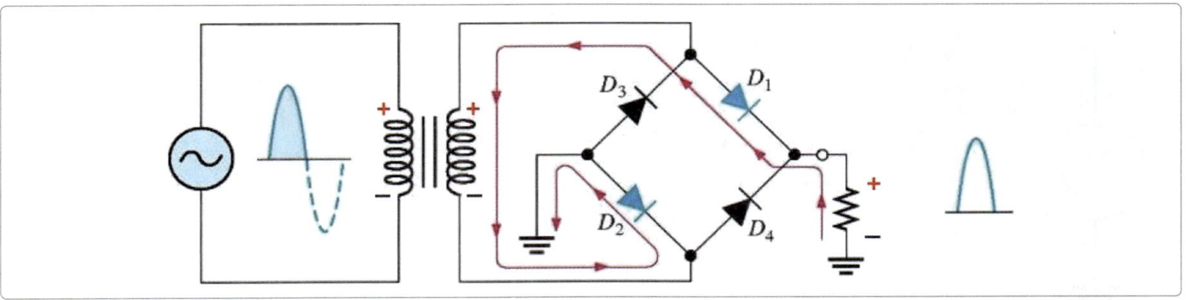

[그림 1-60] 양의 반주기 시, D3과 D4는 순방향 바이어스, D1과 D2는 역방향 바이어스

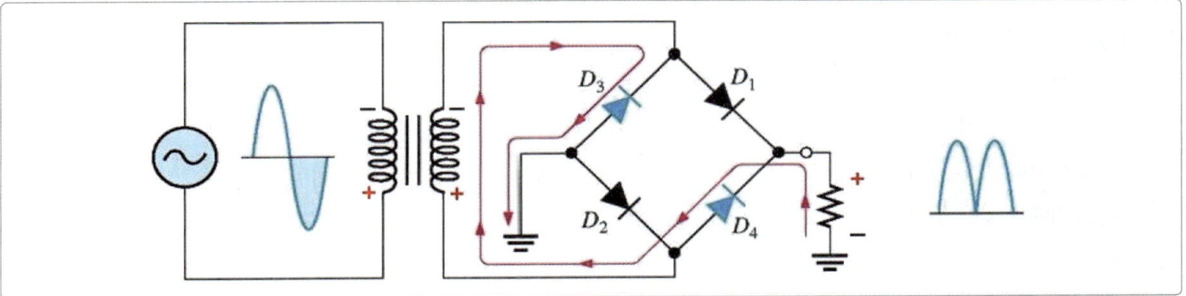

[그림 1-61] 음의 반주기 시, D3과 D4는 순방향 바이어스, D1과 D2는 역방향 바이어스

수 있는 최대전압은 500[V] 이다. 그런 까닭에 부하 저항기 양단에 나타나는 최대전압은 다이오드 양단에 소량의 전압강하의 결과로서, 거의 500[V], 그러나 절대로 500[V]를 초과하지 않는다. 이 그림에서 보여준 브리지정류기에서, 정류될 수 있는 최대전압은 전체이차전압, 1,000[V] 이다. 그 결과로서 부하 저항기 양단에 최고출력전압은 거의 1,000[V] 이다. 동일한 변압기를 사용하는 양쪽 회로에서, 브리지정류회로는 기존의 전파정류회로보다 더 높은 출력전압을 생성한다.

### 1.3.1.19 병렬연결 다이오드<br>(Parallel Connection-Diodes)

제너다이오드는 직류전원 장치와 병렬로 연결된다. 제너는 역방향바이어스 형태로 기능을 한다. 과전압이 발생되었을 때, 제너는 초과전압을 접지로 단락시킨다.

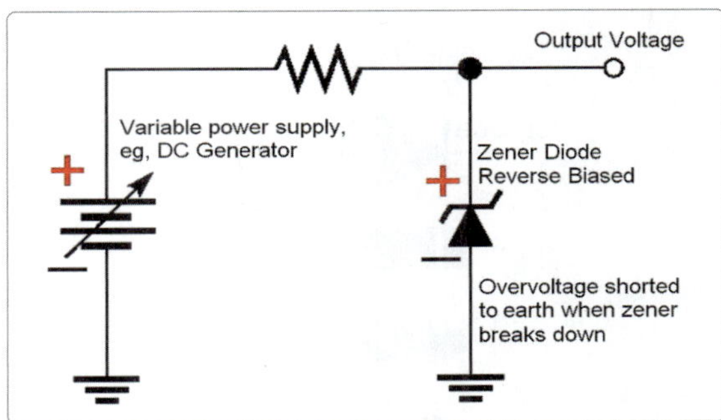


[그림 1-62] 직류전원 공급 장치와 병렬 상태

배리스터는 교류전원 장치와 병렬로 연결된다. 이들은 항복전압이 초과될 때까지 개방회로로서 보이게 된다. 배리스터는 양(+)과 음(−)의 과전압을 접지로 단락시킨다.

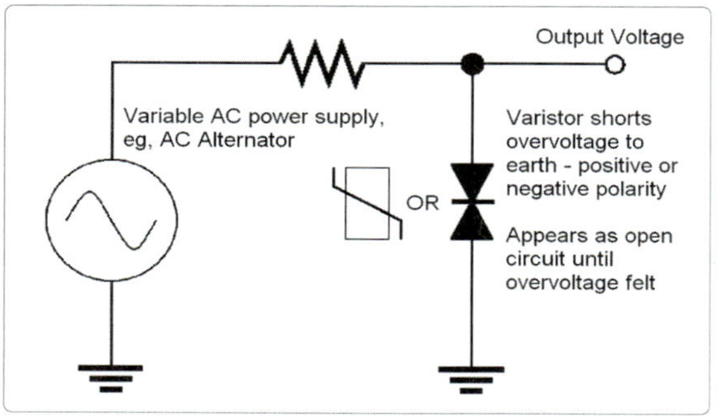



[그림 1-63] 교류전원 공급 장치와 병렬 상태

## 1.3.1.20 다이오드 캐소드와 애노드 인식
### (Diode Cathode and Anode Recognition)

다이오드는 일반적으로 캐소드 또는 애노드를 나타내도록 표시된다. 일부 다이오드에서는, 다른 다이오드보다 더 분명하다. 발광다이오드의 애노드는 더 긴 다리가 있다. 만약 다리가 이미 잘려 있거나, 또는 만약 표식을 알기 어렵게 되었다면, 또는 확신할 수 없다면, 항상 멀티미터로 다이오드를 시험할 수 있다.

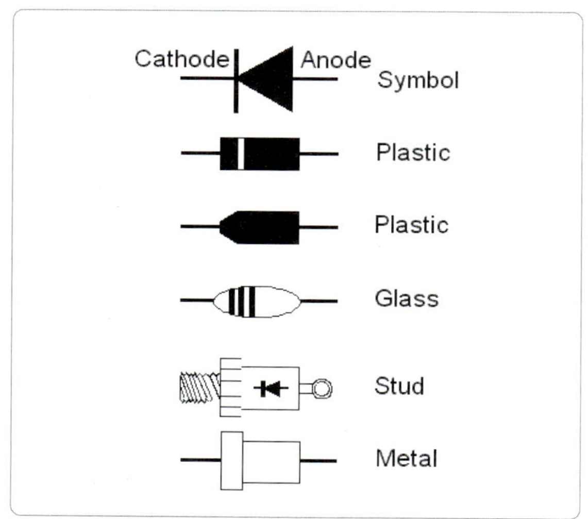



[그림 1-64] 다이오드 음극과 양극 식별

# 1.3.2 반도체-트랜지스터 (Semiconductors-Transistors)

## 1.3.2.1 반도체 특성 (Semiconductor Characteristics)

기전력이 P-형 물질에 연결된 음(−)의 전원과 N-형 물질에 양(+)의 전원으로 인가되었을 때, P-형 물질과 N-형 물질의 접합면에서 폭이 넓은 비전도성 간격 상태로 되게 하는, 정공과 전자는 각자의 극성에 의해 끌어 당겨질 것이다. 이 상태에서는 전류가 흐르지 않을 것이다. 공핍지역에 안정된, 절연체 상태로 되게 하는, 공핍지대는 모든 전자와 정공이 접합지점에서 멀리 이동하여 넓게 된다.

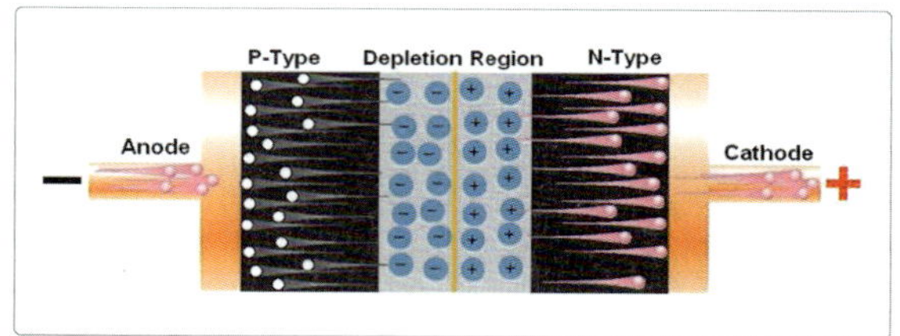



[그림 1-65] 다이오드 역 바이어스 시 넓어진 공핍지역

기전력 극성이 반대로 되고 정공과 전자가 공핍지대를 없애는, 접합면으로 서로를 향하여 밀어내었을 때, 그것에 의해서 전류흐름을 일으키는, 2개의 물질 사이에 전자와 정공의 교환이 일어나고, 그리고 기전력이 인가되는 동안 지속한다.

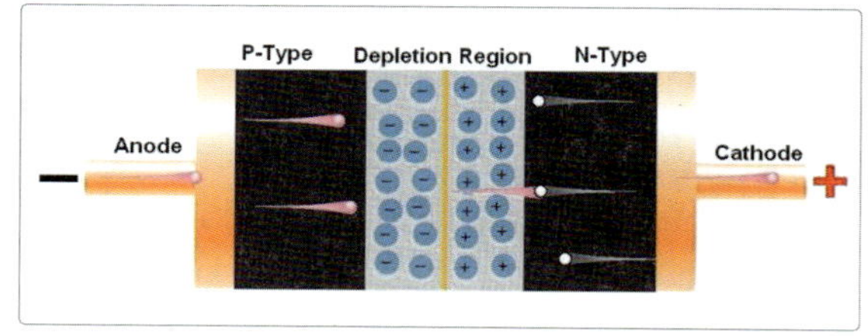



[그림 1-66] 넓게 공핍된 넓은 공핍지역으로 인한 소량의 역전류

이러한 P-형 물질과 N-형 물질의 배치는 전자 "편도밸브(one way valve)"를 만들어낸다. 전류는 오직 접합면을 통과하여 한쪽방향으로만 흐를 것이다. 이 PN 접합은 다이오드라고 한다. 전류가 차단되었을 때, 다이오드는 역방향바이어스 된다. 전류가 흐를 때, 다이오드는 순방향 바이어스 된다.

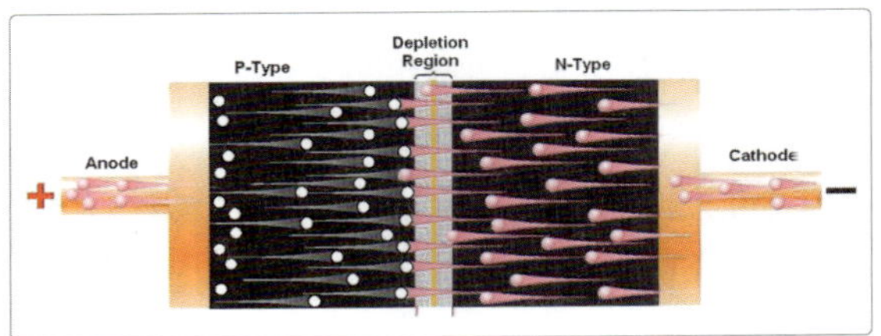

[그림 1-67] 좁은 공핍지역에서 무시할 만한 저항을 통해 쉽게 흐르는 전류

## 1.3.2.2 트랜지스터 구조(Transistor Construction)

다이오드가 PN 물질에 1개의 접합면을 가지고 있을 경우, 트랜지스터는 2개가 있다. 그것은 사실상 2개의 다이오드가 연속하여 있는 것이다. 이는 전체 전자산업과 컴퓨터산업이 기반을 구축한 추가적인 특성을 제공한다. 이제 반도체가 순방향바이어스인지 아니면 역방향바이어스인지를 결정하는 인가전압 대신에, 반도체의 중앙부분에 인가된 소량의 전류는 반도체가 도통 상태로 되거나(on) 비 도통 상태로(off) 될 것이다. 전도 또는 비 전도는 그것이 도체인지 아니면 절연체인지를 의미한다. ON은 사실상 순방향바이어스 도통 상태이고, OFF는 사실상 역방향바이어스이다. 순방향바이어스와 역방향바이어스는 트랜지스터와 관련하여 적용되지 않고, ON과 OFF는 트랜지스터의 두 가지 상태를 설명한다. 다이오드 단락에서, 실리콘제어정류기, 즉 사이리스터를 다루었을 것이다. 실리콘제어정류기는 스위칭입력(switching input, 전환입력)어 의해 전도되지만, 그러나 실리콘제어정류기는 단지 그것을 거쳐 지나가는 일차전류가 제거되었을 때에만 끊어

진다. 트랜지스터 컨덕턴스는 on / off 스위칭전압에 의해 완전히 제어된다.

## 1.3.2.3 트랜지스터의 구성부분(Parts of a Transistor)

중앙부분은 "베이스(base)"라고 한다. 외곽지역은 "이미터(emitter)"와 "컬렉터(collector)"라고 한다.

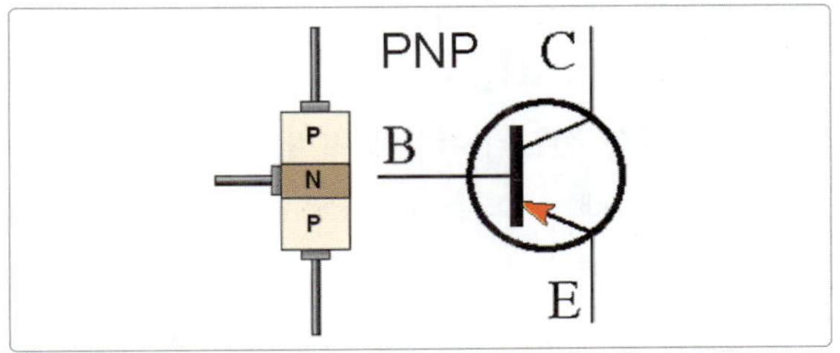


[그림 1-68] PNP 트랜지스터의 구조

우리는 단순히 N-형 반도체 또는 P-형 반도체가 합리적인 도체라는 것을 이전에 알았다. 트랜지스터가 도통 상태일 때, 동일한 방식으로 반응을 나타낸다. 이미터와 컬렉터는 동일한 유형의 물질로 제조된다. 트랜지스터에는 베이스·이미터와 베이스·컬렉터 사이에 2개의 공핍지역이 있다. 따라서 외부 전압이 컬렉터와 이미터에 인가되었을 때, 하나의 접합면은 항상 인가된 전압의 극성에 관계없이 항상 역방향바이어스 될 것이다. 그러나 만약 전압이 NPN 트랜지스터의 컬렉터와 이미터에 인가되고, 그리고 양(+)의 전압이 베이스에 인가되었다면, P 물질에 정공은 사실상 2개의 공핍지역을 고갈시킬 2개의 N 물질로 된 접합면 쪽을 향하여 정공을 밀어내는, 양(+)의 인가전압에 대해 반발하게 될 것이다.

베이스에 인가된 전압은 다이오드 반송자 전위와 동일한, 정전기인력을 극복하기에 충분한 것이어야 하고, 그래서 트랜지스터는 또한 도통하는 데 최소전압이 필요하다. 그러나 베이스 전압이 제거되었을 때, 이미터·컬렉터를 개방회로로 하고, 외부회로에 전류를 전환시키는, 공핍지역은 베이스·이미터이거나 또

는 베이스·컬렉터의 접합면에서 다시 형성될 것이다. NPN 트랜지스터는 베이스에 양(+)의 전압을 인가하여 도통 상태가 된다. PNP 트랜지스터는 베이스에 음(−)의 전압을 인가하여 도통 상태가 된다. 이것은 트랜지스터 베이스에 전원의 인가가 회로를 도통 상태가 되거나, 또는 트랜지스터가 베이스에 인가된 전압을 가질 수 있고, 트랜지스터가 전압이 제거되었을 때 도통 상태가 되는 회로를 설계할 수 있는 유연성을 제시한다. 회로에서 전압의 극성에 따라, PNP 트랜지스터 또는 NPN 트랜지스터는 베이스로부터 전압의 인가 또는 제거로서 트랜지스터를 도통 상태로 하는 데 사용될 수 있다.

이러한 트랜지스터의 ON / OFF, 또는 이진법 기능은 컴퓨터에서 정보의 처리를 가능케 한다. 이것은 디지털 기술, 이진법, 즉 ON 또는 OFF의 기초이다.

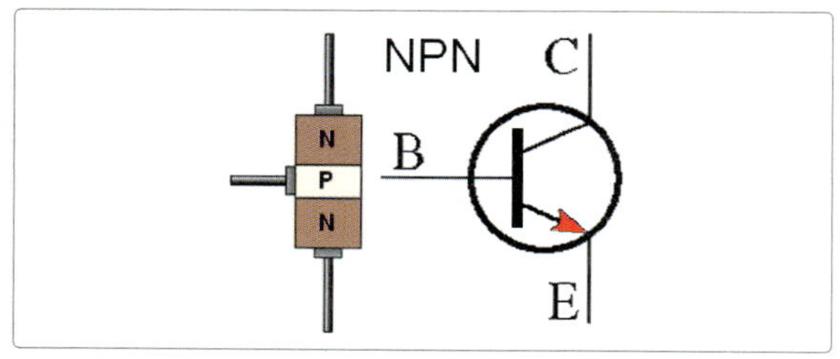


[그림 1-69] NPN 트랜지스터의 구조

### 1.3.2.4 양극성접합 트랜지스터 (The Bipolar junction Transistor)

PNP 접합 트랜지스터는 P−형 반도체의 얇은 층('베이스' 라고 함)에 의하여 분리된 2개의 N−형 반도체('이미터'와 '컬렉터' 라고 함)로 이루어진다.

트랜지스터 동작은 만약 구획에 전위가 적절히 결정되었다면, 베이스와 이미터 결합 사이에 소량의 전류가 이미터와 컬렉터 결합 사이에 큰 전류를 초래하여 전류증폭을 만들어내는 것으로 귀착한다. 일부 회로는 스위칭회로로서 트랜지스터를 이용하도록 설계되어 있는데, 베이스·이미터 접합면에 전류는 컬렉터와 이미터 사이에 낮은 저항경로를 생기게 한다. 2개의 P−형 반도체 사이에 놓인 얇은 층의 N−형 반도체로 이루어진 PNP 접합 트랜지스터는 모든 극성이 반대로 되는 것을 제외하고, 동일한 방식으로 작동한다.

### (가) 트랜지스터 구조(Transistor Construction)

베이스는 초기 양극성트랜지스터가 만들어진 방식에서 그 이름이 유래되었다. 이것은 기본적인 반도체로 시작되었고 그 다음에 2개의 작은 조각의 것이 이미터와 컬렉터를 만들어내도록 '다시 불순물을 첨가했다(re−doped).' 이 과정의 결과는 그림 1−70에서 보여준다.

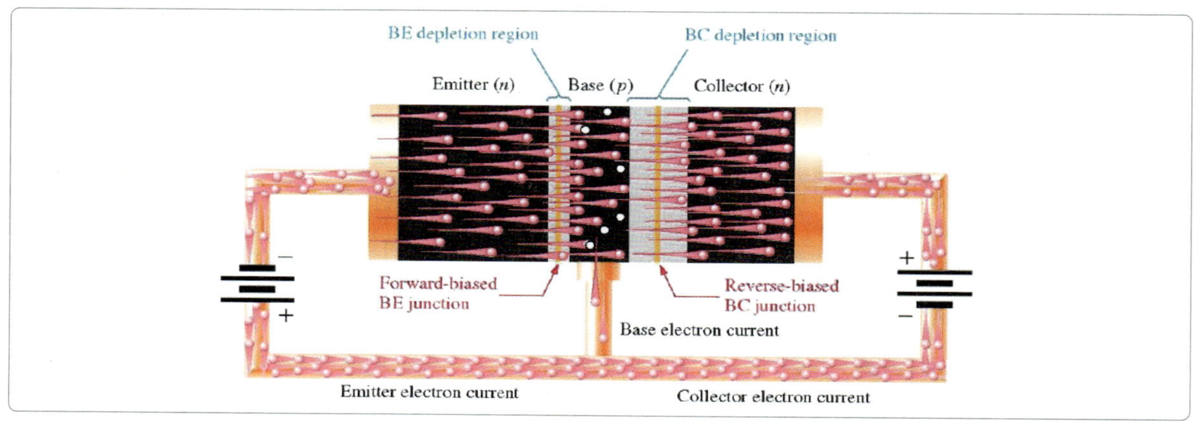


[그림 1-70] 바이폴라 접합트랜지스터

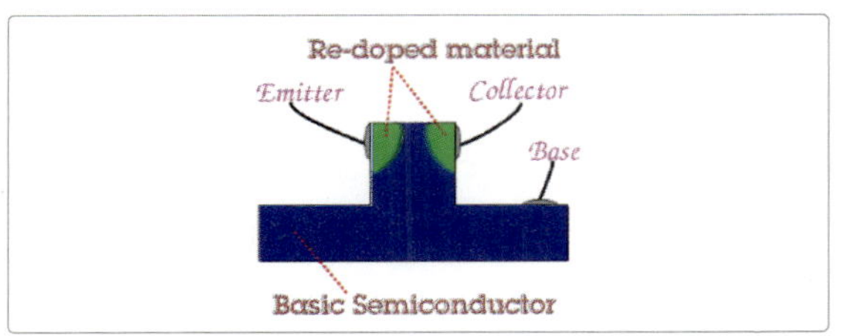

[그림 1-71] 트랜지스터 구조

그림 1-71에서, 우리는 '베이스(base)' 라는 이름이 전기적으로 우리가 시작한 큰 부분 반도체 재료의 일부이기 때문에 그 이름이 붙여진 것을 알 수 있다. 명칭 '베이스(base)' 는 초기 트랜지스터 제조업체들에게 이것이 제조공정의 기계적 그리고 전자적 출발점임을 상기 시켰다. NPN 트랜지스터를 만들려면, 한 덩어리의 P-형 물질로 시작하고 그것들을 N-형으로 만들기 위해 서로에 가까운 양쪽 부분을 다시 불순물을 첨가한다. PNP 트랜지스터를 만들려면, 반대로 이루어진다. 요즘 양극성트랜지스터는 여러 가지 다른 방법으로 만들어지고, 그래서 명칭 '베이스' 는 더 이상 특정 장치가 어떻게 만들어 졌는지를 말하지 않는다. 그 명칭은 일종의 역사적 유산이다.

이상적으로는, 개조되지 않은 베이스 지역의 두께를 알맞게 얻어야 한다. 너무 얇으면, 베이스는 본질적으로 없어질 수 도 있다. 그러면 이미터와 컬렉터는 연속적인 반도체 조각을 형성하게 될 것이고, 그래서 전류는 조금의 베이스 전위도 없는 그것들 사이에 흐르게 될 것이다. 너무 두꺼우면, 이미터에서 베이스로 들어가는 전자는 그것이 너무 멀리 떨어져 있게 될 것이기 때문에 컬렉터를 인지하지 못하게 될 것이다. 그러면 전류는 모두 이미터와 베이스 사이에 있게 될 것 고, 이미터ㆍ컬렉터 전류는 없게 될 것이다. 이러한 이유로, 양극성트랜지스터의 정확한 설계는 여기에서 설명한 것보다 훨씬 복잡하지만, 여전히 우리가 알고 있는 방식으로 작동한다.

이 소개에 사용된 그림 1-72은 비율에 따라 그린 것이 아니고, 순전히 설명을 위한 것이다.

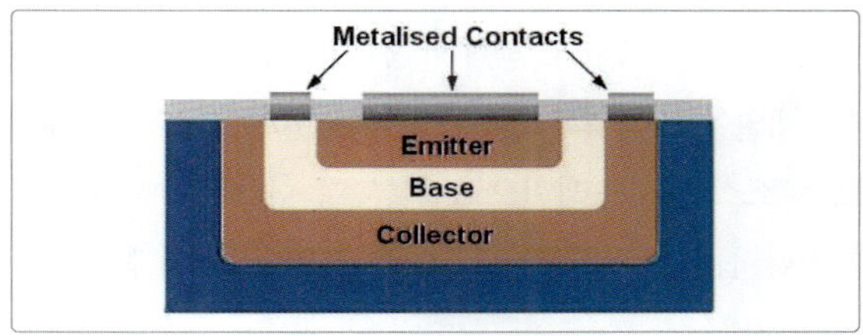


[그림 1-72] 바이폴라 트랜지스터의 정밀설계.

### 1.3.2.5 전계효과 트랜지스터 (Junction Field Effect Transistors)

전계효과트랜지스터는 단지 2개의 구역에 반도체 물질을 갖는다. 그림 1-73 와 같이, 접합형 전계효과트랜지스터(JFET, junction field effect transistors)는 채널의 중앙 근처에 배치된 2개의 다른 유형으로 된 2개의 구역으로서 하나의 유형의 채널로 배열된 구역을 가지고 있다. 전기는 "채널(channel)" 을 거쳐 소스(source)에서 드레인(drain)으로 흐른다. 게이트(gate)에 연결된 전압은 채널에 흐르는 전류를 방해한다. 따라서 게이트에 연결된 전압은 채널을 거쳐 흐르는 전류를 제어한다. 그것은 물의 흐름을 제한하기 위해 정원 호스를 짜는 것과 같은 원리로 작동한다.

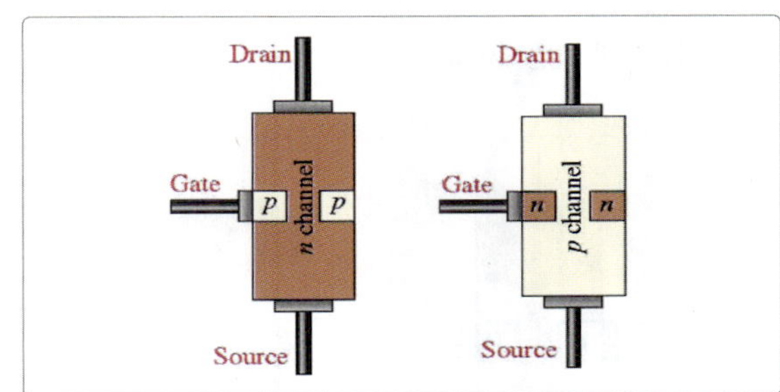


[그림 1-73] 전계효과트랜지스터

게이트는 항상 소스에 대해 역방향바이어스 되고 그래서 항상 소스전류 또는 드레인전류에 일정한 양의 저항을 제공한다. 역방향바이어스 되는 정도는 저항을 증가시키고, 그것에 의해서 전위차계 조정노브와 같이, 채널을 거쳐 흐르는 전류를 제한하는 것이다. 게이트는 소스에서 드레인으로 전류흐름에 대한 영역을 넓히거나 좁히기 위해 공핍지역을 생기게 하고 움츠러들게 한다.

전계효과트랜지스터의 두 가지 기본적인 종류가 있는 데, 접합형 전계효과트랜지스터(JFET)와 금속산화물반도체 전계효과트랜지스터(MOSFET) 이다. 오늘날의 집적회로에 들어가는 대부분의 트랜지스터는 금속산화물반도체 전계효과트랜지스터이다.

3개의 전극은 반도체 결정에 부착되어 있는 데, 하나는 중간 양(+)의 구역에, 그리고 각각의 지류에 하나씩 부착되어 있다. 상단 단자와 하단 단자에 전압을 인가하면, 전류는 그것을 거쳐 흐를 것이다. 전자가 들어오는 쪽을 소스라고 하고, 그리고 전자가 빠져 나가는 쪽을 드레인이라고 한다. 만약 아무 일도 일어나지 않는다면, 전류는 한쪽에서 다른 쪽으로 흐를 것이다. 그러나 전자가 N-형 반도체와 P-형 반도체 사이에 접합면에서 움직이는 방식으로 인하여, 전류는 특히 베이스에 가깝게 흐르지 못하게 될 것이다. 그것은 단지 양분하여 얇은 채널을 통해서만 이동한다.

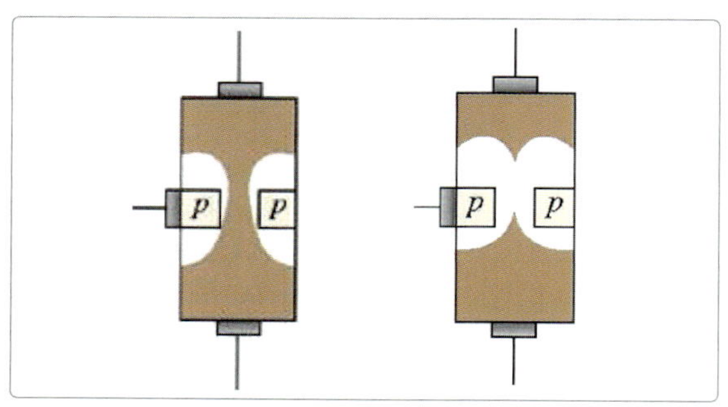

[그림 1-74] 중간에서 얇은 채널을 통해서만 이동하는 전류

전계효과트랜지스터는 양극성접합트랜지스터보다 훨씬 더 복잡한 방식으로 사용될 수 있는 데, 이들은 훨씬 더 나은 증폭기이다. 채널을 통과하여 이동하는 전류는 게이트로 들어오는 전하와 완벽한 동기화로서 더 커지거나 더 작아진다. 또한, 이차전류는 다른 전압원에 연결되기 때문에, 그것은 더 크게 만들 수 있다. 채널을 통해 들어오는 전류는 원본의 완벽한 복제품이고 증폭된 것이다. 트랜지스터는 스피커와 마이크로폰에 입체음향 적용을 위해, 뿐만 아니라 그것들이 전 세계를 이동하면서 전화신호를 증폭시기 위해 이 방식을 사용했다.

양극성트랜지스터가 내부적으로 전류를 전도하기 위해 정공과 전자를 이용하는 경우, 전계효과트랜지스터는 전류를 전도하기 위해 음극채널이거나 또는 양극채널을 이용하고, 다른 유형의 재료는 내부적으로 전류를 전도하도록 전자 또는 정공을 이용함으로서 채널의 전류전도 능력을 변화시키는데 활용한다.

### 1.3.2.6 금속산화물반도체 전계효과 트랜지스터 (Metal Oxide Semiconductor Field Effect Transistor-MOSFET)

금속산화물반도체 전계효과트랜지스터는 또한 게이트에 인가된 전압의 효과가 소스에서 드레인으로 전류흐름에 영향을 미치는 전계를 증가시키고 감소시키므로, 전계효과트랜지스터이다. 양극성트랜지스터가 베이스에 인가된 전압에 의해 단순히 도통 상태가 되거나 또는 비 도통 상태가 되는 경우, 전계효과트랜지스터는 더 높은 또는 더 낮은 저항의 상태로, 그래서 증폭기로서 훨씬 더 효율적인 것으로 기능을 한다.

금속산화물반도체 전계효과트랜지스터에서, 게이트는 이산화규소의 박막으로서 채널과 절연되어있다.

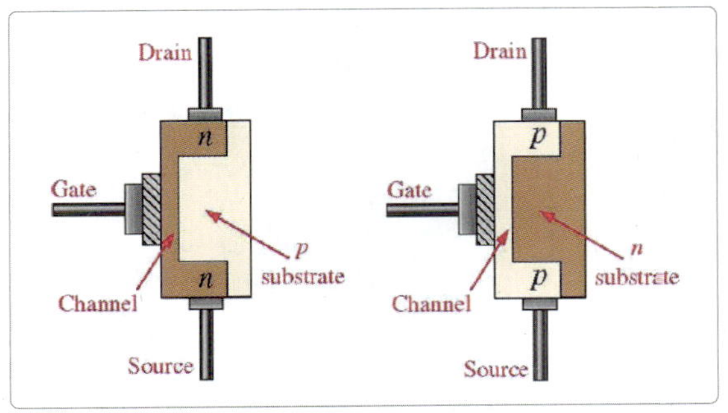

[그림 1-75] 금속산화물반도체 전계효과트랜지스터

금속산화물반도체 전계효과트랜지스터는 게이트를 거쳐 흐르는 전류를 늘리거나 고갈시킴으로서 작동한다. 예로서 N-채널 금속산화물반도체 전계효과트랜지스터를 사용하여, 만약 음(-)의 전압이 게이트에 인가되었다면, 음전하는 채널영역으로부터 전자를 운반하는 전류에 저항한다. 이러한 전자를 운송하는 전류의 고갈은 저항을 증가시켜, 채널의 전도도를 감소시킨다. 음(-)의 전압이 클수록, 채널에서 생성되는 저항은 더 커진다. 상당한 음(-)의 전압은 채널을 완전히 고갈시키도록 인가될 수 있고 드레인 전류는 0으로 떨어진다. 양(+)의 전압이 인가된 상태에서, 전도도를 증진시키는 전자는 채널 쪽으로 끌어당겨진다.

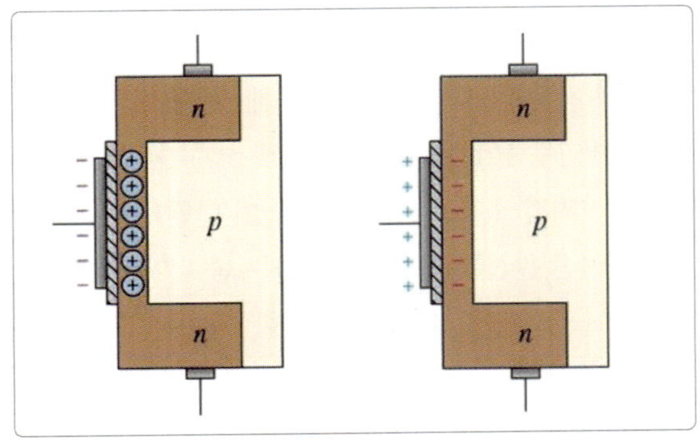

[그림 1-76] 전자가 채널에 접촉할 때, 전도도의 증가

금속산화물반도체 전계효과트랜지스터는 양극 또는 음극이 소스 전류 또는 드레인 전류를 제어하기 위

해 인가하게 되기 때문에 접합형 전계효과트랜지스터보다 용도가 다양하다. 접합형 전계효과트랜지스터는 그것이 N-채널인지 또는 P-채널인지에 따라, 오직 하나의 극성으로만 작동한다. 금속산화물반도체 전계효과트랜지스터의 경우, 그것은 양쪽 극성에서 작동하고, 그리고 채널과 접착기면(substrate)의 극성은 금속산화물반도체 전계효과트랜지스터를 증대 모드 또는 고갈 모드로 전환하는 데 필요한 극성을 결정한다.

금속산화물반도체 전계효과트랜지스터와 금속산화물반도체 전계효과트랜지스터가 들어가 있는 장비는 정전기방전으로 인해 손상되기 쉬운 것이고 정전기 취급 예방책을 준수하여 다루어야 한다. 만약 높은 정전하에 노출되었다면, 전호(arc)는 이산화규소 절연 층을 뛰어 넘어갈 것이고 금속산화물반도체 전계효과트랜지스터의 작용을 소멸시키거나 심각하게 저하시킬 것이다.

### 1.3.2.7 트랜지스터 바이어스(Transistor Biasing)

트랜지스터가 증폭기로 효과적으로 동작하려면, 2개의 PN 접합은 외부전압으로 올바르게 바이어스를 걸어야 한다. 단지 NPN 트랜지스터만이 작동 이론을 설명하는 데 사용될 것이다. PNP 작동은 동일하지만, 그러나 바이어스 전압과 전류 방향은 반대이다.

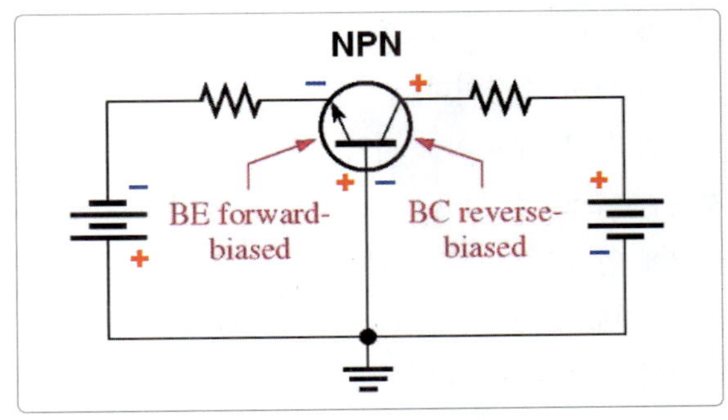


[그림 1-77] 트랜지스터 바이어스

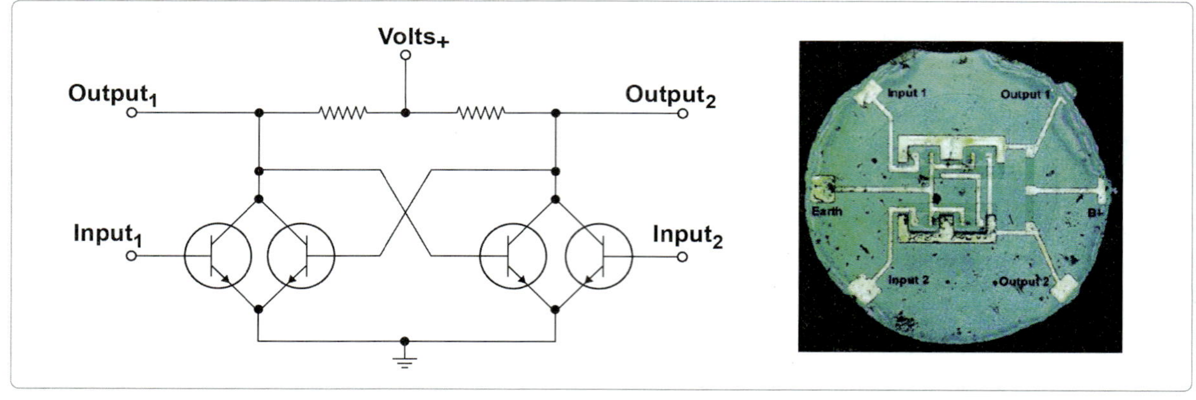


[그림 1-78] 집적회로 구조

베이스에서 이미터로 순방향바이어스는 베이스·이미터 공핍지역을 좁게 하고 컬렉터로 베이스의 역방향바이어스는 베이스·컬렉터 공핍지역을 넓게 한다. N-형 이미터는 다이오드를 순방향바이어스 하는 것과 같이, 베이스·이미터 접합 양단에서 P-형 베이스 쪽으로 쉽게 확산시킬 수 있는 자유전자로 가득한 상태이다. 단지 베이스에 약간의 불순물이 첨가되었고 매우 얇기 때문에, 그것은 이미터 전자가 채울 수 있는 정공의 수가 제한된다. 따라서 단지 베이스·이미터 접합을 가로 질러 흐르는 적은 비율의 전자만이 실제로는 베이스에서 이용할 수 있는 정공과 결합한다.

베이스에 있는 정공을 채우는, 이미터에서 베이스로 흐르는 비교적 적은 이들 전자는 소량의 베이스 전류를 만들어낸다. 그림 1-78를 참조하면, 베이스·이미터 전류는 단지 소량이다.

이미터로부터 베이스 지역으로 흐르는 대부분의 전자는 베이스·컬렉터 공핍층 쪽으로 확산되는 데, 컬렉터에 인가된 양극에 의해 끌어당겨진, 이들은 안정된 비 전도성 베이스·컬렉터 공핍지역으로 이동하고 그것에 과잉전자를 주입한다. 베이스·컬렉터 공핍지역에 주입된 과잉전자는 컬렉터에 있는 양이온의 흡인에 의해 역방향바이어스 된 베이스·컬렉터 접합을 가로 질러 끌어당겨진다. 그런 다음 전자는 컬렉터 지역을 거쳐 흐르고, 전원의 양극 단자에서 빠져 나와 흐른다. 이것은 컬렉터 전류를 만들어낸다. 베이스 전류의 양에 직접적으로 좌우되는 컬렉터 전류의 양은 본질적으로 컬렉터에 인가된 직류와 무관하다.

## 1.3.3 반도체 – 집적회로 (Semiconductors –Integrated Circuits)

### 1.3.3.1 집적회로 구조 (Integrated Circuits-Construction)

지금까지 논의에서 다양한 반도체, 저항기, 커패시터 등은 "개별부품(discrete component)" 이라고 하는, 별도로 꾸려진 소자로 간주되었다. 이 단원에서, 단일소자로 꾸려진 완전한 회로를 포함하는 좀 더 복잡한 장치 중 일부를 소개할 것이다. 이러한 장치는 "집적회로(integrated circuit)" 라고 하고 전자장치를 소형화하기 위해 이러한 장치의 사용을 설명하는 데 적용되는 광범위한 용어는 "초소형전자기술(microelectronics)" 이라고 한다.

트랜지스터의 출현과 군대에 의해서 더 작은 장비에

대한 요구로서, 설계 엔지니어는 전자장치를 소형화하기 시작했다. 맨 처음에, 그들의 노력은 저항기 커패시터, 코일과 같이 회로에 다른 소자의 대부분이 트랜지스터보다 더 크기 때문에 좌절되었다. 곧 이러한 다른 회로소자는 소형화되었고, 그것에 의해서 더 작게 전자장치의 개발을 추진해 나아갔다. 소형 저항기, 커패시터, 그리고 그 이외의 회로소자와 마찬가지로, 실제로 중간도선과 중간케이블을 필요로 하는 공간보다 더 작은 소자의 생산이 가능하게 되었다. 연구 과정에서 그 다음 단계는 이러한 부피가 큰 배선부품을 배제하는 것이었다. 이것은 "인쇄회로기판(PCB, printed circuit board)"으로 이루어졌다. 인쇄회로기판이 완성된 후, 그 다음 전자장치를 소형화하는 노력은 "모듈식 회로설계(modular circuitry)"로 이어지는, 조립기술로 전환되었다. 이 기술에서, 인쇄회로기판은 적층되고 모듈 모양을 이루기 위해 함께 연결되었다. 이것은 회로소자의 실장밀도(packaging density)를 증진시키고 전자장치의 크기를 상당한 축소로 귀착된다. 이러한 모듈은 모든 전자 기능을 수행하도록 설계될 수 있기 때문에, 그것은 또한 매우 다목적 장치이다. 그러나 이 해결방법에 대한 단점은 모듈이 너무 많은 공간을 차지했고 비용을 증가시킨 상당한 연결부의 수를 필요로 한다는 것이다.

또한 신뢰성을 나타내는 시험은 연결부의 수에 증가로서 부정적 영향을 주었다. 새로운 기법은 신뢰성을 개선하고 더욱 실장밀도를 높이는 것이 필요했다. 해결책은 "집적회로(integrated circuit)"이었다. 집적회로는 단 하나의 칩, 즉 반도체 결정 또는 절연체의 작은 박편(slice) 또는 웨이퍼(wafer, 집적회로의 기판이 되는 실리콘 등의 박편)에 트랜지스터, 다이오드 등의 능동회로요소(active component)와 저항, 커패시터 등의 수동회로요소(passive component) 양쪽 모두를 통합하는 장치이다.

집적회로는 전자회로의 구성요소(building block)로서 개별 전자부품, 즉 저항기, 커패시터, 트랜지스터 등의 사용을 거의 배제했다. 대신 작은 칩은 단일부품의 기능이 아닌, 수십 개의 트랜지스터, 저항기, 커패시터, 그리고 그 이외의 전자소자의 기능을 가진, 복잡한 회로의 작업을 수행하도록 모두 서로 연결시킨 것으로 개발되었다. 가끔 이것들은 하나의 매우 작은 소자로, 다단증폭기, 논리회로, 선형회로, 그리고 연산증폭기와 같은, 다수의 완전한 재래식 회로 단계로 이루어져 있다. 이러한 칩은 전자장치와 접속하는 인쇄회로기판에 자주 설치된다.

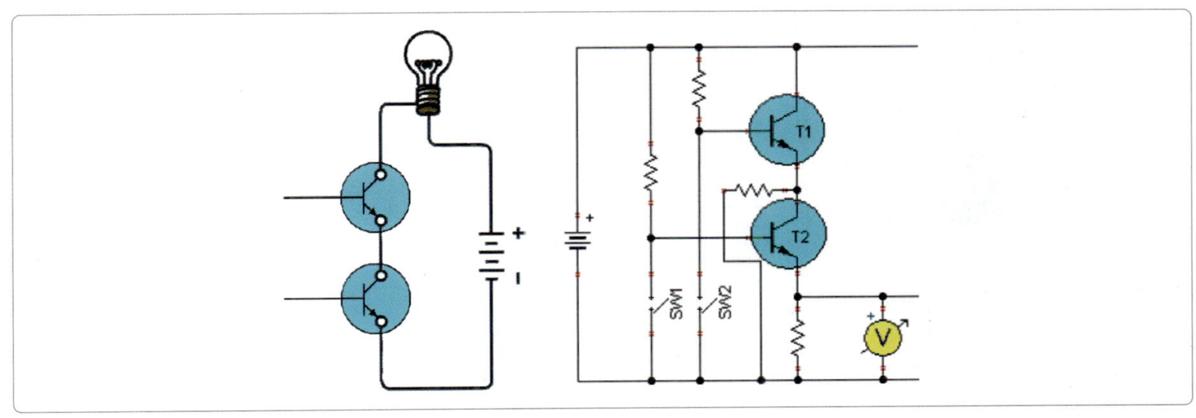

[그림 1-79] AND 게이트

### 1.3.3.2 논리회로(Logic Circuits)

컴퓨터가 수표책의 균형을 맞추거나, 체스를 하거나, 또는 문서의 철자를 검사하는 것과 같은 것을 어떻게 수행할 수 있는지를 궁금해 한 적이 있는가? 이것들은 수십 년 전에 인간만이 할 수 있었다. 이제는 컴퓨터가 쉽게 처리할 수 있다. 실리콘과 전선으로 구성된 "칩(chip)"은 인간의 사고를 필요로 하는 것처럼 보이는 것을 어떻게 수행할 수 있을까? 그것은 순수한 논리를 사용하여 이루어진다. 모든 질문은 yes / no 또는 on / off 해결책으로 분류되고, 그리고 이것이 디지털 컴퓨터가 어떻게 작용하는지에 있다. 이 논리의 올바른 명칭은 불 논리(boolean logic) 이고 1800년대 중반 조지 불이 개발했다. 불 논리의 기초는 일반적으로 게이트라고 하는 일련의 논리회로이다. 기본 논리회로 또는 게이트에는 다음과 같다.

- AND
- PR
- NAND
- NOR
- EXCLUSIVE OR
- NOT

### 1.3.3.3 논리게이트(Logic Gates)

논리게이트는 디지털제어 2진 회로와 마이크로프로세서를 나타낸다. 게이트 부호는 단순히 트랜지스터회로의 표현이다. 도시된 회로에서, 트랜지스터의 베이스는 그들에 인가된 입력신호를 갖는다.

디지털입력은 명목상 5[V] 직류이다. 이것은 트랜지스터를 도통 상태로 하는 충분한 전압이다.

### (가) AND 게이트(AND Gates)

정지 상태에서, 양쪽 트랜지스터는 모두 끊어져 있는 개방회로이다. 전류는 전구를 거쳐 흐르지 않을 것이고 그래서 그것은 꺼져 있을 것이다.

5[V] 또는 "1" 이 상단 트랜지스터에 공급되었을 때, 그것은 도통 상태가 될 것이지만, 하단은 여전히 꺼져 있을 것이고, 그래서 등은 꺼진 상태로 있을 것이다. 또한 1이 하단 트랜지스터의 베이스에 공급되었을 때, 양쪽 트랜지스터는 전도하게 될 것이고, 전류는 그들을 거쳐 흐를 것이고 등은 켜질 것이다.

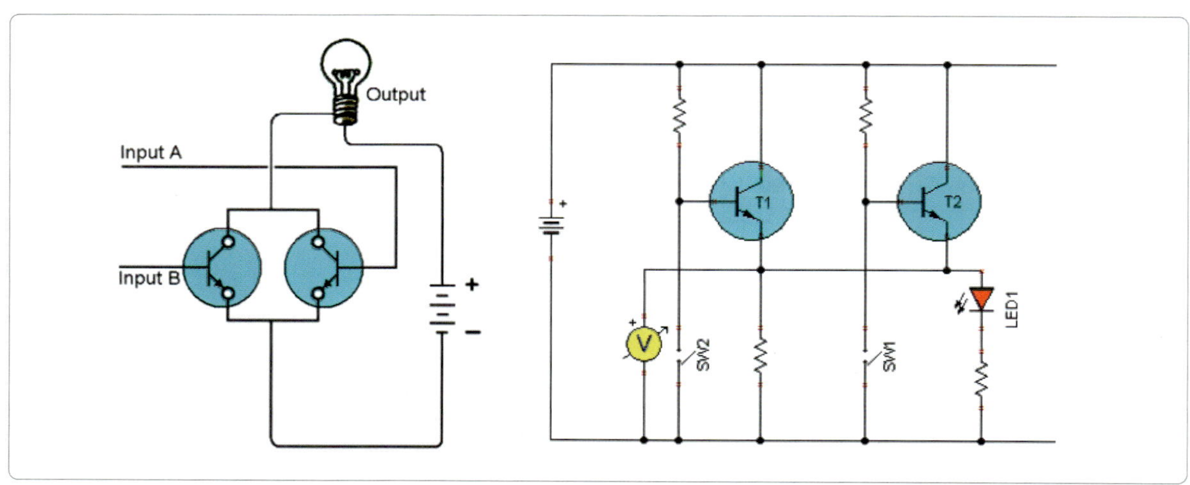


[그림 1-80] OR 게이트

## (나) OR 게이트(OR Gates)

정지 상태에서, 양쪽 트랜지스터는 모두 끊어져 있는 개방회로이다. 전류는 전구를 거쳐 흐르지 않을 것이고 그래서 그것은 꺼져 있을 것이다. 5[V] 또는 "1" 이 트랜지스터 입력 A에 공급되었을 때, 버터리에서 전구를 거쳐 전류경로를 만들어내는, 트랜지스터는 도통 상태가 될 것이다.

1이 트랜지스터 입력 B에 제공되었을 때, 양쪽 트랜지스터는 전도하게 될 것이고, 전류는 그것들을 거쳐 흐를 것이고, 등은 계속 켜질 것이다. 만약 트랜지스터 A에 대한 입력이 제거되었다면, 트랜지스터 B는 여전히 도통 상태로 있을 것이고, 그래서 등은 여전히 켜져 있을 것이다.

## (다) 인버터(Inverter)

인버터는 1을 0으로 바꾼다. 또는 0을 1로 바꾼다. 이것은 여러 방법으로 이루어질 수 있지만, 그러나 간단한 방법이 여기에 보여준다. 트랜지스터는 PNP 이다. 트랜지스터를 도통 상태로 하는 것은 베이스에 음(−)의 전압이 필요하다는 것을 의미한다. 음(−)의 전압은 −5[V] 일 필요는 없고, 베이스가 이미터 전압에 대해 음(−)인 경우, 트랜지스터는 도통 상태가 될 것이다. 따라서 이 트랜지스터는 베이스에 0가 인가된 상태에서 도통 상태가 될 것이고, 그리고 1이 베이스에 있을 때 끊어지게 될 것이다.

그 결과로서, 출력은 입력이 0일 때 1, 즉 점등이게 될 것이고 입력이 1일 때, 0, 즉 소등이게 될 것이다. 인버터는 종종 NOT 게이트라고도 한다.

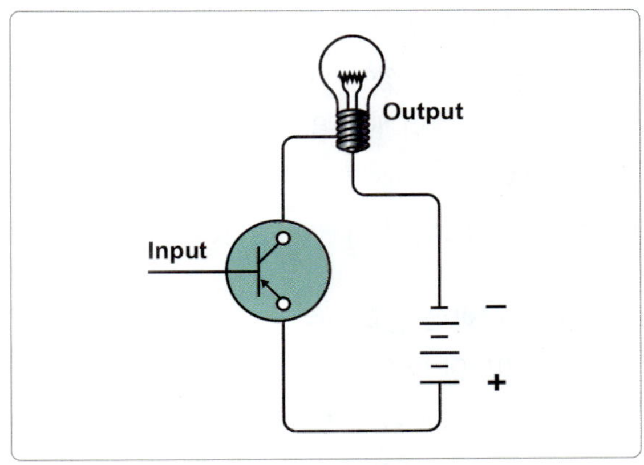


[그림 1-81] 인버터

## (라) 배타적 OR 게이트(Exclusive OR Gate-EXOR)

양쪽 모두의 입력이 1 이고 출력이 0 인 경우를 제외하고, OR 게이트와 거의 같은 기능을 한다.

이것이 우리가 게이트에서 다룰 것이다. 게이트는 단순히 트랜지스터 회로를 나타내는 부호이다. 게이트 부호는 회로도를 단순화하는 데 사용되고, 예를 들어, 바퀴에 무게를 감소시키고 이・착륙장치가 위로 올릴 수 있기 전에 Up 처리와 같이, 의사결정 지점을 나타내기 위해 표준 배선도에서 적용된다. 이것은 AND 게이트 기능과 동일하게 될 것이다.

## (마) NAND 게이트(NAND Gate)

이 부호는 인버터에 연결된 AND 게이트를 나타낸다. AND 게이트 출력은 오직 양쪽 입력 모두가 1일 때에만 출력될 것이다. AND 게이트가 인버터에 1을 인가했을 때, 그것은 0을 출력한다. 이러한 구성에서, AND 게이트 출력은 반대로 된다. 이 구성은 NAND 게이트, 즉 NOT AND 게이트라고 한다.

## (바) NOR 게이트(NOR Gate)

이 부호는 인버터에 연결된 OR 게이트를 나타낸다. OR 게이트 출력은 입력 중 하나가 1일 때 1이 될 것이다. OR 게이트가 인버터에 1을 인가했을 때, 그것은 0을 출력한다. 이 구성에서 OR 게이트 출력은 반대로 되고 진리표는 그림과 같을 것이다.

이 구성을 NOR 게이트, 즉 NOT OR 게이트라고 하고 그림 1-81와 같이 표시될 것이다.

### 1.3.3.4 집적회로-논리회로 (Integrated Circuits-Logic Circuits)

NAND 게이트로 가득 찬 집적회로 칩은 이용할 수 있는 간단한 칩 중 일부의 것이다. 이 그림은 집적회로의 좋은 예를 제시한다. 만약 동일한 회로소자가 개별 부품을 사용하여 조립되었다면, 약 16개의 저항기와 8개의 트랜지스터, 더하여 인쇄회로기판이 필요할 것이기 때문이다.

### 1.3.3.5 선형집적회로(Linear Integrated Circuits)

선형집적회로는 디지털 유형이 아니라 아날로그 유형의 회로이다.

아날로그 기능은 지정된 범위 내에서 연속적인 값을 갖지만, 반면에 디지털 기능은 불연속적인 값 또는 불연속적인 단계를 갖는다.

선형회로는 여러 가지 주요 범주로 나눌 수 있다.

- 연산증폭기
- 전압조정기
- 통신회로
- 인터페이스 회로
- 비교기
- 감지증폭기
- 라인드라이버와 라인리시버
- 아날로그-디지털(A-D) 변환기와 디지털-아날로그(D-A) 변환기

다양한 유형의 선형집적회로가 있고 이들은 지금 다루지는 않는다. 이러한 예는 다음과 같은, 기본적인 집적회로로 선형전압조정기이다.

### 1.3.3.6 전압조정기(Voltage Regulators)

전압조정기의 목적은 입력 공급전압, 출력 부하전류, 그리고 온도와는 관계없이 일정한 출력전압을 제공하는 것이다. 한 가지 기본 유형의 선형집적회로 조정기는 3-단자 조정기로 알려져 있다. 그것은 입력, 출력, 그리고 접지접속을 가지고 있다.

L7800 계열의 3-단자 포지티브 조정기는 광범위한 적용으로 유용한 것으로 만드는, TO-220 ISOWATT220 TO-3와 D2PAK 패키지 그리고 여러 고정 출력전압으로 이용할 수 있다. 이들 조정기는 단일지점 조정과 관련된 분배문제점을 배제하는 현지카드삽입 조정 (local on-card regulation) 이다.

본질적으로 파괴할 수 없는 각각의 유형은 내부전류 제한, 열 차단, 그리고 안전영역 보호기능에 활용된다. 만약 적절한 히트싱크(heat sink, 정류기 등에 부착되는 열 흡수·소산 장치)가 마련되었다면, 그들은 1[A] 이상의 출력전류를 인도할 수 있다.

비록 고정전압조정기로서 설계되었다고 할지라도, 이러한 장치는 가변전압과 가변전류를 얻기 위해 외부 부품과 함께 사용될 수 있다.

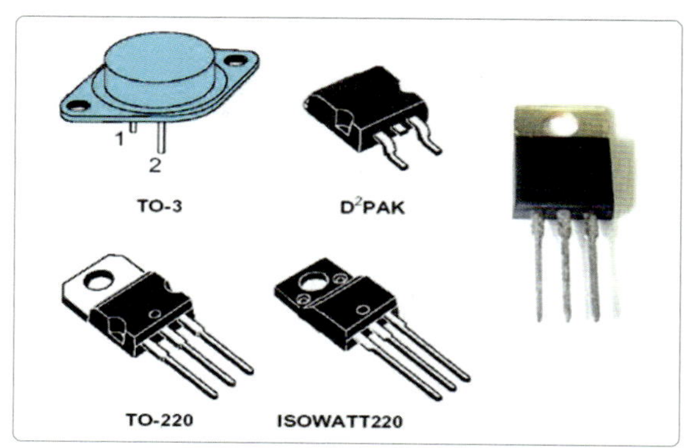


[그림 1-82] 전압 조정기-조정 가능한 전압과 전류를 얻기 위한 외부 구성요소

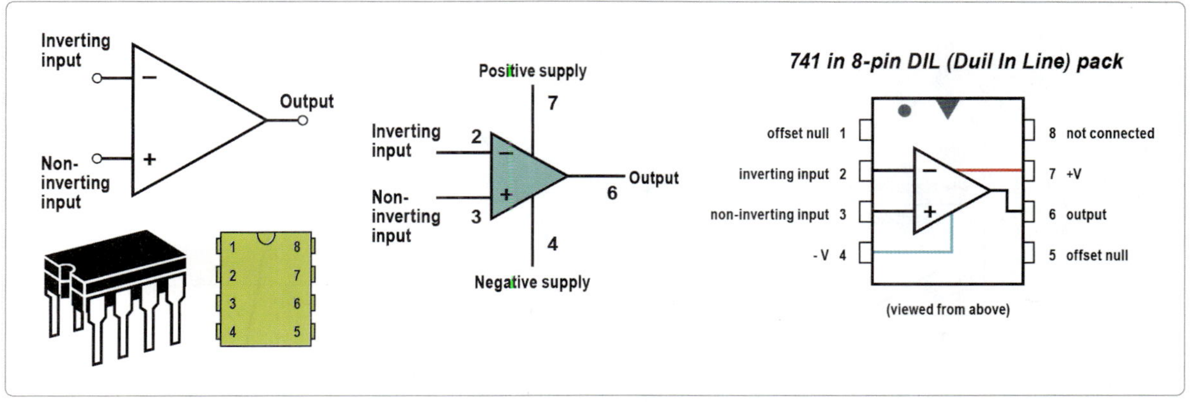


[그림 1-83] 연산증폭기

### 1.3.3.7 연산증폭기(Operational Amplifier)

그림 1-83에서 보여주는 연산증폭기는 연산의 실행과 연산의 유형이 여러 가지 외적 배열에 의해 결정되는 초고이득 증폭기이다. 연산증폭기는 신호흐름의 방향을 지시하는 삼각형으로 표시된다. 전형적으로 연산증폭기는 2개의 입력과 1개의 출력이 있다.

모든 연산증폭기는 또한 양(+)의 단자와 음(−)의 단자를 동작시키기 위해 전력을 필요로 하지만, 모든 경우에 공통적이기 때문에, 연산증폭기는 보통 회로기호의 사용에서 생략된다. 연산증폭기에 제공되는 신호의 결합을 변경하여, 많은 유용한 기능을 수행 할 수 있다. 가장 일반적인 두 가지 용도는 다음과 같다.

- 비교기 또는,
- 비 반전증폭기(non-inverting amplifier)이거나 반전증폭기(inverting amplifier)의 증폭기

연산증폭기에는 2개의 입력이 있다.
- "+" 입력이라고 하는 1개의 비 반전입력
- "−" 입력이라고 하는 1개의 반전입력

출력에서 전압은 비 반전입력전압(V+)과 반전입력전압(V−) 사이에 차이에 따라 다르다.

용어 연산증폭기 또는 "op-amp"는 2개의 입력과 1개의 출력을 가진 고이득 직류결합 증폭기의 부류라고 한다. 최신 집적회로 버전은 유명한 741 연산증폭기로 대표된다. 이득(gain)은 피드백회로망(feedback network, 귀환회로망)에 의해 결정된다.

741 연산증폭기의 기본 매개변수의 일반적인 값은 다음과 같다.

- 레일전압: ±15[V] DC (±5[V] Min, ±18[V] Max)
- 입력임피던스: 약 2[MΩ]
- 저주파 전압이득: 약 200,000
- 입력 바이어스 전류: 80[nA]
- 슬루 레이트(slew rate, 회전율): microsecond 당 0.5[V]
- 최대출력전류: 20[mA]
- 권장 출력부하: 2[KΩ] 이상

### 1.3.3.8 전압플로어(Voltage Follower)

대부분의 아날로그 응용분야는 일정량의 부귀환을 갖는 연산증폭기를 사용한다. 부귀환은 연산증폭기가 신호를 얼마나 증폭할 수 있는지를 알려주는데 사용된다. 그림 1-84의 전압플로어 중 (a)에서 보여준 것과 같이, 이 연산증폭기는 전혀 증폭되지 않을 것이고, 그것은

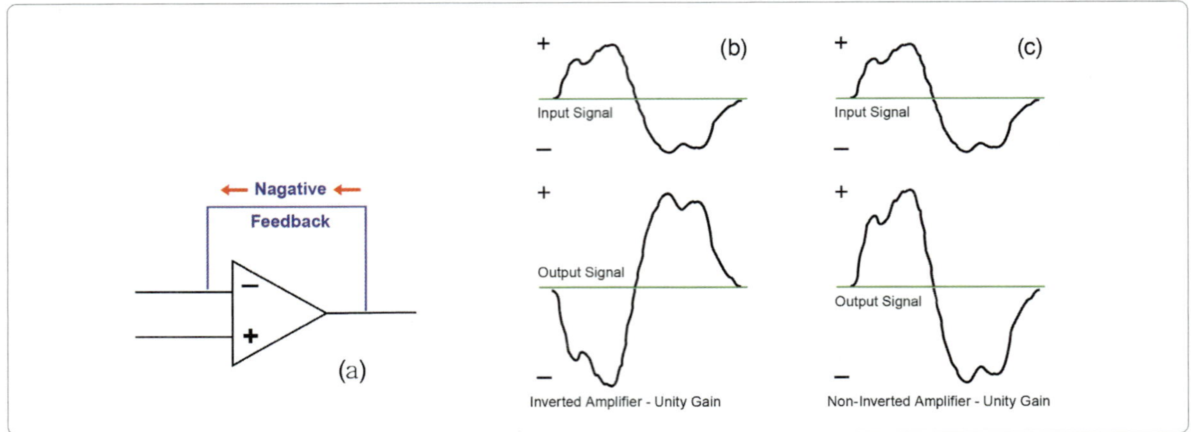



[그림 1-84] 전압플로어

이득 1이라고도 알려진, "단위이득(unity gain)" 에서 동작할 것이다. 단위이득장치는 그들이 출력 시 정확히 동일한 수준에서 입력전압을 추적하기 때문에 전압플로어라고도 한다. 때때로 우리는 반전용 출력을 원할 것이고 때로는 비 반전용 출력을 원할 수도 있다.

만약 음(−)의 입력, 즉 반전입력이거나 또는 양(+)의 입력, 즉 비 반전입력으로 입력을 인가한다면, 연산증폭기 출력은 기본적으로 입력수준을 유지하지만, 입력을 반전입력(− 입력)으로 인가하는 경우에, 그림 (b)에서, 출력신호는 입력과 180[° ] 상이위상이게 될 것이다. 그림 1-84 (c)에서, 신호가 변화되지 않은 채로 나타난다.

만약 연산증폭기가 증폭기라면, 신호를 증폭하기가 얼마나 어려울 것인가? 다음 개략도는 신호를 증폭하는 데 사용되는 기본 배치를 보여준다.

### 1.3.3.9 비 반전증폭기(Non-Inverting Amplifier)

그림 1-85은 비 반전증폭기를 보여주는데, 이득을 나타내는 방식은 R1과 R2의 비율을 설정하는 것이다. 이들 저항기들 중 어느 것도 그것들을 거쳐 지나가는 많은 전력을 소비하지 않을 것이고, 그래서 이것들은 매우 작을 수 있고, 가끔 $\frac{1}{4}$[watt] 또는 $\frac{1}{8}$[watt] 저항

기가 사용된다. 저렴한 탄소저항기에 의한 소비전력, 뿐만 아니라 이입된 잡음을 억제하려면, 우리는 10,000[Ω ]~1[MΩ] 범위에 저항기를 사용해야 할 것이다.

만약 R2가 R1과 같다면, 그때 우리는 단위이득 또는 1× 증폭기를 사용한다. 이것은 1 : 1 비율이다. 만약 R2가 R1의 저항에 두 배인 경우, 우리는 2의 이득, 즉 2 : 1 비율의 증폭기를 사용할 것이다. 2× 이득증폭기를 조립하려면, 2 : 1 비율, 즉 R2가 20,000[Ω ] 그리고 R1이 10,000[Ω ], 20,000 : 10,000=2 : 1로 설정하게 될 저항 값을 선택한다.

그림 (e)는 2× 이득 비 반전전력증폭기의 결과를 보여준다. 10× 이득을 얻으려면, 10 : 1 비율로 설정한다. 이는 R2가 100,000[Ω ] 그리고 R1이 10,000[Ω ]인 것과 같다. 100 : 1의 이득을 얻으려면, R2는 1,000,000[Ω ](1[MΩ]) 그리고 R1은 10,000[Ω ]으로 설정한다.

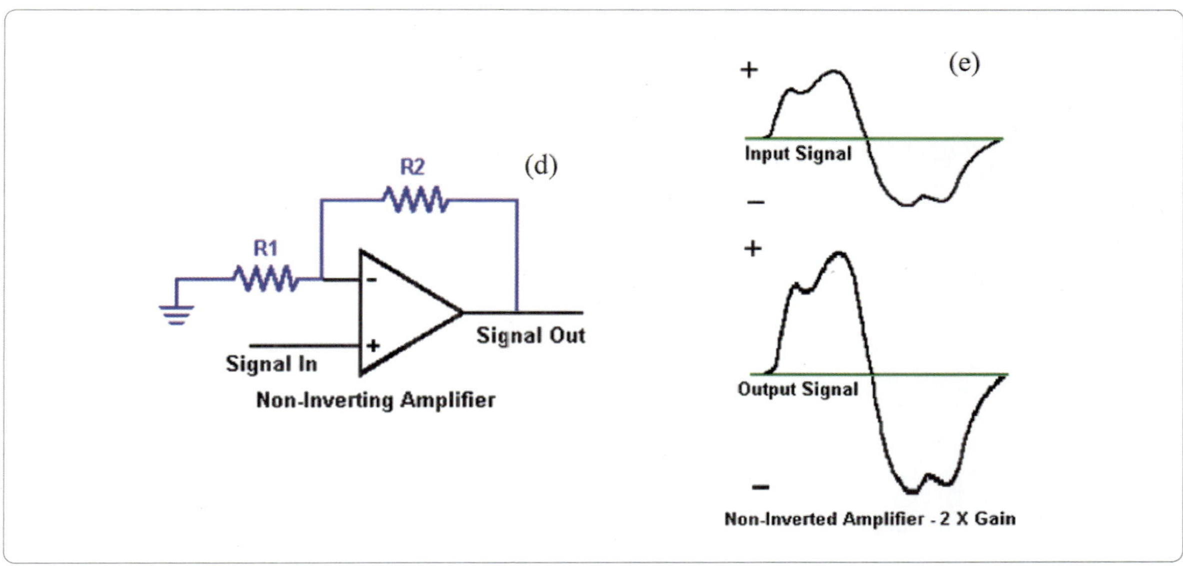


[그림 1-85] 비 반전증폭기

# 제2장 디지털 전자

# 디지털 전자
## Digital Electronics

## 2.1.1 디지털전자 개념

'디지털' 용어는 자릿수를 계산하는 연산 방법으로부터 시작되었다. 디지털전자는 이전에는 컴퓨터 시스템 분야에 주로 사용되었으나, 최근에는 많은 분야에서 응용되고 있다. 예를 들면, 핸드폰, TV, 레이더 시스템, 항법 시스템, 통신 시스템, 의료 분야, 일반 전자 시스템 등 여러 분야에서 사용되고 있다. 아날로그(analog)와 디지털(digital)의 차이를 양으로 표현하면, 아날로그는 연속적인 값들을 가지며, 디지털은 이산집합의 값을 나타낸다. 아날로그와 비교하여 디지털의 장점은 아래와 같다.

1) 더 효율적이며 신뢰성있는 데이터 처리
2) 압축형태로 데이터를 더 많이 저장
3) 잡음 없는 정확하고 깨끗한 재생 능력

디지털전자에서는 두 가지 상태를 나타내는 회로와 시스템을 구성한다. 이 두 가지 상태는 High(1)와 Low(0)의 전압 상태이다. 컴퓨터 시스템에서는 이 두 상태의 조합을 코드(codes)라고 하며, 문자, 기호, 정보 등을 나타낼 때 사용한다. 2진(binary)은 1과 0으로 표현하여 구성된 숫자 시스템을 사용한다. 기본 게이트(AND, OR, NOT 게이트)를 결합하여 비교, 산술, 코드변환, 인코딩, 디코딩, 계수, 저장, 데이터 선택 등의 기능을 가진 논리회로를 만들 수 있다.

### 2.2.1 서론

컴퓨터는 이제 반복적인 계산이나 엄청난 양의 데이터 처리가 필요한 곳이면 어디든지 사용된다. 가장 큰 응용은 항공, 군사, 과학, 상업 분야에서 발견된다. 컴퓨터는 우편물 분류에서부터 엔지니어링 디자인, 전 세계 항해에 이르기까지 다양한 애플리케이션을 가지고 있으며, 디지털 컴퓨터의 장점으로는 속도, 정확성, 인력 절감 등이 있다. 종종 컴퓨터는 일상적인 일을 대신할 수도 있고, 더 중요한 일, 즉 컴퓨터가 다룰 수 없는 일을 하기 위해 사람들을 간단한 반복적인 일에서 벗어나게 해줄 수 있다.

사람과 컴퓨터는 보통 같은 언어를 사용하지 않는다. 정보를 양쪽에서 이해할 수 있고 사용할 수 있는 형태로 변환하는 방법이 필요하다. 컴퓨터는 일반적으로 디지털 정보를 나타내는 코드화된 전자 펄스만 이해하는 데 반해, 인간은 일반적으로 십진수 체계로 표현되는 단어와 숫자로 말한다.

이 단원에서는 일반적으로 숫자 시스템, 특히 2진수, 8진수 및 16진수 시스템에 대해 다룰 것이다. 2진법, 8진법, 16진법의 숫자를 10진법(또는 그 반대)의 등가 숫자로 변환하는 방법도 설명된다. 여러분은 이러한 숫자 시스템이 디지털 장비에 필요한 전자 신호로 쉽게 변환될 수 있음을 배우게 될 것이다.

### 2.2.2 숫자 시스템 유형

지금까지 10진법이라는 단, 하나의 숫자 체계단 사용했을 것이며, 자주 사용하지 않았어도 로마 숫자 체계도 익숙할 것이다. 숫자 체계에는 특정한 공통점이 있다. 이러한 공통 용어는 우리의 기준으로 십진법을 사용하여 정의될 것이다. 각 용어는 그 숫자 시스템이 도입됨에 따라 각 숫자 시스템과 관련될 것이다. 적용되는 각 수 시스템은 단위(unit), 숫자(number) 및 기수(base) 구성 요소를 중심으로 구축된다.

#### 2.2.2.1 단위 및 번호

10진법과 함께 사용할 때의 단위(unit)와 숫자(number)는 쉽게 이해가 된다. 정의상 그 단위는 하나의 물체, 즉 한 개 사과, 1달러, 1일 등이다. 숫자는 단위나 수량을 나타내는 기호다. 숫자 0, 1, 2, 3 ~ 9는 10진법에 사용되는 기호들이다. 이 기호들은 아라비아 숫자 또는, 숫자라고 불린다. 다른 숫자 시스템에 다른 기호를 사용할 수 있다. 예를 들어, 로마 숫자 체계와 함께 사용되는 기호는 문자, V는 5, X는 10, M은 1,000, 기타 등등이다. 우리는 숫자 체계 토론에서 아라비아 숫자와 문자를 사용할 것이다.

#### 2.2.2.2 기수(Base)

숫자 시스템의 기수(base)는 그 시스템에 사용된 기호들의 수를 알려준다. 어떤 시스템의 기수든 항상 소수로 표현된다. 10진법의 기수는 10이다. 이는 시스템에 사용된 10개의 기호가 0, 1, 2, 3, 4, 5, 6, 7, 8, 9라는 것을 의미한다. 3개의 기호(0, 1 및 2)를 사용하는 숫자 시스템은 기수 3이고, 4개의 기호는 기수 4이다. 숫자 시스템에 사용되는 기호 수를 결정할 때 0 또는 0에 사용되는 기호를 세는 것을 기억해야 한다.

0 1 2 3 4 5 6 7 8 9        소수번호 부여 시스템

I II III IV V VI VII VIII IX X        로마 숫자 – 베이스 10

두 시스템 모두 기호가 다르더라도 값을 나타낸다.

IV = 4     VIII = 8     9 = IX

단위(unit)는 1달러, 1리터의 연료, 하루의 단일 물체 또는 양이다.
숫자란 단위나 수량을 나타내는 기호다. 예를 들어, 5 = ♣ ♣ ♣ ♣ ♣

수 체계의 기수에는 시스템에 사용되는 기호의 양이 표시된다.

Base 10,      10 기호:      0 1 2 3 4 5 6 7 8 9
Base 8,      8 기호:      0 1 2 3 4 5 6 7
Base 2,      2 기호:      0 1
Base 16,      16 기호:      0 1 2 3 4 5 6 7 8 9 A B C D E F

수 체계의 기수는 아래에 첨자를 통해 표시됨: $7\ 592_{10}$    $6\ 327_8$    $10\ 100\ 101_2$    $3AG\ 57F_{16}$

---

숫자 시스템의 기초는 숫자 값 다음에 첨자(10진수)로 표시된다. 다음은 기수를 나타내는 첨자와 다른 기수들의 숫자 값에 대한 예들이다.

수 체계를 표시할 때, 사용 중인 숫자 기준을 오해할 가능성이 있는 경우, 번호를 기수에 붙여야 한다. 예를 들어 $1010_2$ 는 2진수 1010이고, 101010은 10진수 1010이고 101016은 16진수인데, 이 숫자는 모두 완전히 다른 숫자를 나타낸다. 숫자 시스템에 사용되는 가장 높은 값의 기호는 항상 시스템의 기수값보다 작은 값이다. 기수 10에서 가능한 가장 큰 값 기호는 9이고, 기수 5에서는 4이고, 기수 3에서는 2이다.

### 2.2.2.3 위치 표기법과 영(Zero)

수량이나 숫자 값을 세거나 쓸 때는 반드시 두 가지 원칙을 준수해야 한다. 그것들은 위치 표기법과 ZERO 원칙이다. 위치 표기법은 숫자 값이 기호뿐만 아니라 기호의 위치에 의해 정의되는 시스템이다. 10진수(기준 10) 값 427을 살펴보자. 경험상 이 값이 사백 이십칠이라는 것을 알 수 있다. 427이 표현하고자 하는 수량이라면, 각 숫자는 표시된 위치에 있어야 한다. 2와 7의 위치를 교환하면 값이 변경된다. 위치 표기 시스템의 각 위치는 기수의 누승(power)을 나타낸다. 누승(power)은 기수에 스스로 곱한 횟수다. 그 누승은 기수의 오른쪽 위에 쓰여져 있으며, 지수라고 불린다.

---

10진수 시스템 **4 2 7**    숫자는 다음을 나타낸다.   7 units – $7 \times 10^0$

숫자는 다음을 나타낸다.   20 units – $2 \times 10^1$

숫자는 다음을 나타낸다.   400 units – $4 \times 10^2$

8진수 시스템 **6 3 4**    숫자는 다음을 나타낸다.   $4_{10}$ units – $4 \times 8^0$

숫자는 다음을 나타낸다.   $24_{10}$ units – $3 \times 8^1$

숫자는 다음을 나타낸다.   $384_{10}$ units – $6 \times 8^2$

아래 예에서 숫자 6348을 10진수로 변환하면, 41210과 같다. 위치 표기법만큼 중요한 것은 0을 사용하는 것이다. 숫자의 위치가 1에서 9 사이의 값을 가지지 않는 경우도 있다. 예를 들어, 605,470원의 수표를 예상했는데, 그것이 65,470원이 되는 것을 원하지는 않을 것이다. 이 경우 0을 뺀다는 것은 540,000원의 차이를 의미한다. 숫자 605,470에서 0은 10,000이 없음을 나타내며, 값을 나타내기 위해 포함하는 매우 중요한 숫자다.

숫자의 위치가 변경되면 표시되는 전체 값도 변경된다.

### 2.2.2.4 수 체계

1) 기수(base) 10 시스템 (10진수) - 범용 계산 및 기록 방법
2) 기수(base) 2 시스템 (2진수 또는 디지털) - 컴퓨터는 트랜지스터 상태의 결과인 2진수로 모든 계산과 프로세스를 수행한다. 켜기 또는 끄기
3) 기수(base) 8 시스템 (8진수) - 디지털 번호는 쉽게 8진수로 변환되며, 8진수는 디지털보다 훨씬 쉽게 읽고 이해할 수 있다.
4) 기수(base) 16 시스템 (16진수) - 이진수 변환의 용이성에 있어 8진수와 유사하다. 16진수 숫자는 4개의 이진수 비트를 나타낸다.

소수점 숫자 체계는 물론 보편적으로 사용되는 수 체계는 10이라는 숫자를 기반으로 하고 있다. 인간이 사용하는 10진법 수 체계는 보편적으로 쓰이며, 10이란 수를 기본으로 하고 인간이 10개의 손가락을 가지고 있다는 점에서 그 기원이 있다고 생각된다. 5000여 년 전 인도에서 유래한 것으로 여겨진다.

연속적으로 변화하는 값을 사용하는 아날로그와 달리 디지털은 파형을 나타내기 위해 숫자 값을 사용한다. 그 값들은 우리가 일상생활에서 사용하는 친숙한 10진수 체계로 표현되지 않고, 오히려 2진수 체계로 표현된다. 10개의 다른 값을 표현하기 위해 컴퓨터는 조명, 전압, 클럭 펄스 등과 같은 10개의 레벨의 조합이 필요하다. 컴퓨터는 디지털에서 0, 그리고 1로만 작동한다. 이것은 쉽게 표현되며, 무엇인가가 "켜짐"(1) 또는 "꺼짐"(0)이 될 수 있다.

1679년 수학자/철학자 고트프리트 빌헬름 폰 라이프니츠에 의해 고안된 바이너리/디지털

계산기에 10진수를 입력하면 디지털로 변환하여 계산을 수행한 다음 답을 다시 10진수로 변환하여 표시한다. 컴퓨터가 어떻게 작동하는지 이해하기 위해서는 다른 수 체계를 이해해야 한다. 10진수 체계 외에도 기수 2(binary), 기수 8(octal), 기수 16(hexadecimal)에 대해 다룰 것이다.

앞에서 말한 바와 같이, 한 자리(bit, binary digit의 줄임말)로 두 개의 가능한 값이 있다. 두 개의 비트로는 네 개의 가능한 값이 있다. 3비트의 경우, 8개의 가능한 값이 있다. 4비트(a nibble)로 16개의 가능한 값이 있다.

```
Bit      1
Nibble   0101
Byte     0000 0101
Word     0000 0000 0000 0101
```

**(가) 2진수 수 체계**

Decimal: $10^4$=10000   $10^3$=1000   $10^2$=100
$10^1$=10   $10^0$=1

Binary: $2^6$=64   $2^5$=32   $2^4$=16   $2^3$=8   $2^2$=4
$2^1$=2   $2^0$=1

$10001_2$(2 진수)=$17_{10}$(10 진수)

2 진수 Truth Table 을 사용하여 10 진수로 변환하기

| $2^7$ | $2^6$ | $2^5$ | $2^4$ | $2^3$ | $2^2$ | $2^1$ | $2^0$ |
|---|---|---|---|---|---|---|---|
| 128 | 64 | 32 | 16 | 8 | 4 | 2 | 1 |
| | | | 1 | 0 | 0 | 0 | 1 |

$$16 + 0 + 0 + 0 + 1 = 17_{10}$$

$11001101_2$ 를 10 진수로 변환하기

| $2^7$ | $2^6$ | $2^5$ | $2^4$ | $2^3$ | $2^2$ | $2^1$ | $2^0$ |
|---|---|---|---|---|---|---|---|
| 128 | 64 | 32 | 16 | 8 | 4 | 2 | 1 |
| 1 | 1 | 0 | 0 | 1 | 1 | 0 | 1 |

$$128 + 64 + 0 + 0 + 8 + 4 + 0 + 1 = 205_{10}$$

이것은 기수(base) 2 시스템이기 때문에 0과 1의 두 개의 기호만 사용된다.

10진법으로 작업할 때는 일반적으로 숫자를 아래에 기입하지 않는다. 이제 10진수 시스템 이외의 숫자 시스템으로 작업하게 되므로, 시스템이 참조되는 것을 확실히 하기 위해 숫자를 아래 기입하는 것이 중요하다. 10진수 체계와 같이 위치 표기법의 원리는 2진수 체계에 적용된다. 10진법은 10의 제곱을 이용하여 위치의 값을 결정한다. 2진법은 위치 값을 결정하기 위해 2의 제곱을 사용한다.

## (나) 10진수를 2진수로 변환

10진수를 2진수로 변환을 하는 기본적인 방법은 두 가지가 있다. 어느 한 쪽이 더 쉽게 이해하고 사용할 수 있다는 것을 알게 될 것이다.

## (방법 1) - 나누기(분할)

이 방법은 10진수 수를 2로 반복하여 나눈 다음, 지수와 나머지를 기록한다. 나머지 자리(0과 1의 연속)는 2진수 등가물을 형성한다.

(예) 10진수의 수 1910에 해당하는 이진수 찾기

나머지 열의 자릿수는 소수와 같은 2진수를 형성한다. 맨 아래(마지막) 남은 숫자로 시작하여 왼쪽에서 오른쪽으로 2진수의 수를 쓴다.

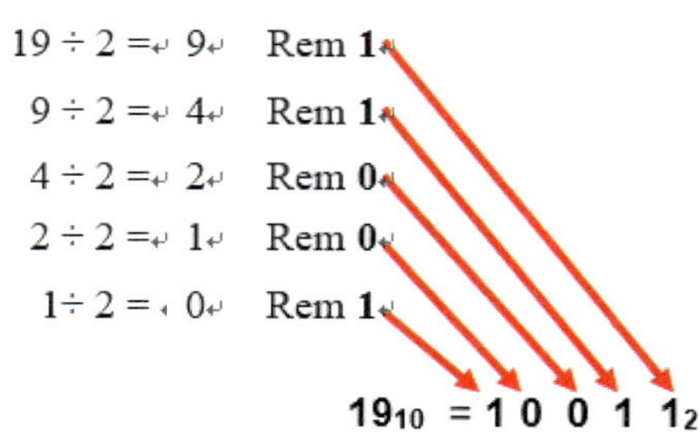



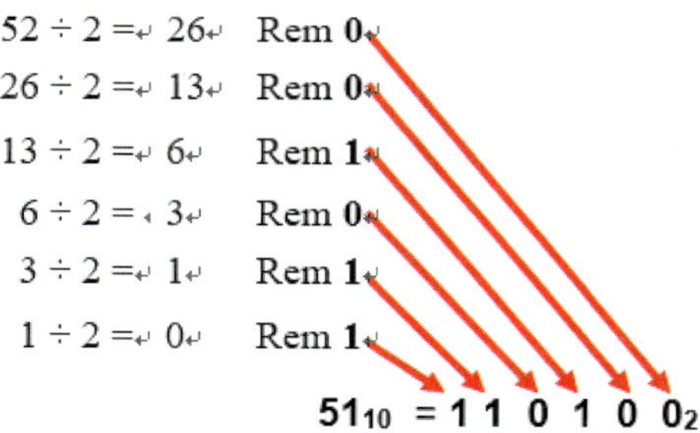



## (방법 2) - 빼기

감산법은 10진수에서 2의 제곱을 반복적으로 빼는 것을 포함한다. 변환하는 수보다 작거나 같은 숫자인 2까지의 제곱 리스트가 있어야 한다.

(예) 7510을 2진수로 변환하기

2진수 Truth Table을 참조하여 변환한다.

| $2^7$ | $2^6$ | $2^5$ | $2^4$ | $2^3$ | $2^2$ | $2^1$ | $2^0$ |
|---|---|---|---|---|---|---|---|
| 128 | 64 | 32 | 16 | 8 | 4 | 2 | 1 |
|  | 1 |  |  | 1 |  | 1 | 1 |
| 1 | 0 | 0 | 1 | 0 | 1 | 1 | |

변환하려는 수에서 2제곱근이 가장 큰 수에서 빼기를 시작한다.64 밑 칸에 1 주석을 달고 계산한다.

75 - 64 = 11

다음 11에서 2의 재곱 중에서 뺄셈을 할 수 있는 가정 큰 수는 - 8 이다

8 밑 칸에 1 주석을 달고 계산한다 11 - 8 = 3

2 밑 칸에 1 주석을 달고 계산한다 3 - 2 = 1

1 밑 칸에 1 주석을 달면 나머지는 1 - 1 = 0

1과 1 사이의 공간에 0를 채운다

$75_{10} = 1001011_2$

### 2.2.2.5 8진수 수 체계

각 8진수는 3개의 2진수로 나타낼 수 있으며, 2개의 숫자 체계는 대체를 통해 한 자리로부터 다른 자리로 쉽게 변환된다.

그래서 778다음에 1008 이 뒤따르고, 9910과 비슷한 순서로 10010이 뒤따른다. 1008은 10010보다 꽤 작다. 10010.1008=6410.

2진수 배열 또는 판독값을 8진수 번호로 표시할 수 있다는 장점이 있으며, 이는 엔지니어가 고장 분리를 위해 쉽게 2진수로 변환할 수 있다. 판독값에 110 011 010 111 1102를 표시하는 대신 6322768을 표시할 수 있으며, 2진수 등가보다 훨씬 쉽게 쓰고 기억할 수 있다. 2진수를 쓰면 복사할 때 숫자가 옮겨질 확률이 높아질 것이고, 게다가 그것은 단순히 큰 다루기 어려운 숫자일 뿐만 아니라, 쓰기 어렵고 기억하기 어려운 숫자이다. 6322768은 그에 비해 더 간단하게 기억된다.

항공기의 데이터를 해석하는 일반적인 방법은 컴퓨터 메모리 위치를 검사하고, 거기에 저장된 데이터를 해석하는 것이다. 물론 데이터는 디지털로 저장된다. 어떤 항공기는 데이터를 사용 가능한 정보로 변환하는 컴퓨터 시스템을 가지고 있을 수 있지만, 어떤 항공기는 단순히 저장된 디지털 데이터만 제공할 것이다. 디지털 데이터를 해석하는 것은 엔지니어 작업이다. 유지보수 섹션에서 앞의 예, 8진수 6322768을 2진수로 쉽게 변환하고 적절한 데이터 해석(예: 2진수 비트 8, 9 및 10)을 통해 컴퓨터의 언더캐리지 상태(예: 다운 및 잠금)를 나타낼 수 있다. 여기서 비트가 8-낮음, 9-낮음, 10-높음, 10-높음(이는 최하위 비트 {LSB}를 "비트 0"으로 카운트 함)이다. 따라서 이 예에서 2진수 비트 10은 2진수 비트 9 및 8과 동기화되지 않은 것으로 보이며, 이는 언더캐리지 마이크로스 위치의 오작동이나 신호 와이어가 끊어진 것을 나타낸다.

항공기 유지보수 매뉴얼은 엔지니어에게 메모리 검사 주소(위치) 및 데이터 변환에 필요한 정보(예: 2진수 비트 8은 좌측 메인 기어, 2진수 비트 9는 우측 메인 기어, 2진수 비트 10은 노즈 기어, 하이 또는 "1"은 언더캐리지 "잠기지 않음 및 잠김"과 같음, 낮음 또는 "0"은 언더캐리지 다운를 제공한다.

8진수 수 체계는 기수(base)가 8인 시스템이다

사용되는 숫자 - 0 1 2 3 4 5 6 7

$0_8 1_8 2_8 3_8 \rightarrow 7_8 10_8 11_8 12_8 \rightarrow 16_8 17_8 20_8 21_8 \rightarrow 26_8 27_8 30_8 31_8 \rightarrow 76_8 77_8 100_8$

각 8진수 숫자는 3개의 2진수 숫자를 나타낸다.

$0_8 = 000$
$1_8 = 001$

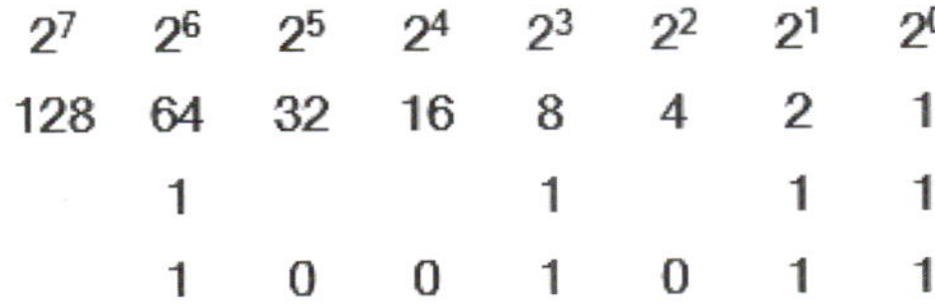

$2_8 = 010$

$3_8 = 011$

$4_8 = 100$

$5_8 = 101$

$6_8 = 110$

$7_8 = 111$

| 111 | 010 | 101 | 001 | 111 | 010 | | 110 | 011 | 010 | 010 | 111 | 110 |
|---|---|---|---|---|---|---|---|---|---|---|---|---|
| 7 | 2 | 5 | 1 | 7 | $2_8$ | | 6 | 3 | 2 | 2 | 7 | $6_8$ |

### (가) 8진수에서 10진수로 변환

8진수를 10진수로 변환하려면 다음 두 가지 방법이 있다. 한 가지 방법은 8진수를 2진수로 변환한 다음, 2진수를 10진수 Truth Table을 사용하여 이미 설명한 대로 2진수를 10진수로 변환하는 것이다.

직접 변환하려면, 설명된 대로 8진법 Truth Table을 사용한다.

1) 먼저 2진수로 변환한 후, 이미 설명한 대로 2진수를 10진수로 변환

2) 8진수 Truth Table 활용

| $8^5$ | $8^4$ | $8^3$ | $8^2$ | $8^1$ | $8^0$ |
|---|---|---|---|---|---|
| $32\ 768_{10}$ | $4\ 096_{10}$ | $512_{10}$ | $64_{10}$ | $8_{10}$ | $1_{10}$ |

(예 1) $2051_8$을 10진수로 변환하기

$2051_8 = 2 \times 8^3 + 0 \times 8^2 + 5 \times 8^1 + 1 \times 8^0$

$= 2 \times 512_{10} + 0 \times 64_{10} + 5 \times 8_{10} + 1 \times 1_{10}$

$= 1065_{10}$

(예 2) $362\ 415_8$을 10진수로 변환하기

$362\ 415_8 = 3 \times 8^5 + 6 \times 8^4 + 2 \times 8^3$

$+ 4 \times 8^2 + 1 \times 8^1 + 5 \times 8^0$

$= 3 \times 32\ 768_{10} + 6 \times 4\ 096_{10} + 2 \times 512_{10} + 4 \times 64_{10}$

$+ 1 \times 8_{10} + 5 \times 1_{10}$

$= 124\ 173_{10}$

### (나) 10진수에서 8진수로 변환

8진수에서 10진법 변환은 두 가지 기본적인 방법이 있다. 어느 한 쪽이 더 쉽게 이해하고 사용할 수 있다는 것을 알게 될 것이다.

### (방법 1) - 10진수 → 2진수 → 8진수로 변환

앞에서 설명한 대로 10진수를 8진수로 변환한 다음, 8진수를 각 3 개의 2진수 비트로 대체한다. 이 방법의 장점은 모든 것을 디지털로 변환하는 방법을 익히면 기본 시스템으로 디지털을 사용할 수 있다. 각 시스템을 디지털로 변환하는 방법만 기억하면 된다. 2진법으로 변환하는 방법으로 설명하는 세 가지 시스템 중, 10진법이 유일하게 어려운 방법이며, 8진법과 16진법은 모두 2진법으로 쉽게 변환된다.

### (방법 2) - 나누기(분할) 방법

나누기(분할) 방법은 이미 다룬 10진수에서 2진수 변환과 같은 기준으로 작용하지만, 이 경우 "8"로 나눈다. 남은 몫은 모두 8진수를 나타낸다. 10진수에서 8진수로 변환하려면, 10진수를 2진수로 변환한 다음 2진수를 8진수로 변환하거나, 10진수를 8진수로 직접 변환하면 되는데, 이것은 나누기(분할) 방법에 의해 10진수를 2진수로 변환하는 것과 매우 유사하다.

(예) 7 985₁₀를 8진수로 변환하기

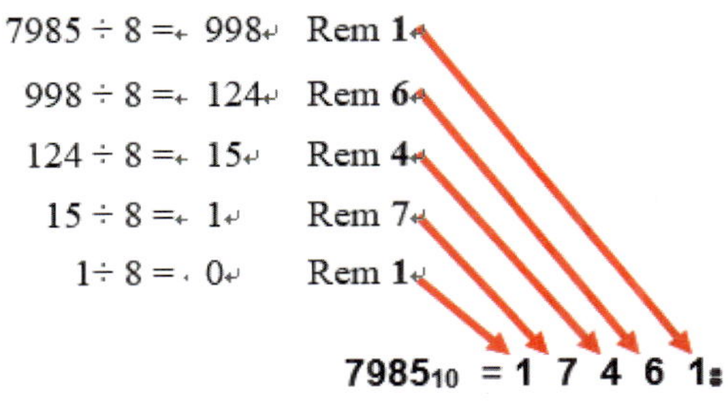

(예) 18 365₁₀를 8진수로 변환하기

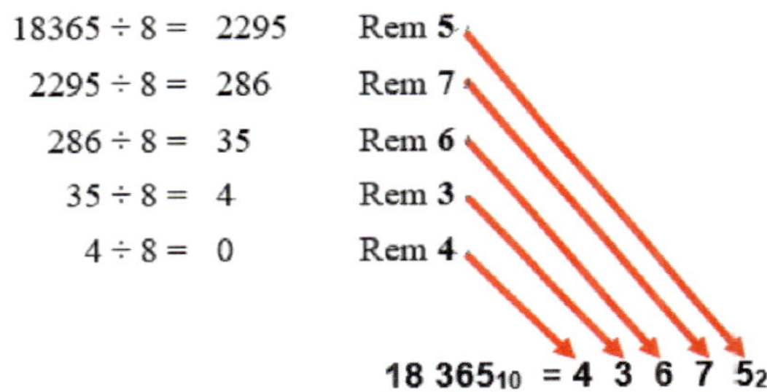

### 2.2.2.6 16진수 수 체계

16진수 수 체계를 기수 16이라고 하며, 0 ~ 9와 A ~ F(기수)라는 16개의 고유 기호를 사용한다. 이 숫자 체계는 모든 바이트(2진수의 8 비트)를 2개의 기호로 나타낼 수 있기 때문에 유용하다. Hex는 0, 1, 2, 3, 4, 5, 6, 7, 8, 9의 10자리 숫자를 사용한다. 숫자 10은 두 자리를 가지고 있기 때문에 16진법으로 A로 표시된다. 숫자 11은 B, 12는 C, 13은 D, 14는 E, 15는 F이다. 이는 16개의 단일 자릿수 값을 제공한다.

0, 1, 2, 3, 4, 5, 6, 7, 8, 9, A, B, C, D, E, F 더 높이려면 첫 번째 숫자를 1로 설정하고 두 번째 숫자를 0에서 F로 늘려야 한다.

(예) 10, 11, 12, 14, 15, 16, 17, 18, 19, 1A, 1B, 1C, 1D, 1E, 1F

10진수 16은 16진수로 10과 같다. (1 X 16) + 0. 시리즈를 계속하면 17(10진수)이 11(16진수), 18(10진수)이 12(16진수), 31(10진수)은 1F(16진수)가 된다.

숫자 32로 증가하려면, 첫 번째 숫자를 2로 변경하고 두 번째 숫자를 F에서 0으로 증가시켜야 한다.

(예) 20, 21, 22, 23, 24, 25, 26, 27, 28, 29, 2A 등등.

계속해서 FF16이다음에 10016이 그 뒤를 따른다. 10016은 10010보다 꽤 크다.

(예) 10016=25610

16진수 수 체계는 16의 기수를 가지고 있다.
사용되는 숫자 − 0 1 2 3 4 5 6 7 8 9
　　　　　　　　　A B C D E F
$0_{16}1_{16}2_{16}3_{16} \rightarrow 9_{16}A_{16}B_{16} \rightarrow E_{16}F_{16}10_{16}11_{16}12_{16}$
$\rightarrow 19_{16}1A_{16}1B_{16} \rightarrow 1E_{16}1F_{16}20_{16}21_{16}$
$\rightarrow 99_{16}9A_{16}9B_{16} \rightarrow 9E_{16}9F_{16} A0_{16}A1_{16}$
$\rightarrow FD_{16}FE_{16}FF_{16}100_{16}$

각 16진수의 자릿수는 4 개의 2진수 자릿수를 나타낸다.

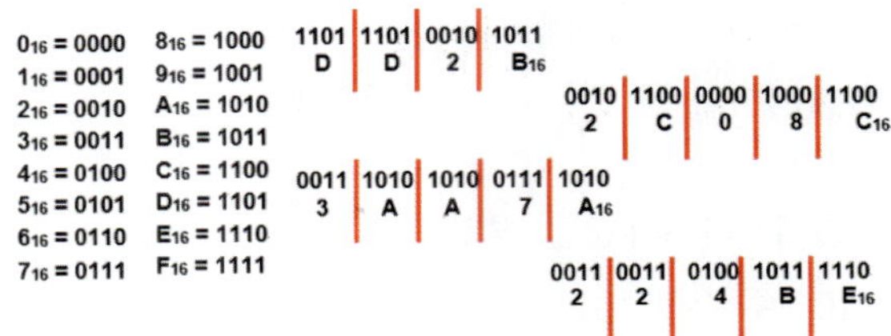

### (가) 16진수를 10진수로 변환

한 가지 방법은 8진수를 2진수로 변환한 다음, 2진

수에 대한 10진수 truth table을 사용하여 이미 설명한 대로 2진수를 10진수로 변환하는 것이다.

　직접 변환하려면 설명한 대로 16진수 truth table을 사용한다.

(예) 16진수 20, (2 X 16) + 0은 10진수 32와 같다.
(예) 16진수 9C는 (9 X 16) + 12 = 156과 같다.

16진수를 10진수로 변환하려면 다음 두 가지 방법이 있다.

(1) 먼저 2진수로 변환한 후, 이미 설명한 대로 2진수를 10진수로 변환한다.
(2) 16진법 truth table 사용한다.

| $16^5$ | $16^4$ | $16^3$ | $16^2$ | $16^1$ | $16^0$ |
|---|---|---|---|---|---|
| $1\,048\,576_{10}$ | $65\,536_{10}$ | $4\,096_{10}$ | $256_{10}$ | $16_{10}$ | $1_{10}$ |

(예) $B7F2_{16}$를 10진수로 변환하기

$B7F2_{16} = 11 \times 16^3 + 7 \times 16^2 + 15 \times 16^1 + 2 \times 16^0$
$= 11 \times 4\,096_{10} + 7 \times 256_{10} + 15 \times 16_{10} + 2 \times 1_{10}$
$= 47\,090_{10}$

(예) $9B82A_{16}$를 10진수로 변환하기

$9B82A_{16} = 9 \times 16^4 + 11 \times 16^3 + 8 \times 16^2 + 2 \times 16^1 + 10 \times 16^0$
$= 9 \times 65\,536_{10} + 11 \times 4\,096_{10} + 8 \times 256_{10} + 2 \times 16_{10} + 10 \times 1_{10}$
$= 636\,970_{10}$

(방법 1) 나누기(분할) 방법

　10진수 수를 16진수로 변환시 나누기(분할) 방법을 사용하는 것이 상당히 어려우나 16으로 나누면 된다. 나머지가 9보다 큰 숫자는 적절한 문자로 표시해야 한다.

(예) 7 985$_{10}$를 16진수로 변환하기

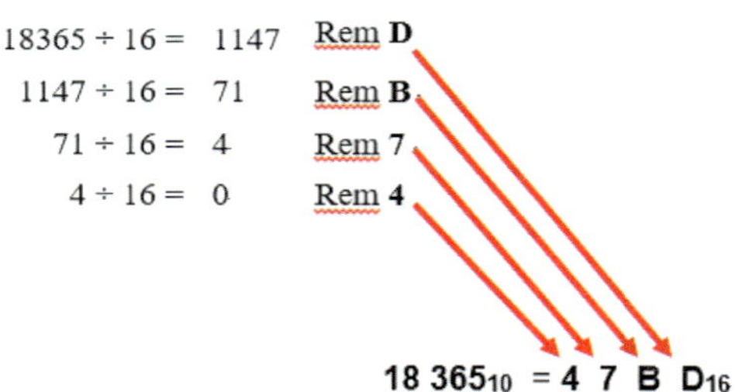


(예) 18 365$_{10}$를 16진수로 변환하기



(방법 2)

　더 쉬운 방법은 먼저 10진수 숫자를 2진수로 그리고 16진수로 변환하는 것이다.

1) 분할 또는 감산 방법을 사용하여 10진수를 2진수로 변환

2) 각 4개의 이진수를 16진수로 대체

(예) 18 365$_{10}$
$$= 0100 \quad 0111 \quad 1011 \quad 1101_2$$
$$= \ \ 4 \qquad 7 \qquad B \qquad D_{16}$$

(예) 7985$_{10}$
$$= 0001 \quad 1111 \quad 0011 \quad 0001_2$$
$$= \ \ 1 \qquad F \qquad 3 \qquad 1_{16}$$

### 2.2.2.7 2진화 10진수(Binary Coded Decimal, BCD)

십진수 체계는 친숙하기 때문에 사용하기 쉽지만, 이진수 시스템은 덜 친숙하기 때문에 사용하기에 덜 편리하지 않다. 빨리 보는 것도 어렵다. 2진수 및 10진수 등가. 예를 들어, 2진수

$1010011_2$ 는 10진수 8310 을 나타내는데 바로 10진수로 변환하기는 어렵다.

10진수 값의 숫자를 앞에서 설명한 바와 같이, 몇 분 이내에 절차를 사용하여 쉽게 2진수를 계산할 수 있었다. 2진수 수량을 변환하거나 인식하는 데 걸리는 시간은 차이가 있다. 수많은 하드웨어 이점에도 불구하고 이 코드를 사용함에 있어 불리한 엔지니어들은 이 문제를 일찍 인지하고 특별한 형태의 2진수 코드를 개발했다.

이 특별한 코드는 매우 널리 사용되어지고 받아들여졌다. 이 특별한 절충 코드는 2진화 10진수(BCD)으로 알려져 있다. BCD 코드는 2진수와 10진수 수 체계 특성이 결합되었다.

#### (가) 2진수를 BCD로 변환

10진수 대 BCD 변환은 간단하고 복잡하지 않다. 하지만, 2진수 대 BCD 변환은 직접적이지 않다. 그래서 10진수로 중간 변환을 먼저 수행해야 한다. 예를 들어, 2진수 1011.01은 BCD 등가물로서 변환한다.

먼저, 2진수를 10진수로 변환한다. 그런 다음, 10진수 결과를 BCD로 변환한다.

(예) $11.25_{10}$ = 0001 0001.0010 0101

#### (나) BCD를 2진수로 변환

BCD에서 2진수로 변환하기 위해, 이전 연산을 반대로 한다. 예를 들어, BCD 숫자 1001 0110.0110 0010 0101은 2진수 등가로 변환한다.

(예) $10010110.011000100101 = 96.625_{10}$

첫째, BCD 수는 10진수로 변환한다. 그런 다음 10진수 결과를 2진수로 변환한다.

중간에 있는 10진수에는 정수와 분수 모두 포함되어 있기 때문에, 각 숫자 부분은 "2진수 수 체계"에 설명된 대로 변환된다. BCD 수 1001 0110.0110 0010 0101도 2진수 합(정수+분수) 1100000.101과 같다.

### 2.2.2.8 수의 연산

부호가 표시된 수의 덧셈, 뺄셈, 나눗셈, 곱셈 연산을 살펴보면, 아래와 같다.

#### (가) 덧셈

덧셈에는 가수(addend)와 피가수(augend)가 사용되며, 결과를 합(sum)이라 한다. 두 수를 더하고, 최종 캐리 비트가 발생할 경우 무시해도 된다.

(예 1) 00000111 + 00000100 = 00001011
(7 + 4 = 11)

(예 2) 01011111 + 00001110 = 01101101
(95 +14 = 109)

#### (나) 뺄셈

뺄셈은 감수(subtrahend)의 부호를 변경해서 피감수(minuend)를 더한다. 그 결과를 차(difference)라고 한다. 예를 들면, +4에서 +2를 빼는 것은, +4에서 -2를 더하는 것과 결과가 같다.

(예) 00001100 − 11110111 = 00001100 +
   00001001 = 00010101
   (12 − (−9) = 12 + 9 = 21)

## (다) 곱셈

곱셈에는 피승수(multiplicand), 승수(multiplier), 곱(product)이 사용된다. 예를 들면, 2 X 3 = 6에서 2는 피승수, 3은 승수, 그리고 24는 곱이라 한다. 곱셈 방법에는 직접 덧셈 방법(direct addition)과 부분 곱 방법(partial products)이 있다.

예를 들면, 3 X 4를 직접 덧셈 방법으로 계산하면, 3를 4번 더하면 된다. 3 X 4 = 3 + 3 + 3 + 3 = 12 가 된다.

부분 곱 방법은 일반적인 곱셈 방법과 같다. 예를 들면, 25 X 31를 구하면 아래와 같다.

$$
\begin{array}{r}
25 \\
\times\ 31 \\
\hline
25 \\
+\ \ 75 \\
\hline
775
\end{array}
$$

부호가 같으면 결과는 양수이며, 부호가 다르면 결과는 음수이다.

## (라) 나눗셈

나눗셈에는 피제수(dividend), 제수(divisor), 몫((quotient)의 수가 사용된다. 나눗셈의 결과는 몫이며, 몫은 피제수에서 제수를 뺄 수 있는 횟수를 나타낸다.

예를 들면, 28 / 7 = 28 −7 = 21 − 7 = 14 − 7 = 7 − 7 = 0에서, 피제수에서 제수를 4번 뺀 후에 나머지는 0이므로, 몫은 4이다.

부호가 같으면 몫은 양수이며, 부호가 다르면 몫은 음수이다.

### 2.2.2.9 코드(Codes)

디지털전자에서는 여러 코드(codes)들을 사용한다. 숫자, 문자, 기호, 명령어 등이 사용된다. 종류에는 BCD 코드, 그레이 코드, ASCII 코드, 유니코드 등이 있다.

BCD(binary coded decimal)는 10진 숫자 0~9를 4비트의 2진 코드로 표현하는 것으로, 10진 숫자를 2진 코드로 나타내는 방법의 일종이다.

예) 10진수 −> BCD 변환

| | |
|---|---|
| 0　−> 0000 | 5　−> 0101 |
| 1　−> 0001 | 6　−> 0110 |
| 2　−> 0010 | 7　−> 0111 |
| 3　−> 0011 | 8　−> 1000 |
| 4　−> 0100 | 9　−> 1001 |

그레이 코드(gray code)는 연속되는 숫자 간에 오류 발생 확률이 높기 때문에, 고속으로 동작하는 분야에서 오류를 줄이기 위해 많이 사용된다. 그레이 코드는 비트 수에 제한이 없으며, 어떤 코드에서 다음 코드로 증가할 때 한 비트만 바뀐다.

영문−숫자(alphanumeric) 코드는 숫자와 영문자들을 표현하는 코드이다. 최소한 10진 숫자 10개와 영문자 26개 등 36개를 표현해야 하므로 6개의 비트가 필요하다. 6비트 조합으로 만든 코드는 10진수, 영문자, 그리고 28개의 다른 기호도 표현할 수 있다.

ASCII(american standard code for information interchange)는 일반적으로 사용되는 영문−숫자 코드이다. 컴퓨터 키보드는 ASCII로 표준화되어 있으며, 문자, 숫자, 제어 명령어 등이 입력되면 ASCII 코드로 변환되어 메인 컴퓨터로 입력된다. ASCII 코드는 7비트의 2진 코드로 표현되는 128개의 문자와 기호로 구성된다.

유니코드는 2바이트 체계의 국제 문자부호 체계(UCS, universal code system)로 국제표준으로 제정되었다. 1990년에 유니코드(unicode – 애플컴퓨터, IBM, 마이크로소프트 등이 컨소시엄으로 설립)가 첫 버전을 발표하였으며, 1995년 9월에 국제표준으로 제정되었다. 유니코드는 원활한 컴퓨터 데이터 교환을 위해 하나의 문자를 6비트로 통일하여 유일한 값을 부여해 사용된다. 예를 들면, 영어는 7비트, 비영어는 8비트, 한글과 일본어는 모두 16비트로 통일하여 표현된다.

## 2.3 논리 게이트
### Logic Gates

### 2.3.1 기본 게이트

아래 그림 2-1은 기본 게이트(gates)들이다. NAND와 NOR 게이트는 유니버설 게이트로 알려져 있다. 모든 게이트들이 이 두 게이트들로 구성될 수도 있다.

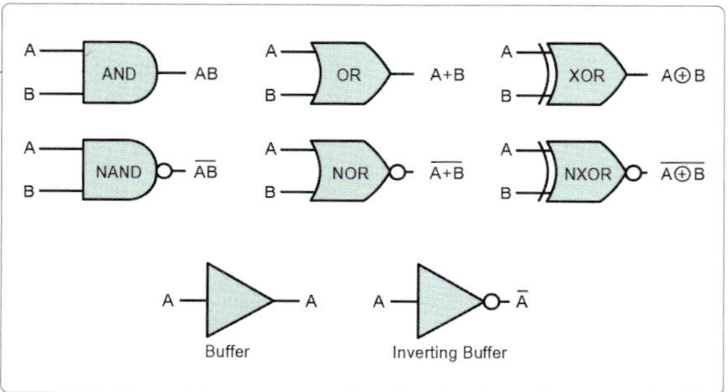

[그림 2-1] 논리회로 기호

### 2.3.1.1 AND Gate

입력 A와 B가 모두 높을 때만 출력이 높다. 일부 논리 게이트는 다이오드 및 저항(diode resistor logic 또는 DRL이라고 함)만으로 제작할 수 있다.

예를 들어, 입력 다이오드에 대한 입력이 HI가 아닌 경우 LO라고 간주한다. 입력 A나 B 중 하나가 접지되면 전류가 다이오드를 통과하여 출력이 저전압이다. 높은 출력을 얻는 유일한 방법은 두 입력을 모두 높게 하는 것이다. 이것은 분명히 논리적인 AND 기능이다. 아래 그림 2-2에서 등가 회로에서 2개의 NPN트랜지스터가 시리즈로 연결되어 사용된다. 이것들은 스위치(saturation 상태에서)로 작동하도록 설계되었다. 10K 저항은 입력 임피던스용이고 4.7K 저항은 출력 신호를 떨어뜨린다. HI 출력을 얻으려면 두 트랜지스터가 모두 켜져 있어야 한다 그림2-3에서 통합 회로 형태(IC7408 AND gates)는 AND Gate의 편리한 포장 예시이다.

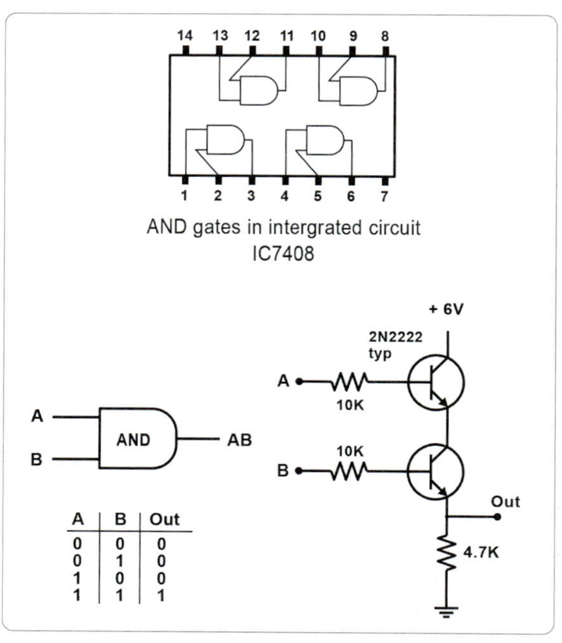


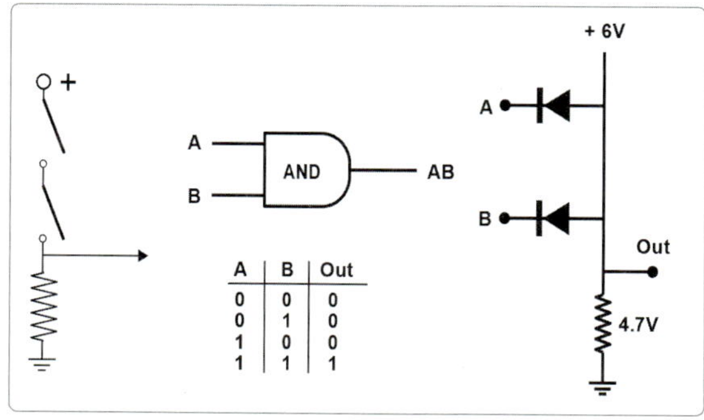

[그림 2-2] AND Gate 작동

[그림 2-3] AND Gate 작동 예

## 2.3.1.2 OR Gate

입력 A 또는 B 중 하나 또는, 둘 모두 높을 때 출력이 높다.

일부 논리 게이트는 다이오드 및 저항기(diode resistor logic 또는 DRL이라고 함)만으로 제작할 수 있다. 입력 A와 B 중 하나 또는, 다른 하나가 높을 때마다 전류가 관련 다이오드를 통해 흐른다. 이것은 출력을 높은 전압으로 만든다. 이 회로는 논리적인 OR을 분명히 구현한다.

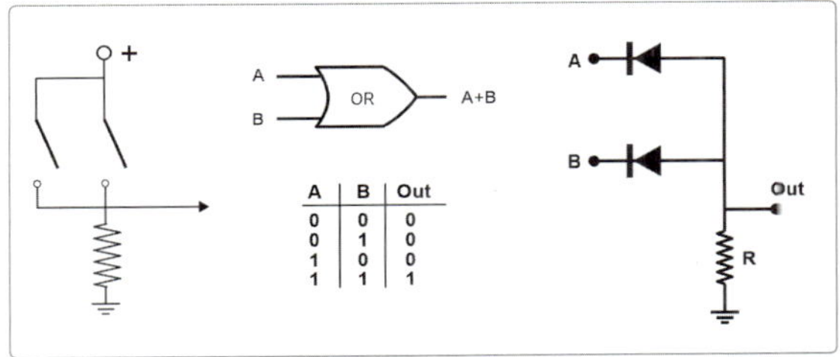

[그림 2-4] OR Gate 작동

또한, 다이오드 및 저항기만 있는 인버터를 구성할 수 없다는 점에 유의해야한다. AND와 OR 기능 자체는 NOT 기능 없이는 완전한 논리가 될 수 없다. 다라서 다이오드-저항 논리에서는 구현할 수 없는 느리 함수들이 있다. 다행히 트랜지스터는 이 모든 문제를 해결한다.

그림 2-5의 등가 회로는 Vcc와 병렬로 연결된 2개의 NPN 트랜지스터를 사용한다. 이것들은 스위치(saturation 상태에서)로 작동하도록 설계되었다. 트랜지스터가 켜진 상태에서 출력은 HI가 된다.

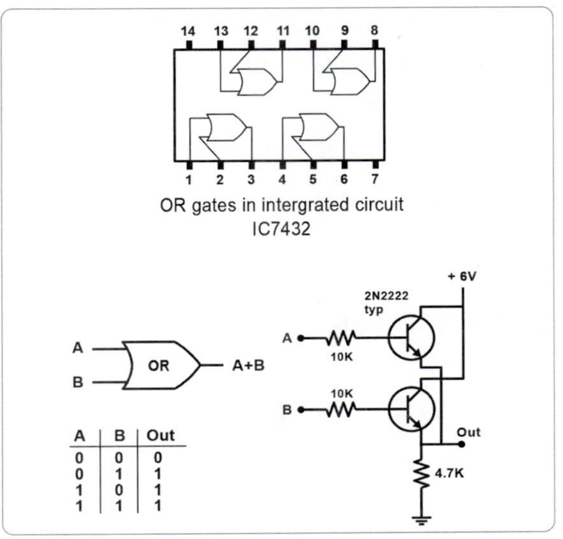


[그림 2-5] OR Gate 작동 예

## 2.3.1.3 NAND Gate

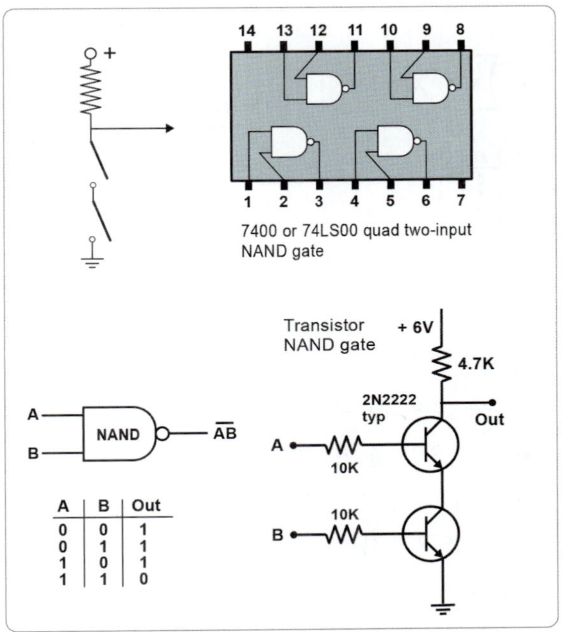


[그림 2-6] NAND Gate 작동

입력 A 또는 B 중 하나가 높을 때 또는, 둘 중 어느 것도 높지 않을 경우, 출력이 높을 수 있다. 즉, A와 B가 모두 높아야만 낮아지는 것이 보통이다.

NOR 게이트와 NAND 게이트는 기본 작동을 수행하는 데 조합을 사용할 수 있고 따라서, 인버터, OR 게이트 또는 AND 게이트를 생성할 수 있기 때문에 범용 게이트라고 할 수 있다. 비인버팅 게이트는 반전 효과를 낼 수 없기 때문에 이러한 다재, 다능성을 가지고 있지 않다.

## 2.3.1.4 NOR Gate

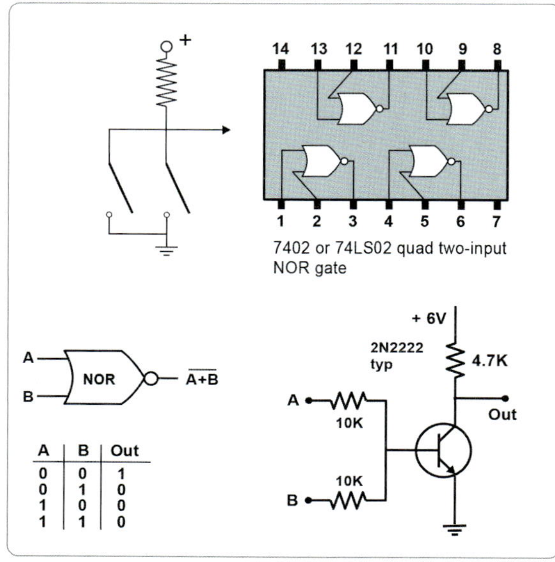

[그림 2-7] NOR Gate 작동

A 혹은 B 모두 다 높지 않을 경우에만, 그 출력이 높다. 즉, 일반적으로 높지만, 어떤 종류의 0이 아닌 입력이 있으면 출력이 낮아진다.

논리 게이트를 만들기 위한 트랜지스터의 사용은 빠른 스위치로서의 유용성에 따라 달라진다. Base-emitter diode가 saturation 상태로 구동될 수 있을 정도로 켜졌을 때, 접지에 관한 collector 전압은 TTL 로직 계열에서 로직 0으로 사용될 수 있는 전압보다 작을 수 있다.

## 2.3.1.5 XOR Gate - Exclusive OR Gate

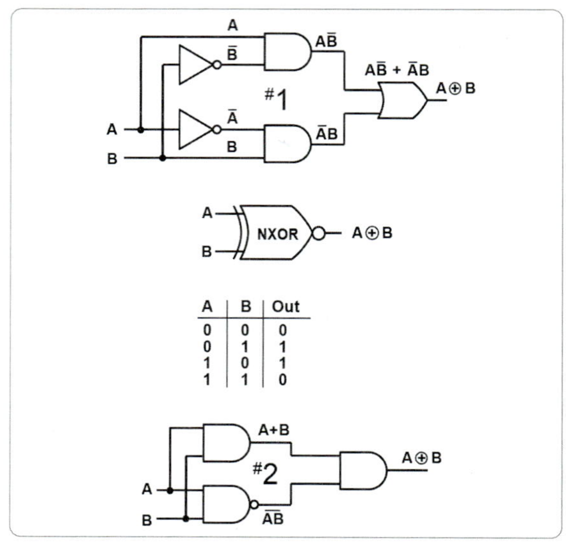

[그림 2-8] XOR Gate 작동

입력 A 혹은 B 중, 하나가 높으면 출력이 높지만, A와 B가 모두 높으면 출력이 높지 않다. 논리적으로, 배타적 OR (XOR) 연산은 다음 작업 중 하나로 볼 수 있다.

1) A AND NOT B OR B AND NOT A
2) A OR B AND NOT A AND B

이는 표시된 게이트 배치로 구현할 수 있다.

또한, 그림 2-9와 같이 NAND 게이트만 사용하여 구현할 수 있다.

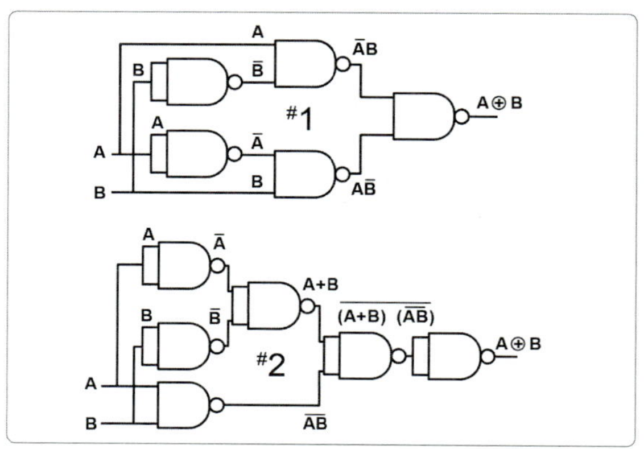

[그림 2-9] NAND Gate 작동 예

NAND 게이트만 있는 exclusive OR(XOR) 운영의 구현은 NAND가 범용 게이트로서의 기능을 보여준다.

### 2.3.1.6 XNOR Gate – Exclusive NOR Gate

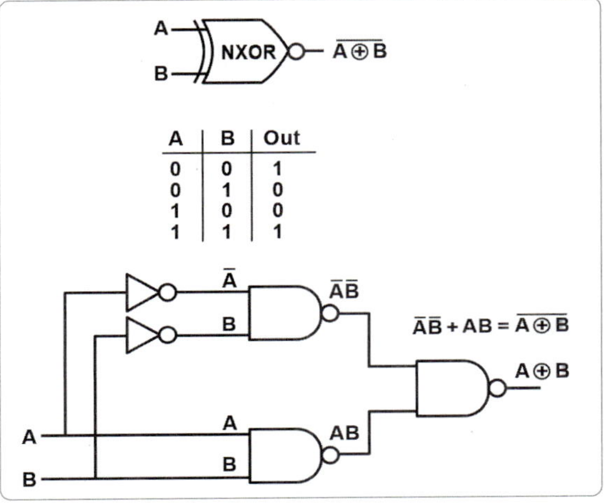

[그림 2-10] XNOR Gate 작동 예

입력 A와 B가 모두 높거나, A와 B가 모두 늦지 않을 때 출력이 높다.

Exclusive NOR는 인버터가 붙은 exclusive OR이다. 그림 2-10은 기본적인 게이트를 이용하여 그것을 만드는 한 가지 방법이다.

## 2.3.2 버퍼(Buffer)

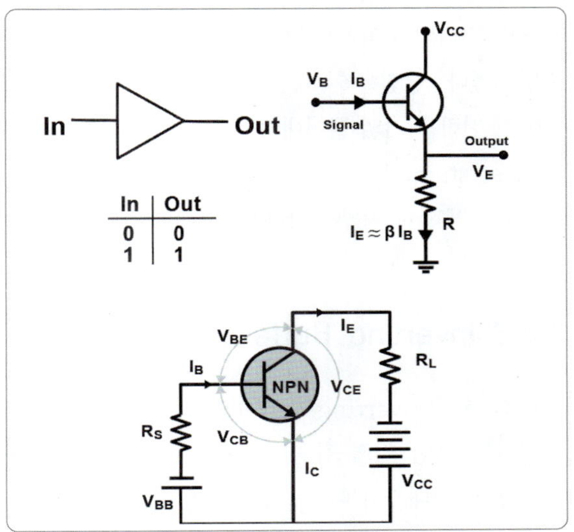

[그림 2-11] Buffer 작동 예

버퍼(buffer)는 출력에서 입력을 미러링(mirroring)하는 gain이 1인 단일 입력 장치다. 임피던스 매칭과 입력과 출력의 격리에 대한 값을 가진다. 기본 emitter follower는 버퍼로 사용할 수 있다. 보통의 collector amplifier는 출력이 emitter 저항기에서 추출되기 때문에 흔히 'emitter follower'라고 불린다. 입력 임피던스가 출력 임피던스보다 훨씬 높기 때문에 임피던스 매칭 디바이스로서 유용하다.

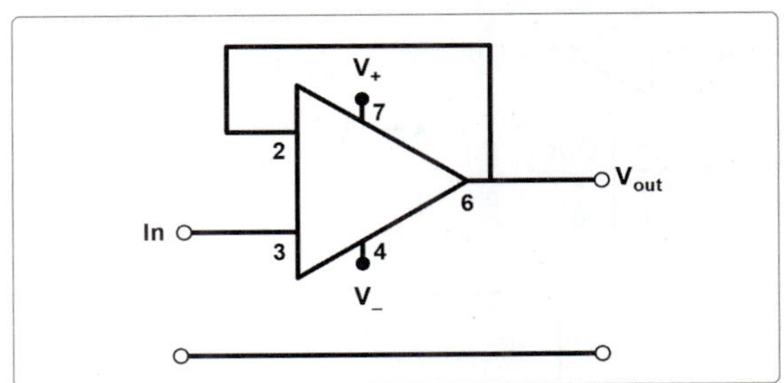

[그림 2-12] Op-amp voltage follower

Op-amp voltage follower는 버퍼 역할을 할 수 있다. 이상적인 op-amp를 가진 voltage follower는

간단히 Vout = Vin을 제공하지만, op-amp의 입력 임피던스가 매우 높아서 신호 소스에서 출력이 효과적으로 격리되기 때문에, 이것은 매우 유용한 것으로 판명되었다. 당신은 "부하" 효과를 피하면서 신호 소스에서 전력을 거의 끌어내지 못한다. 이 회로는 유용한 first stage이다. Voltage follower는 로직 회로용 버퍼 제작에 자주 사용된다.

### 2.3.3 Inverting Buffer(Inverter)

반전 버퍼(inverting buffer)는 입력 반대 상태를 생성하는 단일 입력 장치다. 입력이 높으면 출력이 낮거나 그 반대가 된다. 이 장치는 일반적으로 단순한 인버터라고 불린다. Collector 저항기가 있는 트랜지스터 스위치는 반전 버퍼 역할을 할 수 있다. 스위치가 열리면 base에 전류가 흐르지 않아 collector 전류가 차단된다. 저항기 Rc는 대부분의 전압 Vcc가 부하를 가로질러 나타나도록 트랜지스터를 포화 상태로 구동할 수 있을 만큼 작아야 한다. 출력은 부하(load) 저항기 아래로 취해져 디지털 회로에서 반전 버퍼로 기능할 수 있다.

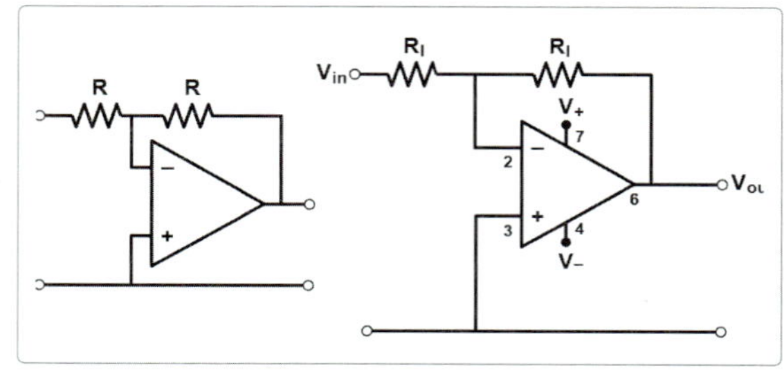

[그림 2-14] Inverting Buffer 작동 예

이상적인 op-amp에서, inverting amplifier gain은 아래와 같다.

$$\frac{V_{OUT}}{V_{IN}} = \frac{-Rf}{R1}$$

동일한 저항기의 경우 −1의 gain이 있으며, 디지털 회로에서 반전 버퍼로 사용된다.

### 2.3.4 인버터(Inverter) 기호

인버터 기호는 필요에 따라 사용되지만, 보다 일반적인 반전 신호 표시 방법은 단순히 기기 다리에 역전 기호인 'O'를 사용하는 것이다.

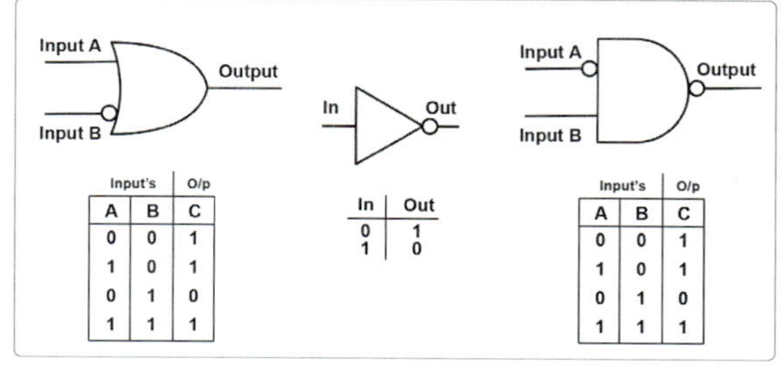

[그림 2-15] 인버터 기호

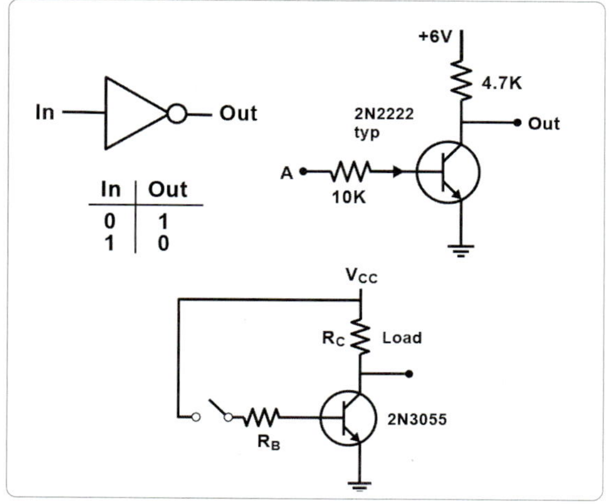

[그림 2-13] 반전 버퍼

## 2.3.5 IEEE Gate 기호

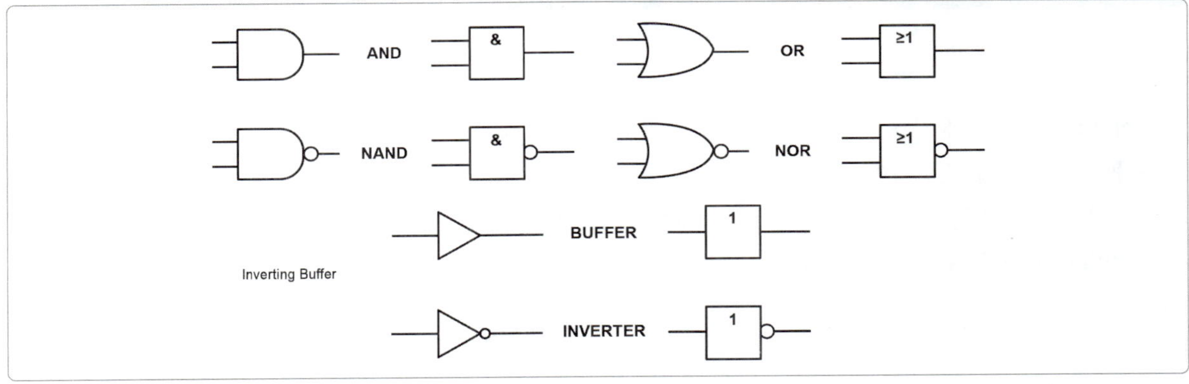


[그림 2-16] IEEE Gate 기호

American National Standards Institute (ANSI), Institute of Electrical and Electrcnic Engineers (IEEE)는 미국 국가표준연구소(ANSI)와 함께 로직 IEEE 기호의 표준 세트를 개발했다. 가장 최근에 개정된 표준은 ANSI/IEEEE 규격 91-1934, 논리 함수에 대한 IEEE 표준 그래픽 기호다. 그것은 국제 전자 기술 위원회(IEC)의 표준 617과 호환되며, 미 국방부의 모든 논리 도표에 사용된다. 이 기호들은 시간이 지날수록 점점 더 많이 사용되고 있다.

## 2.3.6 Universal Gates

NOR 게이트와 NAND 게이트는 기본 작동을 수행하는 데 조합으로 사용할 수 있고, 인버터, OR 게이트 또는, AND 게이트를 생성할 수 있기 때문에 범용 게이트라고 할 수 있다. 비인버팅 게이트는 반전을 일으킬 수 없기 때문에 이러한 여러 기능을 가지고 있지 않다.

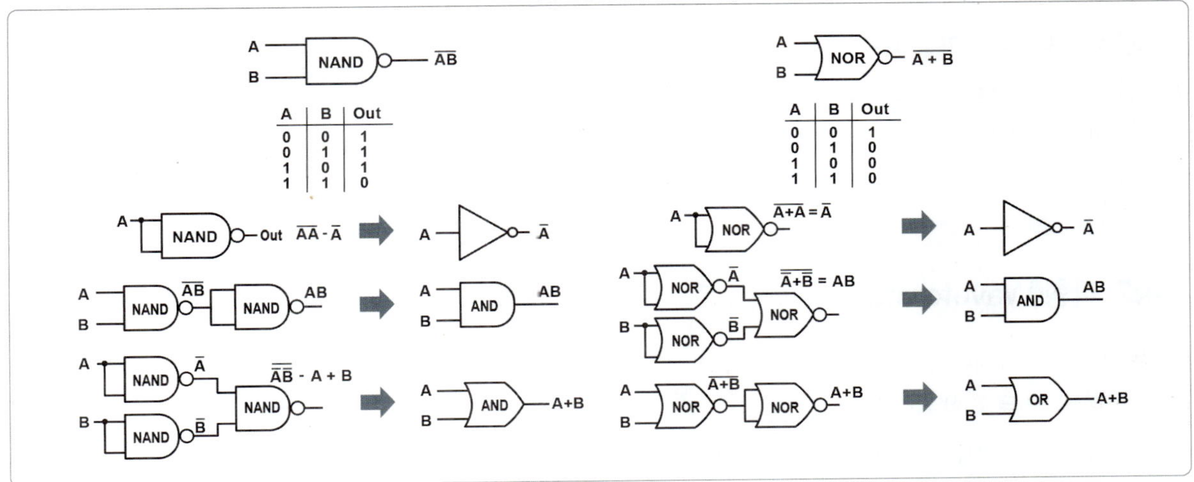


[그림 2-17] 범용 게이트

로직 회로는 전자 장치에 사용된다. 논리 회로는 많은 논리 게이트를 결합하여 형성된다. 더 복잡한 논리 회로는 더 단순한 것으로 조립되고, 다시 게이트들로 조립된다. 모든 논리 회로의 구성 블록은 논리 게이트다.

## 2.4.1 Gates 결합

게이트들을 특수 구성으로 배치하여 복수의 입력 게이트들을 구성할 수 있다.

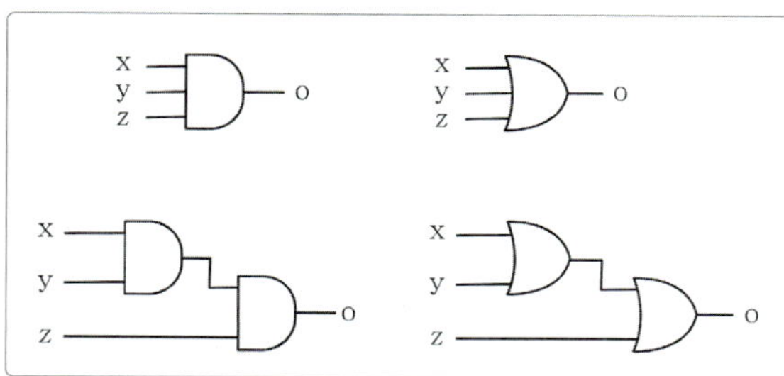

[그림 2-18] Gates 결합 예

그림 2-18과 같이 연결된 2개의 AND 게이트를 사용하여 3개의 입력을 갖는 AND 게이트를 구성할 수 있다. 3개의 입력을 갖는 OR 게이트는 그림과 같이 연결된 2개의 OR 게이트를 사용하여 구성할 수 있다.

## 2.4.2 파형(Waveforms)

그림 2-19에 표시된 논리 파형은 OR과 XOR 게이트의 입력에 모두 적용된다.

로직 레벨 1(high)은 +5V로 표시되고, 이와 유사하게 로직 레벨 0(low)은 0V로 표시된다.

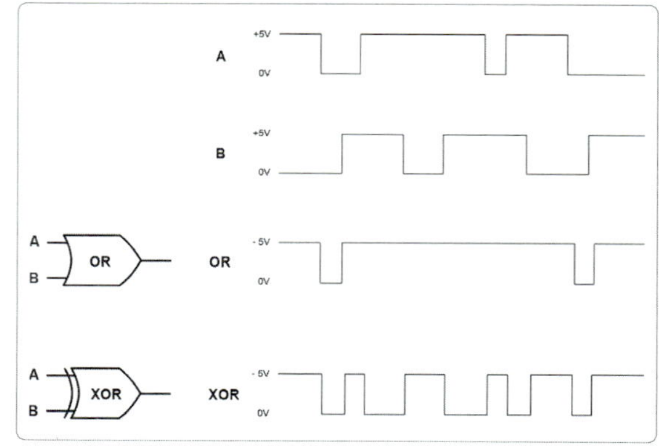

[그림 2-19] Waveforms 예

## 2.4.3 논리 회로 설명

항공기에 사용되는 많은 회로들은 이해를 돕기 위해 논리 회로들을 통해 도식적으로  표시할 수 있다.

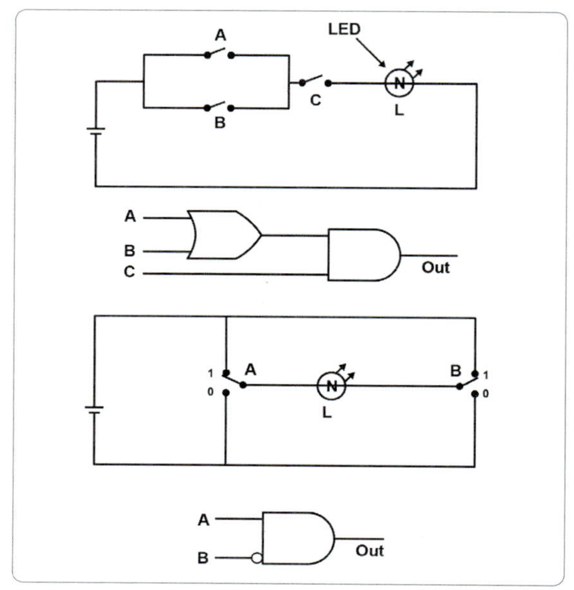

[그림 2-20] 논리 회로의 예

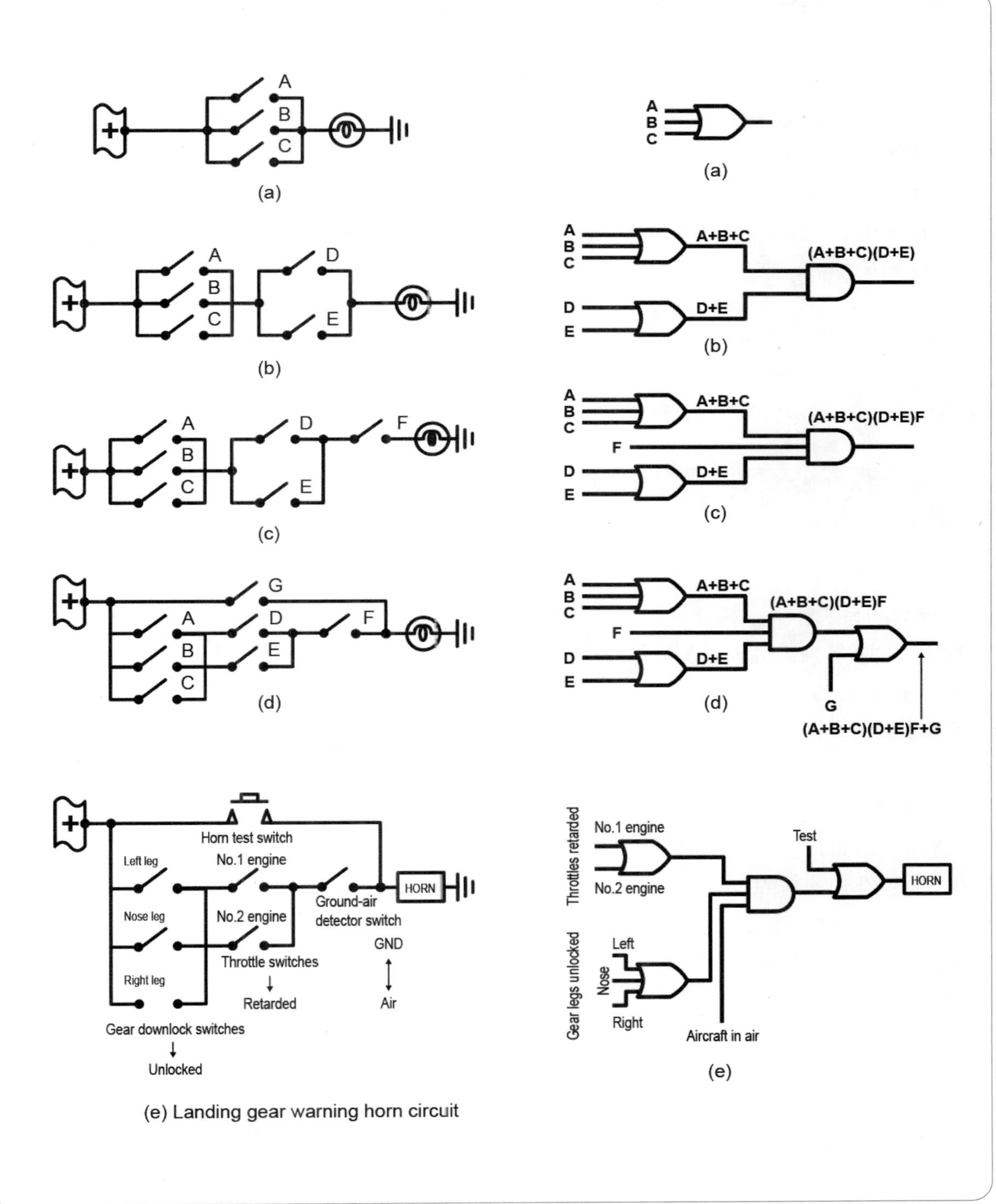


[그림 2-21] 조합 논리의 예

## 2.4.4 항공기 시스템의 논리 회로 적용

항공기 시스템에 사용되는 논리 게이트/회로의 대표적인 적용을 살펴 보고자한다. 이 적용은 A320 에어버스 유압 파워 시스템에서 나온 것이다. BLUE 유압 시스템 전기 펌프의 자동 작동을 위한 것으로, 이 경우 OR 게이트가 사용된다. BLUE 전기 펌프는 다음 조건 중 한 개라도 해당하면 자동으로 시동된다.

1) 엔진 1 작동 중($>$50%)
2) 엔진 2 작동 중($>$50%)
3) Nose gear shock absorber 연장

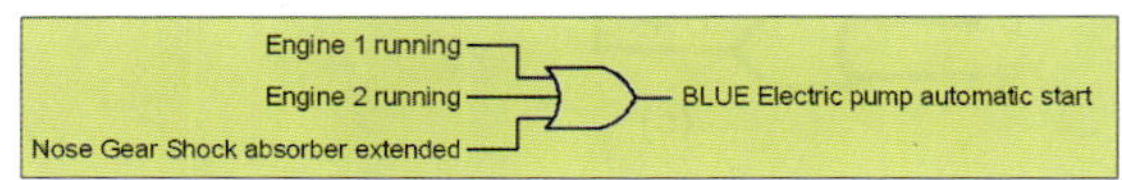


[그림 2-22] BLUE 전기 펌프의 논리 회로

시스템의 작동은 완전히 자동이며, 필요한 경우(고장 또는, 유지관리 때문에) 시스템의 자동 운전을 정지할 수 있다. BLUE 전기 펌프는 엔진이 시동되면 자동으로 시스템을 시동하고 공급한다. 2개의 엔진이 비행 중에 정지할 경우, AC 전원이 APU에서 공급되면 BLUE 시스템 전기 펌프가 계속 작동하게 된다. 이 경우, nose landing gear가 압축되면 전기 펌프가 정지한다. 시간 지연 회로(time delay circuit)는 노즈 착지 기어를 압축한 후 2분 동안 전기 펌프를 작동시킨다. 이는 항공기가 착륙할 때 전기 펌프가 즉시 정지하지 않도록 하기 위함이다.

## 2.4.5 항공기 시스템의 논리 회로 적용

그림 2-23은 표시된 논리회로를 전형적으로 적용한 것이다. 현실적으로는 똑같지 않을지 모르지만, 운영 측면에서 보면 비슷하게 운영될 될 것이다. 엔지니어를 돕기 위해 이러한 방식으로 그려질 수 있다. 편의를 위해 아래 그림처럼 표현되었지만, 시스템 자체는 소프트웨어로 제어될 수 있다.

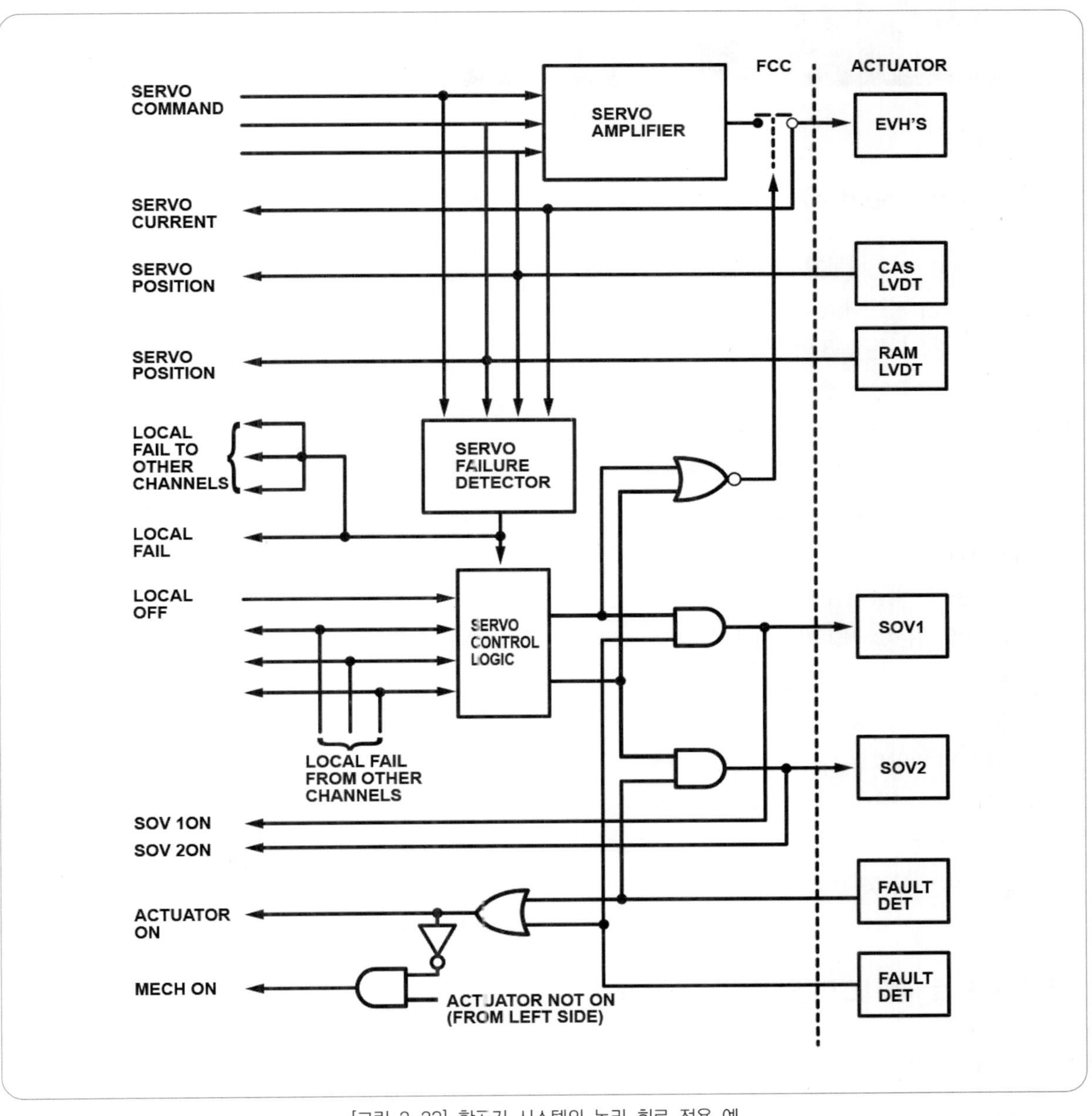


[그림 2-23] 항공기 시스템의 논리 회로 적용 예

### 2.5.1 카운터(Counter)

카운터(counter)는 비동기 카운터(asynchronous counter)와 동기 카운터(synchronous counter)가 있다. 비동기 카운터는 공통의 기준 클럭을 사용하지 않고, 카운터 안에 있는 플립플롭은 동시에 상태를 변경하지 않는 카운터이다. 동기 카운터는 모든 플립플롭들이 동시에 같은 클럭 신호를 받음으로, 모든 플립플롭들이 같이 상태를 변화하는 카운터이다. 비동기 카운터의 종류에는 2-비트/3-비트/4-비트 비동기 2진 카운터, 비동기 10진 카운터 등이 있다. 동기 카운터 종류에는 2-비트/3-비트/4-비트 동기 2진 카운터, 4-비트 동기 10진 카운터 등이 있다.

업/다운(up/down) 동기 카운터는 지정된 순서(증가 혹은 감소)의 방향으로 계수할 수 있는 기능을 가진 카운터이다. 이를 양방향 카운터라고도 부른다.

카운터의 응용 예로는 디지털 시계 시스템, 업/다운 카운터를 이용한 자동차 주차 제어 시스템 등이 있다.

### 2.5.2 시프트 레지스터(Shift Register)

시프트 레지스터는 플립플롭으로 구성되어, 데이터의 전송과 저장 분야에 사용된다. 레지스터(register)는 데이터 저장과 이동의 기능을 가진 디지털 회로이다. 레지스터의 저장 능력 때문에 메모리 장치로 사용된다. 레지스터의 저장 용량은 레지스터가 저장할 수 있는 디지털 데이터의 총 비트 수와 같다. 시프트 레지스터의 각 stage(플립플롭)는 하나의 비트를 저장할 수 있으며, 단의 수는 레지스터의 저장 용량을 결정한다. 레지스터의 시프트 능력에 의해 클럭 펄스가 작동함에 따라 레지스터 내부 데이터는 어떤 단에서 다음 단으로 이동하거나 혹은, 레지스터의 내, 외부로 이동하게 된다. 시프트 레지스터의 종류에는 직렬 입력/직렬 출력 시프트 레지스터, 직렬 입력/병렬 출력 시프트 레지스터, 병렬 입력/직렬 출력 시프트 레지스터, 병렬 입력/병렬 출력 시프트 레지스터, 양방향 시프트 레지스터 등이 있다. 시프트 레지스터는 다음과 같은 여러 응용분야에 사용되고 있다.

1) 직렬 입력/직렬 출력 시프트 레지스터는 입력에서 출력까지의 시간 지연(time delay)을 제공하기 위해 사용한다.
2) 디지털 시스템 간에 데이터를 전송할 때, 전송선의 수를 줄이기 위해 직렬 데이터 전송을 사용한다. 이때 시프트 레지스터를 사용하여 직렬-병렬 데이터 변환기를 구성할 수 있다.
3) 컴퓨터 내부의 병렬 데이터를 외부 장치와의 데이터 전송을 위해 직렬 형태로 변환시키는 UART (univerdal asynchronous receiver transmitter) 인터페이스 장치이다.
4) 키보드 인코더(encoder)는 다른 장치들과 결합하여 링 카운터로 사용된다.

## 2.5.3 메모리(Memory)

### 2.5.3.1 메모리

컴퓨터의 메모리(내부 저장) 영역은 본질적으로 전자적으로 작동하는 파일 캐비닛이다. 그것은 수 많은 저장 위치(일반적으로 수십만 개)를 가지고 있으며, 각각 저장 주소 또는 Register라고 한다. 로딩 프로세스 중에 컴퓨터에 읽혀지는 모든 데이터 항목과 프로그램 명령은 특정 스토리지 주소에 저장되거나 파일화되며 즉시 액세스할 수 있다.

### 2.5.3.2 메모리 저장 장치

오늘날 컴퓨터에 사용되는 보다 일반적인 유형의 내부 저장 매체로는 Magnetic Core, Magnetic Tape, Magnetic Disc, 반도체(IC) 등이 있다.

### (가) Magnetic Core Storage

Magnetic Core Storage는 더 이상 예전처럼 인기가 없지만, 그 개념은 쉽게 이해되고 반도체와 Bubble-type 메모리에 일반적 개념으로 인용된다. Magnetic Core Storage는 페라이트(철)로 만든 작은 도넛 모양의 고리로 이루어져 있는데, 매우 얇은 철사로 된 격자 위에 걸려 있다. 컴퓨터의 데이터는 2진 형식으로 저장되므로 두 개의 2진수(bit) Off 는 0, On은 1을 나타내는 두 개의 상태로 나타난다. Magnetic Core Storage에서 각 페라이트 링은 자기 상태에 따라 0 또는 1비트를 나타낼 수 있다. 한 방향으로 자화하면 1비트를 나타내고, 반대 방향으로 자화하면 0비트를 나타낸다. 이들 코어는 코어가 끈으로 연결된 전선을 통해 전류를 보내 자화된다. 각 코어의 상태를 결정하는 것이 바로 이 전류 방향이다.

Magnetic Core는 비휘발성으로 코어가 데이터를 전류보다는 자기 형태로 저장하기 때문에 정전이나 고장이 발생하더라도 데이터가 유지된다.

### (나) Magnetic Disc Storage

디스크 저장 장치는 직접 액세스가 가능하기 때문에 인기가 있다. 자기 디스크는 옛날 축음기 레코드판과 유사한 디스크에 자화가 가능한 기록 물질(산화철)이 코팅되어 있다. 자기 디스크는 다양한 크기와 저장 용량으로 생산된다. 직경 3인치에서 4피트까지 다양하며 수백만 바이트를 저장할 수 있다. 휴대용(이동식)으로 사용되거나 컴퓨터에 하드 드라이브로 장착할 수 있다.

축음기 레코드 판에서 음악은 중심쪽으로 소용돌이면서 돌아가는 연속적인 홈에 저장된다. 그러나 자기 디스크에는 홈이 없다. 데이터는 트랙이라 불리는 보이지 않는 많은 동심원 상태로 저장된다. 각 트랙에는 디스크의 바깥쪽 가장자리에 트랙 000로 시작하는 지정된 번호가 있다. 번호는 199번 트랙 또는 가장 높은 트랙 번호가 무엇이든 중앙을 향해 순차적으로 지정되고 어떤 트랙도 다른 트랙과 겹치지 않는다.

데이터는 디스크 표면에 작은 자기 비트(또는 반점)로 기록된다. 8비트 코드는 일반적으로 데이터를 나타내기 위해 사용된다. 각 코드는 다른 숫자, 문자 또는 특수 문자를 나타낸다. 디스크에서 데이터를 읽어도 디스크의 데이터는 변경되지 않고 유지된다. 디스크에 데이터가 기록되면, 디스크의 동일한 영역에 이전에 저장된 모든 데이터가 교체된다. 문자는 자화된 비트의 문자열(0s와 1s)로 단일 트랙에 저장된다. 1비트는 자화된 점 또는 ON비트를 나타낸다. 0비트는 OFF 비트 또는 트랙의 비자화 부분을 나타낸다. 트랙은 디스크 중심 가까이에 있을수록 작아지지만, 데이터 밀도가 중심 근처의 트랙에서 더 크기 때문에 각 트랙은 동일한 양의 데이터를 저장할 수 있다.

## (다) Magnetic Tape Storage

저장장치의 또 다른 종류는 상업용 테이프 레코더에 사용되는 테이프와 유사한 자기 테이프로 2차 저장에 쓰인다. 통상 0.5인치에서 1인치까지 폭이 넓어 상업용 테이프와 차이가 있으며, 보다 견고하게 고품질 사양으로 제작된다. 자기산화물로 코팅된 Mylar 베이스로 되어 있어 데이터를 저장할 수 있다. 마그네틱 테이프는 다양한 길이(600~3000피트)로 제공되며, 오픈 릴, 카트리지 또는 카세트 중 하나로 제작된다. 대형 컴퓨터는 표준 오픈 릴, 1.5인치 폭의 테이프, 2,400피트 길이의 테이프를 사용한다. 자기 테이프 유닛은 테이프에 사용되는 포장 유형에 따라 분류된다. 카트리지 테이프 유닛은 하드 디스크를 백업을 하기 위하여 개인용 컴퓨터에서 사용될 수 있다.

자기 테이프에서 각 트랙은 아래 그림 왼쪽과 같이 설정된다. 1s 과 0s 데이터는 데이터 문자열(시리얼 액세스 메모리)로 기록된다. 데이터를 검색하려면 읽기/쓰기 헤드가 데이터를 추출할 수 있도록 테이프를 적절한 위치로 움직여야 한다.

지금까지 다양한 반도체, 저항기, 커패시터 등등은 전자 회로 구성 상 Discrete Components라고 불리는 별도 회로 구성 요소로 간주되어 왔다. 일부 장치는 많은 복잡한 부품들을 단일 Package로 포장하여 완전한 회로로 제작되어 있다. 이러한 장치를 통합회로(integrated circuit-IC)라고 하며, 전자 장비를 소형화하는 데 이러한 장치(IC)를 사용하는 것을 일반적인 용어로 Microelectronics 라고 한다.

트랜지스터의 출현과 군의 소형 장비수요에 따라 디자인 엔지니어들은 전자 장비를 소형화하기 시작했다. 초기에는 저항기, 커패시터, 코일과 같은 구성 부품들이 트랜지스터보다 크기 때문에 엔지니어들은 어려움을 겪었다. 곧 이러한 회로 구성 부품이 소형화되었고, 이에 따라 소형 전자 장비 개발이 추진되었다. 소형 저항기, 커패시터 및 기타 회로가 실제 연결 배선 및 케이블 연결에 필요한 공간보다 작은 구성 부품의 생산이 가능해졌다. 다음 개발 과정에서는 부피가 큰 배선 구성 요소를 제거할 수 있는 인쇄회로기판(PCB)으로 대체되었다.

집적회로는 하나의 칩 (-Chip-반도체 결정이나 절연체의 작은 조각이나 웨이퍼)에 전체 전자회로 부품을 모두 통합(결합)한 장치다. 집적회로(IC)는 개별 전자부품(저항기, 커패시터, 트랜지스터 등)을 전자회로의 구성 요소로 거의 사용하지 않았다. 대신에 부품 하나의 기능이 아닌 수십 개의 트랜지스터, 저항기, 콘덴서, 그리고 다른 전자적 요소들로 구성하여 복잡한 전자회로 기능을 수행하기 위한 상호 연결된 작은 칩들이 개발되었다. 흔히 이러한 회로들은 멀티 스테이지 앰프, 논리 회로, 선형 회로 및 OP Amp와

같은 다수의 완전한 재래식 회로로 제작된다. 이 칩들은 전자 장치에 Plug In으로 연결되는 인쇄 회로 기판에 많이 장착된다.

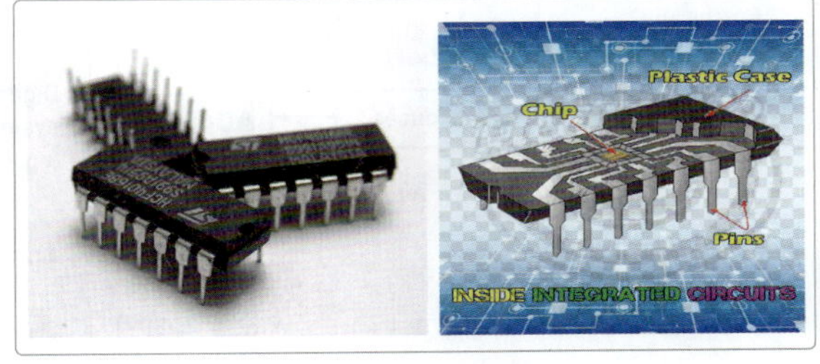


[그림 2-24] 직접회로 칩

집적 회로는 기존 유선 회로에 비해 다음과 같은 몇 가지 장점이 있다.

- 크기와 무게의 급격한 감소
- 신뢰성 증가
- 더 낮은 비용
- 회로 성능 개선 가능

그러나 집적회로는 서로 부품들이 근접하게 제작되어 있어 수리가 거의 불가능하고 문제가 발생하면 전체 회로를 교체하여야 한다. 집적회로는 점점 더 다양한 용도에 사용되고 있다. 작은 크기와 무게 그리고 높은 신뢰성으로 항공기장비, 컴퓨터, 우주선, 휴대용 장비에 사용하기에 이상적이다. 그것들은 집적회로를 구성하는 특이한 포장(package) 때문에 쉽게 이용된다. 이러한 작은 포장(package)은 장치에서 발생하는 열을 보호하고 소산하는 데 도움이 된다. 이러한 포장(package)은 여러 단계를 포함할 수 있으며 수백만 개의 구성 요소를 포함할 수 있다.

## 2.7.1 자료 변환(Data Conversion)

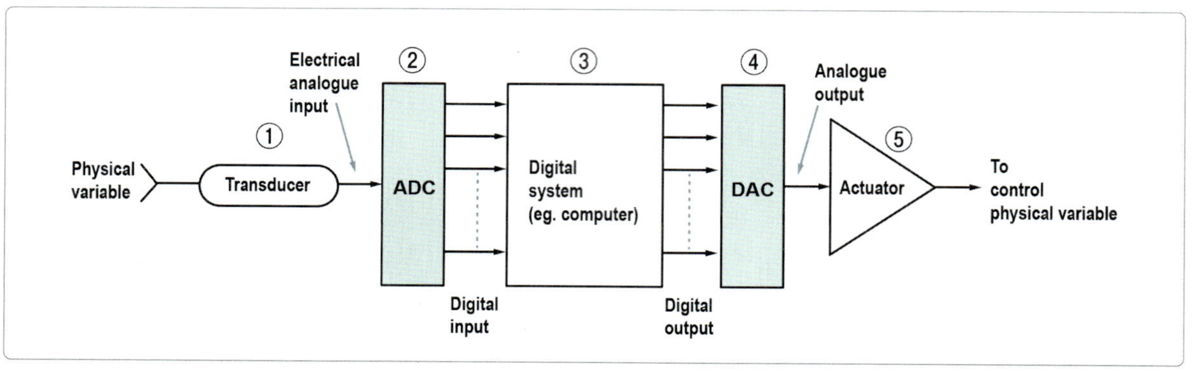



[그림 2-25] 자료 변환

아날로그-디지털 변환기(ADC)와 디지털-아날로그 변환기(DAC)를 사용하여 컴퓨터가 물리적인 변수를 모니터링하고 제어할 수 있도록 컴퓨터를 아날로그 세계에 연결한다. 그림 2-25 참조.

1) Transducer - 물리적 변수는 일반적으로 비 전기적 양이다. 변환기는 물리적 변수를 전기적 변수로 변환하는 장치다.

2) ADC - 변환기의 전기적 아날로그 출력은 ADC에 대한 아날로그 입력 역할을 한다. ADC는 이 아날로그 입력을 디지털 출력으로 변환한다. 이것은 아날로그 값을 나타내는 여러 개의 비트로 구성된다. 예를 들면, 변환기에 나오는 800 ~ 1500 mV의 아날로그 범위 출력을 ADC는 01010000(80)에서 10010110(150)로 변환할 수 있다.

3) 컴퓨터 - ADC의 디지털 표시는 컴퓨터가 처리한다. 계산이나 다른 작업을 수행한 다음 디지털 출력을 출력하여 물리적 변수를 조작할 수 있다.

4) DAC - 컴퓨터의 디지털 출력은 비례 아날로그 전압 또는 전류로 변환된다. 예를들어, 컴퓨터 출력은 00000000 ~ 111111111 사이의 디지털 범위를 출력할 수 있으며, DAC는 이를 0 ~ 10V 범위의 전압으로 변환한다.

5) Actuator - DAC의 아날로그 신호는 물리적 변수를 물리적으로 제어하거나 조정하는 데 사용되는 일부 장치에 종종 연결된다.

A/D 및 D/A 컨버터의 작동을 이해하려면 비교기로 사용되는 Op-amp에 대한 이해가 필요하다.

## 2.7.2 연산 증폭기
## (operational amplifiers, op-amp)

연산 증폭기는 그림 2-26과 같이 한 전압의 진폭을 다른 전압의 진폭과 비교하는 비교기로 사용된다. 또한, op-amp는 한 입력의 입력 전압과 다른 입력의

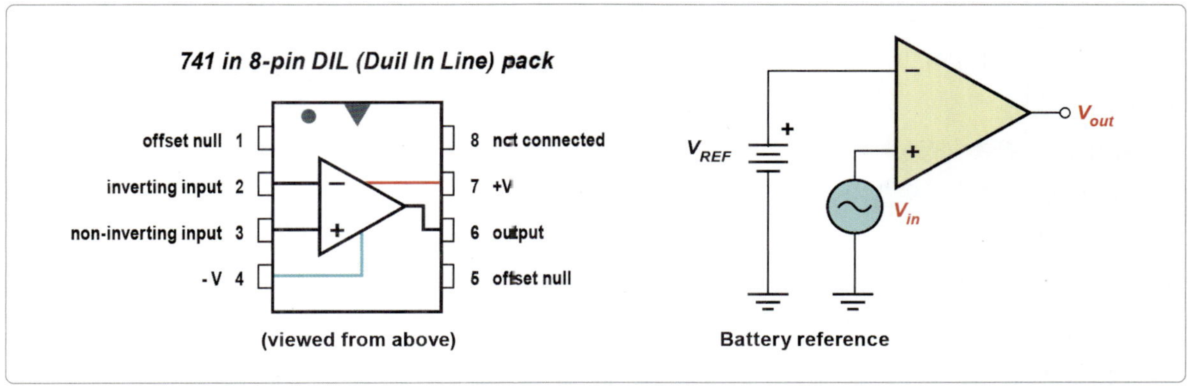



[그림 2-26] 연산 증폭기

기준 전압으로 개방형 루프 구성에 사용된다.

연산 증폭기 또는 "op-amp"라는 용어는 입력 2개와 출력 1개를 가진 높은 증폭도, DC 커플링 증폭기의 클래스를 가리킨다. 현대의 집적회로 버전은 유명한 741 op-amp에 의해 대표된다.

IC 버전의 일반적인 특징은 다음과 같다.

1) 높은 출력
2) 높은 입력 임피던스, 낮은 출력 임피던스($Vo = Av \times Vin$, 출력 전압 = Gain x 입력 전압 )
3) 분할 공급과 함께 사용, 최대 출력전압 제한, 브통 +/- 15V
4) 피드백(feedback)과 함께 사용되며, 피드백 네트워크(network)에 의해 출력이 결정된다.

## 2.7.3 제로 레벨 검출(Zero Level Detection)

비교기로 사용되는 op-amp의 한 가지 적용은 입력 전압이 특정 수준을 초과하는 시점을 결정하는 것이다. 그림 2-27에서 인버팅 입력이 접지되어 0 레벨이 생성되며 입력 신호가 비인버팅 입력에 적용돈다는 점에 유의하라.

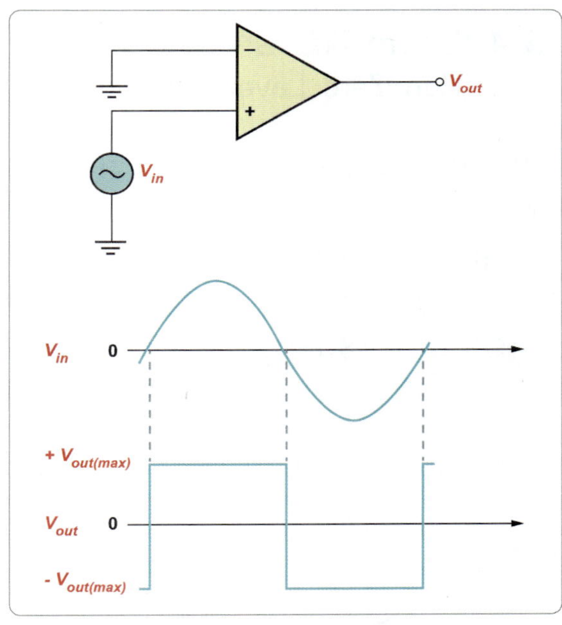



[그림 2-27] 제로 레벨 검출

높은 개방 루프 전압 증폭 때문에, 두 입력 사이의 매우 작은 차이가 op-amp를 포화 상태로 몰아넣고, 출력 전압이 한계에 도달하게 한다. 예를 들어, 10만 증폭이 있는 연산 증폭기를 생각해 보자. 입력 간 0.25mV의 전압 차이가 있다면 op-amp는 가능한 경우 25V의 출력 전압을 생성할 수 있다. 그러나 대부분의 op-amp는 DC 공급 전압으로 인해 최대 출력 전압 제한이 +/− 15V이므로 장치가 포화 상태로 구동된다.

그림 2-27의 우측 파동형 그림에는 제로 레벨 검출기의 비인버팅 입력에 적용된 사인파 입력 전압의 결과가 표시된다. 사인파가 음수일 때 op-amp 출력은 최대 음수 수준에 있다. 사인파 입력이 0(양성으로 진행)을 넘으면 앰프가 반대 상태로 구동되고 출력이 최대 양수 레벨로 이동한다. 제로 레벨 검출기는 사인파에서 사각파를 생성하기 위한 스퀘링 회로(squaring circuit)로 사용할 수 있다.

## 2.7.4 비 zero 레벨 검출 (Non-Zero Level Detection)

제로 레벨 검출기는 배터리를 사용하여 그림 2-28 (a)와 같이 인버팅 입력에 고정 기준 전압을 연결하여 0이 아닌 전압을 감지하도록 수정할 수 있다. 기준 전압을 설정하기 위해 전압 분배기를 사용하여 보다 실용적인 배열을 그림 2-28 (b)에 나타낸다. 또한 제너 다이오드는 기준 전압을 설정하는 데 사용할 수 있다.

입력 전압(Vin)이 기준 전압(Vref)을 초과하는 한 출력은 파형 그림 2-28 (c)에 표시된 것처럼 최대 양(+)의 전압으로 이동한다

## 2.7.5 비교기(Comparator)

보다 일반적인 비교 회로는 그림 2-12와 같다. 이 회로는 기준 전압(Vref)과 다른 회로의 알 수 없는 입력 전압(Vin) 사이의 전압 비교를 올바르게 표시한다는 점에서 진정한 비교기다. 위의 제로 레벨 검출기와 마찬가지로 두 입력은 원하는 출력에 따라 교환될 수 있다. 출력 회로의 저항기 및 제너 다이오드는 원하는 경우 풀 레인지 출력 스윙을 디지털 레벨로 변환한다. 그러나 이러한 구성 요소는 기본 전압 비교에 필요하지 않다.

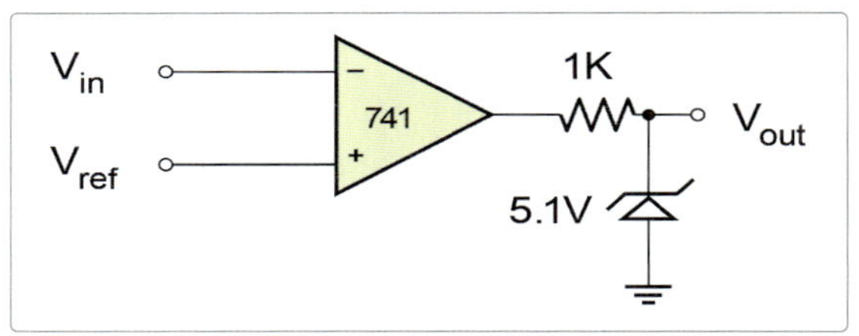

[그림 2-29] 비교기

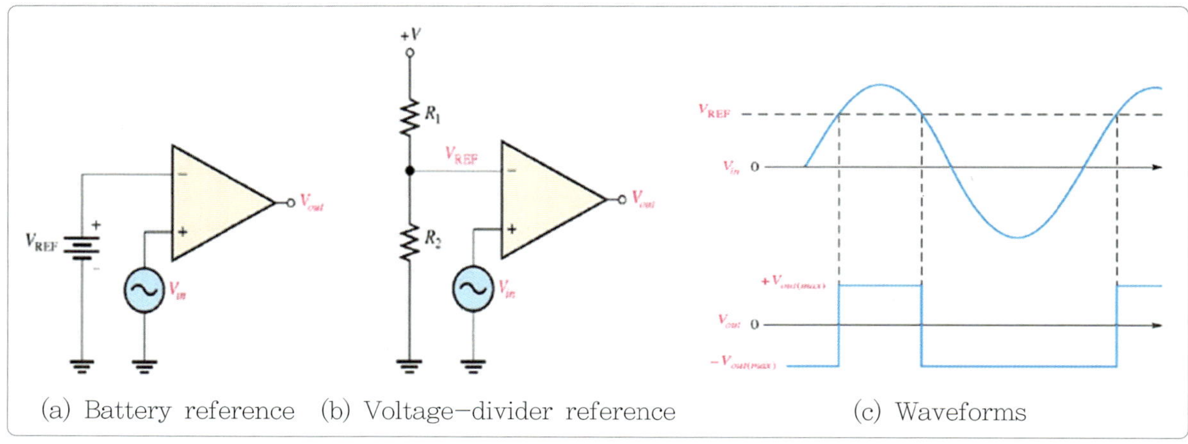

(a) Battery reference    (b) Voltage-divider reference    (c) Waveforms

[그림 2-28] 비 zero 레벨 감지

그림 2-29 회로는 두 입력 전압을 효과적으로 비교하고 그에 상응하는 출력을 생성하기 때문에 비교기로 알려져 있다. 이 비교기는 실용적이고 상업적인 회로에서 광범위하게 응용된다.

## 2.7.6 비인버팅 증폭기 (Non-Inverting Amplifier)

그림 2-30은 op-amp를 폐쇄 루프로 구성하여 전압 이득이 제어되는 비인버팅 증폭기이다.

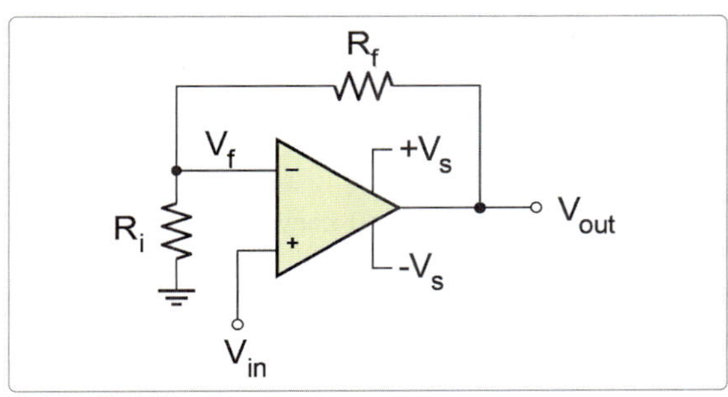

[그림 2-30] 비인버팅 증폭기

입력 신호는 비인버팅 입력에 적용된다. 출력은 Ri와 Rf에 의해 형성된 피드백 회로(폐쇄 루프)를 통해 역전 입력에 다시 적용된다. 이것은 다음과 같이 부정적인 피드백을 만들어낸다. Ri와 Rf는 전압 분배 회로를 형성하여 Vout을 줄이고 감소된 전압을 인버팅 입력에 연결한다. 피드백 전압은 다음과 같이 표현된다.

$$V_f = \left( \frac{Ri}{Ri + Rf} \right) Vout$$

비인버팅 증폭기의 폐쇄 루프 증폭은 다음을 사용하여 계산할 수 있다.

$$Gain = \frac{Vout}{Vin} = 1 + \frac{Rf}{Ri}$$

따라서 폐쇄 루프(closed-loop) 증폭은 Rf와 Ri의 값을 선택하여 설정할 수 있다.

## 2.7.7 반전 증폭기(Inverting Amplifier)

이상적인 op-amp의 경우, 역전 증폭기 증폭은 다음과 같이 간단하게 주어진다.

$$\frac{V_{OUT}}{V_{IN}} = \frac{-Rf}{R1}$$

동일한 저항의 경우, −1의 증폭이 있으며, 디지털 회로에서 반전 버퍼(inverting buffer)로 사용된다. 증폭이 1인 op-amp 역전 증폭기는 반전 버퍼 역할을 한다.

## 2.7.8 디지털에서 아날로그로 변환

전자제품의 한 가지 일반적인 요건은 아날로그와 디지털 형태 사이에서 신호를 앞뒤로 변환하는 것이다. 대부분의 변환은 그림 2-31과 같이 디지털 대 아날로그 변환기 회로에 기초한다. 그래서 전압 값을 나타내는 디지털 숫자를 실제 아날로그 전압으로 변환할 수 있는 방법을 탐구해 볼 가치가 있다.

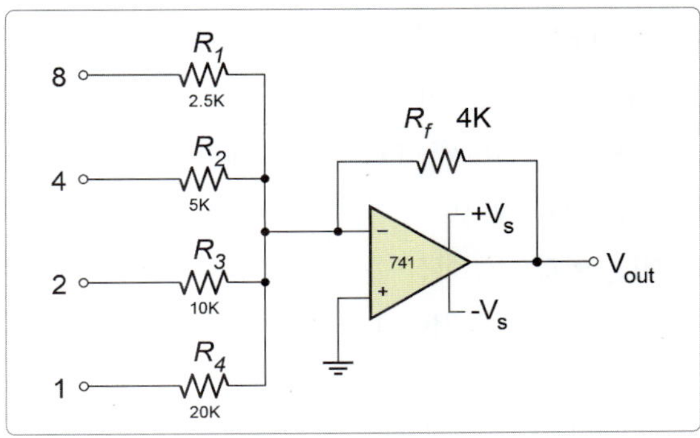

[그림 2-31] 디지털에서 아날로그로의 변환 회로

## 2.7.9 아날로그에서 디지털로 변환

A/D 변환은 선형 아날로그 시스템이 디지털 시스템에 입력을 제공해야 할 때 흔히 사용되는 공통 인터페이스 과정이다. 많은 A/D 변환 방법 중 다음 2개의 A/D 컨버터 유형이 대표적이다.

1) 플래시(flash) 또는 동시(simultaneous)
2) 디지털 램프(digital-ramp) 또는 카운터 유형 (counter-type)

A/D 변환 과정은 일반적으로 D/A 과정보다 복잡하고 시간이 많이 소요되며, 여러 가지 방법이 개발되어 사용되어 왔다.

## 2.7.10 Flash A/D Converter – Encoder

순차 비교기 출력 상태(각 비교기 "높음"을 최저에서 최고 순서로 채우기)의 특성 때문에, 동일한 "가장 높은-순서-입력 선택" 효과를 배타적-OR 게이트(Exclusive-OR gates) 세트를 통해 실현할 수 있으므로, 보다 단순하고 우선순위가 없는 인코더를 사용할 수 있다. 인코더 회로 자체는 다이오드의 행렬로 만들어질 수 있다. 다음 그림 2-32는 컨버터 설계가 얼마나 단순하게 구성될 수 있는지를 보여준다. 플래시 변환기는 작동 이론 측면에서 가장 단순할 뿐만 아니라, 속도 면에서 ADC 기술 중에서 가장 효율적이며, 비교기와 게이트 전파 지연에서만 제한된다. 불행하게도, 이것은 주어진 출력 비트의 수에 있어서 가장 구성 요소가 집약적이다.

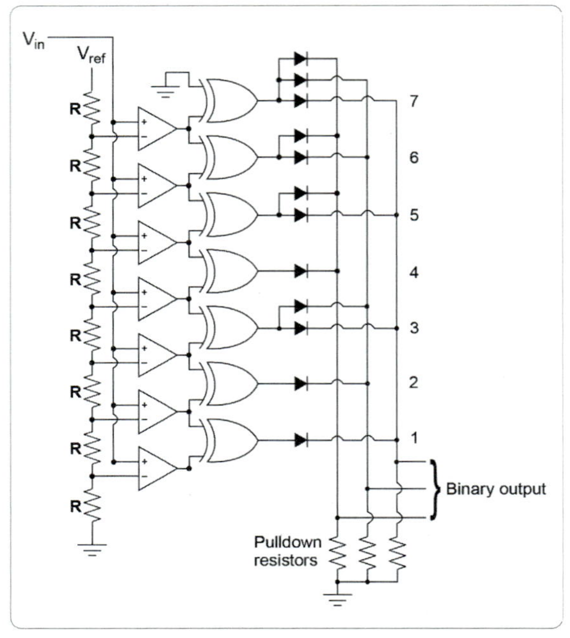

[그림 2-32] Flash A/D converter-encoder

흔히 간과되는 플래시 변환기의 또 다른 장점은 비선형 출력을 생성할 수 있다는 것이다. 기준 전압 분배기 네트워크에서, 동일한 값의 저항을 가진 각 연속 2진수의 카운트는 동일한 양의 아날로그 신호 증가를 나타내며, 비례적인 응답을 제공한다. 그러나 특수 용도의 경우, 분할기 네트워크의 저항값은 동일하지 않을 수 있다. 이것은 ADC에게 아날로그 입력 신호에 대한 사용자 정의 비선형 응답을 제공한다.

# 2.8 광섬유
## Fibre Optics

## 2.8.1 광섬유(Fibre Optics) 기술의 역사

사람들은 수백 년 동안 정보를 전송하기 위해 빛을 사용했다. 그러나 레이저가 발명 된 1960년대가 되어서야 데이터 통신을 위한 광학(광) 시스템에 대한 광범위한 관심을 갖게 되었다. 레이저의 발명으로 연구원들은 데이터 통신, 감지 및 기타 응용 분야에서 광섬유의 잠재력을 연구 할 수 있었다. 레이저 시스템은 전화, 전자 레인지 및 기타 전기 시스템보다 훨씬 많은 양의 데이터를 전송할 수 있다. 레이저에 대한 첫 번째 실험은 레이저 빔이 공기를 통해 자유롭게 전송되도록 하는 것이다. 또한 연구원들은 레이저 빔이 다른 유형의 도파관을 통해 전송되도록 하는 실험을 수행했다. 유리 섬유, 가스 충전 파이프 및 포커싱 렌즈가 있는 튜브가(광 도파관, optical waveguides) 예이다.

유리 섬유는 곧 광섬유 연구에 선호되는 매체가 되었다. 초기에 광섬유의 손실이 매우 커서 동축케이블(coaxial cable)을 교체 할 수 없었다. 손실은 섬유의 끝에 도달하는 빛의 양의 감소이다. 초기 광섬유는 약 1,000 dB/km의 손실을 가져 통신 사용에 비실용적이었다. 1969년에 몇몇 과학자들은 섬유 물질의 불순물이 광섬유에서 신호 손실을 일으킨다는 결론을 내렸다. 기본 섬유 재료는 광 신호가 섬유의 끝에 도달하는 것을 막지 않았다. 이 연구자들은 불순물을 제거함으로써 광섬유의 손실을 줄일 수 있다고 생각했다. 불순물을 제거함으로써 저손실 광섬유의 구성이 가능했다.

광섬유의 기본형에는 멀티모드 섬유와 단일모드 섬유 두 가지가 있다. 1970년 Corning Glass Works는 20 dB/km 미만의 손실을 가진 멀티모드 섬유를 만들었다. 1972년에 이 회사는 최소 4 dB/km attenuation(손실)로 높은 실리콘 코어 멀티모드 광섬유를 만들었다. 현재 다모드 섬유는 1,300 nm 전후의 파장에서 0.5 dB/km까지 손실이 발생할 수 있다. 단일 모드 광섬유는 약 1,500 nm의 파장에서 0.25 dB/km 미만의 손실로 이용할 수 있다. 필요한 광원과 검출기를 제공하는 반도체 기술의 발전은 광섬유의 개발을 방해했다. 램프나 레이저와 같은 기존의 광원은 광섬유 시스템에 쉽게 사용되지 않았다. 이러한 광원은 광섬유로 빛을 내기 위해 너무 크고, 렌즈 시스템이 필요한 경향이 있었다. 1971년에 벨 연구소는 작은 영역의 발광 다이오드(LED)를 개발하였다. 이 광원은 광섬유에 대한 저손실 커플링에 적합했다. 그런 다음 연구원들은 source-to-fibre의 접합 작업을 쉽고 반복적으로 수행할 수 있었다. 초기 반도체 소스의 가동 수명은 불과 몇 시간이었다. 그러나 1973년까지 레이저의 수명은 몇 시간에서 1,000시간 이상으로 증가할 것으로 예상되었다. 1977년까지 레이저의 수명은 7,000시간 이상으로 증가할 것으로 예측했다. 1979년까지 이러한 기기는 10만 시간 이상의 예상 수명을 가지고 사용할 수 있었다. 또한, 연구자들은 새로운 광섬유 부품을 계속해서 개발하였다. 개발된 새로운 부품의 유형에는 저손실 섬유와 섬유 케이블, 스플라이스(splice) 및 커넥터가 포함되었다. 이 부분들은 완전한 광섬유 시스템에 대한 시연과 연구를 허용하게 되었다. 광섬유의 발전으로 광섬유가 현재 적용에 도입될 수 있게 되었다. 광섬유가 사용되는 분야는 대부분 전화 장거리 시스템에 있지만, 케이블 텔레비전, 컴퓨터 네트워크, 비디오 시스템, 데이터 링크 등이며, 계속 성장하고 있다. 연구는 시스템 성능을 향상시키고, 기존 적용 문제에 대한 해결책을 제공해야 한다.

## 2.8.2 공통 용어의 정의

1) 섬유의 개구 수 (numerical aperture, NA)는 어떤 빛이 전파되고 어떤 빛이 전파되지 않을지를 정의한다. NA는 섬유의 집광 능력을 정의한다. 원뿔이 코어에서 나오는 것을 상상해보자. 이 원뿔 내에서 코어로 들어오는 빛은 내부 전반사에 의해 전파된다. 콘 외부에서 들어오는 빛은 전파되지 않는다.

2) NA가 높을수록 더 많은 빛을 모으지만, 대역폭 (bandwidth)은 줄어 든다. NA가 낮을수록 대역폭이 증가한다. NA는 중요한 결과를 초래한다. NA가 크면 광섬유에 더 많은 빛을 주입하기가 쉬워지고, 작은 NA는 광섬유에 더 높은 대역폭을 제공하는 경향이 있다. NA가 크면 빛이 이동할 수 있는 더 많은 모드를 허용하여 모드 분산(modal dispersion)이 더 커진다. NA가 작을수록 모드 수를 제한하여 분산을 줄인다.

3) 감쇠(attenuation) – 감쇠는 전력 손실이다. 통과하는 동안 광 펄스는 에너지의 일부를 잃는다. 광섬유 감쇠는 킬로미터 당 데시벨 (dB/km)로 지정된다. 시판되는 섬유의 경우, 감쇠는 단일 모드 섬유의 경우 약 0.5 dB/km에서 대형 플라스틱 섬유의 경우 1000 dB / km까지이다.

## 2.8.3 광섬유 케이블

길고 유연한 플라스틱 파이프와 내부 표면이 완벽한 거울로 코팅되어 있다고 상상해 보자. 파이프의 한쪽 끝과 다른 쪽 끝을 몇 km 떨어진 곳에서 보면, 횃불이 파이프 안으로 비쳐들어 오는데 파이프의 불빛이 보인다. 파이프의 내부는 완벽한 거울이기 때문에 불빛은 옆면으로부터 반사되며(파이프가 구부러지거나 꼬일 수 있지만) 당신은 반대쪽 끝에서 그것을 보게 될 것이다. 만약 불빛이 모르스 코드(morse code)를 보내기 위해 사용된다면, 당신은 파이프를 통해 의사소통을 할 수 있을 것이다. 이것이 광섬유 케이블의 본질이다. 미러링(mirroring)된 튜브로 케이블을 만드는 것은 효과가 있을 것이지만, 부피가 클 것이고 튜브 내부를 완벽한 거울로 코팅하는 것도 어려울 것이다. 따라서 실제 광섬유 케이블은 유리로 만들어진다. 그 유리는 믿을 수 없을 정도로 순수해서, 비록 그것이 몇 마일이나 길지만 빛은 여전히 그것을 통과시킬 수 있다. 유리는 사람의 머리카락에 버금가는 두께를 가진 매우 얇은 가닥으로 만들어 진다. 유리 가닥은 두 겹의 플라스틱으로 코팅된다. 유리를 플라스틱으로 코팅하면, 유리 가닥 주위에 거울과 동등한 것을 얻을 수 있다. 이 거울은 튜브 내부에 완벽한 거울 코팅이 되어 있는 것처럼 완전한 내부 반사를 만들어낸다. 섬유를 통과하는 빛은 작은 각도로 반사되며 섬유 내에 완전히 머무른다. 광섬유 케이블을 통해서 데이터를 전송하기 위해 아날로그 신호는 디지털 신호로 변환된다. 파이프의 한쪽 끝에 있는 레이저는 각 비트를 보내기 위해 켜거나 끈다. 단일 레이저를 사용하는 최신 광섬유 시스템은 초당 수십억 비트를 전송할 수 있다. 레이저는 초당 수십억 번 켜고 끌 수 있다. 최신 시스템은 한 섬유에서 여러 신호를 보내고 받기 위해서 서로 다른 색상 (다양한 주파수)

의 여러 레이저를 사용한다. 최신 광섬유 케이블은 아마도 100 km 정도의 거리에서 신호를 전달할 수 있다. 장거리 사용 시에는 70~100 km마다 장비 Hut 이 있다. Hut은 다음 세그먼트의 신호를 받아 최대의 강도로 재전송하는 장비가 포함되어 있다.

## 2.8.4 광섬유 통신 시스템

광섬유 데이터 링크는 광섬유 구성 요소를 통허 출력 장치로 데이터를 보낸다. 다음과 같은 세 가지 기본 기능이 있다.

1) 전기 입력 신호를 광학 신호로 변환
2) 광섬유를 통해 광신호를 전송
3) 광학 신호를 전기적 신호로 다시 변환

광섬유 데이터 링크는 그림 2-33과 같이, 송신기, 광섬유 및 수신기의 세 부분으로 구성된다. 광섬유 데이터 링크는 전기 입력 신호를 광학 신호로 효과적으로 변환하고, 데이터를 포함하는 빛을 광섬유로 발사 할 수 있는 송신기가 필요하다. 광섬유 데이터 링크에는 이 광학 신호를 원래 형태로 효과적으로 변환할 수 있는 수신기도 필요하다. 데이터 출력으로 지공된 전기적 신호는 데이터 입력으로 제공된 전기적 신호와 정확히 일치해야 한다.

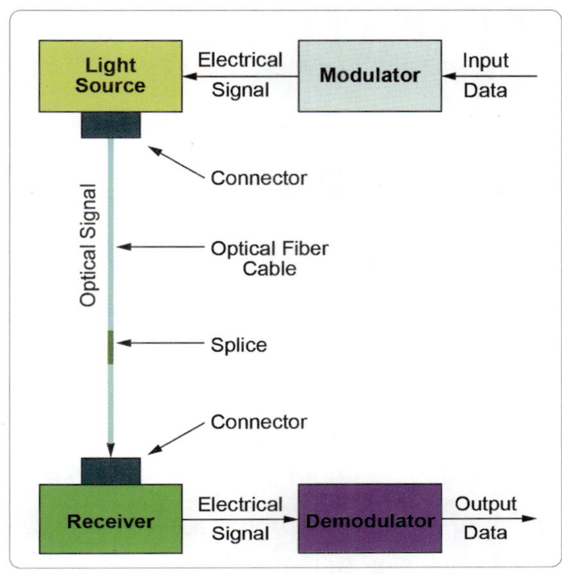


[그림 2-33] 광섬유 통신 시스템

송신기는 입력 신호를 전송에 적합한 광학(optical) 신호로 변환한다. 광원을 통과하는 전류 흐름을 변화시켜 작업을 수행한다. 두 가지 유형의 광원은 발광 다이오드 (LED)와 레이저 다이오드이다. 광원은 광학 신호를 광섬유로 발사한다. 광섬유 케이블의 산란, 흡수 및 분산 메커니즘으로 인해 광 신호가 점차 약화되고 왜곡된다.

수신기는 광섬유를 빠져 나가는 광학 신호를 다시 전기적 신호로 변환한다. 광 검출기는 광 신호를 검출한다. 수신기는 잡음이나 신호 왜곡을 유발하지 않고, 광 신호를 증폭하고 처리해야 한다. 노이즈(noise)는 신호의 품질을 모호하게 하거나 저하시키는 장애이다. 광학 검출기는 반도체 positive-intrinsic-negative (PIN) 다이오드 또는, avalanche photodiode (APD) 일 수 있다.

광섬유 데이터 링크는 또한 광섬유 이외의 수동 구성 요소를 포함한다(예, 스플라이스, 커플러, 커넥터). 광섬유 연결에 사용되는 수동 구성 요소는 데이터 링크의 성능에 영향을 준다. 이러한 구성 요소로 인해 링크가 작동하지 않을 수도 있다. 광학 연결에 사용되는 광섬유 구성 요소에는 광학 스플라이스, 커넥터 및 커플러가 포함된다.

## 2.8.5 광섬유 기본 구조

광섬유의 기본 구조는 그림 2-34와 같이 세 부분으로 구성된다. 코어(core), 클래딩(cladding) 및 코팅(coating) 또는 버퍼(buffer) 등이다.

코팅 또는, 버퍼는 광섬유를 물리적 손상으로부터 보호하는 데 사용되는 재료 층이다. 버퍼로 사용되는 재료는 일종의 플라스틱이다. 버퍼는 본질적으로 탄성이며, 마모를 방지한다. 버퍼는 또한 마이크로 벤드로 인한 광섬유의 산란 손실을 방지한다. 마이크로 벤드(microbends)는 광섬유가 거칠고 왜곡된 표면에 놓여질 때 발생한다.

코어는 유전체 재료의 원통형 막대이다. 유전체는 전기를 전도하지 않는다. 빛은 주로 섬유의 핵심을 따라 전파된다. 코어는 일반적으로 유리로 만들어진다. 코어는 클래딩 (cladding)이라고 하는 재료 층으로 둘러싸여 있다. 클래딩 재료 층 없이 광섬유 코어를 따라 전파 될지라도 클래딩은 몇 가지 필요한 기능을 수행한다.

클래딩 층(cladding layer)도 유전체 물질로 되어 있다. 클래딩 재료의 굴절 지수는 코어 소재보다 낮다. 클래딩 재료는 일반적으로 유리나 플라스틱으로 만들어진다. 클래딩은 다음과 같은 기능을 수행한다.

1) 코어에서 주변 공기로의 빛의 손실 감소
2) 코어 표면의 산란 손실 감소
3) 섬유가 표면 오염 물질을 흡수하지 못하도록 보호
4) 기계적 강도 추가

광학 신호는 광섬유의 코어에 국한되지 않는다. 모드(modes)는 클래딩 재료 내로 부분적으로 연장된다. 하위 모드는 클래딩에 약간만 침투하지만, 상위 모드는 클래딩 재료에 더 많이 침투한다.

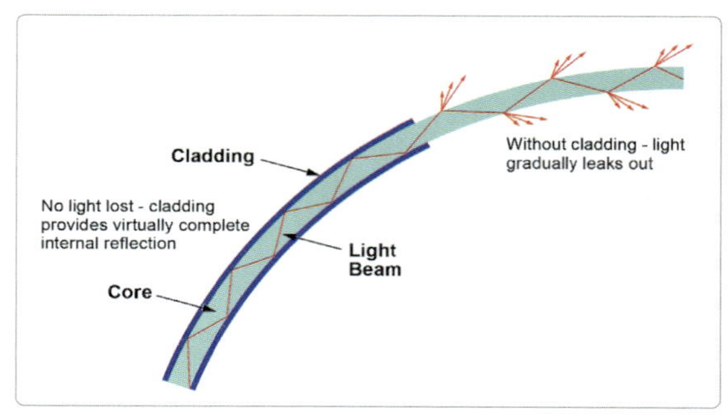


[그림 2-34] 광섬유의 기본 구조

## 2.8.6 케이블 기능

광섬유 케이블은 옆벽에서 일정한 굴절로 파이버 유리선을 따라 내려가는 광신호를 전파한다. 굴절현상은 빛을 소스(source)에서 수신기로 전달하는 데 사용된다. 전파가 매체를 떠나 밀도가 다른 매체를 통과할 때 굴절된다. 예를 들어, 물에 담근 막대기가 구부러지는 것처럼 보인다. 굴절 각도는 신호의 파장에 따라 달라지는데, 이 경우 광선이 사용된다. 그림 2-35는 빛이 케이블 아래로 어떻게 전달되는지를 보여준다.

광섬유 범위에 사용되는 파장은 600~1,600nm 적외선이며, 전자기 스펙트럼의 가시광선 주파수 바로 아래에 있다.

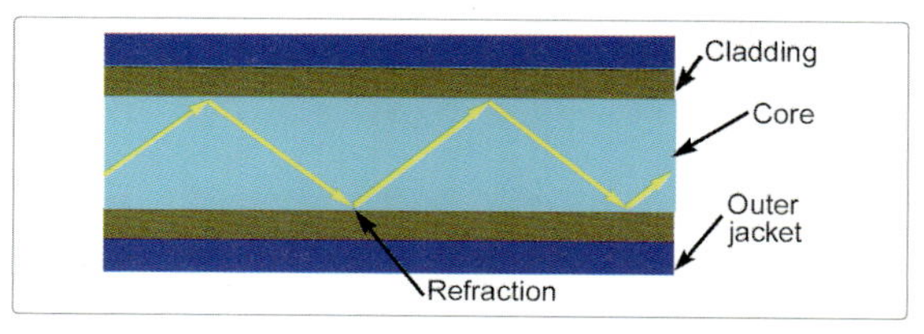


[그림 2-35] 케이블 기능

## 2.8.7 전달 모드

여러 개의 광학 주파수(또는, 볼 수 있는 경우 색상)를 동일한 케이블로 동시에 전달할 수 있다. 주파수의 차이가 각 주파수에 대해 굴절 각도가 다르다는 것을 의미하기 때문에, 각 신호 소스(source)의 빛은 다른 경로를 통해 케이블에서 이동한다. 수신기 끝에서 수신기는 단순히 가시광선 스펙트럼의 특정 색상을 사람의 눈으로 결정할 수 있는 것처럼 다양한 주파수를 선택한다. 다른 색상의 깜박이는 빛이 보일 때, 점멸의 순서에 주목하여 특정 색상에 집중하는 것은 어렵지 않다. 유사한 방법을 사용하는 광섬유 수신기 기능도 특정 튜닝 된 주파수 만 수신하고 다른 모든 것은 무시한다.

Low-order 또는, direct mode 경로는 케이블 축을 사용한다. 중간 및 high-order 경로는 다른 각도의 굴절을 사용합니다. 케이블은 graded-index 섬유 또는 single-mode 섬유로 등급화된다. 그림 2-36 참조.

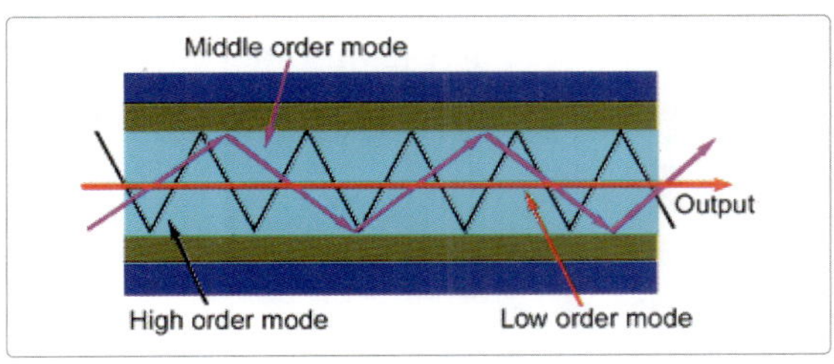


[그림 2-36] 전달 모드

광섬유는 구조와 전송 특성에 의해 특징되어진다. 기본적으로 광섬유는 단일 모드 광섬유와 다중 모드 광섬유의 두 가지 유형으로 분류된다. 각 이름에서 알 수 있듯이 광섬유는 광섬유를 따라 전파되는 모드 수에 따라 분류된다. 섬유의 구조는 모드가 섬유에서 전파되는 것을 허용하거나 제한 할 수 있다. 두 가지 섬유 유형은 모두 동일한 재료로 제조되며, 기본 구조적 차이는 코어 크기이다. 단일 모드 광섬유의 코어 크기는 작다. 코어 크기 (직경)는 일반적으로 약 8~10 micrometers이다. 단일 모드 케이블은 하나의 전송 모드만 사용한다. 장거리 통신 링크에 사용되는 케이블의 크기는 훨씬 작은 직경이다. 단일 모드 광섬유는 다중 모드 광섬유보다 신호 손실이 적고, 정보 용량(대역폭)이 높다. 단일 모드 섬유는 낮은 섬유 분산으로 인해 더 많은 양의 데이터를 전송할 수 있다. 기본적으로 분산은 빛이 섬유를 따라 전파 될 때 빛의 확산이다. 이름에서 알 수 있듯이 등급 인덱스(graded-index) 케이블 (multimode fibres)은 둘 이상의 모드를 전파한다. 전파되는 모드의 수는 코어 크기와 numerical apeture(NA)에 따라 다르다.

멀티 모드 섬유는 100 개 이상의 모드를 전파 할 수 있습니다. 코어 크기가 클수록 섬유 연결이 더 쉽다. 섬유 스플라이싱(splicing) 동안, 코어와 코어 정렬은 중요도가 낮아진다. 다른 장점은 다중 모드 섬유가 발광 다이오드 (LED)의 사용을 허용한다는 점이다. 단일 모드 섬유는 일반적으로 레이저 다이오드를 사용해야한다. LED는 저렴하고 덜 복잡하며 오래간다. 대부분의 응용 분야에는 LED가 선호된다.

멀티 모드 섬유는 또한 몇 가지 단점이 있다. 모드 수가 증가하면 모달(modal) 분산의 효과가 증가한다. 모달 분산은 모드가 약간 다른 시간에 섬유 끝에 도달함을 의미한다. Graded-index 케이블은 전파 속도가 중심에서 멀어짐에 따라 굴절률이 설계되어 있다 (빛 파장은 케이블 단면의 바깥 지름 근처에서 더 빠르게 이동한다 - 중심에서 직진하는 속도가 더 느리게 이동한다). 모든 모드의 경로는 다르지만, 거의 같은 시간에 케이블 길이를 통과한다. 이 유형은 단거리 및 빠른 데이터 전송 속도에 사용 된다.

### 2.8.8 손실

광섬유의 감쇠(attenuation)는 흡수, 산란 및 굽힘 손실로 인해 발생한다. 감쇠는 빛이 섬유를 따라 이동할 동안 발생하는 광학 출력(optical power)의 손실이다. 감쇠는 섬유에 의해 전송되는 광학 전력량을 감소시킨다. 감쇠는 광학 신호 (펄스)가 이동할 수 있는 거리를 제어한다. 수신기가 펄스를 감지 할 수 없는 지점에서 광학 펄스의 전력이 감소되면 오류가 발생한다. 그림 2-37 참조.

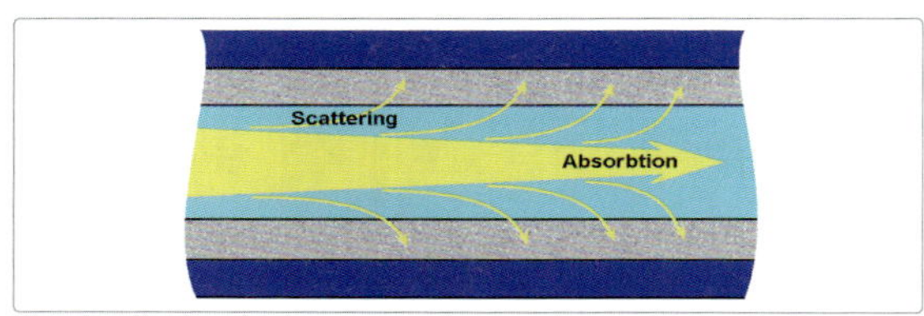


[그림 2-37] 광학 출력의 손실

흡수(absorption)는 광섬유에서 신호 손실의 주요 원인이다. 흡수는 광학 전력을 열과 같은 다른 에너지 형태로 변환함으로써 발생하는 감쇠 부분으로 정의된다. 광섬유의 흡수는 광섬유 구조의 불완전성, 불순물 및 오염의 존재로 인해 발생한다.

산란(scattering) 손실은 섬유 내 밀도 변동과 빛의 상호 작용에 의해 발생한다. 광섬유를 제조 할 때 밀도 변화가 발생한다. 제조하는 동안 (섬유의 평균 밀도에 비해) 분자 밀도가 높고 낮은 영역이 생성된다. 섬유를 통과하는 빛은 밀도 영역과 상호 작용하고 빛은 모든 방향으로 부분적으로 산란된다.

### 2.8.9 굽힘(Bending) 손실

섬유를 구부리면 감쇠가 발생한다. 굽힘 손실은 굽힘 반경의 곡률 (마이크로벤드(microbend) 손실 또는, 마크로벤드(macrobend) 손실)에 따라 분류된다.

마이크로벤드(microbend)는 주로 섬유가 케이블로 연결될 때 발생하는 섬유 축의 작은 미세한 굴곡이다. 마이크로벤드는 클래딩 및 코어의 찌그러짐에 비할 수 있으므로, 코어가 더 이상 매끄럽고 선형적이지 않다. Co-axial 케이블에 굽힘을 주었을 때, RF 처리 기능을 줄어드는 것과 같다. 고르지 않은 코팅 적용과 부적절한 케이블 연결 절차는 마이크로벤드 손실을 증가시킨다. 그림 2-38 참조.

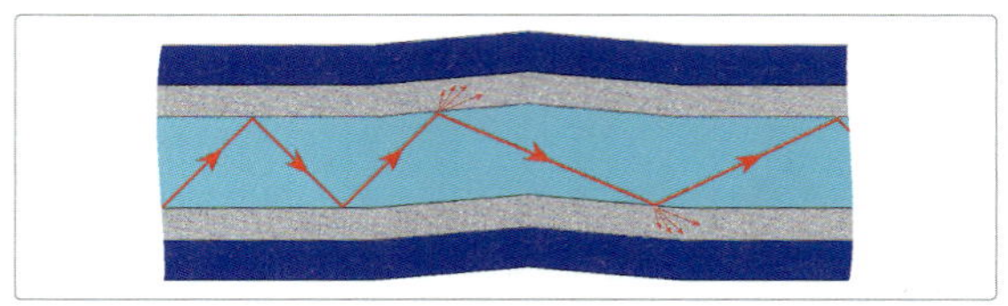

[그림 2-38] 마이크로벤드 손실

매크로벤드(macrobend)는 섬유 직경에 비해 큰 곡률 반경을 갖는 굽힘이다. 설치 중에 섬유가 너무 심하게 구부러지면 마크로벤드 손실이 발생한다.

매크로벤드는 곡률 반경이 수 센티미터 미만일 때 큰 손실 원인이 된다. 굽힘의 안쪽에서 전파되는 빛은 바깥 쪽의 것보다 짧은 거리로 이동한다. 이 조건으로 인해 섬유 내의 일부 빛이 high-order modes로 변환된다. 이 high-order modes는 섬유에서 손실되거나 방출된다. 그림 2-39 참조.

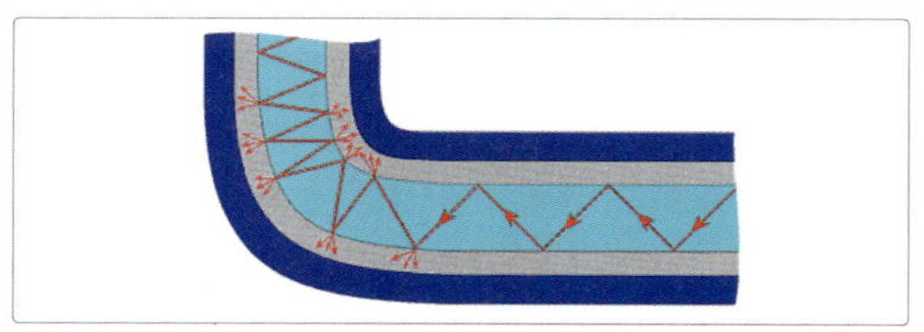

[그림 2-39] 매크로벤드 손실

### 2.8.10 분산(Dispersion)

분산은 광섬유를 따라 이동하면서 광학 펄스를 분산시킨다. 이러한 신호 펄스의 분산은 광섬유의 시스템 대역폭 또는 정보 전달 용량을 감소시킨다. 분산된 정보의 전송 속도 제한 수신기가 각 펄스의 분산에 의해 발생하는 입력 펄스를 구별할 수 없을 때, 오류가 발생한다. 감쇠와 분산 효과는 펄스가 섬유 길이를 이동할수록 증가한다. 분산 손실은 케이블의 다양한 전파 모드에 의해 다른 경로를 취할 때 발생한다. 파장과 함께 굴절률의 약간의 변화가 섬유에서 발생한다. 분산 손실은 또한 빛 에너지의 일부가 피복재에서 이동할 때 발생한다. 그림 2-40 참조.

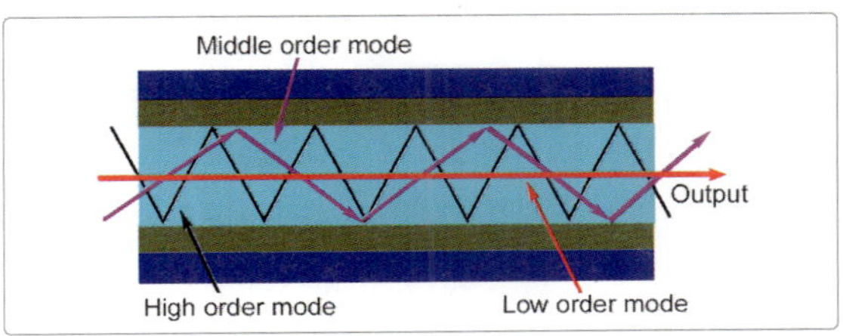


[그림 2-40] 분산에 의한 손실

섬유 감쇠 및 분산 외에, 다른 광섬유 속성도 시스템 성능에 영향을 미친다. Modal 소음, 펄스 확다 및 양극화와 같은 섬유 성질은 시스템 성능을 저하시킬 수 있다. Modal 소음, 펄스 확대, 양극화는 너무 복잡해서 입문 수준의 자료로 논할 수 없다. 그러나 감쇠와 분산만이 성능에 영향을 미치는 섬유 속성은 아니라는 점을 유념해야 한다.

## 2.8.11 설치 작업 시 주의사항

광섬유 시스템을 설치할 때 강조해야 할 주요 여방조치를 살펴보면, 광섬유 또는 케이블은 최소 곡률 반경이라고 하는 특정 값보다 작은 곡률 반경에서 구부리지 않아야한다. 최소 굽힘 반경보다 작은 반경으로 광섬유나 케이블을 구부리면, 추가적인 광섬유 손실이 발생한다. 매우 날카로운 굴곡은 섬유 손실을

증가시키고, 섬유 파손을 일으킬 수 있다.

1) 광섬유 케이블을 날카로운 모서리나, 날카로운 모서리 위로 꽉 죄거나, 잡아 당기지 않는다.

2) 결합하기 전에 항상 광섬유 커넥터를 청소해야 한다. 광섬유 연결에 먼지가 있으면 연결 손실이 크게 증가하여 커넥터가 손상 될 수 있다.

3) 하드웨어 설치 중에, 케이블이 꼬이거나 찌그러지지 않도록 주의해야 한다. 심한 꼬임이나 굽힘은 섬유 손실을 증가시키고, 섬유 파손을 유발할 수 있다.

4) 교육을 받은 공인 된 정비사만이 광섬유 시스템을 설치 또는, 수리 해야 한다.

## 2.8.12 광섬유 연결(Terminations)

광섬유 시스템 설계에서, 한 구성 요소에서 다음 구성 요소로의 광학 출력을 전달하는 연결이 중요하다. 광섬유 연결을 통해 한 구성 요소에서 다른 구성 요소로 광학 출력을 전송할 수 있다. 광섬유 연결은 또한, 광섬유 시스템이 단순한 지점 간 데이터 통신 링크 이상이 될 수 있도록 한다. 실제로, 광섬유 데이터 링크는 두 지점간의 데이터 링크보다 더 복잡한 설계이다. 시스템 연결에는 광섬유 스플 라이스, 커넥터 또는 커플러가 필요할 수 있다. 한 가지 유형의 시스템 연결은, 광섬유를 함께 연결하여 이루어지는 영구 연결이다. 광섬유 스플라이스(splice)는 두 개의 섬유 또는 두 개의 섬유 그룹 사이에 영구적 인 연결을 만든다. 광섬유 스플라이스에는 기계식 스플라이스(mechanical splices)와 퓨전 스플라이스(fusion splices)의 두 가지 유형이 있다. 일부 기계식 스플라이스를 제거 할 수는 있지만, 영구적이다.

시스템 재구성을 허용하는 또 다른 유형의 연결은 광섬유 커넥터이다. 광섬유 커넥터를 사용하면, 광섬

유를 쉽게 연결 및 분리 할 수 있다. 광섬유 커넥터는 때때로 친숙한 전기 플러그 및 소켓과 유사하다. 그림 2-41 참조.

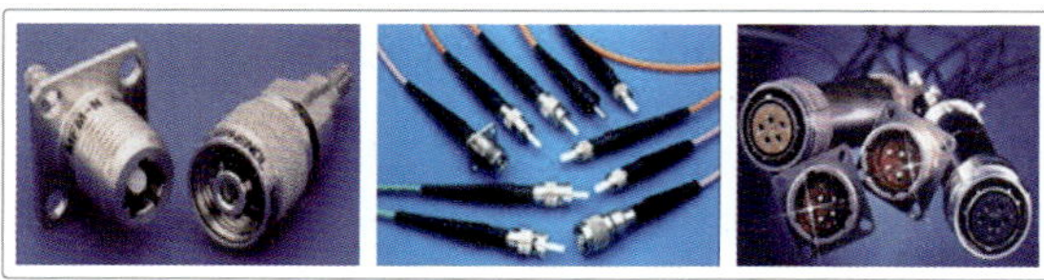

[그림 2-41] 광섬유 커넥터

시스템은 광신호를 광섬유 간에 분할하거나, 결합 할 수도 있다. 광섬유 커플러는 광신호를 광섬유 사이에 분산시키거나 결합시킨다. 커플러는 하나의 광섬유로 부터 여러 개의 광섬유로 광신호를 분배할 수 있다. 커플러는 또한 여러 광섬유의 광신호를 하나의 광섬유로 결합할 수 있다. 광섬유 연결 손실은 시스템 성능에 영향을 미칠 수 있다.

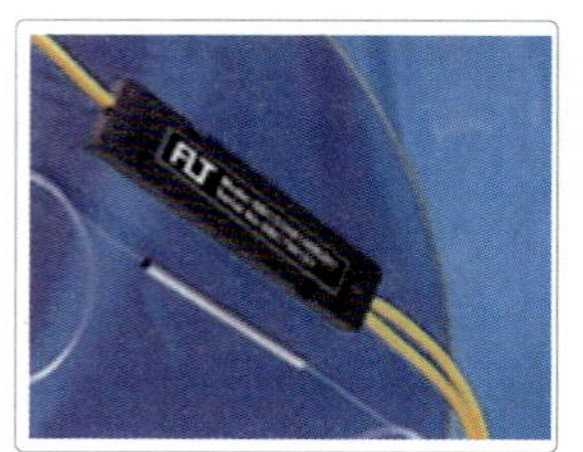

[그림 2-42] 광섬유 스플라이스

광섬유의 끝 준비가 불량하거나, 광섬유의 정렬이 불량 상태일 때 커플링 손실의 주요 원인이 된다. 커플링 손실의 다른 원인은, 연결된 섬유들 사이의 광학적 특성의 차이이다. 연결된 섬유가 다른 개구 수(numerical apertures), 코어 및 클래딩 직경, 및 굴절률 프로파일과 같은 상이한 광학 특성을 갖는 경우, 커플링 손실이 증가 할 수 있다. 광섬유 구성 요소들 사이에 이상적으로 결합 된 광 신호는 광 손실 없이 전송된다. 그러나 광섬유 연결에는 항상 일부 유형의 결함이 발생하여, 일부 빛의 손실이 발생한다. 시스템 설계자가 염려하는 것은

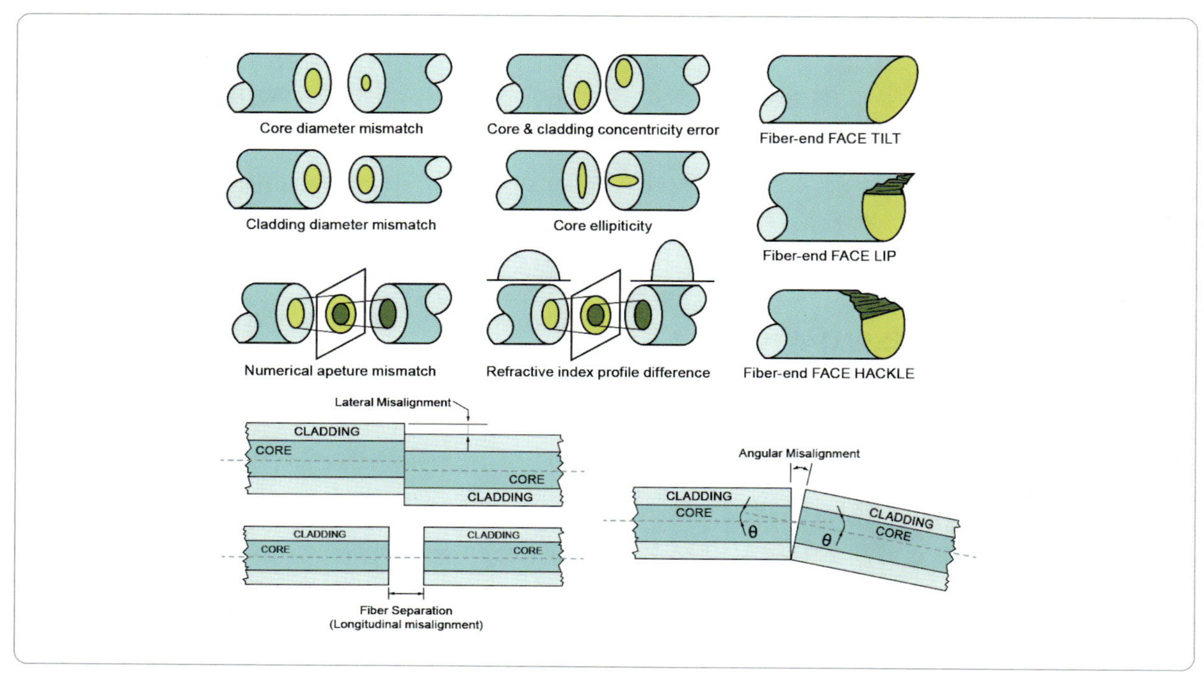


[그림 2-43] 광섬유 연결 시 불일치 작업 예

광섬유 연결에서 손실되는 광학 전력의 양입니다. 광섬유 간 연결 손실은 다음 원인에 의해 증가한다.

1) 섬유 분리

2) 횡방향 정렬 불량

3) 각도 정렬 불량

4) 코어 및 피복 직경의 불일치

5) Numerical aperture(NA) 불일치. NA는 섬유의 빛이 모이는 능력으로 정의된다.

   원뿔이 코어에서 나오는 것을 상상해보시오. 이 원뿔 내에서 코어로 들어오는 빛은 내부 전반사에 의해 전파된다. 콘 외부에서 들어오는 빛은 전파되지 않는다.

6) 굴절지수 프로파일(refractive index profile) 차이 - 굴절지수는 섬유재질의 특성을 나타내는데, 재료 내부에서의 빛의 속도와 진공 상태의 빛의 속도 비교이다.

7) 섬유 끝부분 준비 불량

   커플링 손실은 적절한 연결 절차를 준수하고, 연결된 섬유 사이의 섬유 불일치를 줄임으로써 줄어들게 된다. 이것은 엄격한 기하학적 및 광학적 사양을 충족하는 섬유만 조달함으로써 이루어질 수 있다.

## 2.8.13 섬유 끝부분 준비

광섬유 연결 시, 섬유 끝부분 준비가 불량하면 커플링 손실이 발생할 수 있다. 섬유 끝 면은 평평하고, 매끄럽고, 섬유 축에 직각이어야 한다. 연결 광섬유 끝 면이 제대로 준비되지 않으면, 연결 접속 면어서 빛이 반사되거나 산란된다. 올바른 시스템 작동을 위해서는 고품질 섬유 끝부분 준비가 필수적이다.

광섬유 끝에서 광섬유 버퍼 및 코팅 재료를 제거하여야 한다. 이러한 물질을 제거하려면 mechanical strippers 또는 chemical solvents를 사용해야 한다. Buffer 및 코팅 물질을 제거한 후, 노출 된 섬유의 표면을 세척 휴지를 사용하여 깨끗하게 닦아 낸다. 세척 휴지는 닦아 내기 전에, isopropyl alcohol로 적셔야 한다.

다음 단계는, 섬유 끝부분을 쪼개서 매끄럽고, 평평한 섬유 끝면을 만드는 것이다. Score-and-break 또는, scribe-and break 방법은 기본적인 섬유 절단 기술이다. Score-and-break 방법은 섬유의 외부 표면을 가볍게 스코어링 (nicking) 한 다음, 끊어 질 때까지 장력을 가하는 것으로 구성된다.

섬유를 스코어링하기 위해 중금속 또는, 다이아몬드 날이 사용된다. 스코어링이 완료되면 섬유가 끊어 질 때까지 섬유 장력을 증가한다. 섬유는 섬유를 잡아 당기거나, 곡선 표면 위로 섬유를 구부림으로써 장력을 받는다.

일정한 장력 하에서, 섬유 절단을 위한 Score-and-break 방법은 일부 접합 기술에 사용하기에 충분한 양질의 섬유 끝부분을 생성한다. 그러나, 광섬유 커넥터를 사용할 때 안정적인 저손실 연결을 생성하려면 추가 준비가 필요하다. 그림 2-44 참조.

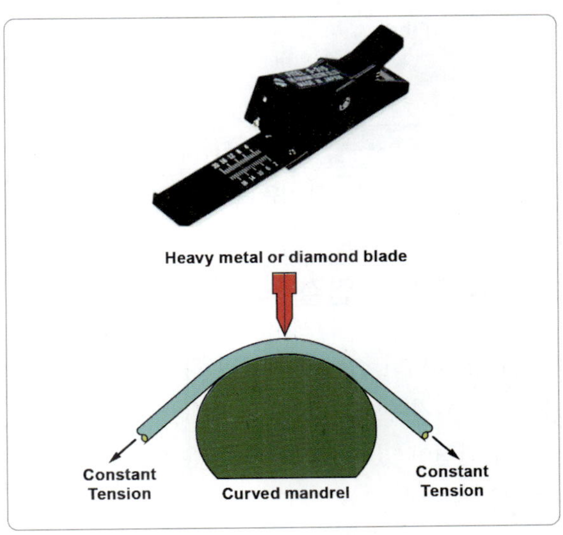


[그림 2-44] Score-and-break 방법과 필요 장비

섬유 단면을 연마하면, 섬유 절단 공정에 의해 도입된 대부분의 표면 결함이 제거된다. 섬유 연마는 절단된 섬유를 커넥터 어셈블리의 ferrule에 삽입함으로써 시작된다 (섬유가 연마된 후에도 유지된다 – Ferrule은 전선을 소켓이나 핀에 삽입하여 크림핑하는 것과 같다). Ferrule은 광섬유 커넥터에서 광섬유의 스트리핑 된 끝을 고정하는 데 사용되는 고정구이며, 일반적으로 단단한 튜브이다. 개별 섬유는 ferrule 내에서 epoxy를 사용하여 고정된다. 그런 다음, ferrule 내에서 광섬유가 합착 된 커넥터의 연마를 위해 특수 연마 도구에 장착 할 수 있다. 그림 2–70 참조.

섬유 검사 및 청결은 섬유 연마의 각 단계에서 중요하다. 섬유 검사는 표준 현미경을 사용하여 시각적으로 이루어지며, 섬유 끝면이 편평하거나, 오목하거나, 볼록한지 육안으로 확인한다.

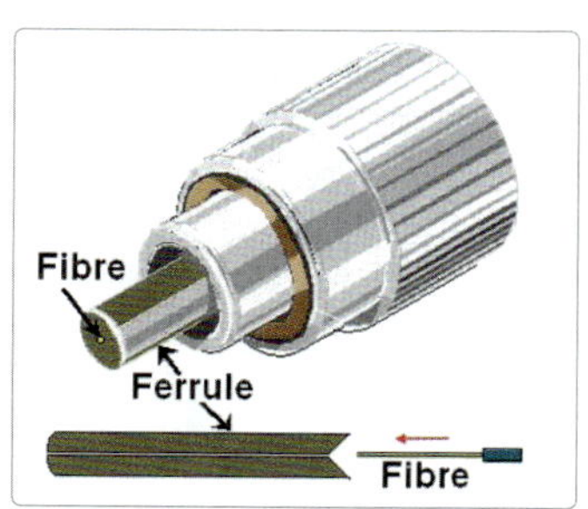


[그림 2-45] 섬유 끝부분 작업

## 2.8.14 광섬유 연결 작업 시 주의사항

섬유가 터미널 작업에 관련된 경우, 실제 위험은 종단 처리되거나 스플라이되는 섬유 끝의 작은 유리 파편과 관련이 있다. 이 찌꺼기들은 매우 위험한데, 갈라진 끝은 매우 날카롭고 쉽게 작업자의 피부를 관통할 수 있다.

만약, 그것들이 작업자의 눈에 들어간다면, 밖으로 빼내기가 매우 어렵다. 삼킬 경우, 심각한 의료 결과가 발생할 수 있다. 작업 시 보호안경은 필수품이다.

섬유로 작업할 때는 항상 지켜야 할 주의사항은 다음과 같다.

1) 보호안경은 반드시 착용하여야 한다.
2) 모든 찌꺼기는 적절하게 표시된 용기에 넣어 적절히 폐기한다.
3) 유리 조각이 눈에 잘 띄도록 항상 검정 패드에서 작업한다.
4) 바닥에 찌꺼기를 떨어뜨리지 말아야 한다. 카펫이나 신발에 들러붙어 다른 곳으로 운반 되기 때문이다.
5) 작업장 근처에서는 식사나 음료수를 마시지 않는다.

## 2.8.15 광섬유 스플라이스(Splices)

광섬유 스플라이스는 두 개의 개별 광섬유 사이에 광섬유를 연결하는 것을 목적으로 하는 영구 광섬유 조인트이다.

광섬유 스플라이스는 설치작업 중, 사고 또는 응력 등으로 인해 손상된 광섬유를 수리할 수도 있다. 기계적 및 융접 스플라이싱은 섬유 스플라이싱 기술을 설명하는 두 가지 광범위한 범주로 다음과 같다.

1) 기계식 스플라이스(mechanical splice) – 기계식 설비 및 재료는 섬유 정렬 및 연결을 수행한다.
2) 퓨전 스플라이스(fusion splice) – 국부적으로 열을 가하거나, 두 개의 광섬유 끝을 녹인다.

각 접합 기술은 접속 성능을 최적화하고, 접속 손실을 줄인다. 저손실 섬유 접합을 위해서는 적절한 섬유 끝부분 준비 및 정렬이 필요하다.

## 2.8.16 광섬유 커넥터(Connectors)

광섬유 커넥터는 두 개의 광섬유 또는, 두 그룹의 광섬유를 연결할 수있는 분리 가능한 장치입니다. 장치는 다량의 빛 손실 없이 반복적인 섬유 분리/재 연결을 허용해야 한다. 광섬유 커넥터는 수많은 연결이 있어도 섬유 정렬을 유지해야 한다. 광섬유 커넥터 커플 링 손실은 앞에서 설명한 것과 동일한 손실 메커니즘으로 인해 발생한다.

Butt-jointed 및 expanded-beam 커넥터는 두 가지 기본 유형의 광섬유 커넥터이다. Butt-jointed 커넥터는 2 개의 섬유의 준비된 끝부분을 정렬하여 밀착시킨다. 일부 butt-jointed 커넥터의 끝 면은 접촉하지만, 다른 커넥터는 커넥터 설계에 의존하지 않는다.

단일 섬유 butt-jointed 및 expanded-beam 커넥터는 일반적으로 두 개의 플러그와 한 개의 어댑터(플러그-어댑터-플러그 커플링 장치)로 구성된다.

Ferrule 커넥터는 2 개의 원통형 플러그, 정렬 슬리브 및 때로는 축 스프링을 사용하여 섬유 정렬을 수행한다. 각 Ferrule의 중심을 통해 천공 또는, 성형 된 정밀한 구멍으로 섬유 삽입 및 정렬이 가능하다. 섬유 끝부분이 삽입되면, 접착제 (일반적으로 epoxy resin)가 Ferrule 내부의 섬유를 접착시킨다. (섬유는 Ferrule 내부에 남아 있다 - Ferrule은 전선 끝의 크림핑 된 pin과 같다).

섬유 끝면은 Ferrule 끝과 같은 높이가 될 때까지 연마되어 저손실 섬유 연결을 만든다. Ferrule이 정렬 슬리브에 삽입 될 때, 섬유 정렬이 이루어진다. 정렬 슬리브의 내경은 Ferrule을 정렬시키고, 이는 결국 섬유를 정렬시킨다. Ferrule 커넥터는 나사형 외부 쉘 또는, 다른 유형의 커플링 메커니즘을 사용하여 정렬 슬리브에 Ferrule을 잠그게 된다. 섬유 정렬은 Ferrule 중심을 통과하는 정확한 구멍에 달려있다. 일반적으로

Ferrule 커넥터는 세라믹 또는, 금속 Ferrule을 사용한다. Expanded-beam 커넥터는 두 개의 렌즈를 사용하여, 먼저 전송 광섬유에서 수신 광섬유로 빛을 확대 한 다음, 초점을 다시 맞춘다. Expanded-beam 커넥터는 일반적으로 plug-adapter-plug 유형 연결이다.

광섬유 분리 및 측면 정렬 불량은 butt-jointing에서보다 expanded-beam 커플링에서 덜 중요하다. Expanded-beam 커플링에서 동일한 양의 섬유 분리 및 측면 오정렬은 butt-jointing에서보다 커플링 손실이 더 낮다. 그러나 각도 오정렬이 더 심각하다. Expanded-beam 커플링에서 동일한 양의 각도 오정렬은 butt-jointing보다 손실이 더 크다. Expanded-beam 커넥터가 생산하기가 훨씬 어렵다. Expanded-beam 커넥터를 위한 현재 적용에는 다중 섬유 연결, 인쇄 회로 기판용 모서리 연결 및 기타 적용이 포함된다.

## 2.8.17 광섬유 시스템 터미널

광섬유로 발사되는 광량은 광원의 광도에 따라 달라진다. 광원의 광도 또는, 광도는 광 출력 기능의 척도이다. 조도(radiance)는 방출 표면의 단위 면적에 의해 단위 시간당 특정 방향으로 방출되는 광의 양이다. 대부분의 유형의 광원(optical sources) 경우, 광학 발사체에서 방출되는 전력의 일부만 광섬유에서 사용된다.

광섬유 송신기 및 수신기는 모듈식 구성 요소이다. 광섬유 송신기 및 수신기는 일반적으로 fibre pigtail 또는 광섬유 커넥터로 제조되는 장치이다.

Fibre pigtail은 광원 또는 탐지기에 영구적으로 고정 된 짧은 길이의 광섬유 (일반적으로 1 미터 이하)이다. 제조업체는 송신기 및 수신기에 pigtail 및 커넥터를 공급하므로, 조립 중에 광학 발사체 및 검출기에 대한 광섬유 커플링을 완료해야한다.

### 2.8.18 광원(Optical Sources) 및 광섬유 송신 (Fibre Optic Transmitters)

전기적 아날로그 또는, 디지털 신호를 해당 광신호로 변환하는 역할을 하는 광섬유 장치는 광섬유 송신기이다. 전기적 신호를 광신호로 변환하고, 광신호를 광섬유로 발사한다. 광섬유 데이터 링크 성능은 광섬유로 발사되는 광전원(빛)의 양에 따라 달라진다.

광섬유 시스템에 적합한 반도체 광원은, 저렴한 발광 다이오드(LED)부터 고가의 반도체 레이저까지 다양하다. 반도체 LED와 레이저 다이오드(LD)는 광섬유에 사용되는 주요 광원이다.

송신기에서 나오는 출력 장치는 일반적으로 광학 커넥터와 광섬유 피그테일(Optical pigtails), 두 가지로 분류된다. 광섬유 피그테일(Optical pigtails)은 송신기 광원에 부착되어 있다.

광원은 중간 광섬유를 통해 출력 광학 커넥터에 결합할 수 있다. 광섬유의 한쪽 끝이 광원에 부착되어 있다. 다른 쪽 끝은 송신기 광학 출력 커넥터에서 종료된다. 광원은 중간 광섬유가 없는 출력 광학 커넥터와 결합할 수도 있다. 광원은 송신기 패키지 내에 배치되어 전원을 광학 커넥터의 섬유로 직접 공급한다. 어떤 경우에는 렌즈가 광원에서 나오는 빛을 접합 광학 커넥터에 더 효율적으로 결합하는 데 사용된다.

광섬유 송신기는 다양한 크기와 모양으로 제공된다. 가장 복잡한 않은 광섬유 송신기는 일반적으로

transistor outline (TO) can 또는, dual inline packages (DIP)의 hybrid microcircuit modules로 패키지 된다. 그림 2-46 참조.

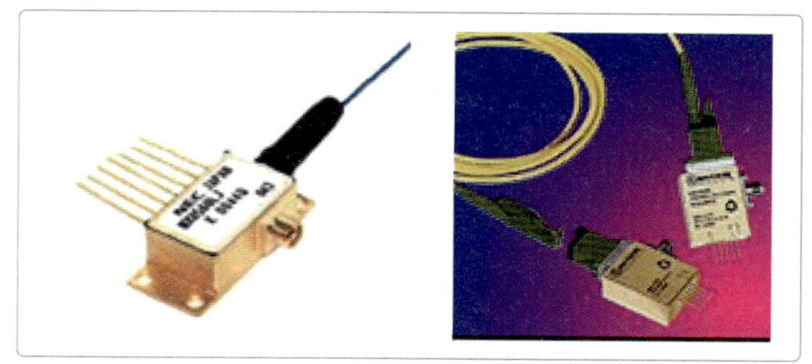

[그림 2-46] 광섬유 송신기

### 2.8.19 광학 탐지기(Optical Detectors) 및 광섬유 수신기(Fibre Optic Receivers)

섬유에서 전파되는 광학 신호는 산란, 흡수 및 분산으로 인해 약화되고 왜곡된다. 약화되고 왜곡 된 광신호를 다시 전기 신호로 변환하는 광섬유 장치는 광섬유 수신기이다. 광섬유 수신기는 광섬유에서 광학 신호를 받아 전기적 신호로 변환하는 전기 광학 장치이다. 일반적인 광섬유 수신기는 광학 검출기, 저잡음 증폭기 및 전기 출력을 생성하는 데 사용되는 기타 회로 등으로 구성된다. 광학 검출기는 들어오는 광학 신호를 송신기에 제공된 원래의 전기 신호에 대응하는 전기적 신호로 변환한다. 수신기 끝에서 발생하는 신호의 모든 변형을 왜곡이라고 한다(바람직하지 않

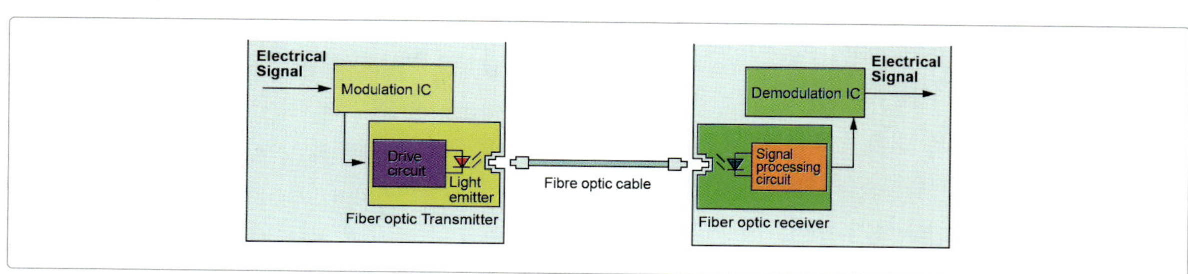


[그림 2-47] 광섬유 수신기

은 특성). 수신기는 원래 신호를 복제해야 한다. 그런 다음 증폭기는 전기적 신호를 추가 신호 처리에 적합한 레벨로 증폭한다.

　광학 검출기는 입사 광학 방사선의 세기에 비례하는 전류를 생성함으로써, 광학 신호를 전기적 신호로 변환하는 변환기이다. 이러한 많은 요구 사항을 충족하고, 광섬유 시스템에 적합한 광학 검출기는 포토다이오드(photodiodes) 반도체이다. 광섬유는 광섬유가 광섬유에 결합되는 방식과 유사하게 포토다이오드(photodiodes)반도체에 결합된다. 반도체 검출기는 광학 검출기에 입사되는 광학 에너지 (광자)가 전류를 생성하도록 설계되었다. 이 전류를 광전류(photocurrent)라고 한다.

　가장 간단한 광섬유 수신기는 광학 검출기와 부하 저항으로만 구성된다. 그러나 이러한 단순 수신기의 출력 신호는 대부분의 유형의 접속 회로에 적합한 형식이 아니다. 적합한 신호를 생성하기 위해, preamplifier, post amplifier 및 다른 회로가 일반적으로 수신기에 포함된다. High-impedance preamplifier는 일반적으로 감도를 향상시키기 위해 고부하 저항과 함께 사용된다. 광섬유 수신기는 광섬유 송신기와 유사한 패키지로 제공된다. 그림 2-47 참조.

## 2.8.20 광섬유 케이블의 장점과 단점

　광섬유 케이블을 통신 분야에 사용하면 다음과 같은 장점이 있다.

1) 더 가볍고 작은 크기 – 구리전선 대신 항공전자 시스템에 광섬유 케이블을 사용하면 항공기의 무게와 공간을 크게 절약할 수 있다.
2) 혼선 감소 – 빛이 없으면, 신호와 인접한 케이블과의 혼선도 없게 된다.
3) 전자기 간섭에 대한 내성 – EMI는 광학 주파수의 에너지에 영향을 미치지 않는다.
4) 낮은 신호 감쇠(attenuation) – 감쇠 수치는 단위 길이에서, 동일한 주파수 하에 일반적인 케이블 또는, waveguide의 약 1/100입니다.
5) 광대역(wide bandwidth) – LED 및 레이저 광원

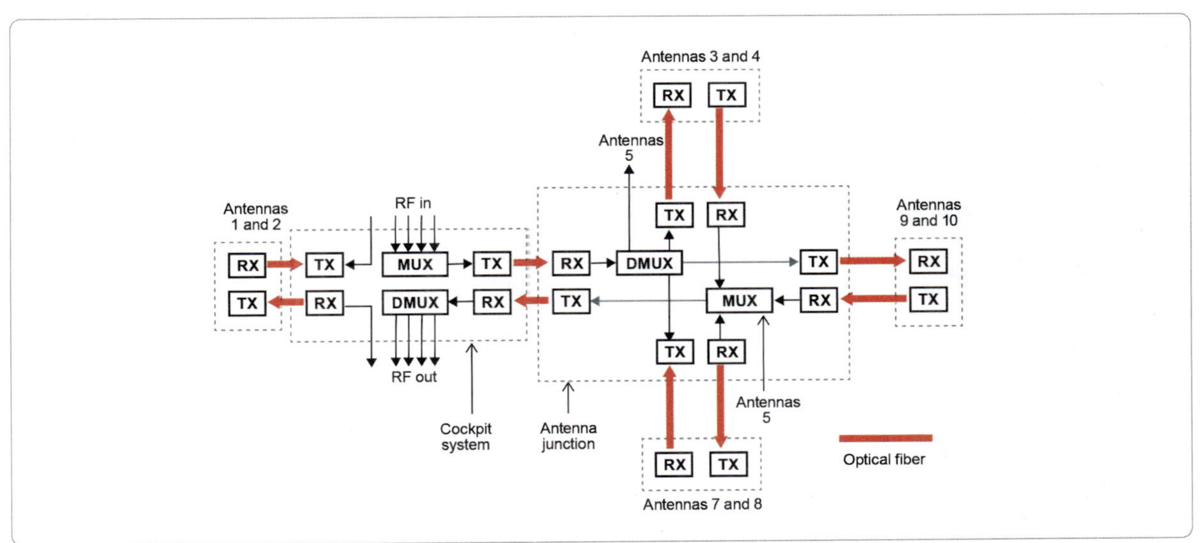


[그림 2-43] 광섬유의 항공기 적용 예

을 사용하여 100MHz ~ 1GHz의 대역폭을 얻을 수 있다. 이것은 통신 시스템에서 더 큰 신호 처리량을 가능하게 한다.

6) 저렴한 비용 – 광섬유 제작에 사용되는 재료는 구리 비용보다 훨씬 저렴하다.

7) 안전 – 위험 또는, 단락 및 sparks가 제거 된다

8) 내식성(corrosion resistance) – 섬유 재료가 불활성이므로 부식 효과가 최소화된다.

장점은 단점보다 훨씬 크지만, 광섬유 케이블을 사용할 때의 몇 가지 단점은 다음과 같다.

1) 커플링(coupling) – 광원에서 광섬유, 광섬유 케이블 스플라이싱 및 광섬유에서 검출기까지 매우 중요하다. 변위(displacement) 손실을 피하려면 정확한 연결 작업을 해야한다.

2) 특수 기술 및 장비 – 광섬유 케이블 재료의 크기와 특성으로 인해, 적절한 커플링을 작업이 필요하다.

3) 매우 *깨끗한 환경* – 작업 시 작은 입자 오염을 피하기 위해 깨끗한 작업 환경이 필요하다.

## 2.8.21 광섬유의 항공기 적용

비행 중 항공전자 시스템은 동축케이블(coaxial cable)을 통해, RF 신호를 안테나를 이용해서 송수신한다. 항공기에 탑재된 항공전자 장치의 종류와 복잡성이 증가함에 따라 전자기 간섭 (EMI) 환경이 비례하여 저하된다.

동축케이블은 본질적으로 손실이 있어, 상당한 무게를 증가 관계로 인해 RF 신호 대역폭이 제한된다. 광섬유 통신 링크는 이러한 제한을 극복 할 수 있다. 멀티플렉싱(multiplexing) 형태를 사용하면 단일 광섬유를 통해 여러 신호 (RF 포함)를 동시에 전송할 수 있다. 광섬유의 크기와 무게가 상대적으로 작기 때문에, 무게와 공간 절약이 중요한 항공전자 기기에 이상적이다.

광섬유 시스템은 광섬유 케이블로 연결된 송신기와 수신기로 구성된다. 기존 구리전선 또는, 동축케이블에 비해 이점은, 적은 오류로, 더 먼 거리에서, 더 빠른 전송 속도로, 더 많은 양의 데이터를 전송 및 수신하는 기능을 포함한다. 동시에 방사선을 방출하지 않거나, 전기 간섭을 일으키지 않으며, 번개와 같은 실외 대기 환경의 간섭에 영향을 받지 않는다. 또한, 기본 섬유 케이블은 유리로 만들어져서 파손 되어도 spark가 발생하지 않으며, 부식되지 않고, 대부분의 화학 물질에 영향을 받지 않는다.

광섬유 시스템은 광섬유 케이블로 연결된 송신기와 수신기로 구성된다. 기존 구리전선 또는, coaxial 케이블에 비해 이점은, 적은 오류로, 더 먼 거리에서, 더 빠른 전송 속도로, 더 많은 양의 데이터를 전송 및 수신하는 기능을 포함한다. 동시에 방사선을 방출하지 않거나, 전기 간섭을 일으키지 않으며, 번개와 같은 실외 대기 환경의 간섭에 영향을 받지 않는다. 또한, 기본 섬유 케이블은 유리로 만들어져서 파손 되어도 spark가 발생하지 않으며, 부식되지 않으며, 대부분의 화학 물질에 영향을 받지 않는다.

항공기 충돌에 대한 우려로 인해, 광섬유가 연료 측정 시스템에 적용되었다. 오래 전 TWA Flight 800 항공기의 충돌로 인해, 연료 탱크 중 하나에서 spark가 발생한 이후로 연료 탱크 용량을 보다 안전하게 측정 할 수 있는 방법을 찾기 위해 노력을 하였다. 이러한 요구에 부응하여, 연료량 표시 시스템을 위한, 광학식 탱크 벽 프로세서 유닛(wall processor units)이 개발되었다.

Boeing 777 항공기에 있는 11 개의 ARINC 629 데이터 버스와 단일 광섬유 데이터 버스가 항공기 각

시스템에서 Airplane Information Management System으로 데이터를 보낸다. 광섬유 기술은 추진 및 비행 제어를 포함한 항공기 관리 시스템의 다양한 영역에서 구현되고 있다.

F/A-18 항공기의 비행 제어 시스템에서 광학 피드백 링크를 위해 하드웨어 및 소프트웨어가 개발되었다. Passive optical sensors 및 센서 작동을 위한 optoelectronics가 개발되었다. 다른 작동 방법을 가진 센서는 다른 제조업체에서 얻었으며, 일반적인 광전자 장치와 통합되었다. 항공기에 사용되는 센서는 다음과 같다. Air Data Temperature, Air Data Pressure, Flight Control Position Sensors, stick & rudder position, 그리고 Engine Power Lever Control Position. 가장 성공적인 센서 접근 방식은 센서가 항공기에 달려 날아가고, 성능이 기록되지 않는 후속 프로그램에 사용하기 위해 선택되었다. 그러나 광학 센서는 flight control loops를 닫는 데 사용된다 (피드백 신호용).

헬리콥터 AFCS 1 차 비행 제어 (FA-18 AFCS와 관련하여 위에서 설명한 피드백 신호를 전달하는 것과 달리, servoactuators에 오류 신호를 전달하는 것)의 기본으로 광섬유를 사용하여 개발이 연구되었다. 3 중 중복 광섬유 네트워크가 Apache 헬리콥터의 fly-by-wire 기본 비행 제어를 대체하는 것이 연구되었다.

맥도넬 더글러스 업체는 다양한 상업용 및 군용 항공기에서 다수의 광섬유 시스템을 개발, 설치 및 티스트했으며, 광섬유 시스템의 설치 및 유지 관리와 관련된 문제가 항공기 통합에 여전히 큰 장애가 될 수 있음을 밝혔다.

항공전자 장치에서 광섬유 기반 시스템은 이제 새로운 항공기에 설치되어, 최신 안전 요구 사항을 충족하기 위해 구형 항공기를 업그레이드하는 데 사용되는 instrument flight data acquisition systems에 대해 비용이 효율적인 것으로 입증되었다.

NTSB (national transportation safety board)의 규정에 따라, 운송용 항공기는 20 명 이상의 승객을 태울 수 있는 항공기로 정의된다. 미국 내에서 운항하려면, 이 정의를 충족하는 항공기는 특정 최소량의 비행 데이터를 제공해야하며 그 양은 항공기 제조시기에 따라 다르다. 항공전자 시스템은 이러한 규제 요구 사항을 충족시키기 위해 광섬유로 전환하고 있다.

예를 들어, Flight Data Acquisition Units (FDAU)이 의무화되기 전에 제조 된 항공기는 시간, 압력, 고도, 지시 된 대기 속도, 방위 등 18 가지 측정치을 제공해야 한다. FDAU가 필수가 된 이후에 제조 된 항공기는, 1991 년 10 월 이전에 비해 추가로 4 가지 측정치를 제공해야 한다. 1991 년 10 월 이후에 제조 된 항공기의 경우, 측정치가 12 개 더 추가되어 총 34 개가 되었다. 이 두 항공기 그룹의 운영자들은 2001 년 8 월까지 NTSB 규정을 준수해야 했다. 그러나, 2000 년 8 월 이후 제조 된 항공기의 경우, 요구 사항이 총 88 개로 늘어났다. 분명히 이 모니터링 요구 사항을 충족하려면 많은 센서와 데이터 이동이 필요하다. 기존 시스템의 업그레이드와 최신 시스템의 보다 엄격한 요구 사항에서, 광섬유는 유연하고, 저렴하며, 간단하고, 안전한 데이터 수집 기능을 제공 할 수 있음을 입증했다.

# 2.9 전자 디스플레이
## Electronic Displays

### 2.9.1 발광 다이오드(Light Emitting Diode)

발광 다이오드 (LED)는 한 유형의 광전자 장치이다. 발광 다이오드 (LED)는 패널의 온/오프 상태를 나타내는데 사용되는, 깨지기 쉽고 수명이 짧은 백열 전구를 대체하기 위해 개발되었다. LED는 순방향 바이어스(forward biased)시 가시광을 생성하는 다이오드이다. 빛은 다이오드를 제조하는데 사용 된 재료에 따라 적색, 주황색, 황색, 녹색, 청색, 백색 또는 자외선일 수 있다. 방사선 스펙트럼의 적외선 부분에서 비 가시광을 방출하는 LED도 이용 가능하다. 이 LED는 적외선 감지기 구성 요소와 함께 사용되는 경우, 감지 응용 분야에 사용하기에 매우 중요하다.

아래 그림은 LED와 회로도를 보여준다. LED는 표준 다이오드 기호로 표시되며, 두 개의 화살표가 음극에서 멀리 떨어져 있다. 화살표는 다이오드를 떠나는 빛을 나타낸다. LED 동작 전압은 작고, 약 1.6V의 순방향 바이어스이며, 일반적으로 약 10 milliamperes이다. LED의 수명은 100,000 시간 이상으로 매우 길다.

LED를 켜려면, 양극 및 음극 연결을 결정해야 한다. LED의 빨간색 플라스틱 베이스를 자세히 보면 "평평한"지점이 나타난다. 평평한 지점 옆에 나오는 전선은 전원 공급 장치의 "−"쪽에 연결하고, 다른 전선은 "+"쪽에 연결해야 한다. LED는 매우 낮은 전압 (∼ 2V) 및 낮은 전류에서 작동하도록 설계되었다. 2V 이상의 정격 전원 공급 장치에 연결하면 손상된다. LED는 2V 이상의 정격 전원 공급 장치와 함께 사용할 때 전류를 제한하는 저항이 필요하다. 구성 요소가

손상되지 않도록, 항상 공급 업체 또는, 제조업체의 설명서에서 정보를 확인해야 한다.

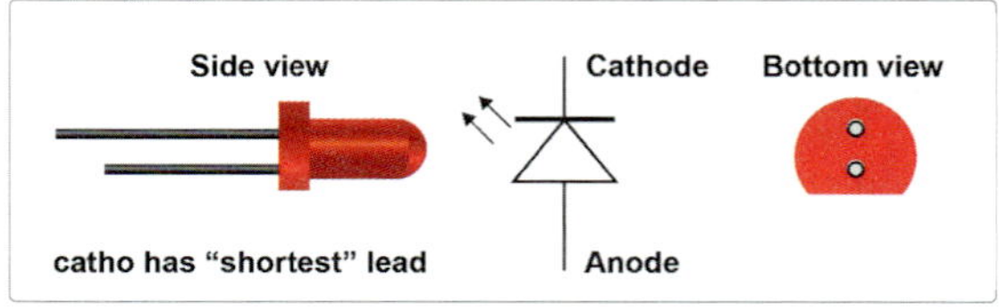


[그림 2-49] LED 기호

### 2.9.2 단일 색 LED의 최고 파장 길이

빛의 색깔은 우리가 파장을 인식하는 방식이다. 광선 스펙트럼은 "nanometer(nm) "로 표시되며, 1931년 CIE (commission internationale d'Éclairage)에 의해 표준화되었다. 넓은 스펙트럼에서 가시광선이 작은 세그먼트인 백열등과 달리, LED는 방사 스펙트럼의 비교적 작은 부분에서만 발광한다. 최고 파장은 LED에서 방출되는 색상 (발광 된 빛의 파장)을 정의하는 기술적 방법이며, "nanometer"로 측정된다. 일반적인 수치는 450nm (파란색), 535nm (녹색), 585nm (노란색), 620nm (주황색), 700nm (빨간색), 최대 950nm (적외선)이다. 일반적으로 출력은 하나의 정확한 파장이 아니라 좁은 범위에 분포되어 있으며, 파장에 대한 강도 그래프는 지정된 파장에서 최고를 나타낸다. 임의의 LED 구성 요소에 대한 최고 파장은, 소비되는 전류 또는, 전력이 아니라 반도체 기판의 화학적 구성에 의해 결정된다. LED가 색상이 있거나, 무색이든 차이가 없다.

## 2.9.3 다색 LED과 2색 LED

LED 에폭시 패키지 내에는 각각 다른 색을 생성하는 2 개의 분리 된 역 병렬 반도체 칩이 있다. 어느 순간에나 하나의 LED 칩만이 발광 할 수 있으며, 이는 하나의 구성 요소를 통해 흐르는 전류의 방향에 의존한다. 하나의 직렬 저항만 필요하며, LED의 직렬 저항 계산에 대해 위와 동일한 공식을 사용하여 계산 된다. 2색 컬러 LED는 두 가지 기본 색상을 혼합 한 제품으로, 세 번째 색상을 생성 할 수 있다. 예를 들어, 빨간색 및 녹색 2색 컬러 LED는 노란색 빛을 생성 할 수 있다. 이를 달성하는 가장 간단한 방법은, AC 전압 파워에서 LED를 작동시키는 것이다. 이로 인해 각각의 1차 컬러 칩이 교류의 각각의 절반 사이를 동안 작동하지만, 인간의 눈은 빠르게 깜박 거리는 적색 및 녹색 표시등을 일정한 황색으로 인식한다.

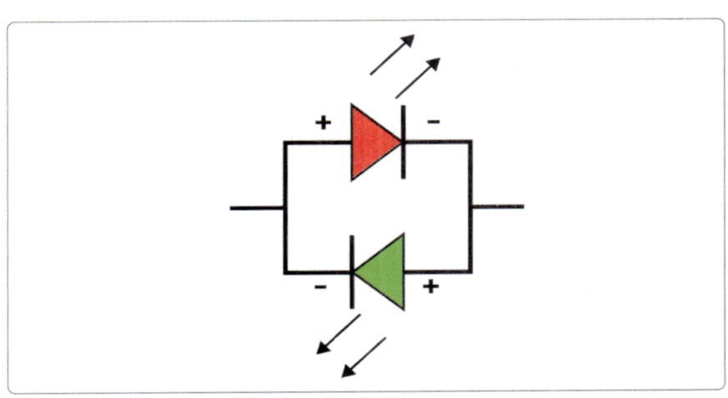

[그림 2-50] LED 색

## 2.9.4 3색 LED

LED 에폭시 패키지에는 각각 다른 색상을 생성하는 두 개의 개별 반도체 칩이 있습니다. 2개의 반도체 칩으로부터의 common lead는 그림 2-51과 같이 3 개의 단자 컴포넌트를 생성하기 위해 내부적으로 연결된다. "common cathode"(그림) 및 "common anode"유형을 모두 사용할 수 있다.

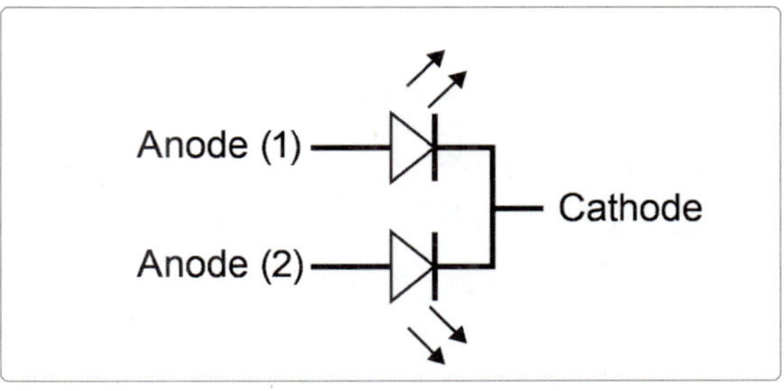

[그림 2-51] 3색 LED

간단히 사용되는 이러한 구성 요소는, 두 개의 반도체 칩 간에 전압을 전환하여 선택 가능한 2 색 광원을 제공한다. 대안적으로, 두 반도체 칩은 두 가지 원색을 혼합하기 위해 동시에 작동 될 수 있다. 두 개의 반도체 칩이 동시에 작동하지 않는다면, 단 하나의 직렬 저항만 필요하다. 그렇지 않으면, 각 칩을 별도의 전용 저항으로 보호해야 한다.

## 2.9.5 7-Segment LED Display 작동

LED는 전류의 "전원 켜짐" 표시기 및 포켓 계산기, 디지털 전압계, 주파수 카운터 등의 디스플레이로 널리 사용된다. 계산기 및 유사 장치에 사용하기 위해, LED는 일반적으로 7-segment displays에 함께 배치된다. 이 디스플레이는 7 개의 LED 세그먼트 또는, 막대 (그림 2-52에서 A에서 G로 레이블이 붙어 있음)를 사용한다. 이 막대는 서로 다른 조합으로 점등되어, "0"에서 "9"까지의 숫자를 형성 할 수 있다.

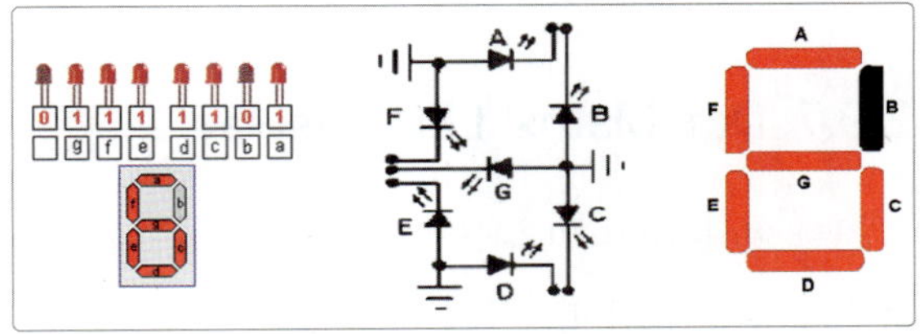

[그림 2-52] 7-세그먼트(segment) LED displays

회로도는 common-anode 디스플레이이다. 디스플레이의 모든 anodes는 내부적으로 연결되어 있다. 회로도는 common-anode 디스플레이이다. 디스플레이의 모든 anodes는 내부적으로 연결되어 있다. 적절한 cathodes에 음의 전압이 흐르면, 숫자가 형성된다. 예를 들어, LED "E"를 제외하고 모든 음극에 음의 전압이 흐르면, 숫자 "9"가 생성된다. LED "B"를 제외한 모든 음극에 음의 전압이 흐르면, 숫자 "6"이 생성된다.

LED 7-세그먼트 디스플레이에는, common cathode (CC)과 common anode (CA)의 두 가지 유형이 있다. 두 디스플레이의 차이점은, common cathode는 7-세그먼트의 모든 cathodes가 직접 연결되어 있고, common anode는 7-세그먼트의 모든 anodes가 서로 연결되어 있다는 것이다. 위의 그림 2-52는 common anode 7-세그먼트이다.

## 2.9.6 Alphanumeric LED Display

Alphanumeric LED display는 7-세그먼트와 유사하게 작동한다. 일반적으로 이 디스플레이에는 16개의 세그먼트가 사용된다.

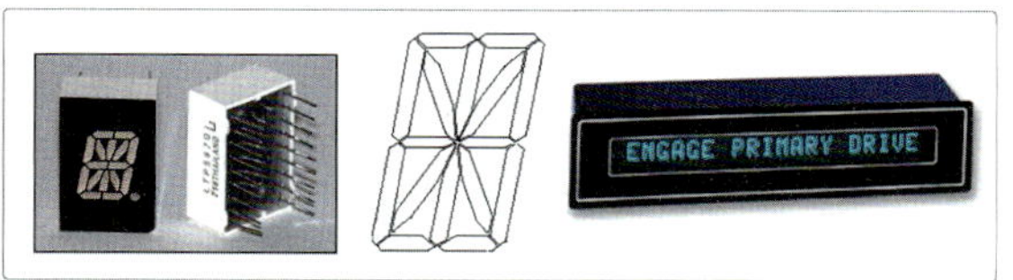

[그림 2-53] 알파뉴메릭(Alphanumeric) LED Display

## 2.9.7 Dot Matrix LED Display

전체 영어-숫자 범위를 생성하는데 일반적으로 사용되는 보다 유연한 디스플레이는, LED die가 7 x 5 배열에 장착되는 35-dot matrix이다. 이러한 유형의 디스플레이를 사용하면, 7-세그먼트 디스플레이 사용 범위에 비해 응용 범위가 훨씬 더 높아진다. 그림 2-54 참조.

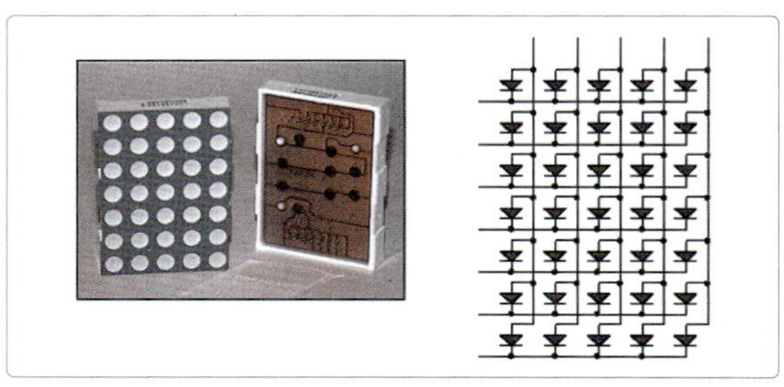

[그림 2-54] 도트 매트릭스(Dot Matrix) LED Display

Alphanumeric LED 디스플레이는 오래된 기술일 수 있지만, 정보를 표시하는데 사용할 수 있는 다양한 새로운 기술을 사용하더라도 그 용도는 여전히 다양하다. 이 LED의 가장 큰 장점은 비용이다. 대부분의 경우, 적은 양의 정보를 표시해야하는 설계를 위해 이보다 저렴한 방법을 찾기가 어렵다. 또, 다른 아주 좋은 품질은 내구성입니다. 유일한 오류는 연결이 끊어질 가능성이다. 사실상 모든 다이오드가 전기적 연결이기 때문이다. 이 디스플레이는 일반적으로 프로그래밍하기가 간단하다. 디스플레이를 위해 들어오는 데이터를 디코딩하는 논리(logic)는 간단하다. 실제로 디자이너는 원하는 디코더가 디스플레이와 함께 제공되지 않을 경우, 디코더를 상당히 저렴하게 구입할 수 있다. 또한, 그 단순성으로 인해 유지 보수가 매우 적다.

## 2.9.8 Liquid Crystal Displays

### 2.9.8.1 편광(Polarization)

빛은 전자기 방사선(파장)으로 구성된다. 광파는 어느 방향이든 이동할 수 있다. 편광 필터를 사용하면, 한 위치로 이동하는 빛만 통과 할 수 있다. 이 필터는 파장(wave)의 한 위치를 제외하고 모두 막는 병렬 마이크로 크기의 구멍으로 만들어졌다. 편광은 한 평면에서만 빛을 진동시키는 과정이다. 교차 편광 렌즈는 빛을 완전히 차단한다.

[그림 2-55] 편광

### 2.9.8.2 액정(Liquid Crystal)

Liquid crystal 현상은 1888년 호주인 H. Reinitzer에 의해 발견되었다. Liquid crystal은 특정 온도 범위 내에서 고체 결정질과 액체 특성을 모두 갖는 유기 물질이다. 액체 물질과 달리, liquid crystal은 결정 구조 및 관련 굴절 특성을 나타났다. 결정 상태에 따라 다른 굴절이 가능하다. RCA Corporation의 Williams는 1968년에 액체가 전기로 충전 될 때, 빛이 액정 변화를 통과하는 방식을 발견했다. 5년 후, RCA의 Heilmeyer와 그의 동료들은 이 장치를 디스플레이 장치에 적용했다. 계산기, 디지털 시계, 휴대용 워드 프로세서 및 노트북 PC는 모두 전압을 적용하여 구조를 변경하는 네마틱 액정(nematic liquid crystals)을 사용한다.

그러한 특성을 가진 분자가 충분히 강한 전기장을 가져올 때, 그들은 자기장의 방향으로 정렬되는 경향이 있다. 원래 방향은 거의 평평하다. 방향 'E' 를 갖는 전기장이 형성 될 때(적색으로 표시됨), 분자를 필드와 평행하게 정렬시키는 힘 'T' (녹색으로 표시됨)가 존재한다. 자기장이 충분히 강하면, 분자는 자기장과 거의 평행을 이룬다.

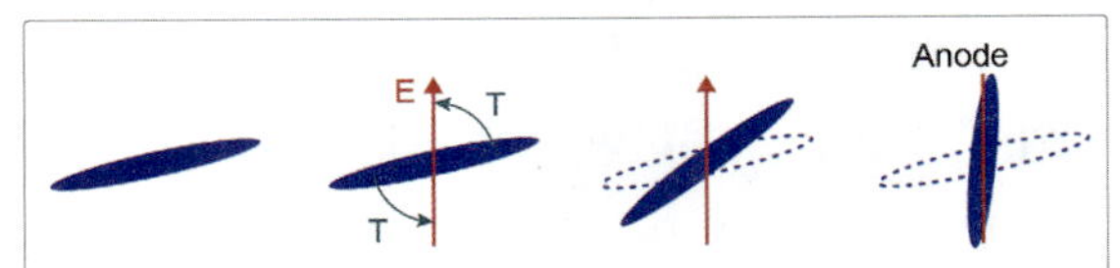

[그림 2-56] 액정 반향변환

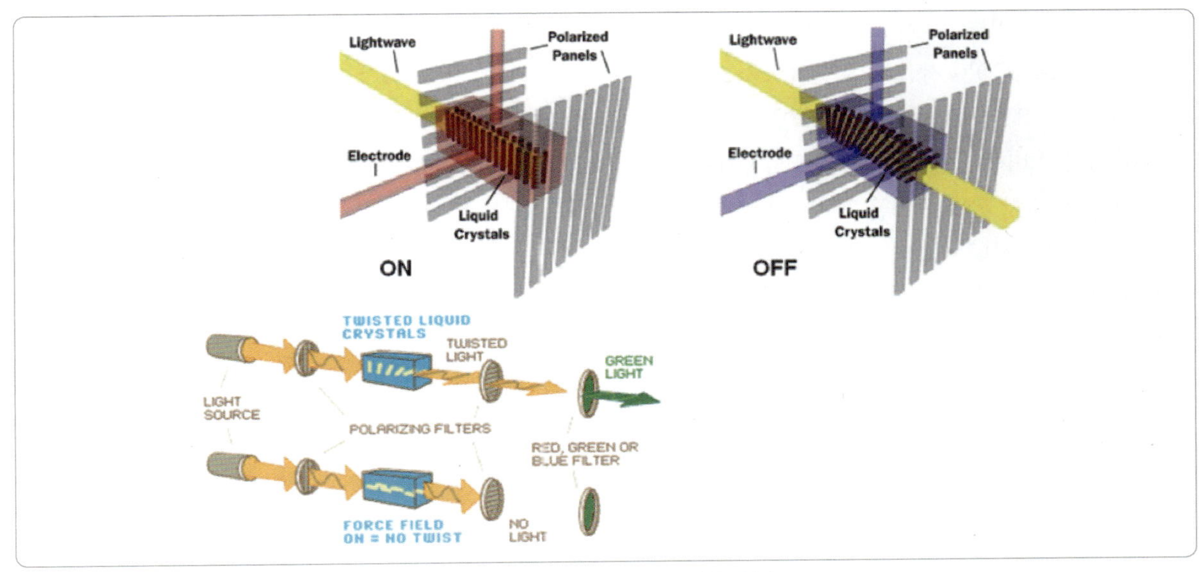


[그림 2-57] 액정표시장치의 작동 원리

### 2.9.8.3 액정표시장치(Liquid Crystal Displays)

　　액정표시장치(LCD)는 주위 둘레에 밀봉된 유리판 두 개로 구성되어 있으며, 그 사이에는 액정 유체 층이 있다. 액정 층은 몇 microns 두께다. 액정 층 두께는 보통 머리카락 굵기의 약 1/10이다. 투명 전도성 전극이 유리판의 내부 표면에 용착된다. 전극(electrodes)은 디스플레이의 세그먼트, 픽셀 또는, 특수 기호를 정의한다. 다음에 얇은 폴리머(polymer) 층이 전극의 상부에 도포된다. LC의 나선 형상 분자의 꼬임 배향을 정렬시키기 위해, 폴리머는 채널로 아로새겨진다. 최종적으로, 편광 필름은 유리판의 외부 표면에 90도 각도로 적층된다. 그림 2-57 참조.

　　일반적으로, 두 개의 편광 필름은 90도에서 어두워야 빛의 투과를 막을 수 있지만, LC가 편광을 회전시키는 능력 때문에 디스플레이가 선명하게 보인다. AC 전압이 LC를 통과하면, 이 필드 내의 결정체(crystals)가 편광이 비틀리지 않도록 정렬된다. 이를 통해 교차 편광판에 의해 빛이 차단되어, 활성화된 세그먼트 또는, 기호가 어둡게 표시된다.

　　액정 디스플레이는 일반적으로 LCD로 알려져 있다. 기본적으로 LCD는 저전압 (일반적으로 3 ~ 15V rms), 저주파 (25 ~ 60Hz) AC 신호에서 작동하며, 전류를 거의 소비하지 않는다. 액정표시장치는 그림 2-58과 같이 수치 판독을 위한 7-세그먼트 디스플레이로 배열되기도 한다. 세그먼트를 켜는데 필요한 AC 전압이 세그먼트와 뒤판 사이에 적용된다.

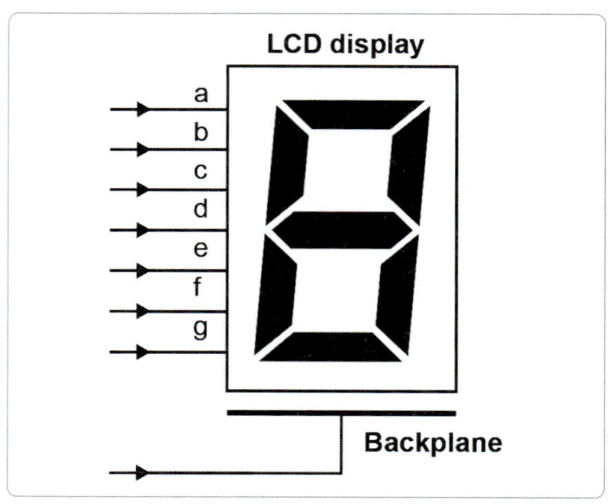


[그림 2-58] 7-세그먼트 디스플레이 배열

　　뒤판은 모든 세그먼트에 공통적이다. 세그먼트와 뒤판은 AC 주파수가 낮게 유지되는 한 전류를 거의 끌어오지 않는 콘덴서를 형성한다. 이는 가시적인 깜박임을 발생시키기 때문에 일반적으로 25 Hz 이하가 아니다.

　　LCD는 LED 디스플레이보다 훨씬 적은 전류를 발생시키며, 계산기나 시계와 같은 배터리 구동 장치에 널리 사용된다. 액정표시장치(LCD)는 발광다이오드(LED)처럼 광에너지를 방출하지 않기 때문에 외부 광원을 필요로 한다.

　　세그먼트와 뒤판 사이에 AC 전압이 적용되면, LCD 세그먼트가 켜지고, 두 세그먼트 사이에 전압이 적용되지 않으면 꺼진다. AC 신호를 발생시키기 보다는, 세그먼트와 뒤판에 위상이 일치하지 않는 구형파를 적용하여 필요한 AC 전압을 생성하는 것이 일반적이다. 이것은 그림 2-59와 같이, 한 세그먼트에 대해 40Hz 구형파는 뒤판과 CMOS 4070 EX-OR 게이트의 입력에도 적용된다. XOR에 대한 다른 입력은 세그먼트가 ON인지 OFF인지 제어하는 CONTROL 입력이다.

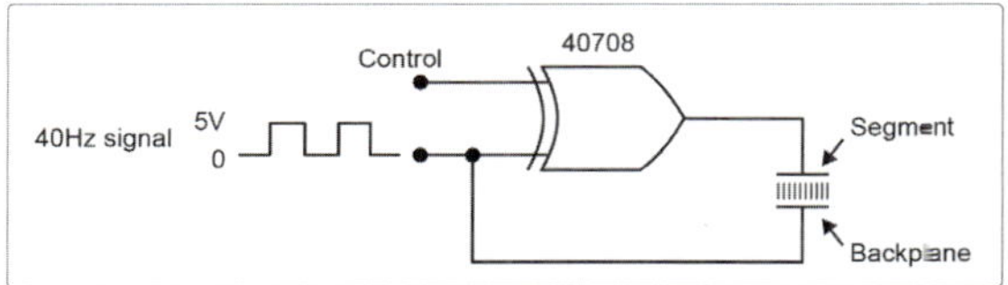

[그림 2-59] CMOS 4070 EX-OR Gate

CONTROL 입력이 LOW 인 경우, XOR 출력은 40Hz 구형파와 정확히 동일하므로 세그먼트 및 뒤판에 적용되는 신호가 동일하다. 전압의 차이가 없으므로 세그먼트가 꺼진다. CONTROL이 HIGH 인 경우, XOR 출력은 40Hz 구형파의 역수이므로 세그먼트에 적용된 신호는 뒤판에 적용된 신호와 위상이 다르다. 결과적으로, 세그먼트 전압은 대안적으로 뒤판에 대해 + 5V 및 –5V에 있을 것이다. 이 AC 전압이 세그먼트를 킨다.

## 2.9.9 Cathode Ray Tubes(CRT)

### 2.9.9.1 열이온 방출(Thermionic Emission)

토머스 에디슨 (thomas edison)은 그을음이 백열전구를 흐리게 하는 것을 방지하는 방법을 찾다가 열이온 방출 원리를 발견했다. 에디슨은 일반 필라멘트(filament)와 함께 전구 안에 금속 플레이트(plate)를 놓았다. 그는 필라멘트와 플레이트 사이에 간격을 두었다. 그런 다음, 양극은 플레이트를 향하고 음극은 필라멘트를 향하도록 하고, 플레이트와 필라멘트 사이에 배터리를 직렬로 놓았다. 이 회로가 그림과 같다. 에디슨은 필라멘트 배터리를 연결하고 필라멘트가 빛날 때까지 열을 가할 때, 필라멘트–플레이트 회로의 전류계가 움직이고 방향이 바뀐 상태로 남아 있음을 발견했다. 그는 필라멘트와 플레이트 사이의 간격에도 불구하고, 회로에 전류가 흐르고 있어야 한다고 판단했다. 에디슨은 정확히 무슨 일이 있었는지

설명하지 못했다. 그 당시 그는 아마도 지금보다 전기회로를 구성하는 것에 대해 알지 못했을 것으로 추측된다. 그러나 그는 백열전구에 특허를 받아 과학계에 제공했다.

다음 그림 2-60에서, 가열된 필라멘트는 전자가 표면에서 비등하도록 한다. 필라멘트–플레이트 회로의 배터리는 플레이트에 양극 충전을 한다(플레이트가 배터리의 양극 쪽에 연결되어 있기 때문에). 필라멘트에서 끓는 전자 (음전하)는 양극으로 충전된 플레이트로 끌어 당겨진다. 그들은 전류계, 배터리를 통해 필라멘트로 계속 이어진다.

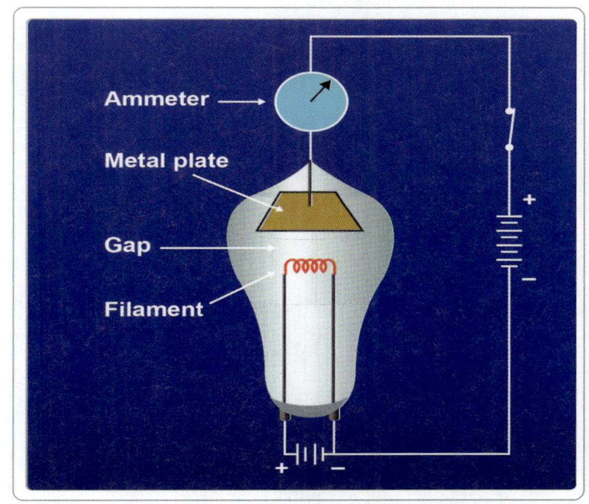



[그림 2-60] 필라멘트-플레이트 회로

에디슨의 전구는 진공으로 인해 필라멘트가 타지 않고 빛났다. 또한, 필라멘트와 플레이트 사이의 공간도 비교적 작았다. 필라멘트로부터 방출되는 전자는 플레이트에 도달하기 위해 멀리 가지 않았다. 따라서 플레이트의 양전하가 음전자를 끌어당길 수 있었다. 요점은 전자들이 뜨거운 필라멘트로부터 자유롭게 떠다니고 있었다는 것이다. 차가운 필라멘트로부터 전자를 강제로 끌어내야 한다면, 아마도 수백 볼트의 전압이 필요했을 것이다. 그러한 작용은 필라멘트를 파괴하고, 그 흐름은 멈추게 만들 것이다. 에

디슨이 필라멘트와 플레이트 사이의 공간을 가로질러 전자를 흐르게 하는 과정에서 만든 열이온 방출의 적용은 '에디슨 효과(edison effect)' 로 알려지게 되었다.

금속 도체는 많은 자유 전자를 포함하고 있으며, 이 전자는 어떤 순간에도 원자에 결합되지 않는다. 이 자유 전자들은 연속적으로 움직인다. 도체의 온도가 높을수록, 자유로운 전자가 동요하며, 더 빨리 움직인다. 자유 전자의 일부가 실제로 도체로부터 빠져나갈 정도로 동요하는 온도에 도달할 수 있다. 그들은 도체의 표면에서 "끓는다"고 했다. 그 과정은 끓는 물의 표면에서 나오는 증기와 비슷하다. 도체를 충분히 높은 온도로 가열하여 도체가 전자를 방출하도록 하는 것을, '열이온 방출(thermionic emission)' 이라고 한다.

### 2.9.9.2 Cathode-Ray Tube(CRT)

다음 그림 2-61에 표시된 cathode-ray tube는 가장 친숙한 튜브이다. 이전에 가정용 텔레비전의 cathode-ray tube(CRT)와 픽처 튜브(picture tubes)는 하나이며 동일하다. CRT는 텔레비전보다 더 많은 응용 분야에서 사용된다. 이들은 수많은 정보의 유형의 핵심으로 간주되고 있다. CRT는 다른 관(tube)나 트랜지스터로 복제 할 수 없는 기능이 있다. 즉, 전자 신호를 그림, 레이더 스위프(radar sweep) 또는, 전자파 형식과 같은 시각적 디스플레이로 변환할 수 있다. 모든 CRT에는 전자총(electron gun), 편향 시스템(deflection system) 및 스크린(screen)의 3 가지 주요 요소가 있다. 전자총은 매우 집중된 전자 흐름인 전자 빔(electron beam)을 제공한다. 편향 시스템은 전자 빔을 스크린에 위치시키고, 스크린은 전자 빔이 충돌하는 지점에 작은 광점을 표시한다. 튜브의 앞면은 형광체로 코팅되어 있으며, 전자가 닿으면 빛이 반대쪽(즉, 사용자가 앉은 방향)에서 방출된다.

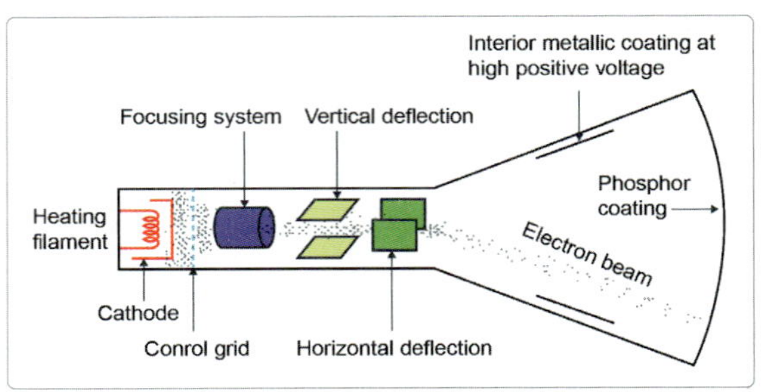


[그림 2-61] 음극선관(Cathode-Ray Tube)

### 2.9.9.3 항공기의 CRT 적용

항공기에 사용되는 CRT에서 기호 생성기는 화면에 그려진 그림을 제어하여, 화면 격자의 적절한 좌표에서 전자 빔의 발사를 제어하여 단색 사진을 페인트하며 초당 약 50회 새로 고침된다.

이것은 모든 전자 디스플레이의 기초이며, CRT는 정보를 표시하는 시각적 수단을 제공하고, 전자총의 배럴이 모든 라인에서 화면을 가로 질러 경로를 추적함에 따라 symbol generator는 전자총의 발사를 제어한다. 이에 따라서 가시적인 이미지를 생성한다. 예를 들어, 파일럿이 VOR을 heading reference로 선택하면, symbol generator는 이전 navigation reference 표시를 제거하고, 선택한 VOR station을 가리키는 나침반 화살표가 표시된다. 일부 항공기에는 하나 또는, 두 개의 CRT 만 있고, 전체 glass cockpit 시스템이 있는 다른 항공기는 6 개 이상의 CRT를 사용한다.

전체 glass cockpit을 구성하는 전자 기기는 4가지 주요 유형은 다음과 같다.

1) Electronic Attitude Director Indicators (EADI)
2) Electronic Horizontal Situation Indicators (EHSI)
3) Engine Indicating and Crew Alerting System (EICAS) 또는 Electronic Centralized Aircraft Monitoring System (ECAM)

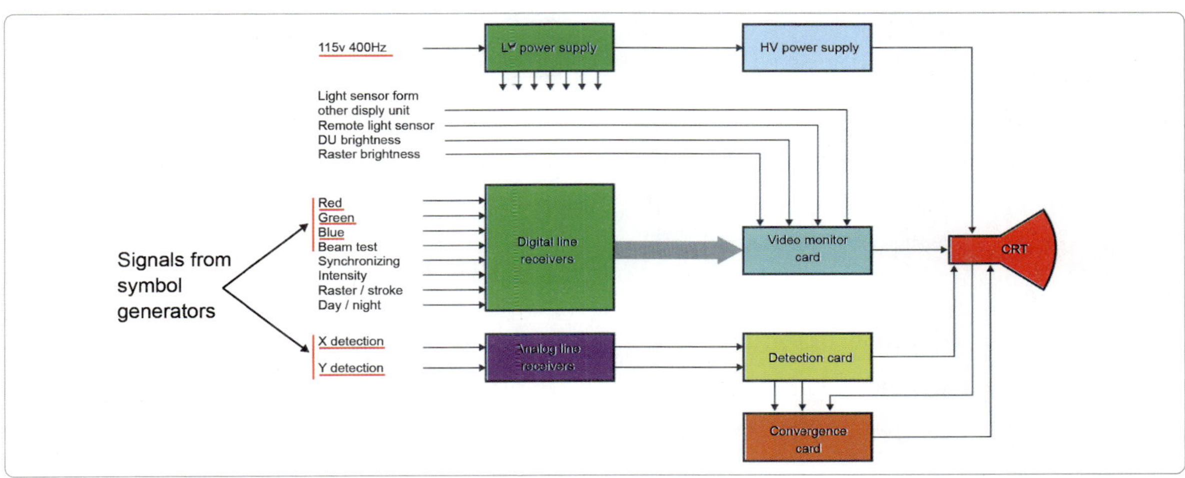


[그림 2-62] CRT 작동

4) Head Up Display (HUD) 또는 Head Up Guidance System (HGS)

## 2.9.10 Primary Flight Display(PFD)

일반적으로 electronic flight instrument system (EFIS)라고 한다. 일반적인 EFIS 시스템은 4개의 교환 가능한 CRT 디스플레이 (조종사용 EADI 및 EHSI, 부조종사용 EADI 및 EHSI), 3개의 symbol generators, 2개의 contorl panels, 및 2개의 source selection panels로 구성된다. 세 번째 (중앙) symbol generator는 기본 symbol generator 가 고장 발생 경우, 드라이브 신호를 조종사 또는, 부조종사 디스플레이 장치로 전환 할 수 있도록 통합되어 있다.

symbol generator는 항공기 운항 및 센서 시스템과 디스플레이 장치 및 제어판 간의 아날로그, discrete 및 디지털 인터페이스를 제공합니다. 필요한 기호

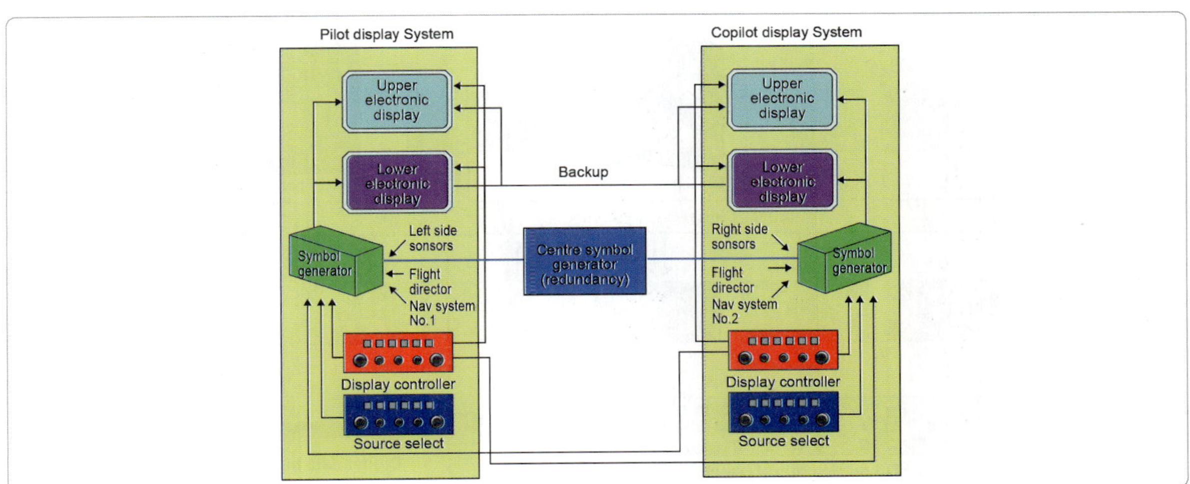


[그림 2-63] Primary Flight Display 작동

(symbology)를 생성하고 전력 제어 및 시스템 모니터링을 제공하기 위해, 디스플레이에서 편향판(deflection plates)을 구동하는 신호를 생성한다. display controller는 조종사에게 비행 단계(예, ILS approach, autopilot heading용 VOR/DME, RADAR 표시 등)와 관련하여, 표시하고자하는 정보 소스를 선택할 수 있는 스위치와 버튼을 제공한다. 소스 선택은 여러 유사한 입력, radar 고도 또는, 기압 고도, INS attitude 또는, 예비 attitude source, inertial heading 또는, magnetic heading 등등 중에서 선택할 수 있다.

## 2.9.11 다기능 디스플레이와 디지털 데이터 버스

디지털 기반의 마이크로프로세서(microprocessor) 전자 장치를 사용하면, 여러 기계식 계기를 하나 이상의 다기능 디스플레이 (multi-function display, MFD) 또는, 디지털 디스플레이 표시기 (digital display indicators, DDI)에 정보를 표시하는 최신 전자 비행계기들로 교체 할 수 있다. 시스템의 다양한 시스템 구성 요소로 전송 된 신호는, 일반적으로 디지털 데이터 버스를 통해 연결된다. 다른 방식으로는 데이터 버스가 있는 완전 컴퓨터화 된 항공기의 경우, 정보는 센서 (ARINC 429 및 629)로 부터 또는, 버스 컨트롤러 (MIL-STD 1553)에 의해 직접 디지털 방식으로 symbol generators로 전송된다.

## 2.9.12 EFIS 계기 배치

구형 항공기에서는 EFIS 디스플레이가 조종사 바로 앞에 장착되며 일반적으로 표준 'T layout' 을 따른다. 초기 디스플레이는 FMC 컴퓨터 또는 NAV 컴퓨터에 의해 제어되는 symbol generator에서 생성 된 EFIS 데이터만 표시하기 위한 것이다.

항공기에서 조종사들 사이에 장착 된 CRT는 일반적으로 EICAS 또는, ECAM 정보 제공만 한다. 데이터 버스 기술이 적용된 이후의 항공기 모델에서, EFIS 디스플레이는 조종사 바로 앞에 CRT이며, 한 가지 정보만 제공하지 않고 선택한 정보를 디스플레이에서 표시 할 수 있다. 최신 디스플레이 시스템에는 다음과 같은 장점이 있다.

1) 8x10 또는, 10xx12 크기의 대형 정돈 된 디스플레이로 승무원 효율성 및 상황 인식 향상

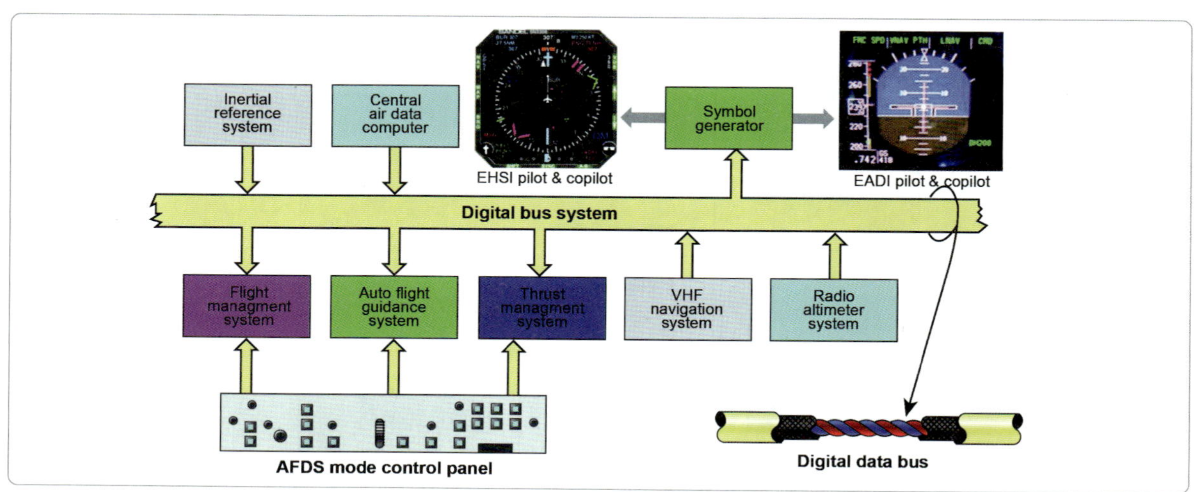


[그림 2-64] 다기능 디스플레이와 디지털 데이터 버스

2) 다양한 형식으로 디스플레이를 PFD, MFD 또는, EICAS 디스플레이로 상호 교환하여 사용

3) 기본 비행 디스플레(primary flight display, PFD)에는 자세, 풍속, 수직 속도 및 내비게이션 및 TCAS RA(resolution advisories) 포함

4) 다기능 디스플레이(multi function display, MFD)는 운항 지도, 기상 레이더, TCAS traffic 및 항공기 정비 데이터 등을 표시할 수 있음

작동은 Electronic Flight Instruments System (EFIS)와 Engine Indication and Crew Alerting System (EICAS)의 두 가지 기능으로 나눌 수 있다. EFIS에는 일반적으로 4개의 대형 컬러 디스플레이와 2개의 디스플레이 제어판이 있다. 2개는 PFD (1차 비행 디스플레이), 그리고 나머지 2개는 MFD (다기능 디스플레이)라고 한다. 2개의 중앙 CRT 디스플레이는 일반적으로 EICAS 시스템과 정렬되지만, 6개의 디스플레이는 모두 다기능 교환이 가능하다.

## 2.9.13 Primary Flight Display (PFD) and Multi-Function Display (MFD)

PFD는 EADI와 EHSI가 제공한 정보를 하나의 CRT에 결합한다. PFD는 자세, 측면 내비게이션/나침반, 비행 제어 및 1차 Air Data (고도/공기 속도/수직 속도) 기능을 표시한다. PFD는 비디지털 장비와 데이터 버스, 기타 항공전자 시스템, TCAS (traffic alert collision avoidance system), 관성 항법 장치 및 Air Data 시스템으로 인터페이스하는 아날로그 디지털 변환기에서 데이터 버스 입력을 수신한다. 6대의 CRT가 장착된 최신 항공기에서, PFD는 조종사에게 비행 계기 데이터를 제공하고, PFD 또는 EICAS 디스플레이가 고장 날 경우, PFD에 인접한 두 번째

다기능 디스플레이가 예비용 계기 기능을 담당한다. MFD는 parameters를 표시하는 데 사용될 수 있지만, PFD 또는 EICAS가 장애 발생 시 중복성을 제공한다는 점에서 중요한 계기이다. 물론, PFD 및 MFD는 부조종사 계기판에 설치되어, 항공기 조종실에는 2개의 PFD, 2개의 MFD 및 2개의 EICAS 화면을 제공하며, 총 6개의 CRT가 장착되어 있다. MFD 화면의 옆면에는 내비게이션/나침반, 레이더, TCAS, 비행 관리 (지도/요약) 및 진단 정보를 표시한다. MFD는 해당 디스플레이가 고장 날 경우, PFD 또는, EICAS에 대한 복귀 백업 기능도 제공한다. MFD는 PFD에 적용되는 것과 동일한 데이터 버스 입력을 수신한다. 또한, 기상 레이더, EICAS 제어판, Maintenance Diagnostic Computer 및 Flight Management Computer에서 입력 버스를 수신한다.

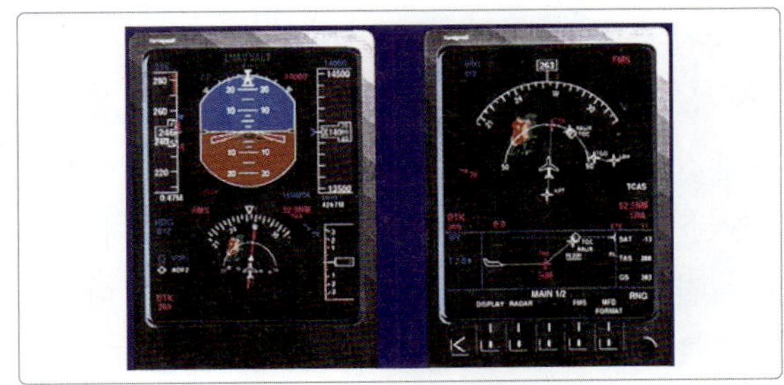

[그림 2-65] PFD와 MFD

## 2.9.14 전자 계기 디스플레이 관리

가능하면 전자 디스플레이와 계기판 조명을 최대 밝기에서 낮추어, 계기의 수명 연장이 되도록 한다. 긁힘을 방지하기 위해 전자 기기의 화면을 주의해서 청소해야한다. 보풀이 없는 부드러운 천과 승인 된 청소 세제/에이전트 등을 사용하여 좌—우 방향으로 청소한다. 화면의 번짐이 생기는 것을 방지하기 위해, 손가락으로 디스플레이 화면을 만지지 않도록 한다.

### 2.10.1 정전기(Static Electricity)

정전기는 이동 중인 전기 또는, 전류와 다른, 정지된 전기 전하이다. 마찰 또는, 유도로 정전기가 발생할 수 있다. 가장 일반적인 정전기 발생은, 두 비전도성 물체를 함께 문지르면 발생하는 마찰 전기이다. 카펫이나 타일 바닥을 밟을 때, 신발과 바닥 재료 사이의 마찰로 인해 몸에 전하가 쌓이게 된다. 이 정지마찰을 더 많이 생성할수록, 몸에서 전압 전위가 더 커져서, 인체는 커패시터 역할을 하게된다. 충전을 유지하는 모든 사람의 정전 용량은 다르다. 그러나 정적 존재의 확실한 징후는 머리카락끝 부분이 서 있거나, 정전기 방전 스파크이다. 문 손잡이와 같이 전위가 낮은 물체를 만지면 정전기가 발생하며, 충전 된 몸에서 문 손잡이로 전기가 흐른다. 이 전기 흐름은 실제로 저장된 정전기가 더 낮은 전위의 물체로 빠르게 방전되는 결과이다. 이러한 유형의 정전기 축적을 마찰전기의 충전라고 한다. 정전기를 발생시키는 또 다른 방법은 유도를 통하는 것인데, 이는 절연 된 전도성 물체가 실제로 대전된 물체에 닿지 않고, 다른 충전된 물체 가까이에 있을 때 발생한다. 고립된 물체 자체가 지면에 닿으면, 대전된 물체의 필드에 전하가 흐르게 할 수 있다. 이 충전 흐름을 정전기 방전(ESD, Electro-Static Discharge)이라 한다. 고립된 물체가 지면에 매우 가까이 위치하면, 유도 전하의 전기장이 공기를 분해하여 ESD 발생을 일으킬 수 있다. 뿐만 아니라, 보거나 느낄 수 있는 이러한 방전은 일반적으로 정전기 방전 또는, 'ESD' 로 지칭된다. 신체에서 발생하는 정전기는 손상을 일으키는 것이 아니라,

정전기 방전을 일으키는 균형을 찾는 두 가지 전위의 차이이다. 충분히 크면 ESD가 보이고 느껴질 수 있다. ESD 발생은 인간의 느낌 한계점인 3,000 volts에서 느낄 수 있다. 정전기 충격을 느끼거나, 볼 수 있으려면 최소 3,000 volts가 되어야 한다. 카펫 바닥을 걸을 때 발행할 수 있는 정정기는 30,000 volts를 초과 할 수 있는 반면, 타일 바닥이 만들 수 있는 정전기는 15,000 volts보다 크다. 그림 2-66 참조.

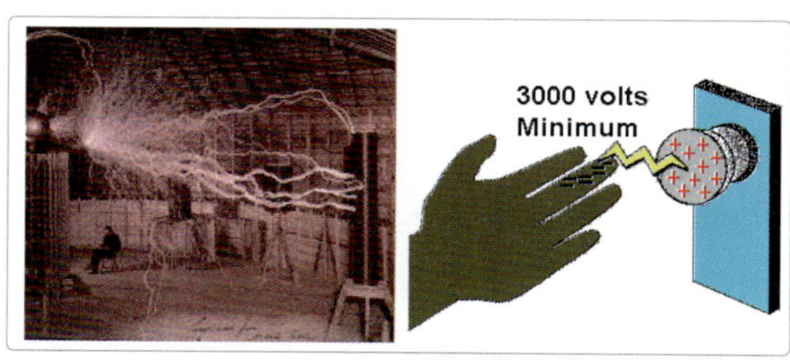


[그림 2-66] 정전기 현상

### 2.10.2 마찰에 의한 전압 생성

유리를 모피에 문지르거나 에보나이트(ebonite)를 모피에 문질렀을 때, 정전기를 용이하게 생성하게 된다. 자연적 또는 중립적 상태에서, 각각의 원자는 균형 잡힌 수의 양성자와 전자를 가질 것이다. 전자가 제거되게 되면 물체는 전하 될 것이다. 전자를 잃는 경우는, 전기적으로 음극이 될 것이다. 전자를 얻는 경우는, 전기적으로 양극이 될 것이다. 두 물체가 동일하지 않은 전하는, 전기적 힘이 둘 사이에 작용하게 될 것이다. 그러나 그 둘이 서로 닿지 않는 한, 그들의 전하는 동등해지지 않는다. 전류가 흐를 수 없는 이러한 전기

적 힘의 존재는, 정전기, 또는 정전기력으로 지칭된다.

정전기를 발생시키는 가장 쉬운 방법 중 하나는 마찰이다. 두 조각의 물질을 함께 문지르면, 전자가 한 물질을 다른 물질로 감을 수 있다. 사용 된 재료가 양호한 전도체 인 경우, 균일한 전류가 전도성 재료 사이에 쉽게 흐를 수 있기 때문에 어느 하나에서 감지 가능한 전하를 얻는 것이 매우 어렵다. 이러한 전류는 전하가 생성되는 속도만큼 빠르게 전하를 균등하게 만든다. 비도전성 재료 사이에서 정전기는 보다 쉽게 생성된다. 단단한 고무 막대를 모피로 문지르면, 막대가 모피에 의해 방출 된 전자를 축적한다. 두 재료 모두 전도체가 열악하므로 등화 전류가 거의 흐르지 않고 정전기 전하가 축적된다. 전하가 충분히 커지면, 전류는 재료의 전도성이 좋지 않아도 흐르게 된다. 이 전류는 눈에 띄는 불꽃을 일으키고, '딱' 하는 소리를 낸다.

## 2.10.3 유도 정전기(단순 유도)

양전하와 음전하의 결과적인 분리는 간단한 유도로 정의된다. 자유 전자 또는, 원자가 전자는 양극으로 하전 된 소스를 향해 유인된다. 근처에 강한 자기장이 있는 경우에도 동일한 효과가 나타난다. 자기장 영향이 제거되면, 전자는 양이온을 향해 가며 불균형 전하를 중화시켜 전류를 생성한다. 이 전류는 ESD 손상을 유발하기에 충분할 수 있다. 도체가 정전기장에 처음 도입 될 때, 전자의 초기 분리는 또한 ESD 손상을 초래할 수 있다. 강한 자기 또는, 전자기장 근처에 민감한 집적 회로를 설치하면, ESD 소스가 IC와 접촉하지 않아도 IC가 손상 될 수 있다. ESD 손상은 외부 자기장 또는, 정전기장에 의해 유도 된 IC 내의 전하 불균형으로 인해 발생한다. 정전기장은 많은 비전도성 물질, 나일론, 양모, 플라스틱, 카펫 등에 상주 할

수 있다. 그래서 IC 근처에 나일론 의류를 두는 것만으로도 IC가 어느 정도 손상 될 수 있다. 따라서 상당한 정전기를 보유 할 수 있는 것으로 알려진 물질은 민감한 IC 또는, IC를 포함하는 구성품 등이 저장되는 영역에서 격리되어야 한다. 이 현상을 단순 유도라고 한다.

## 2.10.4 유도 정전기(복합 유도)

자기장 또는, 정전기장 소스에서 가장 먼 도체 (회로 카드) 쪽을 접지하면, 더 많은 전자가 접지에서 도체로 끌어 당겨져, 도체에 상주하는 전위가 더욱 증가한다. 접지를 분리 한 후 (회로 카드를 이동하지만, 전도성 영역과 접촉하지 않은 경우), 순 음전하가 도체에 남아 있고 (자유 전자의 과잉), 여전히 양의 소스로 끌어 당겨진다. 전계(field)가 제거되거나, 전계에서 도체를 멀리 하면, 도체 (회로 카드) 전체에서 전하가 균일화되어 도체 표면에 음의 전위가 발생합니다. 이 과정을 복합 유도라고 한다.

전자장치 작업장 또는, 민감한 전자장비가 보관되는 모든 장소에서, 복합 유도는 정전기에 민감한 품목에 대해 이중 위험을 초래할 수 있다. 두 극단 사이에 유도 전위 변화가 있는 도체는 전위가 중화 될 때, 민감한 구성품에 ESD 손상을 일으킬 수 있다. 따라서, 첫 번째 ESD 발생 (간단한 유도) 및 자기장 소스 제거 후에, 도체는 다른 중성 소스와 접촉 시, 두 번째 ESD 발생을 기다리는 반대 극성의 손상 가능한 전압 레벨로 남겨질 수 있다. 유도 원인의 고장은 민감한 품목 자체의 유도 전위에서 발생할 수 있다. 하나의 예는, 인쇄 회로 기판이 스티로폼 쿠션에 놓인 결과일 수 있다. 쿠션에 있는 전하는 기판 상의 전하로 유도 될 수 있다. 장치에 접촉하자마자, 작업자가 접지 된 경우에도 기판의 전도성 영역 (예 : 수리 기술자)에

닿으면 ESD로 인한 고장이 발생할 수 있다. 왜냐하면, 회로 카드의 전하 불균형 (유도원 근처의 모든 전자)은 접지에서 회로카드로 전류의 흐름을 만든다.

[그림 2-67] 작업 시 정전기 발생 요소들

공기 중의 습도비율이 10~20%일 때, 정전기가 발생할 위험이 높다. 아래는 정전기 발생 시의 voltages 수치이다.

1) 카펫 위를 걸을 때 - 35,000 volts

2) 비닐 바닥을 걸을 때 - 12,000 volts

3) 벤치 작업자 - 6,000 volts

4) 비닐봉투 - 7,000 volts

5) 폴리에틸렌 가방 - 20,000 volts

6) 우레탄폼으로 덧댄 작업의자 - 18,000 volts

주요 ESD 통제 조치 중 하나는, 민감한 품목이 처리되는 영역에서 정전기 발생 물질을 제거하는 것이다. 악명 높은 정적 발생 물질에는 테플론, 아세테이트, 일반 플라스틱, 폴리에틸렌, 스티로폼, 양모, 실크 및 나일론과 같은 일반적인 절연 재료가 포함된다. 이들 물질은 높은 전위를 생성 할뿐만 아니라, 상당한 시간동안(몇 분에서 수 시간) 이를 유지할 수 있다.

## 2.10.5 Metal Oxide Semiconductor (MOS) 장치

MOSFET은 전계 효과 트랜지스터(field effect transistor)로서, 게이트(gate)에 인가된 전압의 효과는 소스(source)에서 드레인(drain)으로의 전류 흐름에 영향을 미치는 전계(field)를 증가 및 감소시킨다. 양극의 트랜지스터(bipolar transistor)가 base 전압에 의해 단순히 켜지고 꺼지는 경우, FET는 더 높거나 낮은 저항 상태에서 기능하므로 증폭기보다 훨씬 효율적이다.

MOSFET에서 게이트는 이산화 규소 박막으로 채널과 절연되어 있다. MOSFET은 게이트를 통한 전류 흐름을 향상 시키거나, 감소시키는 작용을 한다. 예를 들어, N 채널(channel) MOSFET을 사용하여, 음의 전압이 게이트에 인가되면, 음의 전하는 채널 영역으로부터 전자를 운반하는 전류를 막는다. 이러한 전류 운반 전자의 감소는 채널의 전도성를 감소시킨다(저항을 증가시킨다). 음의 전압이 클수록 채널에서 생성되는 저항이 커진다. 채널을 완전히 감소시키기 위해 충분한 음의 전압을 적용 할 수 있으며, 드레인 전류는 0으로 떨어진다. 양의 전압을 가하면, 전자가 채널로 끌어 당겨져 전도성이 증가한다.

MOSFET 및 MOSFET이 포함된 장비는 정전기 방전으로 인해 손상될 수 있으므로, 정전기 취급주의 사항을 준수하고, 주의해서 취급해야한다. 높은 정전하에 노출되면 아크는 이산화 규소 절연층을 뛰어 넘어 MOSFET를 파괴하거나, 작동상태를 심각하게 저하시킨다. 민감한 ESD 손상 부품은, 높은 임피던스 라인에서 상태를 전환하기 위해 작은 에너지가 필요하거나, 작은 전압 변화가 필요한 로직(logic) 제품군이다. 예를 들면, 다음과 같은 항목들이다.

1) N-channel metal oxide semiconductor(NMOS)

2) P-channel metal oxide semiconductor(PMOS)

3) Complementary oxide semi-conductor(CMOS)

4) Low power transistor transistor logic(TTL)

MOS 장치를 포함하는 MOSFET와 장비들뿐만 아니라, 모든 반도체 장치는 ESD 손상에 취약하다.

## 2.10.6 ESD 민감성

원래 인체가 가장 일반적인 정전기 방전원이기 때문에, ESD 감도의 가장 일반적인 측정은 Human Body Model (HBM) 정전기 방전이다. 이 테스트에서 충전 된 100pF 커패시터는 1,500W 저항을 통해 장치로 방전된다. 100pF 커패시터는 평균 인체에 저장된 전하를 모의실험하고, 저항은 인체와 피부의 저항을 모의실험 한다. 장치의 ESD 감도는 "ESD 내전압"으로 제공되며, 이는 장치가 손상되지 않은 최대 테스트 전압이다. 다양한 장치 기술의 일반적인 HBM 내전압이 다음 표에 나와 있다.

[그림 2-68] ESD 민감 부품들

ESD에 대한 전자 부품들의 민감성은 아래 표와 같다.

[표 2-1] 전자 부품들의 ESD 민감성

| 장치 유형 | ESD 민감성(Volts) |
|---|---|
| VMOS | 30 ~ 1,200 |
| MOSFET, EPROM | 100 ~ 300 |
| JFET | 150 ~ 7,000 |
| OP-AMP | 190 ~ 2,500 |
| Schottky Diodes | 300 ~ 2,500 |
| Film Resistors | 300 ~ 3,000 |
| Schottky TTL | 1,000 ~ 2,500 |

## 2.10.7 장치 민감성 분류

Human Body Model (HBM) 테스트 표준에는 구성품 민감성을 정의하기 위한 분류 시스템이 포함되어 있다. 이 분류 시스템에는 여러 가지 장점이 있다. ESD 민감성에 따라 구성품을 쉽게 그룹화하고 비교할 수 있으며, 분류는 구성품에 필요한 ESD 보호 수준을 나타낸다. HBM 테스트 표준 외에도, 민감성의 등급들을 생성하는 몇 가지 다른 표준이 있는데, 여기에서는 HBM 버전만 다루기로 하겠다.

## 2.10.8 ESD에 민감한 장비의 식별

### (1) 장치 분류

16,000 volts 이하로 손상 될 수 있는 모든 구성품은 ESD에 민감한 것으로 간주된다. 이러한 구성품에는 microelectronics 장치, discrete semiconductors, film resistors, resistor chips, 기타 두꺼운 혹은 얇은 박막 장치 및 piezoelectric crystals 등이 포함된다.

ESD에 민감한 세 가지 분류는 다음과 같다.

A. Class 1 : 0 ~ 2 kV의 매우 민감한 범위
B. Class 2 : 2 ~ 4 kV의 민감한 범위
C. Class 3 : 4 ~ 16 kV의 덜 민감한 범위

### (2) 회로 카드(Circuit Cards)

회로 카드에 설치된 ESD에 민감한 구성품은 여전히 ESD에 취약하다. 이러한 이유로 회로 카드 어셈블리는 ESD에 민감한 것으로 취급된다. 컴퓨터, 수신기/송신기, 디지털 디스플레이 장치, 인코더/디코더 등과 같이 ESD에 민감한 구성품이 있는 회로 카드가 포함 된 장비는 커넥터 소켓을 통해 ESD가 유입되지 않고, 민감한 구성 요소가 손상되는 것을 방지하기 위해 특별한 처리가 필요하다.

[표 2-2] ESD 구성품 민감도 분류 - Human Body Model(HBM)

| class | Voltage Range |
| --- | --- |
| class 0 | < 250 volts |
| class 1A | 250 volts to < 500 volts |
| class 1B | 500 volts to < 1,000 volts |
| class 1C | 1,000 volts to < 2,000 volts |
| class 2 | 2,000 volts to < 4,000 volts |
| class 3A | 4,000 volts to < 8,000 volts |
| class 3B | > = 8,000 volts |

## 2.10.9 ESD 손상 유형

초기의 전자장치 및 집적 회로는 상당히 단단하게 제작되었다. 초기의 집적 회로에는 여러 개의 트랜지스터, 저항, 커패시터 등이 포함되었지만, 현대에는 수백만 개가 포함된다. 회로의 소형화로 인해 부품의 크기가 줄어들었으며, 매우 민감해졌다. 이 전에는 회로 스위칭이 초당 수백 번의 영역에 있었던 경우, 반도체의 응답성이 크게 증가했기 때문에 회로는 이제 초당 수천 번 스위칭한다. 반도체 회로의 모든 개선은 회로 자체가 극도로 민감해지고, 손상되기 쉽다는 것을 의미한다. 트랜지스터의 base가 millivolts를 증폭하도록 설계 될 수 있는 경우, 수천 볼트의 정전기 전하가 적용되면, 그 트랜지스터는 손상될 것이다.

구성품에 대한 정전기 손상은 다음과 같은 형식을 취할 수 있습니다. 치명적인 오류−직접 및 잠복의 두 가지 형태로 발생한다. 그리고 작은 오류−게이트 누출이 발생한다.

### (1) 직접적인 치명적인 오류

구성품이 현재 완전히 손상되어 다시는 작동하지 않을 때 발생한다. ESD 발생으로 인해 접합 고장, 금속 녹음 또는, 산화물 고장 등이 발생했을 수 있다.

장치의 회로가 영구적으로 손상되어 장치 오류가 발생한다. 이는 일반적으로 테스트 중에 감지되므로, 가장 쉬운 유형의 ESD 손상이다.

### (2) 잠재된 오류

ESD는 테스트 중에는 구성품이 제대로 작동 할 정도로 ESD가 구성품을 약화 시키거나 상처를 입힐 때 발생하지만, 시간이 지남에 따라 손상된 구성 요소는 시스템 성능을 저하시키고, 결국에는 시스템을 완전히 망가트린다. ESD로 인한 잠재된 오류는 구성품이 충분히 손상되어 작동 수명이 단축 될 때 발생한다. ESD 발생으로 인해 구성품이 약간 손상되어도 한동안은 계속 작동 할 수 있다. 구성품의 손상 상태와 일반적인 작동 마모로 인해  상태 저하가 계속된다. 구성품을 항공기에 장착하고 최종 검사 후에 잠재적인 고장이 발생하기 때문에, 항공기 가동 중단시간과 엔지니어링 인력이 불필요하게 소비되므로 수리비용이 매우 높다. 잠재된 오류로 인한 손상은 항공전자 테스트 벤치에서 테스트를 통해 부품의 결함을 찾지 못함으로 부품을 서비스 상태로 공급하기 때문에, 더 많은 항공기 가동 중지시간과 인력 손실이 발생할 수 있다.

### (3) 작은 오류

정전기 방전으로 인해 전류 흐름이 발생했을 때 전체 고장을 일으킬 정도로 중요하지 않지만, 간헐적으로 게이트 누수가 발생하여 소프트웨어가 손실되거나, 정보가 잘못 저장 될 수 있다. 사용자에게 이것은 복제 및 분리가 매우 어려운 소프트웨어 결함 및 간헐적 결함을 나타내며, 일부 항공기를 괴롭히는 반복적인 걸림을 일으킨다. 작은 또는, 잠재적 인 오류는 항공전자 작업장의 테스트 또는, 내장된 Built−In−Test를 통과할 수 있다. 즉, 정상적인 테스트 절차를 통해 느끼거나, 보거나, 감지할 수 없는 정전기 손상이 발생할 수 있다.

## 2.10.10 ESD 취급 시 주의사항

ESD 취급 시 주의사항은 아래와 같다.

1) 전자 구성품의 핀을 만지지 않는다.
2) 전자 장비의 플러그 안에 있는 소켓이나 핀을 만지지 않는다.
3) 접지 된 전도성 표면을 잡고 정전기를 방전시킨다.
4) 항공기에서 ESD에 민감한 장비를 제거 할 때는, 항공기를 접지하고 전원을  제거해야한다.
5) 장비에서 케이블을 분리하기 전에, 장비의 금속 케이스를 만져 정전기 전위를 균일화한다.
6) 전도성 커버/캡을 분리 된 플러그에 즉시 장착할 것.
7) 항공기에 전자 장비를 설치할 때, 플러그의 외부 쉘을 장비 결합 커넥터의 외부 쉘에 접촉하여 정전기 전위를 균일화하시오.
8) ESD 작업장 이외의 다른 곳에서, 회로 카드를 노출시키기 위해 ESD에 민감한 장비를 열지 않아야 한다.
9) 유지 보수를 수행 할 때마다, 전자장비 및 서브 어셈블리를 접지 된 정전기 방지매트에 놓는다.
10) 전자장치 (구성품 및 카드)로 작업하는 경우 – 보호 캐리어 또는 포장에서 장치를 제거한 후, 즉시 장치를 회로 혹은 커넥터에 삽입한다.
11) 전자부품 또는, 회로 카드를 운송하거나 이동할 때는, 승인 된 정전기 방지 용기와 봉투만 사용한다.
12) 회로 카드의 가장자리 커넥터를 만지지 않는다.
13) 카드를 운반할 때 회로 카드의 가장자리 커넥터에 단락 스트랩(shorting straps)을 놓는다.
14) ESD 작업장에 있지 않는 한, 선적 또는 보관 중인 ESD 기호로 식별되는 포장재를 열면 안된다.
15) 정전기나 강한 자기장 근처에 회로 카드 혹은, 전자 부품 (항공기 부품)을 보관하거나, 두지 않는다.

16) 전자부품이 자주 저장되고, 처리되는 작업영역은 정전기 발생을 최소화하도록 설계되어야 한다.
   A. 접지된 보관 랙(racks)
   B. 보관 선반 위에 접지된 정전기 방지 매트
   C. 근처에 자기장 또는, 정전기장이 없음
   D. 카펫 제거
17) ESD 보호 작업 구역은 다음을 명시해야한다.
   A. 접지 된 ESD 보호 작업 표면
   B. ESD 안전 바닥재
   C. 작업자 접지
   D. ESD 안전 작업장 식별
18) 민감한 구성품을 취급하는 작업 영역 (Class 0 및 1)
   A. 스티로폼 컵, 플라스틱 등과 같은 정전기 발생원 제거 또는, 제어
   B. ESD 작업복 사용
   C. 공기 이온화 장치 설치
19) 실제로 회로 카드에서 전자 부품을 제거 및 설치하거나, 회로 카드에 결함이 있는 경우
   A. 모든 테스트 기기, 납땜 인두 팁 및 작업대 (금속인 경우)의 섀시를 접지에 연결한다.
   B. 정전기 방지 손목 끈으로 작업자를 접지에 연결한다.
   C. ESD에 민감한 부품은 전도성 폼 또는, 알루미늄 호일에 보관한다. 이렇게 하면, 두 핀 사이에 위험한 전압이 발생하지 않도록 모든 핀을 함께 단락시킨다.

이러한 주의 사항을 준수하지 못한 경우, 즉시 또는 지연된 작동 오류 또는 성능 저하로 인해 전자 부품이 심각하게 손상 될 수 있다. 육안으로는 ESD 손상을 감지 할 수 없다. ESD 손상을 보려면 먼저 IC를 분해한 다음, 여러 번 확대해야 한다. ESD에 영향을 받지

않는 특정 구성 요소를 유지하는 유일한 방법은, 정전기를 피하기위한 모든 예방 조치를 취하는 것이다.

## (1) ESD 보호 포장

ESD 작업장을 떠나기 전에 회로 카드 및 구성품을 ESD 보호 포장재로 포장해야한다. 포장재로는 정전기를 흩어지게 하는 내층 및 전도성 외층을 갖는 정전기 차폐 봉지(static shielding bags)이 사용된다. Michael Faraday 시절부터, 전도성이 높은 물질로 둘러 쌓여 전기장 차폐 효과 또는, 패러데이 케이지를 생성함으로써, 전계 유도 효과를 방지 할 수 있다는 것이 잘 알려져 있다. 봉지의 내부 층은 봉지 내부의 구성품의 움직임으로 인한 정전기 축적을 방지하도록 설계되었다. 다른 층은 금속으로 만들어졌으며 패러데이 케이지라고 한다. 이 금속 층은 유도 전하로 인한 봉지 내용물의 손상을 방지한다. 차폐 정도는 차폐가 구성되는 재료의 전도도의 기능이다. 전도도가 높을수록 차폐가 향상된다. 그림 2-69 참조.

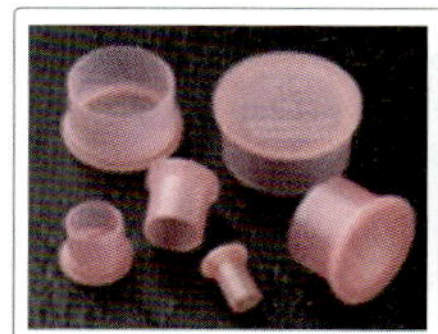

[그림 2-69] ESD 보호 caps과 bags

봉지의 다른 층은 강도 및 수분 장벽을 제공한다. 비부식성이어야 하며, 지퍼 잠금 장치 또는, 열 밀봉 닫힘 등이 있어야 한다. 모든 정전기 차폐 봉지는 닫힌 밀봉 위에 'ESD 주의' 스티커로 식별되므로, 찢어진 스티커가 열린 봉지의 지표가 된다. 회로 카드 주위에 사용되는 쿠션 랩 (버블 랩)은 정전기 방지 재료로 만들어야한다. 회로 카드는 재사용 가능한 ESD 패스트 팩(fast pack) 용기에 포장 될 수 있다. 장비에서 전도성 커넥터 리셉터클 더스트 캡은 커넥터 리셉터클을 통해 ESD가 장비에 들어가서 민감한 구성품이 손상되는 것을 방지하기 위해 사용된다. 전도성 더스트 캡을 사용할 수 없는 경우, 커넥터 리셉터클을 덮을 때 전도성 그리드 테이프(grid tape)를 사용할 수 있다. 완벽한 전자 어셈블리를 위해, 전도성 재료로 만든 덮개 또는 캡을 커넥터 위에 끼운다.

## 2.10.11 정전기 방지 봉지(Anti Static Bags)

### 2.10.11.1 정전기 방지 봉지(Anti Static Bags) – Pink Poly

핑크 폴리(pink poly) 정전기 방지 봉지는 amine이 없는 폴리에틸렌으로 만들어졌으며, 두께는 약 2 ~ 6 mil 이다. 폴리에틸렌 수지에는 정전기 방지 물질이 함침되어 준 전도성이 된다. 첨가제는 재료가 투명하게 유지되게 하고, 재료의 색 때문에 봉지는 보통 "핑크 폴리(pink poly)"로 지칭된다. 그림 2-70 참조.

Class III 민감성 수준으로, 구성품을 포장 할 때는 핑크 폴리 정전기 방지 봉지를 사용하는 것이 좋다.

[그림 2-70] Pink Poly 정전기 방지 봉지

유통 기한은 3년이며, 주름이나 접은 자국에 의해 손상되지 않으며, 열 밀봉이 가능하다. 정전기 방지 지퍼가 있어, 봉지의 정전기 방지 특성을 줄이지 않고도 빈번한 개폐가 가능하다. 쿠션팩(cushion-pack) 봉지는 "핑크 폴리"폼 소재로 제작되었다. 이 쿠션 정전기 방지 봉지는, 적층된 4 mil 정전기 방지 핑크 폴리에틸렌 2 층과 정전기 방지 쿠션 1 층으로 제조된다. 정전기 방지 포장재의 가장 중요한 특징은 전기적 저항이다. 용기 주위의 저항이 적을수록, 더 많은 정전기 방지 기능이 제공된다.

### 2.10.11.2 금속성의 정전기 방지 봉지

그림 2-71과 같이 금속설 정전기 방지 봉지는 투명한 여러 겹의 막으로 제작되어, 최상의 가시성과 최적의 정전기 차폐 기능을 제공한다. 투명한 금속 처리된 정전기 차폐 봉지는 저수준 정전기 방전 (Class 1 민감성)에 매우 민감한 제품 포장용으로 설계되었다. 봉지의 내부 층은 봉지 내부에 정전기가 발생하는 것을 방지한다. 외부 소스로 부터 내용물의 정전기 차폐를 제공하기 위해 금속성 폴리에스테르 층에 결합된다. 내마모성 외부는 거친 취급 및 재사용 시에도 봉지의 정전기 차단 기능을 유지하는데 도움이 된다.

이 최첨단 정전기 차폐 봉지는 투명성을 극대화하여 최대한의 시야를 확보한다. 이 봉지의 여러 겹의 구조는 봉지 내부 및 외부에서 정전기 발생을 방지하며, 금속성 층은 최적의 정전기 차폐 기능을 제공한다. 멀티 트랙, 정전기 방지 지퍼는 쉽게 열고 닫을 수 있다. 정전기 방지 특성의 변질 없이 봉지를 여러 번 재사용 할 수 있다.

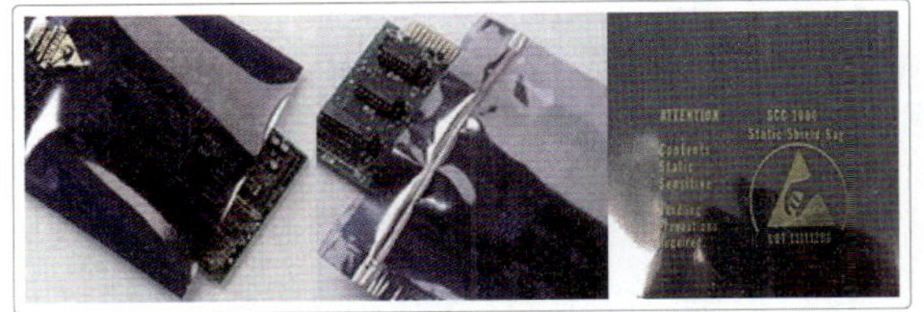

[그림 2-71] 금속성의 정전기 방지 봉지

## 2.10.12 그리드 테잎(Grid Tape)

기계 혹은 용기에서 표준 셀로-테이프를 벗겨내는 것이 매우 높은 정전기를 생성하는 것과 관련이 있다.

표면이 밀착된 후 분리되면, 한 표면의 일부 전자가 다른 표면에 부착된다. 이로 인해, 한쪽 표면에 전자가 과다하게 되고 (음전하), 다른 표면에는 전자가 부족하게 된다 (양전하). 셀로-테이프는 정전기의 위험이 높은 소스이다. 그리드 테이프는 정전기 방지 테이프로, ESD에 민감한 영역에 사용된다. 그림 2-72 참조.

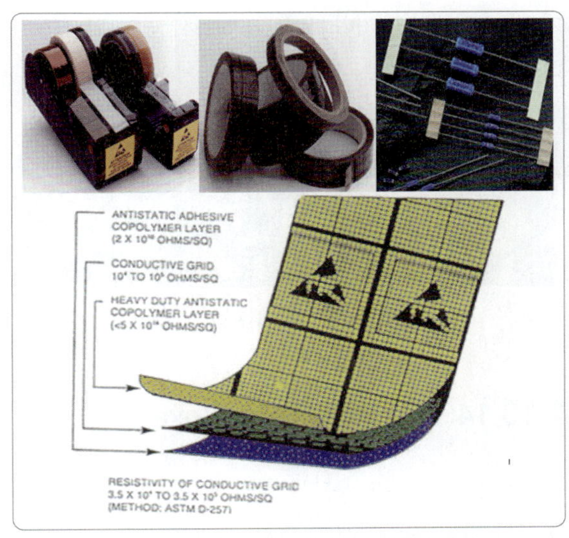


[그림 2-72] 그리드 및 ESD 안전 테잎

전도성 차폐 그리드 테이프의 응용 분야는 아래와 같다.

1) EMI 차폐가 필요한 응용 분야
2) 정전기 발생이 우려되는 지역에서 사용
3) 접지된 기계 혹은 용기를 사용하면, 전압이 생성되고 퍼짐이 효과적으로 제로까지 감소한다.
4) IC를 포함하는 정전기 방지 튜브 고정
5) ESD 봉지 및 기타 ESD 포장/용기 밀봉
6) ESD 인식을 위해 ESD 기호와 함께 사용
7) ESD 서류를 가방이나 제품에 부착
8) 운송 또는, 보관 중인 전자 섀시(chassis) (블랙 박스 등)의 외부 플러그, 구멍 또는 커넥터 핀 씌우기

## 2.10.13 전도성 운반 트레이 (Conductive Transit Trays)

ESD 작업장에서 ESD에 민감한 부품을 운반하는 데 사용된다. 다른 모든 ESD 측정 장치 (heel grounders, ESD 작업복, ESD 안전 바닥재 등)가 있을 때, 작업장 주변으로 구성품을 운반하는 동안 정전기가 발생할 가능성을 줄인다. 이 트레이는 정전기 방지 덮개가 있거나, 없는 상태에서 반환 및 재사용 하도록 설계 할 수 있다.

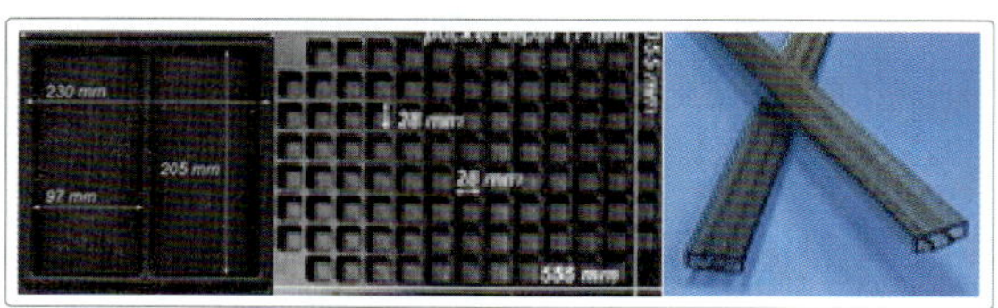

[그림 2-73] 전도성 운반 트레이

## 2.10.14 토트 박스(Tote Boxes)

토트 박스의 주요 용도는 장치 및 PC 보드를 제어된 정전기 방지 작업장으로 공장 내에서 운송하는 것이다. 토트 박스는 뚜껑이 있는 정전기 방지 전도성 박스 이다. 가방의 경우와 같이, 상자는 마찰 전기로 발생 하는 전하를 방지 할뿐만 아니라 효과적이어야 하기 때문에, 구성품을 외부 정전기 필드로부터 보호해야 한다. 봉지의 차폐 효과 이론 (더 나은 전도성, 더 효율 적인 차폐)은 토트 박스를 포함하여 닫힌 용기를 덮도 록 확장 될 수 있다.

## 2.10.15 DIP Tubes에서 정전기 보호

선적, 보관 및 자동 취급에 사용되는 가장 일반적인 운반체는, Dual-in-line 패키지 (DIPs)를 보관하도 록 설계된 보관 레일 또는 튜브이다. 이 튜브는 알루미 늄, 일반 플라스틱, 탄소 장착 플라스틱 및 정전기 방 지 플라스틱을 포함한 다양한 재료로 제작된다. 이들 튜브가 열린 끝부분에서 "캡핑"되는 경우는 거의 없지 만, 정전기 차폐를 위해 비교적 작은 크기의 열린 끝부 분으로 인해 폐쇄된 용기로 간주 될 수 있다. 따라서, 보호 봉지를 위해 개발 된 이론을 DIP 튜브에도 적용 할 수 있다.

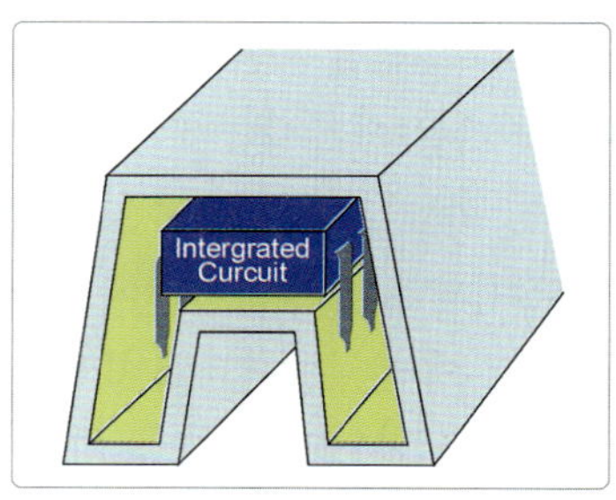


[그림 2-74] DIP Tubes

## 2.10.16 정전기 방지  운송 자재들

정전기 방지 또는, ESD 감소/제거 기능이 통합 된 제품이 많이 있다. 몇 가지 예는 다음과 같습니다.

### (1) 운송 박스

검은 색 정전기 방지 운송 상자는 고가의 회로 보드 및 장치를 운송하기 위한 효과적인 수단이다. 이 배송 업체는 주름진 섬유판에 묻혀있는 전도성 층으로 설계 되어 정적 표면을 분산시키는 데 도움이된다. 내부에는 운송시 충격과 진동을 방지하기 위해 상단과 하단에 특 수 정전기 방지 폼 쿠션이 있다. 그림 2-75 참조.

[그림 2-75] 정전기 방지 운송 박스

## (2) 정전기 방지 Clamshells

정전기 방지 백과 폼을 대체하여 회로 기판을 포장하는 데 사용된다. 자재 비용, 조립 시간, 보관 공간, 재고 품목 수 감소 등 여러 측면에서 보다 효율적인 솔루션이다.

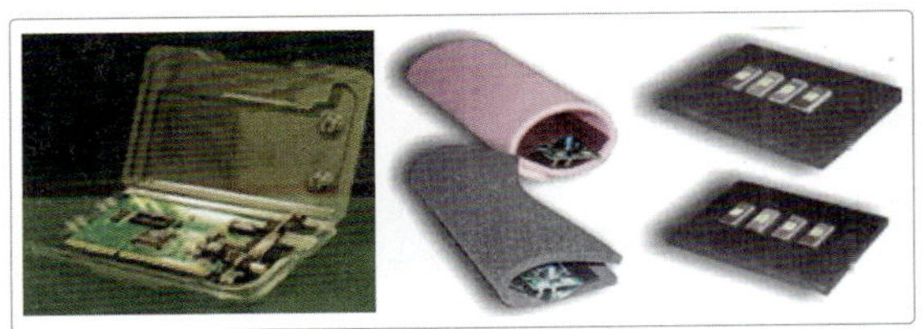
[그림 2-76] 정전기 방지 clamshells과 foam

## 2.10.17 인체 영향

문지르거나 분리하는 물질에 의해 생성된 정전기는 사람의 전도성 땀층으로 쉽게 전달되어 그 사람을 전하화 시킨다. 전하화된 사람이 ESD에 민감한 구성품을 다루거나 가까이 접근하면, 해당 구성품을 만질 때 직접 방전되거나, 정전기장에 노출되어 해당 구성품이 손상 될 수 있다.

## 2.10.18 접지 손목 끈(Grounding Strap)

적절하게 접지된 손목 끈에는 저항이 내장되어 있어 정전기가 천천히 지속적으로 방전된다. 작업자의 감전을 방지하려면 손목 끈의 저항이 1 Meg-ohm이어야 한다. 이 손목 끈은 편안하고 조절 가능하며, 작

업대를 잠시 떠나야 할 때 손목 밴드에서 코드를 빼낼 수도 있다. 작업자는 손목 끈이 옷에 직접 닿지 않고 피부에 직접 착용하여야 하며, 케이블이 파손되지 않도록 적어도 하루에 한 번씩 손목 끈의 전도성을 확인해야 한다. 그림 2-77 참조.

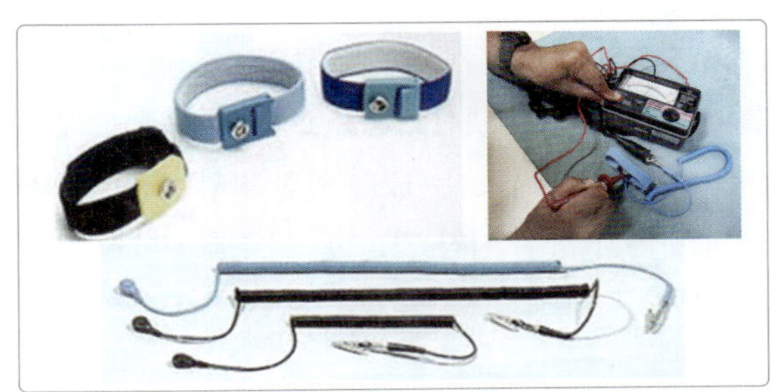
[그림 2-77] 손목 끈과 저항 점검

## 2.10.19 정전기 방지 장비

정전기 방지 장갑은 민감한 부품, 필름, 전자계기, 회로 기판 및 구성품을 취급하는 데 이상적이다. 그리고 전자, 통신, 정밀 기기 및 광학 등의 조립 및 수리 작업, 사진 필름 실험실 처리, 비디오 필름 처리 및 영화 산업, 정전 도장 및 석유 화학 산업 등에도 정전기 방지 장갑이 필요하다.

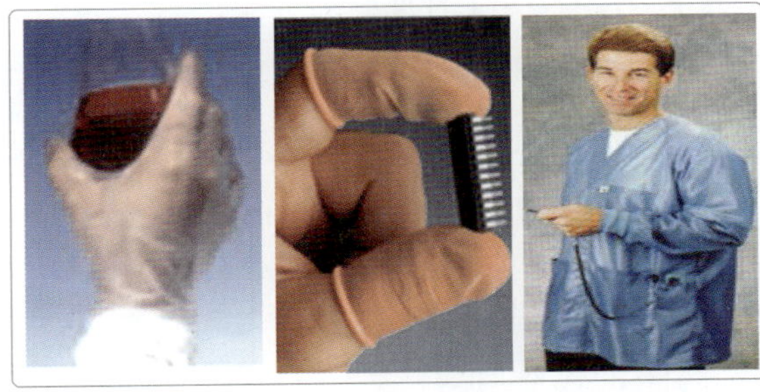
[그림 2-78] 정전기 방지 장갑, 손가락 골무 및 안전 작업복

손가락 골무(finger cots)는 ESD 안전 영역에서, 3mil 두께의 비분말성 핑크 라텍스 핑거 코트(powder free pink latex finger cots)가 작업에 필

요하다. ESD 안전 작업복은 일반 의복에 정전기가 쌓이는 것을 최소화하고, 일반 의복에 충전되어 접지로 소멸 될 수 있는 전도성 경로를 제공한다 (접지에 연결된 경우). 그림 2-78 참조. 발뒤꿈치 스트랩 접지 장치(heel strap grounders)는 보행 시 축적된 모든 전하가 각 단계마다 지면으로 분산되도록 접지로의 전도성 경로를 제공한다. 큰 검부츠(gumboots)를 닮은 ESD 안전 덧신도 사용할 수 있다. ESD 안전 작업 봉투(envelopes)는 ESD 안전 작업 영역에서 사용되는 유지 보수 지침 및 인증 서류를 보호하는 데 사용된다.

# 제3장 RF통신

# 3.1 컴퓨터 개념
## Computer Fundamental

### 3.1.1 컴퓨터 기초 이론

컴퓨터의 기본 기능은 "ON"과 "OFF" 두 가지 논리 수준을 사용하고, 컴퓨터의 기본 구성품인 트랜지스터의 동작은 베이스에 전압을 가함에 따라 전류가 흐르도록 켜지거나 꺼지며 이는 트랜지스터가 "ON" 또는 "OFF"임을 나타내는 두 개의 논리 수준인 0과 1을 사용하는 2진수 체계에 대한 이해가 필요한 이유다. 컴퓨터 연산 회로에서 1 또는 ON 또는 HIGH 출력은 일반적으로 약 5VDC이며 0 또는 OFF 또는 LOW 출력은 0VDC이다.

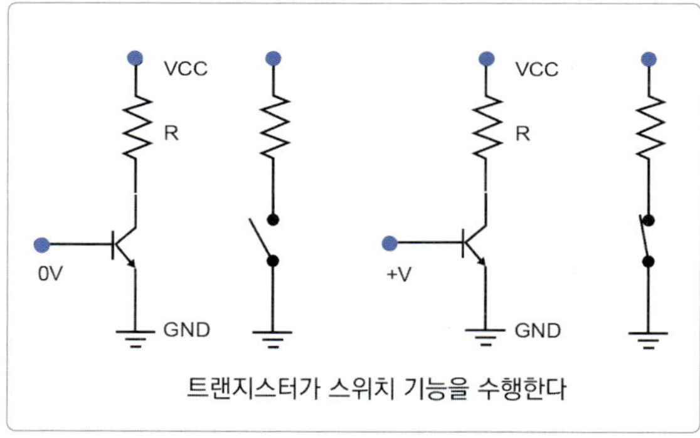

[그림 3-1] 트랜지스터 스위치

Bit 한개 정보는 컴퓨터 시스템에서 트랜지스터, 게이트 또는 집적회로에 적용되는 1 또는 0이다.

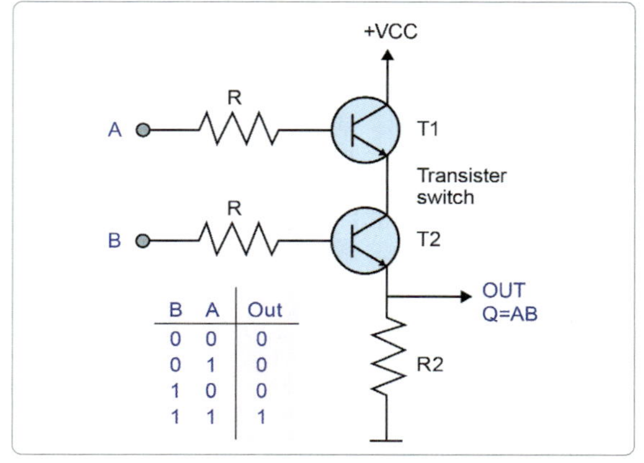


[그림 3-2] AND gate 예

위 트랜지스터 회로는 간단한 AND 게이트를 보여주고 있다. Vout이 1 또는 High가 나오려면 두 트랜지스터 Base에 둘 다 High 또는 5V DC를 공급해야 한다. 두 입력 모두 High가 되면 Vout 1이 나오며, 이러한 방식의 로직을 사용하여 기능을 수행할 수 있다. 이 간단한 작동 방식이 모든 컴퓨터 처리의 기초이다.

### 3.1.1.1. Bit, Nibble 과 Byte

Bit 한개는 많은 정보를 운반할 만큼 충분히 큰 운송수단이 아니다.

- 1 Bit의 경우 두 개(0, 1)의 값을 표시할 수 있다.
- 2 Bit의 경우 4개(00, 01, 10, 11)의 값을 표시할 수 있다.
- 3 Bit의 경우 8개(000, 001, 010, 011, 100, 101, 110, 111)의 값을 표시할 수 있다.
- 4 Bit의 경우 16개의 값을 표시할 수 있고, 4 Bit를 1 Nibble 이라고 한다.

- 8 Bit의 경우 256개의 값을 표시할 수 있고, 8 Bit의 정보를 1 Byte라고 한다.

```
Bit       1
Nibble    0101
Byte      0000 0101
```

1 Byte는 256개 비트 조합을 만들 수 있으며, 컴퓨터 구성요소와 모듈을 설계할 때 Bit 단위 보다 훨씬 더 많이 사용되고 있다. 컴퓨터 키보드의 한개 문자는 컴퓨터 내부에서 8 Bit 또는 1 Byte 로 표현된다.

- 2 Bit로 4개의 조합 구성: 00 01 10 11
- 4 Bit는 1 Nibble 16 가지 조합
- 8 Bit는 1 Byte 256 가지 조합
- Byte는 컴퓨터와 대화 시 사용하는 최소 기본 단위
- 키보드 문자는 내부적으로 8 Bit 즉 1 Byte로 표시
- 1 Byte는 컴퓨터 작동 시 사용되는 최소 단위
- 컴퓨터는 Byte 또는 Word(수 개 Byte) 단위로 저장 및 작동
- "K" 는 1024 단위
- 컴퓨터에 512K Byte 기본 저장소가 있다면, 512X1024=524,288 문자(Byte)의
- 데이터(4,194,304 Bit)를 저장 가능

컴퓨터는 일반적으로 8 Bit로 데이터를 저장하고 연산한다. 이 8 Bit는 1 Byte를 구성한다. EBCDIC과 ASCII 코드 모두 8 Bit를 사용하여 문자 "C" 또는 숫자 "9" 와 같은 단일 문자를 나타낸다. 따라서 컴퓨터는 개별 Byte(단일 문자) 또는 Byte 그룹(여러 문자 또는 단어)을 한 번에 저장하고 연산할 수 있다. 이러한 개별 Byte 또는 Byte 그룹은 메모리의 기본 단위로 사용된다. 기본 저장 용량은 대개 Byte 수로 표시한다. "K"라는 기호는 우리가 메모리 크기를 언급할 때 사용되며 특히 메모리가 상당히 클 때 사용된다. 기호 K는 1,024 단위로 표시된다. 따라서 컴퓨터에 512K Byte(Bit가 아님)의 기본 저장소가 있다면 512 × 1,024 = 524,288자(Byte)의 데이터를 메모리에 저장할 수 있다.

### 3.1.1.2 Gate 회로

Gate는 트랜지스터를 사용하여 개폐회로를 구성하고 있다. 컴퓨터에서는 연산과 프로세스를 수행하도록 Gate를 배열한다.

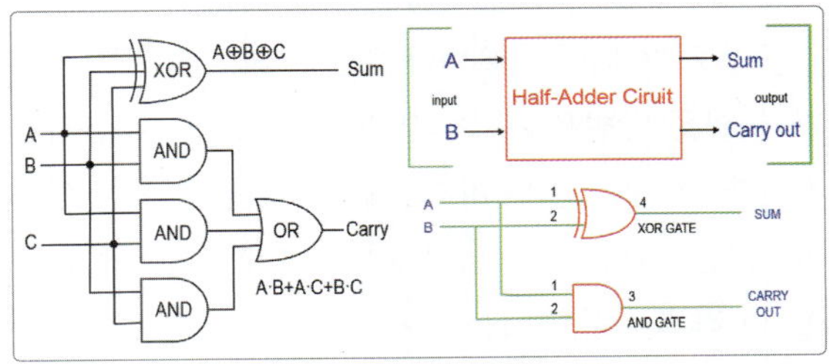


[그림 3-3] Gate 회로

그림 3-3은 여러 개의 Gate가 Adder 기능을 수행하도록 구성된다. 여러 개의 Gate가 하나의 Adder Symbol 로 표시되고 연속되는 Adder를 구성할 수 있다. 여러 부품과 집적장치가 추가로 조합되고 배열되어 컴퓨터가 만들어진다. 그림은 Gate 회로를 나타내는 것은 아니고 개념만을 설명하기 위한 것이다. 컴퓨터에서는 단일 Bit의 정보가 언급되는 경우는 드물지만, 컴퓨터가 수행하는 모든 기능은 트랜지스터에 입력을 적용함으로써 가장 기본적인 작동이 이루어진다.

### 3.1.1.3 데이터 처리 회로

트랜지스터 Gate는 연산을 수행할 수 있는 회로를 구성하기 위하여 여러 개가 연결될 수 있다. 연산을 하기 위해 컴퓨터에 숫자를 입력하면 숫자는 2진수로

변환되어 연산 회로에서 연산되고, 인간이 읽을 수 있는 십진수로 변환되어 디스플레이에 표시된다. 연산을 수행하는 회로는 원하는 결과를 내기 위해 연결된 단순한 논리 Gate이다.

Half Adder는 두 개의 이진수를 더하기 위해 사용된다. Half Adder 그 자체로는 그다지 유용하지 않지만, 더 큰 Adder회로를 만드는 회로로 사용될 수 있다. 진리표에는 두 입력의 합계가 표시된다. 2진수를 더하기할 때 항상 Carry(올림)가 발생할 수 있다. 따라서 더하기를 수행하는 회로에는 오버플로를 처리하는 라인이 있어야 한다. Full Adder는 세 개의 2진수를 더하기 위해 사용된다. Full Adder를 구성하는 가장 쉬운 방법은 두 개의 Half Adder를 사용하는 것이다. 이 구조는 두 가지 Adder 이름을 가지고 있는 바, 모든 출력 값을 나타 낼 수 있기 때문에 Full Adder라고 부른다. Half Adder는 00, 01, 10만 출력되지만 Full Adder는 11을 출력할 수 있다. Half Adder는 Full Adder의 절반이고 두 개의 Half

Adder 가 Full Adder를 구성할 수 있다. Half Adder는 집적회로처럼 단순히 "HA"로 표시되는 박스로 그릴 수 있으며, 같은 방식으로 Full Adder도 "FA"로 표시되는 박스로 그릴 수 있다. 대부분의 전자 애플리케이션에서는 전자가 흐르는 경로와 모든 부품(내장 회로 포함)을 표시하는 회로도는 거의 없으며, 단순히 데이터의 입력과 출력이 표시되는 화살표로 표현된다. 그림 3-4는 두 자리 이진수를 더할 수 있도록 AND, OR 그리고 NOT Gate로 구성된 간단한 시스템이다. 그림 3-4와 같이 이진법 숫자 "10" + 이진법 숫자 "11" 은 이진법 숫자 "101" (또는 십진수로 2+3=5)로 출력된다. 이러한 단순한 논리 Gate 여러 개를 연결하면, 숫자를 처리하든 알파벳 문자를 처리하든 모든 계산기와 컴퓨터의 심장이 된다.

### 3.1.1.4 집적회로

지금까지 다양한 반도체, 저항기, 커패시터 등등은 전자 회로 구성 상 Discrete Components라고 불리

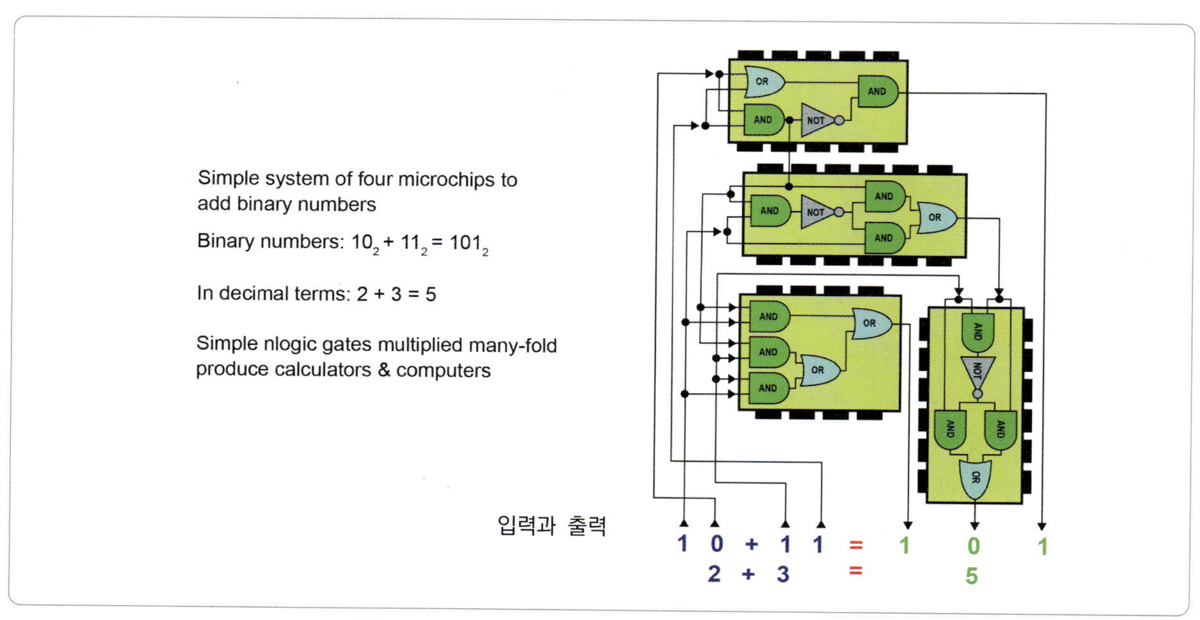


[그림 3-4] Universal Gates

는 별도 회로 구성 요소로 간주되어 왔다. 일부 장치는 많은 복잡한 부품들을 단일 Package로 포장하여 완전한 회로로 제작되어 있다. 이러한 장치를 통합회로(integrated circuit-IC)라고 하며, 전자 장비를 소형화하는 데 이러한 장치(IC)를 사용하는 것을 일반적인 용어로 Microelectronics 라고 한다.

트랜지스터의 출현과 군의 소형 장비수요에 따라 디자인 엔지니어들은 전자 장비를 소형화하기 시작했다. 초기에는 저항기, 커패시터, 코일과 같은 구성 부품들이 트랜지스터보다 크기 때문에 엔지니어들은 어려움을 겪었다. 곧 이러한 회로 구성 부품이 소형화되었고, 이에 따라 소형 전자 장비 개발이 추진되었다. 소형 저항기, 커패시터 및 기타 회로가 실제 연결 배선 및 케이블 연결에 필요한 공간보다 작은 구성 부품의 생산이 가능해졌다. 다음 개발 과정에서는 부피가 큰 배선 구성 요소를 제거할 수 있는 인쇄회로기판(PCB)으로 대체되었다.

집적회로는 하나의 칩(-Chip-반도체 결정이나 절연체의 작은 조각이나 웨이퍼)에 전체 전자회로 부품을 모두 통합(결합)한 장치다. 집적회로(IC)는 개별 전자부품(저항기, 커패시터, 트랜지스터 등)을 전자회로의 구성 요소로 거의 사용하지 않았다. 대신에 부품 하나의 기능이 아닌 수십 개의 트랜지스터, 저항기, 콘덴서, 그리고 다른 전자적 요소들로 구성하여 복잡한 전자회로 기능을 수행하기 위한 상호 연결된 작은 칩들이 개발되었다. 흔히 이러한 회로들은 멀티 스테이지 앰프, 논리 회로, 선형 회로 및 OP Amp와 같은 다수의 완전한 재래식 회로로 제작된다. 이 칩들은 전자 장치에 Plug In으로 연결되는 인쇄 회로 기판에 많이 장착된다. 집적 회로는 기존 유선 회로에 비해 다음과 같은 몇 가지 장점이 있다.

◆ 크기와 무게의 급격한 감소

◆ 신뢰성 증가
◆ 더 낮은 비용
◆ 회로 성능 개선 가능

그러나 집적회로는 서로 부품들이 근접하게 제작되어 있어 수리가 거의 불가능하고 문제가 발생하면 전체 회로를 교체하여야 한다. 집적회로는 점점 더 다양한 용도에 사용되고 있다. 작은 크기와 무게 그리고 높은 신뢰성으로 항공기장비, 컴퓨터, 우주선, 휴대용 장비에 사용하기에 이상적이다. 그것들은 집적회로를 구성하는 특이한 포장(package) 때문에 쉽게 이용된다. 이러한 작은 포장(package)은 장치에서 발생하는 열을 보호하고 소산하는 데 도움이 된다. 이러한 포장(package)은 여러 단계를 포함할 수 있으며 수백만 개의 구성 요소를 포함할 수 있다.

## 3.1.2 디지털 컴퓨터

개인용 컴퓨터는 일반 사용자에게 아주 친숙해지고 있으며 개인용 컴퓨터의 작동 원리는 항공전자 컴퓨터의 작동 원리와 직접적으로 연관된다. 컴퓨터는 더하기, 곱하기, 나누기, 빼기, 통합, 벡터 분해, 좌표 변환 등을 매우 빠른 속도로 수행하는 기계라고 정의할 수 있다. 그러나 컴퓨터의 기능은 수학적 운영 수준을 훨씬 뛰어넘고 있다. 컴퓨터는 예전에 불가능하다고 여겨졌던 항공, 과학, 상업적 기능을 가능하게 하였다. 예를 들어, 지구 주위를 도는 위성의 궤도에 관련된 계산은 여러 팀의 수학자들이 평생 동안 하여야 할 것을 지금은 컴퓨터를 사용하여 순식간에 처리하고 있다. 이제 전자 디지털 컴퓨터의 도움으로 우주 정복이 현실화되었다. 컴퓨터는 반복적인 계산이나 대량의 데이터 처리가 필요할 때 사용되고 있다. 가장 빈번하게 사용되는 애플리케이션은 항공, 과학 및 상

업 분야에서 찾아볼 수 있다. 그것들은 우편물 분류에
서부터 공학 디자인, 그리고 전 세계 항공기의 항법에
이르기까지 많은 다양한 프로젝트에서 사용되고 있
다. 디지털 컴퓨터의 장점은 속도, 정확성, 신뢰성,
그리고 인력 절약이다.

[그림 3-5] 진공관 스위치 회로와 디지털 컴퓨터

최초의 사용 가능한 디지털 컴퓨터는 1945년에 개
발된 ENIAC이다. 무게는 30톤으로 1,800평방피트
를 차지하였고 진공관을 사용했다. 당시 50만 달러의
제작 비용이 소요되었고 6명의 운영 인력이 필요하였
다. 최초의 개인용 컴퓨터는 Altair 8800(1975년)이
었는데, 그것은 사용자가 직접 조립하여야 하는 Kit였
다. 또한 다른 회사의 키보드 등 주변 아이템
(peripheral)을 사용해야 했다. 가격은 395달러였고
2000 Set가 판매되었는데 그 이전의 어떤 컴퓨터보
다도 많이 판매되었다. 전면의 스위치와 함께
Instrucrion을 입력 후 실행할 수 있었다. 애플 2는
1977년에 도입되었으며 가격은 1298달러였다. 그것
은 컬러 그래픽과 같은 몇 가지 혁신적인 특징들을
소개했다. 애플 II는 초기 대부분의 PC와 마찬가지로
데이터/프로그램 저장을 위해 카세트 테이프 인터페
이스를 사용하였다. Commodore PET 마이크로컴퓨
터 또한 이 시대의 것이다. IBM PC는 1981년에 도입
되었고, 그것은 곧 마이크로 컴퓨터 산업 Boom으로
이어졌다.

[그림 3-6] 초기 컴퓨터

첫 번째 PC는 8088 프로세서를 기반으로 했고 64KB
의 RAM과 5.25인치 플로피 드라이브를 가지고 3000달
러가 들었다. 모니터는 별도 구매가 필요하였다.

### 3.1.2.1 중앙연산처리 장치(CPU)

컴퓨터 프로세서는 앞에서 설명한 Adder와 유사하
며 특정 입력에 대한 특정 출력을 생성하도록 설계된
거대한 회로의 모음이다. 탁상용 전자계산기는 가장
간단한 프로세서 중 하나라고 할 수 있으며, 중앙처리
장치(CPU)는 숫자만을 다루고 대수적 계산을 수행하
도록 설계되어 있다. 현대 컴퓨터 CPU는 훨씬 더 복
잡한 계산을 수행하지만, 여전히 원하는 결과를 도출
하도록 구성된 논리 회로의 집합에 불과하다. 컴퓨터
시스템의 뇌는 중앙처리장치인데, 일반적으로 우리가
CPU 또는 메인프레임이라고 부르는 CPU 자체가 컴
퓨터이다. CPU는 다양한 입력 장치 중 하나에서 전송
된 데이터를 처리한 다음, 처리 결과를 여러가지 출력
장치 중 하나로 전송한다.

펀치 카드, 종이 테이프 또는 마그네틱 잉크에서부
터 마그네틱 테이프, 디스크 또는 드럼에 이르기까지
여러가지 저장 매체로 입력할 수 있으며, 콘솔 키보드
또는 시각 디스플레이로 입력을 수행할 수도 있다.
출력은 펀치 카드 또는 종이 테이프, 자기 테이프, 디
스크 또는 드럼으로 할 수 있으며, 콘솔 타자기 또는

시각 디스플레이에 표시된 보고서나 정보를 인쇄할 수 있다. 데이터 계산을 수행하거나 조작하기 위해서는 중앙 제어 구역과 작업 구역이 필요하다.

CPU에 여러 소스로부터 데이터를 입력하면 CPU는 메모리에 상주하는 소프트웨어 프로그램에 의해 지시된 대로 연산을 수행하고 필요한 매체로 출력을 전송한다.

요점은, CPU에 접속된 다른 모든 전자 부품(비디오 카드, 사운드 카드, 메모리 등)들이 설계한 대로 기능하도록 마법을 수행하는 것이 CPU이다.

### 3.1.2.2 제어 섹션

제어 섹션(control section)은 전화 교환기가 전화번호를 사용하는 것과 비슷한 방식으로 프로그램에 포함된 지시에 따르므로 전화 교환 방식과 비교할 수 있다. 특정 전화번호로 전화를 걸면 교환기가 특정 스위치와 제어 회선에 전원을 공급하여 그 전화번호로 전화를 걸었던 전화와 상대방 전화를 연결하기 한다. 컴퓨터에서는 이와 유사한 방법으로 프로그램된 각 지시사항을 실행할 때 제어 섹션이 특정 제어 라인에 전원을 공급하여 컴퓨터가 지시사항에 따라 표시

한 기능 또는 작동을 수행할 수 있게 한다. 프로그램은 컴퓨터의 내부 회로(컴퓨터 메모리)에 BIOS나 운영 체계로 저장되어 있다.

제어 섹션은 컴퓨터가 무엇을 해야 하는지 지시하는 명령 외에도 각 특정 작동을 수행하는 방법과 시기를 지시한다. 또한 메모리로부터 관련 데이터를 가져와 처리가 가능한 적절한 메모리 위치로 이동시킨다. 네 가지 주요 Instruction(지시) 유형은 다음과 같다.

- 전송지시
- 연산지시
- 논리 지시
- 제어지시

전송지시(transfer instruction)는 데이터를 한 위치에서 다른 위치로 전송(이동)하는 기본적인 기능을 가진다. 연산지시(arithmatic instrction)는 산술 연산 기능을 사용하여 두 개의 데이터를 결합하여 하나의 데이터를 구성한다.

논리 지시(logic instruction)는 디지털 컴퓨터를 고속 더하기 계산기 이상의 시스템으로 변화시킨다.

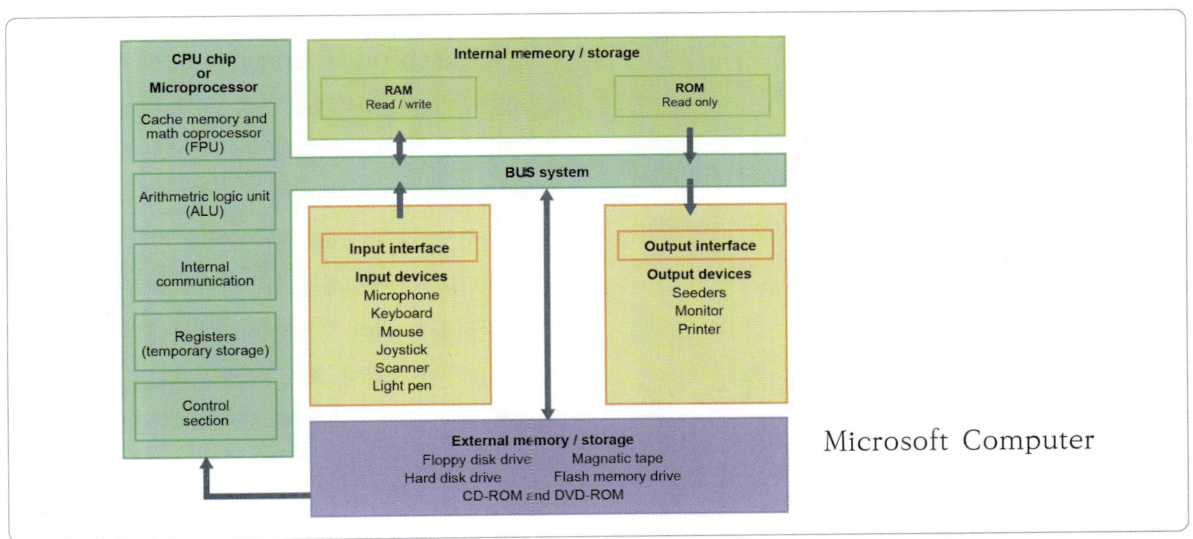


[그림 3-7] 컴퓨터 구조

프로그래머는 논리지시를 사용하여 임의의 대체 시퀀스를 가진 프로그램을 구성할 수 있다. 예를 들어, 논리지시를 사용하여 특정 제품 재고 숫자가 기준량보다 클 경우의 시퀀스와 재고가 더 작을 경우 재고 유지를 위한 시퀀스를 가질 수 있다. 사용할 시퀀스의 선택은 논리 지시에 따라 제어 섹션에 의하여 이루어진다. 따라서 논리 지시는 이전에 생성된 데이터의 결과에 기초하여 결정할 수 있는 기능을 컴퓨터에 제공한다. 즉, 논리지시는 컴퓨터가 프로그래머가 제공하는 대안 중에서 실행할 적절한 프로그램 순서를 선택할 수 있도록 한다. 제어지시(control instruction)는 입력/출력장치 기타 장치와 같이 제어 부분의 직접 지휘를 받지 않는 기기에 명령을 전송하는 데 사용한다.

### 3.1.2.3. 연산 논리 섹션

연산 논리 섹션(arithmetic-logic section)은 더하기, 빼기, 곱하기, 나누기 등 모든 산술 연산을 수행한다. 논리 능력을 통해 연산 처리 중 나타나는 다양한 조건을 테스트하고 결과에 따라 조치를 취한다. 연산 처리 중 연산 논리 섹션과 내부 저장 섹션 사이에서 데이터를 주고받는다. 구체적으로는 데이터가 내부 저장 섹션에서 연산 논리 섹션으로 필요에 따라 전송되고 처리되어 내부 저장 섹션으로 돌아온다. 저장 섹션에서는 연산처리가 전혀 이루어지지 않는다. 데이터는 처리가 완료되기 전에 이 두 섹션 사이에서 여러 번 주고받을 수 있다. 그런 다음 내부 저장소에서 출력 장치로 결과를 전송한다.

### 3.1.2.4 내부 저장 섹션

컴퓨터의 메모리(내부 저장소)는 본질적으로 전자적으로 작동되는 파일 캐비닛이라 할 수 있다. 그것은 수많은 저장 위치(mega byte 또는 giga byte)를 가지고 있고 각각을 저장 주소 또는 등록부(register)라

고 한다. 로딩 프로세스(loading process)중에 컴퓨터에서 읽혀지는 모든 데이터 항목과 프로그램 지시(instruction)는 특정 스토리지 주소에 저장되거나 파일화되고 필요 시 즉시 액세스할 수 있다. 모든 메모리 섹션 영역에는 컴퓨터 연산 수행에 이러한 지시나 데이터가 사용될 수 있도록 컴퓨터 데이터 또는 지침을 저장하는 장치가 포함되어야 한다. 컴퓨터가 입력 데이터를 처리하기 전에 먼저 메모리에 일련의 명령과 그 연산에 사용할 상수 및 기타 데이터의 표를 저장해야 한다. 이러한 지시와 데이터를 컴퓨터로 읽어 들이는 과정을 로딩(loading)이라고 한다.

실제로는, 지시사항과 데이터를 컴퓨터에 로드하는 첫 번째 단계는 키보드를 사용하여 메모리에 필요한 지시사항을 수동으로 배치하거나 운영체계(operating system)를 사용하여 전자적으로 필요한 지시사항을 메모리에 저장하여 원하는 더 많은 지시사항을 가져오는 데 사용할 수 있도록 하는 것이다. 이러한 방식으로 짧은 지시를 사용하여 많은 지시 로딩하는 것을 부트스트랩(bootstrap)한다고 한다.

### 3.1.2.5 운영 체계

운영체계(operation system)는 우리가 컴퓨터를 운영할 수 있게 한다. 컴퓨터를 켤 때 처음 보는 소프트웨어이며 컴퓨터를 끌 때 마지막으로 보는 소프트웨어다. 운영체계는 우리가 여러가지 프로그램을 사용 가능하게 해주는 소프트웨어이며 연결된 하드웨어를 제어한다. 운영체계는 컴퓨터가 자체의 자원과 동작을 관리하기 위해 사용하는 많은 프로그램들의 집합이다. 이 운영체계 프로그램들은 다른 프로그램의 실행을 제어한다. 운영체계 프로그램은 컴퓨터의 작업을 스케줄링하고 자원을 할당하고 모니터하고 통제한다.

모든 컴퓨터가 운영체계를 가지고 있는 것은 아니

다. 전자레인지를 제어하는 컴퓨터는 운영체계가 필요하지 않다. 매우 간단한 입력 및 출력 방법(키 패드와 LCD 화면)과 간단하고 변경되지 않는 하드웨어로 구성되어 있어 이와 같은 컴퓨터의 경우 운영체계는 불필요한 짐이 될 수 있으며 복잡성을 가중시킬 수 있다. 전자레인지에 있는 컴퓨터는 항상 하나의 간단한 프로그램을 실행한다.

그러나 전자레인지의 복잡성을 넘어서는 컴퓨터 시스템의 경우 운영체계가 운영 효율을 높이고 애플리케이션 개발을 용이하게 하는 열쇠가 될 수 있다. 모든 데스크톱 컴퓨터에는 운영체계가 있다. 가장 흔한 것은 윈도우, 유닉스 또는 매킨토시가 있지만, 메인프레임, 로봇, 제조, 실시간 제어 시스템 등을 활용하는 응용 프로그램에 따라 운영체계 수백 개가 이용 가능하다. 운영체계는 가장 간단한 수준에서 두 가지 일을 한다. 컴퓨터 시스템의 하드웨어와 소프트웨어 자원을 관리한다. 이러한 자원에는 프로세서, 메모리, 디스크 공간 등이 포함된다. 운영체계는 애플리케이션이 하드웨어의 모든 세부사항을 알지 않고도 하드웨어에 대처할 수 있는 안정적이고 일관된 방법을 제공한다. 운영체계는 단순히 다른 프로그램들이 컴퓨터를 사용할 수 있도록 해주는 일련의 프로그램들고 루틴(routine)들이다. 디지털 컴퓨터는 운영체계라는 하나의 중앙집중적인 프로그램 세트를 사용하여 다른 프로그램의 실행을 관리하고 읽기, 쓰기, 인쇄와 같은 일반적인 기능을 수행한다. 다른 프로그램, 또는 사용자가 이러한 공통 기능을 수행하도록 운영체계를 명령할 수 있다. 이러한 명령은 다른 프로그램이 명령할 때는 System Calls라 하고 키보드를 통해 사용할 때 간단히 명령(instruction)이라고 한다.

각 데스크톱 컴퓨터에는 "부트스트랩 로더(bootstrap loader)"라는 프로그램이 내장되어 있다. 컴퓨터를 켜면 이 프로그램이 외부 저장소의 운영체계를 "부팅"또는 로딩한다. 부트(boot)라는 용어는 사람이 부트스트랩(bootstrap)을 사용하여 자신을 위로 끌어올린다는 것에서 유래되었다. 그 다음, 디스크에서 큰 프로그램(운영체계)을 로드하는 작은 프로그램을 로드한다. 그러면 운영체계는 특정 업무나 기능을 수행하기 위해 해당 프로그램(애플리케이션 프로그램 또는 유틸리티 프로그램)을 로드하는 방법을 알려 준다.

CPU는 모든 것이 통과하여야 하는 물리적 회전문이다. 얼마나 많은 정보를 처리해야 하는 것에 상관없이, CPU는 데이터를 빨리 처리하는 가장 중요한 요소인 회전문이다.

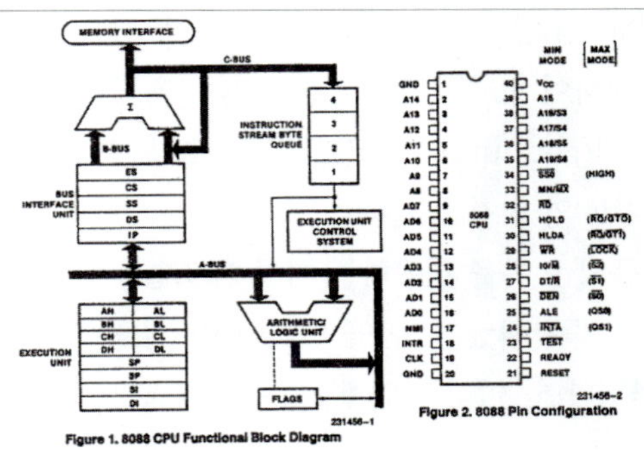


[그림 3-8] Intel 8088 chip

그림 3-8은 8088 프로세서로, 컴퓨터 성능을 언급할 때는 일반적으로 CPU가 거론된다. IBM PC는 1981년에 도입되었으며 CPU는 8088 프로세서를 기반으로 하였고 64KB의 RAM을 가지고 있었다. 8088 프로세서는 16비트 프로세서로서 16비트 내부 데이터 버스와 8비트 외부 데이터 버스를 가지고 있다. 8비트 외부 데이터 버스는 PC가 8비트 컴퓨터에서 사용되는 값싸고 쉽게 구할 수 있는 8비트 I/O 칩을 사용할 수 있다는 것을 의미하였다. 일부 초기 도스(DOS) 컴퓨터 제조업체들은 8088 대신 8086 프로세서를 사용하였다. 8086은 16비트 내부 데이터 버스와 16비트 외부 데이터 버스를 갖춘 진정한 16비트 프로세서다. 그림 3-8에 설명된 8088 프로세서는 40개의 커넥터 Pin을 가지고 있다.

### 3.1.2.6 CPU 개발-80286 기반 컴퓨터

IBM에서 그 다음 출시된 컴퓨터는 1983년에 출시된 IBM AT이다. AT는 16비트 외부 데이터 버스 및 24비트 애드레스 버스를 사용하는 진정한 16비트 80286 프로세서를 사용하였다. AT에서는 24비트 애드레스 버스로 최대 16 Meg가 지정 가능한 메모리 공간에 대한 접근을 허용되었으며 이를 286s이라고 불렀다. 이들은 386s(1987년 "32비트" 80386 프로세서)와 486s(486 기반)에 의해 대체되어 1992년경에 486SX로 시작하여 486DX2로 발전하였다. 최근에는 PC를 펜티엄(pentium)이라고 불린다. 인텔은 자사의 프로세서 IC의 명칭을 펜티엄 프로세서로 변경하여 자사 제품의 이름을 사용하는 다른 제조업체들의 명칭 사용을 중단시켰다. 만약 인텔이 이 칩을 80586이라고 불렀다면, 이것은 업계 표준 명명 규칙이기 때문에 다른 제조사들도 이 칩의 복제품을 80586이라고 명명할 수 있었을 것이다. 모든 Intel 프로세서 칩은 다른 제조업체에 의해 복제되었으므로

만일 486PC를 구입할 때 Intel 프로세서 칩이 제공되지 않을 수 있다. 우리가 펜티엄 상표 PC를 구매하였다면 반드시 인텔 프로세서가 장착되어 있어야 한다.

386과 486 프로세서는 32비트 프로세서로, 1세대 및 2세대 PC 컴퓨터(8088, 8086 & 80286)에서 사용하는 16비트 숫자가 아닌 32비트 숫자로 작동한다. 펜티엄은 64비트 프로세서로 64비트 데이터로 작동한다. 이제는 80686 프로세서도 이용할 수 있다. 이 컴퓨터 명명 용어는 여전히 컴퓨터 CPU의 기능을 가리킨다. CPU의 물리적 크기는 거의 변하지 않았고, 같은 공간에 더 많은 컴퓨팅 파워가 채워졌다는 점에 유의할 필요가 있다.. 일반적으로 프로세서는 칩 Pin의 연결과 냉각에 필요한 케이스 크기 때문에 더 이상 소형화하기 어렵다. 486 칩은 168개의 커넥터 Pin을 가지고 있다.

PC의 CPU는 일반적으로 Mother Board에 장착되어 있다. 또한 Mother Board에는 컴퓨터를 작동하는데 필요한 나머지 전자 회로에 대한 연결 회로와 플러그인 포인트가 포함되어 있다.

- Graphics cards
- Sound cards
- Memory cards
- Floppy and CD drives

또한 컴퓨터 케이스 내에 전원 공급 모듈과 냉각 팬이 장착되어 있다.

### 3.1.3 컴퓨터 하드웨어

컴퓨터 하드웨어(hardware)는 컴퓨터를 구성하는 부품과 조립품을 이른다. 하드웨어는 저항기에서 모니터, 키보드 또는 컴퓨터 자체에 이르기까지 컴퓨터의 기계적 장치를 말한다. 컴퓨터 하드웨어는 컴퓨터

자체(CPU) 내의 모든 기계, 전기, 전자 및 자기 장치 및 모든 관련 주변 장치(프린터, 자기 테이프 장치, 자기 디스크 드라이브 장치 등)가 포함된다. 하드웨어에 고장이 있으면, 예를 들어 모니터가 작동하지 않거나 모니터의 라인이 작동하지 않거나 컴퓨터가 가동되지 아니할 경우 정비사가 고장 구성부품을 교체하여 수리하며 대개 "Hard Fail"로 인식된다.

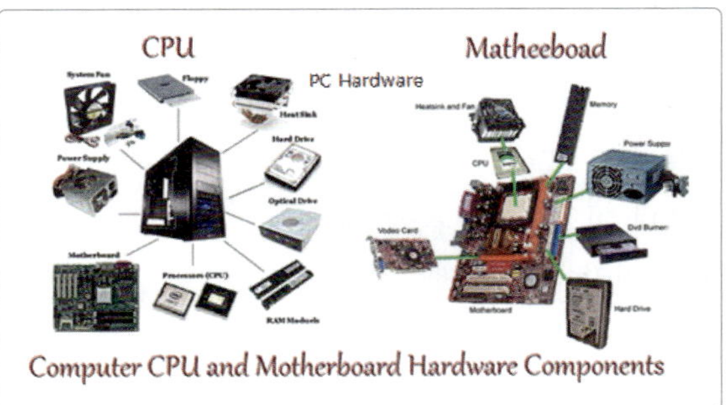

[그림 3-9] 컴퓨터 하드웨어

## 3.1.4 컴퓨터 소프트웨어

컴퓨터의 데이터 처리에 소프트웨어가 중요한 기능을 수행하는데, 소프트웨어가 없으면 컴퓨터는 아무런 일을 할 수 없다. 컴퓨터가 작동할 수 있게 하는 것은 소프트웨어이고 컴퓨터를 작동시키려면 프로그램이 필요하다. 사용자는 컴퓨터가 파일을 복사하든가, 응용 프로그램을 실행하고, 데이터를 인쇄하는 등의 원하는 작업 정보를 운영체계에 지시한다. 은영체계는 작업 정보를 수신 및 처리하고 해당 작업 정보에 따라 프로그램을 실행한다. 소프트웨어는 컴두터의 기능을 사용하기 위한 모든 저장된 프로그램 및 루틴이라고 정의될 수 있다.

컴퓨터 소프트웨어는 단지 1과 0에 불과하다. 컴퓨터에 로드되어 계산하든가 게임을 하는 것도 프로그램이다. 컴퓨터 하드웨어는 동일하나 컴퓨터가 여러

가지 일을 하게 하는 것은 소프트웨어다. Loading되는 소프트웨어는 CPU가 데이터를 처리하는 데 적용하는 지침이다. 요리 레시피와 같이 냄비와 스토브는 하드웨어이지만 재료와 처리방법에 따라 불고기에서 닭고기튀김까지 결과가 달라진다. 소프트웨어는 컴퓨터 시스템 자체보다 더 비싸다. PC의 가격은 일반적으로 3,000달러 미만이지만 MS 소프트웨어 제품군 전체와 어떤 게임 소프트웨어 가격은 컴퓨터 하드웨어 비용을 능가한다.

항공기 산업에서 자동 시험 장비는 항공전자 구성부품의 회로 고장 탐구를 하는 데 흔히 사용된다. ATE 구입비용은 고장 탐구를 수행하기 위한 소프트웨어 구입비용 보다 훨씬 크다. 항공기에 장착된 비행관리 컴퓨터(flight management computer), 비행제어 컴퓨터(flight control computer) 및 항법 컴퓨터(navigation computer) 시스템에 소프트웨어가 탑재되어 있으며, 모든 항공기 컴퓨터에는 문제나 결함을 해소하거나 보다 정확한 최신 데이터로 정기적으로 업데이트하기 위하여 업데이트 가능 소프트웨어가 탑재되고 있다.

## 3.1.5 소프트웨어 저장 매체

소프트웨어를 저장하는 매체에는 Reel to Reel, 플로피 디스크(8", 51/4", 31/2") 카세트 테이프, CD, DVD 등이 있다.

BIOS는 마더보드에 내장된 플래시 메모리의 일종이다. BIOS 소프트웨어는 여러 가지 기능을 가지고 있지만 가장 중요한 역할은 운영 체계(OS)를 읽어들이는 것이다. 컴퓨터를 켤 때 마이크로프로세서가 첫 번째 명령을 실행하려면 어떤 지시를 받아야 한다. 운영체계가 하드디스크에 있을 경우 마이크로프로세서가 어떻게 작동하여야 하는지 알려주는 어떤 지침

이 없이는 운영체계를 읽어 들일 수 없으므로 운영체계를 실행할 수 없다. BIOS에서 운영체계를 읽어 들이는 지시를 제공한다.

플래시 메모리 카드는 작고 움직이는 부품이 없다. 디지털 카메라에서 많이 사용하고 있다.

2차 저장 매체 – 이러한 형태의 메모리 저장소를 컴퓨터에 장착된 RAM, ROM, 하드 드라이브 등과 비교하여 2차 저장 매체 또는 보조 저장 매체라고 한다. 이것은 우리가 다음 기회에 사용하기 위하여 프로그램과 데이터를 저장하는 컴퓨터 본체(CPU) 밖의 메모리이다. 보조 저장 매체는 컴퓨터 시스템의 저장 기능을 확장한다. 사용자는 두 가지 이유로 보조 저장 매체가 필요하다. 첫째, 컴퓨터의 내부 저장장치는 크기가 제한되어 있기 때문에 우리가 필요로 하는 모든 데이터를 저장할 수 없다. 둘째, 2차 저장매체에서는 전원이 꺼졌을 때 데이터와 프로그램이 사라지지 않는다. 보조 저장소는 비휘발성으로 이는 사용자가 의도적으로 정보를 지워야 정보가 사라진다는 것을 의미한다. 일반적인 자기 저장 방법은 자기 디스크, 테이프, 드럼이다.

### 3.1.5.1 메모리

모든 메모리(내부 저장) 영역에는 컴퓨터가 연산을 완료할 때까지 컴퓨터 데이터 또는 컴퓨터가 이해할 수 있는 지시사항을 저장하는 장치가 포함되어야 한다. 컴퓨터가 입력 데이터를 처리하기 전에 먼저 메모리 영역에 일련의 명령과 그 연산에 사용할 상수 및 기타 데이터 표를 저장해야 한다. 이러한 명령과 데이터를 컴퓨터로 읽어 들이는 과정을 로딩이라고 한다. 실제로 명령과 데이터를 컴퓨터에 로딩하는 첫 번째 단계는 키보드를 사용하여 메모리에 필요한 지시사항을 수동으로 배치하거나, 운영체제(예: DOS)를 사용하여 메모리에 필요한 지시사항을 수동으로 배치하여

이러한 지시사항을 원하는 대로 가져오는 데 사용할 수 있도록 하는 것이다. 이러한 방식으로 몇 가지 명령을 사용하여 추가 명령을 부트스트랩한다. 요즘 컴퓨터는 부트스트랩 프로그램을 영구히 저장하는 보조 메모리(BIOS)를 장착하여 사용하므로 수동 로딩이 불필요하다. 컴퓨터의 메모리(내부 저장) 영역은 본질적으로 전자적으로 작동하는 파일 캐비닛이다. 그것은 수 많은 저장 위치(일반적으로 수십만 개)를 가지고 있으며, 각각 저장 주소 또는 Register라고 한다. 로딩 프로세스 중에 컴퓨터에 읽혀지는 모든 데이터 항목과 프로그램 명령은 특정 스토리지 주소에 저장되거나 파일화되며 즉시 액세스할 수 있다 .CPU가 모든 처리 작업을 제어하고 조정하려면 저장소에서 각 명령과 데이터 항목을 찾을 수 있어야 한다. 저장소(메모리)를 편지함으로 간주한다면, 각 편지함에는 고유한 주소가 부여되며 메모리의 위치와 같다. 우편함에 있는 편지처럼 저장 위치의 내용은 변경될 수 있지만 우편함이나 메모리 주소의 번호는 항상 동일하게 유지된다. 이와 같이, 저장소에 보관되는 특정 프로그램 지시나 데이터 항목은 그 주소를 알면 처리할 수 있다. 각 컴퓨터 문자에는 하나의 주소에 문자 그룹이 포함되어 있다.

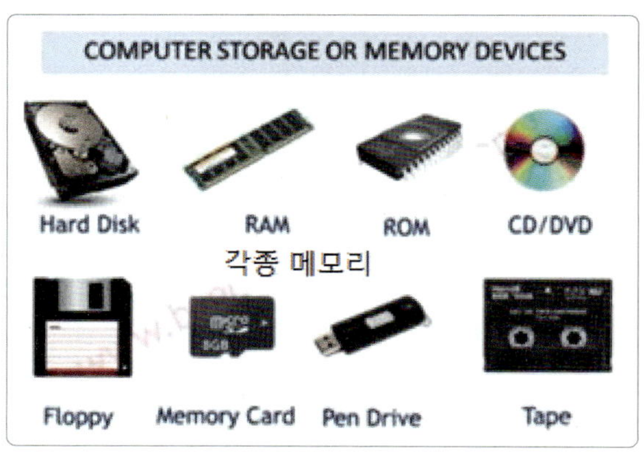


[그림 3-10] 메모리

### 3.1.5.2 메모리 저장 장치

오늘날 컴퓨터에 사용되는 보다 일반적인 유형의 내부 저장 매체로는 Magnetic Core, Magnetic Tape. Magnetic Disc, 반도체(IC) 등이 있다.

### (가) 자기 코어(Magnetic Core Storage)

Magnetic Core Storage는 더 이상 예전처럼 인기가 없지만, 그 개념은 쉽게 이해되고 반도체와 Bubble-type 메모리에 일반적 개념으로 인용된다. Magnetic Core Storage는 페라이트(철)로 만든 작은 도넛 모양의 고리로 이루어져 있는데, 매우 얇은 철사로 된 격자 위에 걸려 있다. 컴퓨터의 데이터는 2진 형식으로 저장되므로 두 개의 2진수(bit) Off 는 0, On은 1을 나타내는 두 개의 상태로 나타난다. Magnetic Core Storage에서 각 페라이트 링은 자기 상태에 따라 0 또는 1비트를 나타낼 수 있다. 한 방향으로 자화하면 1비트를 나타내고, 반대 방향으로 자화하면 0비트를 나타낸다. 이들 코어는 코어가 끈으로 연결된 전선을 통해 전류를 보내 자화된다. 각 코어의 상태를 결정하는 것이 바로 이 전류 방향이다. Magnetic Core는 비휘발성으로 코어가 데이터를 전류보다는 자기 형태로 저장하기 때문에 정전이나 고장이 발생하더라도 데이터가 유지된다.

### (나) 자기 디스크(Magnetic Disc Storage)

디스크 저장 장치는 직접 액세스가 가능하기 때문에 인기가 있다. 자기 디스크는 옛날 축음기 레코드 판과 유사한 디스크에 자화가 가능한 기록 물질(산화철)이 코팅되어 있다. 자기 디스크는 다양한 크기와 저장 용량으로 생산된다. 직경 3인치에서 4피트까지 다양하며 수백만 바이트를 저장할 수 있다. 휴대용(이동식)으로 사용되거나 컴퓨터에 하드 드라이브로 장착할 수 있다. 축음기 레코드 판에서 음악은 중심쪽으로 소용돌이치면서 돌아가는 연속적인 홈에 저장된다. 그러나 자기 디스크에는 홈이 없다. 데이터는 트랙이라 불리는 보이지 않는 많은 동심원 상태로 저장된다. 각 트랙에는 디스크의 바깥쪽 가장자리에 트랙 000로 시작하는 지정된 번호가 있다. 번호는 199번 트랙 또는 가장 높은 트랙 번호가 무엇이든 중앙을 향해 순차적으로 지정되고 어떤 트랙도 다른 트랙과 겹치지 않는다.

데이터는 디스크 표면에 작은 자기 비트(또는 반점)로 기록된다. 8비트 코드는 일반적으로 데이터를 나타내기 위해 사용된다. 각 코드는 다른 숫자, 문자 또는 특수 문자를 나타낸다. 디스크에서 데이터를 읽어도 디스크의 데이터는 변경되지 않고 유지된다. 디스크에 데이터가 기록되면, 디스크의 동일한 영역에 이전에 저장된 모든 데이터가 교체된다. 문자는 자화된

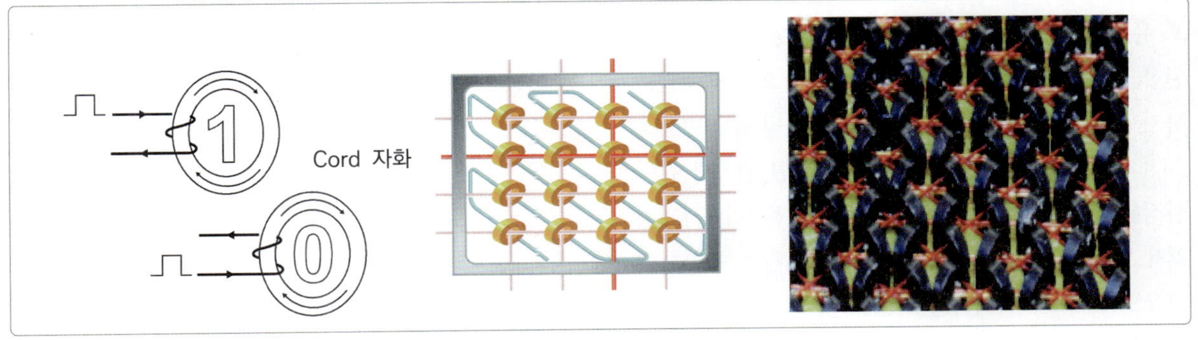


[그림 3-11] 코어 메모리 저장 장치

비트의 문자열(0s와 1s)로 단일 트랙에 저장된다. 1비트는 자화된 점 또는 ON비트를 나타낸다. 0비트는 OFF 비트 또는 트랙의 비자화 부분을 나타낸다. 트랙은 디스크 중심 가까이에 있을수록 작아지지만, 데이터 밀도가 중심 근처의 트랙에서 더 크기 때문에 각 트랙은 동일한 양의 데이터를 저장할 수 있다.

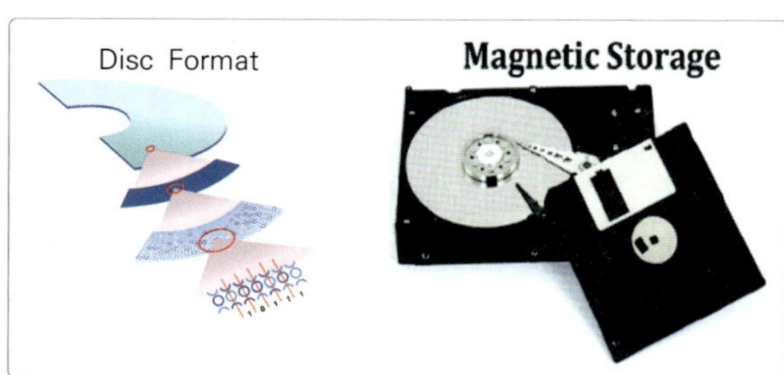


[그림 3-12] 자기 디스크

## (다) 자기 테이프(Magnetic Tape Storage)

저장장치의 또 다른 종류는 상업용 테이프 레코더에 사용되는 테이프와 유사한 자기 테이프로 2차 저장에 쓰인다. 통상 0.5인치에서 1인치까지 폭이 넓어 상업용 테이프와 차이가 있으며, 보다 견고하게 고품질 사양으로 제작된다. 자기산화물로 코팅된 Mylar 베이스로 되어 있어 데이터를 저장할 수 있다. 마그네틱 테이프는 다양한 길이(600~3000피트)로 제공되며, 오픈 릴, 카트리지 또는 카세트 중 하나로 제작된다. 대형 컴퓨터는 표준 오픈 릴, 1.5인치 폭의 테이프, 2,400피트 길이의 테이프를 사용한다. 자기 테이프 유닛은 테이프에 사용되는 포장 유형에 따라 분류된다. 카트리지 테이프 유닛은 하드 디스크를 백업을 하기 위하여 개인용 컴퓨터에서 사용될 수 있다.

자기 테이프에서 각 트랙은 아래 그림 왼쪽과 같이 설정된다. 1s 과 0s 데이터는 데이터 문자열(시리얼 액세스 메모리)로 기록된다. 데이터를 검색하려면 읽기/쓰기 헤드가 데이터를 추출할 수 있도록 테이프를 적절한 위치로 움직여야 한다.

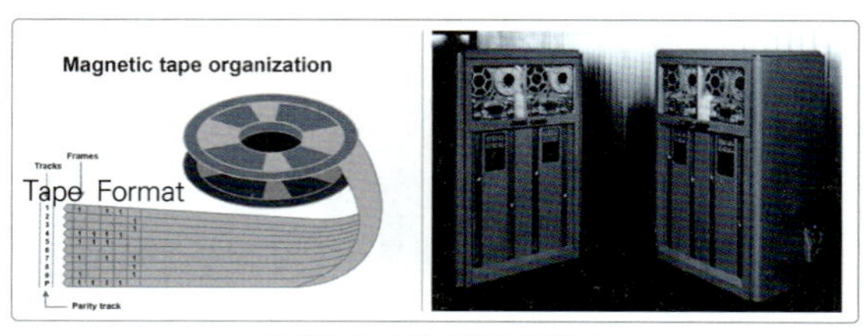


[그림 3-13] 자기 테이프

## (라) 반도체 저장 매체(Silicon Memory Chip)

반도체 메모리는 실리콘 칩에 식각된 수백만 개의 작은 전자 회로로 구성되어 있다. 이러한 각각의 전자 회로는 비트 셀이라고 불리며, 그 셀에 전류가 흐르느냐에 따라 0 또는 1비트를 나타낼 수 있다. 반도체 스토리지의 장점은,

- 빠른 내부 처리 속도
- 높은 신뢰성
- 낮은 전력 소비
- 고밀도
- 저비용

실리콘 메모리는 휘발성으로 전원을 제거하면 데이터가 손실므로, 컴퓨터의 백업 전원 공급 장치가 없는 경우 저장된 모든 데이터가 손실된다.

### 3.1.5.3 컴퓨터 내부 저장장치 종류

지금까지 CPU의 일반적인 기능, 메모리의 물리적 특성, 내부 스토리지 섹션에 데이터를 저장하는 방법 등을 다뤘다. 이제 내부의 기본 또는 메인 저장장치를 분류하는 또 다른 방법을 설명한다. 이는 컴퓨터 내에서 사용되는 다양한 메모리 종류에 대한 것이다.

- Read-Only Memory(ROM),
- Random-Access Memory(RAM),
- Programmable Read-Only Memory(PROM),
- Erasable Programmable Read-Only Memory (EPROM).

## (가) 읽기 전용 기억장치
### (Read-Only Memory(ROM))

실리콘 메모리 장치는 대부분 전원이 차단될 때 데이터가 지워진다. 실리콘 기반 ROM은 실리콘 기반 RAM과 다르다. ROM이라는 용어는 솔리드 스테이트 메모리 장치와 연관되어 있다. 읽기 전용 기억장치의 가장 초기 형태는 조각난 돌판에 쓰여진 그림이나 글자이었다. 컴퓨터 제조업체가 프로그램을 ROM에 기록하여 제공하고 일단 기록되면 변경할 수 없다. 결과적으로, 사용자는 어떤 데이터나 프로그램도 ROM에 넣을 수 없다.

대부분의 컴퓨터에서는 컴퓨터 또는 특별한 프로그램을 부팅(초기 시스템 로딩)하는 데 사용되는 명령과 같은 지침을 컴퓨터 내부에 영구히 저장하는 것이 유용하다. 컴퓨터의 전원이 꺼졌을 때에도 프로그램이나 데이터가 손실되지 않고 이를 가능하게 하는 메모리를 읽기 전용 메모리(ROM)라고 한다. 제곱근을 계산하는 루틴, 프로그래밍 언어 번역기, 운영 체계와 같은 많은 복잡한 기능들을 ROM 메모리에 실을 수 있다. ROM에 저장된 Instruction은 Hard Wire로 연결되어 있기 때문에 빠르게 읽어 실행할 수 있다. ROM의 또 다른 장점은 컴퓨터 장치의 필요에 따라 프로그램을 만들어 제조업체가 ROM에 영구적으로 설치할 수 있고 마이크로그램 또는 펌웨어라고 부른다.

## (나) Programmable Read-Only Memory(PROM)

ROM의 또 다른 형태는 제조사가 프로그래밍한 PROM(programmable read only memory) 또는 프로그램되지 않은 상태로 구입할 수 있는 PROM이다. 프로그램되지 않은 PROM을 사용하면 필요한 프로그램을 메모리에 입력할 수 있다. 그러나 일단 PROM이 Burning되면 변경할 수 없다. PROM의 단점은 실수로 잘못된 데이터를 PROM에 입력하면 수정하거나 지울 수 없다는 것이고 프로그램을 PROM에 "Burning" 할 수 있는 특별한 장치가 필요하다.

PROM은 PROM 프로그래머라고 불리는 특별한 장비를 사용하여 마이크로코드 프로그램을 저장(burning)하는 방법을 사용한다. 이 기계는 ROM의 특정 Cell에 전류를 흘려 Cell의 퓨즈를 끊어 준다. 즉, 일단 프로그래밍되면 메모리가 ROM으로 작용하여 손상되거나 잘못 지워지지 않으며, 전력 손실이 되어도 지워지지 않는다.

## (다) Erasable Programmable Read-only Memory (EPROM)

PROM의 단점을 극복하기 위해 프로그램 가능한 읽기 전용 메모리(EPROM)가 개발되었다. EPROM은 제조업체로부터 비워있는 상태로 구입하여 사용자가 프로그래밍할 수 있다. PROM과의 큰 차이점은 필요할 때 지울 수 있다는 것이다. EPROM에 기록된 데이터와 프로그램은 내용을 손상하지 않고 반복해서 읽어 들일 수 있고 재 프로그래밍하고 싶을 때까지 아주 안전하게 저장되어 있다. 자외선으로 EPROM을 지우고 EPROM을 프로그래밍하는 동안 실수가 발생하여도 재 프로그래밍할 수 있으므로 크게 유리하여 지우고 수정할 수 있다. 그러므로 추후 개선이나 수정을 할 수 있도록 프로그램 변경이 가능하다.

## (라) Random Access Memory(RAM)

컴퓨터 안에서 사용되는 또 다른 종류의 메모리는 RAM(random-access memory) 또는 읽기/쓰기(read write) 메모리라고 불린다. RAM 메모리는 칠판이나 메모지 같이 적고 읽고 필요하면 지워 버릴 수 있다. RAM은 컴퓨터의 작동 메모리다. 데이터가 저장되거나 저장될 위치 주소를 컴퓨터에 입력하면

RAM에서 데이터를 읽거나 반복해서 쓸 수 있다. 데이터가 더 이상 필요하지 않을 때, 간단히 지울 수 있다. 이렇게 하여 RAM영역을 다른 용도로 다시 사용할 수 있다.

RAM은 프로세서에 의해 연산이 이루어 질 때 무작위로 즉시 접근할 수 있는 데이터를 저장한다. CPU가 연산할 때 하드 드라이브를 직접 읽고 쓸 경우, 마치 파일 캐비닛에서 필요한 데이터를 찾아내었다 다시 넣고 다른 파일을 찾는 것처럼 매우 느리게 실행된다. RAM은 컴퓨터 메모리의 가장 잘 알려진 형태로서, RAM의 셀에서 교차하는 행과 열을 알면 어떤 메모리 셀에도 직접 접근할 수 있기 때문에 "랜덤 액세스"로 간주된다. RAM의 반대는 직렬 액세스 메모리(serial access memory-SAM)라 한다. SAM은 카세트 테이프처럼 데이터를 순차적으로만 액세스할 수 있는 메모리 셀 시리즈에 저장한다. 데이터가 현재 위치에 있지 않으면 필요한 데이터가 발견될 때까지 각 메모리 셀을 점검한다. SAM은 메모리 버퍼로 매우 잘 작동되며, 일반적으로 데이터가 사용될 순서대로 저장된다. 반면에 RAM 데이터는 즉시 해당 주소로 접근할 수 있다.

## 3.1.6 항공기용 컴퓨터 시스템

### 3.1.6.1 Flight Management System

일반적으로 FMS는 이륙 직후부터 목적지에 착륙한 후 활주로를 벗어 날 때까지 항공기를 자동으로 제어하는 기능을 가지고 있다. 활주로를 벗어나 게이트에 도착할 때까지는 조종사가 조종해야 한다. 모든 비행편이 FMS를 사용하는 것은 아니지만, 정상 비행 중 자동조종 장치와 Flight Director가 사용된다.

### (가) Flight Management Computer 기능

FMC에서는 종전의 Auto Pilot System에서는 찾아볼 수 없었던 수 많은 고급 기능이 제공된다. FMC의 기능 중 일부는 다음과 같다.

- **비행 계획** - 비행 전체의 순항 고도, 경유지, 상승 및 하강 지점 등을 조종석 키보드를 사용하여 컴퓨터에 프로그래밍할 수 있다.
- **성능 관리** - 시스템은 상승, 순항 하강 및 Holding Pattern을 위한 최적의 Profile을 제공할 수 있다. 최적의 상승 설정, 순항 설정 등을 이용하여 경제적인 자동 비행을 할 수 있다.
- **항법 계산** - FMC는 대권 항로, 상승 및 하강 Profile 등을 계산할 수 있다. FMC는 타워 접근 통신주파수 뿐만 아니라 항법 보조 장치 라디오 스테이션 주파수(VOR & DME)를 자동으로 튜닝할 수 있다.
- **자동 스로틀 속도 명령** - EADI에 fast/slow로 표시된다.

FMC는 기존의 관성 항법 장치, 비행 제어 컴퓨터, 추력 제어 컴퓨터, Air Data Computer, 항법 센서 및 EICAS 컴퓨터의 기능을 통합하는 마스터 컴퓨터다. 비행 관리 시스템(FMS)은 항공기의 연결된 다른 장비와 연계하여 자동 항법, 유도, 지도 표시 및 운항 성능 최적화를 제공하는 통합형 비행 시스템 제어 및 정보 시스템을 구성한다. FMC는 비행 승무원의 많은 일상적인 작업과 계산을 대신함으로써 조종석 작업량을 감소시킨다. 시스템을 적절히 초기 설정할 경우 항상 지속적으로 작동한다.

FMC는 자동 조종 장치, 비행 지시기 및 자동 스로틀과 결합하여 Roll, Pitch와 엔진 추력을 제어하고, RNP/RNAV(radio navigation point / area navigation) 작동을 위한 비행 경로 제어를 통합하여 관리한다. 컴퓨터에 의하여 제어되는 모든 항공기 시스템은 연결된 모든 센서와 처리 회로에 대하여 내장된 테스트 기능을 실행하여 각 시스템의 사용 가능성을 확인하고 정비 보수 조치를 위하여 장비 고장 상황을 전자적으로 보고한다.

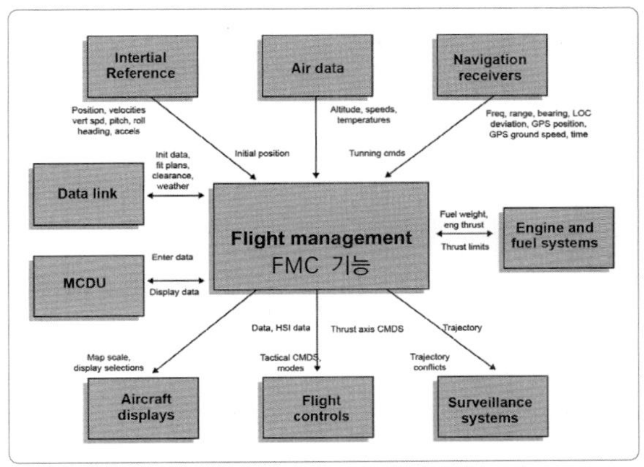


[그림 3-14] 항법 관리 시스템

이렇게 자동으로 실행되는 BIT(built in test)는 시스템 가용성에 대한 신뢰도를 크게 향상 시키고, 일반적으로 전원이 공급될 때마다 자체적인 주기적 시험을 수행함으로써 필요한 정비 보수 수요를 감소시킨다. BIT 기능과 반도체 구성 부품의 낮은 고장률이 항공기 시스템 신뢰성이 크게 개선되었다.

1950년대와 1960년대에 Avionics라고 일컬어지는 항공전자계통은 간단한 독립형 시스템이었다. 항법, 통신, 비행 제어 및 디스플레이는 아날로그 시스템으로 구성되었다. 이러한 시스템은 단일 시스템을 구성하기 위하여 여러 개의 장비가 연결된, 즉 서브시스템(subsystem)으로 구성되었다. 시스템 내의 각 장비는 Point-to-Point(analogue) 배선으로 연결되었다. 각 신호는 주로 아날로그 전압, 싱크로 리졸버 신호 및 스위치 접점 신호로 구성되었다. 항공기

내에서 이러한 장비의 위치는 조종사의 필요, 장착 가능한 공간, 그리고 항공기 Weight & Balance 제약 조건의 하나였다. 시스템이 점점 더 추가되면서 조종석 기능은 더욱 많아지고 배선은 더욱 복잡해졌으며 항공기 전체 무게도 늘어났다. 1960년대 후반과 1970년대 초까지 각 시스템에서 요구되는 블랙박스의 수를 줄이기 위하여 다양한 시스템 간의 정보 공유가 필요하게 되었다. 예를 들어 방향 및 속도 정보를 제공하는 단일 센서가 내비게이션 시스템, 무기 시스템, 비행 제어 시스템 및 파일럿 디스플레이 시스템에 해당 데이터를 제공할 수 있다. 그러나 항공전자기술은 여전히 기본적으로 아날로그였고, 센서를 공유하면 전체 블랙박스 수가 감소하는 반면, 신호가 연결되는 전선과 커넥터는 난장판이 되었다. 더욱이, 특정 신호의 추가 연결은 잠재적으로 시스템에 영향을 미칠 수 있기 때문에 기능이나 시스템을 추가할 경우 악몽이 되었다. 또한 시스템이 Point-to-Point 배선을 사용함에 따라 신호의 소스 시스템은 새로 서브 시스템을 추가하는 하드웨어(추가 증폭기 또는 출력 증강 장치)를 장착하도록 수정되어야 했다. 이와 같은 이유로 시스템 간 연결은 최소한으로 제한되어야 하였다. 1970년대 후반, 디지털 기술의 출현으로 디지털 컴퓨터가 항공전자 시스템에 적용되었다. 시간과 기술이 발전함에 따라 항공전자 시스템은 더 디지털화되었다. 그리고 마이크로프로세서의 출현과 함께 컴퓨터화가 시작되었다. Flight Management Computer는 일반적으로 데이터 관리 컴퓨터 기능을 하며 데이터 버스의 데이터 흐름을 제어하는 역할을 한다. FMC는 다음과 같은 기능을 통합하는 마스터 컴퓨터다.

- Navigation Computer
- Flight Control Computer

- Thrust Management Computer
  - Air Data Computer
  - Maintenance(EICAS or ECAM) Computer

## (나) Navigation Computer

RNAV 컴퓨터는 다음과 같은 여러 가지 이름으로 불린다.

- NAV Transceiver
- Course-line Computer(CLC)
- Track-Line Computer(TLC)

Area Navigation 기능은 대형 상용 항공기에서 항공기의 비행 관리 데이터 처리의 한 과정으로 처리 되며 비행 관리 컴퓨터 시스템(FMCS)에 의하여 수행 될 수 있으며, 디지털 데이터 버스 시스템을 갖춘 현대 항공기에서는 RNAV 기능이 FMCS에 통합되고 있 다. 소형항공기의 RNAV 기능은 간단한 RNAV 컴퓨 터에 의하여 수행 가능 하다. 일반적으로 항공기 위치 계산은 수동으로 쉽게 수행할 수 있으나, 비행 중 여러 가지 많은 사항이 동시에 발생하는 경우 항법 계산은 자동 및 전자적으로 수행하는 것이 훨씬 더 바람직하 다. 간단한 RNAV 컴퓨터가 이 기능을 수행할 수 있으 며 항공기 항법시스템으로부터의 입력만 필요로 한 다. 경항공기에도 VOR/DME 및 VORTAC 시스템이 장착되어 있으며, 이것은 간단한 RNAV 컴퓨터가 RNAV 기능을 수행하는데 필요한 모든 데이터이다. 경항공기용 GPS 시스템이 점점 더 저렴해지고 보편 화됨에 따라, 현대 RNAV 컴퓨터는 표준 VOR/DME 와 VORTAC 입력 외에 GPS가 호환 가능하다.

내비게이션 컴퓨터는 다음 항목을 포함하여 수직 및 수평 유도 데이터을 계산한다.

- Aircraft present position
- Ground speed
- Track angle
- Desired course
- Drift angle
- Wind direction and speed
- Cross track distance
- Vertical deviation
- Vertical speed target
- Altitude target
- Airspeed target.

항법 컴퓨터 내에 포함된 항법 데이터 베이스는 전 세계 정보를 포함하고 다음과 같은 데이터로 구성되 어 있다.

- Location and frequency of VOR and DME stations
- Locations of airports
- Locations of runway thresholds
- Airway routes and intersection points
- Standard instrument departure procedures (SIDS)
- Standards terminal arrival route procedures (STARs).

항법 데이터베이스는 용량이 1.28메가바이트에 달 한다. 이러한 크기와 복잡한 정보기반은 빠르게 변경 될 수 있으며 따라서 28일마다 개정된다. 내비게이션 컴퓨터는 항법 데이터베이스를 사용하여 위치 수정 자료를 가장 잘 제공할 수 있는 DME 및 VOR을 선택 한다. 계산된 위치 수정 자료는 장거리 항법 데이터를 업데이트하는 데 사용된다. VOR 및 DME 송신기의 범위를 벗어나면 내비게이션 컴퓨터는 관성 항법 시스템 또는 기타 장거리 항법 장비를 사용하여 항공기의 정상 항로를 유지하기 위한 계산을 수행한다.

두 개 이상의 시스템(예: 삼중 IRS)이 설치된 경우 컴퓨터는 수신된 입력을 지속적으로 비교하고 평균을 내어 오차를 최소화한다. 계기 착륙 시스템(ILS) 입력은 착륙 접근 및 착륙 단계 중 조종 신호를 계산하는데 사용된다.

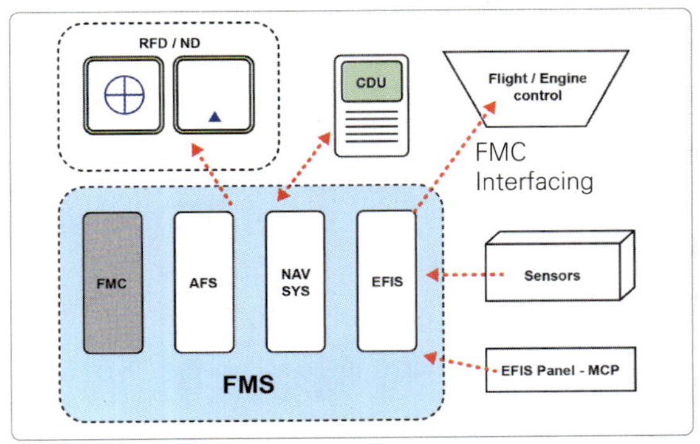


[그림 3-15] 네비게이션 컴퓨터

### 3.1.6.2. Area Navigation

Area Navigation 또는 RNAV는 조정 항법 –Coordination Methods–(예: VOR 스테이션의 교차 좌표) 또는 관성 항법 또는 위성 위치(global positioning)를 사용하여 정확한 위치를 측정하여 목적지까지 직항로(direct course)로 비행할 수 있도록 한다. RNAV는 여러 개의 항법 보조장치를 동시에 참조할 수 있는 항법 컴퓨터가 없는 항공기에서는 일반적으로 가능하지 않다. Area Navigation을 이용하여 비행하는 것은 연료와 시간을 절약하는 데 훨씬 더 효율적이다. 조종사는 RNAV 컴퓨터를 사용하여 VOR/DME 또는 VORTAC이 수신 범위 내에 있을 경우 원하는 위치로 효과적으로 이동하거나 Off-sets 한다. 이 "유령 스테이션(phantom station)은 RNAV 컴퓨터에 있는 Way-point Selector의 적절한 창에

서 사용 가능한 지상 스테이션으로부터의 거리와 방향을 설정함으로써 생성된다. 이러한 일련의 "유령 스테이션–Phantom Station" 또는 경유지를 사용하여 RNAV 경로를 구성한다.

### 3.1.6.3 Thrust Management Computer(TMC)

TMC의 목적은 엔진에 적절한 추력 수준을 자동으로 설정하는 것이다. 서보 모터(servo motor)가 스로틀 링크를 작동하여 TMC에 의해 계산된 엔진 추력을 제어한다. 서보는 전기적으로 또는 공압, 연료, 유압 장치에 의한 동력으로 작동될 수 있다. 이 시스템에는 중요한 엔진 작동 매개 변수(parameter)를 모니터링 하는 엔진의 센서가 포함된다. RPM, EPR, EGT 등의 엔진 매개변수를 모니터링하여 엔진 작동 한계를 초과하지 않도록 한다. 자동 스로틀 시스템은 설정된 상승 속도, 표시된 속도, 마하 수 또는 하강 속도를 유지하는 데 사용할 수 있다. TMC는 또한 특정 비행 형태에 실속 속도 이상의 안전 마진을 유지하는 최소 속도 보호 기능을 제공한다.

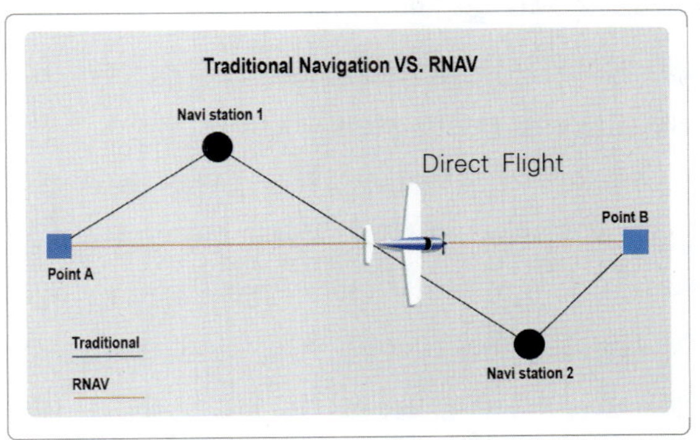


[그림 3-16] 지역 운항

이러한 기능을 수행하기 위해 추력 관리 컴퓨터 데이터베이스는 항공기 비행 매뉴얼과 전자적으로 동등한 기능을 가지고 있다. 컴퓨터는 모든 비행 단계(이륙, 복항, 최대 연속 작동, 상승 및 순항)에 대해 추력

설정 값을 제공한다. 항법 및 추력 관리 컴퓨터는 비행 조종(flight control)장치와 Throttle을 작동시켜 항공기 비행 경로(모든 3축)를 자동으로 제어할 수 있다. 컴퓨터는 EFIS와 FMS CDU 디스플레이를 조합하여 비행 항법 및 성능 데이터를 표출할 수 있다.

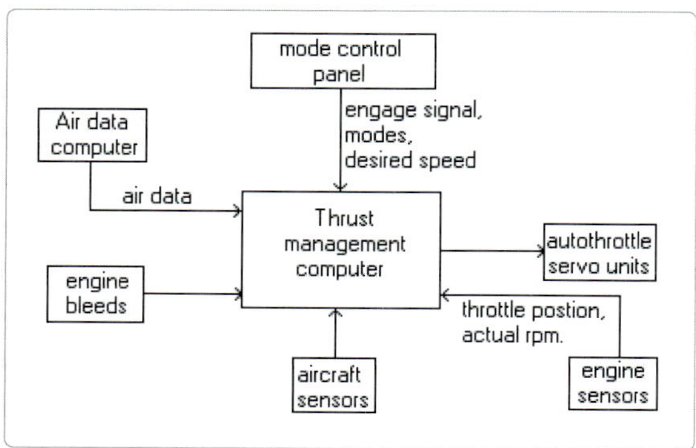


[그림 3-17] TMC 예

### 3.1.6.4 Flight Control Computer

조종사는 조종실의 조종간을 움직여 제어 신호를 생성한다. 하강, 상승 등 조종사가 원하는 신호가 비행 제어 컴퓨터로 전자적으로 전송되고 비행 제어 컴퓨터는 원하는 조작을 수행하기 위하여 항공기의 비행 제어 표면, 방향타, Ailerons, 상승타 또는 Stabilizer에 신호를 보낸다.

조종을 하기 위하여 선택된 조종면은 소프트웨어 프로그램에 의해 제어된다. 시제품 항공기의 설계 및 시험 비행 중 각종 비행 단계가 Flight Envelope내에서 시험되고, 비행 제어 시스템의 소프트웨어 프로그램은 효율성과 비행 안전을 기준으로 설계된다. 예를 들어 Rolling을 하기 위해 Spoiler 또는 Aileron을 작동하는 것은 조종사가 요청하는 Rolling 비율 (조종간 편향 정도), 속도, AOA 및 OAT에 따라 달라진다. 또한 동일한 조종간 입력이 비행 단계에 따라 조종면의 편향되는 양은 크게 달라진다. 전투기가 저속에서

조종면을 완전하게 편향하면 높은 G Turn을 초래할 것이다. 고속에서 동일하게 조종면 편향이 되면 조종면이 이탈되거나 항공기체에 심각한 Stress를 가할 수 있다. 비행 제어 조종면을 제어하는 CPU를 사용하면 전기 신호가 제어 조종면 작동기(control surface actuator)로 전송되기 전에 비행 제어에 영향을 미치는 모든 요인을 점검할 수 있다. 비행 제어 컴퓨터 소프트웨어는 조종사가 요구한 항공기 자세 변동치를 출력하기 위하여 가장 효율적인 방법을 선택한다. 또 다른 이점은 다른 항공전자 장비에 의해 비행 제어 조종면을 쉽게 제어할 수 있다는 것이다. 예를 들어 ILS 로컬라이저와 글라이드로프로 하강, 자세 유지/방향 고정/고도 유지 등의 자동 조종 기능, 사전 프로그래밍된 운항 Course로 비행하기 위하여 항법 시스템에 비행 제어 시스템을 결합하는 것이다. 일부 항공기의 비행 제어 시스템은 항공기가 정상 비행으로 회복될 가능성이 가장 큰 비행 제어 표면을 제어하여 실속 또는 통제 불능(평면 스핀)상태에서 정상 복구할 수 있다. 대형 여객기에서는 제어 불능 상태가 발생할 가능성이 있는 비행 단계로 진입하지 않도록 스틱 푸셔, 실속 경고 및 실속 회피 기능이 FCS 시스템에 프로그래밍되어 있다.

### (가) Fly-By-Wire Benefits

Airbus fly-by-wire 시스템은 각각의 비행 단계 내에서 제한되지 않은 제어 입력, 운항 제한 초과, 실속, 과속 또는 항공기 Stress에 대한 보호를 통해 보다 큰 안전성 측면에서 상당한 가시적 이점을 제공한다. 여기에 윈드시어 방지, 파일럿 작업 부하 감소, 비용 절감 및 항공기 성능 향상을 추가할 수 있다. 그것은 정비 후 연결 작업과 점검이 필요한 케이블, 도르래 및 관련 기어의 복잡한 기계 시스템을 제거함으로써 정비관리 비용을 절감하는 데 크게 기여한다.

### (나) Sidestick

조종사가 힘으로 조종면을 물리적으로 움직일 수 없기 때문에, 간단한 작은 컴퓨터 Joystick(sidestick)을 작동하여 비행 제어 컴퓨터를 통하여 항공기를 제어할 수 있다. 구형 조종간을 최신 Sidestick으로 교체하여 계기판의 가시도가 높아지고 조종사 앞에 Slide-Out Working Table 을 설치할 수 있는 장점을 가지고 있다.

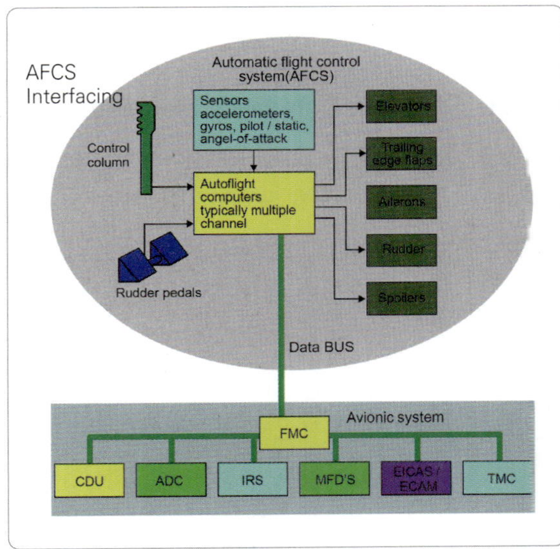


[그림 3-18] AFCS 예

### (다) Automatic Flight Control System Elements

기본적인 AFCS는 다음과 같은 주요 요소로 구성된다.

**감지 요소** – Attitude Gyros, Rate Gyros, 가속도계, Pitot Static Systems, Air Temperature Probes로 구성된다. 이 요소들은 비행 3축에 대한 항공기의 움직임과 이동 속도를 감지하고 시스템의 내부 제어 또는 내부 Loop로 간주된다.

**명령 요소** – 이 요소는 조종간, 방향타 페달, 내비게이션 시스템 및 레이더를 포함하는 조종 제어판과 수동으로 작동되는 제어판으로 구성되어 있다.

시스템의 외부 제어장치 또는 외부 Loop로 간주된다.

**컴퓨터 증폭기** – 이것은 시스템의 두뇌다. 감지 및 명령 요소의 신호를 계산, 증폭 및 처리하고 출력 요소가 조종사 또는 시스템의 요건에 따르도록 지시한다.

**출력 요소** – 이 요소는 컴퓨터 요구에 대응하여 항공기의 조종면을 움직이는 서보 장치로 구성된다. 이러한 서보 유닛은 설명된 바와 같이 전기 모터, 전자기 솔레노이드 밸브로 유압 액추에이터를 제어한다.

**Fly by Wire** – 조종간에서 서보모터까지 전기 신호를 전달하는 전기선이 기계적 연결을 교체하였다. 조종사가 조종할 때 발생하는 움직임과 힘은 전기 변환기에 의해 전기적 신호로 변환된다. 신호는 증폭된 후 조종면에 연결된 다양한 유압 액추에이터 유닛으로 전송된다. 항공기가 전기 유압식 파워로 작동되는 액추에이터를 통해 기계적으로 제어되고 Fly-by-Wire 로 전기적으로도 제어될 수 있는 경우, AFCS가 전기적 Fly-by-Wire로 제어 전환될 때 조종면의 격렬한 편향 없이 순조롭게 이루어져야 한다. AFCS 결합 제어 회로(engagement control circuit)는 조종간 또는 방향타 입력을 포함하여 제어 표면 위치(control surface position)와 정렬(align)된다. 조종간이나 Pedal의 입력이 없으면 AFCS는 급격하거나 순간적 기동 없이 점진적으로 직선 및 수평 비행(센서에 의해 감지된 비직선 또는 수평 비행)을 유지한다.

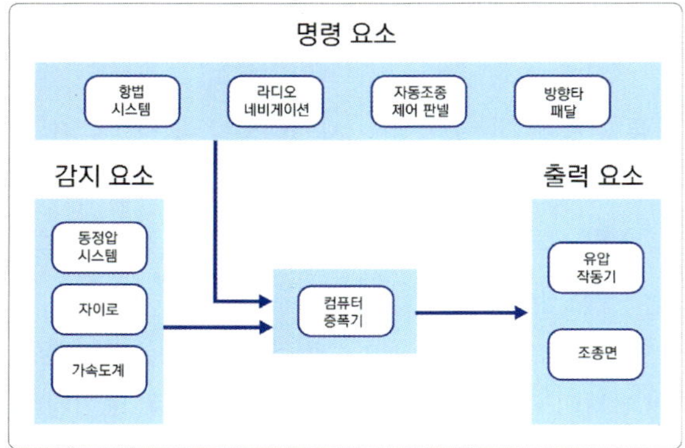



[그림 3-19] AFCS 작동 흐름

### 3.1.6.5. Air Data Computers(ADC)

초기 형태의 ADC는 기계식 컴퓨터로 기어트레인, 캠, 아네로이드 센서, 온도 센서 등으로 구성되어 극히 민감하고 섬세한 부품이었다. 매개변수(parameter)를 기계적으로 계산하여 다른 시스템으로 출력하거나 디스플레이하기 위하여 전위차계(potensiometer) 등으로 전기 신호로 변환하였다.

현대의 ADC는 완전히 전자적으로 컴퓨터화되어 있다. 감지 요소(sensing element)는 여전히 기계식 장치이지만, 기계적 입력을 전기적 신호로 변환하는 변환기는 훨씬 더 민감하고 기계 센서에 부하가 걸리지 않기 때문에 더 정확하다. 대부분의 반도체 부품으로 구성된 ADC는 신뢰성이 아주 높고 고장률이 아주 낮다. ADC는 일반적으로 Pitot/Static 시스템, AOA, OAT(또는 TOT)로부터 신호가 입력된다. 또한 ADC는 일반적으로 AOA 및 Pitot/Static의 위치 오류를 보상하기 위해 Flap Position등에 대한 정보를 사용한다. ADC는 위의 입력으로부터 비행 데이터를 계산하여 비행 특성에 대한 명확한 그림을 만들 수 있도록 계산한다. ADC는 각종 센서 및 자체 연산처리 회로의 사용 가능성을 점검하기 위하여 자체 모니터링 테스트(built in test)를 지속적으로 수행한다.

모든 입력 매개변수는 전기 신호로 변환된 다음 다

기능 디스플레이 또는 HGS(head-up guidance system)에 Display하거나 FMC 및 기타 항공전자 시스템으로 전송하기 위하여 디지털화된다. 컴퓨터 프로세서의 이러한 기능은 ASI, Altimeter, VSI, OAT Gauge, AOA Gauge와 같은 많은 구형 아날로그 계기를 대체한다. 디지털화된 신호는 비행 제어 컴퓨터(자동 조종 및 signal gain scheduling) 또는 추력 관리 컴퓨터(추력 계산)에 입력되어 자동으로 속도와 고도를 유지하거나 비행 관리 컴퓨터(FMC)가 다기능 디스플레이에 표출하도록 사용할 수 있다.

### 3.1.6.6 Central Maintenance Computers

항공사들은 항공기 가동휴지시간(downtime)을 최소화하고, 정비 요건을 효율적으로 처리하기 위하여 정교한 기내 정비 시스템을 필요로 하고 있다. 상표명으로 "Onboard Maintenance System-OMS"이라고 부르는데, 이는 신속하게 고장 자료를 제공하고 정비관리 효율성을 향상시키기 위한 것이다. OMS는 ACARS, SATCOM, 무선 LAN 및 기타 통신 및 항공기 시스템과 통합할 수 있다. 이것은 보다 최신의 효율적인 기내 정비 시스템으로 ECAM과 EICAS 시스템에 많은 부가적 이점을 제공한다. 장점 중 하나는 고장 정보의 사전 수집이다. 항공기에 탑재된 시스템은 목적지 공항에 도착하기 전에 항공기 통신 시스템과 연결되어 항공기의 정비 정보를 전송할 수 있다. 이를 통해 목적지의 정비 담당자는 항공기가 도착하기 전에 문제 해결 프로세스와 분석을 시작할 수 있다. 또한 정비 매뉴얼 자체를 기내에 둘 수 있다. 이것은 특히 목적지 공항이 항공사가 거의 비행하지 않는 공항이고 관련 매뉴얼을 이용할 수 없는 경우에 유용하다.

구형 상업용 항공기는 여러 가지 시각과 청각 두 가지 경고 방법을 사용하여 엔진 문제 또는 도어 개방과 같은 위험 상태를 경고하는 전자적 기계 시스템을 사용하였다. 대부분의 이런 시스템은 항공기 계통에 오작동이 발생하면 시정 조치가 필요할 수 있다는 경고음과 함께 마스터 경고등을 작동하는 표시장치를 사용한다. 이러한 표시장치는 현대 디지털 기술에서 가능한 융통성과 중복성을 제공하지 않는다. 신세대 항공기는 전자 디스플레이와 EICAS(boeing 항공기) 또는 ECAM(에어버스 항공기)으로 불리는 풀타임 모니터링 시스템이 장착된다. EICAS는 승무원의 지속적인 감시가 거의 필요 하지 않으며 문제를 신속하고 정확하게 식별하고 기록한다. EICAS 컴퓨터는 엔진 및 기체 각 센서로 부터 다양한 입력을 수신하며, 그 중 일부는 디스플레이(엔진 RPM, EGT 등)에 사용하고, 다른 일부는 고장 시 주의사항(실내 도어 잠금, 화재 경고, 연료 압력 고장 등)을 표시하기 위하여 모니터링 된다. EICAS 컴퓨터 소프트웨어 프로그램은 센서 입력을 모니터링하고, 디지털 데이터로 변환하여 EICAS 디스플레이로 전송한다. 이 경우 컴퓨터 프로세서는 입력 데이터를 고주파수 샘플링하고, 아

날로그 신호를 디지털로 변환하여 파라미터 상태 모니터링 기능을 수행한다. 컴퓨터가 이러한 기능을 수행함으로써, 비행 승무원의 업무부하가 현저하게 감소하여 실제 비행에 주의를 집중할 수 있게 된다.

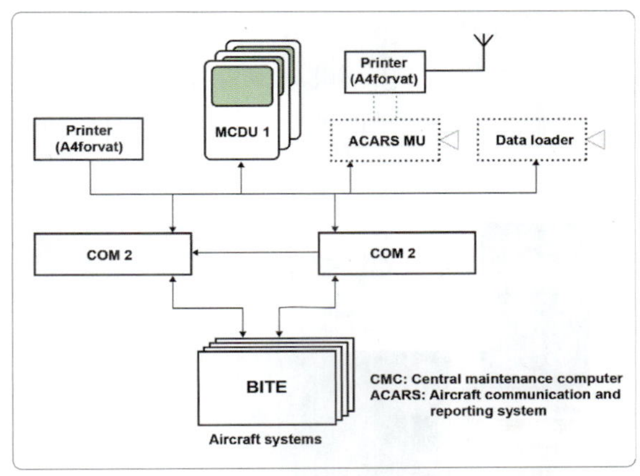


[그림 3-20] 중앙 정비 컴퓨터

Boeing의 Central Maintenance Computer System CMCS-7000은 다목적 제어 및 디스플레이 장치(multi-function control display unit), 통합

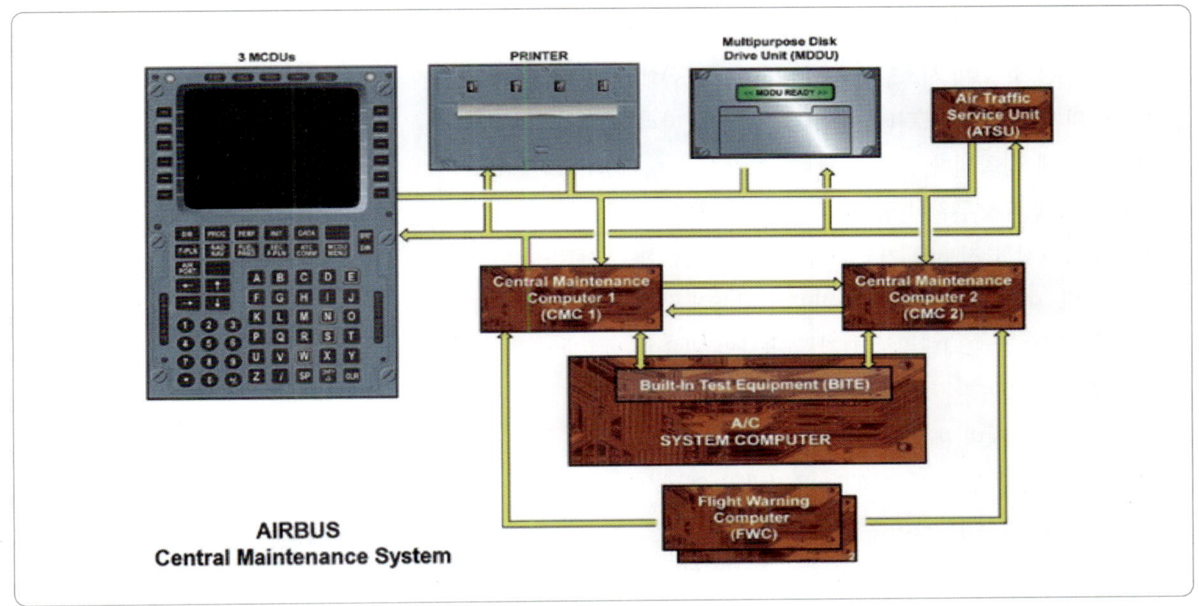


[그림 3-21] AIRBUS CMS 예

디스플레이 시스템(integrated display system) 및 Multi-Input Cockpit Printer를 연계하여 다음과 같은 중요한 정비 기능을 가지고 있다.

- 개별 서브시스템의 BITE 및 기능 점검의 조작과 조종석 표출
- 장비 결함 및 고장 이력 자료의 선택 및 표시
- IDS에 표출되는 정비 관련 디스플레이 사항 제어

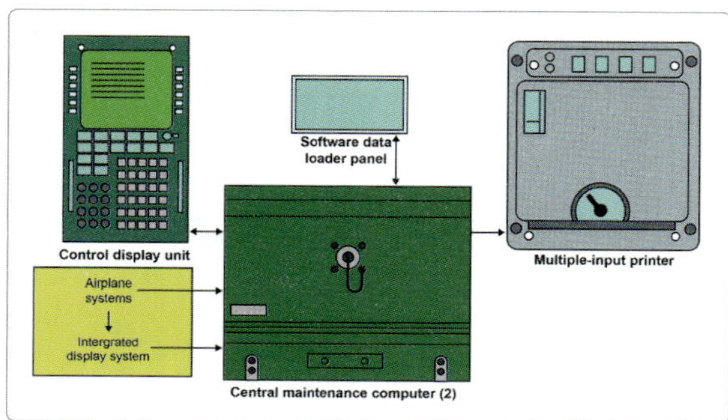


[그림 3-22] CMCS-7000 예

CMCS는 항공기 서브시스템의 BITE 및 기능 점검, 결함 저장, 메시지 포맷 및 인터페이스를 제공한다. 두 대의 중앙 유지관리 컴퓨터(CMC)가 설치된 경우, 한 대의 CMC 고장이 시스템 작동(redundancy)에 영향을 미치지 않는다. 프린터는 항공기 형태에 따라 편리한 위치에 장착된다.

CMC 시스템은 승무원이 항공기의 상태에 대한 확실하고 시기적절한 정보에 기초하여 비행 결정을 할 수 있게 한다. 이 시스템은 엔진과 항공기 시스템 작동 상태를 지속적으로 모니터링하고 각 항공사의 필요에 따라 맞춤형 경고 또는 주의사항과 보고서를 생성한다. 이 시스템은 정비 매뉴얼과 다양한 운항 데이터(체크리스트, 비상 절차)를 MATS(유지관리 액세스 터미널), 휴대용 MATS에 또는 인쇄되어 제공한다.

CMC는 통합 표시 시스템과 긴밀하게 통신한다. 항공기 운항에 영향을 미치는 고장이 있을 경우 엔진 표시기 및 승무원 경보 시스템(EICAS)에 표시될 수 있다. 고장이 이중 시스템과 관련하여 비행에 중요한 것이 아닐 경우 고장 정보는 CMC에 저장된다. 조종사는 필요할 경우 그 정보에 접근할 수 있으며, 비행기가 착륙했을 때 지상 정비사가 이용할 수 있다.

최근 몇 년간 가장 큰 변화는 ACARS를 통해 정보를 직접 지상으로 전송할 수 있는 능력이다. 항공사는 모든 항공기에 개별 데이터베이스를 유지하는 대신 지상의 중앙 집중식 데이터베이스로 전송하여 항공기 정비 정보를 관리할 수 있다. CMC와 ACARS는 항공기 상태 정보를 실시간으로 전송할 수 있다.

향후, 정비 컴퓨터(CMC)에 보다 예측적인 기능이 추가될 것이다. 이론적으로 모든 시스템을 모니터링하여 몇 시간 동안 작동하는지, 작동 사이클이 얼마인지, 언제 고장이 발생할지 예측할 수 있을 것이다. 따라서 고장이 발생하기 전에 예방 조치를 취할 수 있을 것이다. 제어 디스플레이 장치(CDU)는 조종석의 센터 콘솔에 장착된다. CMC를 제어하고 CMC 고장 데이터에 접근 할 수 있다. CDU에서 시스템 테스트를 할 수 있으며 테스트 결과가 CDU 화면에 표시된다.

# 변조 이론 및 아날로그 변조
## Modulation Theory and Analog Modulation

## 3.2.1 변조의 개념

인간의 음성 주파수는 VLF(3~30kHz) 대역보다 아주 낮은 3 킬로헤르츠(kHz) 이하이다. 이 낮은 주파수는 인터콤 같은 유선 통신에서는 전송이 쉽게 이루어지지만, 인간의 목소리를 전자파로 변환하여 공간으로 전송하려면 엄청난 큰 안테나가 필요하고 매우 높은 전력이 필요할 것이다.

반면에 HF, VHF 등 높은 주파수의 전파는 상당히 쉽게 공간으로 전파된다. 인간의 음성을 반송파 위에 중첩하는 것을 변조라고 한다. 수신부에서는 반송파를 수신하여 반송파에서 음성신호를 추출 분리하여 송신기에서 보낸 음성신호를 재현한다. 이런 과정을 복조 또는 검파라고 한다.

AM이나 FM 라디오는 지구상에서 가장 흔한 무선 통신 장치다. 사실 그것의 초기 역사에서 라디오의 용어는 "무선"이었다. 휴대전화, 호출기, 텔레비전 같이 모두 "무선"이라 불리는 장치(적외선 장치를 제외)는 정보를 송수신하기 위해 변조된 전자파를 사용한다. 거의 모든 종류의 무선 전송 장치는 AM이나 FM 형태의 변조를 이용하여 작동 한다. 전파는 전자기파로 알려진 일반적인 파동의 일부분이다. 본질적으로 전파는 파동의 형태로 공간을 이동하는 전기에너지와 자기에너지이다. 음파는 전파와 다르게 공기나 둘을 통해 이동하는 압력파이다. 전파는 파도 형태는 비슷하지만 관련된 에너지는 공기나 수압과 볼륨이 아니라 전기적이고 자기적이다.

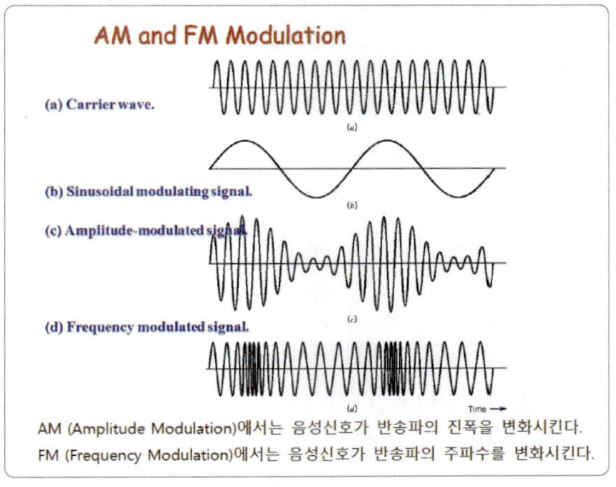



AM (Amplitude Modulation)에서는 음성신호가 반송파의 진폭을 변화시킨다.
FM (Frequency Modulation)에서는 음성신호가 반송파의 주파수를 변화시킨다.

[그림 3-23] 변조

전자기파는 여러 가지 형태를 보여준다. 어떤 주파수는 전파로 나타난다. 훨씬 더 높은 주파수를 적외선이라고 부른다. 적외선 보다 높은 주파수는 가시광선 스펙트럼을 구성한다. 그 이상 높은 주파수는 자외선과 엑스레이로 이어진다. 전파에는 변하는 두 가지 중요한 특성을 가지고 있다. 하나는 파도의 진폭, 즉 힘이다. 이것은 파도가 바다에서 해안으로 얼마나 높게 밀려오고 있는 것과 비슷하다. 더 큰 파장은 더 높은 진폭을 가지고 있다. 또 하나는 빈도수다. 빈도는 파동이 어느 지점에서 얼마나 자주 발생하는가 하는 것이다. 파동이 빠르게 반복될수록 주파수가 높아진다.

음성을 전파에 실어 전송할 때는 수신기에서 음성을 재현할 수 있는 방식으로 반송파에 음성 신호를 실어야 하고 이 과정은 변조라고 말한다. 전파(반송파)를 변조하기 위해서는 파동의 두 가지 기본 특성 즉 진폭이나 주파수를 변경시켜야 한다.

전송하려는 정보에 따라 반송파의 진폭이나 강도를 변경하면 진폭 변조, 즉 AM이라 한다. 가장 초기의 무선 통신 수단은 모스 부호(morse code)에 의한 것으로, 코드 키는 송신기를 켜고 *끄*는 것이었다. 진폭은 AM의 기본 형태인 키를 누를 때마다 영에서 최대 출력으로 바뀌었다.

현대의 AM 송신기는 전송하려는 소리에 직접 비례하여 신호 레벨을 부드럽게 변화시킨다. 소리의 양(+)의 피크는 최대 무선 에너지를 생성하며, 음(−)의 피크는 최소 에너지를 생성한다.

AM의 주된 단점은 대부분 자연에서 발생되거나 인간이 만드는 라디오 잡음이 본질적으로 AM 성분이며, AM 수신기는 그 잡음을 차단할 수단이 없다는 것이다. 또한 약하게 수신되는 신호는 진폭이 낮기 때문에 강한 신호에 대응하기 위하여 수신기가 신호 수준 차이를 보상하기 위한 회로를 가져야 한다.

이러한 문제를 극복하기 위하여 진폭을 변조하는 대신 주파수를 변조한다. 오래전 많은 엔지니어들은 FM이 실용적이지 않다고 하였으나, 오늘날 FM 방송은 라디오 방송 서비스의 주종을 이루고 있다.

주파수 변조 시스템에서 반송파의 주파수는 변조 신호에 따라 변화한다. 예를 들어, 양(+)의 신호는 더 높은 주파수를 생성하는 반면, 음(−)의 신호는 더 낮은 주파수를 생성한다. 수신기에서는 복조회로가 주파수 변동을 검출하여 음성 신호로 다시 변환한다. 이렇게 하면 진폭 잡음(AM noise)의 영향이 최소화된다. 복구된 오디오는 반송파의 강도가 아닌 주파수에 의존하기 때문에 AM 수신기의 경우와 같이 다른 신호 레벨에 대한 보상이 필요하지 않다.

진폭 변조(AM) 및 주파수 변조(FM)는 모두 장단점을 가지고 있다.

- AM은 간단한 회로로 구성 가능

- AM은 간섭에 의해 왜곡
- AM은 저주파(장거리) 송신기로 전송 가능
- FM은 정전기 방해를 덜 받음

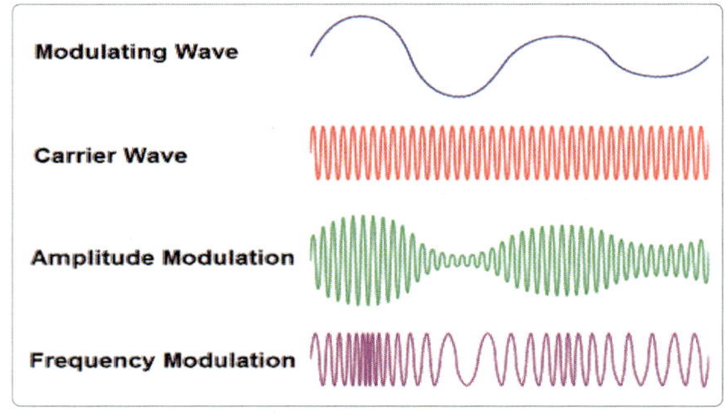


[그림 3-24] 전파와 변조

실용성을 위해 FM은 보다 높은 주파수(예: VHF, UHF)를 통해서만 전송될 수 있으므로 통신의 범위가 더 짧다. 군용 VHF 및 UHF 라디오는 AM 또는 FM으로 전송할 수 있지만 항공기 VHF 라디오는 일반적으로 AM으로만 송신한다. 송신기와 수신기는 신호가 성공적으로 송수신되려면 동일한 반송파 주파수에 맞춰 송출되어야 하며, FM과 AM 변조 방식에 대응하여 설정되어야 하며 그렇지 않으면 송수신이 왜곡된다.

일부 시스템 또는 특정 데이터 전송은 FM 또는 AM에 맞춰져 있고, AM이 항공기 환경에서 FM보다 더 널리 사용되지만 송신 또는 수신용 라디오를 튜닝하기 위하여 주파수와 변조 유형을 모두 알아야 한다. 보다 복잡한 무선 송신기에서 음성 신호는 변조기에 의해 반송파에 실린다. 두 신호가 결합되어 안테나에서 변조된 무선 전파(modulated RF)가 전송된다. 송신기와 동일한 주파수로 동조(tuning)된 수신기는 변조된 신호를 수신(필터링할 주파수를 정확히 알고 있기 때문에 필요한 반송파를 걸러냄)하여 복조기가 반송파에서 음성 신호를 추출한 다음 증폭하여 스피커나 헤드셋에 보내어진다.

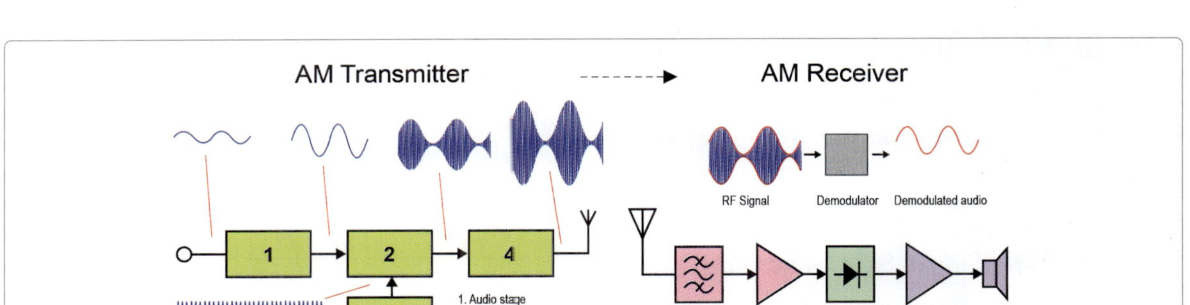


[그림 3-25] AM 변조

### 3.2.1.1 변조(진폭변조)

고주파 반송파는 반송파에 음성 주파수를 겹쳐 신는 방식으로 오디오(음성) 주파수에 의해 변조된다. 두 신호가 트랜지스터의 베이스에서 결합될 때 저주파 음성 신호는 음성 신호에 비례하여 반송파를 증가시키고 감소시킨다. 반송파 신호만 있으면 Emitter-Collector 전류 흐름이 균일하게 증가 및 감소하여 일정한 진폭 출력을 생성하나, 양(+)의 음성 신호가 인가되면 Emitter-Collector 전류 흐름이 더욱 증가되고 음(−)의 음성신호가 인가되면 전류 흐름이 감소되어 그림과 같이 변조 파형을 생성한다. 변조된 파형은 안테나에서 반송파 주파수로 송출된다.

### 3.2.1.2 복조(Demodulation)

변조된 고주파 전자파는 반송파 주파수에 맞춰 동조된 수신기에 의하여 수신된다. 변조된 신호는 다이오드에서 검파되어 입력 파형의 1/2을 제거한다. 변조된 신호의 나머지 절반을 필터링하여 음성 신호만 증폭하고 스피커에 적용하여 원래의 음성 신호를 재현한다. 주파수 변조(FM) 회로는 AM 변조회로와 상당히 다르고, 음성 신호가 반송파의 주파수를 변조한다. 회로는 더 복잡하지만, 송신기에서 반송파를 변조하고 수신기에서 복조시켜 같은 효과가 발생한다. AM이 간섭에 더 취약한 이유는, 조명 장치, 변압기의 EMF파, 정전기 전하 방출 등 외부 소스에 의하여 발생되는 EMF파가 수신된 변조 파형의 진폭에 영향을 미치며, 원래의 음성 신호의 구성요소로 인식되기 때문이다. 즉 반송파 주파수만 필터링되므로 간섭 현상이 발생한다.

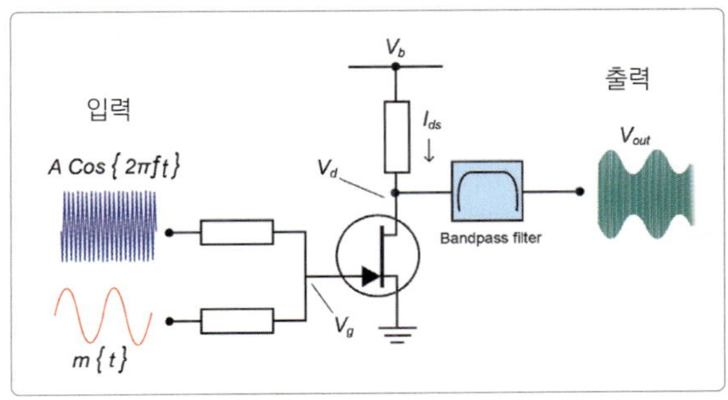


[그림 3-26] AM 변조 예

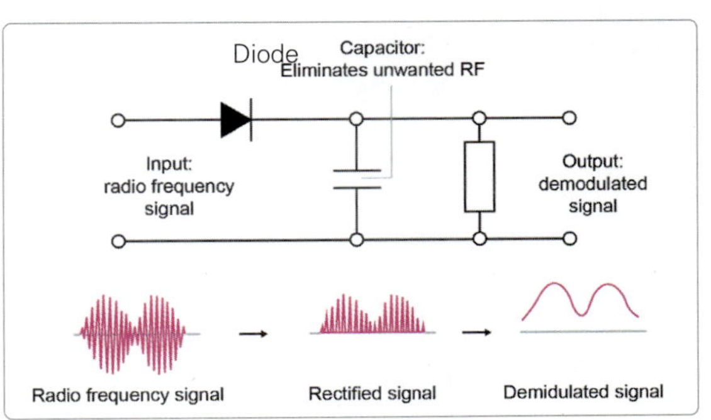


[그림 3-27] 변조 과정

FM 전송에서 변조 신호의 진폭도 간섭에 의해 영향을 받지만, 복조기(demodulator)는 주파수 변동을 복조하므로, 진폭 편차는 검파된 신호에 영향을 미치지 않는다.

### 3.2.1.3 단측파대(Single Side Band-SSB)

반송파가 정보 신호에 의해 변조되는 경우, 두 개의 AC 신호(반송파, 변조파)가 함께 혼합되면 세 개의 주(主) 주파수가 다음과 나타난다.

1) 원래 반송파 주파수: 중심 반송 주파수
2) 반송파 주파수 + 변조 주파수
3) 반송파 주파수 - 변조 주파수

진폭 변조(AM) 중 정보 신호의 주파수 변동에 따라 반송파 위 아래에 변조 주파수의 최대 진폭까지 주(主) 주파수가 다양하게 나타난다. 반송파 주파수 양쪽에 있는 이러한 추가 주파수를 측파대(side band)라고 한다. 각 측파 대역에는 전달하고자 하는 고유한 정보 신호가 포함되어 있다. 중심 반송파 주파수를 포함한 하부 및 상부 사이드밴드의 전체 범위를 대역폭이라고 한다.

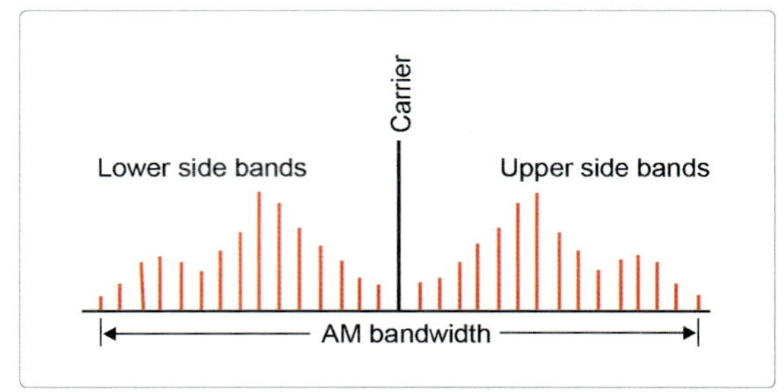


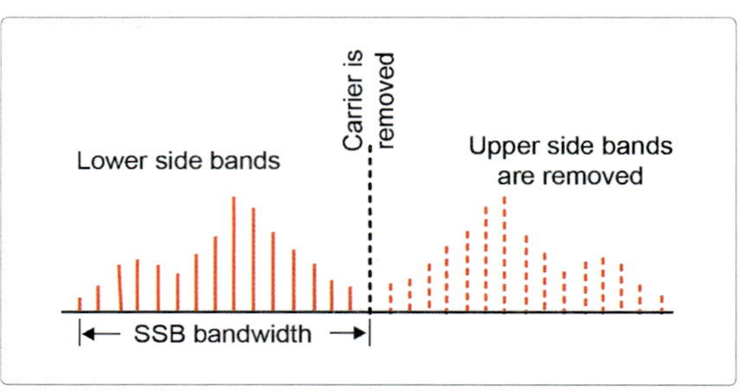


[그림 3-28] 단측파대 주파수 분포

무선 주파수의 사용이 증가함에 따라, 더 효율적인 전파 대역의 배분은 필수적이다. 정보를 전송할 때 가능한 가장 좁은 대역폭을 사용하여 전파를 송출하는 것이 전파공학의 초점이다. 전송이 필요한 모든 정보가 손실이 없이 많이 전달하는 것이 중요하며 정보의 질이나 양을 제한하는 등 필요한 전파 대역폭을 최소로 유지하기 위한 방법을 사용한다.

지상파나 일부 공중파 방송의 저주파에서 단측파대(SSB) 송신 방식을 이용한다. SSB 방송에서는 반송파와 상하 측파대 중 하나가 제거되어 송출된다. 송출되는 하나의 측파대에 필요한 정보가 다 포함되어 있다. 필요한 대역폭이 반으로 줄어들어 무선 스펙트럼을 효율적으로 사용할 수 있다.

또한 SSB 변조 방식은 동일한 정보와 도달 거리의 전송을 위해 더 적은 전력을 사용한다. 많은 장거리 항공 단파(HF) 통신은 SSB이다.

## 3.2.2 아날로그 변조

### 3.2.2.1 진폭 변조 이론

진폭 변조에서 반송파 신호의 진폭은 주파수가 반송파보다 더 낮은 변조 전압에 의해 변화한다. 실제로 반송파는 변조가 오디오인 반면 고주파(HF)이다. 형식적으로 AM은 반송파의 진폭이 변조 전압의 순간 진폭에 비례하는 변조 시스템으로 정의된다.

#### AM파 주파수 스펙트럼

파형에 존재하는 주파수는 반송파 주파수와 첫 번째 쌍의 사이드밴드 주파수로, 여기서 사이드밴드 주파수는 다음과 같이 정의된다

$$f_{SB} = f_c \pm nf_m$$

첫 번째 사이드밴드 쌍 n = 1 이다.

반송파가 진폭 변조될 때 비례 상수는 동일하게 만들어지며, 순간 변조 전압 변화가 반송파 진폭에 증첩된다. 따라서 일시적으로 변조 신호가 없을 때 반송파의 진폭은 변조되지 않은 값과 동일하다. 변조가 될 때 반송파의 진폭은 순간 값에 따라 달라진다. 아래 그림은 진폭 변조 전압의 최대 진폭이 변조 전압 변화에 따라 어떻게 변화되는지 보여준다. 또한 도표는 Vm이 Vc보다 크면 특이한(왜곡) 현상이 발생한다는 것을 보여준다.

이것은, 그리고 Vm/Vc 비율이 자주 발생하고 다음과 같은 변조 지수의 이탈이 발생한다.

m= Vm/Vc

변조지수는 0과 1 사이에 있는 숫자로, 백분율로 표현되며 변조백분율 이라고 불린다.

따라서 진폭 변조 과정은 변형이 아닌 변조되지 않은 파형에 추가하는 효과가 있다는 것이 명백하다.

여기에 따라 추가되는 두 개의 용어가 사이드밴드다. 하부 사이드밴드(LSB)의 주파수는 fc−fm과 같고 상부 사이드밴드(USB)의 주파수는 fc+fm이다. 이 단계에서 매우 중요한 사항은 진폭 변조에 필요한 대역폭이 변조 신호 주파수의 두 배라는 것이다. AM 방송 서비스와 같이 여러 사인파에 의한 변조에서 필요한 대역폭은 가장 높은 변조 주파수의 두 배가 된다.

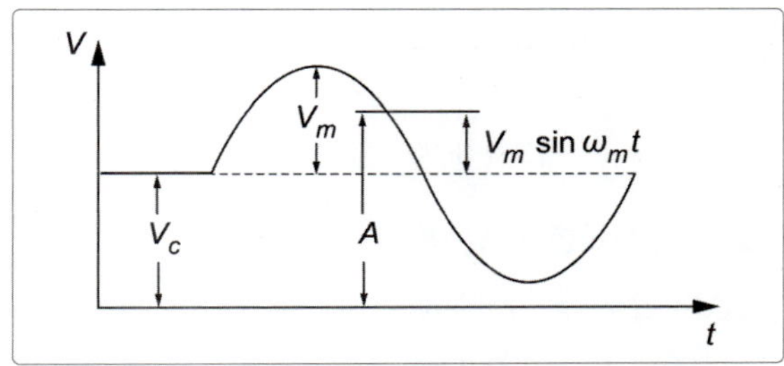


[그림 3-29] 진폭 변조 예

### 3.2.2.2 클리핑(Clipping)

AM의 변조 비율이 1보다 크면(예: 100% 이상의 변조) 클리핑이 발생할 수 있다.

이것은 과도한 구동으로 인해 파형의 봉우리가 평평해진 것이다. 또한 다음과 같이 정의할 수도 있다.

- 음성 작동 장치의 이상 작동으로 인한 단어나 음절의 초기 또는 최종 부분의 손실
- 증폭기가 전력 용량을 초과하여 구동될 때 파형의 피크의 클리핑을 표현하는 데 사용되는 용어. 클리핑으로 인한 정현파 끝의 평탄화.
- 증폭기의 입력단에 과부하가 걸리면서 발생하는 심한 왜곡 정현파. 신호 파형에 클리핑이 발생할 때 피크에 상단과 하단이 평평해 진다.
- 입력신호의 최대 진폭 제한으로 인한 음성 신호의 변형 및 왜곡
- 입력신호의 피크로부터의 전단, 양 또는 음 피크 중 하나에 영향을 미칠 수 있다. 복합 비디오 신호의

경우 동기 신호가 영향을 받을 수 있다.

* 설정된 범위를 벗어난 표시 요소의 일부 제거. 가위 질이라고도 한다.

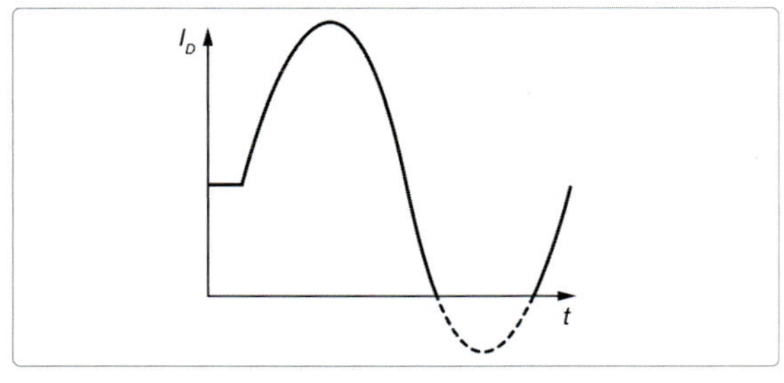

[그림 3-30] 클리핑 현상

### 3.2.2.3 진폭변조 발생(Generation of AM )

AM파를 생성하기 위해서는 일련의 전류 펄스를 동조 회로에 가할 필요가 있다. 각 펄스는 입력 펄스가 유일할 경우 튜닝된 회로에서 감쇠 진동을 시작할 것이다. 진동은 입력 펄스의 크기에 비례하는 초기 진폭과 회로의 시간 상수에 따라 감쇠 속도를 가질 수 있다. 여기서 일련의 펄스가 탱크 회로에 공급되기 때문에 각 펄스는 펄스에 대한 크기에 비례하여 진폭에

비례하는 완전한 정현파를 발생시킨다. 다음으로 적용된 펄스 크기에 비례하여 다음 정현파가 뒤따른다. 오디오 사이클당 최소 10배 이상의 펄스가 실제 회로에 공급된다는 점을 염두에 두고 원래의 전류 펄스가 변조 전압에 비례하게 되면 AM파의 극히 양호한 근사치가 나타난다는 것을 알 수 있다. 이 프로세스는 동조 회로의 플라이휠 효과로 알려져 있으며, Q가 너무 낮지 않은 동조 회로에서 가장 잘 작동한다.

이 증폭기에 대한 DC 공급 전압과 직렬로 이 전압을 적용하여 C 등급 증폭기의 출력 전류를 변조 전압에 비례하게 만들 수 있다. 따라서 C 등급 증폭기의 Cathode(또는 emitter), Grid(또는 base) 및 Anode(또는 collector) 변조가 모두 가능하다. 열거한 방법의 어떤 조합에서도 각각의 애플리케이션에 장 단점이 있다.

AM 송신기에서, 진폭 변조는 무선 주파수 소스의 어느 지점에서나 생성될 수 있다. 수정 발진기에서도 진폭을 조절할 수 있지만 주파수 안정성에 간섭이 될 수 있다. 송신기의 출력단계 플레이트 변조(또는 저전력 송신기에서 collector 변조)인 경우 시스템을 고수

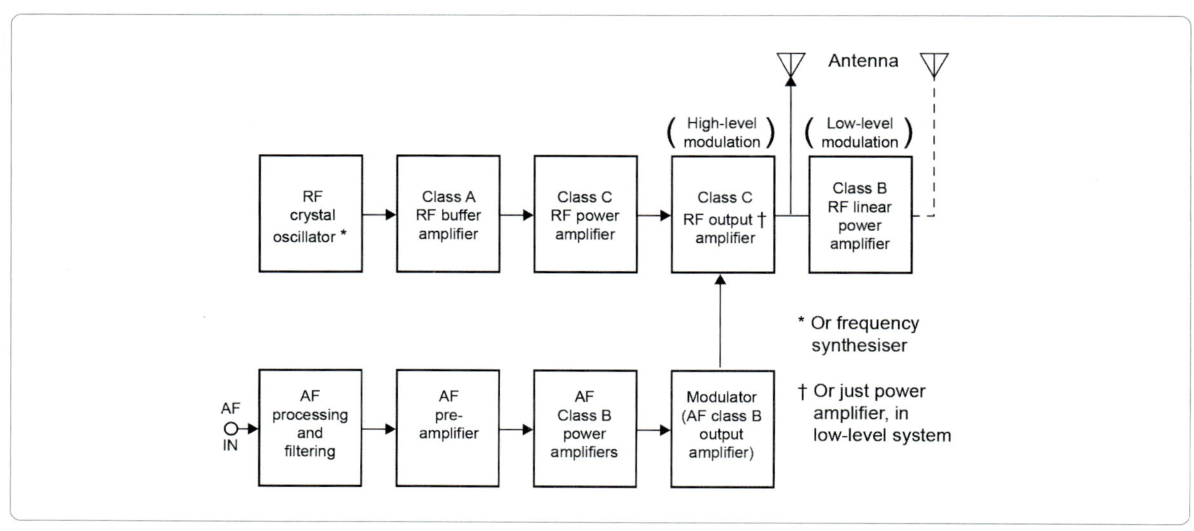


[그림 3-31] 진폭 변조 송신기

준 변조라고 한다. 출력 증폭기의 다른 전극을 포함한 다른 어떤 지점에서 변조를 하면 이른바 저수준 변조가 발생한다. 당연히 두 시스템의 최종 결과는 같지만 송신기 회로 배치는 다르다.

텔레비전 송신기에서는 필요한 큰 대역폭에서 높은 비디오 변조 전력을 생성하기 어렵기 때문에 출력 단계에서 양극 변조를 사용하는 것은 현실적으로 불가능하다. 따라서 TV 송신기에서 출력단계의 그리드 변조는 사용가능한 가장 높은 수준의 변조를 의미한다. TV 방송에서는 "상위 수준" 변조라고 하며 그 밖의 것은 "하위 수준" 변조라고 한다. 아래 제시된 것은 AM 송신기의 대표적인 블록 다이어그램으로 저수준 또는 고수준 변조일 수 있고 공통점이 있다. 두 가지 모두 안정적인 RF 소스, 버퍼 증폭기 및 RF 전력 증폭기가 있다. 두 유형의 송신기에서 오디오 신호가 처리되고 정확한 대역폭(일반적으로 10kHz)을 유지하도록 필터링되고, 최대 진폭과 최소 진폭의 비율을 즐이기 위해 다소 압축된다. 변조 시스템에는 오디오 및 파워 오디오 주파수(AF) 증폭기가 있으며, 최고 출력 오디오 앰프인 모듈레이터 앰프가 있다. 유일한 차이는 변조가 일어나는 지점이다. 차이를 과장하기 위해 여기에 저수준 변조를 위해 변조된 RF 앰프를 따라 증폭기가 표시되며, 이 증폭기는 선형 RF 앰프, 즉 B 급이어야 한다. 그러나, 변조된 증폭기가 플레이트(또는 collector) 이외의 어떤 전극에서도 변조된 최종 증폭기라면 이를 저수준 변조라고 불린다는 점을 유의하여야한다. 따라서 변조 수준을 높일수록 변조하는데 필요한 오디오 출력이 커진다. 결과적으로 이 점에서 높은 수준의 시스템은 분명히 불리하다. 한편, 출력단계를 제외한 어떤 스테이지에서 변조하는 경우 다음 각 스테이지에서는 반송파뿐만 아니라 사이드밴드 전력도 증폭하여야 하고 모든 다음 단계 증폭기는 충분한 대역폭을 가져야 한다. 이러한 각 단계는 사이드밴드 주파수 변조에 의한 진폭 변화를 처리할 수 있어야 한다. 따라서 그러한 단계는 C 급이 될 수 없으며 결과적으로 C 급 증폭기보다 효율성이 떨어진다.

양극 변조 C 급 증폭기는 그리드 변조 증폭기보다 효율성이 우수하고 왜곡도가 낮으며 전력 처리 능력이 훨씬 우수한 경향이 있다는 것이 실무적으로 밝혀졌다. 이러한 고려사항 때문에 오늘날 방송 AM 송신기는 거의 예외 없이 고수준 변조를 사용하고, TV 송신기는 최종 단계에서 그리드 변조를 사용한다.

### 3.2.2.4 단측파대(SSB)

반송파와 두 개의 단측파대가 AM 단계에서 생성된다. 이 설명에서 수신기가 원래의 변조 신호를 재구성할 수 있는 충분한 정보를 제공하기 위해 모든 신호를 전송할 필요가 없음을 보여준다. 따라서, 반송파를 분리할 수 있으며 두 개의 단측파대 중 하나가 감쇠될 수 있다. 결과적으로 신호는 전송되는 전력이 덜 필요하고 대역폭을 덜 차지하며, 그럼에도 불구하고 적절한 통신이 가능할 것이다.

반송파가 단일 정현파에 의해 진폭 변조될 경우, 전파신호는 원래 반송파 주파수, 상측파대역 주파수 $(fc+fm)$ 및 하측파대역 주파수$(fc-fm)$의 세 가지 주파수로 구성된다. 이것은 진폭 변조 과정에서 자동적 발생하는 것으로 그것을 방지하기 위한 조치를 취하지 않는 한 항상 일어날 것이다. AM 파형의 성분 조합을 제거하거나 감쇠하기 위한 조치를 변조 과정에서 또는 다음 단계에서 설정할 수 있다.

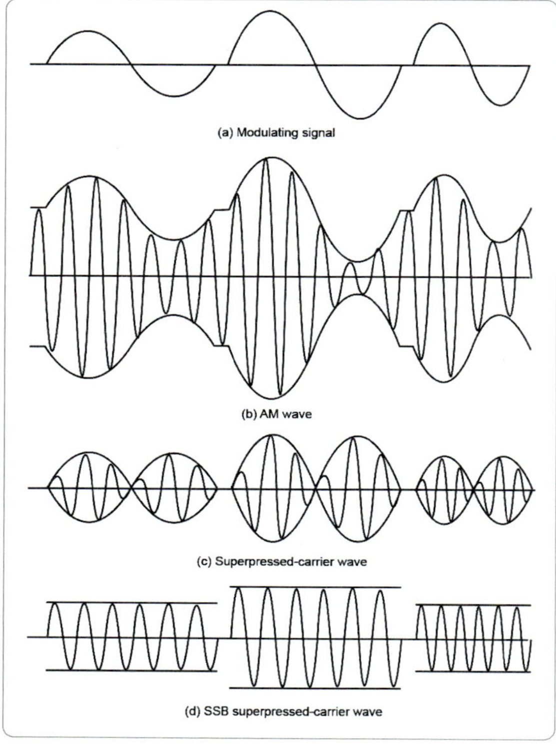

[그림 3-32] 단측파대 파형

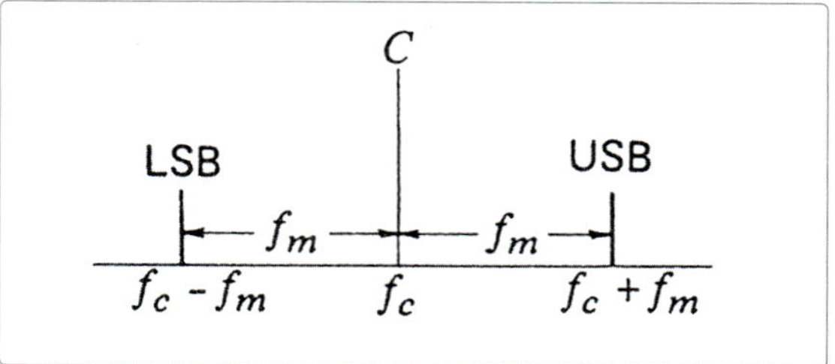

[그림 3-33] 단측파대 주파수

### 3.2.2.5 AM 파형의 전력

변조파의 반송파 성분은 변조되지 않은 반송파와 동일한 진폭을 갖는다. 그러나 변조된 파형은 물론 두 개의 단측파대 구성 요소도 포함하고 있다. 그러므로 변조된 파형은 변조가 일어나기 전에 반송파가 가졌던 것보다 더 많은 전력을 포함하고 있다는 것은 명백하다. 단측파대의 진폭은 변조지수에 따라 달라지기 때문에 변조파의 총전력은 변조지수에 따라 달라질 것으로 예상된다.

$$\frac{P_t}{P_c} = 1 + \frac{m^2}{2}$$

$Pt$ = Total power in the wave

$Pc$ = Carrier power

$m$ = Modulation index

실제로 SSB는 그러한 절전이 보장되어야 하는 애플리케이션, 즉 무게와 전력 소비를 자연스럽게 낮게 유지해야 하는 모바일 시스템에서 전력을 절약하기 위해 사용된다. 단측파 대역 변조는 이동 통신, 텔레비전, 원격 측정, 군사 통신, 무선 항법 장치 아마추어 라디오의 한 형태나 다른 형태로 사용한다. SSB 파형은 변조 전압, 해당 AM 전압 및 반송파만 제거한 파형과 함께 아래에 표시된다. 비교를 위해 두 가지 다른 변조 진폭과 주파수가 표시된다. 이는 여기서 SSB파가 단일 무선 주파수에 불과하다는 것을 분명히 보여준다. SSB파의 진폭은 변조 전압의 진폭에 비례하며 그 주파수는 변조 신호 주파수에 따라 변화한다.

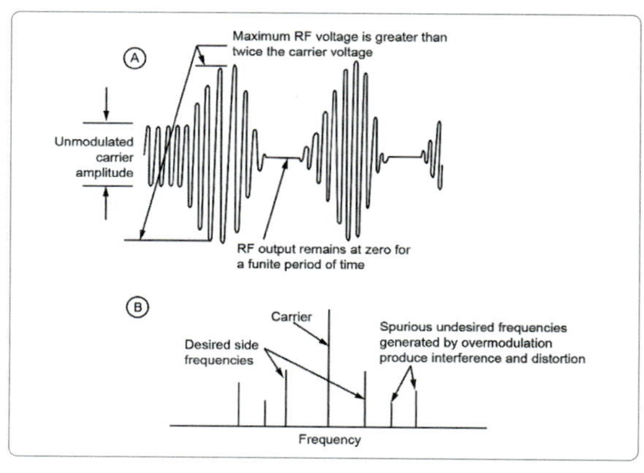

[그림 3-34] AM 주파수 분포

이 방정식은 진폭 변조 파동의 총 전력을 변조되지 않은 반송파 전력과 연관시킨다. 이 방정식에서 $m = 1$일 때 AM파의 최대 출력은 $P_t = 1.5\ P_c$라는 점을 주목하면 흥미롭다. 이는 관련 증폭기가 왜곡 없이 처리할 수 있어야 하는 최대 전력이기 때문에 중요하다. AM파의 총 전력은 반송파 전력과 측파대 전력으로 구성된다는 점을 강조하기 위해 방정식을 다시 쓸 수 있다. 이렇게 하면,

$$P_t = P_c\left(1 + \frac{M^2}{2}\right) = P_c + \frac{P_c}{2}m^2 = P_c + P_{SB}$$

여기서 PsB는 총 측파대 전력이고 다음과 같이 주어진다.

$$P_{SB} = \frac{P_c}{2}m^2$$

총 변조 지수는 여전히 1 을 초과해서는 안 되며, 그렇지 않으면 단일 정현파에 의한 과대변조가 발생하고 부의 과대 변조시 반송파가 0 이 되는 왜곡이 발생한다. 변조가 하나이든 많은 정현파에 의한 것이든 간에 아래 그림 A는 과변조된 파형, B는 과변조된 주파수 스펙트럼을 나타내며 Spurious 주파수도 생성된다.

### 3.2.2.6 주파수 변조 기본 개념

AM에서는 입력되는 변조 오디오가 클수록 반송파 강도의 변화가 크고 수신기의 검파기 단계에서 검출된 신호가 강해진다. FM의 경우 소리가 클수록 할당된 주파수 또는 중심 주파수로부터 반송파 주파수 편차가 커지며 FM 검출기 단계에서 검출된 신호가 강해진다. 반송파가 중심주파수(총 swing 150 kHz)의 각 측면에서 75 kHz를 벗어나도록 변조될 경우 수신기의 검출기에서 수신할 수 다른 정상 소음보다 큰 신호를 출력한다. 이는 FCC가 FM 방송국에설정한 최대

반송파 편이이며 100% 변조라고 간주된다. 반송파가 50% 변조되면 중심 주파수 양쪽에서 37.5kHz가 편이되고, 60% 변조는 45kHz의 편의를 생성하며, 80% 변조는 60kHz의 편의를 발생시킨다. 변조 AF 전압을 2배로 증가시키면 주파수 스윙이 2배로 증가한다. 변조의 비율이 동일하게 유지되는 한 주파수 스윙은 변조 전압의 주파수에 관계없이 동일하게 유지된다.

AM에서 반송파를 변조하면 측파대가 생성된다. 즉 반송파를 변조하는 데 사용되는 단일 톤은 반송파 주파수의 양쪽에 사이드밴드를 생성한다.

FM에서 반송파를 변조주파수로 변조시키면 각 후속 사이클이 앞의 주파수보다 약간 높거나 약간 낮은 주파수에 있기 때문에 RF AC 사이클이 순수한 사인파가 될 수 없다는 것을 의미한다. 이로 인해 AM과 같이 사이드밴드가 발생하지만, 한 Tone 에 대해 한 쌍의 사이드밴드 대신에 FM에서는 상당히 강한 사이드밴드의 수는 반송파가 얼마나 편의되는가에 따라 달라진다. 스윙이 클수록 사이드밴드의 수가 많아진다. 이론적으로 주파수 변조에 의하여 무한한 수의 사이드밴드가 만들어지지만 오직 몇 개만이 의미가 있을 만큼 강할 수 있다. 방송 FM에서 오디오 주파수 15kHz는 전송에 허용된 최대 주파수이며, 75kHz는 허용되는 주파수 편이이다. 그러므로 가장 높은 변조 주파수에 대한 최대 허용 편이 비율은 75:15이다. 이것은 FM 방송 송신기의 편차비로 알려져 있다. 사용 중인 특정 변조 주파수에 대해 허용되는 최대 편차(75kHz)의 비율을 변조 지수라고 한다. 편차율과 변조지수는 75kHz 편차와 변조 주파수가 15kHz인 경우에만 동일하다. FM 방송에 사용되는 5의 편차율은 15kHz 변조 주파수의 중심 주파수 이하에 8개, 이상에 8개의 유의한 사이드밴드를 생성한다. 반송파가 75 kHz를 벗어나도록 하는 15 kHz 변조 신호음은 8개의 유의한 사이드밴드를 생

성하며, 각각 인접 사이드밴드로부터 15 kHz 씩 떨어져 생성한다.

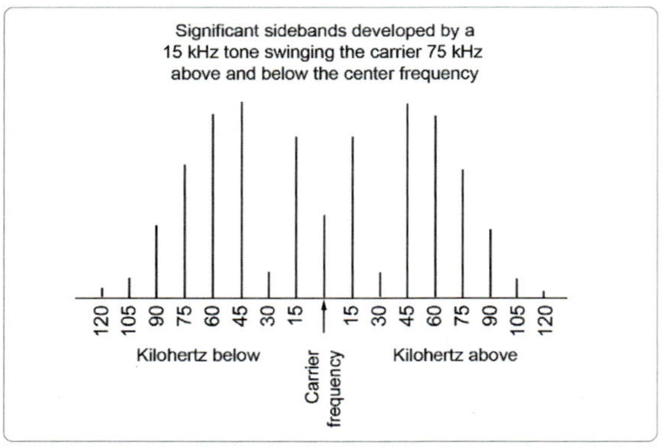


[그림 3-35] 주파수 변조 분포

### 3.2.2.7 주파수 변조 생성

주파수 변조 발생기의 주요 요건은 가변 출력 주파수로 변조 전압의 순간 진폭에 비례하는 변동이다. 부차적인 요구사항은 비변조 주파수가 일정해야 하고, 변조 주파수와 무관한 편차가 있어야 한다는 것이다. 단, 시스템이 이러한 특성을 유지하지 못하면, 변조 과정 중에 수정할 수 있다.

FM 생성 방법은 LC 오실레이터 탱크의 캐패시턴스 또는 인덕턴스가 변화하면 어떤 형태의 주파수 변조가 발생한다. 이러한 변화가 변조 회로에 입급되는 전압과 정비례할 수 있다면 진정한 FM을 얻을 수 있을 것이다. 전압 변화에 따라 캐패시턴스가 변화하는

몇 가지 제어 가능한 전기 및 전자 현상이 있으며, 인덕턴스가 유사하게 변화하는 몇 가지 현상도 있다. 일반적으로 이러한 시스템을 사용할 경우 전압 가변 리액턴스가 탱크를 가로질러 연결되며, 탱크는 진동 주파수가 원하는 반송파 주파수와 같도록 조정된다. 가변 요소의 캐패시턴스 또는 인덕턴스는 변조 전압에 따라 변화하며, 변조 전압이 증가함에 따라 증가 또는 감소한다. 변조 전압이 0에서 이탈이 클수록 리액턴스 변동과 주파수 변화가 커진다. 변조 전압이 0일 때 가변 리액턴스는 평균 값을 갖는다. 따라서 반송파 주파수 발진기 인덕턴스는 가변 리액턴스와 병렬로 자체 고정 캐패시턴스로 튜닝된다. 전압에 의해 리액턴스가 변화할 수 있는 많은 장치가 있다. 3단자 FET, 바이폴라 트랜지스터 및 진공관이 포함된다. 두 단자 장치 중 가장 흔한 것은 Varactor Diode이다.

### 3.2.2.8 진폭 변조(AM) 송신기

진폭 변조에서 RF 출력 신호의 순간 진폭은 변조 신호에 비례하여 변화한다. 변조 신호는 음성으로 구성된 신호와 같이 다양한 진폭과 위상의 많은 주파수로 구성될 수 있다. 마이크는 오디오(사운드) 입력을 상응하는 전기 에너지로 변환한다. 변조기는 반송파를 완전히 변조하는 데 필요한 진폭까지 오디오 신호를 증폭시킨다. 변조기의 출력은 파워앰프에 연결된다. RF 반송파와 변조 신호는 파워앰프에 결합되어

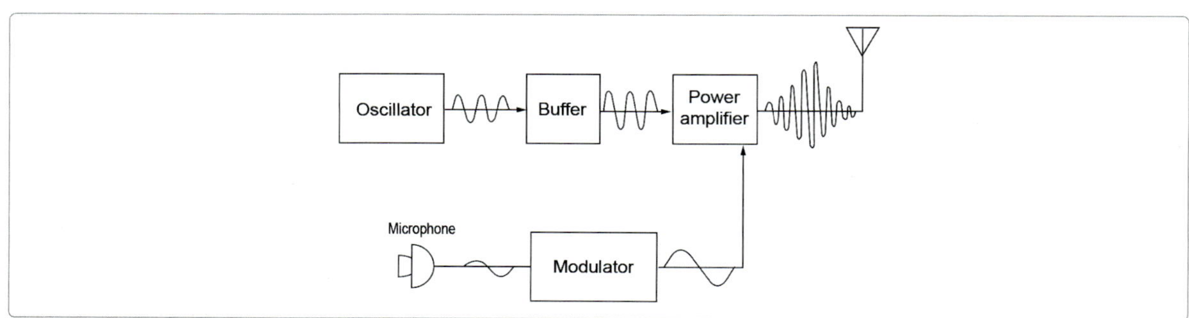


[그림 3-36] 진폭 변조 송신기

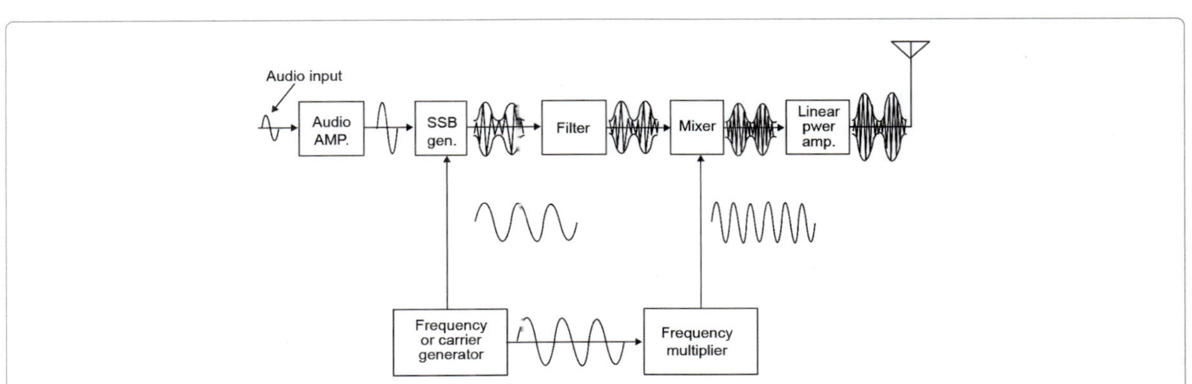

[그림 3-37] 단측파대 송신기

전송을 위한 진폭 변조 RF 반송파 출력을 생성한다. 변조 신호가 없을 경우 안테나에 의해 연속 RF 반송파가 복사된다.

### 3.2.2.9 단측파대(SSB) 송신기

단측파대(SSB) 송신기는 오디오 주파수 내용을 원하는 무선 주파수로 변환한다. 일반적인 진폭 변조(AM) 송신기와는 달리 나머지 사이드밴드 및 반송파가 억제되고 상부 또는 하부 사이드밴드 중 하나만 전송된다. 오디오 앰프는 신호의 진폭을 SSB 발생기를 작동하기에 적절한 수준으로 증가시킨다. 오디오 앰프는 전압 증폭기에 불과하다. SSB 발생기는 주파수 발생기의 오디오 입력과 반송파 입력을 결합하여 두 개의 사이드밴드를 만든 다음 반송파를 억제한다. 그런 다음 두 개의 사이드밴드를 필터로 공급하여 원하는 사이드밴드를 선택하고 다른 사이드밴드는 억제한다. 대부분의 경우 SSB 발생기는 정상 전송 주파수

에 비해 매우 낮은 주파수에서 작동한다. 따라서 사이드밴드 출력을 필터에서 원하는 주파수로 변환할 필요가 있다. 이것이 믹서기의 목적이다. 믹서 단계에 더 높은 반송파 주파수를 얻기 위해 주파수 발생기를 통해 두 번째 출력을 얻어 주파수 증폭기에 공급한다. 믹서기의 출력은 전송을 위한 신호 레벨을 증가시키기 위해 선형 파워앰프로 공급된다.

### 3.2.2.10 FM(Frequency Modulated) 송신기

주파수 변조(FM)에서 변조 신호는 변조 신호의 순간 진폭에 따라 반송파의 주파수를 변화시키는 방식으로 결합한다. 변조 신호가 리액턴스 튜브의 리액턴스를 변화시킨다. 리액턴스 튜브는 발진기의 탱크 회로를 가로질러 연결되고 변조가 없는 상태에서 발진기는 일정한 중심 주파수를 생성한다.

변조가 진행되는 상태에서 리액턴스 튜브는 변조 신호에 따라 발진기의 주파수를 중심 주파수를 중심

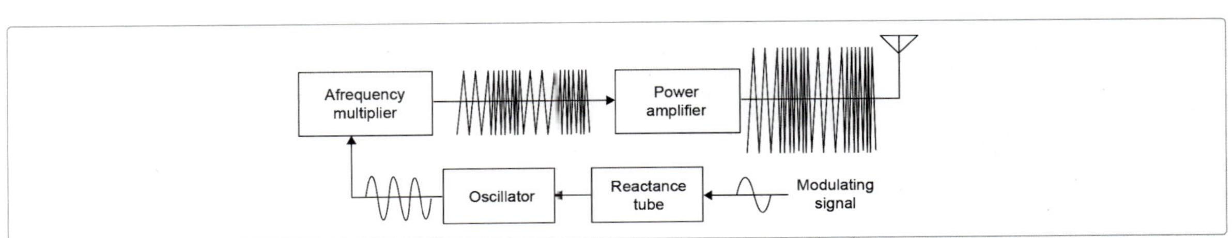

[그림 3-38] FM 송신기

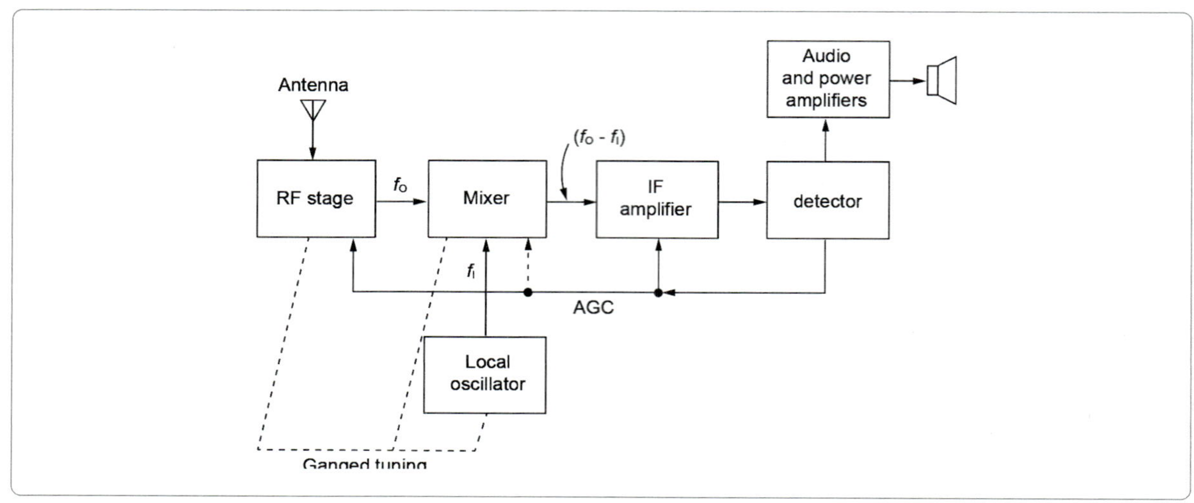



[그림 3-39] 슈퍼헤테로다인 수신기

으로 변화시킨다. 그런 다음 발진기의 출력은 체배기로 공급되어 주파수를 증가시킨 다음 파워앰프로 전달하여 진폭을 원하는 수준으로 증가시킨다.

### 3.2.2.11 슈퍼헤테로다인 수신기 (Superheterodyne Receiver)

그림 3-39의 블록 다이어그램은 기본적인 슈퍼헤테로다인 수신기를 보여준다. 슈퍼헤테로다인 수신기에서 수신 전파는 국소 발진기 주파수와 결합되어 낮은 중간주파수 신호로 변환된다. 이 중간 주파수의 신호는 원래 반송파와 동일한 변조 신호를 포함하고 있으며, 원래 정보를 재현하기 위해 증폭 및 검출된다. 로컬 오실레이터와 RF 회로 사이에 일정한 주파수 차이가 유지되며 일반적으로 캐패시턴스 튜닝을 통해 모든 콘덴서가 한 컨트롤 노브에 의해 일치하게 작동된다. IF 앰프는 일반적으로 두 개 또는 세 개의 변압기를 사용하며, 각각은 상호 결합 튜닝된 회로의

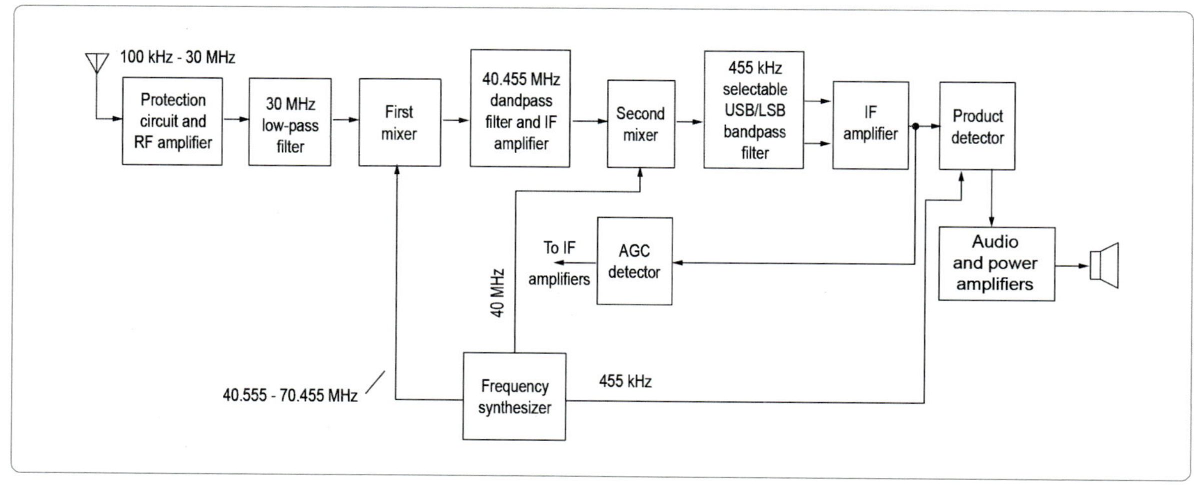



[그림 3-40] 주파수 변조 수신기

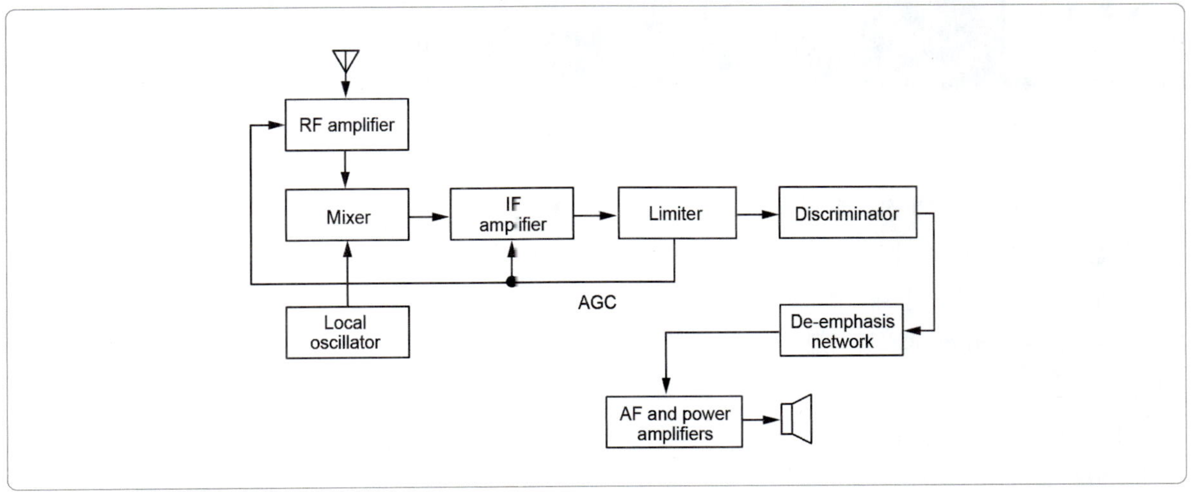

[그림 3-41] 단측파대 수신기

한 쌍으로 구성된다.

이 많은 수의 이중 튜닝된 회로가 특히 선택된 일정한 주파수에서 작동하면서, IF 앰프는 수신기의 이득(따라서 민감도)과 대역폭 요구사항을 제공한다. IF 앰프의 특성은 수신기가 튜닝되는 주파수와 독립적이기 때문에, 슈퍼헤트의 선택성과 민감도는 대개 튜닝 범위 전체에 걸쳐 상당히 균일하다. RF 회로는 수신기의 잡음 수치를 줄이기 위해 영상 주파수 같은 간섭을 배제하기 위해 원하는 주파스를 선택하는 데 사용된다.

슈퍼헤테로다인 수신기의 장점은 무선 수신기 어플리케이션의 대부분에 가장 적합한 형태로, AM, FM, 통신, 단측파대, 텔레비전, 심지어 레이더 수신기까지도 원칙적으로 약간의 수정으로 사용하고 있으며 오늘날 표준형 무선 수신기로 간주될 수 있다.

### 3.2.2.12 주파수 변조 수신기 (Frequency Modulation Receiver)

FM 수신기의 아래 블록 다이어그램은 AM 수신기와 얼마나 유사한지 보여준다. 수신기 사이의 기본적인 차이점은 다음과 같다: (a) 일반적으로 FM에서 훨씬 더 높은 작동 주파수, (b) Limiting 과 De-emphasis (c) 완전히 다른 복조 방법 및 (d) AGC 방법이다.

### 3.2.2.13 단측파대 수신기 (Single Side Band Receiver)

그림 3-41은 SSB 수신기의 블록 다이어그램을 보여준다. SSB 수신기는 기본적으로 저주파 IF 단계까지 이중 변환 슈퍼헤테로다인 수신기임을 알 수 있다.

주요 차이점은 두 개의 독립적인 단측차 대역이 존재하기 때문이며 이 대역을 기계적 필터로 분리한다.

SSB 수신기에 사용되는 필터는 여러 가지 목적이 있다. 많은 SSB 신호는 주파수 스펙트럼 중 아주 작은 부분이다. 필터는 존재할 수 있는 많은 신호 중 하나만 적절히 수신할 수 있도록 필요한 선택성을 제공한다. 또한 USB 또는 LSB 작동을 선택하고 노이즈 및 기타 간섭을 제거한다. SSB 수신기의 발진기는 매우 안정적이어야 한다. 일부 SSB 데이터 전송 유형에서는 ±2 헤르츠의 주파수 안정성이 요구된다. 단순한 음성 통신의 경우 ±50Hz의 편차까지 허용된다.

대부분의 통신 시스템의 장점은 대역폭 효율, 전력 효율 또는 비용 효율의 세 가지 범주 중 하나로 분류된다. 대역폭 효율은 제한된 대역폭 내에서 데이터를 수용할 수 있는 변조 체계의 능력에 따라 결정될 수 있다.

전력 효율은 가장 낮은 실용 전력 수준에서 정보를 신뢰성 있게 전송할 수 있는 시스템의 능력에 따른다. 대부분의 변조시스템에서는 대역폭 효율에 높은 우선순위를 둔다.

### 3.3.1 디지털 변조의 장점

아날로그 변조 방식에 대비하여, 디지털 변조는 더 많은 정보 용량, 디지털 데이터 서비스와의 호환성, 더 높은 데이터 보안, 더 나은 품질 및 더 빠른 시스템 가용성을 제공한다.

통신 시스템에서는 사용 가능한 대역폭, 허용 전력과 시스템의 고유 잡음 수준을 고려하여야 한다. 전자파 자산은 여러 사람이 자유롭게 사용하여야 하나, 통신 서비스에 대한 수요가 늘어나면서 주파수 수요가 급증하고 있다. 디지털 변조 방식은 아날로그 변조 방식에 비하여 대량의 정보를 전달할 수 있다.

아날로그 변조 방식 대비 디지털 변조 장점

- 소음에 대한 내성 확대
- 채널 장애에 대한 견고성
- 음성, 데이터, 비디오 등 다양한 형태의 정보를 보다 쉽게 멀티플렉싱

- 보안 강화: 코딩 기법을 사용하여 재밍(jamming) 방지
- 전송 오류를 감지하고 수정하는 디지털 오류 제어 코드 사용
- 모든 통신 링크에서 성능을 향상시키기 위한 균등화 가능

아날로그 변조 통신 시스템은 단순한 정보를 전달하기 위하여 송신기와 수신기 하드웨어를 간단하게 구성하여 사용할 수 있으나 근본적인 제한사항이 있다. 아날로그 변조 방식으로 많은 정보를 전송하려면 많은 주파수를 사용하여야 한다.

대신에, 디지털 변조 방식은 더 복잡한 송신기와 수신기를 사용하여 더 적은 대역폭으로 동일한 정보를 전송할 수 있다.

최근 간단한 아날로그 진폭 변조(AM)와 주파수/위상 변조(FM/PM)에서 새로운 디지털 변조 기법으로 주요한 전환이 일어났다. 디지털 변조에는 다음과 같은 여러 방식이 있다.

- 진폭 시프트 키잉(amplitude shift keying-ASK)
- 주파수 시프트 키잉(frequency sift keying-FSK)
- 연속위상 주파수 편이 키잉(continuous phase frequency-shift keying(CP-FSK))
- 바이너리 위상 편이 키잉(binary phase-shift keying-BPSK)
- 사분위 진폭 변조(quadrature amplitude modulation-QAM)

아래 간단하게 보인 반송파 신호 방정식을 참조하여 설명하면, 정보 신호가 디지털이고 반송파의 진폭(V)이 정보 신호에 비례하여 변화하면 진폭 시프트 키잉(amplitude shift keying–ASK) 이라는 디지털 변조 신호가 생성된다.

반송파 주파수(f)가 정보 신호에 비례하여 변화하면 주파수 시프트 키잉(frequency shift keying–FSK) 변조파가 생성되고, 반송파(θ)의 위상이 정보 신호에 비례하여 변화하면 위상 시프트 키잉(phase shift keying–PSK) 변조파가 생성된다.

진폭과 위상이 모두 정보 신호에 비례하여 변동할 경우, 2차 진폭 변조(quadrature amplitude modulation–QAM) 결과가 나타난다. ASK, FSK, PSK, CP-FSK, BPSK 및 QAM은 모두 디지털 변조 형태이다.

송신기에서 프리코더(precoder)는 데이터를 수위(level) 변환을 수행한 다음 아날로그 반송파를 변조하는 비트 그룹으로 코딩(encoding)한다. 변조된 캐리어는 필터링하고 증폭된 다음 전송 매체를 통해 수신기로 전송된다.

전송 매체는 금속 케이블, 광섬유 케이블, 지구 공간 또는 두 가지 이상의 전송 시스템의 조합이 될 수 있다.

수신기에서 들어오는 변조된 반송파에서 신호를 필터링하고 증폭된 다음 복조 회로와 디코더 회로에 의하여 원래 소스 정보를 추출한다.

클럭과 캐리어 복구 회로는 복호화 프로세스를 수행하는 데 필요하므로 수신된 변조파로부터 아날로그 반송파와 디지털 타이밍(clock) 신호를 복구한다.

$$v(t) = V \sin (2\pi \cdot ft + \theta)$$

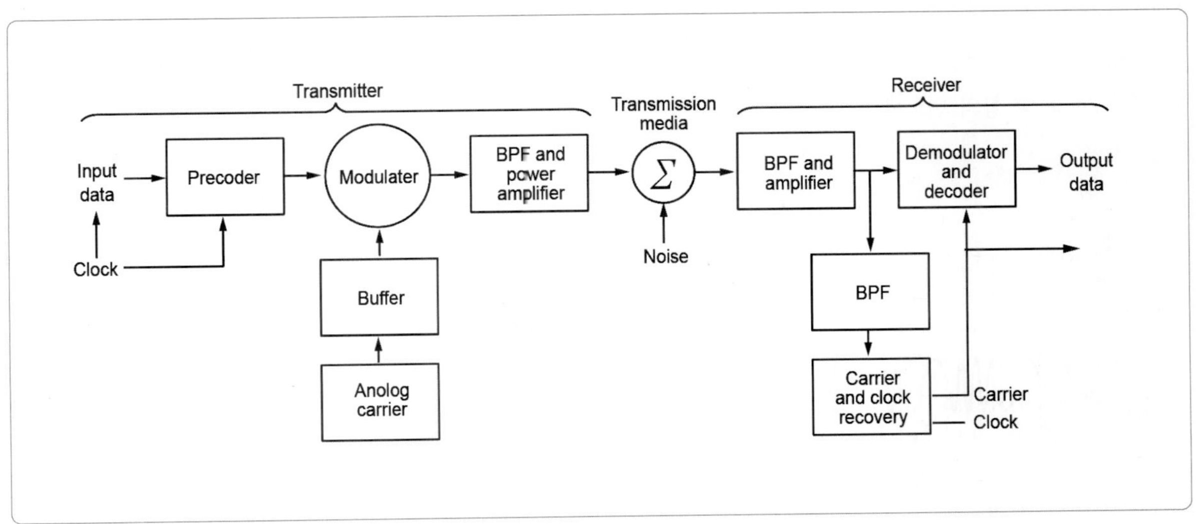

[그림 3-42] 디지털 변조 예

### 3.3.2 진폭 시프트 키잉 (Amplitude Shift Keying-ASK)

가장 간단한 디지털 변조 기법은 진폭 시프트 키잉(ASK)이며, 2진 정보 신호가 아날로그 반송파의 진폭을 직접 변조한다. ASK는 출력 진폭이 두 개뿐이라는 점을 제외하면 표준 진폭 변조와 유사하다. 진폭 시프트 키잉을 디지털 진폭 변조(digital amplitude modulation-DAM)라고 부르기도 한다.

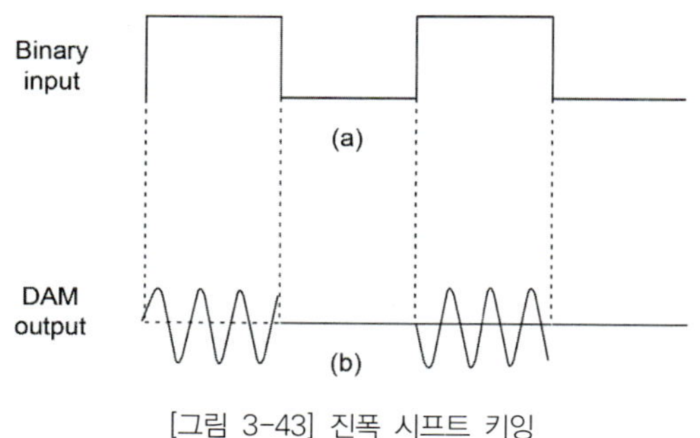


[그림 3-43] 진폭 시프트 키잉

Digital amplitude modulation:

(a) input binary; (b) output DAM waveform
2진수 입력이 하이(high)인 전체 시간 동안 출력은 일정한 진폭, 일정한 주파수 신호를, 2진수 입력이 로우(low) 인 경우 반송파 출력은 전체 시간 동안 꺼져 있다. ASK 파형의 변화율(baud)은 2진수 입력의 변화율(bps)과 동일하다.

디지털 정보를 전송하기 위해 진폭 변조 아날로그 캐리어를 사용하는 것은 비교적 낮은 품질의 저비용 디지털 변조 유형이며, 따라서 저속 원격측정 회로를 제외하고는 거의 사용되지 아니한다.

### 3.3.3 주파수 시프트 키잉 (Frequency Shift Keying-FSK)

FSK는 변조 신호가 연속적으로 변화하는 아날로그 파형이 아니라 변조 신호가 두 개의 전압 레벨 사이를 변화시키는 2진 신호라는 점을 제외하면 표준 주파수 변조(FM)와 유사한 상수 진폭 각도 변조 (constant-amplitude angle modulation)의 일종이다.

결과적으로 FSK는 때때로 2진 BFSK(binary FSK) 라고 불리워진다. 1비트 시간은 FSK 출력이 반송파 주파수의 마크 시간과 동일하므로 비트 시간은 FSK 신호 요소의 시간과 같고 비트 전송률은 Baud와 같다.

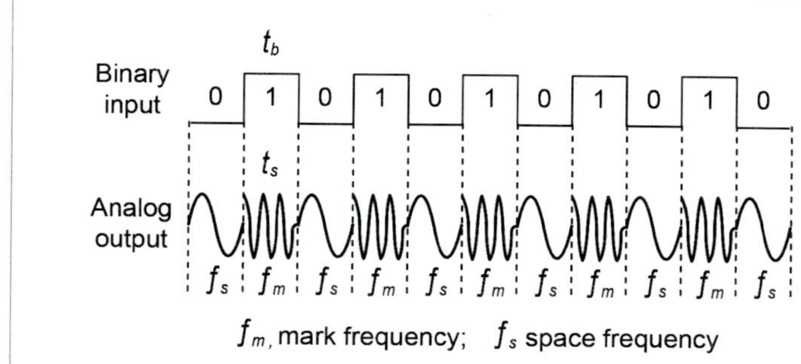


| Binary input | Frequency output |
| --- | --- |
| 0 | space $(f_s)$ |
| 1 | mark $(f_m)$ |

[그림 3-44] 주파수 시프트 키잉

### 3.3.4 연속 위상 주파수 편이 키잉 (Continuous-Phase Frequency-Shift Keying-CP-FSK)

연속 위상 주파수 이동 키잉(CP-FSK)은 마크와 공간 주파수가 입력 2진 비트 전송률과 동기화되는 것을 제외하고 2진 FSK이다. CP-FSK에서 마크(mark)와 공간(space)의 변조된 주파수는 비트 전송률의 정확히 1/2 배수로 중심 주파수에서 분리 (fm과 fs = n[fb/2], 여기서 n=정수)되도록 선택된다. 이를 통해 Mark에서 Space로 또는 그 반대로 변조될 때 아날로그 반송파 출력 신호에서 부드러운 위상 전환이 이루어진다. 그림 3-45는 비연속 FSK 파형을 보여준다. 입력 신호가 로직 1에서 로직 0으로 바뀌거나 그 반대로 변경될 때 아날로그 신호에 갑작스러운 위상 불연속성이 있음을 알 수 있다. 이 경우, 복조기는 주파수 변동 후 문제가 발생하므로 오류가 발생할 수 있다.

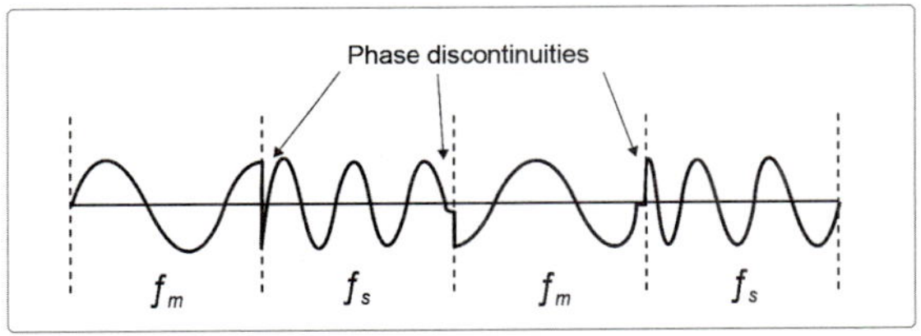


[그림 3-45] 위상 불연속

그러나, 다음 그림에서 출력 주파수가 변경될 때 매끄럽고 연속적으로 바뀌는 것을 볼수 있다. CP-FSK는 주어진 신호 대 잡음 비율에서 기존의 2진 FSK보다 비트 오류 가능성이 더 낮다. CP-FSK의 단점은 동기화 회로가 필요하기 때문에 회로 구성에 비용이 더 많이 든다는 것이다.

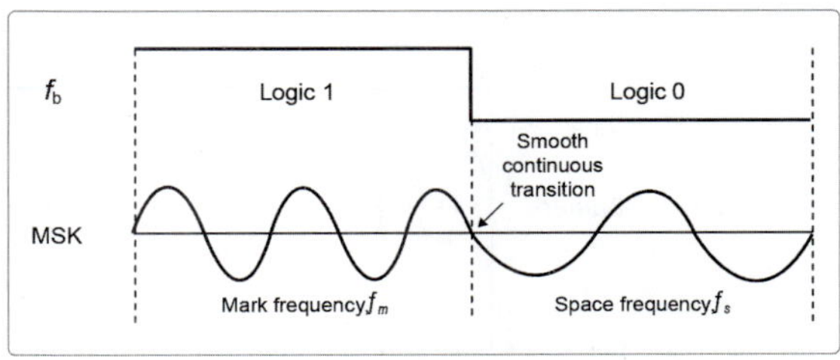


[그림 3-46] CP-FSK

### 3.3.5 바이너리 위상 편이 키잉 (Binary Phase-Shift Keying-BPSK)

- 대체 사인파 단계를 사용하여 비트 인코딩
- 간단하나 대역폭 사용이 비효율적
- 강력하고 위성 통신에 광범위하게 사용됨

매우 인기 있는 디지털 변조 방식인 2진 위상 편이 키잉(BPSK)은 2진 상태의 변조 신호에 따라 반송파 사인파를 $180°$ 로 이동시킨다. BPSK는 위상 전환이 제로 교차점에서 발생함에 따라 일관성이 있다. 적절한 BPSK 변조를 위해서는 신호가 동일한 위상의 사인파 캐리어와 비교되어야 한다. 여기에는 캐리어 복구 및 기타 복잡한 회로가 구성된다.

더 간단한 버전은 차동 BPSK 또는 DPSK이며, 여기서 수신된 비트 위상은 이전 비트 신호의 위상과 비교된다. BPSK는 대역폭 또는 1비트/Hz와 동일한 데이터 속도로 전송할 수 있다는 점에서 매우 효율적이다. 일반적으로 사용되는 BPSK 방식인 4분위 PSK(QPSK)의 변조기는 $90°$ 간격으로 2개의 사인 캐리어(sine carrier)를 생성한다. 2진수 데이터는 각 위상을 변조하여 서로 $45°$ 씩 이동된 4개의 고유 사인 신호를 생성한다. 두 단계를 합산하여 최종 신호를 생성하고 각 고유한 비트 쌍이 서로 다른 위상을 가진 캐리어를 생성한다.

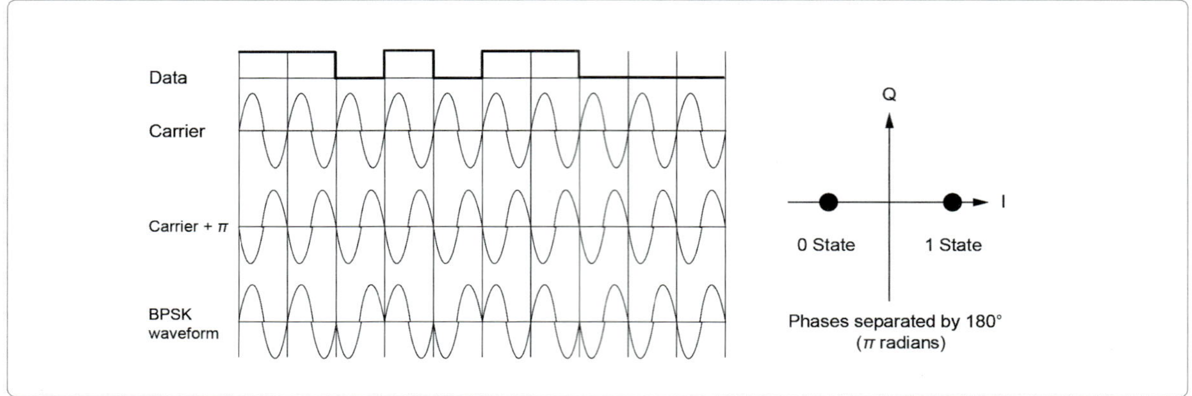

[그림 3-47-1] BPSK

### 3.3.6 사분위 진폭 변조
#### (Quadrature Amplitude Modulation(QAM))

- 두 사분면 캐리어에 대한 진폭 변조
- 2n 이산 레벨(discrete levels), n = 2(QPSK와 동일)
- 디지털 마이크로파 무선 링크에 광범위하게 사용

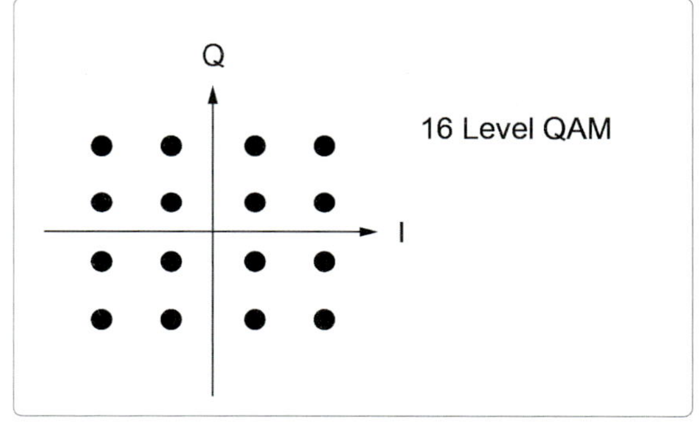

[그림 3-47-2] 사분위 진폭 변조

진폭과 위상을 조합하여 기호(symbols)를 생성하면 기호 당 더 많은 비트를 전송할 수 있는 개념을 수립할 수 있다.

이 방법을 4차원 진폭 변조(QAM)라고 한다. 예를 들어 8QAM은 4개의 반송파 위상과 2개의 진폭 레벨을 사용하여 기호 당 3비트를 전송한다.

다른 인기 있는 변형 방식으로 기호 당 4, 6, 8비트를 전송하는 16QAM, 64QAM, 256QAM 방식이 있다.

QAM은 스펙트럼의 효율성이 매우 높지만, 대부분 무작위 진폭 변화인 노이즈가 있는 상황에서는 변위가 더 어렵고 선형 출력 증폭도 필요하다.

QAM은 케이블 TV, 와이파이 무선 지역 네트워크(LAN), 위성 및 휴대 전화 시스템에서 매우 널리 사용되며 제한된 대역폭에서 최대 데이터 전송률을 보인다.

안테나는 전자기파를 공간으로 전송하고 무선주파수를 수신하는데 사용되는 도체이다. 항공기에서 무선 안테나의 설치, 점검, 수리 및 정비에 관련하여 항공정비사의 의무는 제한적이지만, 항공기 무선 안테나의 설치, 점검, 수리 및 정비는 정비사의 책임이다. 안테나를 고려할 때 세 가지 특성이 있다.

1) 길이(length)
2) 편파(polarization)
3) 지향성(directivity)

안테나의 모양과 재료에 따라 송신과 수신 특성이 바뀔 수 있다. 또한 일부 비금속으로 제작된 항공기는 안테나가 복합재료 내에 내장되어 있다.

### 3.4.1 길이

AC 신호가 안테나에 인가될 때 일정한 주파수를 갖는다. 그 주파수에는 상응하는 파장이 있다. 안테나가 이 파장의 절반 길이일 때 안테나가 공명한다. 그 결과 해당 AC 주파수 파장의 절반인 안테나가 AC 신호의 양(+) Phase에 대해 최대 전압과 최대 전류 흐름을 얻을 수 있다. 전체 AC 신호파의 음(−) Phase는 안테나에서 전압과 전류가 단순히 방향이 바뀌어 유기된다.

따라서 유기된 AC 주파수는 처음에는 한 방향으로, 그 다음에는 다른 방향으로 전체 파장이 흐른다. 이렇게 송신 안테나에서 가장 강한 신호가 복사되고 수신 안테나에서는 전파와 최대 유도 전압 포착이 용이하게 한다.

인가된 AC 주파수 파장의 전체 길이와 동일한 안테나는 점선으로 표시된 것처럼 안테나를 따라 음의 사이클 전류가 흐를 수 있다. 1/2 파장인 안테나는 전류가 음의 사이클 동안 안테나에서 방향을 반전시킬 수 있도록 한다. 이로 인해 1/2 파장 안테나 끝에는 저전류가, 중앙에는 고전류가 발생한다. 에너지가 공간으로 복사됨에 따라, 전장은 전류가 가장 강한 안테나 부분에 대해 90° 방향에서 가장 강하다.

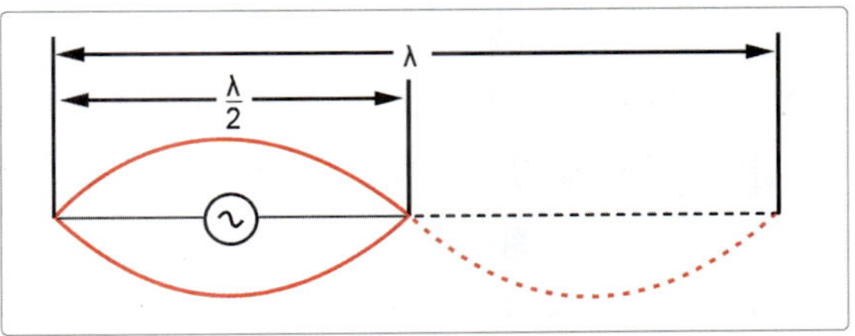

[그림 3-48] 안테나 길이

대부분의 라디오, 특히 통신용 라디오는 송신과 수신에 동일한 안테나를 사용한다. 다채널 라디오는 각 주파수에 대해 다른 길이의 안테나를 사용할 수 있지만 비현실적이다.

중앙 주파수 파장의 절반인 단일 안테나에서 가장 좋은 성능을 보인다. 송신기 또는 수신기의 송신선과 직렬로 적절한 규격의 캐패시터를 연결하여 안테나 길이를 단축하는 효과를 낼 수 있다.

이것은 안테나 공명 회로를 전기적으로 단축시킨다. 안테나 회로에 Inductor를 추가하여 전기적으로 연장할 수 있다. 이러한 방식으로 안테나 길이를 조정하면 좁은 주파수 범위에서 단일 안테나를 복수의 주파수에 대해 사용할 수 있다.

많은 라디오들은 원하는 주파수 파장과 일치하도록 안테나의 유효 길이를 조정하기 위해 튜닝 회로를 사용한다. 회로에 병렬로 가변 캐패시터와 인덕터를 연결한다. 현대의 라디오는 더 효율적인 튜닝 회로가 구성된다. 수정 제어 회로(crystal controlled circuit)의 주파수를 결합해 원하는 주파수와 일치하는 공명 주파수를 만든다. 어느 쪽이든, 물리적 안테나 길이는 최상의 성능을 위하여 전자적으로 튜닝되어야 하는 다채널 통신 또는 항법 장치를 사용할 수 있도록 절충한 것이다. 아래 공식은 특정 주파수에 필요한 반파장 안테나의 이상적인 길이를 찾는 데 적용할 수 있다.

$$안테나\ 길이(피트) = 468/fMHz$$

이 공식은 전파의 속도 초당 약 3억m에서 도출된다. 안테나의 끝에 있는 공기의 유전적 영향을 고려하여 필요한 도체의 길이를 효과적으로 줄인다.

항공기 통신 라디오에 사용되는 VHF 무선 주파수는 118-136.975 MHz이다. 이러한 주파수의 해당 절반 파장은 3.96 – 3.44피트(47.5-41.2인치)이다. 따라서 VHF 안테나는 비교적 길다. 송신 주파수 파장의 4분의 1에 해당하는 안테나가 자주 사용된다. 이것은 금속 동체가 나머지 4분의 1과 같이 작용하기 때문에 가능하다. 이는 다음 안테나 유형 섹션에서 자세히 설명된다.

## 3.4.2 편파, 지향성, 빔 패턴
### (Polarization, Directivity, and Field Pattern)

안테나는 지향성이 있어 특정한 패턴과 방향으로 전자파를 복사하고 수신한다. 도체의 전압에 의한 전기장은 안테나의 지향성과 평행하다. 그것은 안테나의 양쪽 끝 부분 사이의 전압 차이에 의해 발생한다.

전파의 전자기장 성분은 지향성과 90° 차이가 있고 안테나 내 전류 흐름의 변화로 의하여 발생한다. 전파는 안테나에서 방출될 때 특정 방향과 특정 패턴으로 전파되면서 안테나장을 형성한다.

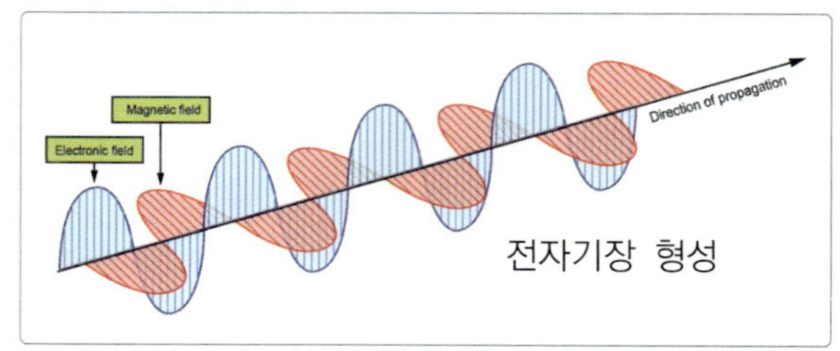


[그림 3-49] 전파의 방향과 패턴

전기장과 자기장의 방향은 서로 90° 를 이루고 있으나 각 방향으로 다양한 강도로 안테나에서 복사된다. 복사 강도는 안테나 종류와 안테나 각도에 따라 달라진다. 모든 안테나, 심지어 전방향 안테나도 어떤 방향에서는 다른 방향보다 강한 신호를 복사한다. 이것을 안테나장의 지향성이라고 한다. 전파는 안테나에 AC 신호를 가하면 발생하고 안테나 주위에 자기장과 전기장을 만든다. 전자기장은 AC 사이클에 따라 만들어지고 없어진다. AC 사이클이 다음 필드가 사라지기 전에 전자기장이 만들고 전자기장은 공간으로 전파된다. 송신 안테나와 같은 극성의 안테나로 수신하면 가장 강하게 신호를 수신할 수 있다.

수직 편향 안테나는 아래 위 수직으로 장착되고, 전자파를 사방으로 복사한다. 이러한 전자파 파동으로 부터 가장 강하게 신호를 수신하려면 수신 안테나를 수직으로 설치하여 가능한 한 90° 각도에 가깝게 인가되는 전자파 성분이 교차되게 하여야 한다. 수평 편파 안테나는 좌우로 장착되고 도넛과 같은 패턴으로 복사한다. 안테나 길이 방향과 90° 방향으로 송신이나 수신 신호가 가장 강하다.

안테나 끝에서는 발생되는 전자장이 없다. 항공기

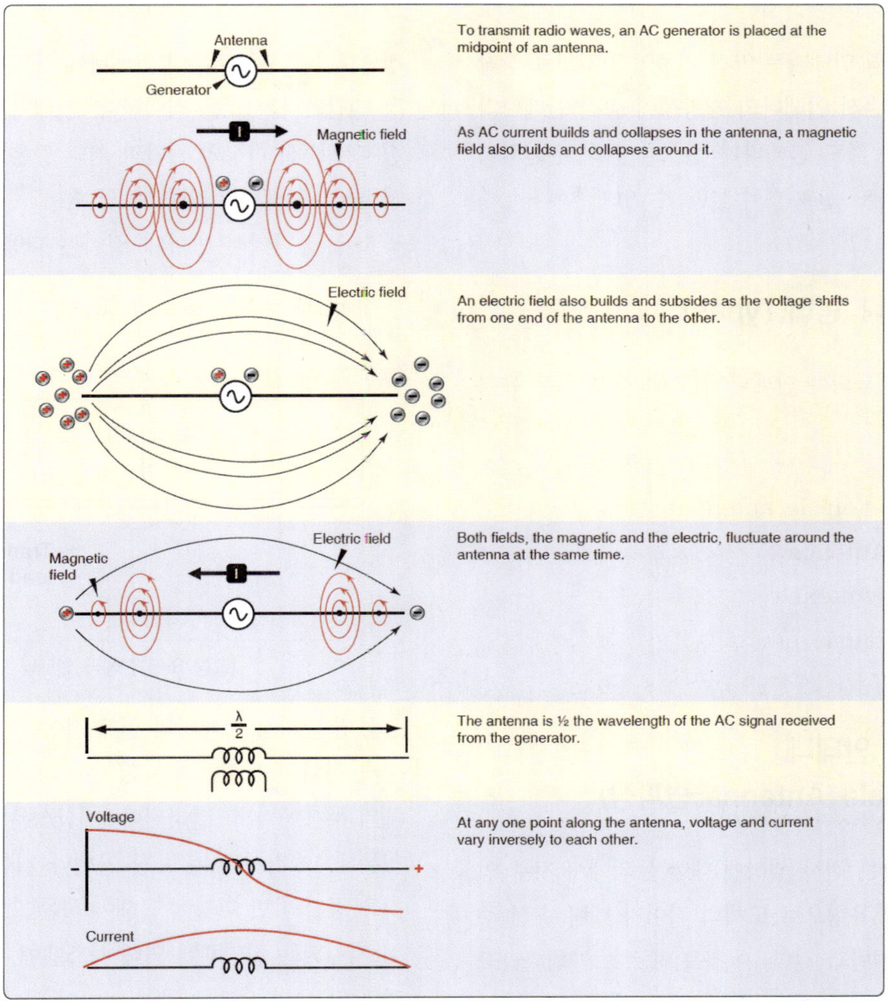

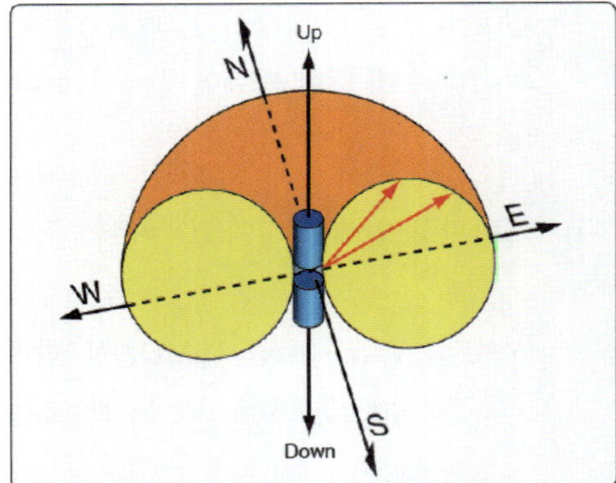

수직 편광 안테나는 도넛 모양의 전파를 사방으로 방사한다.

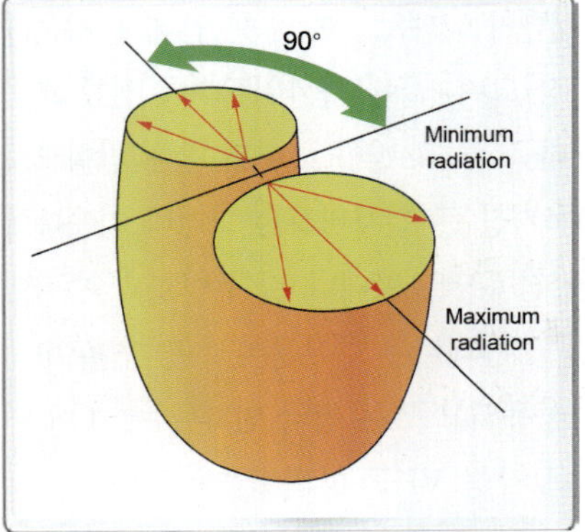


수평 편파 안테나는 도넛 모양의 패턴으로 방사한다.
가장 강한 신호는 도체에서 90℃ 방향에 있다.

[그림 3-50] 안테나의 전파 방사

의 수직 및 수평 안테나는 약간 기울어진 각도로 장착된다. 이것은 수신 안테나의 지향성이 송신 안테나와 동일하지 않을 때도 안테나가 신호를 전혀 수신되지 않고 약하게라도 신호를 수신할 수 있게 한다.

### 3.4.3 안테나 형태(Types)

항공기에 사용되는 안테나에는 세 가지 기본 유형이 있다.

1) 쌍극 안테나(dipole antenna)
2) Marconi Antenna
3) Parabolic Antenna
4) Loop Antenna

### 3.4.4 쌍극 안테나<br>(Dipole Antenna-반파장)

쌍극 안테나는 전파 생성에 대한 논의에서 자주 언급되는 안테나 유형으로 도체의 길이가 대략 송신 주파수 파장의 절반과 같다. 이것을 헤르츠 안테나라고 부르기도 한다. AC 송신 전류는 중앙의 쌍극 안테나로 공급된다. 전류가 교대로 흐를수록 안테나 가운데 전류 흐름이 가장 크며, 끝에 가까워질수록 전류 흐름이 점차 줄어든다. 그리고 방향을 바꿔 반대 방향으로 흐른다. 그 결과 가장 큰 전자기장은 안테나 가운데에 있고 가장 강한 전파장은 안테나 길이 방향과 수직이다. 항공기의 쌍극 안테나는 대부분이 수평 편파이다. 많은 항공기에 사용되고 있는 쌍극 안테나는 VOR 안테나로 알려진 V자형 VHF 항법 안테나이다.

V 모양 안테나의 각 팔(arm)은 4분의 1 파장으로 중심으로 부터 반파 안테나를 형성하고 수평 편파이다. 이 형식의 쌍극 수신 안테나의 경우 비행 방향 정면보다 측면으로부터 안테나에 유기되는 신호에 가장 민감하다는 것을 의미한다. 안테나의 기본 형태는 길이가 송신 파장의 절반과 거의 같은 단일 와이어로서 쌍극 안테나로 알려져 있다.

자유 공간에서 반파의 길이는 다음과 같다.

길이(ft) =492/f(MHz) (EQ. 1)

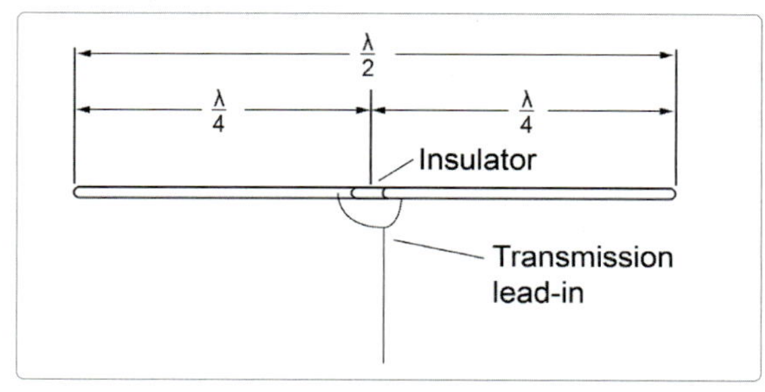


[그림 3-51] 쌍극 안테나

공명 반파장 안테나의 실제 길이는 공간의 절반 파장과 정확히 동일하지는 않지만 파장과 관련하여 도체의 두께에 따라 달라진다. 계산식은 아래에 보이고 있는데, 여기서 K는 공진 안테나 길이를 얻기 위해 자유 공간의 반 파장에 곱해야 하는 요소이다. 끝단에서 지지되는 절연체에 의해 시스템에 추가된 정전 용량(끝단 효과)으로 인하여 와이어 안테나에서 추가적인 단락 효과가 발생한다. 다음 공식은 최대 30MHz의 주파수에 대한 와이어 안테나에 대해 충분히 정확하다.

반파장 안테나 길이(ft) =(492 X 0.95)/f (MHz)
= 468/f (MHz) (EQ. 2)
예제: 7150kHz(7.15MHz)용 반파 안테나는
468/7.15 = 65.45 ft 또는 65 ft 5 in.

30MHz 이상에서는 특히 로드 또는 튜브로 구성된 안테나의 경우 다음과 같은 공식을 사용해야 한다. K는 아래 그래프에서 따온 것이다.

반파장 안테나 길이 (ft) = (492 X K)/f(MHz (EQ.3)
예제: 안테나가 1/2인치 직경 튜브로 되어 있는 경
     우, 28.7MHz에서 반파장 안테나 길이를 구
     하십시오.
28.7MHz에서 공간의 반 파장은 492/28.7=
17.14 피트
EQ. 1에서 도체 지름(파장 대 인치 변화)에 대한
     반파장의 비율은 다음과 같다.
     (17.14 X 12)/0.5 in.= 411

아래 그래프에서 이 비율에 대해 K = 0.97이고 EQ
3에서 안테나 길이는 (492 X 0.97)/28.7= 16.63 ft

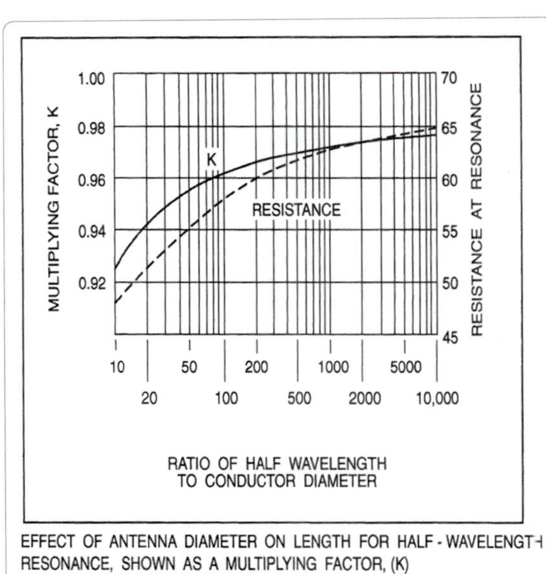


[그림 3-52] 반파정 안테나 도체 굵기

반파장 안테나의 길이는 또한 근처의 전도성 및 유
도성 물체에 대한 쌍극 단부의 근접성에 의해 영향을
받는다. 실제로 안테나를 계산된 길이로 절단한 후
전선의 일부 에 가지치기를 행하고, 낮은 SWR을 걷
기 위해 길이를 늘리거나 단축하는 것이 필요한 경우

가 많다. 이는 SWR 표시기를 통해 RF 전원을 가하고
반사 전력값을 관찰함으로써 수행할 수 있다. 아마추
어 밴드의 원하는 주파수에 대해 가장 낮은 SWR을
얻으면, 안테나는 그 주파수에서 공명한다. SWR 값
은 안테나와 공급 라인 사이의 일치 여부을 나타낸다.
대부분의 단일 와이어 쌍극 안테나(반파장)는 72옴의
연결부 임피던스를 갖는다. 50옴 또는 75옴의 전송선
임피던스를 가진 공진 SWR은 평균 높이의 안테나에
대해 1.1:1과 1.7:1 사이에 있어야 한다. 가장 낮은
SWR 획득 가능 숫자가 솔리드 스테이트 장비에 사용
하기에는 너무 높은 경우, Transmatch 또는 라인
입력 매칭 네트워크를 사용할 수 있다.

### 3.4.4.1 복사 특성

쌍극 안테나의 고전적인 복사 패턴은 와이어에서
수직으로 가장 강하다. 그림 패턴(그림 3-53의 굵은
선)은 쌍극이 지구 위의 여러 파장이고 근처의 전도성
물체에 의해 저하되지 않는 경우 안테나의 넓은 측면
(양방향 패턴)으로 가정할 수 있다. 이 가정은 또한
대칭적인 공급 시스템에 기초한다.

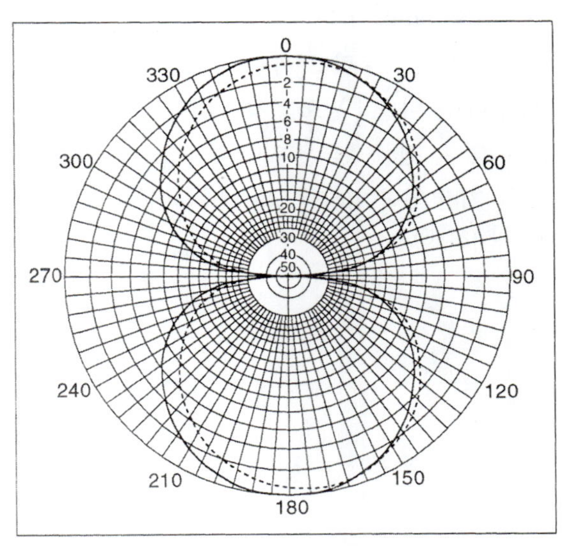


[그림 3-53] 쌍극 안테나의 복사 형태

실제로 동축 공급 라인은 아래 그림(점선)과 같이 이 패턴을 약간 왜곡할 수 있다. 최소 수평 복사선은 쌍극의 끝에서 발생한다. 이 그림은 지구와 평행한 반파장 안테나에 관한 것이다. 그러나 쌍극이 수직으로 세워지면 모든 나침반 방향의 균일한 복사선은 안테나 위에서 볼 수 있는 경우 도넛 무늬가 된다.

### 3.4.4.2 Dipole Antenna(접힌 쌍극)

접힌 쌍극은 하나의 안테나지만, 2개 극의 안테나로 구성되어 있다. 안테나 구성 중 첫 번째 극은 직접 연결되는 반면 두 번째 극은 전도적으로 결합된다. 접힌 Dipole의 복사선 패턴은 직선 쌍극의 복사선 패턴과 동일하지만 그 입력 임피던스는 더 크다. 이는 공급된 총 전류가 I이고 두 Arm의 직경이 동일할 경우 각 Arm의 전류가 I/2라는 점에 주목하면 알 수 있다. 이것이 직립 쌍극이었다면, 그 합은 첫 번째 극에서 흐르게 되었을 것이다. 이제 동일한 전력을 가하면 첫 번째 Arm에서 전류의 절반만 흐르게 되고, 따라서 입력 임피던스는 직립 쌍극의 4배가 된다. 따라서, 직경이 같은 반파 접힌 쌍극의 경우 Rr = 4 X 72 = 288 ohm 이 된다. 직경이 서로 다른 Arm을 사용할 경우 1.5부터 25까지의 변환비가 나올 수 있으며, 더 큰 비율이 필요할 경우 더 많은 Arm을 사용할 수 있다. 접힌 쌍극은 일반 쌍극과 복사선 패턴이 동일하지만 입력 임피던스와 대역폭이 크다는 두 가지 장점이 있다.

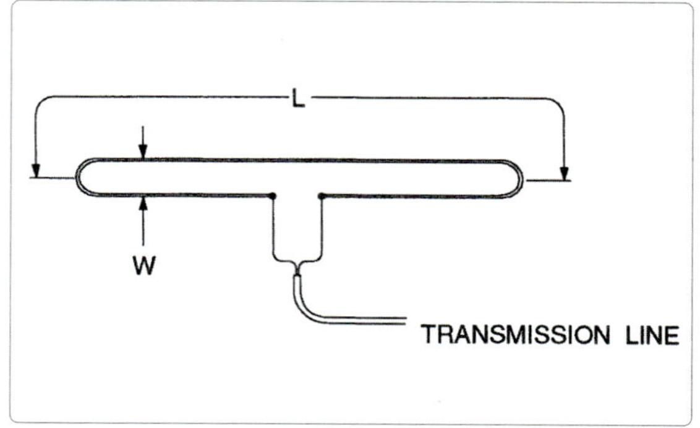


[그림 3-54] 쌍극 안테나

## 3.4.5 마르코니 안테나(marconi antenna)

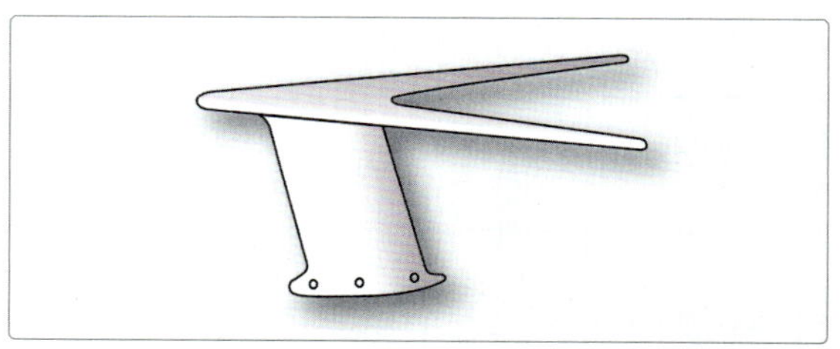

[그림 3-55] 일반적인 V자형 VOR 쌍극 항법 안테나

마르코니 안테나는 4분의 1파장 안테나로 항공기 금속성 피복을 이용하여 제2의 1/4 파장 안테나를 만들어 반파 안테나와 같은 효율을 달성한다. 대부분의 항공기 VHF 통신 안테나는 마르코니 안테나다. 그들은 수직으로 편파되어 전방향적 수신 패턴 영역을 만든다. 직물 피복으로 제작된 항공기의 경우 안테나의 두 번째 1/4 파장을 구성하는 지상면을 마르코니 안테나가 장착된 표면 아래에 장착하여야 한다. 이것은 얇은 알루미늄이나 알루미늄 호일로 할 수 있다. 때로는 지상면 역할을 하는 수직 안테나 베이스 표면 아래에 네 개 이상의 와이어가 설치되기도 한다. 이것은 안테나에 적절한 전도 효과를 주기에 충분하다. 지상 안테나에도 같은 방법이 활용된다.

마르코니 안테나는 무접지 또는 헤르츠 안테나보다 중요한 이점이 하나 있는데, 주어진 복사선 패턴을 생성하려면 절반만 높이면 된다는 것이다. 한편, 여기서 지반은 요구되는 특성을 생산하는 데 있어서 중요한 역할을 하기 때문에 지반전도도가 양호해야 한다. 접지가 빈약한 곳에는 인공 접지를 사용한다. 안테나 아래에 완벽한 접지가 위치한다면 공급 임피던스는 36옴에 가까울 것이다. 실제적인 경우 불완전한 지반 때문에 임피던스는 50~75옴에 가까울 가능성이 더 높다.

마르코니 안테나의 복사선 패턴은 높이와 패턴 선택에 따라 달라진다. 각 패턴은 안테나를 축으로 하여 고정된 회전 단면이다. 수평방향 지시는 특정 지점까지의 높이에 따라 개선되며, 그 후에 패턴이 지면에서 상승한다.

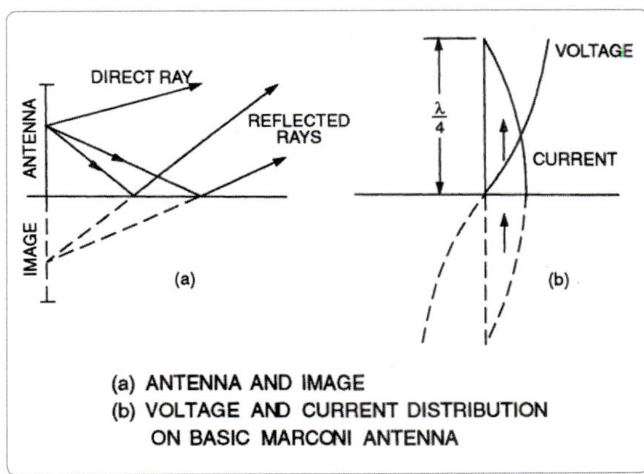



[그림 3-56] 안테나의 복사선 패턴

## 3.4.6 Yagi-Uda Antenna

야기우다 안테나는 일반적으로 야기라고 알려져 있으며, 배열이 주 엘레멘트와 하나 이상의 도파기 엘레멘트로 구성된다. 그것들은 그림 3-57과 같이 동일선상에 근접하게 배열되어 있다.

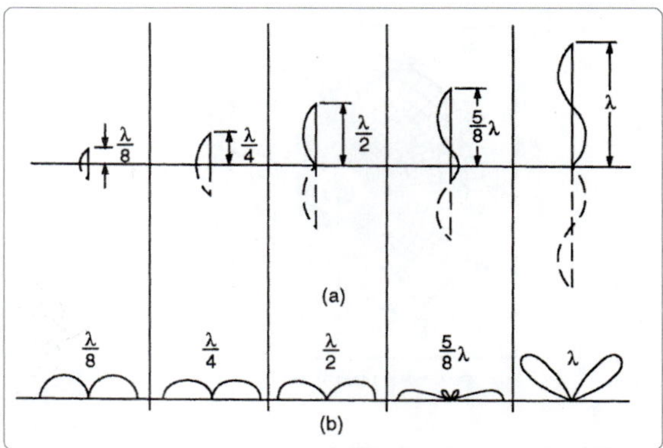



[그림 3-57] 수직 접지 안테나 특성

야기-우다 안테나는 복사선 패턴에서 알 수 있듯이 비교적 단방향이기 때문에 약 7dB의 이득을 나타내며 HF 송신 안테나로 사용된다. 그것은 또한 더 높은 주파수, 특히 VHF 수신 안테나로도 사용된다.

그림 3-58의 후엽이 감소할 수 있으며 안테나의 앞뒤 비율이 개선되었다.

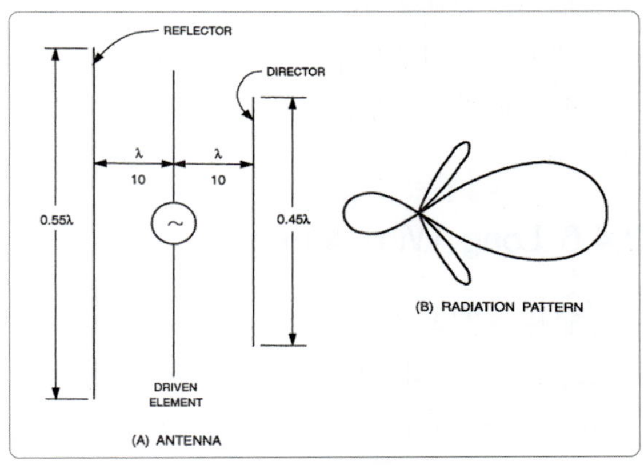



[그림 3-58] 야기 안테나

도파기의 정확한 영향은 그 거리와 튜닝, 즉 그 안에서 유도되는 전류의 크기와 위상에 따라 달라진다. 도파기보다 낮은 주파수에서 공명하는 더 긴 도파기는 적절한 반사체 역할을 하고, 더 짧은 도파기는 복사선의 '집중기' 역할을 할 것이다. 도파기를 더 많이 적재하여 입력 임피던스를 감소시킨다. 이것이 아마도 그

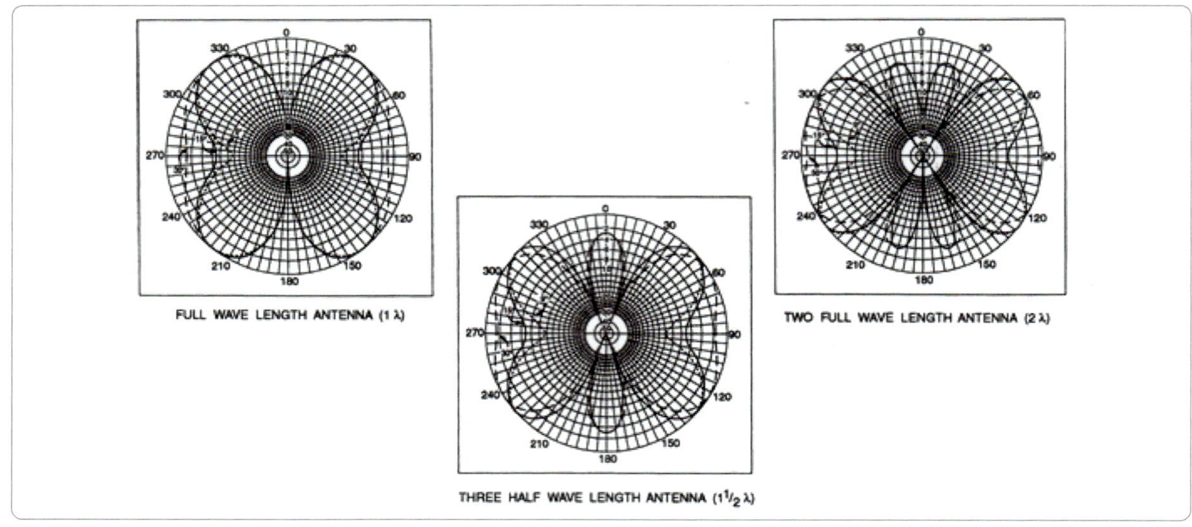



[그림 3-59] 안테나 복사 패턴

러한 배열의 추진 요소로 접힌 쌍극체를 거의 불변하게 사용하는 주된 이유일 것이다. 야기우다 안테나는 당연히 높은 이득은 없지만, 사용되는 접힌 쌍극 때문에 매우 작고 비교적 광대역이며 단방향 복사선 패턴이 상당히 좋다. 접힌 쌍극은 배열 단위 면적당 이득과 광폭이 좋아 슈퍼게인 안테나라고 불리기도 한다.

## 3.4.6 Long Wire Antenna

안테나는 전류와 전압의 적분 수가 그 길이에 따라, 즉 그 길이가 반 파장의 일부 적분 배수가 되는 한 공명한다. 안테나가 한 파장 이상일 때 보통 Long Wire Antenna 또는 기본 비저항 안테나라고 한다.

전류 루프에서 측정한 복사 저항은 안테나 길이가 증가함에 따라 더 높아진다. 또한 Long Wire Antenna는 원하는 방향으로 반파 안테나보다 더 많은 전력을 방출한다. 이 전력 이득은 다른 방향의 복사량이 억제되어 얻어진다.

반파장 수로 볼 때 와이어가 길어질수록 방향효과

가 바뀐다. 반파 안테나의 도넛 패턴 대신, 방향 특성은 wire와 다양한 각도를 이루는 로브로 갈라진다. 일반적으로, 와이어의 길이가 증가함에 따라, 최대 복사선이 발생하는 방향이 안테나 자체의 선에 근접하는 경향이 있다. 안테나 1 入파 길이, 1 1/2 入파 길이 및 2 入 파장의 방향 특성은 복사선의 세 수직 각도가 아래 그림에 제시되어 있다. 와이어 길이가 증가할수록 안테나선을 따라 복사선이 더 뚜렷해진다. 더 긴 안테나는 낮은 복사선 각도에서도 실질적으로 end-on 방향 특성을 갖는 것으로 간주할 수 있다.

## 3.4.7 Parabolic Reflector Antenna

UHF 대역의 상단과 SHF. 대역의 주파수에서 신호 파장은 완전히 다른 종류의 안테나를 사용할 수 있을 정도로 짧아진다. 이 안테나는 포물선 반사체 또는 접시안테나로 불리고 있으며 매우 지향적인 고이득 복사선 패턴을 생성할 수 있다. 안테나의 형태는 아래 그림으로 설명된다. 포물선의 특성은 접시의 초점으로부터 임의의 평면까지의 거리, 즉 접시의 어느 점이 고려되는지에 관계없이 초점의 반대쪽은 상수라는 것이다.

$$RAX = RBX = RCX = RDX = REX = RFX$$

이 특성 때문에 라디에이터에서 출발하여 접시에서 반사되는 구형파(球形波) 신호는 평면파 형태로 X면에 도착한다. 반사된 전파는 모두 서로 평행하며 집속된 지향성의 전파 형태를 이루고 있다.

수신 안테나로 사용할 경우, 접시의 작용이 역전된다. 들어오는 평면파 형태 전파가 접시에 반사되어 반파 쌍극과 같은 작은 수신 안테나를 장착하여 피더에 연결하는 초점에 도달한다.

안테나는 초점에 장착된 작은 라디에이터에 의해 안테나에 전달되는 무선 에너지를 대기 중으로 반사하는 데 사용되는 큰 금속 접시로 구성된다. 이 라디에이터는 1차 안테나로 불려지기도 한다. 일차 안테나는 송신 또는 수신에서 최상의 결과를 얻기 위해 포물면의 초점에 맞춘다.

그러나, 포물면에 의해 반사되지 않고 피드에서 나오는 직접 복사 전파는 사방으로 퍼져 나가는 경향이 있어 부분적으로 지향성을 해친다. 이를 방지하기 위하여 여러 가지 방법이 사용되는데, 그 중 하나는 다음 그림과 같이 포물면의 그러한 모든 복사선을 리디렉션하기 위한 작은 구형 반사체를 장착한다. 또 다른 방법은 중심 아래 그림과 같이 포물면 반사체를 향하는 야기우다(yagi-uda) 또는 초점에 작은 쌍극 배열을 사용하는 것이다.

포물선 접시 안테나의 이득은 신호 파장 측면에서 직경에 따라 달라진다. 직경이 신호 파장보다 몇 배 더 커면 매우 높은 이득을 얻을 수 있다. 안테나이득과 접시의 직경 D 사이의 관계는 다음과 같은 방정식으로 주어진다.

$$이득 = 6\,(D/\lambda)^2$$

안테나의 빔 너비(bandwidth)는 또한 접시 직경의 함수다.

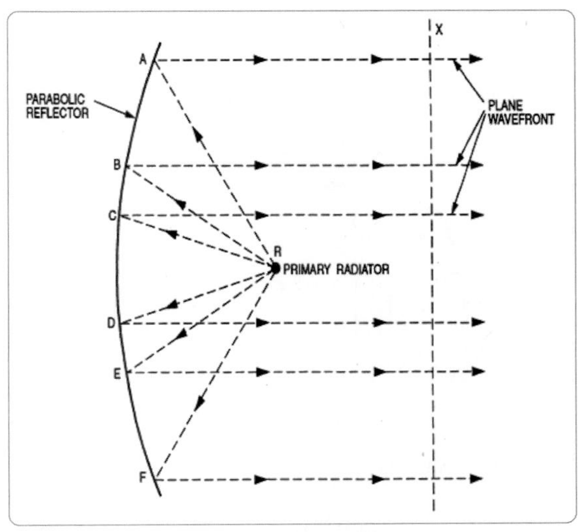


[그림 3-60] 포물선 반사경 복사

그림 3-60은 포물선 반사체의 전형적인 복사선 패턴을 보여준다. 반사기는 매우 좁은 하나의 주 광폭 로브와 작은 다수의 사이드로브가 있다.

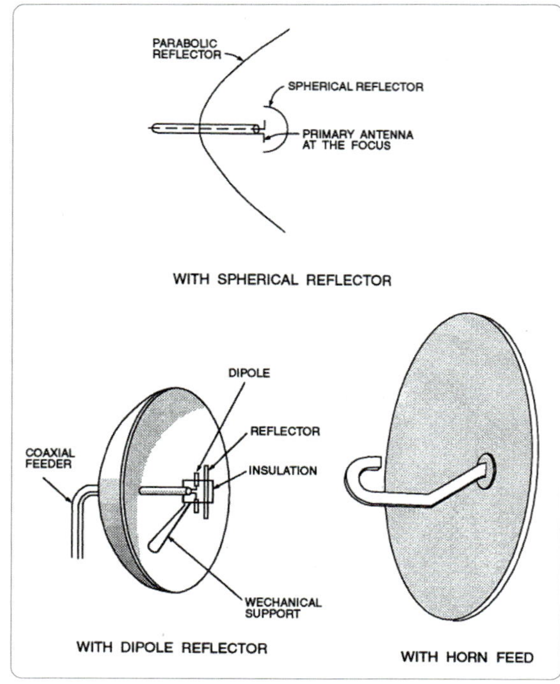



[그림 3-61] 접시안테나

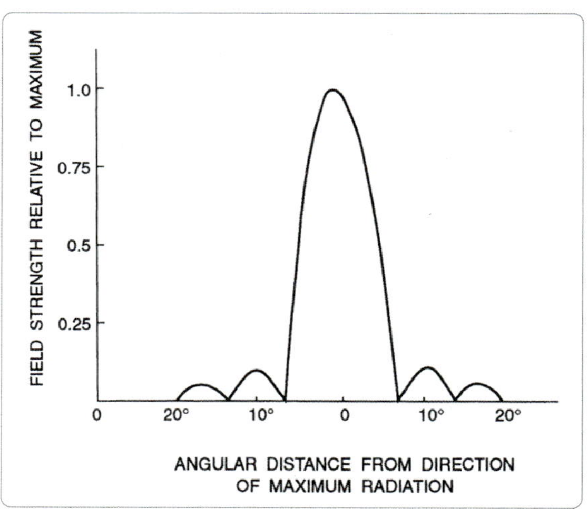



[그림 3-62] 최대 복사 방향의 각도 거리

## 3.4.8 고리 안테나(Loop Antenna)

루프 안테나는 항공기에서 흔히 사용되는 유형 중 하나다. 도체 고리(loop) 형태로 안테나를 만들면, 필드 특성은 기존 길게 만들어 진 반 파장 안테나와 크게 다르다. 또한 안테나는 더 소형으로 만들 수 있고 손상을 덜 입는다. 수신 안테나로 사용되며, 루프 안테나의 특

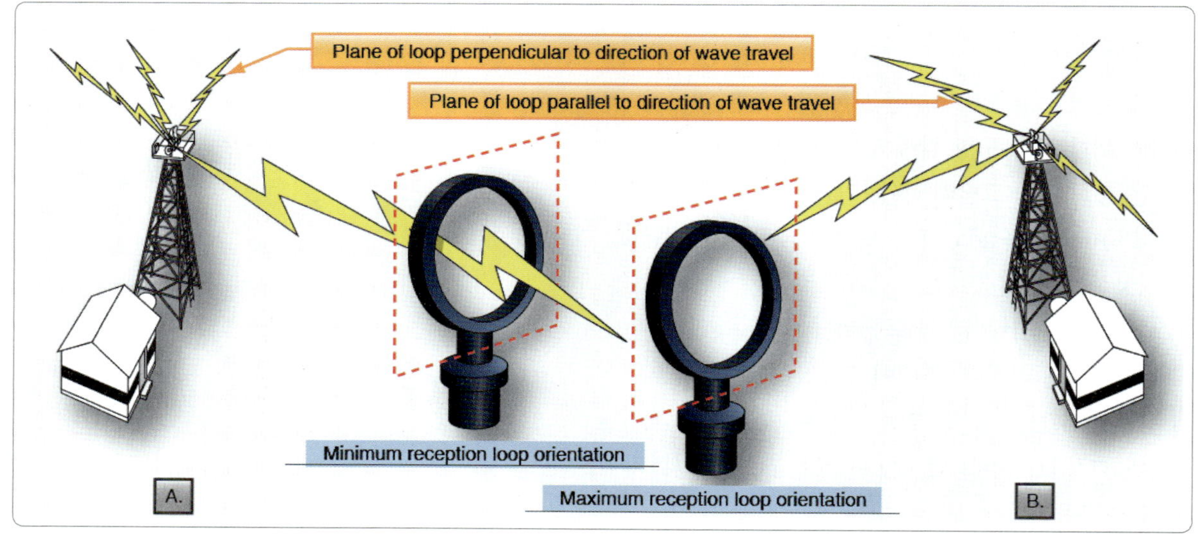



[그림 3-63] 고리안테나

성은 지향성이 매우 높다. 고리(loop)를 직접 지나가는 전파는 고리의 양쪽에 동일한 전류 흐름을 유발한다. 그러나 전류가 흐르는 방향은 서로 반대다. 따라서 고리 내에 흐르는 전류는 상쇄되고 어떤 신호도 생성되지 아니한다. 전파가 고리의 평면과 일직선으로 루프 안테나를 향할 때, 먼저 한쪽에서 전류가 생성되고, 그 다음 반대쪽에서 전류가 생성된다. 이로 인해 전류 흐름이 발생하며 이 각도에서 가장 강한 신호가 생성될 수 있다. 발생된 전류의 위상차와 세기는 전파가 안테나 고리에 부딪히는 각도에 비례하여 변화한다. 이러한 특성이 자동 방향 찾기(ADF) 항법 보조 장치에 사용된다.

## 3.4.9 안테나 관련 용어

### 3.4.9.1 등방성 복사기(Isotropic Radiator)

실제 안테나에서 나오는 복사선은 모든 방향에서 동일한 강도를 가지지 않는다. 복사 강도가 안테나의 어떤 방향에서는 0일 수 있고 다른 방향에서는 모든 방향에서 균등하게 잘 복사되는 안테나에서도 예상하는 것보다 클 수 있다. 그러나 실제 안테나가 모든 방향에서 동일한 강도로 복사되지 않더라도 그러한 안테나가 존재한다고 가정하는 것이 유용하다. 실제 안테나 시스템의 특성을 비교하는 "측정 스틱"으로 사용할 수 있다. 그러한 가상의 안테나를 등방성 복사기(isotropic radiator)라고 한다.

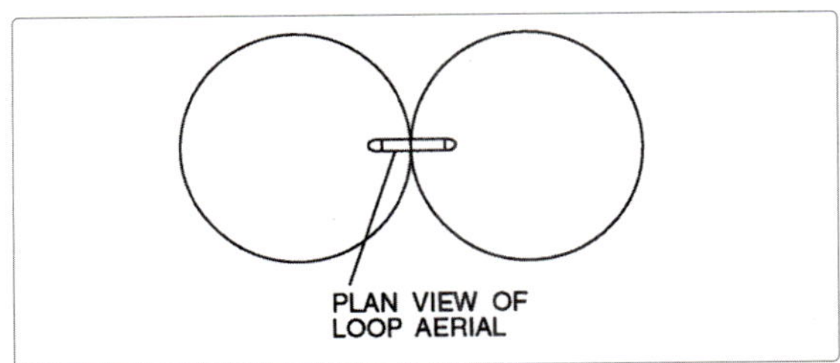



[그림 3-64] 루프안테나 복사 패턴

따라서, 등방성 복사기의 순수한 패턴은 구(球)가 될 것이다. 왜냐하면 복사장은 모든 방향에서 동일하기 때문이다. 공간의 점 또는 "점원"으로 간주될 수 있는 등방성 안테나를 포함하는 모든 평면에서 패턴은 안테나가 중심에 있는 원이다. 등방성 안테나에는 가장 간단한 지향성 패턴이 있다. 즉, 지향성이 전혀 없다.

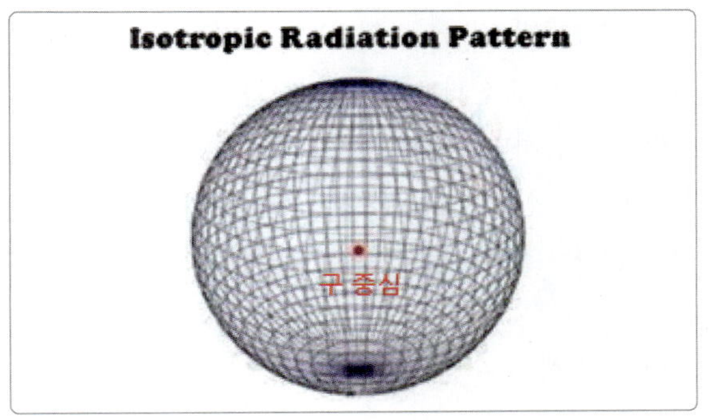



[그림 3-65] 등방사 패턴

### 3.4.9.2 Lobes

Lobe의 교과서적 의미는 "지향성 안테나에서 복사되는 에너지 영역"이다. Lobe는 복사선 패턴의 주요 로브와 작은 로브로 분해될 수 있다. 그림 3-66에서 그 차이를 구별할 수 있다.

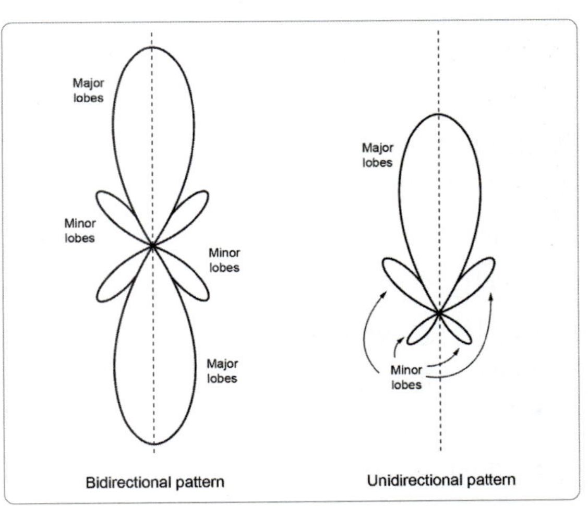



[그림 3-66] 안테나 복사선 패턴

지향성 패턴의 주 로브는 복사선이 최대인 로브이고 복사선 강도가 낮은 로브는 마이너 로브라고 불린다.

### 3.4.9.3 환원성(Reciprocity)

HF 전류가 흐르는 전선이 전기장과 자기장으로 둘러싸여 있는 것처럼 전자기장에 놓여있는 전선은 전류가 유도된다. 이것은 전선이 복사선의 일부를 받아 수신 안테나가 된다. 수신과정은 송신과정의 정반대이기 때문에 송신과 수신 안테나는 기본적으로 상호 호환이 가능하다. 송신파워에 대하여 고려하지 아니한다면 송수신 안테나는 사실상 동일하다. 이른바 환원성 원리가 존재한다. 이것은 임피던스 및 복사 패턴과 같은 안테나의 특성이 수신 또는 송신에 동일하며 이러한 관계는 수학적으로 증명될 수 있다.

### 3.4.9.4 분극화(Polarisation)

안테나에서 방출되는 에너지는 팽창하는 구체 모양으로 퍼진다. 이 구의 작은 부분을 파동전면이라고 하고 에너지의 이동 방향에 수직이다. 이 표면의 모든 에너지는 같은 위상이다. 대개 파동전면의 모든 위치는 안테나에서 동일한 거리에 있다. 안테나에서 멀어질수록 전파의 구형 모양이 줄어들어 거리가 멀어지면 파동전면은 전파 진행방향에 직각인 평면 표면으로 간주할 수 있다. 복사선장은 항상 직각인 자기장과 전기장으로 이루어져 있다. 분극 방향은 전기 벡터 방향이다. 즉, 전기장이 수평이면 파동이 수평 분극되고, E선이 수직이면 파동이 수직 분극된다고 하며, 아래 그림을 참조한다. 전기장은 쌍극 축에 평행하므로 안테나는 분극면에 있다. 수평으로 장착된 안테나는 수평 분극파를 생성하며, 수직으로 장착된 안테나는 수직 분극파를 생성한다. 전자기장으로부터 에너지를 최대한 흡수하기 위해서는 분극평면에 쌍극이 위치해야 한다. 이것은 안테나 도체가 자기장에 직각

위치이다. 일반적으로 파동의 분극은 단거리에서는 변하지 않고 송신 안테나와 수신 안테나 방향이 동일하다. 먼 거리에서는 분극이 변한다. 대개 저주파에서는 변화가 작지만 높은 주파수에서는 변화가 상당히 크다. 송신 안테나가 전파에 관한 한 지면에 가까울 때 수직 분극파는 지구 표면을 따라 더 큰 신호 강도를 유발한다. 반면 지상에서 높은 안테나는 지표면에 큰 신호 강도를 얻기 위하여 수평 분극파를 유지하여야 한다.

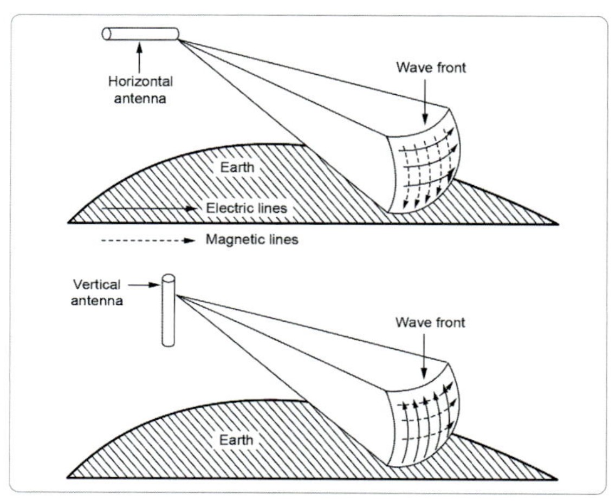


[그림 3-67] 수직 수평 극화

### 3.4.9.5 대역폭(Bandwidth)

안테나와 관련하여 사용할 때 대역폭이라는 용어는 여러 맥락에서 같은 의미를 갖는다. 대역폭은 일반적으로 안테나동작이 만족스럽고 출력이 1/2 되는 포인트 사이의 주파수 범위를 말한다. 그러나 문제점은 여기서 발생한다. 두 개의 대역폭이 있을 수 있는 바, 하나는 복사패턴에 대한 대역폭과 다른 하나는 입력 임피던스에 대한 대역폭이 있다.

다른 모든 것이 동일하다면, 패턴 대역폭은 최대 복사선의 방향으로 수신 전력이 1/2로 떨어지는 주파수 사이와 동일하다. 이 결과는 안테나의 대역폭을 언급할 때, 반드시 평가되어야 한다는 것이다. 따라서

어떤 대역폭을 참조하고 있는지 "만족스러운 성능"의 기준을 명확히 정립하여야 한다.

10%를 초과하는 큰 대역폭에 대한 요구사항은 안테나에서 두 가지다. 첫째, 넓은 주파수 범위에서 여러개의 주파수에 작동하는 안테나로 고주파 안테나는 흔히 이러한 유형으로 새 주파수로 전환할 때는 보상 회로도 함께 전환하여 동작한다. 따라서 패턴 대역폭이 과도하게 악화되어서는 안된다는 조건과 함께 피더 전송 라인과 Matchng되어야 한다. 단일 고정 주파수를 중심으로 하는 큰 작동 대역폭에 대한 조건은 어렵지만 특별히 설계된 안테나로 해결할 수 있다.

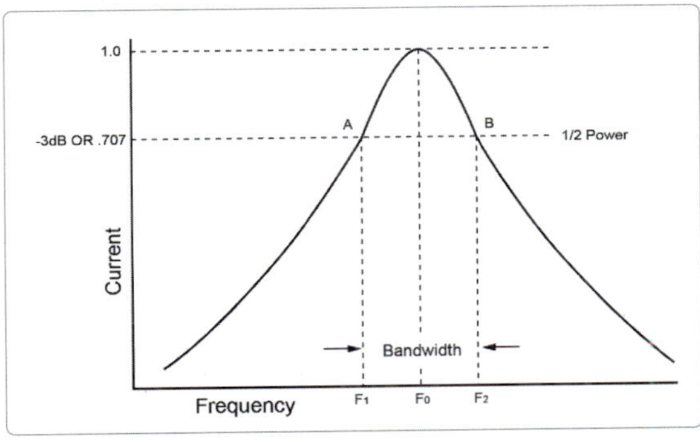

[그림 3-68] 밴드 폭

안테나의 대역폭은 전력 밀도 복사패턴에 있는 두 Half-power점 사이의 각도이고 전력 복사 패턴에 있는 2개의 3-dB 감소점 사이의 각도가 아래 그림에 나타나 있다. 이 용어는 좁은 빔 안테나에 자주 인용되며 주엽을 가리킨다. 빔 너비는 각도 단위로 표시된다.

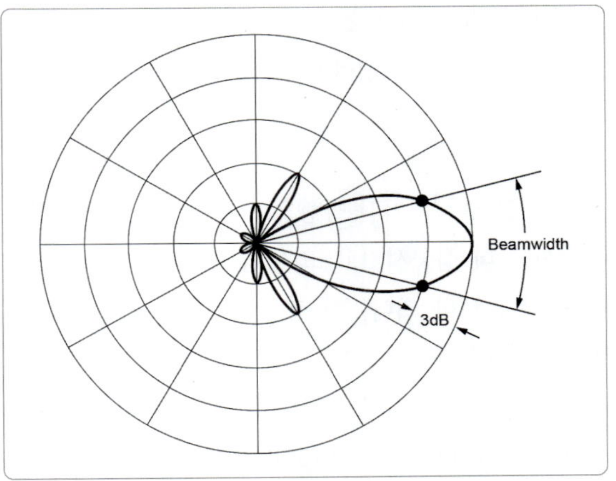

[그림 3-69] 안테나 Bandwidth

### 3.4.9.6 안테나 임피던스

안테나의 특정 지점에서의 임피던스는 해당 지점에서의 전류에 대한 전압의 비율에 의해 결정된다. 예를 들어, 안테나의 특정 지점에 100 RF Volt 전압과 1.4 암페어의 전류가 있고 그것들이 위상이 같을 경우, 임피던스는 대략 71 Ohms이 될 것이다.

임피던스는 피더와 안테나 연결에 있어 아주 중요하다: 최대 전력 전송은 임피단스가 완벽하게 일치하는 조건에서 이루어진다. 임피던스 불일치가 증가함에 따라 반사되는 전력도 증가한다. 공급 라인의 손실이 적거나 길지 않을 경우 입상파비(SWR)가 3:1 이하일 때 HF에서 좋은 성능을 가질 수 있다. 개방 와이어 전송선의 공급 손실이 매우 낮고 송신기가 Matching되지 않는 상태에서 만족스럽게 작동할 수 있다면 훨씬 더 높은 SWR은 성능에 문제가 되지 않는다. 이와 관련하여, 불일치 조건을 보완하기 위하여 Transmatch(송신기와 공급선 사이의 매칭 네트워크)를 이용하는 경우가 많아 송신기를 최대 정격 출력으로 동작할 수 있다. 안테나 임피던스는 저항성 또는 저항과 리액턴스를 포함할 수 있다. 이는 안테나가 작동 주파수에서 공명하는지 여부에 따라 달라진다.

완벽한 안테나 임피던스 일치는 공급 라인 손실이 주요 문제인 VHF 이상에서 더욱 필요하다.

### 3.4.9.7 이득(Gain)

모든 안테나는 어떤 방향으로 크든 작든 어느 정도 복사선을 더 집중시키고 그 방향의 전력 밀도는 전방향 안테나 보다 커다. 이 복사선의 강도를 표현하는 방법으로 이득을 얻었다고 말하는 것이다. 여러 해 동안 안테나의 "이득"을 가리키는 용어가 많이 생겨났고 혼동을 피하기 위하여 표준이 마련되었으며 여기에 제시된 정의는 그러한 표준을 따른다.

#### (가) 지향성 이득

지향성 이득은 등방향성 안테나에 의해 복사되는 전력 밀도에 대한 특정 안테나에 의하여 해당 방향으로 복사되는 전력 밀도의 비율로 정의된다. 두 안테나 모두 동일한 총 전력을 방출하고 두 출력 밀도는 동일한 거리에서 측정한다. 지향성 이득은 전력 밀도의 비율이며 따라서 전력 비율이다. 특정 안테나의 출력 이득을 결정하는 첫 번째 단계는 표준 거리만큼 떨어진 곳에서 필요한 방향에서 전력 밀도를 계산하거나 측정하는 것이다. 다음 단계는 동일한 전력을 복사하는 등방향성 안테나에서 전력 밀도를 계산하는 것이다. 마지막 단계에서, 두 전력 밀도 비율을 취한다.

안테나의 지향성 이득은 그 길이에 따라 증가한다. 또한 비공명 안테나는 길이가 동일한 공명 안테나보다 더 높은 지향성 이득이 있다. 지향성 이득도 종종 데시벨로 표현된다는 점에 유의하여야 한다.

#### (나) 지향성과 전력 이득

지향 이득은 어떤 방향으로든 정하여 진다. 일반적으로 말해서, 최대 지향 이득은 이 용어로 즉 복사 패턴 중 주 로브 방향으로의 이득을 의미한다.

안테나와 관련하여 사용되는 또 다른 형태의 이득 용어는 전력 이득이다. 등방향성 안테나에 의해 복사되는 전력을 일정한 거리에서 특정 장 강도를 측정하여 실제 전력으로 나누어 비율을 산출한다. 그러나 이번에는 실제 전력이 지향성 안테나에 공급되어 최대 복사 방향에서 동일한 강도가 나오도록 하는 전력이다. 이 정의가 지향성에 대한 정의와 대조되는 것은 지향성의 경우 측정 복사 전력이 지향 안테나에 대해 고려되는 반면, 전력 이득의 경우 안테나에 공급되는 전력 값을 취한다는 것이다. 따라서 전력 이득이 안테나 손실을 고려하는 것을 제외하고 두 용어는 동일하다.

지향성은 이론적으로 계산되는 반면, 전력 이득은 실용적으로 더 중요하다. 두 이득은 많은 VHF와 UHF 안테나에서 거의 동일하다.

### 3.4.9.8 복사 저항(Radiation Resistance)

안테나에 공급되는 에너지는 전선과 인근 유전체의 열손실 및 전파 형태로 소멸된다. 복사 에너지는 유용한 부분이지만, 안테나에 관한 한 전선을 가열하는 데 사용되는 에너지는 손실이 된다. 어느 경우든 소멸 전력은 $I^2 R$과 동일하다. 열 손실의 경우 R은 실제 저항이지만, 복사 R의 경우 가정된 저항으로 이 저항이 존재하면 안테나에서 실제로 복사되는 전력을 소멸시킨다. 이러한 가정된 저항을 복사 저항이라고 한다. 직류 저항이 아니라 교류 저항이다. 따라서 안테나의 총 전력 손실은 $I^2 (Ro + R)$과 동일하며, 여기서 Ro는 복사 저항이고 R은 실제 저항이다.

아마추어 주파수에서 작동하는 일반적인 반파 안테나에서 도체에서 발생하는 열은 안테나에 공급되는 총 전력의 몇 퍼센트를 초과하지 아니한다. 이는 14번 정도의 구리선 RF저항은 안테나가 주변 물체와 충분히 간격이 있고 높이가 적정하면 안테나의 복사 저항에 비해 매우 낮기 때문이다.

반파 안테나 중심에서 측정한 복사 저항 값은 여러 요인에 따라 달라진다. 하나는 다른 물체, 특히 지구에 대한 안테나의 위치다. 또 하나는 사용된 도체의 길이/직경 비율이다. 안테나가 다른 모든 것들로부터 멀리 떨어져 있는 상태 즉 "자유 공간"에서 무한히 얇은 도체로 만들어진 공명 안테나의 복사 저항은 대략 73 Ohms이다. 자유 공간 안테나의 개념은 지면의 수정 효과를 별도로 고려할 수 있기 때문에 계산에 편리한 기준을 형성한다. 안테나가 적어도 지면과 다른 물체에서 몇 파장의 거리에 있을 경우 안테나는 자체의 전기적 특성과 관련하여 자유 공간에 있는 것으로 간주할 수 있다. 이 조건은 VHF 및 UHF 범위의 안테나에 적용될 수 있다.

안테나가 두꺼워질수록 복사선 저항이 감소한다. 대부분의 와이어 안테나는 65옴에 가깝다. 또 보통 로드나 튜빙으로 구성된 안테나의 경우 55~60옴 사이에 위치한다. 복사 저항의 실제 값이 적어도 50옴 이상이면 안테나의 복사 효율에 눈에 띄는 영향을 미치지 않는다.

공명 안테나의 복사 저항은 송신기 또는 송신기와 안테나를 연결하는 RF 전송선에 대한 "부하"이므로, 안테나 및 송신기 또는 라인이 함께 결합되는 방식을 결정할 때 그 저항값이 중요하다.

안테나의 저항은 길이와 직경에 대한 길이 비율에 따라 달라진다. 안테나가 대략 반파 길이일 때 저항은 길이에 따라 다소 적게 변화한다. 안테나가 약간 짧으면 저항이 다소 감소하고, 약간 길면 저항이 증가한다.

### 3.4.9.9 복사 전력(Radiated Power)

안테나에서 복사되는 전력은 다음과 같이 계산된다.

$$전력\ 복사 = I^2\ Rr$$

여기서 I 는 안테나에 공급되는 전류, Rr은 복사 저항이다. 안테나에서 복사되는 전력은 안테나에서 일부 전력이 손실되기 때문에 안테나로 공급되는 전력보다 항상 적다.

### (가) 유효 복사 전력 (Effective Radiated Power-E.R.P)

등방향성 복사기는 이론적으로 모든 방향으로 에너지를 잘 복사할 수 있는 안테나로, 모든 방향과 주어진 거리에 일정한 자기장 강도를 생성한다.

실질적으로 안테나는 그러한 복사 특성을 가지고 있지 않다. 대신에 복사 에너지를 하나 이상의 특정 방향으로 집중시킨다. 즉, 실제 안테나는 최대 복사 방향의 특정 지점에서 동일한 장 강도를 생성하기 위해 등방향성 복사기보다 작은 전력이 필요하다.

수치적으로, 안테나의 유효 복사 전력은 총 전송된 전력 Pt와 안테나의 이득 G의 산출과 같다.

$$즉,\ e.r.p = Pt\ X\ G$$

예) 등방향성 복사기에 비해 10dB의 이득이 있는 안테나가 1000와트의 전력을 복사한다. 안테나의 유효 복사 전력을 계산하라.

계산: 10dB는 10:1의 전력 비율이다. 따라서 방정식으로 보면 e.r.p = 10 X 1000 = 10 kW(답)

### 3.4.9.10 유효 높이(Effective Height)

안테나에 흐르는 전류는 이미 언급한 바와 같이 안테나 주변의 모든 지점에서 균일하지 아니하다. 안테나의 유효 높이는 안테나의 입력 전류와 동일한 크기의 균일한 전류를 전달하는 경우 특정 지점까지 동일한 전계 강도를 생성하는 높이다.

파장이 큰 저·중 주파수에서는 공명 길이의 안테나를 실용적으로 사용할 수 없는 경우가 많다.

따라서 이러한 주파수에서 사용되는 수직 안테나는 전기적으로 너무 짧다. 실제 안테나 높이는 최소한 1/4 파장 이상이어야 하지만, 이것이 불가능한 경우 유효 높이는 1/4 파장이 되도록 즉, 안테나는 더 큰 높이의 수직 와이어와 동일한 입력 임피던스와 수평 복사선장을 가지도록 수정해야 하며, 이것이 유효 높이가 된다. 이보다 훨씬 짧은 안테나는 효과적인 복사가 되지 아니하며 낮은 저항과 큰 용량성 리액턴스 구성으로 입력 임피던스가 불량하다.

더욱이, 용량성이 크기 때문에 피더 전송선과 일치시키기 어렵다. 이 두 번째 문제는 부분적으로 안테나와 직렬로 인덕턴스를 배치하여 극복할 수 있고 이것은 임피던스의 저항성 성분을 증가시키지는 않는다.

복사 저항을 증가시키는 좋은 방법은 안테나 상단에 용량 모자(top hat)를 설치하는 것이다. 이런 상단 용량 모자는 안테나 베이스의 전류를 증가시키고 또한 전류 분포를 균일하게 한다.

상단 용량 모자는 단일 수평 피스의 형태를 취할 수 있으며, 그 결과 아래 표시된 역 L 및 T 안테나가 된다. 상단 모자는 안테나에 병렬로 캐패시턴스를 추가하여 총 용량성 입력 리액턴스를 감소시키는 효과도 있다. 상단부하 안테나의 복사 패턴은 기본 마르코니의 복사 패턴과 거의 동일하며, 아래 그림과 같이 전류 분포도 상당히 동일하다.

수평 부분의 전류는 수직 부분보다 훨씬 작기 때문에, 안테나는 여전히 수직 편파 복사기로 간주된다.

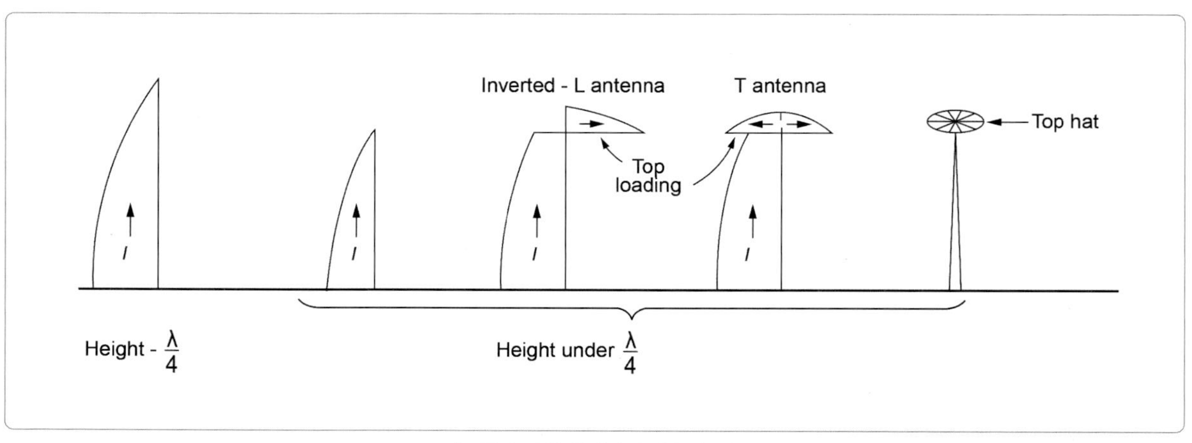


[그림 3-70] 안테나의 유효 높이

## 3.5.1 무선 통신 역사

맥스웰(James Clerk Maxwell, 1831–1879)이 1865년 전자기장이 파동 형태로 공간을 전파하는 현상을 설명하고 전자기파 속도가 빛과 같은 속도라고 하며 맥스웰방정식을 제시하였다. 1887년에 헤르츠(Heinrich Rudolf Hertz, 1857–1894)가 방전 전자파 발생장치로부터 10m 떨어진 곳에서 전자파를 검출하는 실험을 성공하여 전자파의 존재를 입증하였다.

1907년에 삼극 진공관이 발명되고 무선통신은 급격한 발전을 하였고 제2차 세계대전 중 레이더가 개발되었다. 1959년 인공위성을 통한 대륙 간 통신 실험이 성공되고 위성통신 시대를 열었다.

항공 통신은 항공기 승무원들이 정보를 전달하기 위해 다른 항공기 또는 지상의 사람들과 연결하는 수단이다. 항공 통신은 지상과 공중 모두에서 항공기 이동의 성공적인 수행과 관련된 중요한 요소로 의사소통의 증가는 사고의 위험을 감소시킨다.

항공의 초기 단계에서는 두 대의 비행기가 충돌하는 것이 불가능할 정도로 하늘이 너무 크게 비어 있다고 생각하였다. 그러나 1956년에 두 대의 비행기가 그랜드 캐년 상공에서 사고가 발생하여 미국 연방 항공국(FAA)의 창설이 촉발되고 항공기 발전에 따라 항공 통신 기술 개발이 가속화 되었다. 비행기에 장착할 수 있을 만큼 소형 휴대용 라디오가 등장하면서 조종사들은 지상의 사람들과 의사소통을 할 수 있게 되었다. 오늘날 항공 통신용 여러 가지 시스템이 개발되고 비행기에는 인터넷과 비디오 기능뿐만 아니라 최신 무선 및 GPS 시스템이 장착되어 있다. 1917년 AT&T가 미국 최초의 공중–지상 무선 송신기를 발명했다. 1917년 7월 4일 AT&T 기술자들은 조종사와 지상 요원들 간의 쌍방향 음성 통신에 성공하였다. 이를 통해 지상 요원들은 모스 코드 대신 음성을 이용해 조종사와 직접 의사소통할 수 있었다.

레이더는 여전히 항공과 지상 통신에서 매우 귀중한 도구로 사용된다. 오늘날 모든 비행기는 관제 구역의 항공 교통 관제탑에 의해 추적된다. 국내 대부분의 비행기들과 모든 상업용 비행기들은 트랜스폰더를 장착하고 있다. 트랜스폰더는 ATC 타워가 각 비행기의 신원을 즉시 인식할 수 있도록 해주는 항공기의 식별 도구 역할을 한다. 그들은 비행기와 상호작용하면서 레이더 주파수를 인식함으로써 작동한다. 레이더에 의해 경보되는 트랜스폰더는 항공기를 식별하는 타워로 다시 자체 신호를 보내면서 응답한다. 트랜스폰더는 다른 항공기 및 지면과의 충돌을 방지하기 위해 사용할 수 있다. 오늘날 항공–지상 통신은 조종사들이 비행기를 조종하기 위해 더 이상 비행기에 탑승할 필요가 없을 정도로 발전했다. 이 비행기들은 무인 비행체 또는 더 흔히 UAV로 알려져 있다. 이 항공기는 공중–지상 통신의 정점을 나타낸다. UAV는 수천 마일 떨어진 조종사에 의해 조종될 수 있고 지상 지도 레이더를 사용하여 위험한 지형을 안전하게 비행할 수 있다. 그들은 고해상도 비디오를 전 세계의 군 기지국에 전송할 수 있다. 그러나 모든 UAV가 군사적 목적으로 사용되는 것은 아니다. 일부는 지상을 측량할 수 있는 첨단 센서를 갖추고 있다. 이 센서들은 지구 지도를 만들고 석유와 광물 퇴적물을 찾기 위한 지리적 조사에 사용될 수 있다.

## 3.5.2 전파의 전파(電波의 傳播)

### 3.5.2.1 전자파 스펙트럼(The E.M. Spectrum)

지구의 대기를 통해 전파되는 전파의 형태는 주파수에 따라 많이 좌우된다.

무선 주파수는 10KHz에서 3000GHz까지의 주파수 범위를 갖는 전자 스펙트럼의 영역으로 이 주파수대는 30km에서 1mm의 파장을 가지며 무선 통신 시스템 운용의 가장 기본적인 요소로 관련 국제 조약과 전파법에 의하여 엄격하게 관리되고 있으므로 주파수 운용에 유의하여야 한다.

전파의 전파를 고려하기 전에 모든 전자파의 스펙트럼을 표 1.1에 보였다. 여기에서 우리는 전체 스펙트럼과 비교할 때 우리가 사용하는 주파수의 범위가 작다는 것을 알 수 있다. 일반 협약에 의하여 무선 주파수는 표 1.2와 같이 분류된다. 표 1.3의 대략적인 주파수 범위로 표시된 높은 무선 주파수에 적용한 문자 지정은 협약되지 아니하였다. 표 1.4는 국제 협정에 의하여 공중 무선 시스템에 사용되는 주파수를 나열하였다.

### 3.5.2.2 전파 특성(Propagation Characteristics)

자유 공간에서 모든 전파는 빛의 속도로 직선으로 이동한다. 그러한 전파방식은 공간파라고 알려져 있다. 항공 전자파 장비에는 지상파와 공간파 두 가지 전파 모드가 사용된다.

지상파는 전파가 지나가는 장애물 주위를 휘어가는 파동 운동과 관련된 부분적인 회절 현상으로 지구의 표면을 따라간다. 또한 파동의 H장이 지구 표면을 절단하며 진행하므로 지표면에 전류가 흐르게 된다. 이러한 전류에 필요한 전력은 파동에서 나와야 하며, 따라서 전파에서 지상으로의 에너지 흐름이 발생하여 구부러지고 감쇠가 발생한다. 이러한 감쇠 현상이 사용 가능한 주파수 범위에 대한 제한 요인이 된다. 주파수가 높을수록 장 강도의 변화율이 커지기 때문에 더 많은 감쇠가 발생한다. 지상파는 VLF.와 LF 시스템에서 사용된다.

지구 표면에서 50~500km 사이에 있는 이온화 층인 전리층에 도달한 전파는 입사되는 주파수에 따라 굴절되어 지구로 돌아올 것이다. 송신기와 도달 지점 사이의 거리(one hop)는 건너뛰기 거리(skip distance)라고 하고 여러 개의 Hop이 발생하여 매우 긴 거리에 도달할 수 있다. 약 30MHz 이상에서는 굴절이 불충분하기 때문에 공간파가 없다. 공간파 는 HF통신에 유용하다. 그러나 수신기에서 공간파와 지상파가 결합되어 전파 시간 측정과 도착 방향을 흐리게 할 수 있기 때문에 LF 및 MF 항법 보조 장치에 문제를 일으킬 수 있다. VLF에서는 전리층에서 거의 굴절되지 않고 반사되므로, 장거리 VLF 항법 보조 기구를 사용할 수 있다.

Line of Sight파라고 불리는 30MHz 이상의 공간파가 활용되고 약 100 MHz~3 GHz의 전파는 전송 경로가 예측 가능하고 신뢰할 수 있으며 대기 감쇠가 거의 발생하지 않는다. 3GHz 이상에서는 감쇠 및 산란 현상이 발생하며 약 10GHz 이상에서 제한 요인이 된다. 공간파가 알려진 속도로 일직선으로 이동하고 특정 물체(뇌우와 항공기 등)에서 반사되는 현상을 이용하여 그러한 물체의 거리와 방향을 탐지하는 것이 가능하다.

[표 3-1] 전자파 스펙트럼

| Hz | Region |
|---|---|
| $10^{25}$ | Cosmic rays |
| $10^{21}$ | Gamma rays |
| $10^{19}$ | X rays |
| $10^{17}$ | Ultraviolet |
| $10^{15}$ | Visible |
| $10^{14}$ | Infra - red |
| $10^{11}$ | Radio waves |
| $10^{4}$ | Electric waves |

[표 3-2] 무선 주파수 분류

| Name | Abbreviation | Frequency | |
|---|---|---|---|
| Very low frequency | v.l.f. | 3-30 | kHz |
| Low frequency | l.f. | 30-300 | kHz |
| Medium frequency | m.f. | 300-3000 | kHz |
| High frequency | h.f. | 3-30 | MHz |
| Very high frequency | v.h.f. | 30-300 | MHz |
| Ultrahigh frequency | u.h.f. | 300-3000 | MHz |
| Superhigh frequency | s.h.f. | 3-30 | GHz |
| Extremely high frequency | e.h.f. | 30-300 | GHz |

[표 3-3] 마이크로파 표시

| Letter designation | Frequency range (GHz) |
|---|---|
| L | 1-3 |
| S | 2.5-4 |
| C | 3.5-7.5 |
| X | 6-12.5 |
| K | 12.5-40 |
| Q | 33-50 |

[표 3-4] 항공 용 주파수 분류

| System | Frequency band |
|---|---|
| Omega | 10-14 kHz |
| Decca | 70-130 kHz |
| Loran C | 100 kHz |
| ADF | 200-1700 kHz |
| h.f. comm. | 2-30 MHz |
| Marker | 75 MHz |
| ILS (Localiser) | 108-112 MHz |
| VOR | 108-118 MHz |
| v.h.f. comm. | 118-136 MHz |
| ILS (Glideslope) | 320-340 MHz |
| DME | 960-1215 MHz |
| SSR | 1030 and 1090 MHz |
| Radio altimeter | 4.2-4.4 GHz |
| Weather radar (C) | 5.5 GHz |
| Doppler (X) | 8.8 GHz |
| Weather radar (X) | 9.4 GHz |
| Doppler (K) | 13.3 GHz |

### 3.5.2.3 대류권(Troposphere)

지구 표면에서 전리층의 하부 가장자리까지 확장된 지구의 대기권을 대류권이라고 한다. 일반적으로 높이에 따라 굴절 지수가 점진적이고 균일하게 감소한다. 이 효과는 높이에 따른 온도, 압력 및 수증기 함량 감소에 따른 복합적인 효과에 기인한다. 전리층은 대기의 상층부로 태양으로부터 대량의 복사 에너지를 흡수하여 가열되고 이온화된다. 기온, 밀도, 구성 등 대기의 물리적 특성의 변화가 있다. 이것과 수신되는 복사선의 종류가 다르기 때문에, 이온권은 분포에서 일정하지 아니하고 성층화 되는 경향이 있다. 가장 중요한 이온화 물질은 자외선 및 태양으로부터의 $\alpha$, $\beta$, $\gamma$ 방사선과 우주 광선, 유성이다. 전리층은 상승 순서에 따라 D, E, F1, F2 등 4개의 주요 층이 있다. F1 F2는 밤에는 결합되어 하나의 층을 형성한다.

D층은 평균 70km 고도에 존재하는 가장 낮은 전리층으로 평균 두께는 10km이다. 이온화 정도는 수평선 위의 태양의 고도에 따라 달라지기 때문에 밤에는 사라진다. HF 전파 이용관점에서 가장 중요한 전리층이다. 일부 VLF와 LF파를 반사하고 MF와 HF파를 어느 정도 흡수한다. E층은 고도가 약 100km이며 두께는 약 25km이다. D층처럼 야간에 소멸된다. 이러한 소멸되는 이유는 이온이 분자로 재결합하기 때문이다. 이는 결과적으로 태양으로부터 방사선이 더 이상 도달하지 않기 때문이다. E층의 주효과는 MF 지표파 전파를 약간 돕고 일부 HF파를 낮 시간에 반사하는 것이다.

Es층은 매우 높은 이온화 밀도의 얇은 층으로, 때때로 E층으로 나타나기도 한다. 그것은 산발적 E층이라고도 불리고 종종 야간에도 지속된다. 대체로 장거리 전파에 중요한 영향을 주지는 않지만, 때로는 뜻밖에 좋은 수신상태를 보이기도 한다.

F1 층은 주간 180km 높이에 존재하며 야간에 F2

층과 결합된다. 주간의 두께는 약 20km이다. 일부 HF파가 F1에서 반사되지만, 대부분은 통과되고 F2 층에서 반사된다. 따라서 F1층의 주 효과는 HF파가 더 많은 흡수 되는 것이다. HF파가 상승 및 하강 과정에서 흡수되기 때문에 이것과 다른 층의 흡수 효과가 두 배가 된다.

F2 층은 고주파 전파의 가장 중요한 반사 매체로 대략적인 두께는 200km까지 될 수 있고 고도는 주간에 250~400km까지이다. 야간에는 약 300km 고도로 하강하며 F1층과 결합한다. 이 전리층의 고도와 이온화 밀도는 엄청나게 다양하고 주간 시간, 평균 주변 온도, 그리고 태양의 흑점 주기에 따라 변동된다.

F층이 다른 층과 달리 야간에 지속되는 것은 여러 가지 이유에서 발생한다. 첫째는 이 층이 가장 상층으로 가장 높이 이온화되며, 따라서 적어도 어느 정도는 야간에 이온화가 지속될 가능성이 있다는 것이다. 또 다른 주된 이유는 이 층에서는 이온화 밀도가 높지만 실제 공기 밀도는 낮기 때문에 그 층에 있는 분자의 대부분이 이온화되기 때문이다. 야간에 HF 수신이 잘 되는 이유는 F1층과 F2층이 하나의 F층으로 결합하는 것과, 주간에 눈에 띄게 흡수를 일으키고 있던 다른 두 층의 가상적 소멸이 원인이라는 점이다.

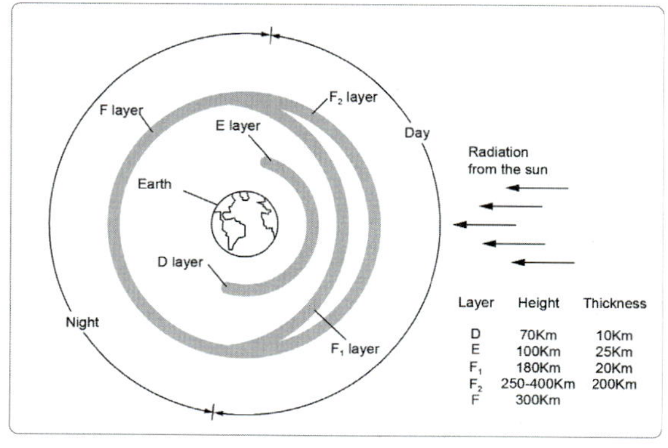



[그림 3-71] 전리층

### 3.5.2.4 반복 및 불규칙 변수 (Cyclic and Irregular Variations)

전리층의 이온화 밀도는 태양으로부터 받는 방사선량(주로 자외선)에 의해 결정된다. 따라서 전리층 활동은 태양에 의해 방출되는 방사선 양에 대한, 또한 해당 지역의 태양에 대한 상대적 측면의 함수이기도 하다. 전리층 활동에는 네 가지 주기가 있으며 다음과 같다.

- 지구의 일일 자전 주기
- 태양의 회전에 의해 발생하는 27일 주기
- 궤도에서 지구의 움직임에 의해 발생하는 계절 주기
- 태양 흑점 활동 사이클 11년 주기

이러한 주기의 영향은 전리층 활동에 관한 한 그 안에서 중첩되어 영향을 받는다.

태양은 11년 주기로 태양 활동량이 엄청나게 변화한다. 자외선, 코로나, 플레어, 입자 방사선과 태양 흑점의 태양 활동량은 그 기간 동안 무려 50배까지 증가할 수 있다. 태양 교란의 정도는 18세기에 울프가 개발한 태양 흑점 계산법으로 측정한다. 이를 근거로 11년 주기(+1년)가 뚜렷하게 나타나고 어쩌면 90년 주기일 수도 있다. 지금까지 기록된 가장 활발한 활동은 1778년, 1871년, 1957년이었는데 이는 역대 최고였다.

전리층에서 발생하는 주요 장애는 SIDs(sudden ionospheric disturbances, 이전에는 dellinger dropout으로 알려짐)와 자기폭풍이다. 갑작스런 전리층 장애는 태양으로부터 수소가 엄청나게 배출되어 발생한 태양 플레어로 인해 발생하는데 그러한 플레어는 갑작스럽고 예측이 불가능하지만, 태양이 고요할 때 보다 활동이 최고조에 달했을 때 더 가능성이 높다. 태양광에 동반되는 X선 방사선은 D층 바로 아래까지 이온화 밀도를 엄청나게 증가시킨다. 이 층은 보통 그것을 통과하고 F층으로부터 반사되던 전파 신호를 흡수한다.

따라서 장거리 통신은 한 번에 최대 1시간 동안 완전히 불가능해진다. 그 동안 진행된 연구는 태양 플레어에 대한 많은 양의 데이터를 축적하였기 때문에 일부 단기적인 예측이 가능해지고 있다. SID와 관련하여 두 가지 다른 점에 유의해야 한다. 첫째, 지구에서 태양이 비치는 쪽만 영향을 받고, 둘째 VLF 전파는 실제로 개선된다.

자기폭풍은 일반적으로 태양으로부터의 $\alpha$오 $\beta$ 광선 입자 방출에 의해 발생한다. 이것들은 지구에 도달하는데 약 36시간이 걸리기 때문에, 큰 태양 흑점이나 태양 플레어가 나타나면 약간의 경고가 가능하다. 전리층은 폭풍우가 몰아칠 때 불규칙하게 움직이지만 지구 자기장 때문에 고위도에서는 더욱 심하다. 반사되는 전파 신호 강도는 하락하고 매우 빠르게 변동한다. 그러나 가장 높은 주파수가 가장 큰 영향을 받기 때문에 낮은 주파수를 사용하는 것이 도움이 되는 경우가 많다.

언급된 산발적 E(Es)층도 비정상적인 전리층 교란으로 포함되는 경우가 많다. Es가 존재하는 경우 장거리 HF 통신이 저해되고 VHF 통신이 지평선 넘어 도달하는 두 가지 효과가 있다. 이 전리층의 실제 높이와 가상 높이는 동일한 것으로 보인다. 이것은 층이 얇고 밀도가 높아서 실제 반사가 일어난다는 믿음을 확인시켜준다. 여러 국가 과학 단체들이 매우 유용한 전파 예보를 발행하는 전리층 예측 프로그램을 가지고 있으며 국내에서는 국립전파연구원의 우주전파센터(https://spaceweather.rra.go.kr/) 가 예보하고 있으며, 미국의 이온권 예측 서비스(space weather prediction center)가 있다.

### 3.5.2.5 감쇠 및 흡수

역제곱법은 전력 밀도가 전자파의 근원으로부터 거리에 따라 상당히 빠르게 감소한다는 것을 보여준다. 이것을 인식하는 또 다른 방법은 전자기파가 근원에서 바깥쪽으로 이동하면서 감쇠된다는 것이며, 이 감쇠는 이동 거리의 제곱에 비례한다. 감쇠는 일반적으로 필드 강도와 전력 밀도 모두에 대해 동일하게 숫자로 측정되는 데시벨로 표시된다.

물론 자유공간은 전파를 흡수할 것이 없기 때문에 전파의 흡수는 일어나지 않지만 공기 중에서는 다르다. 이것은 전자기파에서 나오는 에너지의 일부가 대기의 원자와 분자로 전달되기 때문에 일부 전파를 흡수하는 경향이 있다. 이 전달은 원자와 분자를 다소 진동하게 하며, 대기가 따뜻해지는 반면 전파 에너지는 상당히 많이 흡수될 수 있다.

운 좋게도, 약 10 GHz 이하 주파수 전자파의 대기 흡수는 매우 미미하다. 아래 그림에서 볼 수 있듯이, 대기 중의 수증기 함량과 산소에 의한 흡수는 그 빈도에서 유의하게 되었다가 점차적으로 상승한다. 그러나 다양한 분자 공진 때문에 특정 최고치와 감쇠가 존재한다. 그림과 같이 대기 중 장거리 통신에는 60GHz, 120GHz 등의 주파수가 권장되지 않는다. 마찬가지로 매우 건조한 공기를 제외하고 23GHz 또는 190GHz를 사용하지 않는 것이 가장 좋다. 반면 흡수력이 크게 떨어지는 이른바 창문이 존재하는데 33 GHz와 110 GHz와 같은 주파수가 이 범주에 속한다.

아래 그림은 대기 흡수가 표준 습도 값에 대하여 취한, 대기의 수증기 함량으로 인하여 흡수되는 것과 함께 두 가지 주요 구성 요소로 분리되는 것을 보여준다. 습도가 증가하거나 안개, 비 또는 눈이 있을 경우, 이러한 형태의 흡수는 엄청나게 증가하며 빗물방울에 의한 반사가 일어날 수도 있다. 예를 들어, 10 GHz에서 레이더 시스템은 건조한 공기에서 75 km, 가벼운

폭우에 68 km의 탐지범위를 보이고 있으며, 강수량이 마이크로웨이브 주파수에서 어떻게 흡수되지를 효과적으로 보여준다.

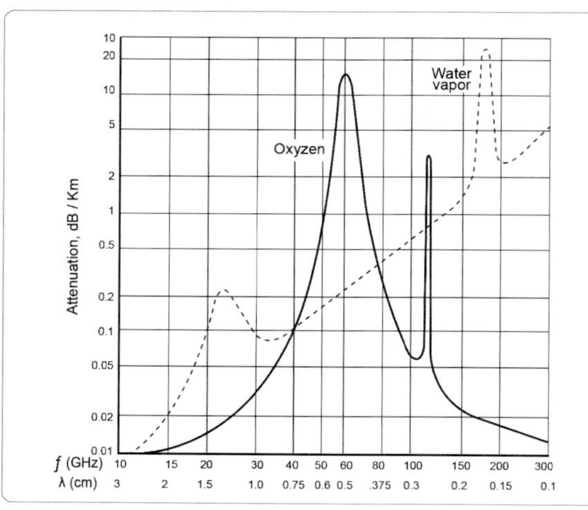

[그림 3-72] 감쇠와 대기흡수

### 3.5.2.6 반사(Reflection)

거울에 의한 빛의 반사와 전도 매체에 의한 전자파의 반사 사이에는 많은 유사성이 있다. 두 경우 모두 반사 각도가 아래 그림에서와 같이 발생 각도와 동일할 경우. 다시 빛의 반사와 마찬가지로 입사광선, 반사광, 입사점도 한 평면에 있다. 반사는 유전 상수가 다른 물질 사이의 어떤 경계에서도 일어난다. 물과 유리는 모두 빛에 대하여 투명하지만 유전 상수는 매우 다르다. 어느 한 물질에 부딪히는 빛 에너지의 일부는 튕겨 나가거나 반사될 것이다. 그 빛에 비하여 더 긴 파장을 가진 전파는 사실상 얇은 유리층의 영향을 받지 않지만, 물과 마주쳤을 때의 반응은 물의 순도에 따라 달라질 수 있다. 증류수는 좋은 부도체이나 소금물은 비교적 좋은 도체다. 전파는 파장 또는 주파수에 따라 건물, 나무, 차량, 지면, 물, 이온화 층에서 반사되거나, 온도와 수분 함량이 다른 대기 질량 사이의 경계에서 반사될 수 있다. 전파 에너지의 일부는 파동

이 부딪히는 매체에 흡수될 것이며, 그 중 일부는 물질로 전달 또는 통과될 수 있다. 반사 계수는 입사파에 대한 반사파의 전기 강도의 비율로 정의된다.

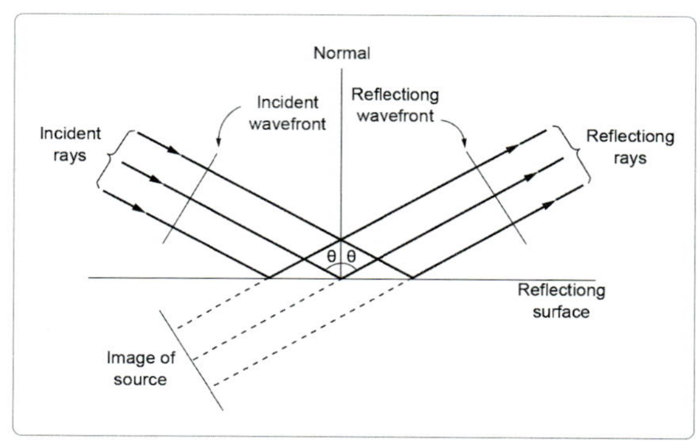


[그림 3-73] 반사

### 3.5.2.7 굴절(Refraction)

굴절이란 한 매질에서 다른 매질로 통과할 때 그림 3-74와 같이 파형이 휘어지는 것을 말한다. 파형이 두 물질 사이의 경계까지 직각인 방향으로 움직이고 있다면 파형은 휘어지지 않는다.

이 벤딩은 파동이 새로운 물질에서 다른 속도로 이동하기 때문에 발생한다. 직선으로 된 물체를 비스듬히 물에 넣으면 물체는 물 표면에서 구부러지는 것처럼 나타난다. 연필과 물컵으로 이것을 시도해 볼 수 있다. 이것은 빛의 파동을 굴절시키는 예다.

전파는 빛과 같은 방식으로 한 물질에서 다른 물질로 통과할 때 휘어진다. 굴절 정도는 전파가 두 물질을 통과하는 속도 차이에 따라 달라진다. 높은 주파수에서 벤딩의 양이 감소한다.

두 매체의 경계가 휘어졌을 때도 굴절은 여전히 일어난다. 밀도가 점진적으로 변화하면 상황은 더욱 복잡하나 굴절은 여전히 일어난다. 그림 3-74에서 보듯이, 밀도가 낮은 매체에서 밀도가 높은 매체로 이동하는 전자파는 정상보다 굴절된다.

이 상황은 지구 상 대기에서 발생하는데 이곳에서

대기 밀도는 높이에 따라 아주 약간이지만 선형적으로 변한다.

여기서 일어나는 약간의 굴절현상의 결과 전자파는 일직선으로 이동하는 대신 다소 굽어진다.

따라서 전파 지평선은 증가하지만 그 효과는 수평선에만 두드러진다. 기본적으로 전파전선(前線)의 상단이 전파전선의 하단보다 밀도가 더 희박한 대기 속에서 이동하며 빨리 이동하기 때문에 아래쪽으로 구부러진다.

그림 3-74와 같이. 전파가 전리층과 마주칠 때 다소 비슷한 상황이 발생한다.

가운데 아래의 그림은 전파가 지구로 되돌아갈 때 굴절되는 것을 보여준다. 전파가 전리층에서 휘어지기 때문에 전파는 직진될 것이다.

## 3.5.2.8 산란(Scatter)

많은 장거리 전파(傳播)를 별도의 반사 관점에서 설명할 수 있는데, 완벽한 반사는 진공에 완벽한 거울이 있어야만 가능하기 때문에 실제로는 가능하지 않다. 모든 전자파 전파(傳播)는 이상화된 패턴을 크게 변화시키는 산란의 영향을 받는다. 지구의 대기층과 이온층, 전파(傳播) 경로에 있는 물체들은 모두 신호를 분산시키는 작용을 한다. 강력한 신호는 반사에 의하여 이루어지고 산란 작용은 신호가 약하여지지만, 두 가지 모두 전파의 전파(傳播)에 영향을 미친다. 산란 모드는 많은 종류의 통신에 유용하다.

그림 3-74와 같이 유용한 지상파 범위의 끝과 R1 지점과 R2 지점 사이에 신호가 들리지 않는다고 생각할 수 있다. 사실, 상당히 민감한 장치와 방법이 사용된다면 전송된 신호는 대부분의 이 영역에서 감지될 수 있다. 전달된 에너지의 작은 부분이 주파수에 따라 여러 가지 경로로 지구상으로 다시 흩어진다.

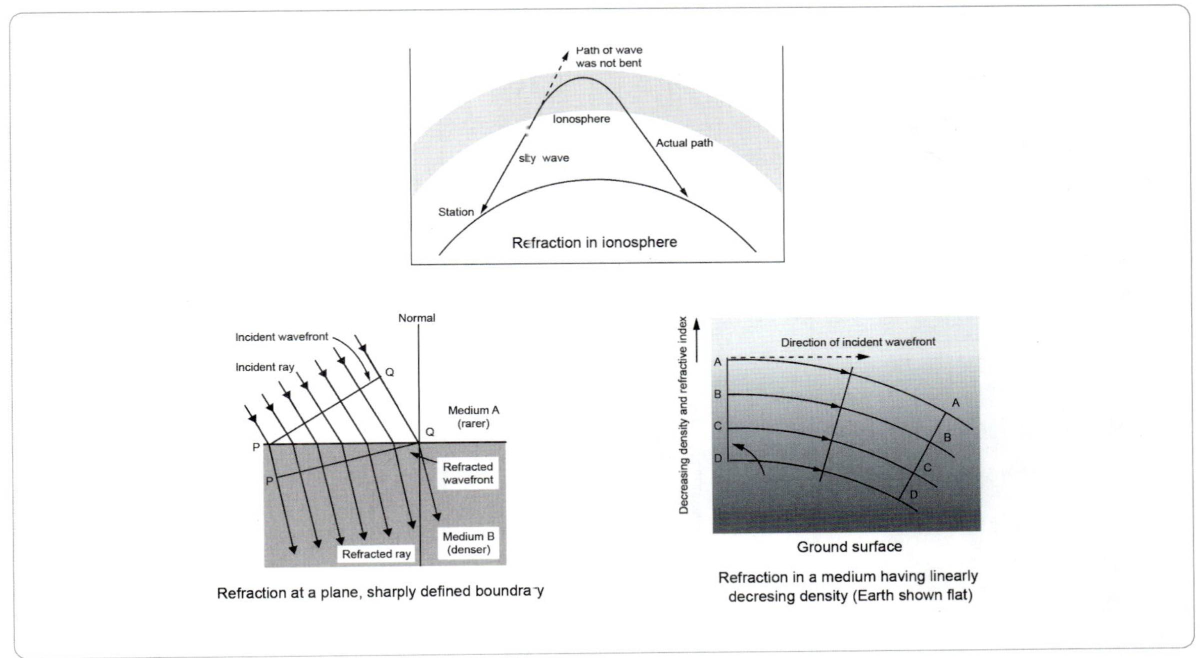


[그림 3-74] 전파의 굴절

대류권 산란은 20MHz 이상의 주파수에서 지역 통신 범위가 상당히 확장되어 VHF 범위에서 가장 유용하게 사용된다. 대부분 E 층에서 사용되는 대류권 산란은 약 69 MHz 또는 70 MHz의 주파수에서 가장 많이 나타난다.

VHF 대류권 산란 통신은 아마튜어 전력 수준과 안테나 기술 수준 한계 내에서 거의 500 마일 까지 사용할 수 있다. 전리층 전방 산란은 최대 1200마일 거리를 건너뛰는 구역에서도 식별할 수 있다.

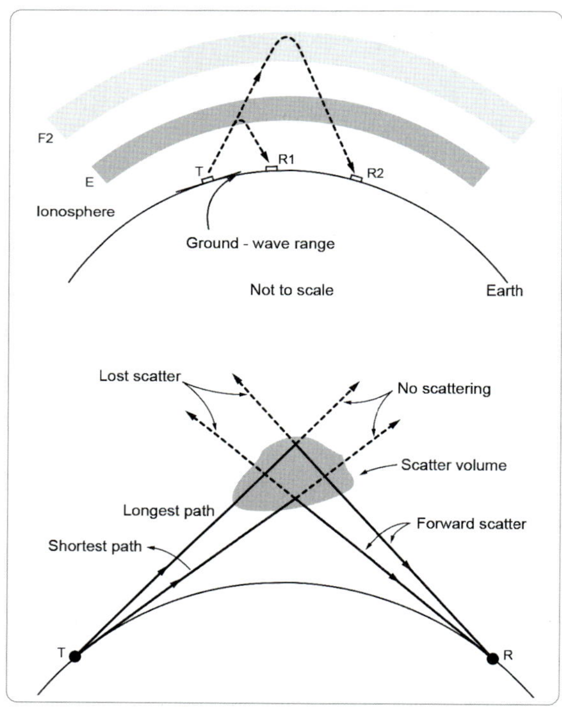


[그림 3-75] 산란

### 3.5.2.9 페이딩(Fading)

페이딩은 수신기에 수신되는 전파가 빠르거나 느리거나, 전체적이거나 선택적인 주파수의 전파 신호 강도의 변동이다. 각각의 경우에 그것은 같은 송신기를 떠났지만 다른 경로로 목적지에 도착한 두 전파 사이의 간섭 때문이다.

임의의 순간에 수신되는 신호는 수신되는 모든 파장의 벡터 합이기 때문에, 어떤 두 경로 사이에 반파장 정도의 길이 차이가 있을 경우 대체적으로 감소 및 보강이 발생한다. 따라서 그러한 변동은 더 작은 파장, 즉 높은 주파수에서 발생할 가능성이 더 높다.

페이딩은 공간파 파동의 하부 및 상부 파동 사이의 간섭, 다른 수(數)의 홉(hop)의 경로로 도달하는 공간파 파동 사이, 특히 HF 밴드의 하단에 있는 지상파와 공간파 사이의 간섭 때문에 발생할 수 있다. 또한 단일 공간파가 수신되는 경우에도 전파를 반사하는 전리층의 높이나 밀도의 변동 때문에 발생할 수 있다. 페이딩과 싸우는 더 성공적인 방법 중 하나는 공간이나 주파수의 다양성을 사용하는 것이다.

SSB 신호는 이러한 페이딩으로 인한 피해를 덜 입으며 이러한 조건 하에서 상당히 이해할 수 있는 상태로 유지될 수 있다. 수신된 신호의 일부만 상대 진폭이 끊임없이 변화하고 있기 때문이다.

### 3.5.2.10 다이버시티 수신(Diversity Reception)

다이버시티 수신은 통신 수신기의 추가적인 회로가 아니라 수신기를 아용하는 전문화된 방법이다. 공간 다이버시티와 주파수 다이버시티 두 가지 형태가 있다. 자동 이득 제어(AGC)는 페이딩의 영향을 크게 최소화하는 데 도움이 되는 반면에 수신 신호가 소음 레벨로 감소되는 경우 도움이 되지 않는다.

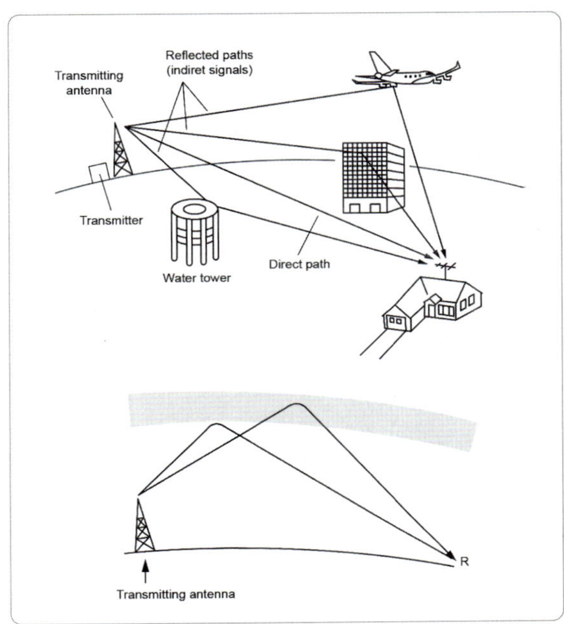



[그림 3-76] 페이딩(Fading)

가장 많이 사용하고 있다.

다이버시티 시스템이 음성 통신에서는 사용이 제한되는 단점이 있다. 일반적으로 각 신호는 약간 다른 경로를 통해 이동하므로 오디오 출력은 다른 수신기의 신호와 비교할 때 위상 차이를 갖는다. 그 결과, 다이버시티 수신은 전보나 데이터 전송(즉, 펄스)에 매우 자주 사용된다.

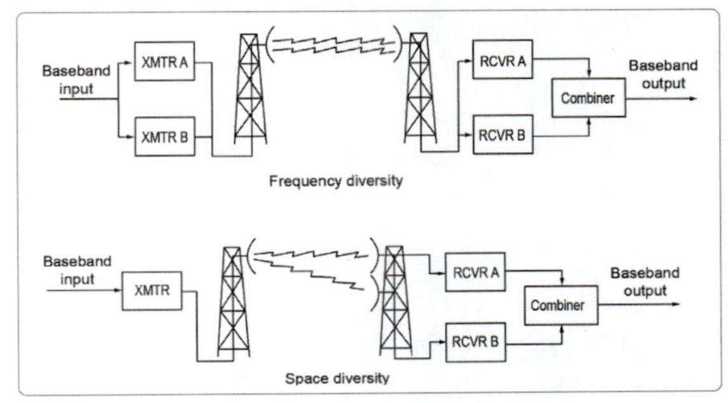



[그림 3-77] 다이버시티 수신

### 3.5.2.11 임계 주파수(Critical Frequency)

특정 전리층에 대한 임계 주파수($F_c$)는 해당 전리층에 대해 직선으로 전송된 후 지구로 되돌아오는 가장 높은 주파수를 말한다. 그러한 최대 주파수가 존재한다는 것을 염두에 두는 것이 중요하며 이 값이 조건에 따라 변하기 때문에 주어진 조건에서 그 주파수를 예측하는 것도 필요하다. 이온화 밀도의 변화율이 충분하고, 이 이온화 속도를 단위 파장별로 측정하면 파장은 아래쪽으로 휘어진다. 또한 입사전파가 수직에 가까울수록 한 전리층에 의해 지구로 돌아오기 위해 더 많이 구부러져야 한다. 이 두 가지 효과의 결과는 두 가지다. 첫째, 주파수가 높을수록 파장이 짧고 이온화 밀도가 낮을 경우 굴절될 가능성이 낮다. 둘째, 주어진 입사전파가 수직에 가까울수록 지상으로 복귀할 가능성이 적다. 어느 쪽이든, 이것은 최대 주파수가 존재한다는 것을 의미하며 그 이상의 주파수

다이버시티 수신 시스템은 어떤 순간, 어떤 빈도, 지구상의 어떤 지점에서는 페이딩이 심할 수 있지만, 다른 지점이나 다른 주파수 신호가 동시에 사라질 가능성은 극히 낮다는 사실을 이용한다.

공간 다이버시티에서는 약 9개 이상의 파장으로 분리된 2개 이상의 수신 안테나를 사용한다. 안테나만큼 많은 수신기가 있으며, 순간 신호가 가장 강한 수신기의 AGC가 다른 수신기를 차단할 수 있도록 설비되어 있다. 따라서 가장 강한 수신기에서 나오는 신호만 공통 출력 단계로 전달된다.

주파수 다이버시티는 거의 같은 방식으로 작동하나, 수신기에 동일한 안테나가 사용되는데, 송신기가 두 개 이상의 주파수를 동시에 전송한다. 주파수 다이버시티는 주파수 스펙트럼을 더 점유하기 때문에 수신 안테나를 충분히 분리할 수 없는 제한된 공간에서 공간 다이버시티를 활용할 수 없는 경우에만 사용된다. 선박사이의 통신 HF에서 주파수 다이버시티를

는 전리층을 통과한다. 입사 각도가 정상일 때 이 최대 주파수가 임계 주파수로 실제 값의 범위는 F2 레이어의 경우 5 ~ 12 MHz이다.

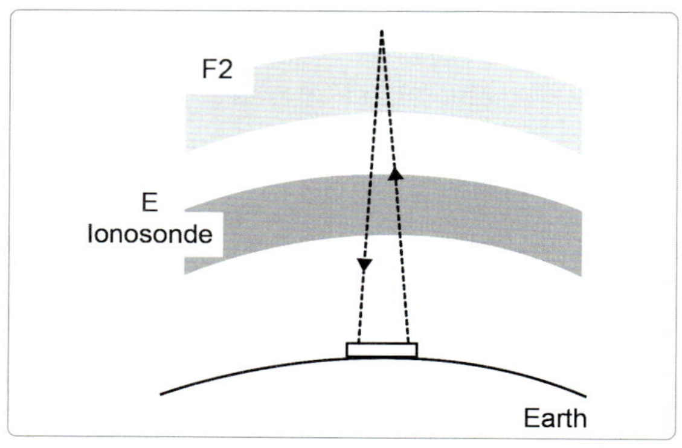


[그림 3-78] 임계 주파수

### 3.5.2.12 사용 가능한 최대 주파수 (Maximum Usable Frequency)

정상 이외의 특정 발생 각도에 대한 최대 가용 주파수(MUF)도 제한 주파수가 된다. 실제로 발생각(정상과 입사각 사이)이 0이면 다음과 같다.

$$\text{MUF} = \text{임계 주파수}/\cos\theta = fc \sec\theta$$

이것은 이른바 정할법칙(正割法則 secant law)이며, 특정 MUF에 대한 예비 계산을 할 때 매우 유용하다. 엄밀히 말하면 평평한 지면과 평평한 반사층에만 적용된다. 그러나 입사 각도는 공중파 링크로 연결될 지점 사이의 거리에 따라 결정되므로 가장 중요한 것은 아니다. 따라서 MUF는 전리층에서의 반사각보다는 그러한 두 지점의 거리에서 정의되며, 지구상에서 주어진 두 지점 사이의 공간파 통신에 사용될 수 있는 가장 높은 주파수로 정의된다. MUF의 정상값은 8 ~ 35 MHz 사이지만, 비정상적인 태양 활동 후에는 50 MHz까지 상승할 수 있다.

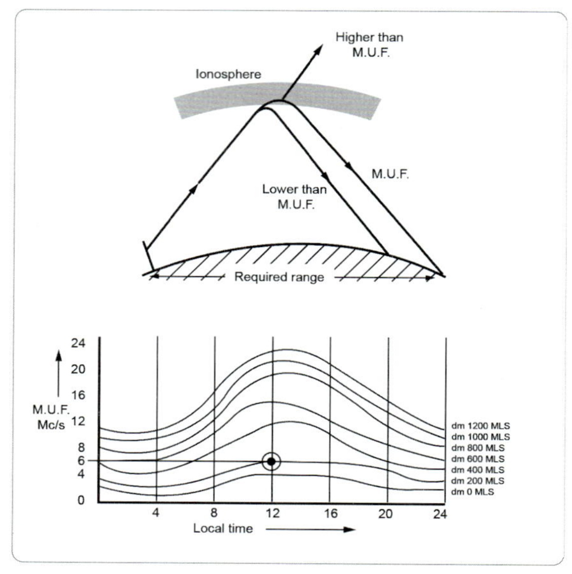


[그림 3-79] 사용 가능한 최대 주파수

### 3.5.2.13 덕트 및 온도 반전 (Ducting and Temperature Inversion)

지상에서 높이가 증가함에 따라 공기 밀도가 감소하고 굴절 지수가 감소한다. 굴절률의 변화는 보통 선형적이고 점진적이지만, 특정 대기 조건에서는 따뜻한 공기 층이 차가운 공기 또는 수면 위에 갇힐 수 있다. 그 결과 굴절지수는 평상시보다 높이에 따라 훨씬 더 빠르게 감소할 것이다. 이 현상은 종종 30m 이내의 지표 근처에서 일어난다. 빠른 굴절률 감소(따라서 유전 상수)는 공간파를 지구 표면으로 완전히 다시 구부릴 것이다. 전파신호는 아래 그림과 같이 덕트에서 연속적으로 굴절되어 지구에 의해 반사된다. 이 현상은 덕트(ducting)나 초 굴절 현상이라고 알려져 있다. 대류권의 덕트 조건이 넓은 지리적 지역에 존재할 때, 전파 신호는 1000마일 이상의 거리에 걸쳐 매우 강할 수 있다. 높은 주파수는 대류권 굴절에 더 민감하며 마이크로파 대역에서도 영향을 관찰할 수 있다. 대기 덕트의 형성을 위한 주요 요건은 소위 온도 역전이다.

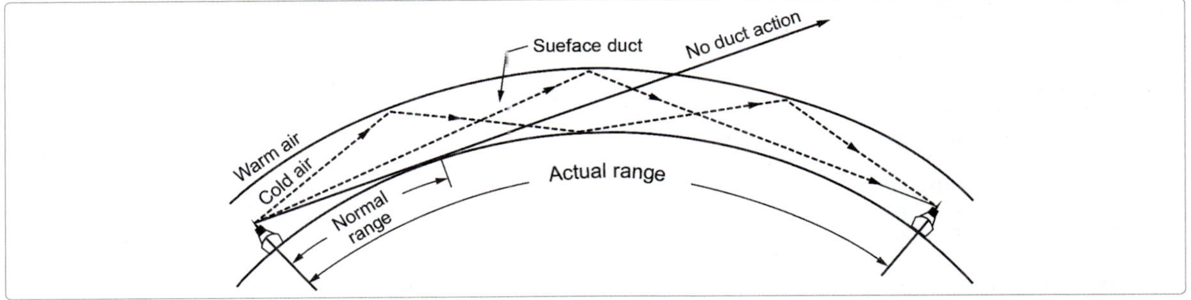

[그림 3-80] 덕트 및 온도 반전

이는 '표준 대기'에서 나타나는 보통 6.5° C/km로 기온이 감소되는 대신 고도가 높아지면서 공기 온도가 높아지는 것이다. 온도 역전에는 고도가 높은 공기가 비정상적으로 건조되어 굴절률이 높아지는 경우가 많다.

## 3.5.3 전자기파(Electromagnetic Wave)

전선에 교류전류를 공급하면 전력의 일부가 공간으로 복사된다. 비슷한 와이어를 전선과 평행하게 떨어져 두면 복사 전력의 일부를 차단하고 그 결과 교류전류가 유도되고 적절한 검출기를 사용하면 원래 전류의 특성을 측정할 수 있다. 이것이 모든 무선 시스템의 기본이다. 이것은 전자기파를 이용하여 한 지점에서 다른 지점으로 에너지를 이동시키는 것을 포함한다. 파동은 서로 수직으로 그리고 전파 방향에 대해 두 개의 진동장으로 구성된다. 전기장(E)은 파동이 전달되는 전선과 평행하고 자기장(H)은 직각이다. 그러한 파동의 연속된 피크 사이의 거리가 파장이라고 하며 아래의 그림에서 볼 수 있다.

EM파의 속도와 파장은 파동을 발생시키는 교류의 주파수에 관련된다. 수식은 다음과 같다.

$$c = \lambda\ f$$

c 는 빛 속도($3 \times 10^8$ m/s)

$\lambda$ 는 미터 단위 파장

f 는 Hertz (사이클/초) 주파수

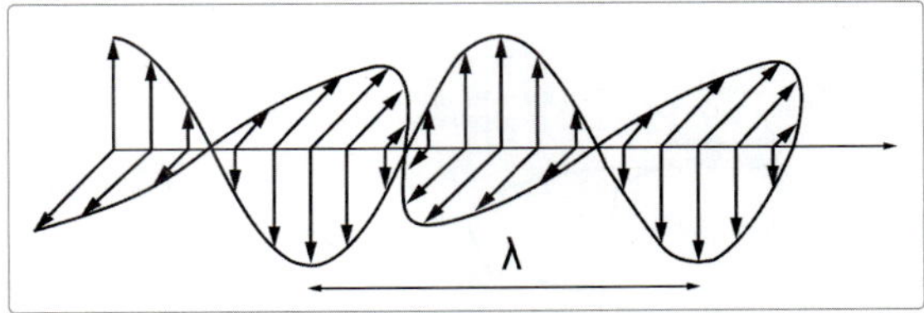

[그림 3-81] 전자기파 파장

### 3.5.3.1 지상파(Ground Wave)

HF 범위 이하의 주파수는 지구의 곡률을 따라, 때로는 지구 바로 주위로 이동한다. 이 현상은 아마도 지구의 표면과 대기 중의 가장 낮은 이온화 층으로 된 두 개의 도파관 벽에서 회절과 도파관 효과의 하나일 것이다. 이러한 지상파, 즉 지표파는 수평선을 넘어가는 전파 중의 하나이다. 아래 그림 참조.

지상파는 앞서 언급한 바와 같이 지표면을 따라 진행하며, 전기적 요소가 단락되지 않도록 수직 편광되어야 한다. 전자기파는 통과하는 지면에서 전류가 유도되어 흡수됨으로써 어느 정도 에너지를 잃게 된다. 그러나, 이것은 전파전선(電波前線)의 상부에서 아래로 어느 정도 분산된 에너지에 의해 이루어진다.

지상파가 감쇠되는 또 다른 현상이 있는데, 이는

회절 때문에 그림과 같이 전파장면(電波場面)이 점차 기울어진다. 파동이 지구표면에서 전파될수록 점점 더 기울어지며, 기울기가 증가하면 파동의 전기장 성분이 더 많이 단락되어 장 강도가 감소한다. 결국, 지상파가 전파하는 지표면의 상태에 따라 안테나로부터 어느 정도 거리(파장 단위)에서 전파가 "내려가서 죽는다(lies down and dies)"라고 한다. 송신기의 최대 송신 범위는 전력뿐만 아니라 주파수와 관련되므로 유의할 필요가 있다. VLF 대역에서는, 송신전력을 증가시킴으로써 필요한 전송 범위를 확보할 수 있으나, 반면에 이 방법은 전파가 기울기에 의해 제한되기 때문에 MF 범위의 높은 주파수에서는 효과가 없을 것이다.

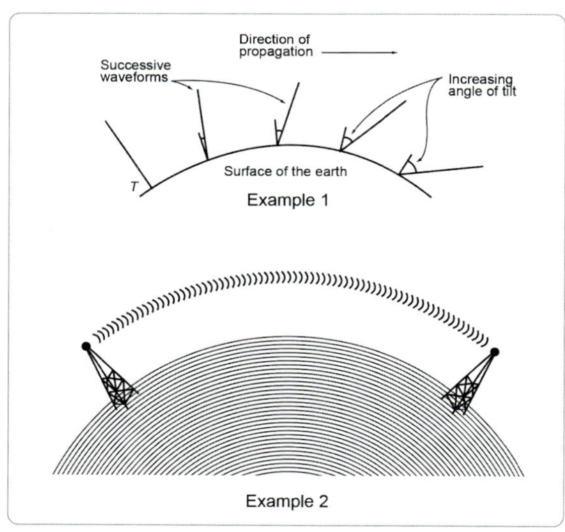

[그림 3-82] 지상파

### 3.5.3.2 공중파(Sky Wave)

HF 범위의 전파와 바로 위나 아래의 주파수가 대기의 이온화 층에 의해 굴절되어 공중파라고 불린다. 그러한 신호들은 하늘로 진행하다가 굴절된 후에 다시 내려오며 수평선을 훨씬 넘어 지구로 돌아온다. 지구 반대편에 있는 수신기에 도달하기 위해서는 이러한 전파는 지반과 이온권에 의해 여러 번 굴절되어야 한다. 그림 3-83 참조. (자세한 내용은 앞서 설명한 '이온권'을 참조.)

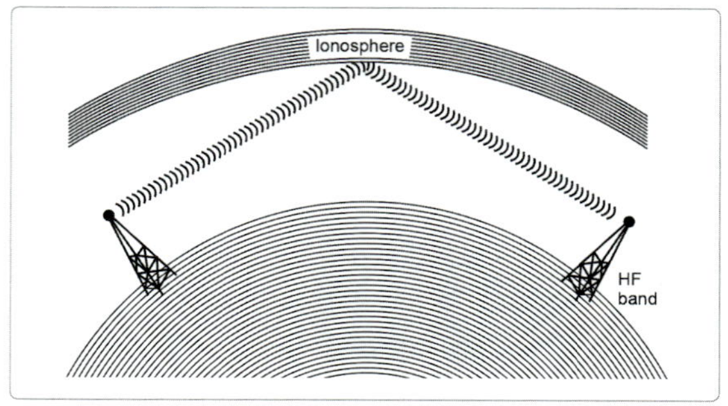

[그림 3-83] 공중파

### 3.5.3.3 공간파(Space Wave)

공간파(우주파-space wave)는 대류권에서 이동하기 때문에 대류권파라고 불리기도 하고(아래 그림 참조)직선으로 전파된다. 그러나 Line-of-Sight 조건에 의존하기 때문에, 공간파(우주파)는 매우 특이한 상황을 제외하고는 지구의 곡률을 따라가는 전파에 한계가 있어 자유 공간의 전자파와 매우 유사하게 전파된다. 이러한 현상은 전리층에서 반사되기에는 파장이 너무 짧으며 지상파가 송신기에서 매우 가까운 거리에서 사라진다. HF보다 높은 주파수는 일반적으로 공간파(우주파)를 사용한다.

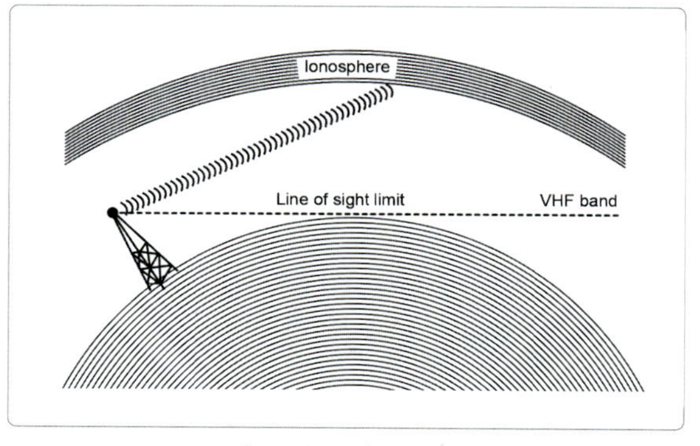

[그림 3-84] 공간파

### 3.5.3.4 복사 각도 및 건너뛰기 거리 (Radiation Angle and Skip Distance)

안테나에서 복사되는 전자파가 수평선에서 각도가 낮을수록 전리층에서의 굴절이 줄어들어야 지구로 돌아오거나 실용 가능한 신호 수준을 유지할 수 있다. 이는 HF 및 VHF 대역에서 장거리 전송이 요구될 때 낮은 복사 각도를 유지하는 위한 기초가 된다.

복사 각도의 영향 중 일부는 아래 그림에 설명되어 있다. 송신기 T로부터 나오는 고각파 T는 전리층에서 약간만 휘어지기 때문에 전리층을 통과한다. 다소 낮은 각도의 전자파는 전리층에 의하여 반사될 수 있다.

안테나에서 나오는 이 복사 각도를 임계각이라고 한다. 수평선 위의 임계 각도보다 큰 각도의 복사파는 지구로 반사되지 않는 반면 임계 각도보다 작은 각도의 복사파는 송신기에서 더 멀리 반사되어 온다. 주간에 주파수가 적절히 낮으면 전자파가 E층에 의해 반사되어 R1에 도달할 수 있다. 전자파가 F2층에서 반사되면 R2에 도달한다. 높은 각도의 전자파는 R3에 도달하는 가장 낮은 각도파보다 T에 더 가깝게 반사된다.

R1과 송신기 부근의 지상파의 도달 지점 사이의 영역을 건너뛰기 구역이라고 한다. 건너뛰기 거리는 송신기에서 가장 짧은 거리로 지구 표면을 따라 측정된다. 만약 R2가 F2 층에서 반사된 에너지를 사용할 수 있는 최단 거리에 있다면, R2와 T 사이의 거리는 건너뛰기 거리가 될 것이다. R1과 R2까지의 실제 거리는 이온화 밀도, T에서의 복사 각도 및 사용 주파수에 따라 달라진다. 가장 낮은 각도의 파장은 최대 실용 싱글홉(single hop) 거리에 도달한다. T에서 R2에서 R4까지 보여지는 전파는 더블 홉(double hop) 전파이다.

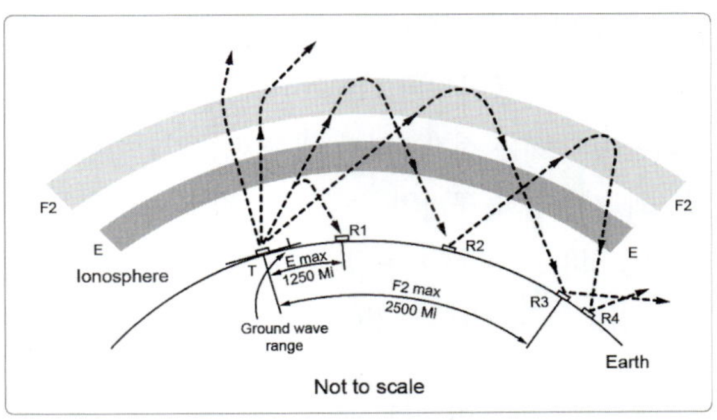

[그림 3-85] 복사각도와 건너뛰기 거리

### 3.5.3.5 회절(Diffraction)

건물, 비행기, 언덕, 산과 같은 큰 물체는 VHF 이상에서 효과적인 칼날 회절기(knife-edge diffractors) 역할을 할 수 있다. 최소 100파장 이상의 산마루나 언덕의 선 위를 지나가는 전파의 일부분은 아래 쪽으로 회절된다. 전파 신호 에너지의 극히 일부만 "그림자" 영역으로 회절되어 분산되지만, 지형에 의해 방해될 수 있는 최대 100마일 이상까지 도달할 수 있다.

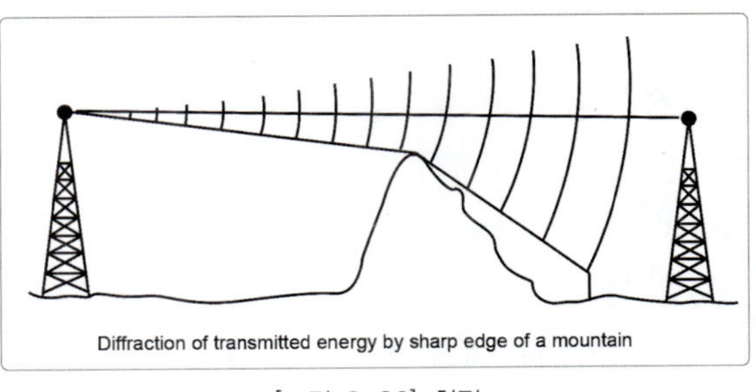


[그림 3-86] 회전

### 3.5.3.6 전계 강도(Field Strength)

전기장, 자기장 또는 전자기장의 강도 측정은 전기장 강도로 알려져 있다. 안테나로부터의 복사된 전자파는 먼 곳에서 전계 강도를 발생시킨다. 이 전자기장 강도는 안테나로부터 거리의 제곱에 반비례한다.

전계 강도는 일반적으로 미터 당 볼트단위로 측정된다. 두 안테나 사이의 거리가 상당히 길면 접지 및 대기 흡수에 의하여 안테나에 수신된 전압의 값이 감소된다. 신호 강도 감소를 계산하는 것은 가능하지만, 효용성있게 만들기에는 많은 변수가 관련되어 있다. 그러한 변수에는 전자기파가 전파되는 지면이나 물의 염도와 저항성과 공기의 수증기 함량이 포함된다. 일반적인 절차는 이용 가능한 표와 그래프를 이용하여 신호 강도를 추정하는 것이다.

전계 강도= 1 / 안테나로부터 거리$^2$

### 3.5.3.7 도플러 효과(Doppler Effect)

1842년 오스트리아의 과학자 크리스티안 도플러(Christian Doppler)는 음파의 도플러(doppler) 효과를 예측하였다. 그 후 그 효과는 또한 전자기파에도 적용된다는 것이 밝혀졌다.

도플러 효과는 송신기와 수신기가 서로 상대적으로 움직일 때 관측된 주파수의 변화로 설명할 수 있다. 송신기와 수신기가 서로 멀어지고 있으면 겉보기 주파수는 감소하는 반면, 서로 향해 움직이면 겉보기 주파수가 증가한다. 이동하는 열차와 도로에서 차량의 소음은 일반적으로 도플러 효과를 입증하는 것이다. 전자기파의 도플러 효과를 이용하는 것 하나로 경찰의 레이더 속도 측정기가 있다.

항공기용 도플러 레이더에는 지향성 안테나로 지상을 향해 에너지를 복사하는 송신기가 있다. 수신기는 복사된 에너지의 반향(echo) 신호를 수신한다. 송신기와 수신기가 지면에 대하여 상대적으로 움직이므로 결과적으로 복사된 원래 주파수는 두 번 바뀐다. 송신 주파수와 수신 주파수의 차이는 도플러 시프트라 하며 레이더 빔 방향을 따라 항공기와 지면 사이의 상대적 움직임에 비례한다.

### 3.5.3.8 지표면 전도도 (Earth Surface Conductivity)

지표파가 이동하는 지구의 전기적 특성은 상대적으로 일정하며, 주어진 지점에서 특정 스테이션에서 오는 신호 강도는 거의 일정하다. 기본적으로 이것은 뚜렷한 우기와 건기를 가진 지역을 제외한 모든 지역에서 그러하다. 습기의 차이가 토양의 전도성을 변화시킨다. 소금물의 전도율은 건조한 토양보다 5,000배나 크다. 고출력 저주파 송신기는 소금물에 의한 지표파 전도의 우수성 때문에 실용적으로 해변 가장자리에 가깝게 배치된다.

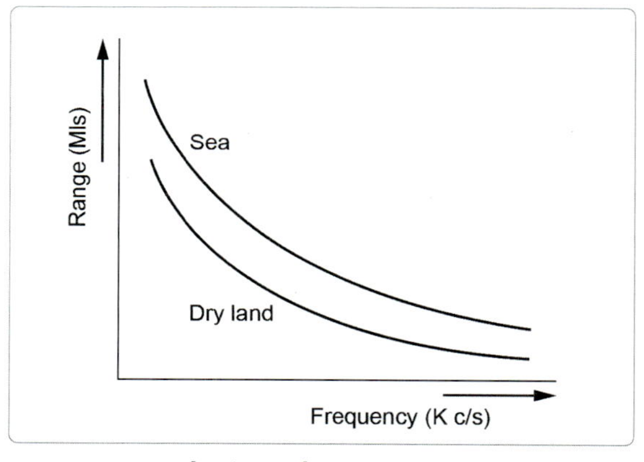


[그림 3-87] 지표면 전도도

### 3.5.3.9 무선전자파 전력과 표시 방법

무선 전파 시스템에서는 전력 수준, 전력 손실, 신호 전압 및 전기장 강도가 상당히 동작 범위가 크다. 예를 들어, 대형 펄스 송신기의 경우 듀티 사이클이 작을 경우 킬로와트(kW) 심지어 메가와트(MW)로 작동이 될 수 있으며, 반대로 고감도 수신기의 수신 임계값은 피코와트 수준에서 동작할 수 있다. 따라서 표시되는 범위가 일반적으로 10−12에서 106W까지를 포함할 수 있다.

이러한 값을 그래픽으로 보여주는 것은 매우 어렵고 계산이 번거로울 수 있어 로그(log)척도가 자주 사용된다. 이것을 무선 공학에서 데시벨 척도라고 불린다. 데시벨을 사용하면 베이스 10에 대한 로그가 사용된다는 점에 유의하여야 한다. 이것은 비율이나 퀘시벨 단위에 대해 데시벨로 처리하는 것이 계산이 편리해지는 경우가 많다.

일반적으로 전력 표시 방법은,

dB(unit x) = 10 log10(unit x)
Power in dBW = 10 log10 P(watts)
전력 표시에서 dBm 이 더 유용하다.
Power in dBm = 10 log10 P(milliwatts)
Power in dBm = 10 log10 P(watts) + 30
전압, 전류, 전자장 같은 진폭은 dB(unit x) = 20 log10(unit x) 로 표시한다.

## 3.5.4 수신기 기초(Receiver Principle)

### 3.5.4.1 슈퍼헤테로다인 수신기(Superheterodyne Receiver) 단계와 특징

(가) 고주파 단계(The Radio Frequency Stage)

라디오 수신기에는 항상 RF 섹션이 있는데, 이 섹션은 안테나 단자에 연결된 튜닝 회로다. 원하는 주파수을 선택하고 원하지 않는 주파수 중 일부를 억제하기 위한 기능을 한다. 그러나 어떤 수신기에서는 동조(tuning)된 후 RF 앰프가 필요하지 않다.

RF 증폭기가 있는 경우 그 출력은 입력 회로에 튜닝 가능한 회로가 구성된 Mixer로 공급된다. 그러나 대부분의 경우 안테나에 연결된 튜닝 회로는 믹서의 실제 입력 회로로서, 수신기는 RF 앰프가 없거나 더 간단히 말해서 RF 단계가 없다고 한다.

**고주파 단계의 장점**

- 수신 이득 증가, 즉 감도 증가
- 영상 주파수 억제
- 신호 대 잡음 비 개선
- 원하지 않는 인접 신호 억제
- 수신기의 안테나에 대한 양호한 결합
- Mixer 내부로 유입되는 Spurious Frequency 방지
- 수신기 안테나를 통한 국소발진기 주파수 복사 방지

(나) 혼합기 단계(Mixer Stage)

혼합기 단계의 기능은 원하는 신호 주파수를 수신기의 중간 주파수로 변환하는 것이다. 이 프로세스는 신호 주파수를 로컬 오실레이터의 주파수와 혼합하여 그 결과로 발생하는 차이 주파수를 선택한다.

(다) 중간 주파수 증폭 단계
(Intermediate Frequency(IF) Stage)

슈퍼히어로다인 라디오 수신기에서 IF 증폭기의 목적은 수신기의 수신이득과 선택성을 향상하는 것이다. IF 증폭기는 고정 주파수 증폭기로 인접한 원하지 않는 주파수를 억제하는 매우 중요한 기능을 가지고 있다.

(라) 검파 단계(Detector Stage)

검파 또는 Demodulation이라고 하는 것은 IF 신호에 존재하는 무선 주파수로부터 원래의 변조 주파수를 다시 생성하는 과정이다. 일반적으로 IF 증폭기의 출력에 존재하는 신호는 원래의 변조 주파수와 동일한 양만큼 반송파 주파수가 아래 위에 대칭적으로 위치하는 변조 측파대역을 갖는 IF 반송파로 구성된다. 복합 IF 신호를 비선형 전도 장치(또는 비선형 임피던스)가 포함된 회로에 가하면 원래의 변조 신호를 다시 만들 수 있다. 이렇게 재생이 이루어지는 회로를 검파기 단계 또는 복조기라고 한다.

### (마) 음성 주파수 단계(Audio-Frequency Stage)

무선 수신기의 음성 주파수단계의 기능은 충분한 AF 출력으로 스피커나 기타 수신기기를 작동시키는 것이다. AF 단계는 볼륨 조절, 때로는 트레블과 베이스 조절이 포함되고, 스퀠치 또는 뮤팅(muting) 장치도 포함될 수 있다.

### 3.5.4.2 주파수 변조 수신기(FM Receiver)

FM 수신기의 아래 블록 다이어그램은 AM 수신기와 얼마나 유사한지 보여준다. AM 수신기 사이의 기본적인 차이점은 다음과 같다: (a) 일반적으로 FM에서 훨씬 더 높은 작동 주파수, (b) DE-emphasis (c) 완전히 다른 복조 방법 및 (d) AGC 등이다.

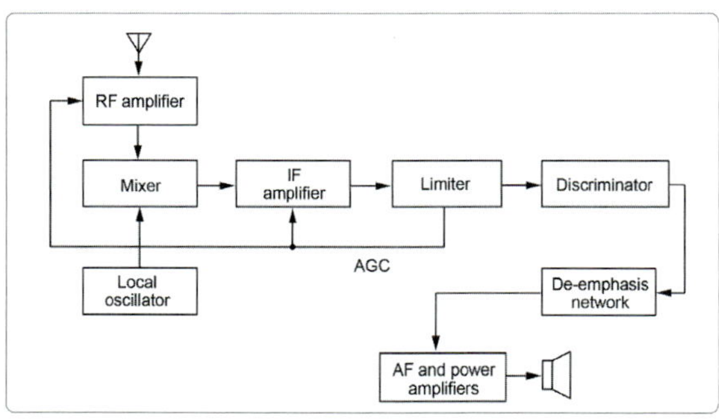


[그림 3-88] 주파수 변조 수신기

## 3.5.5 용어 이해

### 3.5.5.1 잡음(Noise)

잡음은 전기적 의미에서 원하는 신호의 적절한 수신 및 재생에 방해가 되는 원치 않는 형태의 에너지로 정의될 수 있다. 전기적 장애는 수신기에서 잡음을 발생시켜 원치 않는 방식으로 신호를 왜곡한다. 예를 들어 라디오 수신기에서 잡음은 확성기 출력에서 Hiss소음을 발생시킬 수 있고 TV 수신기에서는 Snow 현상이 영상과 중첩된다. Pulse 통신 시스템

에서 잡음은 원치 않는 펄스를 발생시키거나 정상 펄스를 취소할 수 있어 심각한 오류를 발생시킬 수 있다. 따라서 잡음은 특정 전송 강도에 대해 시스템의 운용 거리를 제한하는 것으로 간주된다. 그것은 증폭할 수 있는 최소 신호에 제한을 두어 수신기의 민감도에 영향을 미치고 시스템의 대역폭을 감소시킬 수도 있다.

### 3.5.5.2 신호 대 잡음비(Signal-to-Noise Ratio)

실용적으로 증폭될 수 있는 신호 레벨의 하한은 신호에 불가피하게 존재하는 잡음에 의해 결정된다. 원하는 신호 전력과 원하지 않는 잡음 전력의 비율은 신호 대 잡음 전력의 비로 설명된다.

신호대 잡음 비 = 원하는 신호 전력/ 잡음 신호 전력

### 3.5.5.3 감도(Sensitivity)

무선 수신기의 감도는 약한 무선신호를 증폭시키는 능력이다. 출력 단자에서 표준 출력 전력이 나오게 하기 위한 수신기 입력 단자에 공급되어야 하는 전압으로 종종 정의된다. AM 방송 수신기의 경우 몇 가지가 표준화되었다. 따라서 400Hz 사인파에 의한 30% 변조신호를 Dummy Antenna라는 표준 커플링 네트워크를 통해 수신기에 인가된다.

표준 출력은 50 밀리와트(50 mW)이며 모든 유형의 수신기에 대해 Speaker는 동일한 값의 부하 저항으로 대체된다.

### 3.5.5.4 선택도(Selectivity)

수신기의 선택도는 원하지 않는 신호를 거부(접근)하는 것이다. 선택도는 곡선으로 표현되는데 이는 수신기가 동조된 수신 주파수에서 가까운 신호에 대한 감쇠를 보여준다. 선택도는 감도 테스트 후 감도 테스트와 동일한 조건으로 측정되지만, 주파수발생기의 주파수가 수신기의 튜닝되는 주파수 양쪽으로 변화한

다. 입력 주파수가 벗어나므로 수신기의 출력은 자연히 떨어진다. 따라서 출력이 원래와 같을 때까지 입력 전압을 증가시켜야 한다. 주파수 발생기를 여러 주파수에 맞춰 인가할 때 필요한 전압에 대한 비율을 여러 지점에서 계산한 다음 데시벨로 표시하여 Plot 한다.

### 3.5.5.5 공진(Resonance)

공진 회로는 모든 송신기, 수신기 및 안테나 작동의 기초가 된다. 공진 회로가 없다면 무선 통신은 없을 것이다. 코일의 유도 리액턴스(XI)가 회로에서 캐패시터의 용량 리액턴스(Xe)와 같을 경우 공진 상태가 발생한다. 아래의 회로 (a)와 (b)는 직렬 공진 (a)과 병렬 공진 (b) 회로를 나타낸다. 공진 조건은 XL이 XC와 같을 때이므로 공진 공식은 다음과 같다

$$XL = XC \text{ 또는 } 2\pi fL = 1/2\pi fC$$

XL = 유도 리액턴스

XC = 용량 리액턴스

f = 주파수 Hz

L = 인덕턴스

C = 케패시턴스

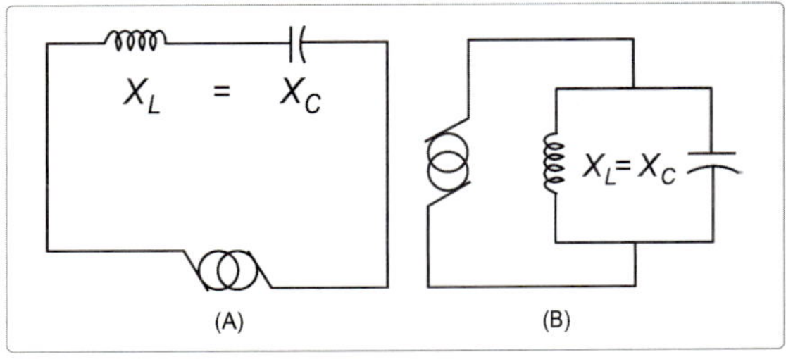


[그림 3-89] 공진

### 3.5.5.6 대역 폭(Bandwidth-BW)

전자회로에서 AC 의 통과를 특정 주파수 또는 작은 주파수 대역으로 제한하여야 할 필요가 있는 경우가 있다. 직렬 공진 회로를 AC 라인과 직렬로 연결하면

공진 주파수의 전류는 매우 잘 흐르지만 더 높거나 더 낮은 주파수 전류는 감쇠될 수 있다. 공명 주파수에서 멀어질수록 감쇠가 커진다. 간단한 회로 특성 그래프가 그림 3-90과 같다.

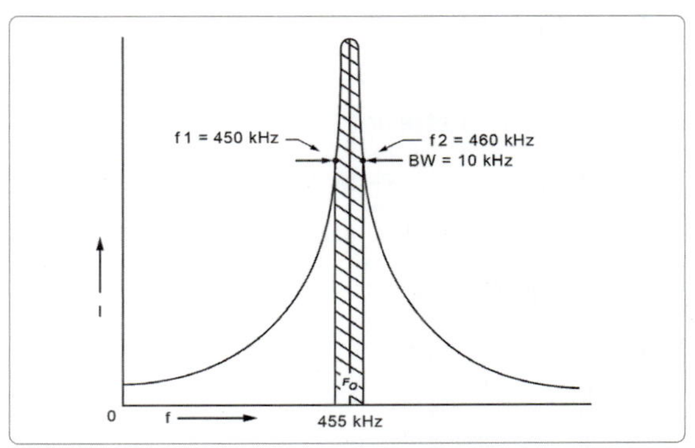


[그림 3-90] 대역폭

### 3.5.5.7 영상 제거(Image Rejection)

영상 제거(영상 주파수 신호 억제)는 수신기의 프런트 엔드 선택도에 따라 달라지며 IF 단계 이전에 이루어야져야 한다. 일단 Spurious 주파수가 첫 번째 IF 앰프로 들어가면 원하는 신호에서 주파수를 제거하는 것이 불가능해진다. 사전 선택기(RF 단계)의 선택성은 이러한 원하지 않는 신호의 강도를 감소시키는 경향이 있다. 단, RF 스테이지가 원하는 신호의 대역폭보다 넓은 대역폭을 가져야 하기 때문에 사전 선택기에서 얻을 수 있는 선택성 정도에는 실질적인 한계가 있다. 원하는 신호의 진폭과 영상 신호 진폭의 비율을 영상 제거 비율(image rejection ratio)이라고 한다.

### 3.5.5.8 인접 채널 억제 (Adjacent Channel Rejection)

무선 수신기의 선택성은 원하는 신호와 특히 인접한 채널 신호를 구별하는 능력이다. 무선 수신기의 인접 채널 억제도는 주로 IF 증폭기의 이득과 주파수 특성에 의하여 결정된다.

### 3.5.5.9 스테이지 게인(Stage Gain)

증폭기 단계를 통과할 때 입력 AC 전압이 증폭되는 양을 스테이지 이득(Av)이라고 하며 아래와 같이 나타낼 수 있다.

$$Av = Vout/Vin$$

### 3.5.5.10 왜곡(distortion)

증폭기에서 나오는 출력 신호의 파형이 증폭기로 공급되는 신호의 파장과 진폭 이외의 어떤 측면에서 다를 경우 앰프에서 신호가 왜곡된 것이다. 진폭, 주파수, 위상, 인터모듈레이션 등 네 가지 형태의 왜곡이 있다.

### 3.5.5.11 스피커 및 마이크로폰의 작동, 구성

(가) 마이크로폰(Microphone)

마이크는 음파를 전기에너지로 바꾸는 변환기이다. 모든 음성 전송은 마이크에서 시작된다. 일반적으로 마이크에 대하여 왜곡, 주파수 응답, 임피던스, 출력 수준, 기계적 설계, 방향 또는 소음 억제 능력 등 다수의 기본적인 특성을 이해하여야 한다. 마이크 작동 원리에 따라 다음과 같은 여러 가지가 사용된다.

- Button Carbon Microphone
- Magnetic Induction Microphones
- Crystal Microphone
- Condenser Microphone

(나) 확성기(Loud Speakers)

동적 확성기, 즉 스피커는 무거운 종이나 다른 얇은 재료를 사용한다. 이 진동판은 얕은 원뿔 모양으로 형성되며, 그 테두리는 스피커 프레임에 부착된다. 원뿔의 정점에는 코일이 자유롭게 움직이고 영구 자석의 장에 매달려 있는 작은 중심부가 있다. 직류가 코일을 통과할 때 원추형 또는 진동판의 정점은 한 방향으로 편향된다. 전류가 제거되면 진동판은 정지 위치로 돌아간다. 반대 극성의 직류는 반대 방향으로 진동판을 꺾을 것이다. 교류 전류는 진동판이 전류의 주파수에 따라 앞뒤로 움직이게 하고, 따라서 음파를 발생한다.

## 3.5.6 수신기 튜닝에 이용되는 방법

### 3.5.6.1 페라이트 재료

많은 애플리케이션에서 코일은 코일의 코어 공간에 나사로 고정하거나 외부에 나사로 고정할 수 있는 페라이트 실린더로 구성된다. 따라서 페라이트 코어 "Slug"가 코일안에 있을 때 최대값이고 나오면 최소값으로 인덕턴스가 제어된다.

페라이트는 분말형, 압축형, 신소형 자성 물질로, 주로 1개 이상의 다른 금속과 결합된 산화철로 구성되어 있고 높은 저항으로 높은 주파수에서 와전류 손실을 엄청나게 줄인다.

### 3.5.6.2 Variable Capacitors

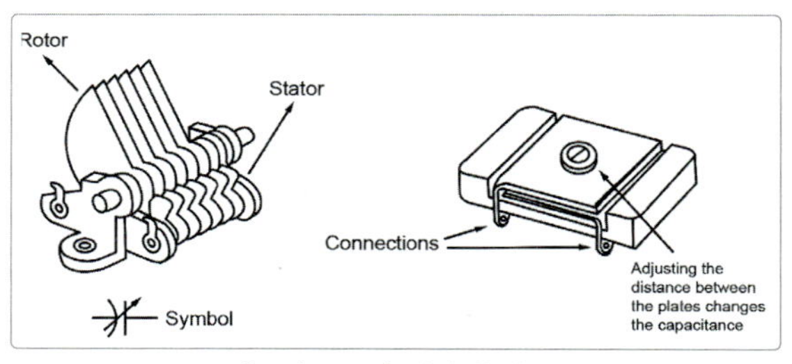


[그림 3-91] 가변 축전기

### 3.5.6.3 Varactor Diode

정전 용량이 바이어스 전압에 따라 변화하는 다이오드로 무선장치의 전자 동조 및 주파수 체배 등에 사용한다.

### 3.5.6.4 전압 제어 오실레이터 (Voltage Controlled Oscillator)

전압 제어 오실레이터(VCO)는 제어 단자에 인가되는 전압에 의하여 주파수가 변동될 수 있는 오실케이터다. 전압 튜닝이 가능하도록 튜닝된 회로에 Varactor Diode를 사용하는 표준 오실레이터 회로 중 하나이다.

아래 그림에 분압 다이오드가 있는 콜피트 발진기를 표시하였다. VCO의 주요 특성은 (a) 선형 주파수/전압 특성 및 (b) 양호한 주파수 안정성이다.

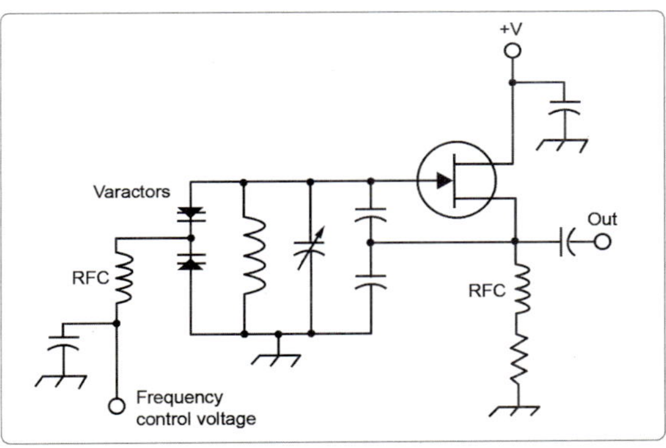


[그림 3-92] 전압제어 오실레이터

### 3.5.6.5 Frequency Synthesizer

합성(synthesis)은 부품를 결합하여 전체를 구성하는 것이며, 주파수 신시사이저가 출력 주파수를 성산하는 방법으로 어떤 설계 범위 내에서 많은 수의 미우 안정적인 주파수를 생성할 수 있는 장비다.

## 3.5.7 송신기 기초(Transmitter Principle) 용어

### 3.5.7.1 변조(Modulation)

무선통신 시스템에는 여러가지 방식의 변조 방식들이 있다. 음성 신호를 변조하는 데 사용되는 방식에는 원칙적으로 진폭(AM)이나 주파수 변조(FM) 방식과 같은 아날로그 변조가 있고 최근에는 디지털 메시지 또는 디지털화된 음성 스트림을 전달하기 위해 주파수 이동 키잉(FSK), 위상 편이 키잉(PSK) 같은 디지털 변조 방식이 있다.

애플리케이션에 적합한 변조 방식의 선택은 주로 다음 요인에 따라 달라진다.

- 필요한 전파 범위
- 동작 빈도 및 전파 특성
- 스펙트럼 효율
- 장비의 복잡성, 신뢰성, 크기 중량 및 비용
- 필요한 데이터 또는 음성 처리 속도
- 규제적 제약.

  *변조이론 및 아날로그 변조, 디지털 변조 참조

### 3.5.7.2 진폭변조(Amplitude Modulation)

진폭 변조에서 반송파 신호의 진폭이 반송파보다 주파수가 더 낮은 변조 전압에 의하여 변화한다.

형식적으로 AM은 반송파의 진폭이 변조 전압의 진폭 변화에 비례하는 변조 시스템이다.

AM 전파의 주파수 스펙트럼(frequency spectrum of the AM wave)

AM파에 존재하는 주파수는 반송파 주파수와 첫 번째 쌍의 사이드밴드 주파수로 사이드밴드 주파수는 다음과 같이 정의된다.

$$fSB = Fc \pm nfm$$

### 3.5.7.3 Clipping

AM의 변조 비율이 1보다 크면(예: 100% 이상의 변조) 클리핑이 발생할 수 있다.

이것은 과변조로 인하여 파형의 봉우리가 평평해지는 것이다.

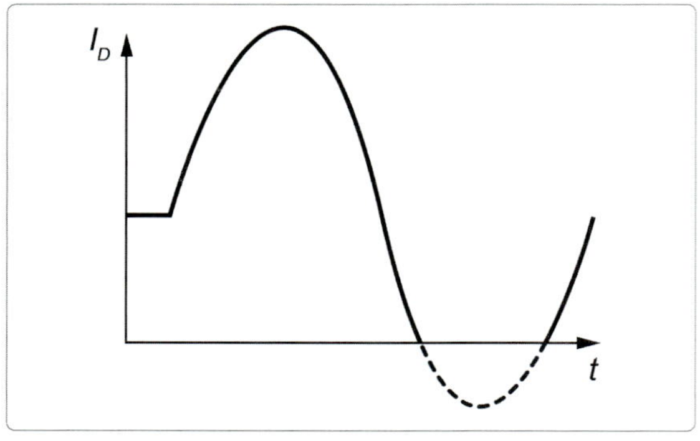

[그림 3-93] 클리핑(Clipping)

### 3.5.7.4 송신기 Block Diagram

### 3.5.7.5 플레이트 변조 C 급 증폭기 (Plate Modulated Class C Amplifier)

플레이트 변조 C급 증폭기는 방송 및 기타 고출력 전송 애플리케이션에서 진폭 변조를 얻는 표준 및 가장 널리 사용되는 방법이다. 여기서 오디오 전압은 C 급 증폭기의 플레이트 공급 전압과 함께 직렬로 연결되어, 플레이트 전류는 변조 신호와 함께 변화한다.

이러한 방식으로 변조되는 증폭기를 송신기의 최종 전력 증폭기(더 간단히 최종 또는 PA라고 함)라 한다.

### 3.5.7.6 수정 발진기(Crystal Oscillator)

송신기의 주파수를 허용 한계 이내로 유지해야 하는 경우 수정 제어 발진기를 사용한다. 이것은 특별히 절단된 수정체가 주파수를 조절하는 발진기 이다. 수정 제어 발진기는 할당된 주파수 범위내에서 무선 송신기의 주파수를 유지하기 위하여 사용되는 표준 수단이다. 레이더에 필요한 정확한 타이밍을 위해 수정 제어 발진기는 매우 안정적이고 정확한 주파수 출력을 생성하기 위한 기본 회로로 사용된다. 수정은 고품질 마이크, 확성기 및 전기 픽업 암의 활성 소자로도 사용된다.

### 3.5.7.7 주파수 체배기(Frequency Multiflier)

발진기 회로는 낮은 주파수에서 작동할 때는 주파수 안정성이 양호하지만 높은 주파수에서는 안정성이 좋지 않을 수 있다.

상대적으로 낮은 주파수에서 발진기를 작동시키고

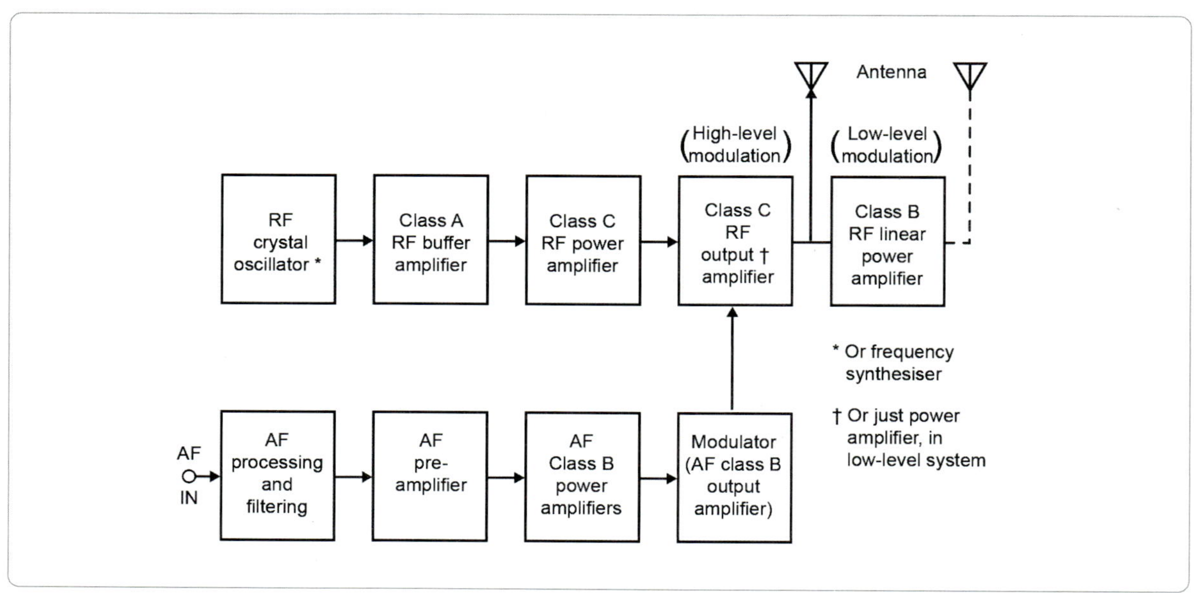


[그림 3-94] 송신기 Block Diagram

그 출력을 주파수 체배기 또는 주파수 멀티플라이어 단계에 공급할 수 있다. 체배기의 출력 주파수는 발진기의 정확한 배수로 되고 출력 안정성이 발진기 자체를 사용한 경우보다 훨씬 더 우수하며 높은 주파수를 생성할 수 있다.

### 3.5.7.8 주파수 안정성(Frequency Stability)

원하는 작동 주파수를 유지하는 전자 장비의 기능. 이것은 일반적으로 플러스 및 마이너스 유형으로 표현된다.

예: 최대 ±20Hz

### 3.5.7.9 출력(Output Power)

시스템 또는 구성 요소가 부하에 전달하는 전력 또는 Clipping 또는 특정 왜곡 값에 의하여 제한되는 최대 전력량, 즉 증폭기가 주어진 값의 부하에 전달할 수 있는 전력량.

예: 628T-3 H.F. 송수신기의 RF 출력 출력은 AME 에서 100 Watt +1.0, −1.5db

### 3.5.7.10 기생 발진(Parasitic Oscillation)

작동 주파수가 아닌 원치 않는 자가 유지 진동 주파수로 기생 발진은 진공관 회로에서 많이 발생하고 발진기 또는 증폭기 단계의 원치 않는 진동이 포함된다.

### 3.5.7.11 중화(Neutralisation)

진공관의 극간용량를 통해 출력에서 증폭기 입력으로 전압 피드백하는 것으로, 주된 용도는 증폭기의 발진을 방지하는 데 있다. 이것은 극간용량을 통한 피드백으로 크기는 같지만 위상이 반대인 전압을 입력에 가함으로써 이루어진다.

증폭된 신호의 일부를 반대 위상으로 입력에 피드백하여 증폭기에서 원치 않는 자가 발진을 방지하는 프로세스.

### 3.5.7.12 멀티플렉스(Multiplexing)

대부분의 신호 시스템은 동일한 전송선에서 두 개 이상의 정보를 전송할 수 있다. 예를 들어, 인공위성으로부터의 원격 측정은 일상적으로 수많은 센서의 판독값과 함께 전체 시스템 점검을 포함할 수 있다. 한 개의 무선 통신기에 두 개 이상의 정보 흐름을 결합하는 것을 멀티플렉스라고 한다.

FDM(freqency-division multiplexing)은 각각 다른 주파수로 별도의 하위 캐리어를 통해 각 정보 스트림을 전송하는 방법이다. 서브 캐리어는 정보의 특징에 따라 다양한 방법으로 변조될 수 있다.

TDM(time-division multiplexing)은 하나의 채널만 사용하지만 서로 다른 데이터 스트림을 서로 다른 시간 슬롯에 할당한다.

### 3.5.7.13 음소거(Muting)

송신기 PTT 스위치의 작동은 일반적으로 양쪽 조종석 스피커를 모두 음소거하여 음향 피드백을 방지한다. 음소거된 수신기는 과부하로 인해 민감한 수신기 전단계가 손상되지 않도록 한다.

## 3.5.8 장거리 통신

장거리 통신의 범위는 지평선 뒤로 통신을 의미하고 이것은 고주파(HF) 무선 시스템이나 위성 라디오 시스템을 사용함으로써 달성될 수 있다.

통신에 사용된 최초의 항공 주파수는 실제로 HF였다. 그 당시 HF를 사용한 두 가지 이유로 첫째, 장비는 합리적으로 고출력 증폭기로 만들기 쉬웠으며, 둘째, 안테나 시스템은 매우 효율적이었고 오늘날에도 여전히 매우 효율적이어서 발사되는 전력의 대부분은 무선 빔으로 복사된다.

HF 대역은 전리권에서 낮은 반사 손실로 광범위하게 전파되며, 다양한 모드로 수천 킬로미터의 거리를 전파할 수 있고 경우에 따라서는 전 세계에 바로 전파될 수 있다. 이것은 세계의 외딴 지역이나 VHF 커버리지가 좋지 않은 지역에 있을 때 장점일 수 있지만, 무선 전송이 원치 않게 멀리까지 전파될 수 있다는 점에서 장애가 될 수도 있다. HF의 경우는 일반적으로 HF 수신기에 대한 간섭과 잡음으로 원치 않는 신호가 수신될 수 있다.

또한 HF 대역의 라디오 채널의 가용성은 낮으나 밤의 시간, 태양의 흑점 활동, 태양 플레어 및 범위에 따라 달라진다. 이 측면에서 항공에는 2.8MHz과 30.0MHz 사이의 HF 대역에 걸쳐 스펙트럼이 배분되었다.

단파송신기는 하부 측파대역과 캐리어에서 직접 필터링하여 합성한다. 일반적으로 음성 변조의 경우 음성은 300~2700Hz로 제한되고 이것이 유용한 음성 출력 스펙트럼이다.

공동 채널 및 인접 채널 방출과의 호환성을 보장하기 위하여 RF 방출은 사전 필터링, 반송파 필터링 및 사후 필터링의 함수로 지정된 특성을 유지한다. ICAO SARP 및 ITU 부록 S.27에 따라 항공기국의 경우 허용되는 PEP(peak envelope power)는 일반적으로 최대 26dBW(안테나 Tx 라인에 최대 400W 허용)이며, 지상 스테이션의 경우 최대 37.78dBW(6kW)의 송신 전력이 허용된다.

공중 송신기의 주파수 정확도는 20Hz 이내여야 하며, 지상 송신기의 경우 이것은 훨씬 엄격하여 10Hz 이내($3.33 \times 10{-}5\%$)여야 한다. 이와 같은 상당히 엄격한 규격은 인접한 채널에 대한 간섭을 보호하는 것으로 오늘날 쉽게 기술적으로 운용 가능하다.

단파수신기는 ICAO SARP에서 수신기 기능의 주파수 안정성은 45Hz 미만으로 규정한다. 표면적으로는 이것이 송신기 사양과 일치하지 않는 것처럼 보일 수 있지만, 캡처 효과가 HF 수신기가 수신 신호에 고정되도록 할 수 있다. 수신기의 대표적인 감도는 J3E형 수신에 대해 6dB $S/(S + N)$에 대해 $2\mu$ V/m로 표시된다.

SELCAL을 이용하여 지상국이 항공기를 호출할 수 있는 각 항공기에 호출 코드를 부여한다. SELCAL Code는 16300개 조합이 있고 항공기 수신기와 디코더와 코드화된 신호음 펄스 그룹을 전송하는 지상 송신기의 코더에 의해 운용된다. SELCAL 코드는 전자 교환기와 같은 다주파 듀얼 톤을 사용한다. HF를 사용할 때 전파 시간 지연은 거리의 함수이기 때문에 VHF 에 비해 약간의 지연이 있을 수 있다. 거리를 약 9,000km라고 가정하면 30ms의 지연이 있을 수 있으나 위성 시스템만큼 심각하지는 않다.

## 3.5.9 위성 통신 시스템

위성 통신 시스템에 대하여 별도 위성통신 참조.

## 3.5.10 항공기 장착 장비

이 장에서는 항공기에 탑재되는 무선 장비의 장비 환경 부품 등의 실용성을 다룬다. 항공전자 모듈은 대개 항공전자 구역(bay) 또는 소형 항공기는 조종석에 설치되며 조종석에 장착된 제어 모듈과 항공전자 장비, 안테나 및 케이블 시스템 및 보조 장비가 설치된다. 항공전자 장비들은 공간, 전력 소모 및 온도 분산과 극단적인 환경 변화에 대한 심각한 제약으로 독특한 환경에 노출된다. 또한 항공전자 장비들은 다양한 법규 기준, 시험 표준 및 인증 요건과 따라야 한다. 기내 또는 항공기 외피 위의 환경은 육지의 어떤 것과도 극명한 대조가 된다. 그것은 라디오 용어로 지상에 대비하여 >10 dB의 증가라고 설명되어 왔고 보이는 것만큼 과장된 것은 아니다. 항공기의 외피에 가해지는 1000 km/h 이상의 풍하중과 +50℃에서 -50℃(또는 그 이상)까지의 온도 변화는 항공기에서 대일 서너 차례씩 이루어지는 것이 현실이며 이착륙 등으로 인한 심한 진동은 적어도 하루에 몇 번 정도는 예상할 수 있다. 이런 조건에서 무선 시스템은 항상 높은 성능과 신뢰성이 요구되며 이것은 비행의 안전에 매우 중요하다.

+85℃에서 -50℃까지 내려가는 외부 온도 환경은 중동이나 열대 지방에서 운용되는 항공기에서 매우 현실적이다. 더운 날 항공기 외피는 태양에 노출되어 실제 공기 주변 온도보다 훨씬 높은 온도에 이를 수 있다. 여기에 항공기의 열 확산과 일부 외부 안테나의 자체 잔열이 있다. 이는 일반적으로 +85℃의 최악의 외부 온도에 도달한다. 반대로 항공기가 30,000 ~ 40,000 ft 사이의 순항 고도에 도달하면 외부 공기 온도는 거의 -50℃ 또는 최악의 경우 -55℃에 이른다.

온도 스윙과 관련되어 상당한 팽창/압축이 있을 수 있고 특히 금속 부품의 경우. 케이블 연결용 커넥터 및 전자 부품 보드가 움직이고 온도 순환에 따라 변화가 있다는 것을 의미한다. 항공기내부의 온도 변화는 외부보다 덜 급격하지만 여전히 영향을 줄 수 있는 변화가 있다.

항공기 내부 환경은 일반적으로 정상 상태 조건에서는 덜 가혹하지만, 특히 예기치 않은 가압 손실이 발생할 경우 외부 압력에 비해 압력 차이가 더 극적으로 발생할 수 있다. 그것은 몇 초 안에 1에서 0.25 Atm(atmosphere)으로 바뀔 수 있다. 가압 섹션과 비가압 섹션 사이에 분리가 되어야 한다. 가압되는 섹션에서는 압력 및 온도 변화가 덜 급진적이지단,

일부 예기치 않은 작동 조건에서는 객실과 조종실 및 항공전자 베이가 감압될 수 있으며 장비도 같이 감압된다. 따라서 완전한 기능을 발휘하기 위하여 사양을 비가압 영역과 동일하게 적용된다.

### 3.5.10.1 항공전자 장비의 시험

위의 환경조건에 대한 일반적인 사항을 고려하여, 한계를 명시하고 장비를 시험할 필요가 있다. RTCA 문서 DO 160E '항공 장비에 대한 환경 조건 및 시험 절차'는 이에 대해 훨씬 더 상세히 설명하며, 항공 환경을 온도 및 압력에 대한 여러 범주로 분류한다.

이를 위해 각 범주에 대한 훨씬 자세한 기준이 있다. 예를 들어, 온도는 작동 저온, 작동 고온, 단기 작동 저온, 냉각 시험 온도 손실, 지상 생존 고온 및 저온, 가변 압력, 과압 또는 감압으로 분류될 수 있다. 여기에서는 이러한 내용을 자세하게 다루지는 아니하나 자세한 내용은 RTCA DO 160E를 참조 바란다.

## 3.5.11 환경

### 3.5.11.1 무게

항공전자학에 따르면, 무게를 최소화하는 것은 매우 중요하며 결국 연료소모량을 감소시키는 것과 같다. 외부적인 풍하중과 공기역학만큼 무게가 중요하지 않지만 초경량 부품과 케이스도 고려되어야한다.

또한 무게는 중력과 중요한 관계를 가지며, 기초 물리학에 따르면 무게와 질량의 구별은 무게에 중력이 곱해지는 것이다. 따라서 심각한 기동이나 충돌 상황에서, 무게 힘은 G에 따라 최대 10배 또는 심지어 20배까지 증가한다. 따라서 무게를 최소화해야 하는 진짜 이유는 다음과 같다.

### 3.5.11.2 크기

항공기의 외부 표면에서 무게에 더 중요한 것은 크기, 또는 이것과 공기역학과 관련된 풍력 항력이다. 항력을 최소화하고 안테나를 가능한 공기역학적으로 만드는 것이 강조된다. 그리고 이 목적을 위해 적합한 재료를 선택한다. 최소 전방 표면적을 가진 '블레이드' 안테나와 몰드된 평평한 위성 안테나의 개념은 접시형 안테나보다 선호된다. 일반적으로 크기는 외부 장착 장비만큼 내부적으로 중요하지 않다. 그러나 장비가 모듈식 유닛에 설치될 때 장비 크기 또는 더 필요한 공간을 최소화해야 한다. 또한 설계자들은 일반적으로 모듈 라인 교체 가능한 단위 개념의 이익을 위해 무게와 크기를 절충하기를 선호한다는 점에 주목할 필요가 있다. 그것은 특히 발전된 기술이 더 작은 크기와 무게를 가능하게 하고 연료 가격이 잠재적으로 무게에 대한 요구 때문에 미래에는 특히 중요성이 점점 더 커질 것이다.

### 3.5.11.3 중력과 힘

제트기의 전통적인 기동에서는 기체에 2G의 힘이 가해 질 수 있다. 전투기는 실제 이보다 훨씬 더 큰 G에 노출되며, 잠재적으로 새로운 세대의 무인 항공기에서는 인간에 위험을 초래할 수 있다. 그러나 보다 중요한 것은 항공기의 극한 작동 환경 하에서 9G까지 도달할 수 있는 진동 단기 임펄스 충격이다.

### 3.5.11.4 진동/충격

모든 항공기 외부 장착 장비는 라이프 사이클 내내 연속적인 진동을 고려하여 설계되어야 한다. 즉, 주로 이륙, 착륙 활주 및 일반적인 난기류에서 발생하는 충격의 경우 진동이 있다. 엔진 불균형에 의한 진동도 주요 진동 문제 중 하나이다. 공항에서 항공기에 화물을 싣고 내리는 서비스 차량에 의한 2차 충돌이 있을 수 있다. 진동은 또한 장비가 항공기의 중심점에서 얼마나 멀리 떨어져 있는가 하는 고려 요소가 있다. 또한 날개 끝이나 미익과 같은 국소 요소는 국소 공명 주파수를 가지며 이러한 지점 또는 주변의 설치는 진동에 더 취약하고 진동 조건은 항공기 내부 정착 장비와 거의 동일하다. 진동에는 여러 가지 사양이 있다. RTCA-DO160E 범주 S의 표준 진동 시험은 고정익 항공기의 표준 운용 환경에 대한 사양이다.

### 3.5.11.5 RF 환경, 면역성, EMC

항공기는 기본적으로 전자기적인 RF 노이즈가 많은 환경이다. 이러한 전자기적인 환경에 대하여 각 장비를 보호하기 위해 적절한 조치를 취하지 않을 경우 다양한 시스템간의 통신버스와 RF 항공전자 장치가 큰 피해를 입을 수 있다. RTCA DO 160E의 대부분은 항공기에서 이러한 환경을 정량화하는 데 주력하고 있으며, 특히 전원 시스템과 대규모 전류 전력 과도현상에서 유도된 신호에 대한 민감성, 원치 않는 RF의 항공전자 및 RF 시스템의 케이블로의 인입 가능성, 신호 또는 다른 시스템의 상호 작용과 원하지 않는 라디오 에미션에 대한 테스트 방법 및 민감성과 정성적 시험 표준에 대한 보호 한계를 설정한다.

## 3.5.12 간섭, 전자기 호환성

지금까지 무선시스템은 항상 이상적인 환경에서 작동하며 전용 주파수가 해당 시스템에만 할당된다고 가정해 왔다. 불행하게도 주파수 자원은 유한한 자원이며 무선 애플리케이션이 매일 증가하고 있고 주파수는 혼잡해지고 있다. 특히 5GHz 이하의 주파수에서 혼잡성이 증가하고 있어 항공기 무선 시스템을 증가하는 간섭으로부터 잘 보호되어야 한다. 아래에 열거하는 장애에 대하여 항공기 시스템에 대한 간섭에 유의할 필요가 있다.

### 3.5.12.1. 전기적 장애

이는 예를 들어 변압기, 유도 난방기 및 산업 발전소와 같은 전력 장비가 정상 상태 작동 조건 또는 고장 과도상태에서 사용 중인 수신기 신호의 통과 대역에 있거나 전력 및 통신 장비 사이의 분리가 불량한 고조파를 생성할 때 발생한다. 이것은 과거에 큰 문제였지만 일반적으로 선진국에서는 다양한 EMC 규정을 사용하여 이러한 예측된 사태를 방지하고 있다.

### 3.5.12.2. EMC 관련

이것은 전기적 장애와 유사하지만 전자 및 통신 장비가 민감한 수신기 가까이에서 작동되는 것을 포함한다. 예를 들어 GPS 수신기 또는 레이더 서비스에 근접한 초광대역(UWB) 장치에 가까운 핸드헬드 GSM 전화가 영향을 줄 수 있고 수많은 복잡한 항공전자 장비나 많은 안테나가 장착된 항공기에서 나타 날 수 있다.

### 3.5.12.3 케이블 누출 및 복사선

어떤 부적절한 조건에서 설치되거나 구식 케이블 TV 네트워크, 특히 그러한 네트워크에서 불량하게 만들어지거나 연결 부분이 부식되었을 경우 대개 TV 네트워크의 캐리어에서 RF 케이블 전력이 공중으로 복사된다. 이는 일반적으로 VHF와 UHF 대역어서 누출되어 빈번한 문제를 일으키는 것으로 밝혀졌다.

### 3.5.12.4 Intermodulation

이는 두 개 이상의 반송파 주파수가 커플링이 될 수 있는 환경이 형성되고 연결 장치의 비선형성으로 인하여 다양한 기본 주파수의 배수의 더하기 빼기 현상이 발생한 주파수가 발생할 수 있다.

### 3.5.12.5 자기 간섭

이것은 송수신기 시스템의 구성요소가 원하는 신호에 문제를 일으킬 때 발생한다. 보통 이런 종류의 문제는 제작 시 수정되지만 장비 결함으로 인하여 문제가 발생될 수 있다.

### 3.5.12.6 시스템 내 간섭

이것은 하나의 송수신기 시스템이 다른 곳에서 동일한 송수신기 시스템을 방해할 수 있는 확장된 자기 간섭 사례다. 일반적으로 이것은 주파수 관리 프로세스에 해당하는 주파수 조정 문제다.

## 3.5.13 무선 통신 관리 기구

항공 산업에 필요한 주파수는 ITU에서 역사적으로 정의한 항공 서비스에 대한 통신, 항법 및 감시 기능에 대하여 별도로 배분되었다. 무선 주파수는 제한된 자원으로 여러 가지 무선 서비스가 무선 스펙트럼을 공유하는 경향이 증가하고 있어 항공 안전을 확보하기 위한 관전에서 주파수 할당과 주파수 간섭으로부터 보호하는 조치가 복잡하게 될 것이다. 특히 항공산업 관련 국제기구와 전파관리 조직이 다양하여 아래 보인 관련된 기구들의 기능에 대한 이해가 필요하다.

### 3.5.13.1 국제기구

- International Civil Aviation Organization (ICAO) (www.icao.int)
- The International Air Transport Association (IATA) (www.iata.org)
- Eurocontrol (www.eurocontrol.int)

### 3.5.13.2 국가기구

- 국토교통부
- 과학기술정보통신부
- Federal Aviation Administration (FAA)

(www.faa.gov)

- Direction G´en´erale de l´'Aviation Civile
  (www.dgac.fr)
- UK Civil Aviation Authority (CAA)
  (www.caa.co.uk)
- The Joint Aviation Authority (JAA)
  (www.jaa.org)

### 3.5.13.3 항공기 제작사

- Airbus (www.airbus.com)
- Boeing (www.boeing.com)
- Bombardier (www.bomabier.com)

### 3.5.13.4. 기술 기구

- Aeronautical Radio Incorporated (ARINC)
  (www.arinc.com)
- European Organisation for Civil Aviation
  Equipment (EUROCAE) (www.eurocae.org)
- Radio Technical Commission for Aeronautics
  (RTCA) (www.rtca.org)
- Airlines Electronic Engineering Committee
  (AEEC);
- European Telecommunications Standards
  Institute (ETSI) (www.etsi.org)
- SITA
- European Radiocommunications Office (ERO)
  (www.ero.dk)
- International Telecommunications Union
  (ITU) (www.itu.org)
- The Institute of Electrical and Electronic
  Engineers, Inc. (IEEE) (www.ieee.org)

1945년 SF작가 Arther C Clarke 의 정지 통신 위성의 궤도 위치 문제를 다루는 기사가 한 잡지에 실렸다. "모든 통신 문제는 궤도 주기가 24시간인 우주 정거장의 체인을 사용하면 해결할 수 있는데, 이 체인은 지구 중심에서 42,000km 떨어져 있어야 한다." 지구에서 이 거리에서는 위성이 지구와 같은 각도 속도로 회전하므로, 동일한 지점 위에 고정되어 있으며, 이는 그들이 상승하거나 하강하지 않으며 세 개의 위성이 지구 전체를 완전히 커버할 수 있게 해줄 수 있다. 이는 항공기가 장거리 저주파 고출력 송신기를 장착할 필요성보다 위성 시스템을 반송파로 활용함으로써 장거리 통신이 가능할 수 있음을 의미한다. Inmarsat SATCOM 시스템은 세계적인 커버리지를 제공하는 3개의 정지궤도 위성과 일련의 지구 관측소와 항공기 지구국으로 구성되어 있다. 통신위성의 Inmarsat 시스템은 해상 및 항공에 모두 사용된다. 인공위성은 용도에 따라 군사위성, 기상위성, 과학위성, 통신위성 등으로 볼 수 있다. 인공위성은 지구주변을 궤도라고 불리는 특정한 경로를 따라서 돌게 된다. 위성의 궤도는 고도에 따라 나눌 수 있다. 저궤도(LEO: Low Earth Orbit)는 고도 약 500km~1500km의 궤도를 말하고 위성의 공전주기가 약 100분 내외로 매우 짧다. 고도가 낮으므로 군사, 기상, 과학용 위성들이 많이 발사되고 있다. 중궤도(MEO: medium earth orbit)는 5000km~20000km 사이의 고도이며 주로 통신 및 GPS 위성들이 위치한다. 정지궤도(GEO: geostationary earth orbit)는 고도가 약 36000km이고 적도 상에 위치한다. 이 궤도어서 지구의 자전주기와 같은 공전주기로 지구의 자전 방향으로 움직이므로 지구에서 보면 마치 정지된 것처럼 보이기 때문에 정지궤도라고 부른다.

위성통신 전파는 전리층 통과가 필요하므로 1GHz 이상으로 높은 주파수를 사용한다. L대역(1.6/1.5GHz)은 저궤도 위성, S대역(2.6/2.5GHz)은 위성관제, C대역(6/4GHz)은 정지궤도 위성, X대역(8/7GHz)은 군사, Ku대역(14/12GHz)은 정지궤도 위성용 등으로 배정되어 있다. 최근에는 Ka대역(6.5GHz~40GHz)도 이용되고 있다. UHF 라디오는 상공 궤도에 있는 상업용 위성들과 통신하기 위해 항공기에 설치되어 있다. 현재까지 그것은 주로 Bizjets와 여객기로부터의 전화 통신에 사용되고 있고 비행 중인 항공기에서 항공사 지상 컴퓨터 시스템에 연결되는 데이터링에 사용되기 시작하고 있다. 이를 통해 비행 진행 상황 및 항공기 시스템 상태(중앙 유지관리 컴퓨터 시스템에 연결됨)를 모니터링할 수 있다. 향후 SATCOM은 해양이나 외딴 지역의 항공기에 대한 ATC와 통신 목적의 HF 시스템을 대체하는 데 사용될 것이다. 현재 사용할 수 있는 장비는 매우 비싸고, SATCOM에 사용되는 안테나는 항공기 상단에 설치하는 특수형이다. High Gain System Antenna는 고속 데이터 및 음성 통신을 위한 것이다. SATCOM, AIRCOM, ACARS, 비행 승무원 음성 통신, 승객 전화, 텔렉스 및 팩스로부터 데이터를 전송한다.

1980년대 초, 해양 커뮤니티에 위성 통신 서비스를 제공하던 INMARSAT는 이 서비스가 항공 커뮤니티로 확장될 수 있음을 확인했다. 이것은 위성 트랜스폰더가 지원하는 주파수 범위를 항공 대역으로 확장함으로써 달성되었다. 이는 항공이 자체 시스템을 설계하고 발사하는 높은 비용 없이 위성 기술을 활용할 수 있도록 하기 위한 최저 비용 옵션으로 여겨졌다. 항공기 운영자들은 항공기에 탑재해야 하는 항전계통(HF, VHF, etc)을 줄일 수 있는 잠재적 편익을 보았으며 개발도상국의 ATS 제공자들은 비용이 많이 드는 지상 기반시설을 구축할 필요 없이 인공위성을 이용한 서비스를 제공할 수 있었다. 사실, 위성 통신과 관련된 비용과 원격 및 해양 지역에서 신뢰할 수 있는 데이터 통신을 보유해야 하는 필요성 때문에 항공은 위성 통신의 비채택에 더하여 HF 데이터 링크 시스템을 개발했다. 위성 통신에 대한 부정적인 인식은 다음과 같다.

- 모든 통신에서 약 0.25초의 전송 지연 시간(음성 및 데이터)
- 높은 위도의 커버리지 부족
- 위성 음성은 주로 HF 음성 통신을 대체하는 것으로 간주
- 높은 공중 설치 비용 및 링크 사용 비용
- 고속 시스템의 경우 소형 및 중형 항공기용 항공전자 장치의 크기

요컨대, 현재의 위성 통신 시스템에 대한 일반적인 인식은 비용이 많이 들고, 저밀도 공역에 적합하며 장거리 항공기에만 적합하다는 것이다. 이러한 인식은 성능 요건을 달성하기 위해 고밀도 영공에서 지상 기반 시스템의 사용을 계속 선호한다. 최근 몇 년 동안 항공 통신을 지원하기 위해 위성 기술을 사용할 수 있는 새로운 가능성이 나타나고 있는데, 이는 위에 열거한 한계 중 일부를 극복할 수 있다. 정지궤도 위성을 사용할 경우 전파 지연을 극복할 수 있는 방법은

거의 없지만, 새로운 신호 처리 기법으로 인해 항전 비용 및 크기와 같은 다른 제역 조건은 감소할 수 있다. 따라서 기존 VHF 스펙트럼에 대한 압력이 증가하고 현재 기술의 한계로 인해 위성 통신이 항공 요건을 충족시키는 데 있어 수행할 수 있는 역할을 재평가해야 할 때가 되었다.

## 3.6.1 항공위성통신

항공기 운항 관리를 위한 장거리 무선으로 HF 를 사용하고 있으나 통화 품질이 균일하지 아니하여 대체 수단으로 통신위성을 이용한 무선 서비스가 INMARSAT 위성을 이용하여 해상을 비행하는 항공기와 지상 간에 제공되는 데이터 통신 및 전화 서비스가 상용화 되었다. 1982년부터 해상 선박을 대상으로 해사 위성 통신을 운용하던 INMARSAT이 1985년 10월 항공 위성 통신을 운용할 수 있도록 '국제 해사 위성 기구에 관한 조약' 을 개정하고, 1989년 개정 조약이 발효됨에 따라 최초로 항공 위성 통신 서비스가 개시되었다. 항공 위성 데이터 통신은 항공사와 ATC 사이의 운항 관리 통신 (aeronautical operational communication) 용으로 주로 사용되어 항공 교통의 안전 및 정상 운행을 유지하기 위하여 사용된다. 항공 위성 전화가 탑승객의 편의와 항공기와 항공사간의 공중 전기 통신(aeronautical public communication) 용으로 서비스되고 있다. 항공 위성 통신 시스템의 구성은 통신 위성, 항공기 지구국(AES)과 지상 항공 지구국(GES)으로 구성되는데 우리나라도 지구국으로 한국 통신(KT)이 충남 금산에 운용중이다. 최근, Iridium이 저궤도 위성으로 항공통신 서비스를 본격적으로 상용화하고 있다.

## 3.6.1.1 정지위성 특성
### (Geosynchronous Earth Orbit(GEO))

정지궤도위성들은 비정지궤도 위성에 비해 통신에 널리 사용되었기 때문에 현재 통신 위성과 거의 동의어가 되었다. 정지궤도에 위치한다는 장점으로 다수의 통신 위성이 이용 가능하기 하여 세계 각지 간의 통신은 가능해지고 비용이 저렴하여졌다.

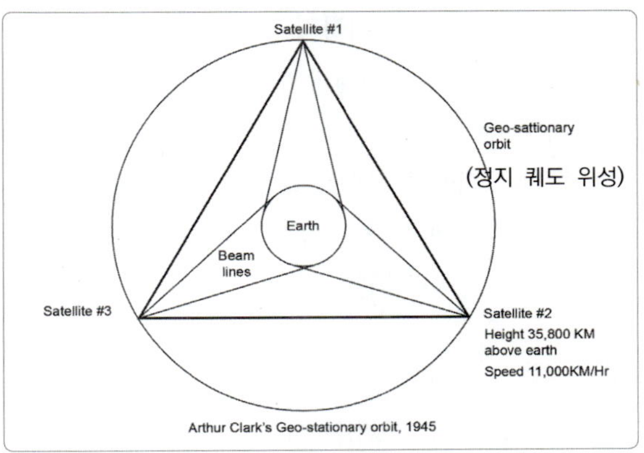


[그림 3-95] 위성궤도 위성 개념

[표 3-5] 정지위성 특성

| 고도 | 35,786 km. |
|---|---|
| 주기 | 23 Hr. 56 min. 4.091 sec. (one sidereal day) |
| 위성 경사도 | 00 |
| 속도 | 초당 3.075 km |
| 서비스 범위 | 지표면 42.5% |
| 서비스 제외지역 | 남북 위도 81° 이상 (고도 5° 이하 제외할 경우 77° ) |
| 장점 | – 지상국에서 추적 용이. <br> – Hand over 문제 없음 <br> – 일정한 거리 유지 <br> – 도플러 효과가 적음 |
| 단점 | – 전송 지연 250 msec. 이상 <br> – 넓은 자유 공간 손실 <br> – 극 지방 서비스 불가능 |

### (가) 광범위한 커버리지

정지궤도에서 위성은 지구 면적의 약 42%에 해당하는 면적을 커버할 수 있다(5° 미만의 고도를 사용하지 않을 경우 38%). 그러므로 120° 떨어져 있는 3개의 위성은 통신을 위해 거의 전 세계를 지원할 수 있다. 전략적으로 대서양 지역(AOR), 인도양 지역(IOR), 태평양 지역(Pacific Ocean Region, Port)에 배치된 INTELSAT 위성들은 전 세계 국제 전기 통신 서비스를 포괄한다. 전 세계적으로 위성 TV가 보도되면서, 세계 어느 지역에서나 일어나고 있는 모든 사건들은 이제 전 세계 TV에서 생방송으로 볼 수 있게 되었다.

### (나) 정지 위치

정지궤도위성의 궤도 속도는 지구의 자전 속도와 동일하며, 정지 궤도에 있는 위성은 지구의 어떤 위치에서도 정지해 있는 것처럼 보인다. 그러므로 위성은 항상 그 커버리지 지역에 위치한 지구 관측소에서 볼 수 있고 위성의 추적이 간단하며 NGSO의 위성의 경우처럼 한 위성에서 다른 위성으로 신호를 전달하는 문제가 없다. 위성의 지속적인 가시성은 또한 위성과 지구국이 고도로 지향적인 안테나를 사용할 수 있고 위성 및 지상 스테이션에 탑재된 안테나의 송신 및 수신 기능을 향상시킨다.

### (다) 다중 접속

다중 접속은 다수의 사용자가 위성을 통해 각자의 음성, 데이터 및 텔레비전 링크를 동시에 상호 연결할 수 있는 능력이다. 위성 채널의 넓은 지리적 범위와 방송 특성은 다중 접속을 통해 이용된다. 다중 접속은 또한 비용 절감을 통해 위성 용량, 위성 전력, 주파수 이용 및 다양한 사용자 간의 상호연결성을 최적화하는 데 도움이 된다. 정지궤도에 있는 위성은 서비스 지역 내에 있는 여러 개의 지구국을 연결할 수 있으며 최대 17,000Km의 원거리까지 분리할 수 있다. 다중 접근은 다른 어떤 방법으로도 얻을 수 없는 위성 통신의 독특한 특징이다. 비정지궤도위성도 이동하는 동안 선박과 항공기가 위성과의 통신 링크를 지속적으로 유지할 수 있기 때문에 항공기의 신뢰할 수 있는 이동 통신에 적합한 것으로 확인되었다. 그러나 GEO 기반 위성 시스템은 다른 시스템에 비해 조작과 유지 보수가 훨씬 간단하다.

### (라) 주파수 재사용

정지궤도위성의 주파수 대역은 통신 위성의 채널 용량을 증가시키기 위해 다른 방법으로 재사용할 수 있다. 특별히 설계된 공간 분리형 빔을 사용하면 동일한 주파수와 편광을 재사용할 수 있다. 직교 편광법을 사용하면 동일한 주파수 대역을 위성의 동일한 서비스 영역에 재사용할 수 있다. 직교 선형 및 원형 편광과 서로 다른 지역을 서비스하고 있는 형상의 빔을 사용함으로써, 동일한 주파수 대역을 재사용할 수 있어 위성의 통신 용량을 증가시킬 수 있다.

### (마) 매우 낮은 도플러 효과

저궤도 위성에 비해 정지궤도식 위성에서는 위성 및 지구국 관측소의 상대적 움직임에 의해 발생하는 명백한 위성 간 주파수에 변화가 거의 없다. 타원 궤도의 위성들은 서로 다른 지구 관측소에 대해 서로 다른 도플러 효과를 가지고 있으며, 이것은 특히 많은 수의 지구국이 통신할 때 수신기의 복잡성을 증가시킨다.

### (바) 신뢰성

장거리 통신 링크의 신뢰성은 지리적 동기 위성을 사용할 때 상당히 개선된다. 위성 링크의 경로 손실은 매우 높지만 거의 일정하게 유지되어 링크의 성능 품질을 유지한다.

### (사) 비용 효율성

12~15년의 긴 수명과 다수의 이용자가 공유하는 광대역통신망 운영으로 인해 정지궤도식 위성은 육지 기반 지상 시스템이 제공하는 서비스에 비해 포인트 서비스가 매우 비용 효율적이다. 방송과 모바일 서비스에 관한 한 현재 지리적 동기 위성에 대한 실행 가능한 대안은 없다.

### 3.6.1.2. 정지궤도식 위성 통신 시스템의 문제

### (가) 극지방 커버리지 영역

적도 상공 35,786-Km 고도의 위치에 있는 정비궤도위성은 위도 81도를 넘는 통신에 적합하다고 볼 수 없다. 따라서 지구의 극지방은 정비궤도위성으로 서비스가 될 수 없다.

### (나) 시간 지연

정비궤도위성 궤도의 기하학에서 신호가 한 지점에서 다른 지점으로 이동하는 데 필요한 시간은 230mili second에 달한다는 것이 밝혀졌다. 이 시간 지연은 데이터 및 방송 서비스에 아무런 문제가 되지 않지만, 이 지연은 양방향 전화 대화에서 인지할 수 있다. LEO의 전파 및 위성간 지연은 낮지만 LEO 시스템은 연결 핸드오버, 위성 및 궤도 역학 및 채택 경로로 인해 높은 지연 변화를 보인다.

### (다) 에코

일반적으로 장거리 전화 회로는 4개의 와이어에서 2개의 와이어 시스템으로 회로가 변환되는 단자 지점의 불일치로 인해 메아리가 동반된다. 에코는 에코 억제기 또는 에코 취소기를 사용하여 감쇠할 수 있다.

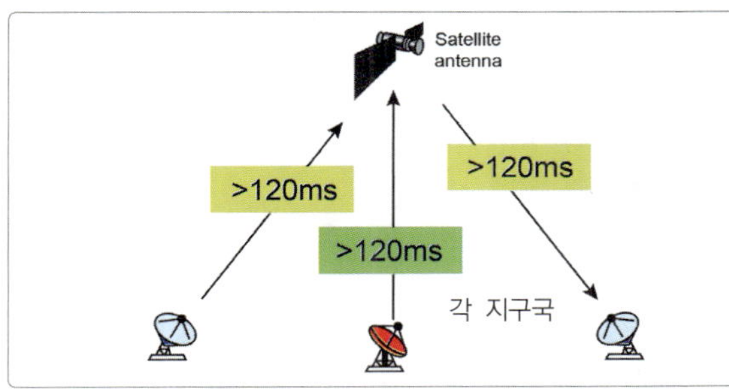

[그림 3-96] 위성통신시스템

## (라) 위성 일식

위성은 지구, 태양, 위성의 위치가 태양 빛이 위성에 도달하는 것을 지구가 막을 때, 즉 위성이 지구의 그림자에 있을 때 일식 상태에 있다고 한다. 정지궤도 위성의 경우 추/춘분을 전후해 46일 동안 일식이 발생한다(3월 21일과 9월 23일). 전체 일식 기간 위성 태양 전지판이 충전되지 않고 전적으로 배터리로 작동해야 한다. 배터리로 사용할 수 있는 전력이 충분하지 않은 경우, 월식 기간 동안 트랜스폰더 중 일부를 차단해야 할 수도 있다. 이 위성은 지구 그림자로 들어가고 나오는 동안 심한 열 스트레스를 겪는다. 일식의 시작과 끝에 위성이 받는 태양열은 급격히 변동하고 이러한 이유로 인공위성의 고장 확률은 다른 어느 때보다도 일식 동안에 크다.

## (마) Sun Transit Outage

태양이 지구국의 빔을 통과할 때 Sun Transit Outage가 일어난다. 춘분과 추분 기간 태양은 지구국에서 볼 수 있는 정지궤도위성을 향해 접근하며, 이것은 지구국 수신기 소음 수준을 매우 크게 증가시키고 정상 작동을 방해한다. 이 효과는 예측 가능하며, 며칠 동안 하루에 10분 정도 방해를 일으킬 수 있다. Sun Transit Outage는 평균 0.02% 수준이다. 수신 지구국은 태양이 Beam 밖으로 이동하기를 기다리는 것 외에는 할 수 있는 것이 없다.

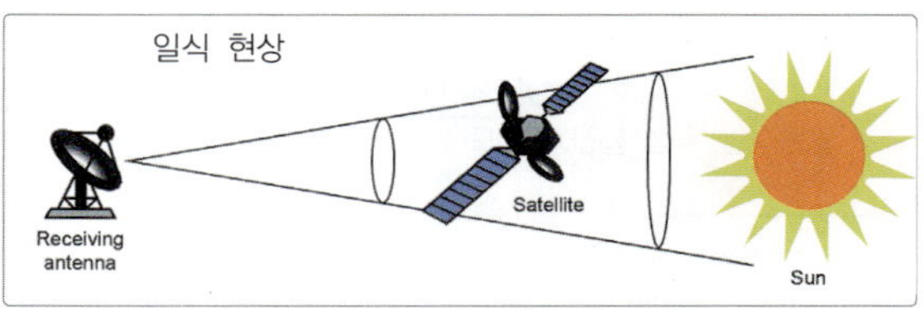

[그림 3-97] 위성일식

## 13.6.1.3 위성 통신 시스템의 주요 요소

위성 통신 시스템의 두 가지 주요 요소는

- 공간 세그먼트(space segment)
- 지상 세그먼트

Space Segment(공간 세그먼트)는 다음을 포함한다.

- 위성
- 위성 발사 수단
- 위성관제센터

지상 세그먼트는

- 지구국
- 후방 통신 링크
- 사용자 터미널 및 인터페이스
- 네트워크 제어 센터

지상 세그먼트의 기능은 신호를 위성으로 전송하고 위성으로부터 신호를 수신하는 것이다. 위성 통신 시스템의 요소를 보여주는 개략적인 블록 다이어그램은 그림과 같다.

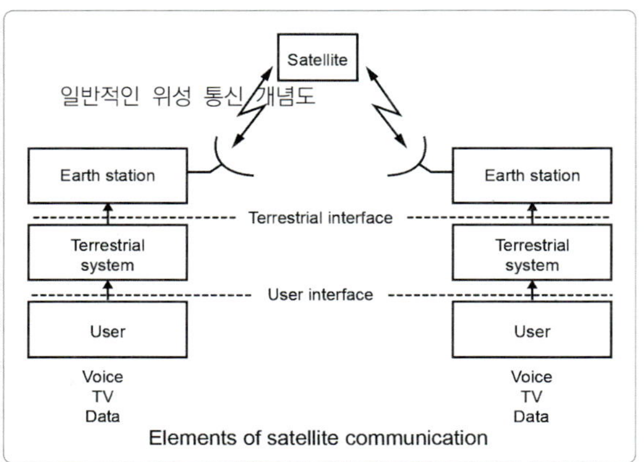

[그림 3-98] 위성통신시스템의 주요 요소

### 3.6.1.4 상용 항공기 위성통신시스템

아래 구성도는 최신 상용 대형 항공기에 장착되는 위성통신 시스템을 보여 주고 있다.

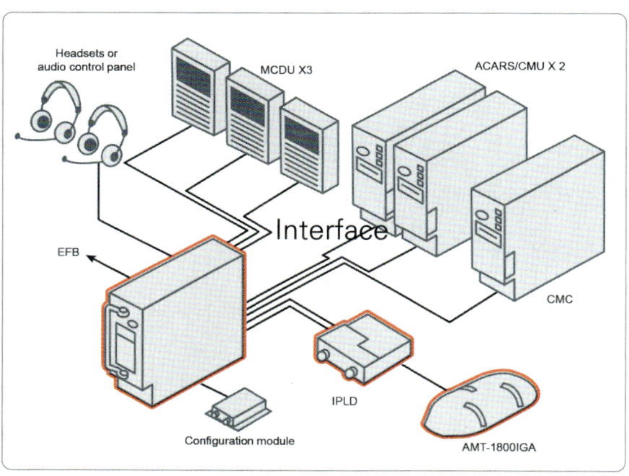

[그림 3-99] 항공기 위성시스템

구성 장비는

- Satellite Data Unit(SDU)
- Integrated Power and LNA/Diplexer(IPLD)
- Satcom Configuration Module(SCM)
- Antenna

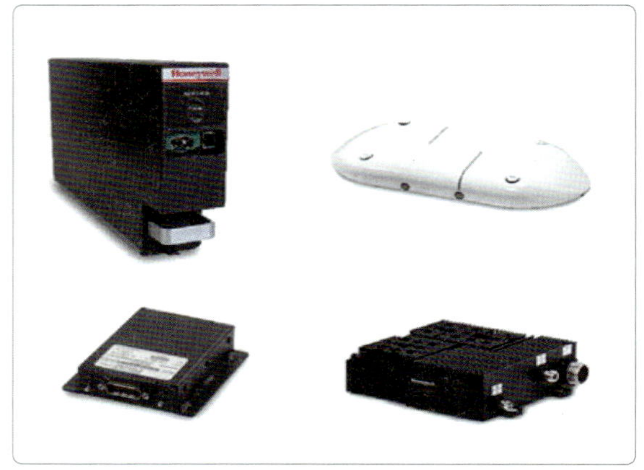

[그림 3-100] 항공기 위성시스템 구성 장비 예

## 3.6.2 위성항법장치 (GPS: Global Positioning System)

최근 들어 항행를 위한 위성의 사용이 급속히 증가하고 있다. 항공기는 물론 선박, 자동차, 심지어 오지 탐험가 까지도 빠르고 정확한 위치 확인을 위해 지구 위치 확인 시스템(GPS)을 사용하고 있다.

### 3.6.2.1 GPS 작동 원리

위성위치확인시스템(GPS)은 미국 국방부가 군사용으로 처음 개발 자금을 지원했다. 개발 후 이 시스템은 민간인이 사용할 수 있게 되었지만, 군사 시스템은 여전히 더 정확하다. 이 시스템은 약 20,200km의 고도에서 지구를 돌고 있는 24개의 인공위성에 기초하고 있다. 24개의 위성 중 21개만 사용되며 나머지 3개는 예비로 유지된다. 위성은 6개의 궤도면(각면에 4개의 위성)에 배치된다. 위성은 1.575GHz 무선 위성 식별 신호 및 범위 데이터를 지속적으로 전송한다.

3000~4,000파운드의 이 태양열 위성은 지구 주위를 매일 두 번 회전하면서 돌고 있다. 이 궤도는 지구 상의 어느 위치에서도 적어도 4개의 위성이 보이도록 배열되어 있다.

### 3.6.2.2. GPS 동작 기초

GPS 수신기는 이 위성들 중 4개 이상의 위치를 찾아 각 위성과의 거리를 파악하며, 이 정보를 이용하여 자신의 위치를 계산하는 것이다. 이 동작은 삼변측량법이라는 단순한 수학적 원리에 바탕을 두고 있다.

당신이 아래 그림의 1번 지역 어딘가에 있다고 가정하고 위치를 전혀 알 수 없을 때 지역 사람을 찾아서 "여기가 어디지?"라고 물어 볼 수 있다. 아마 "이곳은 서울에서 150KM이다."라고 말한다. 이것은 정확한 사실이지만, 그 자체로 정확한 위치를 알기에 별로 도움이 되지 않다. 실제로 150KM의 반경을 가진 1번 지역 원안에 어느 곳에든 있을 수 있다.

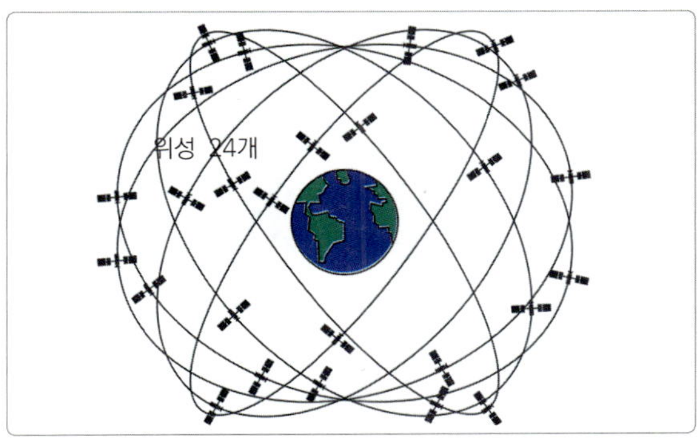


[그림 3-101] GPS 동작 예

이곳이 어딘지 또 다른 사람에게 물으면 "당신은 부산에서 400KM"이라고 말한다. 이제 어디론가 가고 있는 것이다. 이 정보와 1번 서울 정보를 결합하면 두 개의 원이 교차한다. 당신은 이제 당신이 이 두 교차점 중 하나에 있어야 한다는 것을 알게 되었다. 만약 제3자가 당신이 대전에서 100 KM이라고 알려 준다면, 당신은 가능성들 중 하나를 제거할 수 있다. 왜냐하면 제3의 원은 오직 이 지점들 중 하나와 교차하기 때문이다. 이제 A 지점에 있다는 것을 정확히 알 수 있다. 이 같은 개념은 3차원 공간에서도 통하지만, 동그라미 대신 공(球)를 다룰 수 있는 것이다.

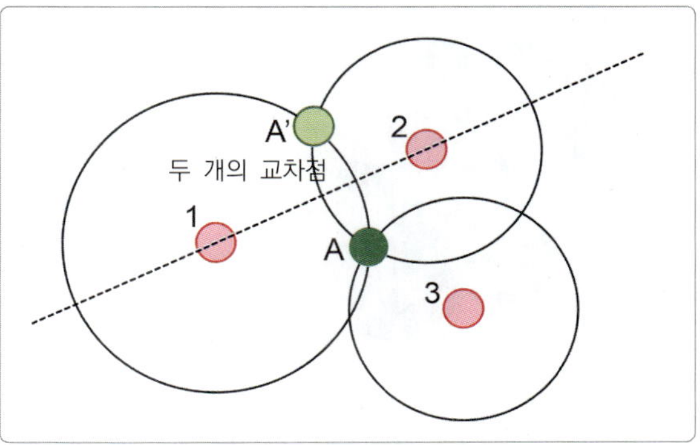


[그림 3-102] GPS 위치 개념

### 3.6.2.3 GPS 위치 고정(GPS Position Fixing)

기본적으로 3차원 삼변측량법은 2차원 삼변측량법과 크게 다르지 않지만, 시각화하는 것은 조금 더 까다롭다. 앞의 예에서 나온 반지름이 모든 방향으로 펼쳐지는 것을 가상하면 일련의 원들 대신에 일련의 구(球)들이 형성된다. 만약 당신의 위치가 위성 A에서 10마일 떨어진 곳에 있다면, 당신은 반경 10마일인 가상의 구 표면 어디든지 있을 수 있다. 동시에 여러분이 위성 B에서 15마일 떨어진 곳에 있다면, 여러분은 첫 번째 구를 다른 더 큰 구와 겹칠 수 있고, 구들은 완벽한 원을 그리며 교차한다. 제3의 위성까지의 거리를 알면 제3의 구가 나오는데, 이 구는 이 원과 두 지점에서 교차한다.

지구 자체는 네 번째 구처럼 작용할 수 있으므로 가능한 두 가지 지점 중 하나만 실제로 행성의 표면에 있게 된다. 그래서 우주에서 하나를 제거할 수 있다. 그러나 수신기는 일반적으로 정확도를 높이고 정확한 고도 정보를 제공하기 위해 4개 이상의 위성을 이용한다. 이렇게 간단한 계산을 하기 위해서는 GPS 수신기는 다음 두 가지 조건이 필요하다.

- 위성 수신이 최소 3개 이상 되는 위치
- 수신기와 각각의 위성 사이의 거리

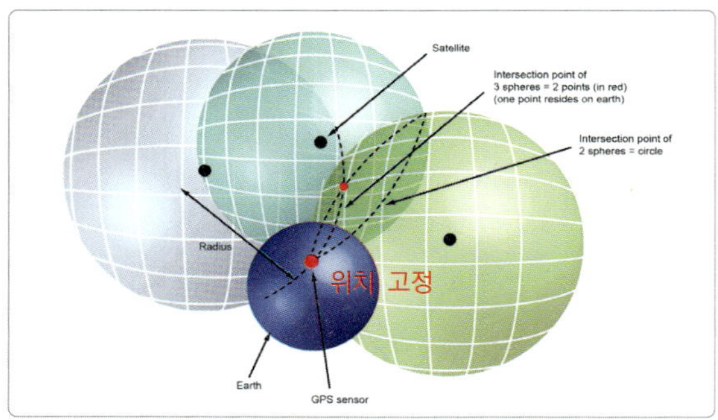

[그림 3-103] GPS 위치 고정

## (가) 기본 원리(Basic Principles)

위성을 이용한 위치 측정은 무선 신호가 위성에서 항공기 수신기로 이동하는 데 걸리는 정확한 시간 자료에 기초한다. 빛과 전파 속도는 초속 30만 미터(초속 186,000 마일)이다.

$$거리 = 속도 / 시간$$

위성의 무선 신호가 수신기에 도달하는 데 걸리는 시간을 알면 위성까지 정확한 거리를 계산할 수 있다. 각 위성은 위치와 신호 방출의 정확한 시각과 같은 필수 정보를 포함하는 코드화된 신호를 지구로 송출한다. 따라서 방출 시각과 신호 수신 시각 사이의 경과된 시간을 측정하기 위해서는 단순한 수신기 외에는 아무것도 필요하지 않다. 위성과 수신기 사이의 거리는 단순히 이 이동 시간으로부터 계산된다. 3개의 서로 다른 위성에 대해 각각 측정을 수행하면 수신기 위치의 3개 좌표를 결정하는 데 필요한 위도, 경도 및 고도를 얻을 수 있다. 이러한 유형의 측정은 GPS 용어로 "의사 범위" 측정으로 알려져 있다. 모든 위성은 10m 안팎의 위치 정밀도가 가능한 정밀한 코드(P코드)와 100m 안팎의 정밀도가 가능한 C/A 코드 두 가지 종류의 의사 범위를 방출한다. P코드는 미군을 제외한 다른 사람에게는 정확한 위치를 제공하지 아니하기 위하여 암호화된다. 따라서 민간 애플리케이션에 사용할 수 있는 정밀도는 C/A 코드 의사 범위 측정에 따른다.

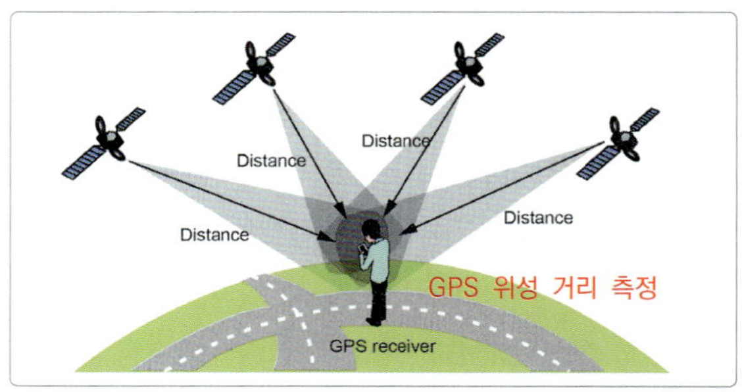

[그림 3-104] GPS 거리 기본 원리

## (나) GPS 시간 유지(GPS Time Keeping)

항공기 GPS 수신기는 위성신호를 수신한 시점을 정확히 알고 있지만 전송시간을 계산하기 위해서는 신호가 언제 전송됐는지 알아야 한다. 시스템 설계자들은 전송 시간을 계산하는 독특한 방법을 고안했다. 각 위성은 특정 시간에 특정 디지털화된 코드를 전송한다. 항공기 수신기는 위성 전송과 동시에 동일한 코드를 생성한다. 수신기는 생성된 신호와 위성으로부터 수신된 신호사이의 시간 간격을 측정한다.

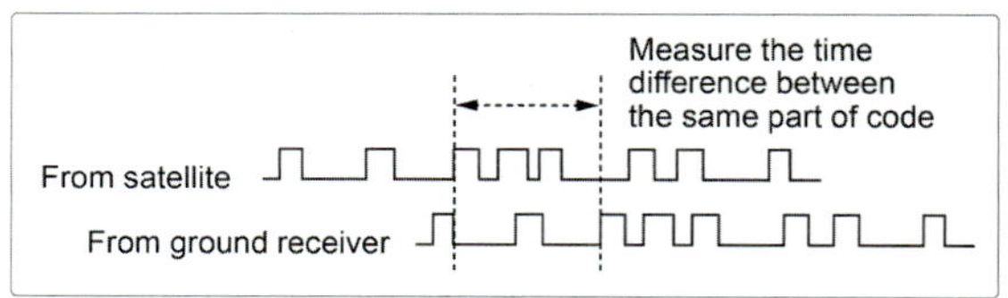


[그림 3-105] GPS 시간 유지

이 시스템의 가장 큰 약점은 시간 측정에 있어 극히 작은 실수라도 엄청난 오차를 일으킬 수 있다는 것이다. 예를 들어, 위성 송신기와 항공기 수신기의 시계가 0.000001초만큼 동기화되지 않으면 300m의 오차가 발생한다. 위성은 매우 정확한 원자 시계를 가지고 있지만 아주 고가이다. 정확한 타이밍이 GPS 네비게이션의 핵심이기 때문에 각 GPS 위성은 4개의 원자시계를 탑재하고 있다. 이것은 1나노초, 즉 10억분의 1초의 정확도를 보장한다. 위성들은 수신기가 위성 위치를 계산하기 위해 사용하는 데이터와 함께 송출한다. 수신기는 훨씬 더 싼 시계를 가지고 있는데, 이것은 정확도가 떨어진다. 만약 시스템이 100% 정확하다면, 우리의 측정 위치는 GPS에 의해 정확히 계산될 수 있다.

그러나 수신기 타이밍이 위성과 동기화되지 않으면 부정확한 위치를 표시할 것이다. GPS 컴퓨터는 타이밍 문제가 존재함을 인식하고, 서로 교차할 때까지 각 신호 사이에 시간을 균등하게 더하거나 빼서 계산을 세밀하게 조정한다. 컴퓨터는 실제로 계속해서 타이밍 오류를 계산하지만 그렇게 하기 위해서는 네 번째 위성의 입력이 필요하다. 따라서 GPS 시스팀은 정확하고 신뢰할 수 있는 위치 측정을 보장하기 위해 4개의 위성으로부터 데이터를 필요로 한다. 네 번째 위성은 수신기의 값싼 시계와 위성의 고정밀 원자 시계 사이의 오프셋을 보정한다.

이 측정을 하기 위해서, 수신기와 위성은 모두 나노초까지 동기화할 수 있는 시계가 필요하다. 동기화된 시계만 사용하여 위성 위치확인 시스템을 만들려면 모든 위성뿐 아니라 수신기 자체에도 원자 시계가 있어야 할 것이다. 그러나 원자 시계는 5만 달러에서 10만 달러 사이인데, 이것은 일상 소비자들에게는 너무 비싸게 만든 것이다.

GPS 시스템은 이 문제에 대한 효과적인 해결책을 가지고 있다. 모든 위성에는 값비싼 원자 시계가 들어 있지만, 수신기 자체는 계속해서 재설정되는 보통의 4중주 시계를 사용한다. 간단히 말해서 수신기는 4개 이상의 인공위성으로부터 들어오는 신호를 보고 그 자체의 부정확성을 측정한다. 위치하는 4개의 위성까지의 거리를 측정할 때, 한 지점에서 모두 교차하는 4개의 구를 그릴 수 있다. 숫자가 한참 떨어져 있어도

세 개의 구가 교차하지만, 잘못 측정했다면 한 지점에서 네 개의 구가 교차하지 않는다. 수신기가 내장된 시계를 이용하여 모든 거리 측정을 하기 때문에, 거리는 비례적으로 부정확해진다. 수신기는 한 지점에서 네 개의 구가 교차하는 데 필요한 조정치를 쉽게 계산할 수 있다. 이를 바탕으로 인공위성의 원자시계와 일치하도록 시계를 재설정한다. 수신기는 켜질 때마다 재설정을 끊임없이 하여 위성의 비싼 원자시계만큼 정확하게 설정된다는 것을 의미한다.

## 3.6.3 차동 GPS(Differential GPS)

### 3.6.3.1 위성위치

각 위성의 정확한 위치는 항공기 GPS 수신기의 작동에 필수적이다. 위성의 궤도는 지속적으로 감시되며, 때때로 달의 중력 효과와 태양 복사선이 위성에 미치는 영향으로 발생하는 태양풍과 같은 요인에 의해 약간 벗어나기도 한다. 지상에서 각 위성의 고도, 위치, 속도를 정확히 측정하고 수정 데이터를 위성으로 보낸다. 그러나 이것은 위성의 궤도 편차를 수정할 수 있다는 것을 의미하지는 않는다. 각 위성은 타이밍 데이터 외에도 보정된 위치 정보를 전송한다.

### 3.6.3.2 대기오류(Atmospheric Errors)

위성으로부터의 전송되는 신호는 전리층과 대류권을 통과하는 동안 지연될 수 있다. 양호한 품질의 항공기 수신기는 보정 요소가 내장되어 있지만 신호 편차는 무작위적이므로 일부 오차가 발생하는 것은 불가피하다.

### 3.6.3.3 다중 경로 오류(Multipath Error)

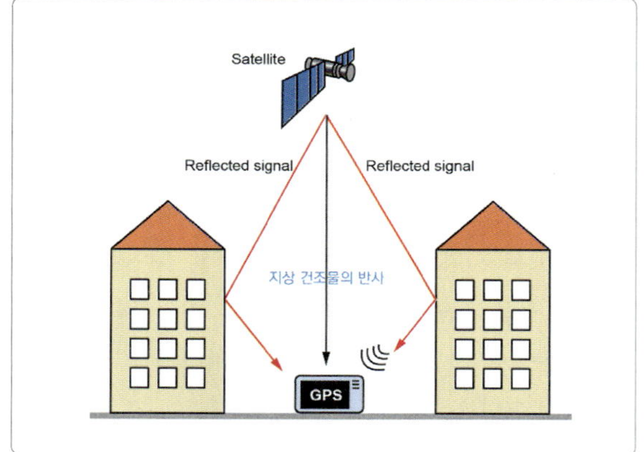


[그림 3-106] 다중 경로 오류

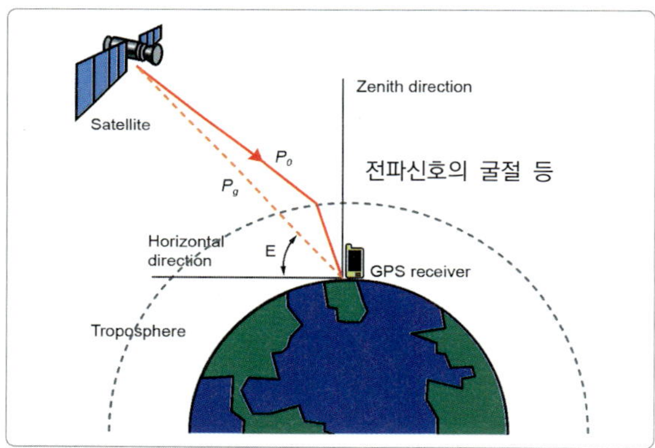


[그림 3-107] GPS 대기 오류

위성 신호는 산, 건물 및 다른 물체에서 반사될 수 있다. 시스템은 원래 신호와 반사된 신호를 구별해야 한다. 반사된 GPS 신호는 수신기에 도달하는 데 더 오래 걸리고 원래 신호를 방해하여 위치 오류를 야기할 수 있다. TV 화면에서 고스트가 나타나는 것과 비슷한 효과를 보인다.

### 3.6.3.4 위성 기하학적 배치(Satellite Geometry)

양질의 GPS 수신기는 각 위성의 상대적 위치를 고려한다. 위성의 부적절한 기하학적 배치는 여러가지 오류를 확대시킬 수 있다. 이러한 오류로 각 위성으로부터의 거리가 정확하지 아니하고 일부 허용오차가 존재할 수 있다. 허용오차의 확산은 위성의 상대적 위치에 의해 확대될 수 있다. 예를 들어, 위성 간격이 더 많이 벌어질수록(확산) 위치 측정은 더 정확해지나, 발사된 위성이 모두 동일한 정확도를 가지고 있는 것은 아니다.

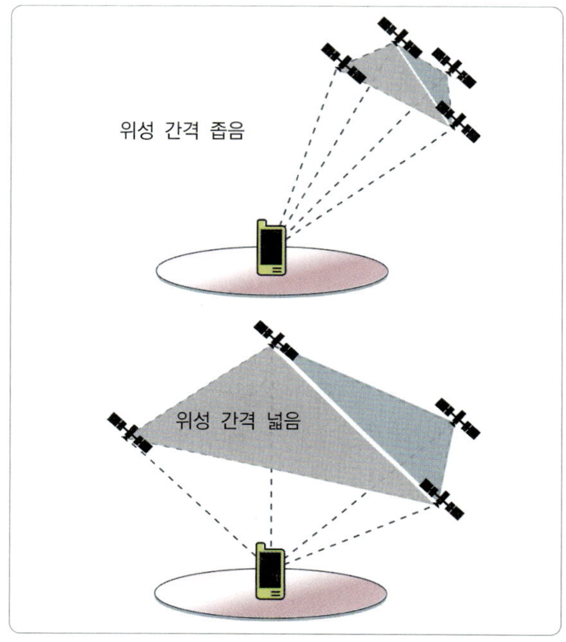


[그림 3-108] GPS 배치

### 3.6.3.5 마스크 각도(Mask Angle)

지평선에 가까운 위성 전파는 대기 통과 시 문제가 커지므로 위성위치확인시스템(GPS)에 적합하지 않다. 일반적으로 수평선 위 약 7.5도 아래에 위치한 위성은 수신기에 의해 측정에서 제외 된다.

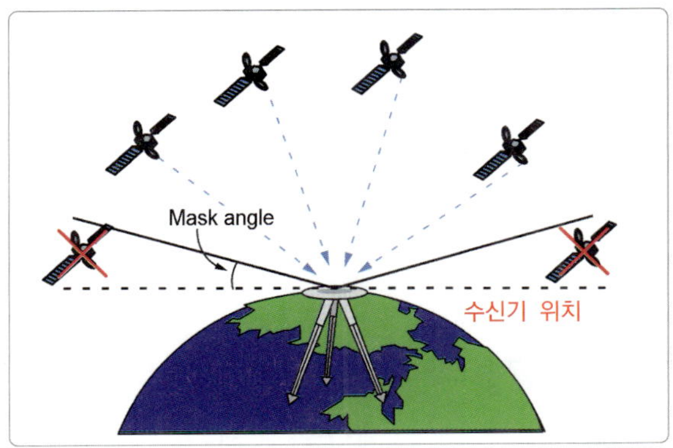

[그림 3-109] GPS 마스크 각도

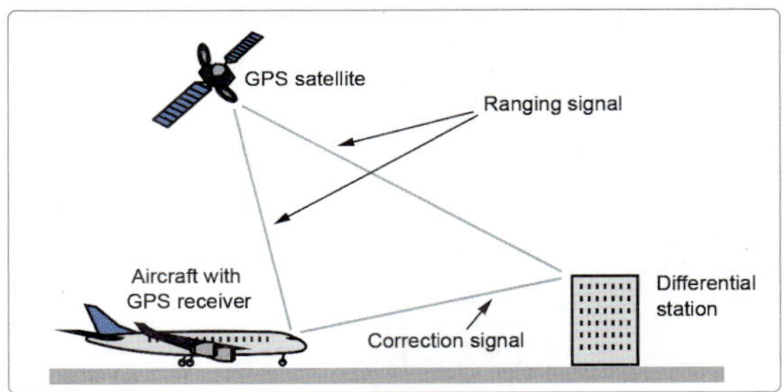


[그림 3-110] 차동 GPS

### 3.6.3.6 차동 GPS

차동 GPS는 지상 송신기를 사용하여 표준 GPS를 정교하게 수정하여 위에 열거된 대부분의 오류를 제거한다. 간단히 말해서, 수신기 근처에 사실상 모든 오류가 제거되는 된 지상 송신기를 위성처럼 사용할 수 있다. 예를 들어 다음과 같다.

- 신호가 전리층을 통과할 필요가 없으므로 대기 문제가 제거
- 장비를 사용하여 위치를 정확하게 측정하여 위치 오류를 제거
- 지상국은 인공위성으로부터 멀리 떨어져 있어 기하학적 배치가 우수
- 지상국 출력은 미 국방부에 의해 저하될 수 없음

이 송신기의 신호를 사용하여 타이밍 보정 계수를 위성 송신기에 적용할 수 있으며, 수신기 품질에 따라 1m 미만의 일관된 수평 정확도를 측정할 수 있다. 지상 기반 수신기 위치를 정확하게 측정할 수 있으므로 위성 신호 고유한 오류를 정확히 측정하여 오류 수정 메시지를 항공기 또는 선박에 장착된 GPS 수신기로 전송하여 오류를 수정할 수 있도록 데이터를 제공하므로 위치 측정 정확도를 크게 높일 수 있다.

## 3.6.4 GPS 수신기

수신기의 메모리에 저장된 지도를 사용하거나, 수신기를 더 자세한 지도를 메모리에 저장하고 있는 컴퓨터에 연결하거나, 단순히 수신기의 위도 및 경도 판독기를 사용하여 자신의 지역에 대한 상세한 지도를 이용하여 길을 찾을 수 있다. 일부 수신기는 상세한 지도를 메모리에 다운로드하거나 플러그인 맵 카트리지로 상세 지도를 제공할 수 있게 해준다.

표준 GPS 수신기는 지도에 현 위치를 표시할 뿐만 아니라 움직일 때 지도 상 경로를 추적할 수 있다. 수신기를 켜둔 채로 두면 GPS 위성과의 지속적인 통신 상태를 유지하여 위치가 어떻게 변하는지 확인할 수 있다. 이 정보와 내장된 시계를 통해, 수신기는 몇 가지 유용한 정보를 제공할 수 있다.

### 3.6.4.1 항공기 GPS 장비 (Airborne Components of a GPS)

항공기 GPS 시스템에는 다음과 같은 다양한 구성이 있다.

- 소형항공기용 복합 패널 장착된 간단한 수신기와 컨트롤러
- 디지털 데이터 버스 시스템을 통해 비행 관리 시스템(FMS)에 데이터 제공 가능한 원격 장착 수신기

- 컴퓨터/수신기에 연결된 전용 다기능 제어 디스플레이 장치(MCDU)와 연결

GPS 입력에 기반한 비행관리 시스템(FMS)용 GPS 시스템은 다음과 같은 구성 요소로 구성된다.

- 안테나 및 프리앰프 장치
- 다기능 컨트롤 디스플레이 장치(MCDU)
- 수신기/프로세서 장치
- 데이터 로더

GPS 데이터는 비행 관리 시스템(FMS)으로 제공되며, 자동 조종 제어, 내비게이션 시스템의 업데이트 참조용, 디지털 지도를 표시하는 다중 기능 디스플레이, 위치 보고용 ACARS 시스템 등에 전송될 수 있다.

### 3.6.4.2. GPS 안테나(GPS antenna)

안테나 시스템: 대표적인 GPS 안테나는 일체형 프리앰프를 가진 평판 마이크로스트립 타입이다. 양호한 GPS 수신 상태를 유지하려면 안테나 시스템의 위성에 대한 가시적 접근성이 좋아야 한다. 따라서 안테나는 항상 항공기 동체 상단에 장착되어야 하며 기체 돌출부에 의한 차폐 현상을 피해야 한다. 많은 항공기는 위성 신호가 꼬리 날개에 의하여 차폐되지 않도록 전방 상부 동체에 GPS 안테나를 장착하고 있으며 안테나 케이블은 최소로 배선한다.

### 3.6.4.3 Receiver & Processor Unit

GPS 수신기와 프로세서 유닛에는 다음이 포함된다.

- 수신된 위성 전파 신호를 처리하는 GPS 수신기
- 위성 위치 데이터, 항법 데이터를 포함하는 데이터 베이스
- 컴퓨터

- 다른 항공기 시스템 및 다기능 제어 디스플레이 장치와의 I/O 인터페이스
- 전원 공급.

GPS 수신기/프로세서는 일반적으로 랙에 장착하는 유닛이다.

### 3.6.4.4 다기능 제어 디스플레이 장치(MCDU)

전형적인 MCDU는 컬러 액정 디스플레이로 구성되며 비행 승무원들에게 다음과 같은 필요한 제어 기능과 디스플레이를 제공한다.

- 시스템 커기/끄기
- 지상 속도, 도착 예상 시간, 현재 위치 등 내비게이션 데이터에 액세스
- 경유지, VORs NDB, 공항과 같은 내비게이션 데이터 베이스 정보에 액세스
- 비행 계획 작성 또는 편집
- GPS 오작동 경고

### 3.6.4.5 데이터 로더 유닛(Data Loader Unit)

주기적으로 업데이트되는 내비게이션 정보는 데이터 로더를 통해 NPU 메모리에 로드할 수 있다. 이 정보는 경유지, 항공로, 공항, 활주로, VOR 비컨, 도착 및 출발 절차의 전 세계적인 정보 기반을 포함한다. 일반적으로 이 정보기반은 유지관리 담당자에 의해 매월 갱신된다. 데이터 로더 유닛을 사용하여 새 운영 소프트웨어를 NPU에 로드할 수도 있다.

# 제4장 항공통신 및 항법시스템

### 4.1.1 항공통신의 개념

항공통신은 항공기와 지상국 또는 항공기 상호간의 무선 통신을 총칭하여 말한다.

항공통신에 사용되는 운용주파수는 지상국이 설치되어 있는 육지에서는 초단파(VHF)와 극초단파(UHF) 통신을 사용하고, 지상국과 멀리 떨어져 있는 대양에서는 주로 단파(HF)와 위성통신을 사용하고 있다. 초단파(VHF) 통신은 전파 거리가 가시선(line of sight) 거리로 한정되기 때문에 각 항공관제센터(ACC: air control center)의 관할공역 내를 비행중인 항공기와 항공 관제사가 직접 교신할 수 있도록 항공 교통 관제기관에서 떨어진 적당한 장소에 원격 지대공 통신시설을 설치하여 원격조작에 의한 통신을 실시하고 있다. 항공기와의 교신에는 무선통신 시스템에 의한 무선통신을 사용하고 있다. 최근에는 디지털 신호에 의한 정보연결 장치의 실용화에 따라 항공기와 지상국 사이의 디지털 통신이 증가하고 있다.

항공통신은 전 세계적으로 구축된 항공고정통신망과 항공정보처리시스템을 이용하여 국내 외 항공사와 항공기 운항에 필수적인 비행 계획, 항공기상 및 항공고시보(NOTAM: notice to airman) 등을 송수신 처리하며, 항공관제에 필요한 정보를 관제 시스템에 제공한다.

참조) 항공고시보(NOTAM)
조종사를 포함한 항공 종사자들이 적시에 알아야 할 공항 시설, 항공업무, 절차 따위의 변경 및 설정 등에 관한 정보 사항을 고시하는 일. 일반적으로 항공 고시문은 전문 형식으로 작성되어 기상 통신망으로 신속히 국내외 전기지에 전파된다.

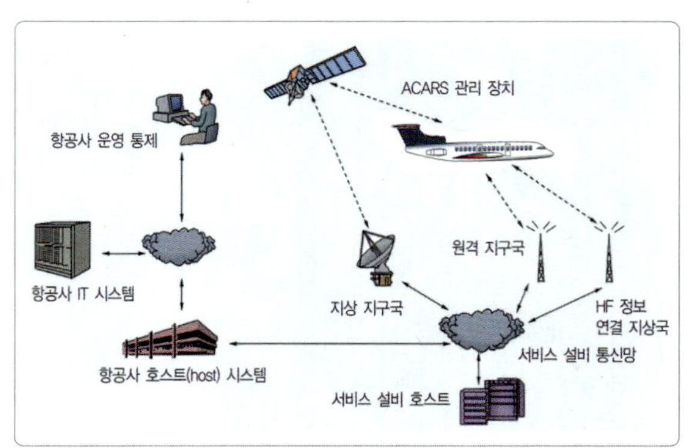


[그림4-1] 항공 통신

항공 통신(AC: aeronautical communication)은 용도에 따라 통신, 항법, 감시의 3개 업무분야로 구분된다. 통신분야는 그 목적에 따라 항공교통 관제통신(ATC), 항공운항 관리통신(AOC), 항공업무 통신(AAC)으로 나누어지며, 항법분야는 지상에 설치된 무선국의 전파를 수신하여 방위, 거리등 정보를 획득하는 무선항법(VOR/DME, NDB 등)과 측위 위성을 이용하는 위성 항법이 있다.

감시 분야는 지상 또는 항공기에 설치된 레이더에서 전파를 발사하여 그 전파가 항공기에서 반사되어 오는 특성이나, 항공기로부터의 응답신호 등을 이용하는 지상감시 방식과 항공기로부터의 항법데이터에 의한 위치정보를 획득하는 협조 독립 감시방식이 있다.

통신 분야 중 중요한 항공교통 관제통신과 운항관리 통신은 다음과 같다.

### (가) 항공교통 관제통신
####   (ATC: air traffic communication)

공항의 관제탑과 항공로 관제센터 등 항공 교통 관

제기관이 항공기에 대해서 비행 간격 설정, 이착륙 순서, 시기, 방법 또는 비행 방법에 관한 관제지시 및 관제허가를 부여하기 위하여 하는 통신이다.

세계의 어느 공항이나 항공로 상에서도 통신이 필요하기 때문에 국제적으로 통일된 주파수가 사용된다. 통상 영공내의 근거리에서는 통일된 주파수가 사용되며, 근거리에서는 VHF 무선통신, 해양 상공 등에서는 HF 무선통신이 사용된다.

### (나) 운항 관리 통신
(AOC: aeronautical operational communications)

항공회사가 독자적으로 자기회사 항공기의 안전운항, 정시운항 및 효율성을 확보하기 위하여 하는 통신이다. 항공운항 관리 통신시스템에는 VHF/HF 무선통신 시스템과 공대지 데이터 링크 시스템(air to ground data link)의 2종이 있다.

VHF 무선통신 시스템은 공항 내에서의 출발준비(연료보급, 보수점검, 기내정비, 탑승인원 확인 등)를 위한 업무연락에 사용되는 터미널용 시스템과 항공기의 비행 중에 항공로 상의 기상정보나 비행계획의 변경통보 등 업무연락에 사용되는 항공로용 시스템이 있다.

## 4.1.2 항법시스템의 개념

초기의 조종사들은 항로를 정하기 위해 눈으로 확인할 수 있는 강이나 산맥사이의 골짜기, 해안선이나 육지의 랜드마크들을 따라가면 방향을 확인 하였다. 그러나 높은 고도, 바다 위, 안개 또는 구름 속, 밤에 비행을 하는 조종사들에게 이것은 어려운 이야기이다. 항법의 시작은 대양항행과 관련이 있으며, 비행초기에는 해상항법 장비가 비행사가 이용할 수 있는 유일한 항법장치였다.

초기 탐험가들은 바다를 건너기 위해 해류, 별, 새를 따라가는 법을 배웠다. 장거리 항행의 기초는 위도와 경도의 원리에 의존한다. 위도와 경도의 함수로서 위치의 개념을 이해하는 것이 중요하다. 위도나 경도는 그래프의 x 또는 y 좌표와 유사하다. 지구는 둥글기 때문에, 원점으로부터 측정을 위해 직선거리보다는 각 거리를 사용한다. (보통 평평한 그래프에서는 0.0이 된다).

지구에서 원점 또는 0.0 점은 지구의 중심이다. 원은 360도(degrees), 도는 60분(minutes), 분(minute)은 60초(seconds)씩 이다.

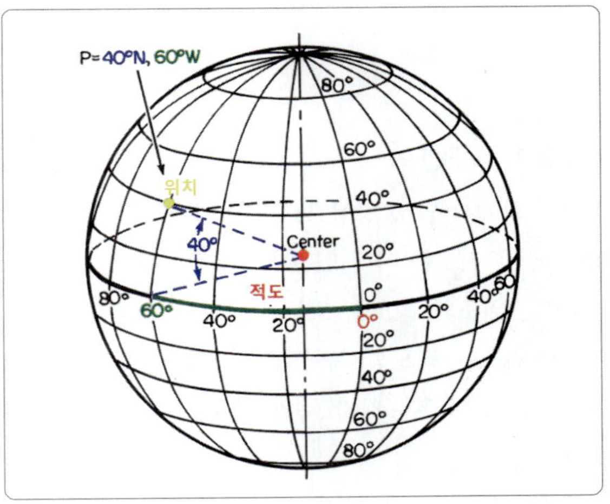


[그림 4-2] 위도와 경도의 위치 개념

그래프에서 두 점 사이의 거리를 측정하거나 계산할 수 있는데, 위도와 경도 시스템을 사용하여 지구 표면에서도 거리를 측정 할 수 있다. 지구 표면에서 위도 1도는 111km 또는 60해리(nautical mile)와 같으며, 따라서 위도 1분은 1 해리와 같다. 경도는 극에서 자오선 사이의 거리가 0으로 감소하기 때문에 약간 더 복잡하다. 그러나 적도에서는 경도 1도가 111km 또는 60해리(따라서 적도에서는 1분이 1해리)와 같다.

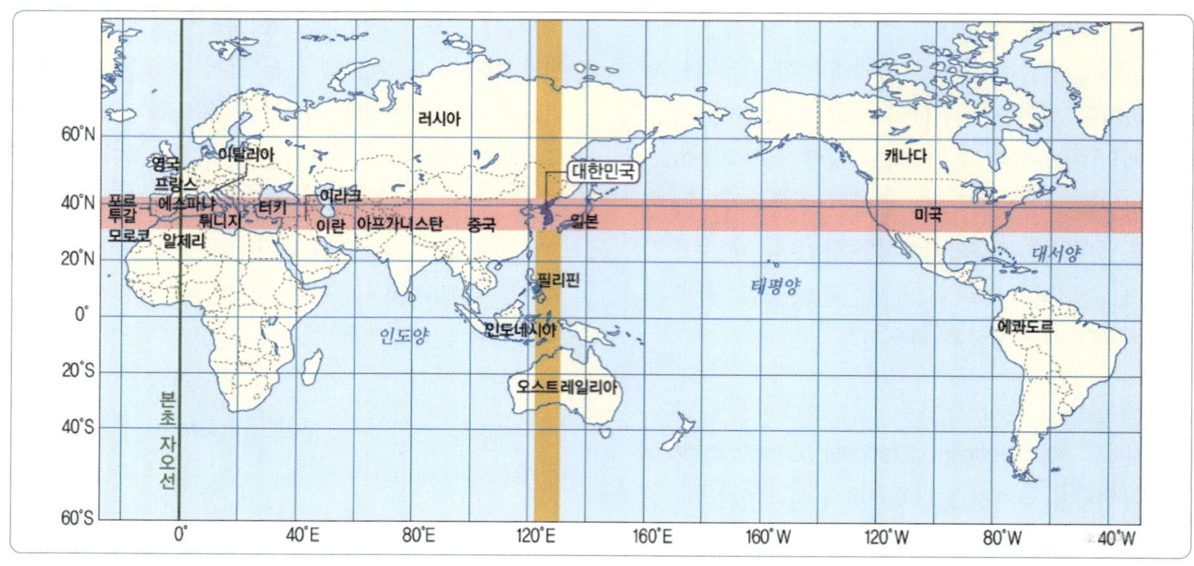



[그림 4-3] 위도선과 경도선

## 4.1.2.1 위도선

지구상에서 남북 방향으로 "0"이 시작되는 위도의 기점은 적도를 따라 있는데, 이것을 제로 위도라고 부른다. 위도와 경도는 모두 도, 분, 초 단위로 측정된다. 위도는 적도의 북쪽이나 남쪽 각도로 측정되며, 북극과 남극은 각각 북위 90도, 남위 90도에 위치한다.

위도선은 서로 평행하며 지구상에서 동위점을 연결하는 동-서 러닝 서클은 위도의 평행이라고 불린다. 위도의 선은 구의 둘레에 따라 다양하며, 서로 평행하게 달린다. 예를 들어 북극 원은 적도보다 둘레가 훨씬 작다. 적도에는 가장 큰 둘레가 있고 다른 위도의 모든 평행선은 더 작다.

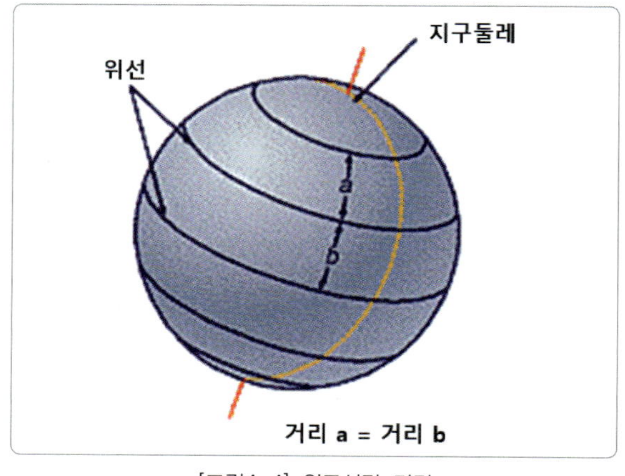



[그림4-4] 위도선간 거리

지구는 360도의 구체이다. 각 극(북극과 남극)은 구 주위를 도는 거리의 4분의1에 위치한다. 즉, 북극은 북위 90도 남극은 남위 90도 이다.

북회귀선(tropic of cancer)(23 1/2° N)과 남회귀선(tropic of capricorn)(23 1/2° S)은 태양광이 수직으로 떨어지는 적도에서 남북의 가장 먼 지점과 북극권(66 1/2° N)과 남극권(66 1/2° S)을 표시하여 태양이 지평선 위로 나타나는 적도의 남북 가장 먼 지점을 표시한다.

지구의 위치는 분, 초를 정확히 파악하면 더 정확하게 판단할 수 있다. 각 도는 60분으로 나눌 수 있그 매 분은 60초로 나눌 수 있다. 그래서 서울은 북위 37° 33' 7"(동경도 126° 59' 20")이고, 호주의 브리즈번은 27° 28' 14" S로 표시하고(153° 2' 0" E) 남위 27도, 28분 14초로 읽는다.

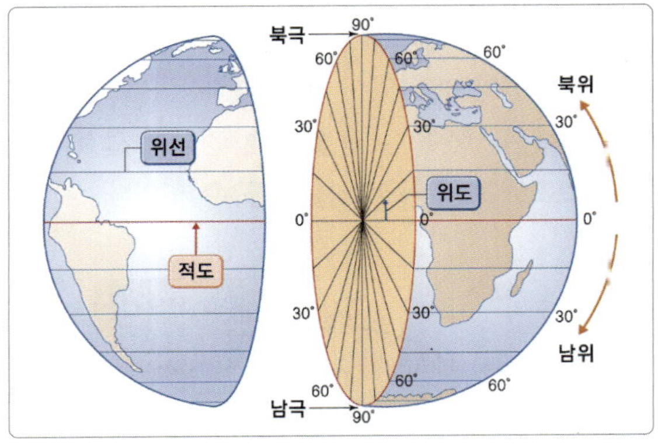



[그림4-5] 위도와 위선

### 4.1.2.2 경도선

동서 경도 제로 선은 19세기 후반, 영국의 그리니치를 통과하는 선으로 결정되었다. 이것을 흔히 븐초 자오선 또는 제로 경도선이라고 부른다. 경도선은 경도 0도에서 본초 자오선의 서쪽과 동쪽에 번호가 대겨져 있다. 본초 자오선은 원래 포르투갈을 거쳤으나 영국이 탐험에서 더욱 두드러지게 되자 영국 지도 제작자들은 본초 자오선을 오늘날까지 남아 있는 영국의 그리니치로 옮겼다.

경도는 경도 0선의 동쪽 또는 서쪽의 각 거리로 측정된다. 경도가 동일한 지점을 연결하는 남북 서클을 세로 자오선이라고 한다. 경도선은 주황색 부분처럼 북에서 남으로 세로로 지구를 돈다. 경도선은 극에서 합쳐지기 때문에 경도선 사이의 거리가 적도에서 가장 크고 극에 접근할 때는 더 적다. 경도의 선은 도두 같은 둘레를 가지며 극에서 교차한다. 경도선은 위도

선보다 대부분 길다(적도는 제외).

이것이 경도와 위도가 다른 부분이다.

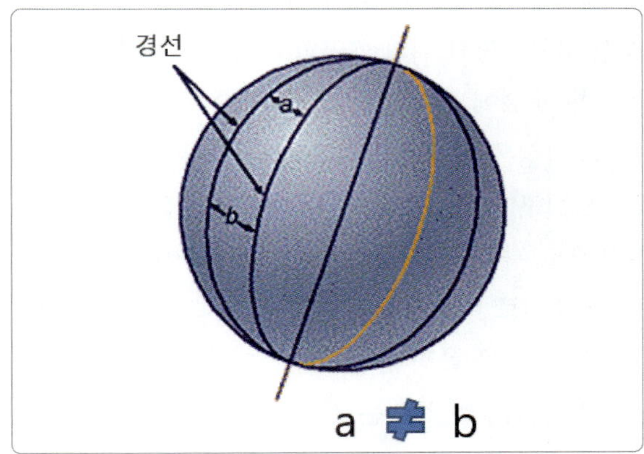



[그림 4-6] 경도선간 거리

그래서 서울은 그리니치 동경 126도 59분 20초(북위 37° 33' 7")에 위치하고 있고 호주의 브리즈번은 153° 2' 0" E(남위 27° 28' 0") 이다. 홍콩은 그리니치 동쪽 114도, 10분 0초인 동경 114° 10' 0 "(북위 22° 15' 0")에 위치하고 있다.

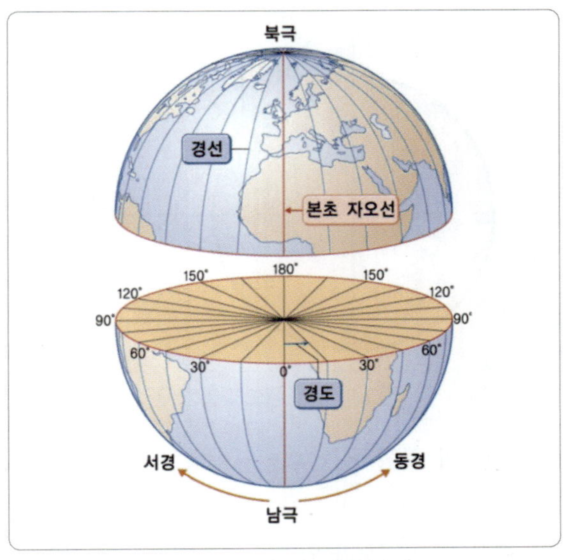



[그림 4-7] 경도와 경선

### 4.1.2.3 항공 용어

#### (가) 위도의 결정

초기의 항해자들은 6분위와 같은 기구를 사용하여 항성이나 수평선 위의 태양의 각도를 측정한 다음 그 각도를 도표에 비교함으로써 위도를 결정할 수 있었다. 북극성은 북반구의 위도를 결정하는 데 사용되었고, 남반구에서는 조금 더 어렵지만 남십자성도 같은 방법으로 사용하였다. 지리적으로 북극에서는 북극성이 거의 바로 머리 위에 위치해 있다. 그래서 북극성을 보려면 똑바로 올려다봐야 할 것이다. 북극성은 수평선에서 북극성이 보이는 적도를 향해 여행할 때 점점 더 낮게 나타난다. 그래서 하늘의 북극성의 위치를 이용하여 위도를 측정할 수 있다. 구체적으로, 북극과 적도 사이의 어딘가에 서 있는 당신의 위도는 북극성에 대한 시선 각도에 의해 결정된다.

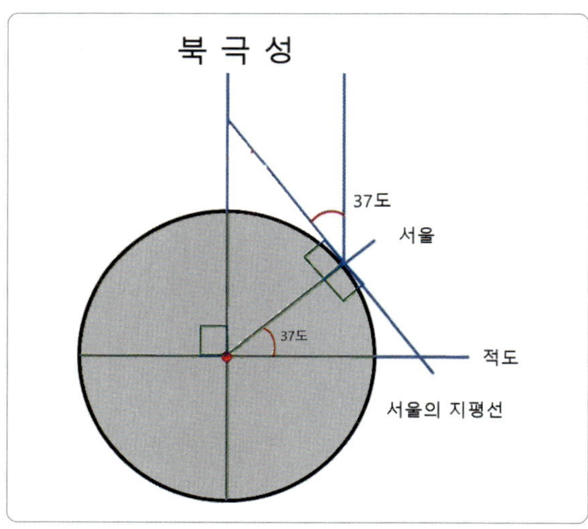


[그림 4-8] 위도의 결정

#### (나) 경도의 결정

지구는 자전하는데 24시간이 걸린다. 따라서 그리니치에서 12시 정오가 되면 지구 반대편인 국제 날짜 변경선은 12시 자정이 된다. 360°를 24시간으로 나누면 15°로 나누어지기 때문에, 15°마다 지역에서의 시간은 1시간씩 다르다. 따라서 현지 시간은 경도 15° 간격으로 있는 두 위치 간에 1시간씩 차이가 난다. 따라서 그리니치보다 두 시간 늦으면 지구가 동쪽에서 서쪽으로 회전하기 때문에 그리니치에서 경도 30° 서쪽으로 떨어져 있을 것이다. 그래서 시간은 경도를 아는 단서가 된다. 초기의 항해자들은 태양의 그림자가 언제 해시계에서 가장 짧은지를 보고 그들의 현지 시간을 알 수 있었다. 만약 항해자들이 그리니치에 일치하는 시간을 알고 있다면, 경도를 결정할 수 있고 도표로 표시된 코스를 따를 수 있었다.

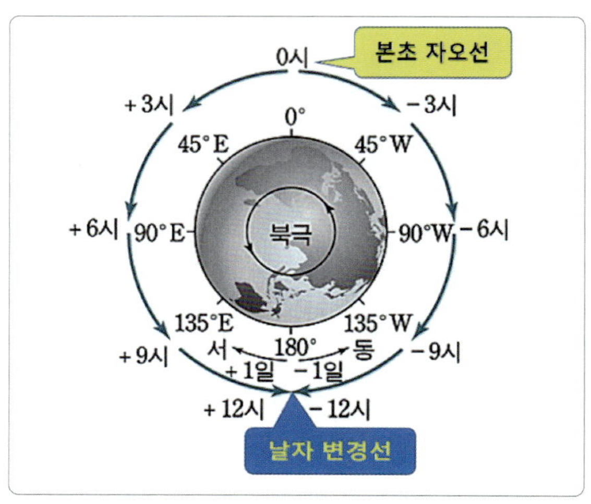


[그림 4-9] 경도와 시간차

1728년에 존 해리슨이라는 영국 시계 제조업자는 바다에서도 정확한 시계를 개발하였다. 마침내 선원들은 현지 시간과 GMT(그리니치 표준시)의 시간차이를 알아냄으로써 태양이나 별의 각도를 측정하여 정확한 위치, 위도 및 경도 등을 쉽고 일관되게 결정할 수 있는 능력을 갖게 되었다. 그리니치 표준시간은 줄루(zulu) 시간으로도 알려져 있다. 국제 날짜 변경선은 전 세계의 절반인 동경 180도, 서경 180도 둘 다에 있다. 국제 날자 변경선 한쪽은 화요일일 수도 있지만 다른 한쪽은 수요일이다. 계속 서쪽으로 한 시간당 15도씩 세계 일주 비행한다면, 결국 24시간 비행 후에 당신은 24시간 일찍 또는 그 전날에 도착하게 될 것이다. 각국은 이 선을 국제 날짜 변경선으로 표시하기로 결정했다. 우리나라의 경우 동경 124° ~ 132°에 위치하고 있지만 135°를 표준경선으로 사용하고 있는데 우리나라의 표준시는 본초자오선상의 시계보다 9시간 빠르다.

## (다) 해리(nautical mile)

모든 항해는 거리의 단위로 해리(nautical mile)를 사용한다. 전통적으로 해리는 6,080피트지만 더 정확히 말하면 6,076.11549피트다. 미터법 측정에서 이것은 1,852미터로, 지구의 큰 원의 1분호이다. 미터법 하에서도 항해를 위한 거리 단위는 여전히 해리를 사용한다. 1 노트는 시간당 마일(mph)로 변환하면 약 1.15mph이다. 즉 시속 1마일은 0.868노트가 되고, 1해리는 약 1.15마일에 해당한다. 해리에서 법정 마일로의 전환은 1.15를 곱해야 한다.(예: 120해리 x 1.15 = 138 법정 마일) 법정 마일에서 해리로 전환하려면 1.15로 나누어야 한다. 따라서 200 법정 마일은 174해리(200 / 1.15 = 174)와 같은 것이다.

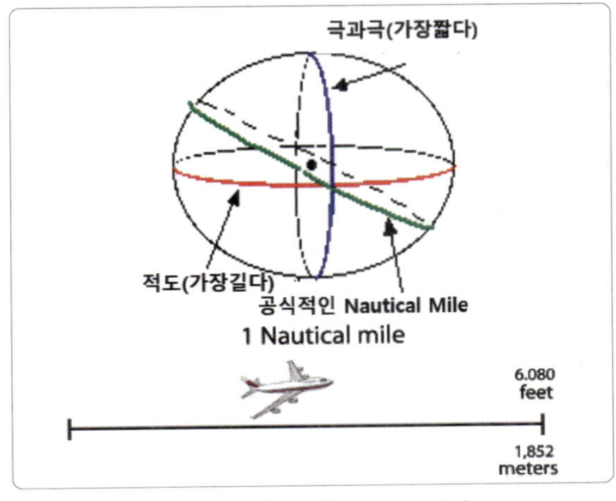


[그림 4-10] 해리(nautical mile)

## (라) 노트(knot)

항공항법의 많은 용어는 항해 용어의 유산이다. 배의 속도는 종종 추측으로 측정되었다. 뱃머리 위로 던져진 나무 조각이 선미 쪽으로 가는 타이밍은 배의 속도를 계산하는 데 사용하였다. 나무 조각에 줄을 묶고 이 선에 일정한 간격으로 매듭을 묶은 다음 선원은 매듭이 그의 손가락을 통해 미끄러지는 것과 시간이 경과한 것을 연관시켜 배의 속도를 계산했다 – 노트(knot) 용어는 비행선이나 항공기에서 비행 속도를 나타내기 위해 사용되는 용어와 동일하다.

1노트는 한 시간에 1해리(nautical mile)를 달리는 속도이며, 1해리는 1,852 m이다

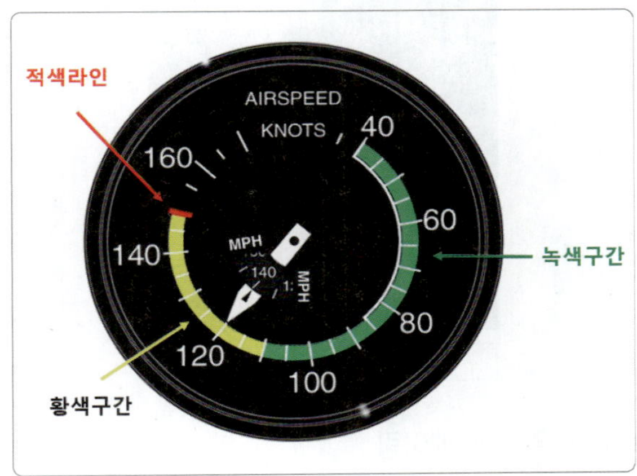


[그림 4-11] 항공기 속도계

## 4.1.2.4 나침반(Compass)

항법 및 측량에서 모든 방향 측정은 나침반 숫자를 사용하여 수행된다. 나침반은 360°의 원형으로 0/360°는 북위, 90°는 동위, 180°는 남위, 270°는 서위다. 나침반 바늘의 북쪽 끝은 지리적 북극이 아니라 북쪽 자기극을 가리킨다. 자북은 자성북극, 진북은 지리적 북극에 해당한다.

활주로는 나침반의 숫자에 따라 배치되어 있다. 활주로의 나침반 방향은 각 활주로 끝에 그려진 큰 숫자

로 표시된다. 활주로 번호는 도 단위로 작성되지 않고 속기 형식으로 지정된다. 예를 들어, "14" 표시가 있는 활주로는 실제로 140도에 가깝다. 이것은 남동쪽 나침반 방향이다. "31" 표시가 있는 활주로에는 310도, 즉 북서 방향의 나침반이 있다. 연방 항공국 (FAA, federal aviation administration)은 정확한 방향에 가장 가까운 숫자로 반올림하여 사용한다.

예를 들어, 7번 활주로의 방향은 68도가 정밀한 방향일 수 있지만, 70도로 반올림된다. 각 활주로에는 서로 다른 번호가 있다. 모든 활주로가 이 방향의 레이아웃을 따른다.

[그림 4-12] 나침반(compass)

## (가) 방위각과 베어링

지구의 자북을 0°로 하고 측정한 값은 방위각을 말하며, 항공기의 진행방향과 무선국과 항공기를 연결하는 직선이 시계방향 쪽으로 이루는 각도를 상대 베어링(relative bearing)이라고 한다. 즉 상대방위는 항공기의 전후 중심선을 통해 그려진 선과 항공기에서 무선국으로 그려진 선의 교차로 형성된 각도이다. 이 각도는 항상 항공기의 노스(nose) 부분에서 시계 방향으로 측정된다.

항공기의 진행 방향을 자북에서 시계 방향으로 측정한 각도를 자기방위(magnetic bearing) 또는 자방

위라고 한다. 즉 자기방위는 항공기에서 무선국으로 가는 선과 항공기에서 자북으로 가는 선이 교차하는 각도이다. 항공기에서 단지 기수방위(heading)라고 하는 것은 자방위를 말하는 것이다.

자오선(meridian)은 지구의 북극과 남극을 이은 선이고, 자기 자오선은 자침이 가리키는 북쪽과 남쪽을 이은 선을 말한다. 목표의 방위에는 진방위(true heading), 자기방위(magnetic heading)가 있다.

진방위는 지구의 진북을 0°로 하고, 측정한 목표의 방위각을 말하고, 자방위는 지구의 자북을 0°로 하고, 측정한 방위각을 말한다. 진방위와 자방위와의 차를 편차(variation)라고 한다.

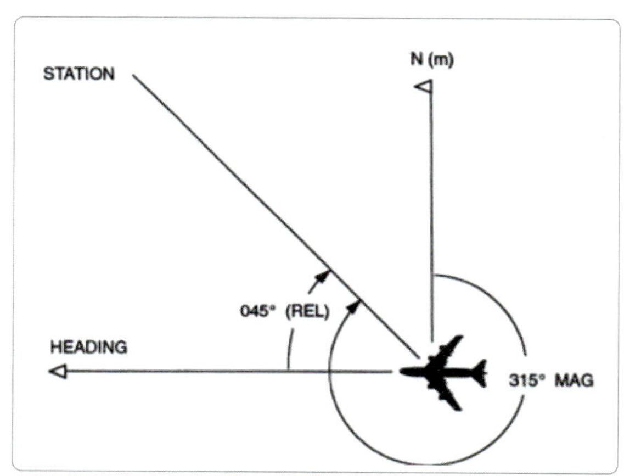


[그림 4-13] 상대 방위와 자기 방위

## 4.1.2.5 항법항공 약어의 의미

| 약어(용어) | 의 미 |
|---|---|
| HDG(heading) | 항공기의 기수 방향과 북쪽 사이에서 시계 방향으로 측정된 방향각 |
| TK(track) | 항공기 이동 경로 |
| DTK(desired track) | 조종사가 항공기를 움직이기 원하는 방향 |
| DA(draft angle) | 바람이나 다른 힘으로 인해 좌현(좌측) 또는 우현(우측)으로 측정된 헤딩 및 트랙 사이의 각도 |
| TAE(track angle error) | Track과 Desired Track 사이의 각도 |
| GS(ground speed) | 지표면과 평행 한 평면으로 트랙 방향의 항공기 속도 (지도 속도) |
| POS(position) | 항공기 위치 |
| WP(waypoint) | ATC(air traffic control)에 보고하거나, 항공기 터닝 또는 착륙에 데 사용될 수 있는 경로상의 중요한 지점 |
| DIS(distance) | 항공기 위치에서 Way-point 까지 거리 |
| XTK(cross track) | 항공기에서 항공기가 비행하는 두 경유지와 만나는 선까지의 수직 거리 |
| ETA(estimated time of arrival) | 도착 예정 시간 |
| WD(wind irection) | 바람 방향 |

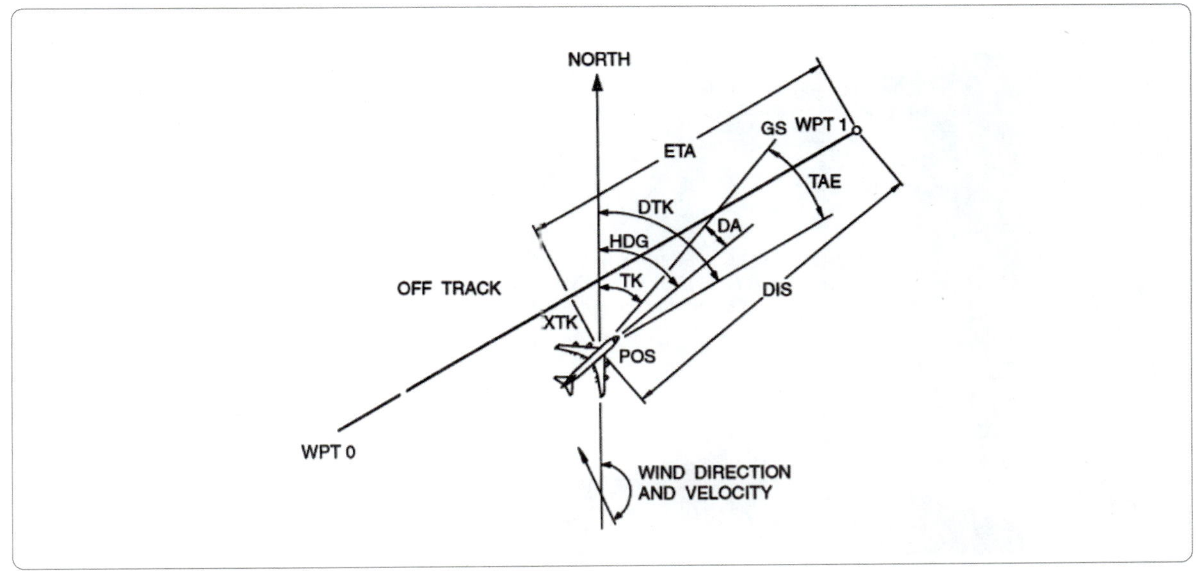


[그림 4-14] 항공 약어

## 4.2.1 개요(Introduction)

VHF 통신은 1940년대에 개발되었다. VHF 통신은 HF 통신보다 더 선명한 수신을 제공하며 대기 조건에 의한 영향을 훨씬 덜 받는다. VHF 대역의 전자파는 공간파(space wave)여서 가시선(line of sight) 범위로 제한된다. 1000 ft에서 범위는 약 60KM이고 35,000 ft 이상의 항공기에서 지상국을 사용할 수 있는 최대 범위는 약 400KM이다. VHF 통신의 경우 HF 통신보다 훨씬 적은 전력이 필요하며, VHF 전력 출력은 일반적으로 5~20와트이다. 보통 VHF 통신을 이용하는 조종사는 타워에 가깝기 때문에 송신기는 항공 교통 관제센터(ATC)와 통화하기 위해 상당히 낮은 전력이 필요하다. 조종사는 특정 타워 주파수에 할당된 채널을 선택한 다음 전송한다. 국제민간항공기구(ICAO)는 육지에 대한 ATC 목적을 위한 표준 무선통신 시스템으로 VHF를 지정하였다. 바다 위에서는 HF를 해안 수신기에 도달하는데 필요한 추가 범위를 제공하는 대안으로 사용한다.

### 4.2.1.1 VHF 통신 시스템

VHF 통신 시스템은 비행 승무원들에게 가시선(line of sight) 범위의 음성 및 데이터 통신을 제공하며 비행기와 비행기, 비행기와 지상국 간의 통신에 사용된다. VHF 통신 시스템은 118.000MHz~136.990MHz의 주파수 범위에서 작동하며 8.33 kHz 채널 간격이 있고 다음 주파수 범위에서만 사용할 수 있다.

- 118.000 ~ 121.400 MHz
- 121.600 ~ 123.050 MHz
- 123.150 ~ 136.475 MHz

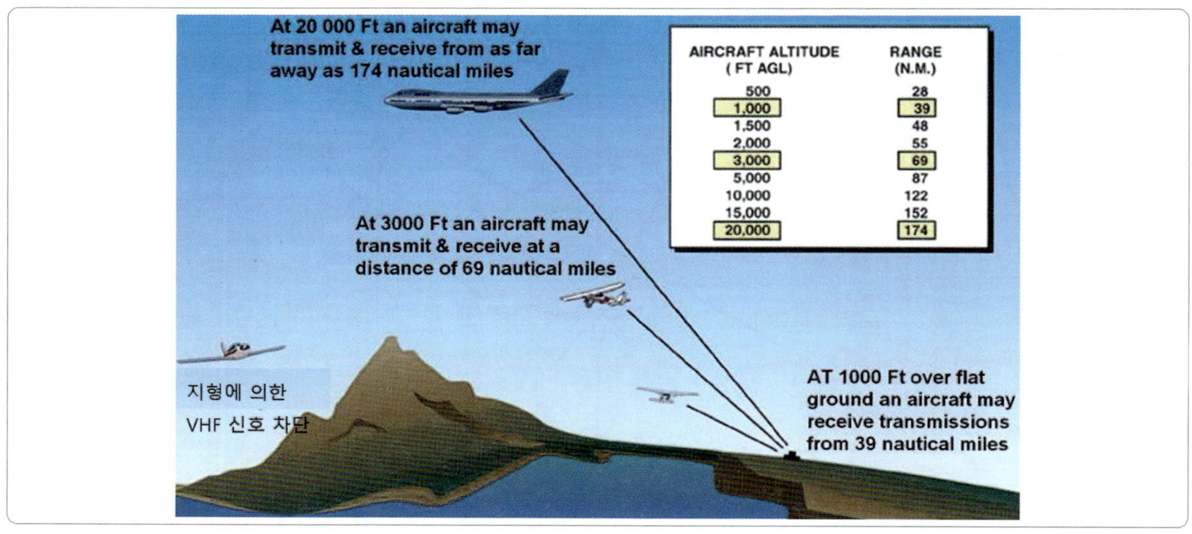


| AIRCRAFT ALTITUDE ( FT AGL) | RANGE (N.M.) |
|---|---|
| 500 | 28 |
| 1,000 | 39 |
| 1,500 | 48 |
| 2,000 | 55 |
| 3,000 | 69 |
| 5,000 | 87 |
| 10,000 | 122 |
| 15,000 | 152 |
| 20,000 | 174 |

[그림 4-15] VHF 통신 범위

[그림 4-16] VHF 통신 시스템

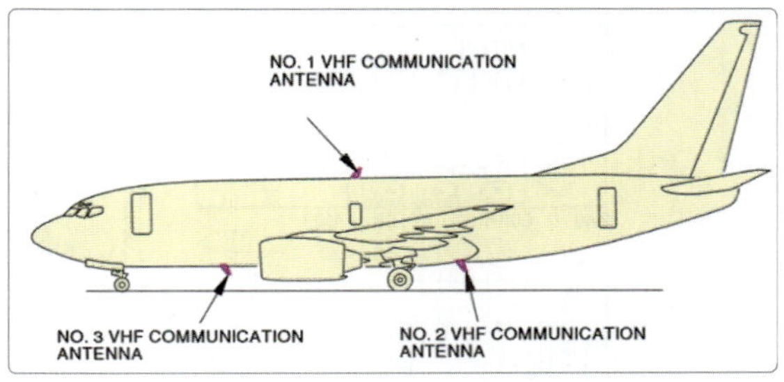


[그림 4-17] VHF 안테나

### 4.2.1.2 VHF 시스템 구성 요소

VHF 통신시스템은 기본적으로 유사하지만 항공기 기종 및 장착 시기에 따라 차이가 있다.

본 장에서는 이해를 위해 B737NG 항공기의 시스템을 예를 들어 설명한다.

VHF 통신시스템의 구성요소는 다음과 같다.

- 무선통신 패널(RCP: radio control panel)
- VHF 송수신기(VHF transceiver)
- VHF 안테나(VHF antenna)

무선통신 패널(RCP)는 VHF 송수신기를 조정하기 위해 선택된 주파수 신호를 제공한다. 무선통신 패널을 사용하여 VHF 무선 통신을 위한 주파수를 선택할 수 있으며 VHF 송수신기 전송 회로는 음성 또는 데이터 오디오에 RF 반송파 신호를 변조한다.

수신 회로는 수신되는 RF 반송파 신호를 복조하여 RF 반송파로부터 수신되는 오디오를 감지하고 감지된 오디오는 비행 승무원과 다른 항공기 시스템에 의해 사용되고 VHF 안테나는 RF 신호를 송·수신한다.

### (가) 외부 인터페이스

VHF 통신 시스템은 다음 구성 요소/시스템과 연결된다.

- 원격 전자장치(REU, remote electronics unit )
- PSEU(proximity switch electronic unit)
- SELCAL 디코더 유닛(decoder unit)
- 비행데이터 획득 장치
  (FDAU, flight data acquisition unit)

### 4.2.1.3 VHF 시스템 작동

무선통신 패널(RCP)는 선택한 주파수 신호를 송수신기로 전송한다. 오디오 컨트롤 패널(ACP)은 라디오 선택 신호를 전송하고 볼륨 컨트롤을 원격 전자장치(REU)로 수신한다. 마이크 오디오 및 PTT (push-to-talk) 신호가 REU를 통해 VHF 송수신기로 이동한다. 송수신기는 마이크 오디오를 송수신기에서 만들어진 RF 반송파 신호를 변조한다. 송수신기는 변조된 RF 신호를 안테나에 전송하여 다른 비행기와 지상국으로 전송한다. 전송하는 동안, 비행 데이터 수집 장치(FDAU)는 송수신기로부터 PTT 신호를 수신하며, 비행데이터 획득 장치는 전송 이벤트를 기록하기 위해 키 이벤트 표시에 PTT를 사용한다. 수신 작동 중에 안테나는 변조된 RF 신호를 수신하여 송수신기로 전송한다. 송수신기는 RF 캐리어에서 오디오 정보를 보조하거나 제거하며 수신된 오디오는 REU

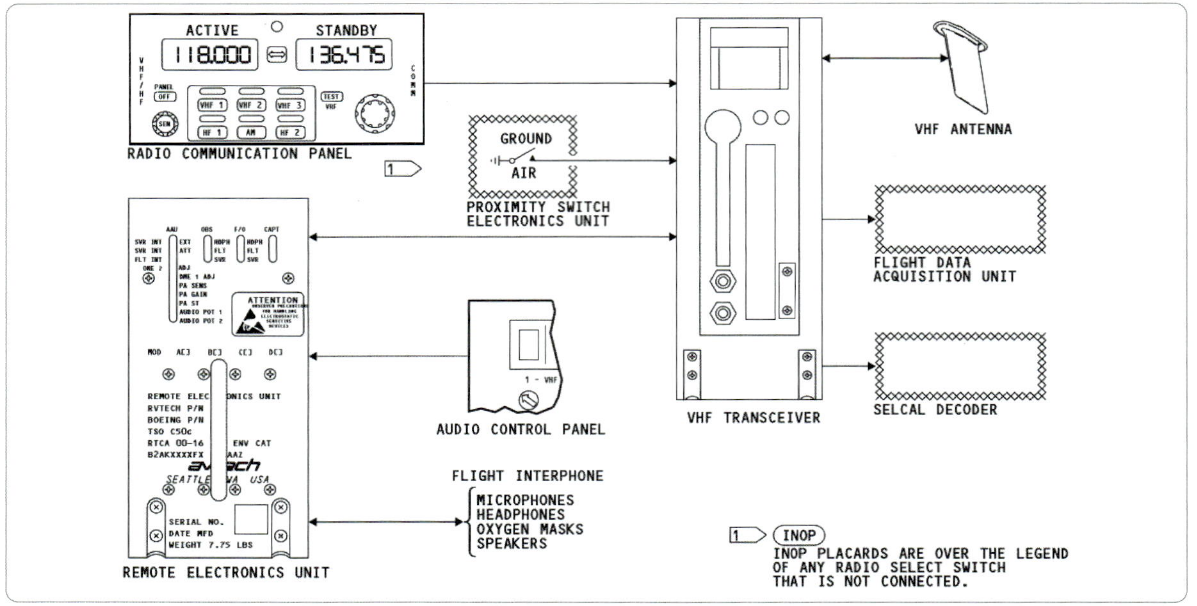



[그림 4-18] VHF 시스템 작동

를 통해 VHF 송수신기에서 플라이트 인터폰 스피커와 헤드셋으로 전달된다. SELCAL 디코더 유닛은 VHF 송수신기로부터 오디오를 수신한다.

SELCAL 디코더 유닛은 지상 스테이션에서 수신되는 SELCAL 호출에 대한 오디오를 모니터링 한다. VHF 송수신기는 PSEU로부터 에어/그라운드신호를 수신하여 내부의 결함기록 메모리를 위한 비행 레그를 계산하기 위해 이 이산신호(discrete)를 사용한다.

## 4.2.2 UHF(ultrahigh frequency) 통신

항공기의 극초단파 통신 장치는 225~400 MHz의 항공 주파수 범위에서 송신과 수신을 교대로 하는 단일 통화 방식에 의한 군용 항공기와 지상국 및 이동국, 군용 항공기 간 통신에 사용하고 있다.

UHF 송수신기는 공대지, 공대공 작전을 위해, 군사통신위성과 함께 작업하는 데 사용하며 극초단파 통신 대역 전파의 통달 거리는 가시선(line of sight) 내로 한정되어 있어 근거리 통신용으로 사용하고 있다. UHF 통신의 몇 가지 특성은 다음과 같다.

- 출력 전력은 약 20와트이며 낮은 수준이다.
- 가시선 통신 시스템이다.
- UHF 시스템은 VHF 시스템과 유사하다.

UHF는 쉽게 구현되기 때문에 계기착륙 시스템(ILS, instrument landing system), 활공각(glideslope), 자동 거리측정 장치(DME, distance measuring equipment) 및 자동방위 탐지기(ADF, automatic direction finder) 와 같은 많은 항법 지원 장치에 일반적으로 사용된다. 극초단파 통신을 위한 지상국 안테나는 주파수가 높으므로 크기가 작다. 광대역의 수직 편파에 무지향성인 디스콘(discone) 안테나를 사용하며, 항공기에 탑재되는 안테나는 블레이드(blade)형 안테나를 사용한다. 극초단파 통신용 국제 비상 주파수는 초단파 통신 국제 비상 주파수

인 121.5 MHz보다 2배인 243 MHz를 긴급 통신용
주파수로 사용하고 있다.

[그림 4-19] UHF 안테나

### 4.3.1 개요(Introduction)

1940년대까지 대부분의 항공기 무선통신은 높은 주파수를 사용하는 데 적합한 장비를 사용할 수 없었기 때문에 저주파(LF, low-frequency), 중주파(MF: medium-frequency) 및 고주파(HF, high-frequency) 대역의 주파수를 이용했다.

HF 무선통신을 탑재하여 운항하고 있는 현대 항공기는 바다 위나 지구의 외딴 지역으로 장거리 운행을 하는 항공기들이다. 태평양이나 대서양을 비행하는 항공기는 ATC(air traffic control) 목적을 위한 HF 무선 통신을 갖게 되었다.

HF 무선통신의 최대 범위는 약 2500~3000KM이며, VHF 무선통신의 경우 최대 약 400KM이다. HF 통신의 긴 범위는 전리층으로부터 굴절되는 공간파(sky wave)를 사용함으로써 이루어진다. 이 범위는 선택한 주파수와 하루의 시간(전리층의 변화) 등에 따라 달라진다. 전리층에서 반사된 전파는 분류상으로 규칙적인 전리층 반사파와 불규칙한 전리층 산란파로 나뉜다. 주파수가 낮은 장파, 중파는 주로 E층에서 반사되어 오지만, 주파수가 높은 단파는 그 위의 F층에서 반사되어 온다. 전리층의 전자 밀도에 따라 감쇠되나, 계절에 따라서, 또 주야에 따라서 그 정도가 달라지며 단파 통신에 영향을 미치는 주요 요인을 정리하면 다음과 같다.

- 전리층 상태 변화
- 태양의 흑점 활동(태양폭풍)
- 전리층의 계절적 변화
- 델린저 현상(단파 소실현상)
- 자기 폭풍에 의한 영향
- 잡음에 의한 영향

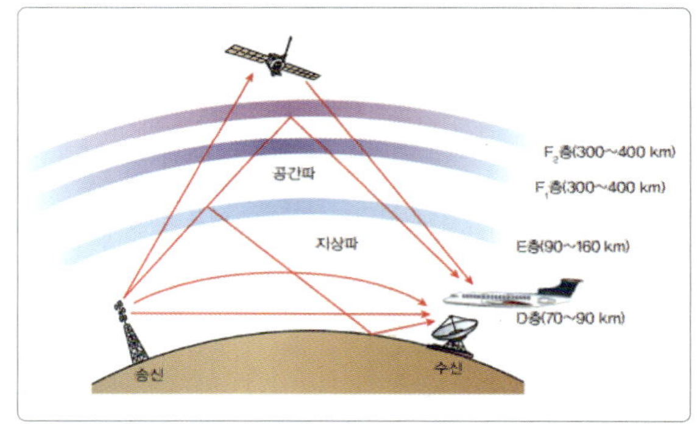


[그림 4-20] 전파 경로

HF 통신이 가능한 소형 항공기는 보통 긴 와이어 안테나(long wire antenna)를 가지고 있는데, 이 안테나는 보통 날개 끝이나 꼬리 날개에서 동체의 부착 지점까지 길게 만들어진다. HF 무선통신은 수신 범위를 넓히기 위해 지상파(ground wave)와 공간파(sky wave)를 사용한다. 항공기 HF 안테나는 80~200 와트(watt)의 출력을 생성하며, 이는 VHF(very high frequency) 송신기에서 일반적으로 사용되는 출력 전력보다 훨씬 높다. HF 통신은 VHF 통신 보다 대기 간섭에 의해 더 영향을 받고, 때때로 바다 한가운데에 있는 항공기는 뇌우나 유사한 장애로 인해 통신이 두절되기도 한다.

예를 들면, 단파 통신 장치에서 20MHz의 항공 주파수를 사용할 경우의 파장별 안테나의 길이는 다음과 같이 구할 수 있다.

$$\lambda = f/c[m]$$

파장 = 광속/주파수 = 3,000,000 km / 20 MHz
$$= 150 \text{ m}$$

- 전파장(1)인 경우 150 m
- 반파장(1/2)인 경우 75 m
- 1/4 파장인 경우 37.5 m

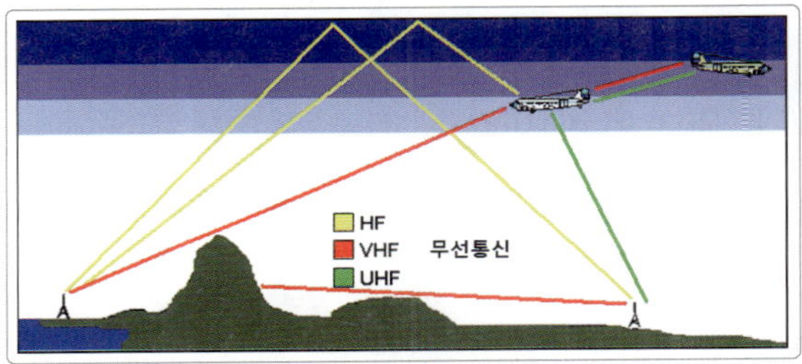


[그림 4-21] HF/VHF/UHF 무선 통신

제트 항공기는 고속에서 진동이 일어나고 손상 위험이 증가하기 때문에 긴 와이어 안테나를 거의 사용하지 않는다. 1930년대와 40년대에는 뒤쪽으로 가는 와이어 안테나를 항공기 뒷면 200피트까지 사용하였다. 또한 안테나의 수신 상태를 개선하기 위하여 안테나 어셈블리의 무게 및 복잡성이 가중되었다.

긴 와이어 안테나는 고속항공기에 적합하지 않으며 현대의 항공기에는 거의 사용되지 않는다. 그림의 오리온 항공기에 표시된 것처럼 긴 와이어 안테나는 HF가 장착된 경항공기에 일반적으로 장착되어 있다.

경비행기에서는 안테나가 날개 끝에서 꼬리까지 사용된 다음 HF 송수신기로 시스템을 통해 연결된다. 안테나들이 고장 나면 통제력을 상실하기 전에 항공기 시스템과 분리될 수 있도록 한다. 현대의 대형 항공기의 HF 안테나는 수직 꼬리 날개(vertical stabilizer)의 앞쪽에 위치한다.

[그림 4-22] 구형 HF 안테나

### 4.3.1.1 HF 통신 시스템

HF 통신 시스템은 비행 승무원들에게 장거리 음성 통신을 제공한다. HF 통신 시스템은 비행기와 비행기, 비행기와 지상국 간의 통신을 제공하며 HF 시스템은 2MHz~29.999MHz의 항공 주파수 범위에서 작동한다. 이 시스템은 지구 표면과 이온화된 층을 사용하여 통신신호의 반사(스킵)를 이용한다.

하루의 시간, 무선 주파수, 비행기고도에 따라 반사되는 통신신호의 거리가 바뀐다.

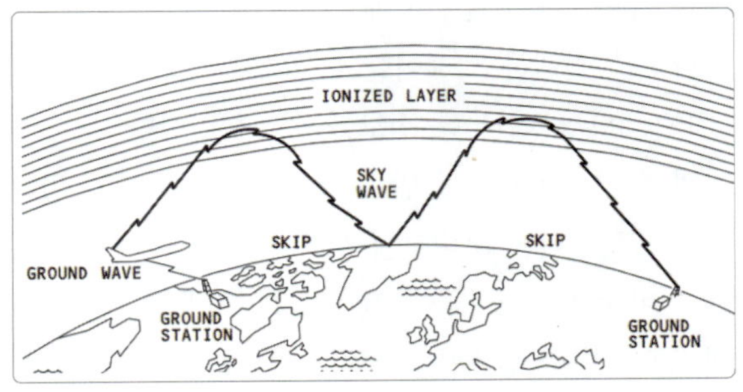


[그림 4-23] 항공기 HF 통신

HF 무선통신은 주파수 선택 및 제어 신호를 사용하여 음성 통신을 송·수신한다. 수신 모드 동안 HF 통신은 RF 반송파 신호를 복조(원래의 신호를 가려냄)시켜 음성 오디오를 RF 신호로부터 분리시킨다. HF 송수신기는 플라이트 인터폰 시스템으로 오디오를 전송한다.

### 4.3.1.2 HF 통신 시스템 구성 요소

HF 통신시스템은 기본적으로 유사하지만 항공기 기종 및 장착 시기에 따라 차이가 있다.

본 장에서는 이해를 위해 B737NG 항공기의 시스템을 예를 들어 설명한다.

HF 통신 시스템 구성 요소는 다음과 같다.

- 무선 통신 패널(RCP, radio communication panel)
- HF 송수신기(HF transceiver)
- HF 안테나 커플러(HF antenna coupler)
- HF 안테나(HF antenna)

무선통신 패널(RCP)은 선택된 주파수 정보와 제어 신호를 제공하여 HF 송수신기를 조정하고 무선통신을 선택한다. RCP를 사용하여 진폭 변조(AM) 또는 어퍼 사이드 밴드(USB, upper side band) 작동을 선택할 수 있다. HF 수신 개선을 위해 RF 감도 컨트롤을 사용하며 무선통신 패널은 모든 HF 무선통신의 주파수를 선택하고 제어할 수 있으며 HF 송수신기(HF transceivers)는 정보를 송·수신한다. 송수신기의 송신 회로는 RF 반송파 신호를 변조하기 위해 플라이트 인터폰 오디오를 사용하며 이 음성 정보는 다른 비행기와 지상국에 전달된다. 수신 회로는 수신된 RF 반송파 신호를 복조하여 오디오를 분리한다. 수신된 오디오는 비행 승무원이나 다른 항공기 시스템에 의해 사용된다.

HF 안테나 커플러는 안테나 임피던스를 HF 주파수 범위에서 송수신기 출력과 일치시킨다. 송신 모드 동안, 안테나 커플러는 송수신기로부터 변조된 RF를 수신하여 안테나로 전송한다. 수신 모드 동안 안테나 커플러는 안테나로부터 변조된 RF를 수신하여 송수신기로 전송한다.

HF 안테나는 오디오 변조 RF 신호를 송·수신한다.

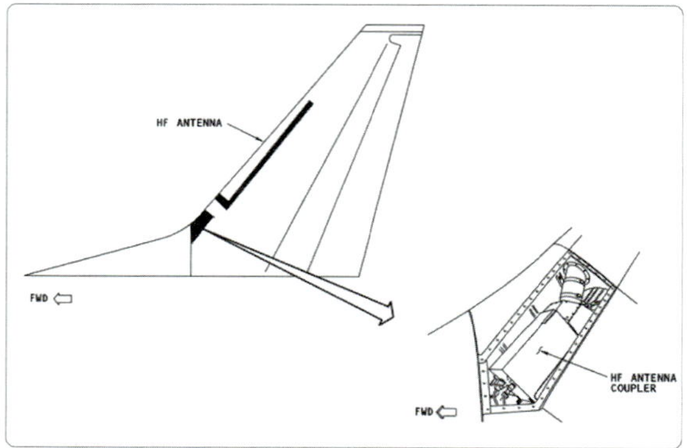

[그림 4-24] 항공기 HF 통신 시스템 - 안테나 장비 위치

### (가) 외부 인터페이스

HF 통신 시스템은 다음 구성 요소/시스템과 연결된다.

- 원격 전자 장치(REU, remote electronics unit)
- SELCAL 디코더 유닛(decoder unit)
- 에어/그라운드 릴레이(air/ground relay)
- 비행 데이터 획득 장치
  (FDAU, flight data acquisition unit)

### 4.3.1.3 HF 통신 시스템 작동

무선통신 패널(RCP)은 선택된 주파수 정보와 제어 신호를 송수신기로 전송한다. 오디오 컨트롤 패널(ACP)은 다음 신호를 원격 전자 장치(REU)로 전송한다.

- HF 무선 선택 신호(HF radio select signal)
- 볼륨 컨트롤 수신
- PTT(push-to-talk)

마이크로폰 오디오 및 PTT 신호가 원격 전자 장치(REU)를 통해 HF 송수신기(HF transceivers)로 전달된다.

HF 송수신기는 마이크로폰 오디오를 사용하여 송수신기에서 발생하는 RF 반송파 신호를 변조한 후,

변조된 RF 신호를 안테나 커플러를 통해 안테나로 전송하여 다른 비행기 및 지상국으로 전송한다.

비행 데이터 획득 장치(FDAU)는 송수신기로부터의 PTT 신호를 수신하며, 전송 이벤트를 기록하기 위해 키 이벤트 표시에 PTT 신호를 사용한다.

수신하는 동안 안테나는 변조된 RF 신호를 수신하여 안테나 커플러(antenna coupler)를 통해 송수신기로 전송하며 송수신기는 오디오를 RF 캐리어로부터 복조하거나 분리한 후 수신된 오디오는 REU를 통해 HF 송수신기에서 플라이폰 인터폰 스피커와 헤드셋으로 전달된다.

SELCAL 디코더 유닛(decoder unit)은 HF 송수신기로부터 오디오를 수신한다. SELCAL 디코더 유닛은 지상 스테이션에서 수신되는 SELCAL 호출에 대한 오디오를 모니터링 한다.

HF 송수신기는 에어/그라운드(air/ground) 불연속 이산신호(discrete)를 수신하며 HF 송수신기 내부의 결함기록 메모리를 위한 비행 레그를 계산하기 위해 이산신호(discrete)를 사용한다.

다음 구성 요소를 사용하여 HF 통신을 작동한다.

- 핸드 마이크로폰 또는 헤드셋
  (hand microphone or headset)
- 무선통신 패널(RCP)
- 컨트롤 휠 마이크 스위치
  (control wheel mic switch)
- 오디오 컨트롤 패널
  (ACP, audio control panel)

### (가) 수신 작업

무선통신 패널(RCP)과 오디오 컨트롤 패널(ACP)을 사용하여 전송된 HF 통신을 수신하며 오디오 컨트롤 패널에서 HF 통신을 위한 수신기 볼륨 컨트롤 스위치를 누른 후 볼륨 컨트롤을 돌려 HF 통신의 볼륨을 조정한다.

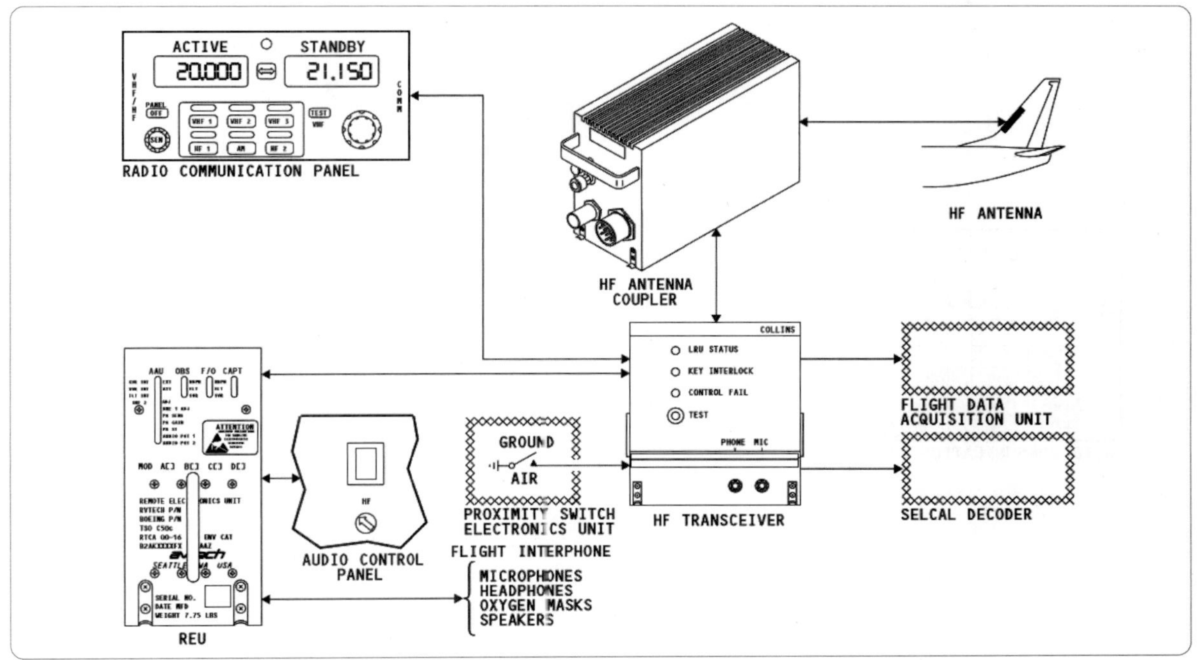


[그림 4-25] 항공기 HF 통신 시스템

헤드셋과 플라이트 인터폰 스피커에서 소리를 확인한다. 플라이트 인터폰 스피커에서 소리를 들으려면 스피커 볼륨 컨트롤 스위치를 눌러 스피커를 켜고 음량을 조절하려면 컨트롤 스위치를 돌린다.

무선통신 패널(RCP)의 켜기/끄기 컨트롤 스위치를 사용하여 무선통신을 켠다. 처음 켜면 무선통신 패널이 VHF 통신을 튜닝한다. HF 1 스위치를 눌러 무선통신 패널이 HF 통신을 튜닝하도록 한다. 스위치 위의 조명이 켜져 무선통신 패널이 제어하는 통신을 표시한다. 주파수 표시는 HF 무선 주파수(2.000~29.999MHz)를 나타낸다. HF 통신은 활성주파수(active frequency) 표시장치의 주파수를 사용한다. 주파수 선택기(frequency selector)를 사용하여 라디오를 새 주파수로 튜닝 할 수 있으며, 대기 주파수(standby frequency) 표시장치는 새로운 주파수를 보여준다.

주파수가 맞는지 확인되면 주파수 전송스위치를 누른다. 활성주파수 표시장치는 새로운 주파수를 보여주고 HF 통신은 새로운 주파수를 사용하게 된다. 스피커 또는 헤드셋에서 HF 통신으로 부터의 오디오를 청취 할 수 있으며 오디오 컨트롤 패널(ACP)의 볼륨 컨트롤로 볼륨을 조정한다. 무선통신 패널의 HF 감도(HF sens) 컨트롤 스위치를 사용하여 HF 무선통신 수신기의 감도를 조정한다.

### (나) 송신 작업

주의사항: HF 통신 시스템 전송 시 작업자는 미익(vertical stabilizer)으로부터 최소 10 FT(3 meter)를 유지해야 한다. 항공기가 급유나 배유 중일 때는 HF 시스템을 작동시키지 않아야 하며 이로 인한 폭발은 작업자에게 부상을 입히거나 항공기에 손상을 입힐 수 있다.

활성주파수(active frequency) 표시장치에 전송할 주파수가 표시되는지 확인하고 선택한 주파수가 정확

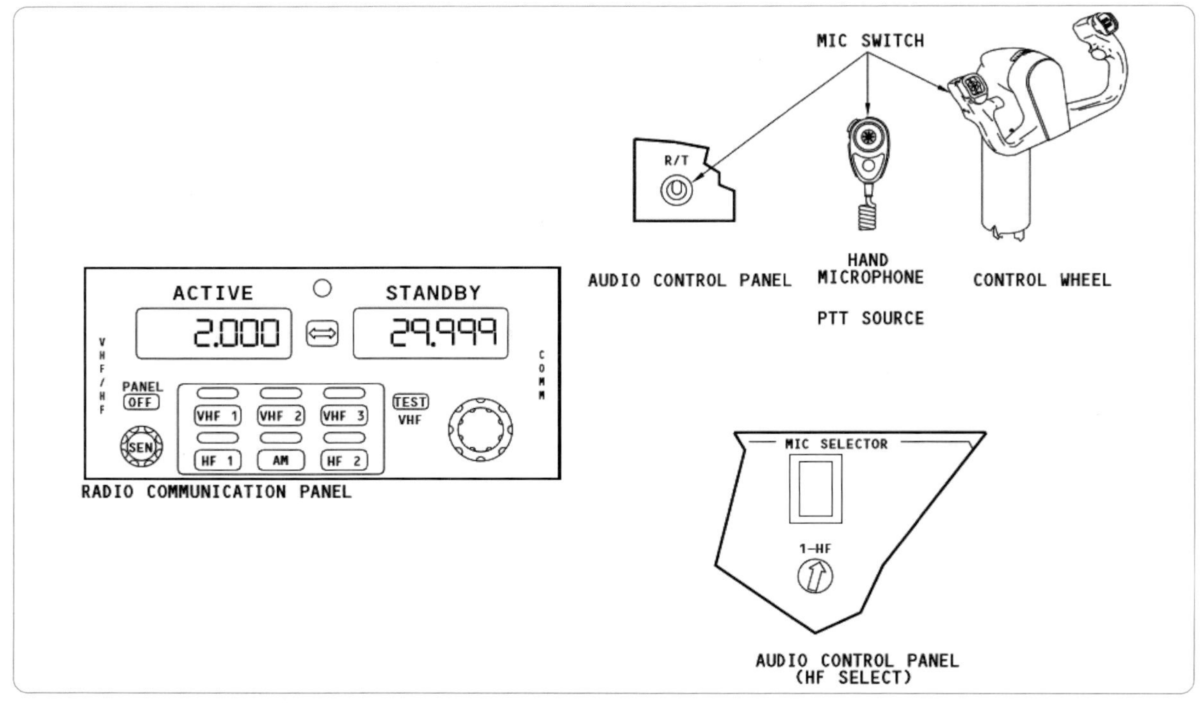


[그림 4-26] 항공기 HF 통신 시스템 - 작동

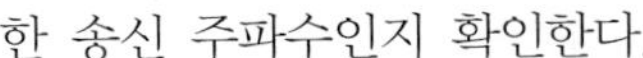

한 송신 주파수인지 확인한다.

오디오 컨트롤 패널(ACP)에서 HF 통신을 위한 마이크 선택 스위치를 누른다.

마이크의 푸시 투 토크 버튼(push-to-talk)을 눌렀다 놓으면 HF 커플러가 전송 주파수에 맞춰 튜닝하게 한다. 커플러가 튜닝 하는 동안 HF 송수신기는 1kHz 톤을 제공하며 스피커와 헤드셋에서 이 음을 들을 수 있다. 보통 커플러가 튜닝하는 데는 몇 초가 걸리며, 1kHz 톤이 정지하면 HF 통신 시스템은 송신할 준비가 된다.

음성 메시지를 전송하려면 마이크를 누르고 마이크로폰에 대고 말한다. 헤드폰에서 사이드톤이 들린다.

플라이트 인터폰 시스템은 붐 마이크나 핸드 마이크를 사용할 때 스피커의 사이드톤을 음소거한다. 다른 주파수를 선택하고 전송할 마이크를 누르면 HF 커플러가 다시 튜닝된다.

## (다) 비정상적 표시

커플러 튜닝 시 15초 이상 1kHz 톤을 들릴 경우 커플러 고장일 수 있다.

신호음이 마이크의 푸시 투 토크 버튼를 누르는 동안만 지속된다면, HF 송수신기의 주파수 범위를 벗어나는 주파수를 선택했을 것이다.

## (라) HF 안테나 커플러

HF 안테나 커플러는 설정된 주파수에서 송수신기 50옴 임피던스 출력을 안테나 임피던스와 일치시킨다. 이렇게 하면 정재파 전압비(voltage standing wave ratio)가 1.3 : 1 이하로 감소한다.

## (마) 작동

HF 안테나 커플러는 115V AC를 사용하여 작동한다. 이것은 특별한 냉각이 필요하지 않다. 일반적인

HF 송수신기가 장착된 항공기의 커플러 튜닝은 2~29.999MHz의 항공 주파수 범위에서 이루어진다. 메모리에 있지 않은 주파수의 튜닝 시간은 일반적으로 2~4초, 최대 7초이다. B737NG 항공기에 주로 장착되는 HF 송수신기인 HFS-700 또는 HFS-900가 설치된 경우 메모리에 저장된 주파수에 대한 튜닝 시간은 일반적으로 1초 이다.

튜닝 톤은 펄스이고 이전에 튜닝 된 채널을 사용할 경우, 튜닝 톤이 들리지 않을 수 있다. 그러나 콜드 스타트 후 첫 튜닝에서는 이 주파수의 저장 여부에 관계없이(평균 2~4초, 최대 7초) 긴 튜닝음이 들린다. HFS-900D가 설치된 경우 메모리에 저장된 주파수의 튜닝 시간은 일반적으로 200 milli-seconds 이다.

# 4.4 조종실 오디오 시스템
## Cockpit Audio System

## 4.4.1 인터컴 시스템(Intercom System)

오디오 주파수는 인간의 귀로 감지할 수 있는 주파수를 말한다. 모든 소리는 기계적인 진동에 의해 만들어진다. 물체가 진동을 하면, 이것은 그 주변의 공기를 번갈아 압축하고 팽창시킨다. 진동들이 가까이 다가오는 것은 압축이라고 하고, 진동들이 더 멀리 움직이는 것은 팽창(희박한 상태)이라고 한다. 이러한 압축과 팽창은 인접한 공기 입자로 전달된다. 따라서 진동 표면의 에너지 중 일부가 진동 표면으로부터 전달되어 진동을 우리가 들을 수 있는 것이라면 우리의 청각 메커니즘에 영향을 미치게 된다. 우리가 듣는 모든 다른 소리들은 우리 주변의 공기의 미세한 압력 차이로 인해 발생한다. 소리들은 세로 진동파로 공중으로 이동된다. 음향 수신기로서 가장 중요한 것은 귀다. 귀는 천만분의 1 미만의 음 밀도 변화를 감지할 수 있다. 이 수치는 0.0000001mm 미만의 입자 변위에 해당한다.

소리의 음정은 진동수에 의해 결정된다. 주파수의 단위는 헤르츠(Hz)라고 하며, 1 Hz는 초당 1 진동 또는 초당 1 사이클과 같다. 인간의 귀는 약 20 Hz에서 20,000 Hz 사이의 주파수를 들을 수 있으며, 이를 가청 주파수라 한다.

### 4.4.1.1 마이크로폰(Microphones)

마이크로폰은 소리를 전기신호로 변환하는 장치다. 이 전기신호는 전송, 증폭, 전기적 기록, 그리고 다시 소리로 변환될 수 있다. 모든 마이크로폰에는 다이어프램이나 얇은 막이 들어 있다. 막은 부딪치는 소리에 반응하여 진동하고 연결된 변환기는 주파수와 진폭의 진동에 해당하는 전기 신호를 생성한다.

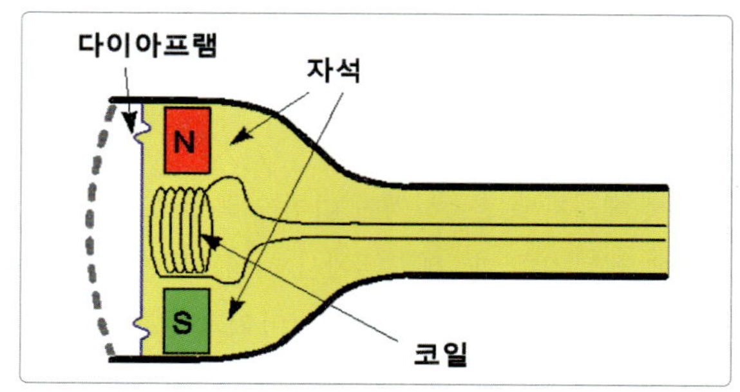


[그림 4-27] 마이크로폰

최초의 마이크로폰에는 바늘이 부착된 금속 횡격막이었는데, 이 바늘은 일정한 속도로 회전하는 금속 포일 조각 위에 패턴으로 긁힌 자국을 만든다. 말을 할 때 생긴 공기의 압력 차이가 횡경막을 움직이는데, 바늘이 움직이면 움직이는 호일에 긁힌 자국의 길을 만들며 소리를 녹음한다. 나중에 바늘을 꽂고 포일을 돌리면 바늘이 진동하여 작은 소리이지만 긁힌 소리를 재현한다. 모든 현대의 마이크로폰은 소리를 만들어 내지만, 기계적으로 하는 것이 아니라 전자적으로 한다. 마이크로폰은 공기 중의 연속적으로 변화하는 압력파를 취하여 다양한 전기 신호로 변환시킨다. 아날로그 전기 오디오 신호는 다양한 표준으로 제공되지만, 일반적으로 강도에 따라 변화하는 직류(DC) 신호로 변환된다. 오디오 신호에서 빠르게 변화하는 고전압과 저전압은 소리의 팽창과 압축에 해당한다. 이러한 변환을 수행하기 위해 일반적으로 사용되는 몇 가지 다른 기술이 있으며, 두 가지의 간단한 방법이 있다.

### 4.4.1.2 탄소 마이크로폰
### (Carbon Microphones)

가장 오래되고 간단한 마이크로폰은 탄소 입자를 사용한다. 이것은 전화기에 사용되었던 기술이며, 오늘날에도 여전히 일부 전화기에 사용되고 있다. 탄소 입자는 한쪽에 얇은 금속이나 플라스틱 횡격막을 가지고 있다. 음파가 횡격막에 부딪히면서 탄소 입자를 압축해 저항을 바꾼다. 탄소를 통해 전류를 흐르게 하면, 변화하는 저항은 흐르는 전류의 양을 변화시킨다.

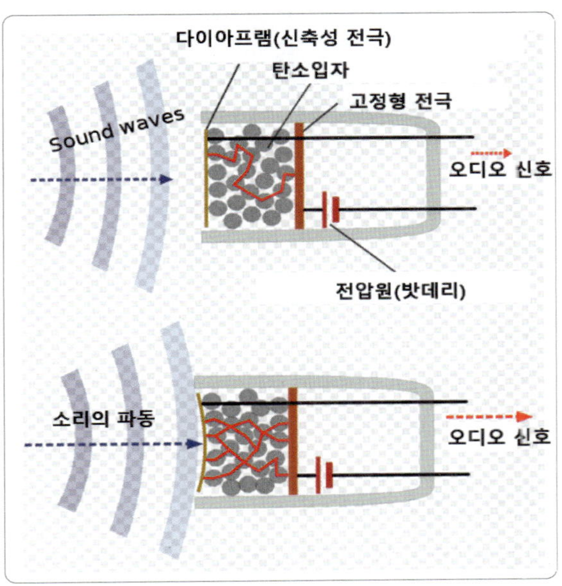


[그림 4-28] 탄소 마이크로폰

### 4.4.1.3 다이나믹 마이크로폰
### (Dynamic Microphones)

다이나믹 마이크로폰은 전자기 효과를 이용한다. 자석이 전선 코일을 지나 움직일 때 자석은 전선에 전류가 흐르도록 유도한다. 다이나믹 마이크로폰에서 횡격막은 음파가 횡격막에 부딪힐 때 자석이나 코일을 움직이며, 그 움직임은 작은 전류를 생성한다.

마이크로폰의 다이아프램이 진동하면 오디오 키이블에서 약간의 전류가 발생한다.

이 전류는 오디오 신호다. 스피커나 헤드폰은 정확히 같은 일을 반대로 한다. 전류는 스피커에 도달하고, 스피커에 있는 와이어 코일은 그것을 다시 실제 동작으로 바꾸어 스피커를 둘러싼 공기가 진동하게 하여 다시 소리가 나게 한다. 그러나 마이크로폰은 매우 낮은 전압 신호를 생성하는 반면, 스피커는 작동하기 위해 훨씬 더 높은 신호를 필요로 한다.

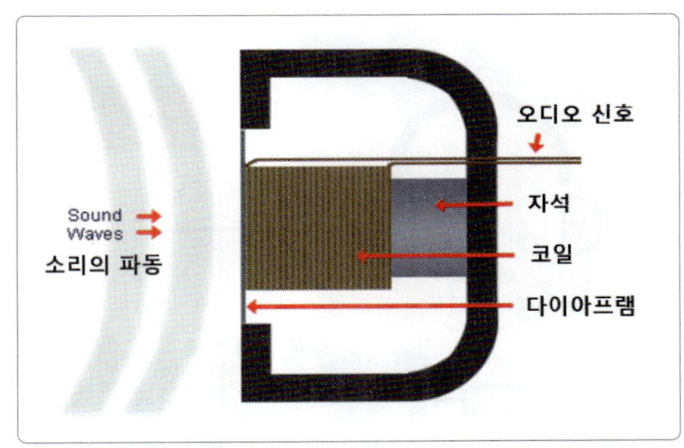


[그림 4-29] 다이나믹 마이크로폰

### 4.4.1.4 기본 인터콤 시스템
### (Basic Intercom System)

마이크(로폰)는 매우 낮은 전압 신호를 생성하는 반면, 스피커는 작동하기 위해 훨씬 더 높은 신호를 필요로 한다. 둘 사이에 있는 장치는 앰프(amplifier)다.

앰프는 스피커를 구동하기 위해 작은 오디오입력 전압을 고출력 오디오신호로 증가시킨다. 스피커볼륨(amplifier gain)은 볼륨조절 손잡이(volume knob)로 제어된다.

이것이 기본적인 인터폰 시스템이다. 이 작은 인터콤 시스템은 소형 항공기 조종실의 소음 때문에 필요하다. 이 시스템이 없으면 통신을 제대로 이해 못하거나 들리지 않을 위험이 크므로 비행 중에 위험한 상황이 발생할 수 있다.

푸시 투 토크(push to talk) 기능은 "핫 마이크(hot mikes)"로 대체 할 수 있다.

핫 마이크를 사용하면 오디오 신호가 앰프에서 전환되므로 송신버튼을 누를 필요가 없다. 단점으로는 잡음(투덜거림, 신음소리, 심지어 호흡도)이 인터폰을 통해 전달된다는 점이고, 그래서 많은 인터콤 시스템에서는 "핫 마이크" 또는 " 푸시 투 토크"를 선택하는 스위치가 있다.

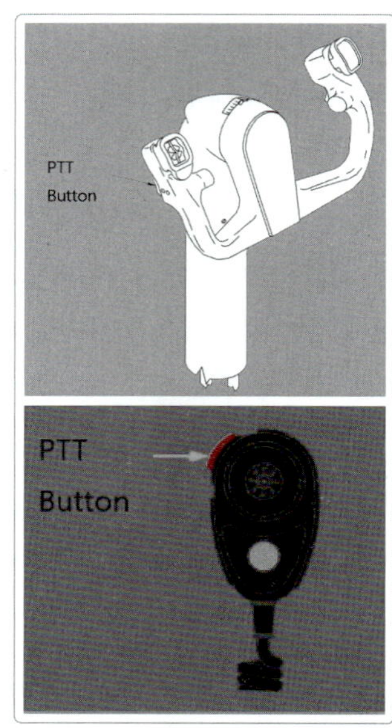



[그림4-31] 푸시 투 토크 버튼

항공기에는 다음과 같은 세 가지 통신 모드(modes of communication) 가 사용된다.

- 심플렉스(simplex)
- 반 양방(half-duplex)
- 전 양방(full-duplex)

## (가) 심플렉스(simplex)

한 방향으로 신호 흐름을 제한하는 시스템이다. 심플렉스는 공항 터미널 날씨 보고, 원격 측정 및 제어, 마커 비콘(marker beacons) 및 라디오 방송에 사용된다.

## (나) 반 양방(half-duplex)

반 양방은 신호 흐름이 한 번에 한 방향인 양방향 통신 시스템이다. 공대공, 공대지 및 일부 데이터 통신 시스템이 좋은 예다. 한 번에 하나의 소스만 전송할 수 있으며, 따라서 익숙한 무선 절차는 "오버"와 "아웃"과 같은 단어를 사용한다.

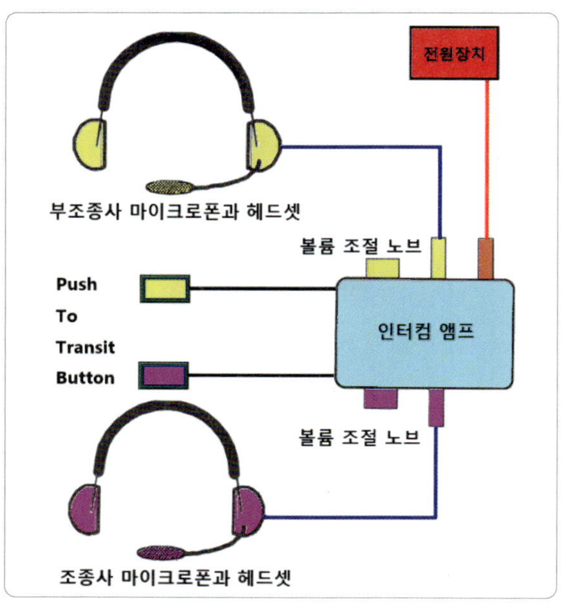



[그림 4-30] 기본 인터콤 시스템

## (다) 전 양방(full-duplex)

전 양방은 다른 어떤 사용자도 간섭하지 않고 동시에 양방향의 신호 흐름에 주어지는 용어이다. 전화기를 예를 들면, 전화 통화를 하는 두 사람은 동시에 이야기하거나 방해 할 수 있다. 또한 일부 데이터 통신 시스템도 전 양방 기능을 이용 할 수 있다.

### 4.4.1.5 항공기 인터콤 시스템 (Aircraft Intercom System)

인터콤 시스템은 무선시스템이 아니다. 무선 인터콤 시스템을 가정용으로 사용할 수 있지만(일반적으로 무선 전화기는 인터콤 기능을 포함한다), 항공기의 인터콤 시스템은 일반적으로 유선으로 연결된다.

항공기 인터콤 시스템은 항공기 내부와 주변 지점들 간의 통신을 허용하기 위해 오디오 신호를 사용한다. 인터콤 시스템과 인터폰 시스템은 유사한 방식으로 작동하며, 차이점은 누가 시스템을 사용하고, 폰 잭이 위치하는 장소에 있다. 항공기 내의 인터콤 시스템은 한 지점에서 다른 지점까지의 음성 통신을 위해 사용된다. 이전 그림 4-30 의 소형 항공기 인터콤은 두 명의 사용자(조종사 및 부조종사 또는 학생)만을 위한 시설만 가지고 있었으나, 대형 항공기는 시스템을 동일한 기준으로 적용하거나, 앰프와 추가 제어 기능에 더 많은 입력을 적용하여 특정 인터콤 스테이션을 선택적으로 포함되거나 대화에서 제외 할 수 있다.

예를 들어, 조종사가 방송 메시지를 다른 모든 사람들을 제외하고 부조종사에게만 전달하거나, 기장이 모든 비행 승무원들에게 방송 메시지를 전달하는 것이다. 대형 항공기는 조종실 승무원이 객실 승무원들과 통신할 수 있도록 인터콤 시스템을 갖추고 있으며, 그 반대로 객실 승무원이 조종실 승무원과 통신이 가능하도록 시스템이 되어 있다.

인터폰 시스템은 조종석과 항공기 밖의 사람, 대개 정비사 또는 서비스 직원간의 대화를 가능하게 한다. 인터콤과 인터폰 시스템의 운용은 동일하다. 폰 잭은 핸드셋이나 헤드셋을 연결할 수 있는 모든 장소에서 사용할 수 있다. 핸드셋이나 헤드셋에는 마이크, 소형 스피커, 푸시 투 토크(push to talk.) 버튼이 포함되어 있다. 폰 잭과 배선은 오디오 앰프에 연결되어 볼륨을 제어할 수 있다. 스위치는 원하는 시스템을 선택할 수 있으며, 전화기와 같은 벨소리 시스템은 상대방에게 알리기 위해 사용된다. 또한 더 큰 규모인 승객안내 방송(passenger address) 시스템이 포함되어 있어서 조종실 승무원이나 객실 승무원에 의해 승객들에게 공지 사항 등을 전달 할 수 있다.(예: "승객여러분 안녕하십니까, 기장 김○○입니다")

그림 4-32에서와 같이 인터폰은 보조동력장치(APU), Avionics Bay 및 Nose-Wheel Bay 근처에 설치되어 정비사와 서비스 직원을 연결하여 준다.

오디오 컨트롤 패널(audio control panel)은 각 항공기마다 다르며 일반적으로 볼륨과 스위칭 제어장치를 제공한다. 좀 더 큰 오디오 컨트롤 패널(ACP)에는 기록 장치로의 출력이 있으며, 선택기(selector)는 통신할 대상을 선택하는 것이다(방송 등).

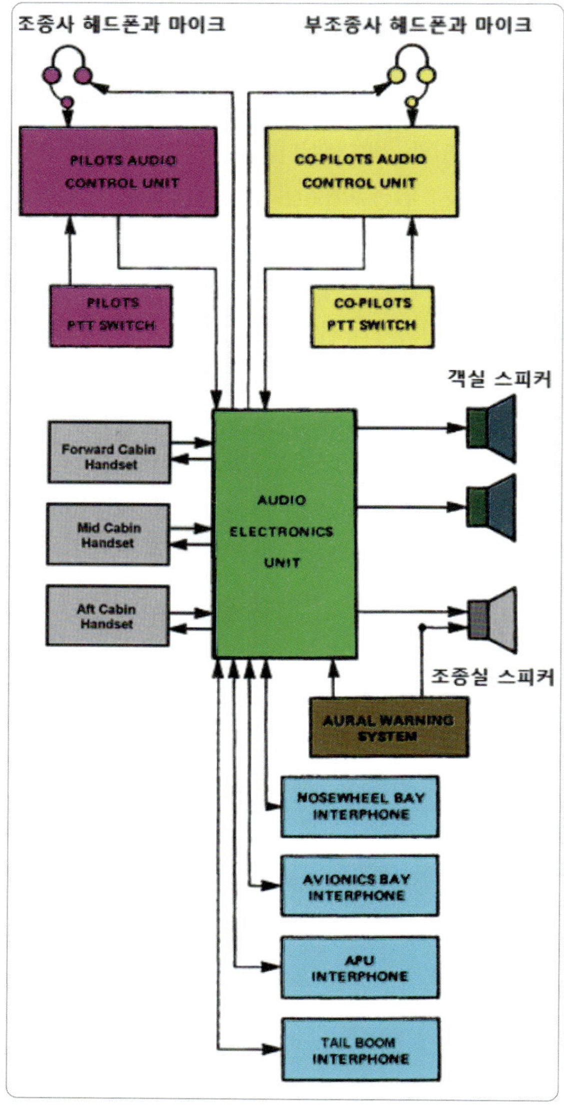



[그림 4-32] 항공기 인터콤 시스템

[그림 4-33] 항공기의 오디오 컨트롤 패널(B737NG)

대형 여객기에서는 객실 승무원들이 승객들에게 방송하고 선택적으로 조종실과 통신할 수 있는 수단을 제공하기 위해 오디오 제어 장치가 제공 된다.

대형 여객기의 경우, 일반적으로 플라이트 인터폰(flight interphone)이 기장, 부기장, 비행 엔지니어, 옵저버 승무원, 장비실(equipment racks)의 통신에 사용된다.

서비스 인터폰과 객실 인터폰은 정비 수행 중에 지정된 서비스 스테이션 간에 양방향 통신을 가능하게 하며 객실승무원 스테이션을 포함한다.

서비스 인터폰(service interphone)은 일반적으로 조종실 승무원과 항공기 내외부의 여러 스테이션들을 연결한다.

### 4.4.1.6 서비스 인터폰(Service Interphone)

서비스 인터폰 시스템은 다음과 같은 승무원을 위한 것이다.

- 조종사
- 객실 승무원
- 정비사 또는 지상 조업요원

그림 4-33 과 같이 많은 제어장치가 조종사와 부조종사 오디오 컨트롤 패널(ACP)에 제공될 것이며 오디오 전자장치(audio electronics unit)는 항공전자장비 구역(avionics bay)에 위치된다.

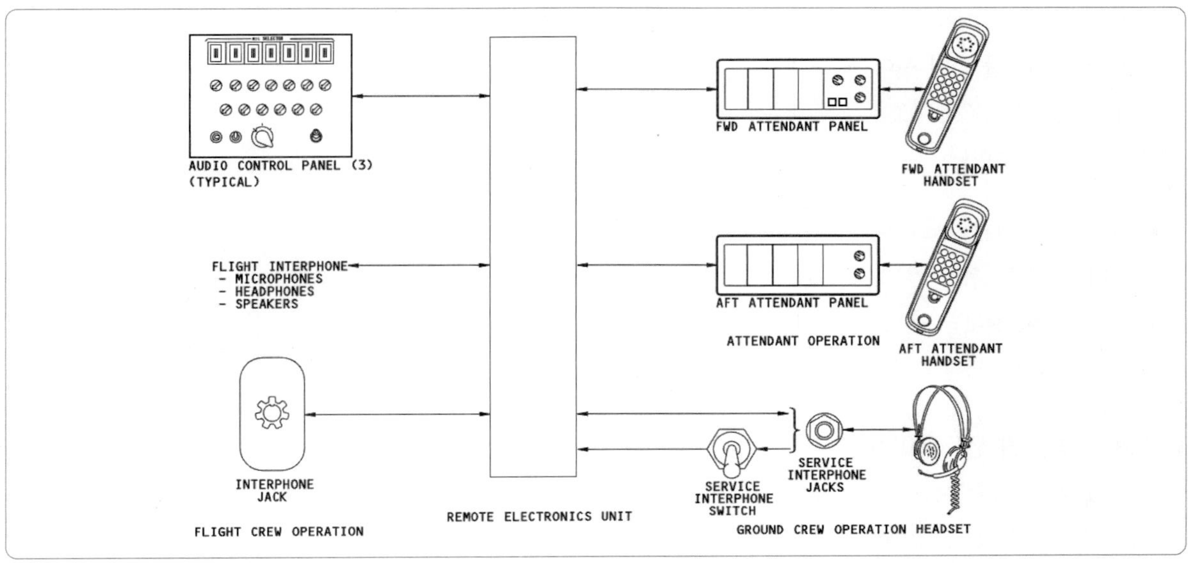



[그림 4-34] 서비스 인터폰

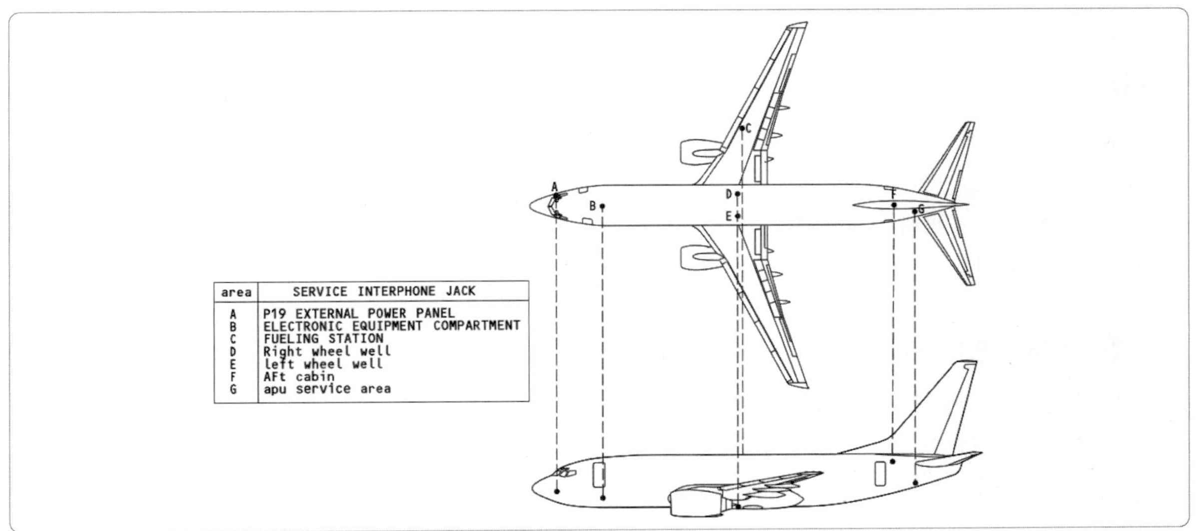



[그림 4-35] 서비스 인터폰 잭의 위치(예:B737NG)

조종사 또는 정비사는 오디오 컨트롤 패널(ACP)에서 서비스 인터폰 기능을 선택한다. 플라이트 인터폰 마이크로폰은 원격 전자장치(REU, remote electronics unit)로 오디오를 전송한다. 플라이트 인터폰 헤드셋과 스피커는 원격전자 장치로부터 오디오를 수신한다. 객실승무원들은 또한 서비스 인터폰 시스템을 이용하기 위해 핸드셋(handset)을 사용할 수 있으며, 이때에는 오디오 컨트롤 패널에서 기능 선택 없이 인터폰 잭이 시스템에 연결된다.

즉 객실 승무원들은 핸드셋을 작동시켜 시스템에 접속한다. 지상승무원의 마이크로폰은 서비스 인터폰 스위치를 통해 시스템에 연결된다.

서비스 스테이션 잭에서 시스템을 작동하려면 서비스 인터폰 스위치를 켜야 한다. 헤드셋은 원격 전자장치에서 오디오를 수신한다. 원격 전자 장치는 다음과 같은 기능을 수행한다.

- 마이크로폰으로 부터 오디오 결합
- 오디오 신호 증폭
- 핸드셋(handset), 헤드셋(headset) 및 스피커(speaker)로 오디오 전송

### (가) 비행 승무원 인터페이스

비행 승무원은 마이크(로폰)와 헤드셋을 사용한다. 오디오 컨트롤 패널(ACP) 송신 선택 스위치를 서비스 인터폰으로 설정하면, 비행 승무원은 PTT(push-to-talk) 스위치를 사용하여 객실 승무원, 정비사 및 서비스 직원과 통화할 수 있다. 오디오 컨트롤 패널은 선택한 제어입력을 원격 전자장치(REU)로 전송한다. 또한 오디오 컨트롤 패널은 PTT 신호(R/T-PTT)를 원격 전자장치로 전송한다.
비행 승무원은 잭에 연결된 핸드셋을 사용하여 서비스 인터폰으로 통화할 수 있다.

### (나) 객실 승무원 인터페이스

객실 승무원들은 승무원 스테이션에서 핸드셋을 사용한다. 객실 승무원들은 다른 객실 승무원, 비행 승무원, 그리고 정비사 및 서비스 직원들과 통화할 수 있다.

### (다) 서비스 인터페이스

정비사 또는 서비스 직원은 서비스 인터폰 잭 위치에서 헤드셋을 사용한다. 서비스 인터폰 스위치를 켜면, 정비사 또는 서비스 직원 간, 비행기 승무원 간, 그리고 승무원과 통화할 수 있다. 서비스 인터폰 스위치는 외부 서비스 인터폰 잭에서 마이크로폰 입력을 차단한다.

[그림 4-36] 서비스 인터폰 스위치

### (라) 원격 전자 장치(Remote Electronics Unit)

원격 전자 장치(REU)에는 비행 승무원, 서비스 및 객실 승무원 인터페이스로부터 마이크 입력을 받는 오디오 액세서리 유닛(AAU, audio accessory unit) 카드가 있다. 카드의 기능은 마이크 입력들을 혼합하고 증폭시킨 후 오디오 신호를 보낸다.

- 전방 및 후방 객실 승무원 패널
- 외부 서비스 인터폰 잭
- 기장, 부기장 및 옵져버 스테이션 카드

그라운드 크루 콜(ground crew call) 시스템은 승무원과 승무원이 서로 통화할 수 있도록 하며 다음과 같은 호출을 할 수 있다.

- 조종실에서 지상요원
- 지상요원이 조종실로

시스템에서 나타내는 청각 및 시각적 표시는 승무원에게 서비스 인터폰을 사용하도록 지시한다.

### 4.4.1.7 플라이트 인터폰(Flight Interphone)

비행 승무원들은 플라이트 인터폰 시스템을 이용하여 비행 승무원 서로와 지상 요원과 대화를 나눈다.

비행 승무원 및 정비사가 통신 시스템에 접근하기 위해 플라이트 인터폰 시스템을 사용한다. 또한 항법 수신기를 감시하기 위해 플라이트 인터폰 시스템을 사용할 수 있다. 원격 전자장치와 오디오 컨트롤 패널은 비행승무원의 오디오 신호를 제어한다. 또한 원격 전자장치는 서비스 인터폰 및 관련 전자장비와의 통신을 제어한다.

시스템 고장 시 비상 작동은 모든 활성 시스템 회로를 우회하고 비행기와 지상국 간의 통신을 유지한다.

## (가) 비행 승무원 인터페이스

비행 승무원은 다음 구성 요소의 마이크로폰(mic) 스위치를 사용하여 오디오를 원격 전자장치로 전송한다.

- 컨트롤 휠(control wheel)
- 오디오 컨트롤 패널(ACP, audio control panel)
- 핸드 마이크로폰(hand microphone)

아래 구성품에 대한 마이크로폰은 비행 승무원들이 플라이트 인터폰 시스템에서 사용하여 통화 할 수 있게 해준다.

- 산소 마스크 마이크로폰(oxygen mask microphone)
- 헤드셋 붐 마이크로폰(headset boom microphone)
- 핸드 마이크로폰(hand microphone)

승무원은 다음과 같은 기능을 위해 오디오 컨트롤 패널를 사용하며, 원격 전자 장치(REU)는 헤드셋과 플라이트 인터폰 스피커로 오디오 신호를 보낸다.

- 통신 및 내비게이션 수신기 청취
- 수신된 오디오 볼륨 조정
- 송신기 및 마이크 선택
- SELCAL 모니터
- 승무원 호출 모니터링
- 마이크로폰 입력

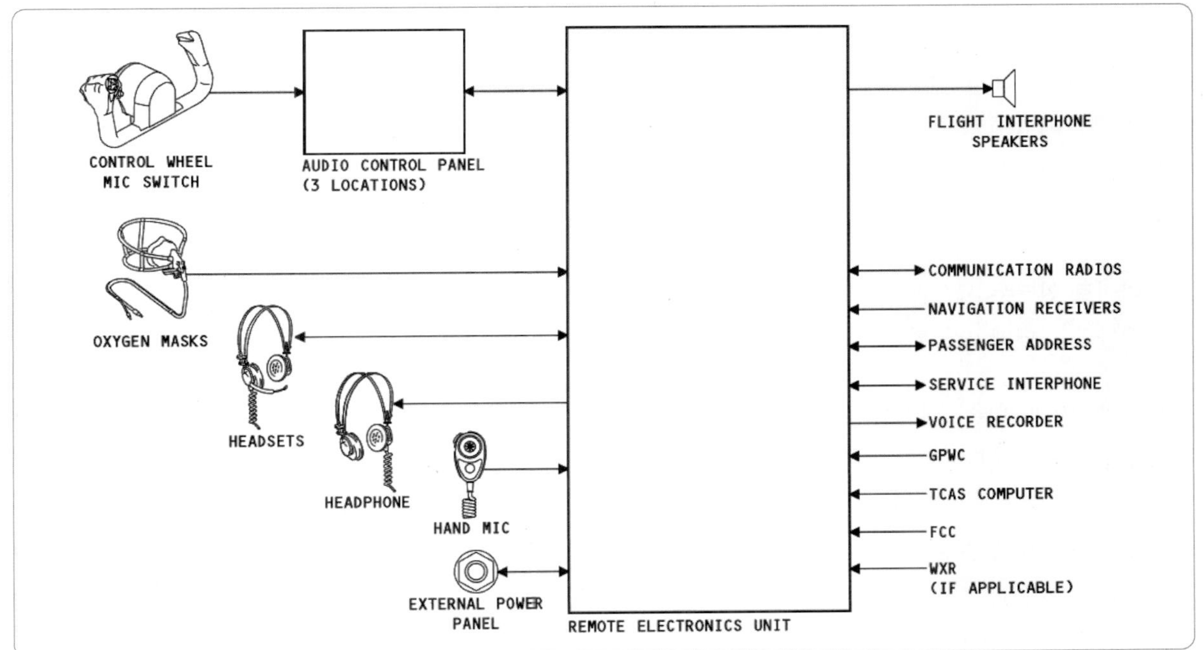


[그림 4-37] 플라이트 인터폰 시스템 - 개요

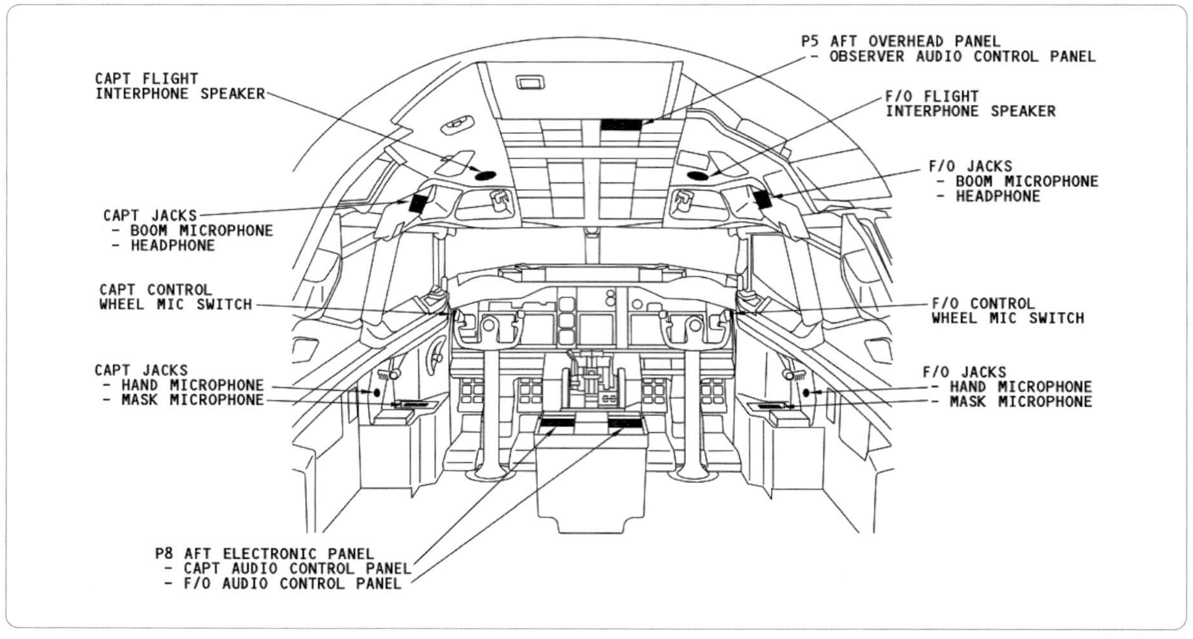


[그림 4-38] 플라이트 인터폰 시스템 - 조종실 장비 위치(예:B737NG)

## (나) 기타 구성요소 및 시스템 인터페이스

원격 전자 장치는 다음과 같은 다른 구성 요소에 연결된다.

- 통신 라디오(communications radios): 푸시-투-토크(push-to-talk) 및 마이크 오디오
- 항법 수신기(navigation receivers): 음성 및 morse 코드 식별음 수신

플라이트 인터폰 시스템은 또한 다음과 같은 다른 시스템들과 인터페이스 된다.

- 승객 안내 방송 시스템(passenger address system): 비행 승무원이 승객에게 안내
- 서비스인터폰 시스템(service interphone system): 비행 승무원이 객실 승무원, 정비사 및 서비스 직원과 대화 가능
- 음성 녹음기(voice recorder): 승무원 마이크를 녹음하고 오디오를 수신
- 플라이트 크류 콜(flight crew call): 표시 등 제공
- 그라운드 크류 콜(ground crew call): 표시 등 제공
- 지상근접 경고컴퓨터(GPWC, ground proximity warning computer): 비행 승무원이 경고 신호를 모니터링 할 수 있도록 함
- 교통경고 및 충돌회피 시스템(traffic collision avoidance system): 비행 승무원이 교통경고 및 충돌 회피 시스템(TCAS) 신호를 모니터링하고 비행 제어 컴퓨터(flight control computer)를 통해 원격 전자 장치(REU)에 별도의 신호를 제공 한다. 이 신호는 고도 경보음 발생기를 작동 시킨다.

교통 경고 및 충돌 회피 시스템, 지상 근접 경고 및 고도에 대한 청각 경보는 기장, 부기장 또는 옵져버의 헤드폰과 플라이트 인터폰 스피커에서 들을 수 있다.

플라이트 크류 콜(flight crew call) 시스템은 승무원과 승무원이 서로 통화할 수 있도록 하며, 다음과 같은 호출을 할 수 있다.

- 조종실에서 객실 승무원 스테이션
- 객실 승무원 스테이션에서 조종실
- 객실 승무원 스테이션에서 객실 승무원 스테이션

시스템에서 나오는 청각 및 시각적 표시는 승무원에게 플라이트인터폰을 사용하도록 지시한다. 객실 승무원 패널에는 항공기 인터폰 및 페신져 어드레스 시스템(PA 시스템)에 연결된 전화기 형태의 핸드셋이 있으며 객실 승무원은 다음을 선택할 수 있다.

- 다른 승무원 스테이션
- 플라이트 인터폰 시스템
  (flight interphone system)
- 승객 안내 방송 시스템
  (passenger address system)

일반적인 객실 승무원 핸드셋(handset)이 표시가 되고 작동하려면 크레들(cradle)에서 핸드셋을 들어 올리고, 필요한 오디오 시스템을 선택하고, 푸시-투-토크(push-to-talk) 버튼을 눌러야 한다. 또한, 인터폰은 특정 핸드셋 기능(페신져 어드레스 시스템)을 위한 다이얼을 사용하기 위해 12자리 키패드가 제공된다.

승객 안내 방송 시스템은 승객들로 하여금 좌석 헤드셋의 착용으로 인해 중요하거나 긴급한 정보를 부주의하게 놓칠 수 없도록 하기 위해 기내 엔터테인먼트 시스템(in-flight entertainment system)을 중단시킨다.

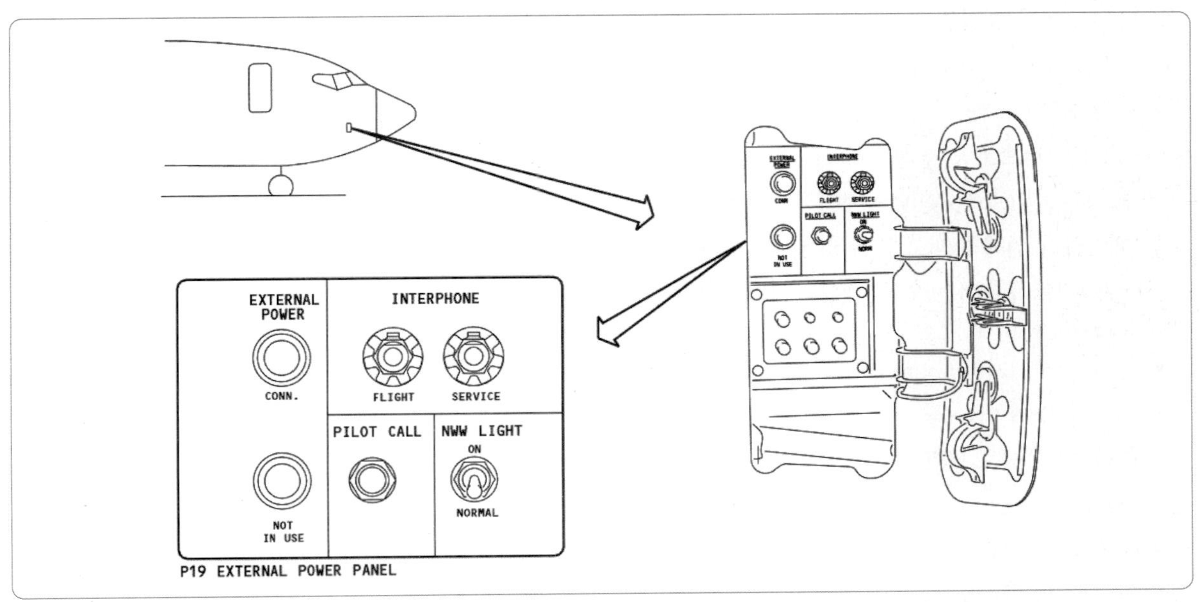


[그림 4-39] 외부 플라이트 인터폰 잭의 위치(예:B737NG)

[그림 4-40] 일반적인 객실 승무원 핸드셋

### 4.4.1.8 오디오 컨트롤 패널
### (Audio Control Panel)

오디오 컨트롤 패널은 기본적으로 유사하지만 항공기 기종 및 장착 시기에 따라 여러 종류가 있다. 본장에서는 B737NG 항공기 중 많은 항공기에서 사용되는 대표적인 것으로 설명하였다.

비행 승무원은 통신 및 내비게이션 시스템의 오디오를 제어하기 위해 오디오 컨트롤 패널을 사용한다. ACP에서 컨트롤 할 수 있는 것은 다음과 같다.

- 송신기 선택기(transmitter selectors)
- 수신기 스위치(receiver switches)
- 라디오-인터콤 PTT 스위치
  (radio-intercom PTT switch)
- BOOM-MASK 스위치
- 필터 스위치(filter switch)

- SATCOM 최종 통화 스위치
  (SATCOM end call switches)
- ALT-NORM 스위치

### (가) 마이크로폰 선택기 스위치

플라이트 인터폰 시스템은 아래의 마이크로부터 오디오를 수신한다.

- 붐(boom)
- 산소 마스크(oxygen mask)
- 핸드헬드(hand-held)

송신기 선택기를 눌러 통신 송신기 또는 시스템을 선택한다. 한 번에 하나의 시스템만 선택할 수 있으며 송신기 선택기를 누를 때 다음과 같은 현상이 발생한다.

- 셀렉터 스위치 표시등이 켜짐
- 수신된 오디오는 수신기 볼륨 컨트롤 스위치에 의해 설정된 볼륨에서 켜짐
- 마이크로폰 오디오 및 PTT 신호가 해당 시스템에서 활성화됨

송신기 선택기(passenger address 제외)에는 스위치에 호출 등이 있으며 승무원이 다음 중 하나의 콜을 받으면 호출등이 켜진다.

- VHF 또는 HF 라디오의 SELCAL
- ACARS MU로부터의 ACARS 호출
- 그라운드 크루 콜(INT light)
- SATCOM 호출
- 객실 승무원 호출(CAB light)

호출 등을 끄기 위해서 비행 승무원은 시스템을 선택하고 그 시스템에 푸시 투 토크를 보낸다. 푸시 투 토크(PTT) 스위치를 누르면 마이크 오디오 및 푸시

투 토크 신호가 셀렉터 스위치에 의해 설정된 시스템으로 이동한다.

오디오 컨트롤 판넬에 최초의 전원이 공급되면, 플라이트 인터폰 시스템이 활성화된다.

### (나) 수신기 스위치

수신기 스위치(push-on, push-Off)를 눌러 통신 또는 내비게이션 시스템 오디오를 청취할 수 있으며 노브를 돌려.볼륨을 조절하면 언제라도 시스템을 감시할 수 있다.

### (다) 라디오-인터콤 푸시 투 토크(PTT) 스위치

무선 인터콤 PTT 스위치는 RADIO 위치에서의 순간적인(momentary) 접촉과 INT 위치에서의 대칭 접점이 있는 3로 스위치이다.

RADIO 위치에서 마이크 오디오와 PTT 신호는 송신기 선택에 의해 설정된 통신 시스템으로 연결도며, INT 위치에서는 붐 또는 산소마스크 마이크 잭은 플라이트 인터폰 시스템에 연결된다. 라디오-인터컴 PTT 스위치는 컨트롤 휠의 PTT 스위치와 병렬로 연결된다.

### (라) BOOM-MASK 스위치

BOOM-MASK 스위치를 사용하면 붐 마이크 잭 또는 산소마스크 마이크를 오디오 소스로 선택할 수 있다. 마이크오디오는 송신기 선택기와 PTT 스위치에 의해 선택된 통신 시스템으로 간다.

### (마) 필터 스위치

필터 스위치는 수신하는 내비게이션 오디오를 처리하는 필터를 제어하며 스위치의 위치별 기능은 다음과 같다.

- V (음성) 위치: 필터를 통과하여 1020 hz 범위 주파수를 차단한다.
- B(둘 다) 위치: 음성과 범위(코딩된 스테이션 식별) 주파수를 필터를 통해 오디오 출력으로 전달한다.
- R(범위) 위치: 범위의 주파수만 필터를 통과시키고 음성 주파수를 차단한다.

### (바) ALT-NORM 스위치

ALT-NORM 스위치를 사용하여 플라이트 인터폰 시스템의 정상 또는 비상 작동을 선택할 수 있으며 NORM을 선택하면 플라이트 인터폰 시스템이 평상시와 같이 작동 한다

ALT를 선택하면 플라이트 인터폰 시스템은 비상 모드로 작동한다. 작동하는 유일한 오디오 컨트롤 패널(ACP) 제어장치는 PTT 스위치의 R/T 위치며 핸드-마이크 기능이 작동하지 않는다.

기장 또는 옵져버 오디오컨트롤 패널에서 ALT 위치를 선택하면 헤드폰과 헤드셋 잭에서는 VHF-1 송수신기로부터의 수신 오디오를 들을 수 있으며 오디오와 PTT 신호가 VHF-1 송수신기로 간다.

부기장 ACP에서 ALT 위치를 선택하면 헤드폰과 헤드셋 잭에서 VHF-2 송수신기로 부터의 수신 오디오를 들을 수 있다. 또한 오디오와 PTT 신호가 VHF-2 송수신기로 간다.

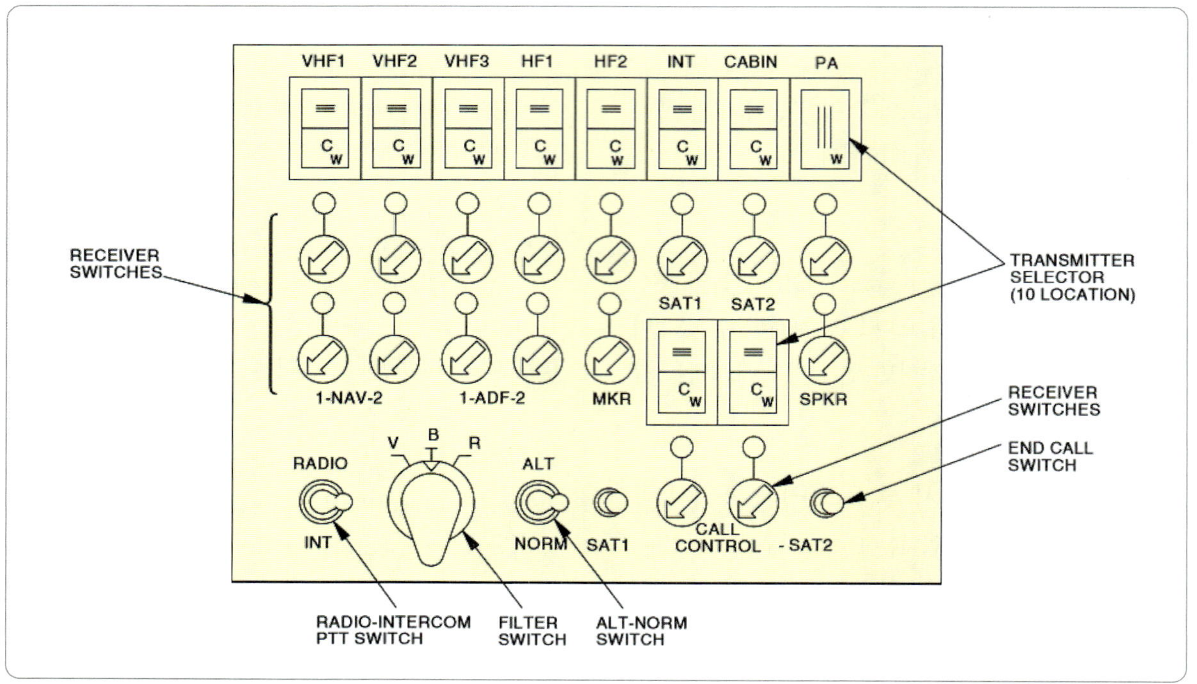


[그림 4-41] 오디오 컨트롤 패널

### 4.5.1 개요(Introduction)

비상위치 장비는 항공기가 공항으로 부터 멀리 떨어진 곳에서 조난 또는 비상 착륙 하는 경우 구조대원들이 사고 비행기를 찾는 것을 돕는다.

송신기는 위성, 다른 항공기, 항공 교통 관제 시설에 비상 무선 신호를 전송하기 위해 항공기에 사용되며 구조대원들은 항공기를 찾기 위해 이 자료들의 정보를 이용한다.

비상 위치 장비의 종류:
1. 비상위치 송신기
   (ELT, emergency locater transmitter)
2. 비상위치 비콘
   (ELB, emergency locater beacons)
3. 수중위치 비콘
   (ULB, underwater locater beacons)
4. 저주파 수중위치 장치
   (LF–ULD, low frequency–underwater locator device)

### 4.5.2 비상위치 송신(ELT)시스템

일반적인 비상위치 송신기(ELT)는 121.5MHz 민간감시 대역 VHF(very high frequency) 와 243.0MHz 군 감시 대역 UHF(ultra–high frequency) 의 두 가지 주 주파수로 조난신호를 전송한다. 121.5 MHz 대 243.0 MHz 주파수의 관계는 정확히 두 배다. 이 두 주파수는 모두 해당 당국과

[그림 4-42] 비상위치 송신시스템 개요

항공 교통 관제 시설에 의해 24시간 조난 주파수가 감시된다. 비상 위치 송신기(ELT)에는 고정 장착형 및 휴대형의 두 종류가 있다. 고정 장착형 송신기는 조종석의 스위치를 조종사가 조작하거나, 송신기에 내장된 충격스위치에 의하여 작동되며, 일반적으로 약 48시간 동안 송신된다.

비상위치 송신기의 가속 스위치는 항공기의 세로 방향의 빠른 감속력이 가해질 때 송신기를 작동시킨다. 비상위치 송신기는 대부분의 비행기 충돌에서 꼬리 부분이 손상되지 않은 것으로 나타났기 때문에 가능한 후방에 위치되며, 꼬리 날개 앞에 장착된다.

### 4.5.2.1 비상 위치 송신기(ELT)

비상 위치 송신기는 내부에 마그네슘 배터리 팩이 있어 항공기와 분리되어도 작동할 수 있는 항공기에 탑재된 장치이며 비상 위치 송신기는 정기적으로 점

검하고 교체해야 한다. 송신기는 보통 안테나와 함께 수직 꼬리 날개 전방에 위치한 동체 후방에 위치한다. 이 신호는 쉽게 인식되며 300~1600Hz의 주파수가 연속적으로 순환한다.

따라서 톤은 낮은 음으로 시작하여 높은 음으로 증가하다가 다시 순환을 시작한다. 조난 신호는 가시선을 기준으로 작동하며 고도 10,000 ft에서 약 100마일 범위의 신호를 찾아 낼 수 있다.

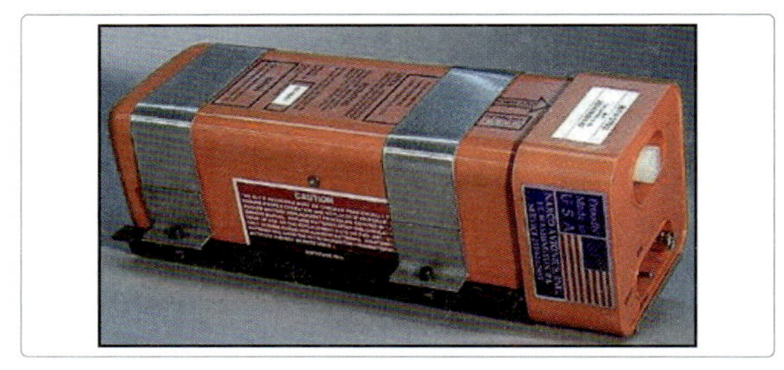

[그림 4-43] 비상 위치 송신기(구형)

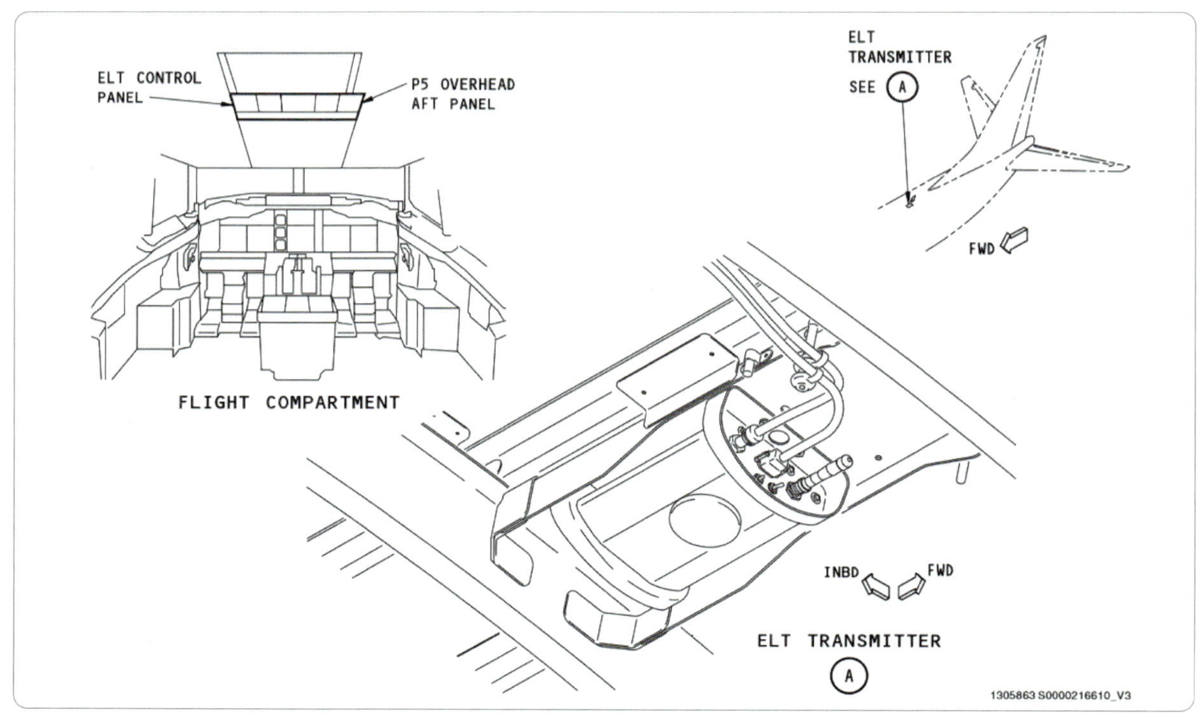


[그림 4-44] 비상 위치 송신 시스템(예:B737NG)

이 비상위치 송신기(ELT)는 초기에는 상공을 비행하는 항공기에 의해 탐지되도록 설계되었으나, 오늘날 비상 위치 송신기의 주된 감지장치는 지구 궤도를 도는 위성이다. 구형 비상위치 송신기에 의한 조난신호는 위성센서에 의해 수신되지 않는다.

그 이유는 비상위치 송신기의 수많은 우발적인 작동 때문이며, 406 MHz의 주파수를 사용하는 새로운 디지털 비상위치 송신기 시스템이 개발되었다. 이 새로운 시스템은 조난 중인 항공기의 코드화 된 식별을 포함하여 조난신호를 전송한다. 이것은 더 빠르게 잘못된 신호를 구별할 수 있게 해준다.

새로운 시스템은 406 MHz ELT를 글로벌 포지셔닝 시스템(GPS, global positioning system)과 연계하여 조난 항공기의 위치와 항공기 식별을 추가 하였으며 사고현장에 대한 응답 시간을 상당히 단측한다. 비상 위치 송신기(ELT)는 VHF와 UHF 비상채널의 호밍 신호를 수색 및 구조대원들에게 보낸다. 또한 위성 수신기에 비상 신호를 보낸다. 위성 수신기는 이 정보를 지상국으로 보내 비상 신호의 위치를 계산토록 한다. 이 신호는 또한 위치좌표와 항공기 식별 데이터를 가지고 있다.

제어판에는 비상 위치 송신기를 수동으로 작동하는 데 사용하는 스위치와 ELT가 작동 중임을 보여 주는 라이트(light)가 있으며 AIM(aircraft identification module)은 항공기 식별정보(406MHz 메시지)를 송신기로 자동으로 다운로드한다.

비상위치 송신기는 두 개의 송신기 섹션이 있다. 하나의 송신기 섹션은 VHF 및 UHF 비상 채널(121.5 및 243.0 MHz)에 스윕 톤(sweep tone)을 전송하며, 다른 송신기 섹션은 406 MHz 채널에서 매 50초마다 디지털 데이터를 전송한다.

비상 위치 송신기(ELT)는 급격한 속도 변화를 감지

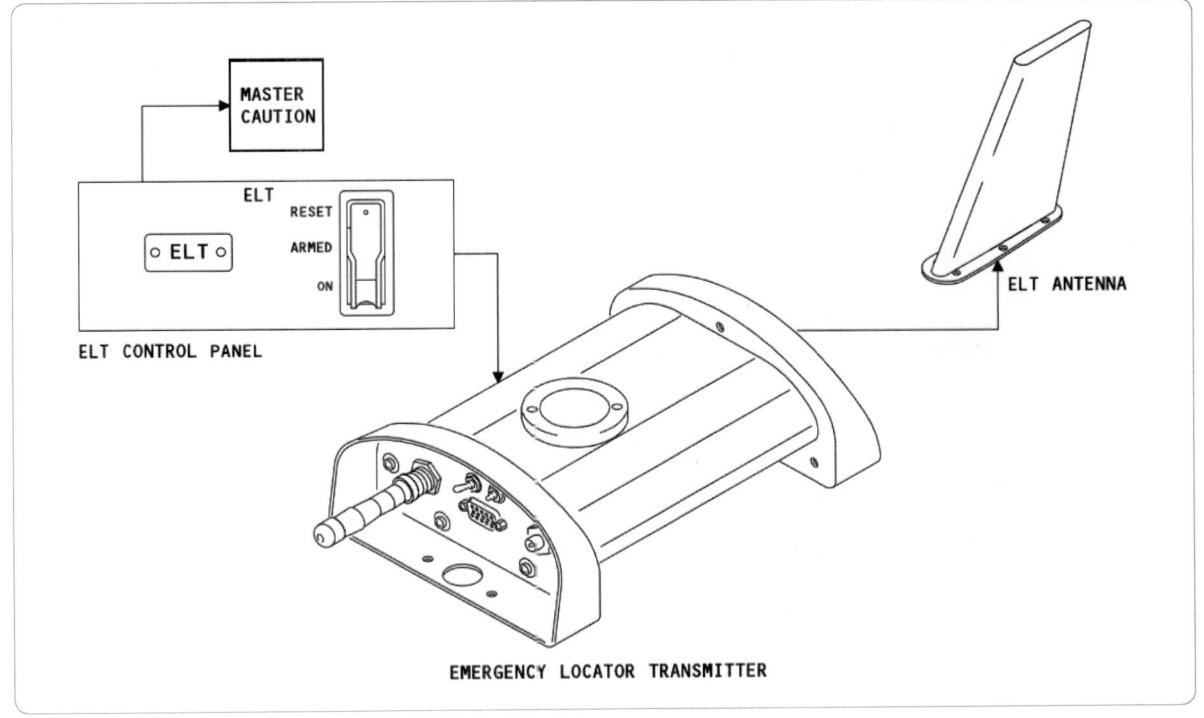


[그림 4-45] 비상 위치 송신-개요(예:B737NG)

할 때 비상 신호를 보낸다.

수동 또는 자동으로 작동 시 비상 위치 송신기는 다음 정보를 전송한다.

- 121.5 MHz 호밍 신호
- 243 MHz 호밍 신호
- 406 MHz 항공기 데이터

또한 비상위치 송신기는 406 MHz 전송 중을 제외하고 121.5 MHz와 243 MHz로 배터리 수명이 다할 때 까지 연속으로 전송 할 수 있으며 송신기는 내부에 리튬·망간가스 배터리 팩을 가지고 있고 송신기 케이스는 알루미늄 합금으로 만들어졌다.

ELT에는 일반적으로 송신 LED(TX 라벨)와 ARMED/OFF/ON 스위치가 있으며 이를 통해 수동으로 비상 위치 송신기를 제어할 수 있다.

ELT 본체에는 활성화/식별 모듈(activation/identification module)이 있다. 모듈은 두 가지 방법 중의 하나로 프로그래밍 할 수 있다.

첫 번째는 식별 모듈의 ELT 일련번호로 프로그래밍 되어 있고, 두 번째는 항공기 등록번호 또는 24 BIT 항공기 어드레스 식별 번호 및 식별 모듈로 프로그래밍 할 수 있다. 송신기는 통합형 G-스위치를 사용해 충돌을 감지하고 121.5 MHz, 243 MHz, 406 MHz 주파수로 3개의 개별 출력 신호를 자동으로 전송한다.

송신기의 G-스위치를 북미(FAA) 또는 유럽(JAA) 사양으로 설정할 수 있다. 비상 위치 송신기(ELT) 전면 패널에는 LED와 토글스위치가 있으며 토글스위치는 아래의 세 위치 중 하나에 선택 할 수 있다.

- ARMED
- OFF
- ON

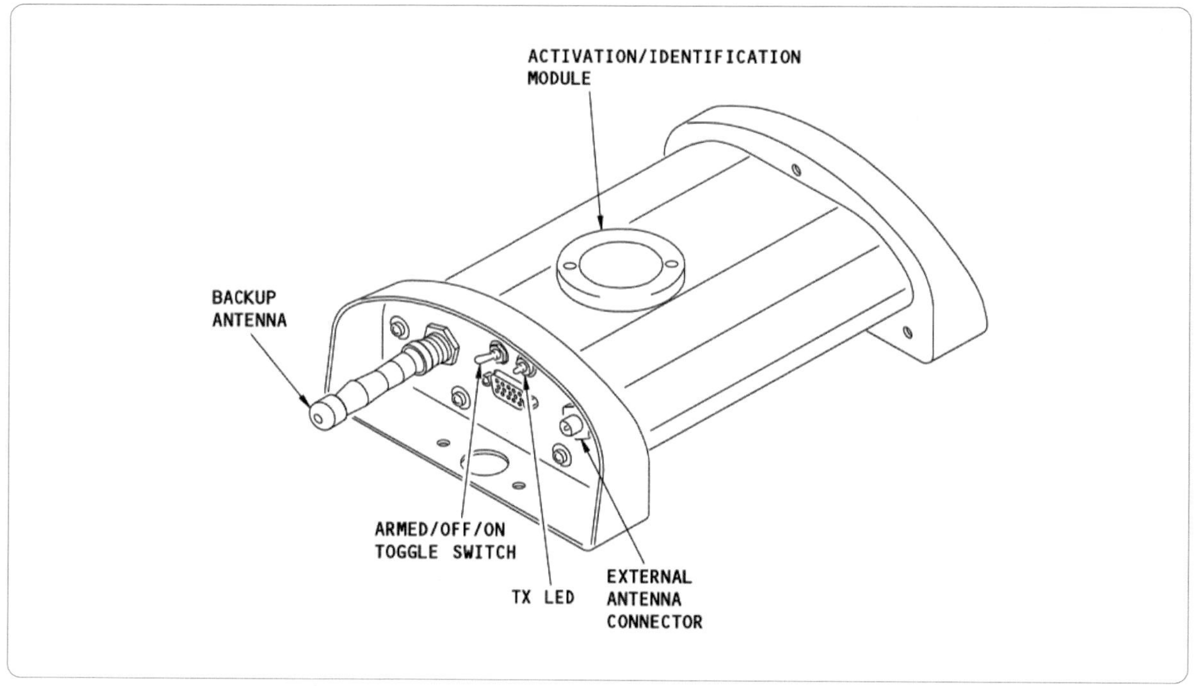


[그림 4-46] 비상 위치 송신 계통-비상 위치 송신기(예:B737NG)

스위치를 OFF 위치로 설정하면 배터리 팩에서 송신기로 가는 전원이 차단된다. 송신기는 충돌을 감지하거나 구조 신호를 전송할 수 없다. 또한 송신기는 이 모드에서는 자가 테스트를 할 수 없다.

스위치를 ARMED 위치로 설정하면 송신기가 G-스위치 또는 ELT 제어판의 활성화 신호를 검출할 수 있다. 송신기는 또한 ELT 제어판에서 자가 테스트를 수행할 수 있다. 스위치를 ON 위치로 설정하면 송신기가 121.5/243.0 MHz 및 406 MHz의 구조 신호를 안테나로 전송하고 LED는 처음 50초 동안 자동 자가 테스트 수행 후 계속 깜박인다.

외부 안테나 커넥터는 송신기를 외부 안테나이 연결하고 백업 안테나 커넥터는 송신기를 백업 안테나에 연결한다.

### 4.5.2.2 ELT 제어판(ELT control panel)

ELT 제어판은 일반적으로 2 종류로 구성된다.

하나는 RESET/ARMED/ON 스위치가 있고 다른 하나는 ARM/ON 스위치를 갖고 있다. 본 장에서는 RESET/ARMED/ON 스위치가 있는 제어판 위주로 설명하였다.

ELT 제어판은 정상 작동을 위해 RESET/ARMED/ON 스위치를 ARMED 위치에 설정한다. 이 모드에서 ELT는 항공기 속도가 갑자기 급속히 감소되는 것을 감지하면 자동으로 작동된다.

ELT 자체 테스트를 시작하려면 RESET/ARMED/ON 스위치를 ON 위치로 50초미만으로 이동한 다음 RESET 위치로 약 1~3초간 이동 후 다시 ARMED 위치로 놓아 해제한다.

제어판은 ELT로부터 신호를 받아 ELT 라이트(Light)을 제어하며 마스터 경고등(master warning)을 켜기 위해 ELT ON 신호를 수신한다.

### 4.5.2.3 비상 위치 송신기 시스템-안테나

ELT 안테나는 매우 높은 주파수(VHF) 및 초고주파(UHF) 범위의 무선 신호인 121.5 / 243.0 MHz 또는 406 MHz를 전송한다.

ELT안테나는 외부 블레이드 안테나이고 전방향 방사선 패턴을 갖는 수직 편광 단층형이며 121.5 MHz, 243.0 MHz및 406 MHz 전송은 동축 커넥터로 입력된다.

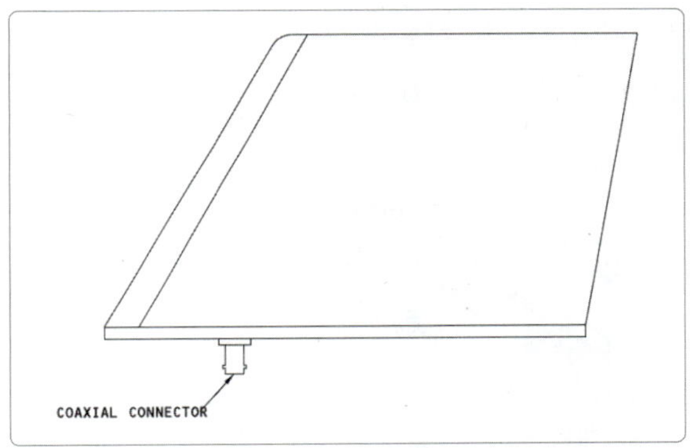


[그림 4-47] 비상 위치 송신 계통- ELT 안테나

## 4.5.3 비상위치 비콘
### (Emergency Locater Beacons)

비상위치 비콘(ELB)은 비행기 조난 및 즉각적인 구조를 위하여 사용한다. 이 송신 장비는 위치를 알리기 위하여 민간과 군에게 비상 작동 신호를 제공한다.

여객기와 군용기의 구명뗏목(life raft)에 들어 있는 비상위치 비콘의 한 가지 형태는 물에 의해 작동되는 배터리와 자체 직립 안테나가 장착된 소형 부력 자동 송신기이다.

비상 위치 비콘은 약 25m의 줄로 구명뗏목에 부착되어 있다. 이 장비에는 염화은/마그네슘(silver chloride/magnesium) 1차 전지가 장착되어 있으며, 작동 전 상태에서는 전해질이 건조하고 배터리가 비활성 상태가 된다.

배터리는 물에 젖으면 건조했던 불활성 전해질이 젖게 되고 배터리가 자동으로 작동하기 시작한다.

안테나는 보관을 위해 비상위치 비콘(ELB)의 길이를 따라 회전하여 접을 수 있으며 일부 비상위치 비콘은 안테나를 보관위치에 보관하기 위한 수용성 테이프를 포함하고 있다.

상용 항공기에 사용하는 비상 위치 송신기(ELT)는 민·군 국제 VHF 항공조난 주파수(121.5 MHz 및 243.0 MHz)를 동시에 변조 신호로 전송하여 민·군 검색기에 호밍 신호를 제공한다. 최신 ELT는 406.025 MHz, 406.040 MHz의 주파수로 작동한다.

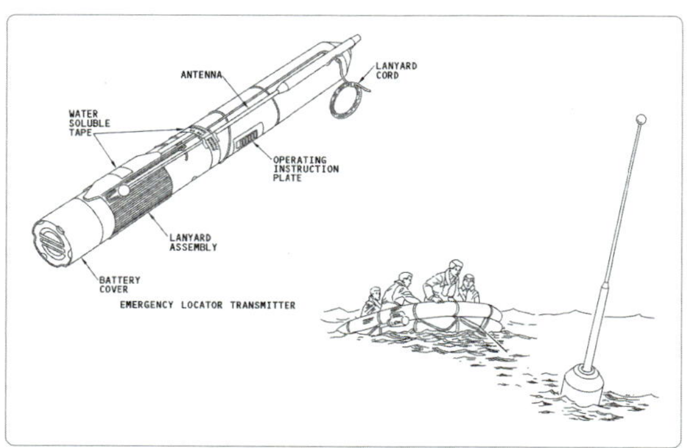

[그림 4-48] 비상위치 비콘(ELB)

## 4.5.4 수중위치 비콘
### (ULB, underwater locater beacons)

상용 여객기는 비행 데이터 기록기의 일부로 수중위치 비콘(ULB)이 탑재 되어있다. 수중 위치 비콘은 배터리로 구동되는 장치로 수중위치 보조 장치다. 조종실 음성 녹음기(CVR, cockpit voice recorder) 전면에 있는 수중위치 비콘은 물 아래에서 음향 신호를 방출한다.

수중위치 비콘은 저주파 대역인 37.5kHz 주파수를 전송한다. 이 낮은 주파수는 수중 전송에 더 좋은 특성을 가지고 있다.

주파수의 전송은 비상 상황을 나타내므로 비상 이외의 목적으로 사용하면 안 된다. 전송된 신호는 지속적으로 울리거나 유사한 신호로 비상 서비스를 위한 호밍 신호로 작용한다. 이 무선장치는 선택된 주파수와 메시지를 방송하는 조난 주파수로 긴급 상황을 언어적으로 전달하는 데 사용될 수 있으며(예: 메이데이, 장비 위치) 이들 신호는 수색 구조팀이 도착할 때까지 계속 전송된다.

[그림 4-49] 조종실 음성 녹음기에 장착된 수중 위치 비콘(ULB)(구형)

수중 위치 비콘(ULB)은 다음과 같은 작동 특성을 가지고 있다.

- 물에 잠길 때 자동으로 작동
- 최대 깊이 20,000 ft(6096 m)까지 작동
- 탐지 범위 2nmi(3.7km)
- 매 초당 37.5kHz의 음향 펄스 톤 전송
- 수명은 최소 30일 또는 90일(장비에 따라 다름)

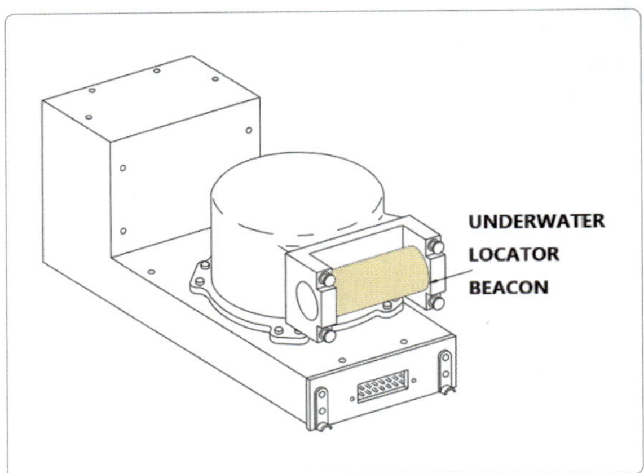


[그림 4-50] 조종실 음성 기록장치에 장착된 수중 위치 비콘(ULB)(예:B777)

## 4.5.5 저주파 수중 위치 장치(LF-ULD)

최신의 상용항공기에 사용되는 저주파 수중위치 장치(LF-ULD, low frequency –underwater locator device)는 물에 의해 작동될 때 8.8 kHz의 초음파 펄스신호를 전송하는 독립형 장치이며, 항공기를 찾는 데 도움이 된다.

저주파 수중 위치 장치(LF-ULD)가 설치된 항공기가 물속에 잠길 경우, 수색구조팀은 항공기를 찾기 위해 저주파 수중위치 장치신호를 검색할 수 있다. ULD는 조종실 음성녹음기(CVR)의 일부인 수중위치 비콘(ULB)과 유사한 기능을 제공하지만, 저주파 수중위치 장치로부터의 신호 범위는 더 크다.

담수나 염수에 잠길 때 활성화 되며, 비 충전 리튬배터리로 구동되며 장착위치는 일반적으로 항공각(glide slope) 안테나 아래 레이돔(radome)에 위치한다. 저주파 수중 위치 장치는 다음과 같은 작동 특성을 가지고 있다.

- 물에 잠길 때 작동
- 최대 깊이 20,000 ft(6096 m)까지 작동
- 탐지 범위가 12 nautical-mile(22km)

- 10초마다 1개 펄스의 속도로 8.8khz +/- 1khz의 음향 펄스 톤을 전송
- 수명은 90일

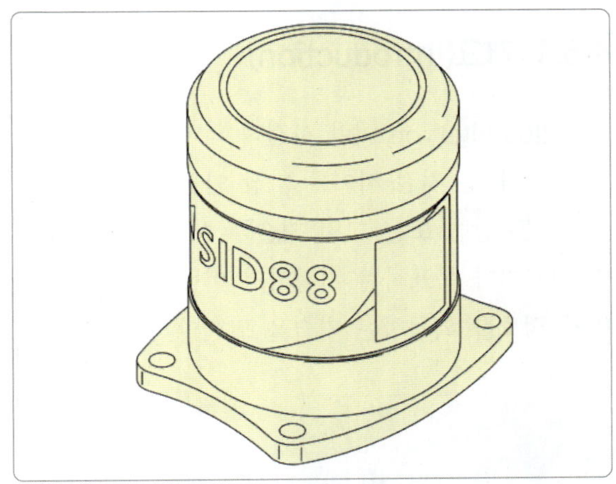


[그림 4-51] 저주파수 수중 로케이터 장치(LF-ULD))(예:B777)

# 항공 항법의 개념
## Concept of Navigation

## 4.6.1 개요(Introduction)

항법(navigation)이란 사전적 의미로 "배나 비행기 따위가 두 지점 사이를 가장 안전하고 정확하게 이동하는 방법 또는 그런 기술" 이라고 되어있다. 즉 항공기가 목표하는 지점까지 이동하는데 필요한 위치 정보를 획득하는 기술을 말한다.

[그림 4-52] 플라이어 1호의 동력비행

항법은 인류가 항해를 시작하면서 같이 시작되었고, 현재의 공중 항법은 1903년 미국의 라이트 형제가 가솔린 엔진이 달린 복엽기 '플라이어 1호'를 타고 첫 동력비행을 시작한 이후부터 본격적으로 개발되었다.

조종사들이 사용하는 운항 방법은 어디로 비행하는지, 비행시간은 얼마나 걸리는지, 항공기가 언제 이륙하는지, 비행하는 항공기의 종류, 기내 항법 장비, 조종사의 등급과 능력, 그리고 특히 예상되는 날씨 등에 따라 달라진다.

항공기 운항 방법은 항공기가 점점 더 긴 거리를 이동하는 능력과 함께 진화함에 따라 시간이 지나가면서 자연스럽게 개발되었다. 항공 교통의 중요성이 커지면서, 낮뿐만 아니라 밤에도, 대양이나 사막 위의 비행에도, 그리고 예상 하지 못한 날씨에서 정확한 스케줄에 맞출 수 있는 운항이 필요하게 되었다. 조종사는 운항을 위하여 다음을 알아야 한다.

- 출발지
- 최종 목적지
- 이동 방향
- 이동 거리
- 항공기 속도
- 항공기 연료 용량
- 항공기 무게 및 균형 정보

이러한 정보로 비행 계획을 수립할 수 있고 적절한 운항 방법을 사용할 수 있다.

## 4.6.2 공중 항법의 역사 및 종류

### 4.6.2.1 지문항법(Pilotage)

최초의 공중 항법은 지상의 시각 참조물(산, 강, 철도 및 유명한 랜드마크)들을 보고 자신의 위치를 파악하여 비행을 하는 지문항법(pilotage) 이다. 즉 지문항법이란 자동차로 여행을 하는 경우 적당한 도로지도나 시가지의 안내 지도를 지형이나 도로 표지와 잘 비교하여 가면 목적지에 도달할 수 있는 것처럼, 항공기 운항에 있어서도 이와 유사한 방법으로 지상의 고정된 목표로부터 자기의 위치를 확인하여 하나의 지점에서 또 다른 하나의 지점을 찾아가는 방법을 말한다. 이 항법은 지상의 시각 참조물 들을 눈으로 확인해 가면서 비행을 하기 때문에 특별한 장비 없이 쉽게 실시할 수 있는 것이 장점이다. 그러나 기상 상황이

나빠 지상을 볼 수 없거나, 또는 특별한 시각 참조물들이 없는 사막이나 대양 지역에서 사용할 수 없는 것이 단점이다. 또한 지상의 시각 참조물 들을 기준으로 하여 비행을 하기 때문에 직선 비행을 할 수 없다는 단점도 있다. 밤이면 별자리를 보고 목적지를 찾아가는 천문 항법도 이용할 수 있는데 옛날 사람들이 깊이 이용한 방법이다. 그 이후 선박 등에서는 이동 속도와 방향을 측정하여 이를 계산함으로써 현재의 위치를 알아내는 추측 항법(dead reckoning)이 많이 이용되어 왔다.

[그림 4-53] 지문 항법

## 4.6.2.2 추측 항법(Dead Reckoning)

지문 항법의 단점을 극복하기 위해 개발된 항법이 추측항법(dead reckoning) 이다.

지문항법을 수행할 수 없는 기상 조건이나 뚜렷한 시각 참조물들이 없는 상황에서도 예상되는 바람 정보와 항공기의 헤딩(heading), 속도 등의 정보를 이용하여 한 지점에서 목표지점까지 비행하는 방법을 추측항법이라 한다. 1927년 린드버그가 뉴욕과 파리 간의 대서양 무착륙 단독비행에 사용했던 항법이 바로 추측항법이다.

[그림 4-54] 린드버그의 대서양 횡단 비행

1927년 5월 20~21일 린드버그는 정확하게 항로를 계산하여 지상의 시각 참조물 없이 비행하는 추측항법으로 대서양 횡단을 성공함으로써 장거리 항행기술의 새로운 장을 열게 되었다.

그러나 추측항법은 예보된 기상 정보를 사용하기 때문에 바람의 정확한 예보가 필수적일 뿐만 아니라 비행시간이 길어지면 길어질수록 오차가 증가한다는 단점을 가지고 있다.

나침반이 발명된 후, 선원들은 이동거리를 계산하기 위해 진행 중인 배의속도와 시간을 이용하여 대략적인 위치를 계산 할 수 있었다. 이 방법은 정확하지는 않았지만 항법의 기초를 만들어냈다.

즉, 알고 있는 이전 위치에 속도 및 방향 데이터를 적용하여 항공기 위치를 결정하는 것을 추측 항법이라고 한다. 추측 항법에서는 세 가지 기본적인 사항을 알아야 한다.

1) 현재 위치의 계산
2) 어느 지점에 도달할 시간의 계산
3) 항공기를 원하는 목적지로 이동시키기 위한 방향 계산

추측 항법이란 항공기 헤딩(heading), 시간, 알고 있는 위치, 그리고 실제 대기 속도(true airspeed)와

풍속(velocity) 또는 대지속도(ground speed)와 지상 트랙(ground track) 그리고 풍속/방향(wind speed/direction)과 관련된 측정과 계산을 통해 이 세 가지 문제를 해결하는 방법이다.

정교한 장비를 갖추지 않은 항공기의 조종사들은 사용 시 한계가 있는 바람 데이터를 일기예보에 의존한다.

추측 항법은 저속 소형 비행기 조종사들이 사용하는 또 다른 기본적인 항법방법이다. 코스라인(course line), 비행속도(airspeed), 코스(course), 헤딩(heading) 및 경과 시간(elapsed time)의 요소를 사용하여 이동 경로를 계산한다.

예상 항로시간(ETE: estimated time en-route)은 비행 거리, 비행 속도(airspeed) 및 비행 방향(direction)을 사용하여 계산할 수 있다. 계획된 비행 속도에서 경로를 비행할 경우 계획된 비행시간이 다 되었을 때 목적지가 조종석에서 보여야 한다.

측정된 시간, 거리, 방향 및 속도를 사용하여 항공기 위치 또는 "FIX"를 계산할 수 있다. "FIX"는 특정 경로를 비행하는 항공기에 의해 도달되는 하늘의 특정 위치이며, 만약 조종사가 계산된 시간에 계산된 FIX에 도달한다면, 조종사는 비행기가 항로상에 있다는 것을 안다.

방향은 나침반 또는 자이로 컴파스로 측정하며 속도는 항공기 장비를 사용하여 계산하거나 측정한다. 추측항법에는 단점이 있다.

예를 들어, 풍속과 방향을 알 수 없거나 잘못 알고 있으면 항공기는 서서히 항로를 이탈하게 되는 것이다.

근래에는 무선 통신의 발달과 함께 지상의 무선국과 항공기 간의 교신을 통하여 목적지를 찾아가는 항법이 주를 이루고 있다.

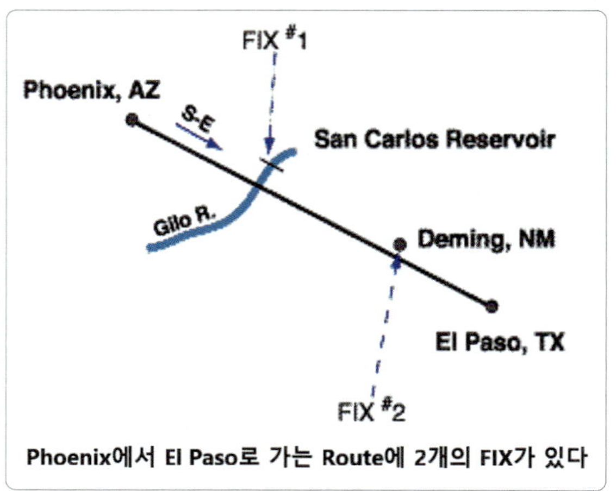


[그림 4-55] 추측 항법

### 4.6.2.3 무선 항법(Radio Navigation)

추측항법을 아무리 정확하게 수행한다 하더라도, 바람이 예상과 다르게 불거나 기타 다른 요소들로 인하여 오차가 발생할 수 밖에 없다. 악기상이나 지상의 특별한 시각 참조물들이 없는 상황에서도 비행하면서 추측항법으로 인해 발생하는 오차를 극복하고, 항상 일정한 항로를 비행하기 위하여 세계 제2차 대전을 기점으로 해서 발전된 항법이 바로 무선항법이다. 무선항법이란 지상 송신국으로부터 보내진 전파를 항공기에 탑재된 수신 장비를 통해 수신하여 현 위치를 파악하고 이를 토대로 비행하는 항법이다. 무선항법에 사용되는 대표적 지상항행 안전시설로는 초단파 전방향 무선 표지 장치(VOR: VHF omni-directional Range), 무지향성 표지(NDB: non directional beacon), 거리 측정 장치(DME: distance measuring equipment), 계기 착륙 장치(ILS: instrument landing system) 등이 있다.

무선항법은 기존의 지문항법(pilotage)과 추측항법(dead reckoning)의 단점을 극복하고 항상 일정한 항로를 비행할 수 있다는 장점이 있으나, 지상항행

안전시설들의 위치라는 한계로 인해 많은 제약을 받게 된다. 최근 들어 지역항법(RNAV, aRea NAVigation) 항로가 도입되고는 있으나 아직은 도입 초기단계로 현 지상항로의 큰 틀은 여전히 지상항행 안전시설들을 기준으로 설계가 되어 운영되고 있다고 할 수 있다. 출발 도착 및 접근 절차들 역시 지상항행 안전시설들을 기준으로 설계 되고 운영되었으나, 최근에는 RNAV 출/도착 절차들과 RNP(required navigation performance) 접근절차들의 비율이 커지고 있는 추세이다.

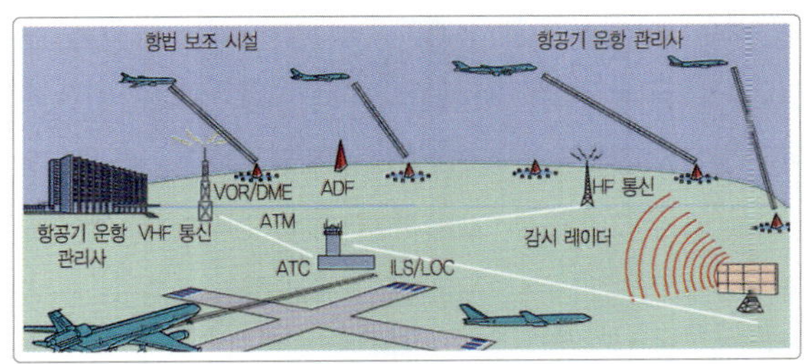

[그림 4-56] 무선 항법 장치

무선항법은 그 효율성과 정확성 때문에 현재도 널리 사용되고 있는 항법이다. 다양한 종류의 지상항행 안전시설들이 무선항법에 사용되고 있으나, 그 중 무선항법의 큰 뼈대인 초단파 전방향 무선 표지 장치(VOR), 무지향성 표지(NDB), 그리고 거리 측정 장치(DME)에 대해 살펴보도록 한다.

### (가) 초단파 전방향 무선 표지 장치
(VOR: VHF omni-directional Range)

초단파 전방향 무선 표지 장치(VOR)는 무선 항법의 최우선 지상항행 안전시설이다. VOR Station에서는 자북을 기준으로 모든 방향으로 방향지시 전파(radio beam)을 내보내며, 이를 방사상(radial) 이라고 한다. 실제로는 무수한 방향지시 전파가 전송되나, 자북을 기준으로 1도 간격의 360개의 Radial이 사용

된다. VOR 장치는 계기 비행 규정(IFR: instrument flight rule)에서 정한 표준 무선 항법 시스템이다. 이 장치에서 사용하는 주파수는 108~118MHz 범위이다.

[그림 4-57] 초단파 전방향 무선 표지 장치(VOR)

DME와 VOR이 같이 설치된 경우 VOR/DME가 되고, VOR과 군사용인 TACAN(tactical air navigation) 장비가 같이 설치된 경우에는 VORTAC이 된다. VOR/DME와 VORTAC은 방위와 거리 정보를 제공한다.

초단파 전방향 무선 표지 장치(VOR)는 VHF(very high frequency: 108.00~117.95 MHz를 사용해서 전파를 전송한다. VHF는 가시선(line of sight)이라는 특징을 가지고 있어 산과 같은 장애물 뒤쪽으로는 전파가 도달하지 못한다.

이러한 가시선 효과로 인해 초단파 전방향 무선표지 장치의 서비스 지역이 짧아질 수 있고, 험한 산악지역과 같은 많은 장애물들이 있는 지역에서는 경우에 따라 초단파 전방향 무선표지 장치를 이용한 항법이 불가할 수 도 있다.

VOR 시스템은 지상의 VOR Station과 항공기에 장착된 안테나(antenna), 수신기(receiver), 지시기(indicator)로 구성되어 있다. CDI(course deviation indicator) Needle은 항공기가 코스로부터 얼마나 벗어 났는지를 보여준다.

그림 4-59의 위쪽 VOR Indicator는 각각의 점이 2도를 벗어났음을 의미하므로, 양쪽으로 최대 10도까지 항공기가 Course에서 벗어나 있음을 보여준다.

To/From Indicator는 항공기가 코스를 기준으로 VOR Station으로 비행하는지 아니면 멀어지는 지를 보여준다.

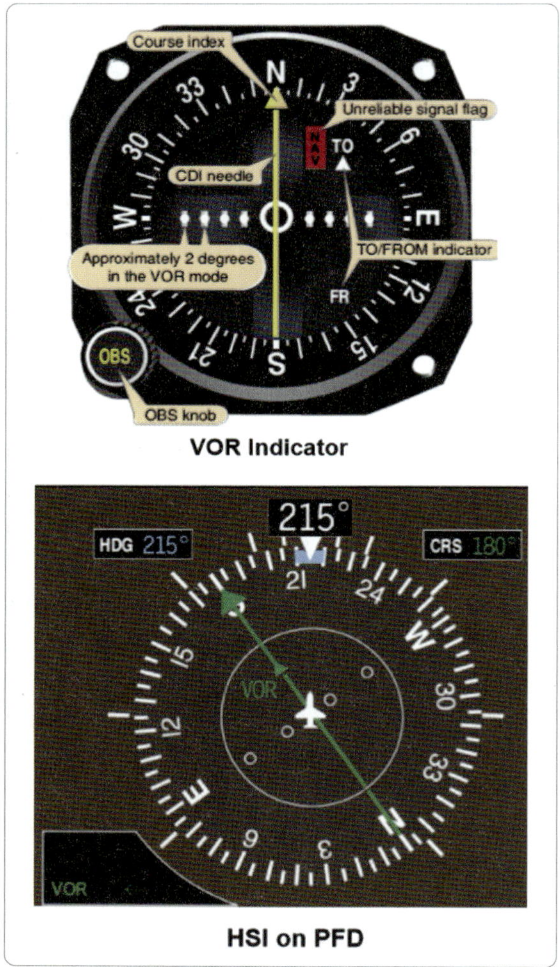



**VOR Indicator**



**HSI on PFD**

[그림 4-58] CDI & HSI

현재 대형 항공기에는 VOR Indicator와 Heading Indicator를 합친 HSI(horizontal situation indicator)가 사용된다.

그림 4-59의 아래에 있는 HSI의 경우 현 헤딩(heading)은 215°, 코스는 180°, To the Station 즉, VOR Station 쪽으로 비행하고 있으며 현 위치는 360 Radial 상에 있는 것이다. HSI 상에서 한 점은 5도 벗어났음(off course)을 의미한다.

VOR을 이용한 일반적인 항법은 다음과 같다.

항공기가 A VOR을 지나 B VOR로 비행을 하고 있다고 가정하면, 항공기가 A VOR과 그 전 VOR의 중간지점 또는 COP(change of point)에서 조종사는 A VOR의 주파수를 맞추고, 코스는 항공기의 진행 방향과 일치하도록 360°로 맞춘다. To/From Indicator는 To를 지시한다. 즉, 항공기는 A VOR 쪽으로 비행하고 있음을 알려주며, 항공기의 Heading은 바람을 고려하면 대략 360° 부근이다. 해당 항공기가 A VOR을 통과하는 순간 잠시 To/From Indicator가 사라졌다 From으로 보여진다. 즉, 항공기는 A VOR 360 Radial을 따라 비행하고 있으면서, 이제는 A VOR로부터 멀어지고 있음을 보여준다.

A VOR과 B VOR의 중간지점이나 또는 COP에서 B VOR로 주파수를 바꾸면 To/From Indicator는 To로 지시된다.

계속 이러한 일련의 과정이 반복이 되면서 VOR을 이용한 항법이 진행되는 것이다.

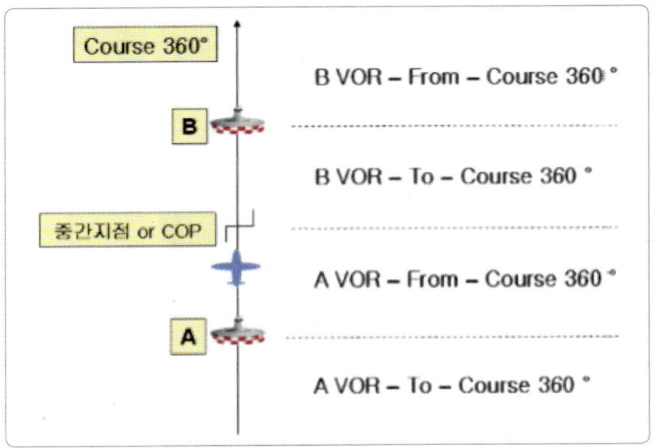



[그림 4-59] VOR을 이용한 무선항법

만약, 위의 그림 4-60의 경우에 항공기 진행 당향과 정반대인 Course 180를 Set한 경우에는 기본 형태의 VOR Indicator에서는 역감지(reverse sensing) 현상이 나타난다. 역감지란 VOR Course를 항공기 진행 방향이 아닌 그 반대 방향으로 선택한 경우 항공기가 항로로부터 벗어나게 되면 CDI Needle은 항공기의 Deviation을 정확하게 보여주지 못하고 반대로 보여주는 현상이다. 이 경우 조종사가 CDI Needle을 따라가게 되면 항공기는 항로로부터 점점 멀어지는 결과가 나온다. 이러한 까닭에 VOR Course는 항공기 진행방향으로 선택해야 한다. 역감지 현상은 HSI에서는 나타나지 않는다.

지상 VOR Station에서 전송되는 신호의 정확도는 약 1도 이내이다. VOR 주파수를 맞추면 모스 부호(morse code)나 음성을 통해 해당 VOR Station을 확인할 수 있다.

VOR은 서비스 범위에 따라 3가지 종류로 나뉘어지며, High Altitude VOR과 Low Altitude VOR은 주로 En-route용으로 사용되고, Terminal VOR은 주로 공항 출/도착 및 접근절차에 사용된다.

### (나) 무지향 표지 시설 (NDB, non-directional radio beacon)

무지향 표지 시설(NDB)은 무선항법시스템의 초기 형태로 무지향성 전파를 전 방향으로 전송하는 지상 항행 안전시설이다. 무지향 표지시설 시스템은 지상의 NDB Station과 항공기의 ADF(automatic direction finder) 안테나, ADF Indicator와 ADF 수신기(receiver)로 구성되어 있다.

VOR이 VHF를 사용하는데 반해 NDB는 L/MF (low/mideum frequency : 190~500kHz)의 ADF 전용 송신주파수와 535~1,605kHz의 AM 상업방송용 주파수를 사용하기 때문에, 가시선의 제한이 없어, 장애물 뒤쪽에도 전파가 도달하고 또 장거리 전송이 가능하다는 장점이 있으나, 반대로 L/MF의 특성상

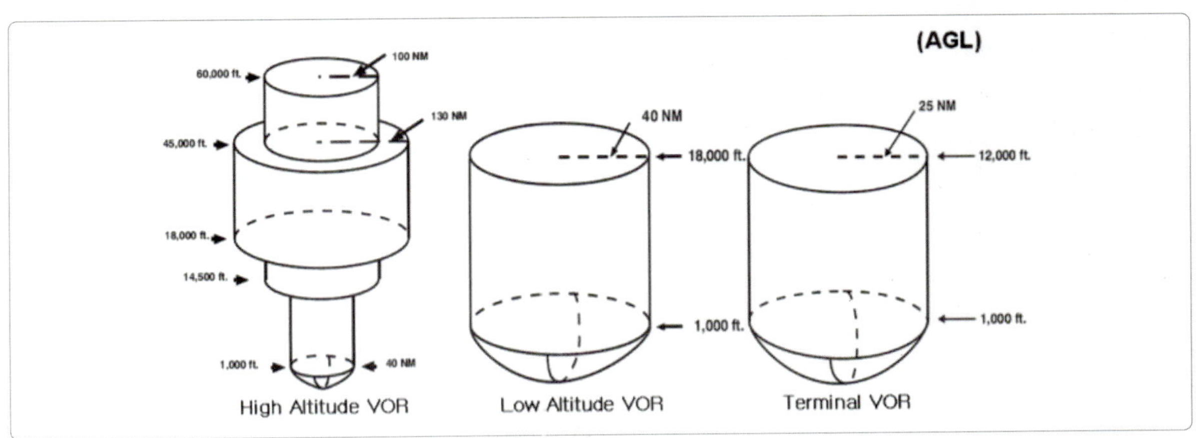



[그림 4-60] VOR 무선항법의 종류

야간 효과(night effect), 지형 효과(terrain effect), 전기적 효과(electrical effect), 해안선 효과(shoreline effect), 안벽 효과(bank effect) 와 같은 영향에 민감하다.

야간 효과란 L/MF가 전리층(ionosphere)에 반사되어 수신될 때 ADF Indicator의 Needle이 반복적으로 좌우로 움직이는 현상을 말한다. 이 현상은 특히 일출 직전과 일몰 직후에 뚜렷이 나타난다. 지형 효과는 산과 같은 높은 장애물에 전파가 반사되어 ADF Indicator가 NDB Station을 정확히 지시하지 못하는 현상이고, 해안선 효과는 전파가 해안선 부근에서 굴절 수신되어 지형 효과와 비슷하게 NDB Station이 정확히 지시되지 못하는 현상이다. 전기적 효과는 정전기나 번개와 같은 전기적 간섭이 발생한 경우, ADF Indicator의 Needle이 Electircal Source를 지시하거나 최악의 경우에는 NDB Station의 위치를 파악할 수 없을 정도로 지시하는 방향이 계속 변하게 되는 현상이다. 마지막으로 안벽 효과는 항공기가 선회로 인해 Bank가 들어갈 때 ADF Indicator의 바늘이 상쇄(offset)되는 현상이다.

ADF Indicator는 조종사에게 자북을 기준으로 항공기와 NDB Station사이의 방향 또는 각도를 보여주는데 이 각도를 방위(bearing)라고 한다.

설명하기에 앞서 먼저 이해하여야 할 용어는 기수 자방위(MH, magnetic heading), 자북 방위(MB, magnetic bearing) 와 상대 방위(RB, relative bearing) 이다.

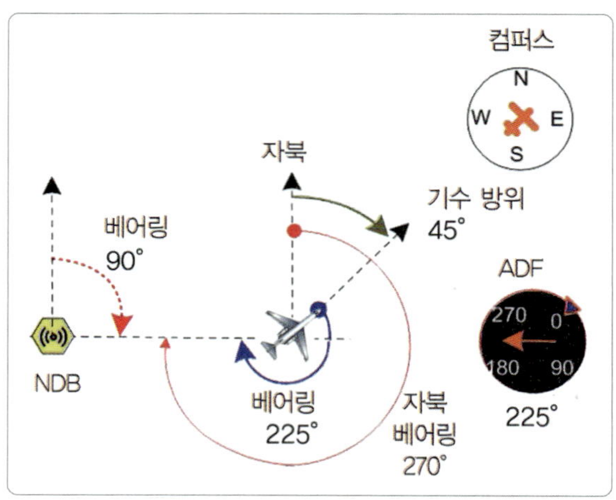



[그림 4-61] NDB의 자북 방위와 상대 방위

1. 기수 자방위(MH): 자북을 기준으로 한 나침반 상에서 비행기가 향하는 각도를 뜻한다. 계기판의 방향지시계(heading indicator)가 나타내는 각도이다.

2. 자북 방위(MB): 어떤 지점이 비행기 주변에 있을 때, 비행기의 자기 컴퍼스(magnetic compass) 상에서 그 지점이 있는 방위각을 말한다. MH와 MB는 모두 자북을 기준으로 하는 각도이다.

3. 상대 방위(RB): 내 비행기의 기수방향을 무조건 0°라고 놓고 어떤 물체가 자신을 기준으로 시계방향 몇 도에 있는가를 나타낸다. 즉 자북과는 전혀 무관한 각도이다. 기수방향을 0° 도로 놓고 시계방향으로 360° 까지 나타낸다.

ADF 계기판은 무선송신 station의 방위를 자북방위가 아닌 상대방위로 표시한다. 따라서 단순히 무선송신 station을 향해 날아가기 위해서는 바늘이 0°를 가리키게 조종만 하면 된다 상대 방위가 0° 라는 말은 비컨이 바로 내 기수 앞에 있다는 뜻이다. 즉 바늘은 자신이 언제 어디에 있든 항상 기지국이 있는 방향만을 가리킨다.

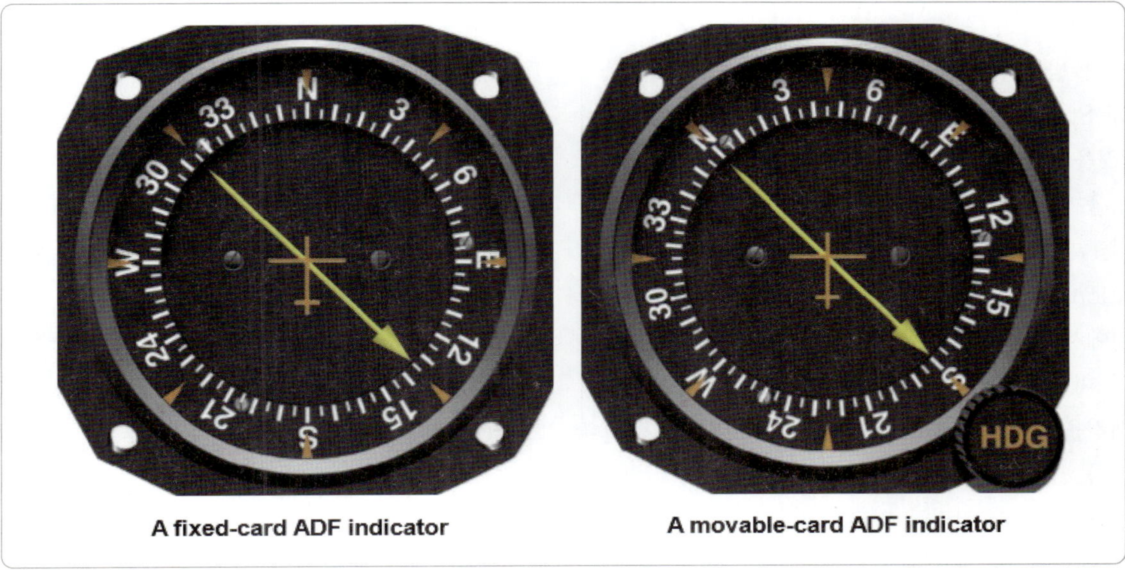



[그림 4-62] ADF Indicator

예를 하나 들어보면, 그림 4-63의 좌측 Fixed-card ADF Indicator는 항상 360°, N을 가리키도록 고정되어있다. 이 경우 상대방위 즉, 항공기의 헤딩으로부터 NDB Station까지의 방위는 135° 가 된다. 이 상대방위에서 만약 항공기의 헤딩이 45° 라면, 자북을 기준으로 한 Station까지의 방위(방향, 각도) 즉, 자북 방위는 180° 가 된다.

MH + RB = MB

위의 예를 우측의 Movable-card ADF Indicator에 적용할 경우 항공기의 MH을 Top Index에 위치 시킴으로써 MB 180° 을 바로 구할 수 있다.

기본적인 ADF Indicator가 상대 방위(RB)를 보여주는 반면에 전파방위 지시계(RMI: radio magnetic indicator)는 항공기의 헤딩과 항공기와 두 지상 항행 안전시설(VOR 또는 NDB) 간의 MB을 보여준다. 즉, 전파방위 지시계(RMI)는 항공기 Heading Indicator와 ADF의 결합이라고 이해하면 되고, 현대 상업용 대형 항공기에는 대부분 RMI가 장착되어 있다. 그림

4-64의 전파 방위 지시계는 다음과 같은 정보를 조종사에게 제공하고 있다.

- 항공기 Heading: 360°
- MB to NDB: 005°
- MB from NDB: 185°
- MB to VOR: 095°
- MB from VOR: 275°

[그림 4-63] 전파 방위 지시계

상대 방위가 항상 0° 이 되도록 항공기 기수를 NDB Station을 향하게 하면서 Station으로 비행하는 것을 호밍(homing)이라고 한다. 측풍 상태에서 호밍을 할 경우 NDB Station까지 곡선비행을 하게 된다. 가장 바람직한 비행 항로는 현 위치에서 Station까지 직선비행을 하는 것이다. 바람이 부는 상황에서도 일정한 경로(MB)를 유지하면서 한 지점까지 비행하는 것을 트래킹(tracking)이라고 하며, 트래킹을 위해서는 브래키팅(bracketing) 기술이 필요하다.

브래키팅이란 일정한 경로(MB)를 유지하기 위해 바람이 부는 쪽으로 Wind Correction을 해주어 경로에서 벗어나지 않고 유지하는 기술이다.

### (다) 거리 측정 장치
#### (DME, distance measuring equipment)

거리 측정 장치(DME)는 송신기 기반(transponder-based) 지상항행 안전시설로서, 거리정보를 항행 마일(nautical mile)로 제공하며, 보통 VOR과 같이 설치되어 VOR/DME로 사용된다.

거리 측정 장치는 UHF 962~1213 MHz 주파수 대역을 사용하여, VOR과 같이 가시선 범위의 제한을 받는다. 먼저 항공기에서 지상의 DME 시설로 질문(interrogation) 신호를 보내면, 지상의 거리 측정 장치 시설은 이 신호를 받은 후 지상 무선국에서는 송신기(transponder)를 이용해 응답(reply) 신호를 항공기로 보낸다. 항공기에 장착된 거리 측정 장치는 보내진 신호가 돌아오기까지 걸렸던 시간을 계산하여 지상 거리측정 장치로 부터 항공기까지의 경사(slant) 거리를 보여준다.

[그림 4-64] DME 지상 무선국

항공기 거리측정 장치는 지상 DME 지상무선국으로부터 항공기까지의 수평거리가 아닌 경사(slant) 거리를 보여준다.

그림 4-66의 예는 경사거리 13.0 NM, 항공기 고도 12,000ft를 보여 주고 있다.

항공기가 DME 지상시설 근처를 비행하는 경우에는, DME가 보여주는 거리가 경사 거리임으로, 실제 항공기와 DME 지상 시설간의 수평거리는 보여 지는 DME 거리보다 짧다.

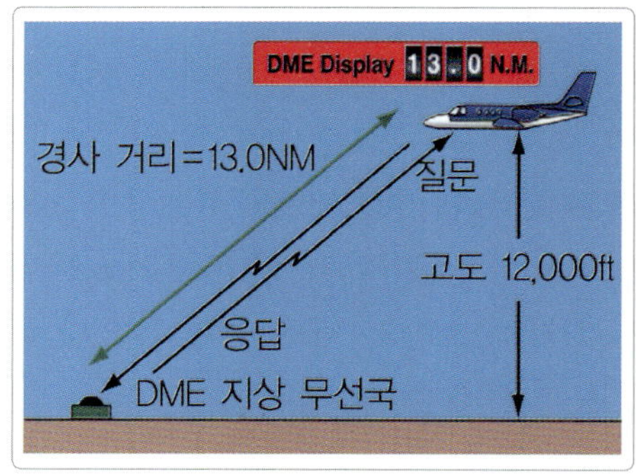


[그림 4-65] 거리 측정 원리

### 4.6.2.4 관성항법(Inertial Navigation)

상기의 항법 체계들이 갖고 있는 공통적인 문제점들 중의 하나가, 외부의 어떤 도움이 없이는 항공기가 자력으로 항로를 찾기 어렵다는 것이다. 이 문제를 해결하기 위한 수단으로 개발된 항법이 바로 관성항법이다. 관성항법이란 일종의 자립항법으로 누턴(newton)의 관성의 법칙을 그 기본으로 한다.

초기 관성항법체계는 군사용 로켓을 위해 개발되었다. 초기형태의 관성항법시스템은 2차 세계대전 당시 독일의 V2 로켓에 장착되어 사용되었고, 전쟁이 끝난 후 그 활용범위는 로켓에서 항공기와 우주선의 항법 시스템으로 확대되었다.

관성항법이란 항공기가 움직일 때 발생하는 가속도를 가속도계(accelerometer)를 이용하여 측정하고, 그 측정된 가속도를 적분하여 속도와 이동거리를 구하고, 구해진 정보들을 토대로 항공기의 위치를 파악하여 비행하는 항법을 말한다.

이러한 일련의 계산과정을 통해 임의의 한 점에서 다른 한 점으로의 위치 이동을 자력으로 할 수 있는 것이다. 관성항법의 장점은 항공기가 출발 시 출발위치를 정확히 입력해 놓으면 외부의 도움 없이 항법이 가능한데 있으나, 단점은 비행거리에 비례하여 오차가 누적되고, 타 항법 장비들에 비해 부피가 크고 두게가 무거우며, 가격이 비싸다는 것이다.

## (가) 관성항법시스템(inertial navigation system) 의 원리

관성항법시스템(INS)이란 외부의 도움 없이 컴퓨터, Motion Sensors(가속도계, accelerometers), Rotation Sensors(자이로, gyroscopes)를 사용하여 움직이는 물체의 위치, 속도, 진행 방향을 구하는 항법장비이다.

관성항법시스템(INS)은 컴퓨터, 가속도계를 탑재하고 있는 플렛폼(platform), 자이로(gyro) 등으로 구성된다. 관성항법시스템은 선 가속도(linear acceleration)와 각 가속도(angular acceleration)를 측정하여 아래에 열거된 3가지 변화를 구한다.

- 위치의 변화 (예: 동쪽으로 이동, 서쪽으로 이동)
- 속도(velocity)의 변화 (움직이는 속도와 방향)
- 방향(orientation)의 변화 (3축을 기준으로 한 회전)

관성항법 시스템(INS)은 완전히 독립적인 추측 항법 시스템이다. 출발 위치를 기준으로 INS는 모든 방향의 움직임을 추적하여 출발 지점과 비교 후, 항공기의 비행 위치를 계산한다. INS가 작동하도록 하기 위해 지상 송신기나 인공위성의 형태로 항공기의 외부

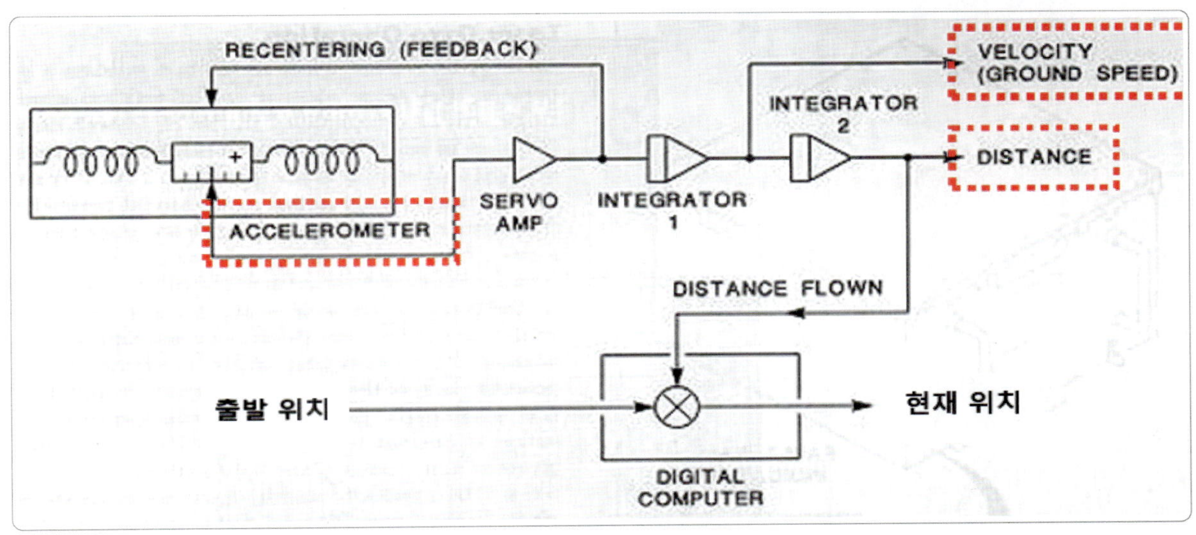



[그림 4-66] 관성항법 개념

시설을 요구하지 않으며 조종사가 추측 항법을 할 때와 마찬가지로 속도, 헤딩, 시간 등의 측정에 기초한 현재 위치에 대한 모든 계산을 수행한다.

### (1) 현재 위치(present position)

비행 하는 동안 관성항법시스템(INS)은 위도와 경도로 표현되는 항공기의 위치를 지속적으로 계산한다. 조종사는 비행 중, 일반적으로 수평자세 지시계(HSI: horizontal situation indicator)에서 업데이트된 항공기의 현재 위치를 볼 수 있다. 관성항법이라는 용어에서 시스템 작동의 기본 원리를 이해 할 수 있다. 항공기 관성을 변화시키는 힘에 의한 가속도의 정확한 측정은 INS의 성능에 매우 중요하다.

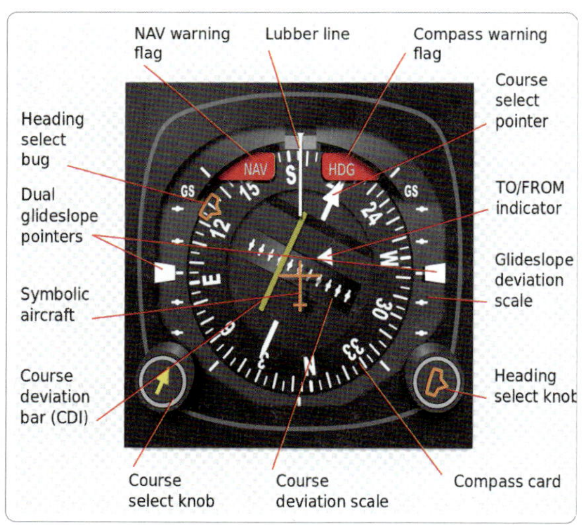


[그림 4-67] 수평자세 지시계(HSI)

### (2) 가속도계(accelerometers)

관성항법 시스템은 항공기 가속도의 크기를 측정한 다음, 그 정보를 이용하여 이동 속도와 거리를 계산한다. 그림 4-69는 간단한 진자의 운동을 보여준다. 자동차가 앞으로 움직이기 시작하면 자동차에 붙어 있는 진자는 차량 후방을 향해 흔들린다. 진자의 이러한 특성은 뉴턴의 운동 제1법칙인 관성의 법칙에 의해 설명된다. "물체에 힘이 작용하지 않으면 정지한 물체는 계속 정지해 있고, 운동하고 있는 물체는 현재의 속도를 유지한 채 일정한 속도로 운동을 한다."

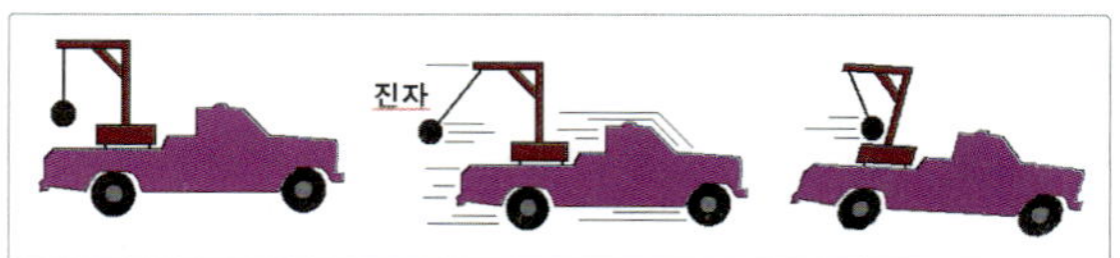


[그림 4-68] 뉴턴의 운동 제1법칙: 관성의 법칙

뉴턴의 운동 제2법칙은 다음의 식으로 알려져 있다.

$$F = ma$$

(F는 힘, m은 질량, a는 가속도)

"물체의 가속력은 힘에 정비례하며, 질량에 반비례한다."는 것을 알 수 있으며, 진자를 이용하여 가속도를 측정할 수 있다. 가속도의 크기는 진자에 의해 움직이는 거리가 적용된 힘에 비례하기 때문에 측정할 수 있다. 즉, 가속도가 클수록 진자가 뒤로 더 멀리 이동하게 된다. 가속도 측정에 사용되는 장치를 가속도계(accelerometers)라고 한다. 차량이 일정한 운동(또는 정지) 상태에 있을 때 진자가 수직으로 매달려 있다는 것을 이해하는 것이 중요하다.

예를 들어, 차량이 정지 상태에서 시속 100km로 가속한 다음, 정지하기 전에 일정한 속도로 주행 한다고 가정해 본다. 차량이 가속할 때 진자가 뒤로 흔들린다. 그러나 시속 100km로 주행하는 동안 속도가 일정하고 가속도가 0이므로 진자는 수직으로 매달려 있을 것이다. 브레이크를 밟으면 진자가 앞으로 흔들리며 브레이크를 세게 밟을수록 진자는 더욱 앞으로 흔들린다. 차량이 정지하면 진자는 다시 수직으로 매달려 있게 된다.

가속도계는 한 축을 따라서 가속도를 감지한다. 즉

N–S 및 E–W 가속도를 측정하려면 2개의 가속도계가 필요하다. INS는 세로축과 가로축의 가속도를 측정하고 항공기 속도(속도와 방향 또는 헤딩)에 대한 항공기 이동을 표시한다. INS의 기능은 기본적으로 상수인 중력에 의존하기 때문에 피토/스테틱(pitot/static) 시스템과 같은 바람과 대기 조건에 영향을 받지 않는다. 관성항법 시스템은 드리프트(drift) 및 옆바람(cross wind)과 같은 유도 가속도를 매우 정확하게 감지할 수 있으므로 정밀한 정확도로 지상 속도(ground speed), 헤딩(heading) 및 시간(추측항법 시스템에 대한 3가지 요건)을 계산할 수 있으며 신뢰할 수 있는 추측 항법 기준을 제공한다.

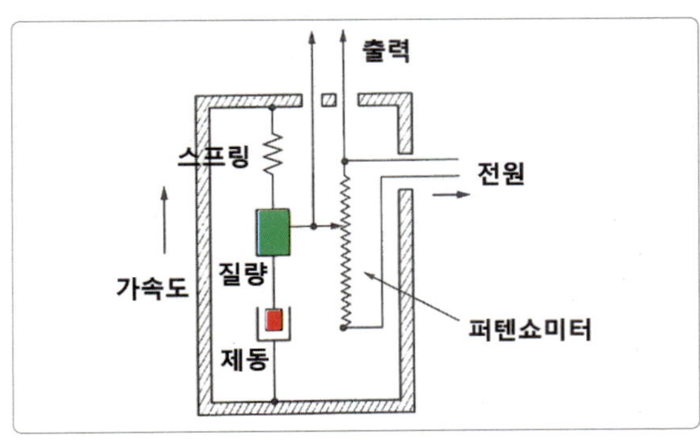


[그림 4-69] 가속도계 원리

## (3) 안정적 플랫폼(stable platform)

가속도계는 가속도로는 피치 상승 각도를 감지하지 못하여, "플랫폼"을 안정시키기 위해 자이로가 사용되어 가속도계는 항상 지구 표면과 평행하게 유지된다(중력에 수직). 자이로스코프는 플랫폼에 직접 장착된다. 플랫폼의 변위는 변위에 비례하는 전기 신호를 제공하는 자이로스코프에 의해 감지된다.

자이로스코프는 각가속도(angular velocity)를 측정한다. 측정된 각속도를 적분하여 현재 항공기의 방향(orientation)을 알 수 있다. 눈을 감고 있어도 차가 왼쪽으로 도는지, 오른쪽으로 도는지 또는 언덕을 올라가는지 내려가는지 느낄 수 있다. 즉, Turn Left, Turn Right, Go up, Go down의 느낌이 바로 각속도이다.

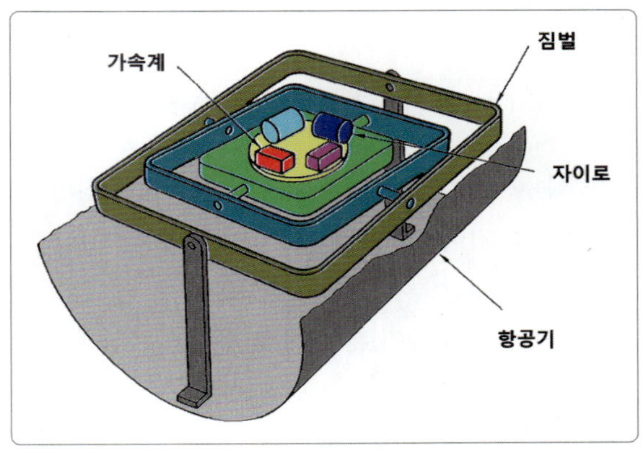


[그림 4-70] 플랫폼

## (4) 적분기(Integrators)

가속도의 크기는 가속계(accelerometer)를 사용하여 측정할 수 있다. 가속은 차량이 이동하는 속도와 거리를 결정하는 데 사용할 수 있다. 적분기가 가속(acceleration)을 적분하여 속도(velocity)를 도출하고 속도를 다시 적분하여 이동된 거리(distance)를 도출한다. 따라서 일정 시간 동안 일정한 속도로 가속하면 일정한 속도를 얻을 수 있다. 마찬가지로 만약 우리의 차량이 일정 시간 동안 일정한 속도로 움직인다면, 그것은 계산할 수 있는 특정한 거리를 이동하게 될 것이다. 예를 들어 다음과 같다.

- 차량이 정지 상태에서 초 당 10m/sec로 가속되면, 10초 후에 초당 100미터의 속도로 이동하고 있다.
- 초당 100m의 속도로 10초 후에 차량은 1000m의 거리를 주행한다.

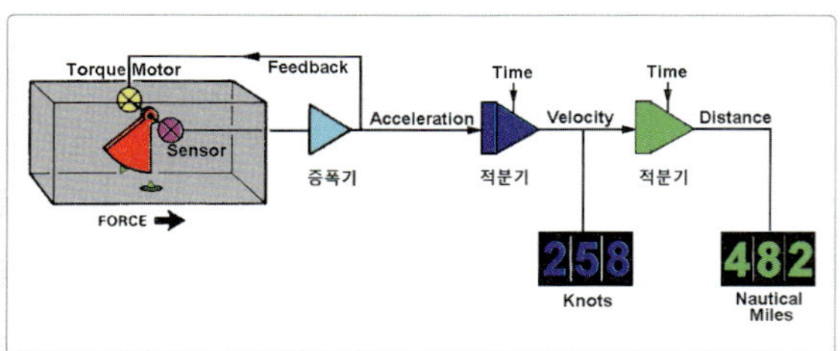

[그림 4-71] 적분기(integrators) 회로

속도는 시간별 적산되는 가속도에 의해 계산할 수 있다. 이동 거리는 시간별 적산되는 속도로 계산할 수 있다.

속도는 일차원 용어로, 하나의 가속계는 항공기 방향을 결정할 수 없으며, 그 방향의 속도만 결정할 수 있다. 가속도는 속도와 방향이며, 속도, 거리 및 위치를 표시하고 N-S & E-W 구성 요소를 결정하기 위해 두 개의 가속계가 필요하다. INS에는 다음과 같은 주요 구성 요소가 포함되어 있다.

- 컴퓨터(안정적인 플랫폼 요소)를 지원하기 위한 적분기, 증폭기, 처리 회로, 전원공급 장치 등 포함)
- 2개의 가속도계
- 두 방향으로 자유롭게 회전하는 안정적 플랫폼

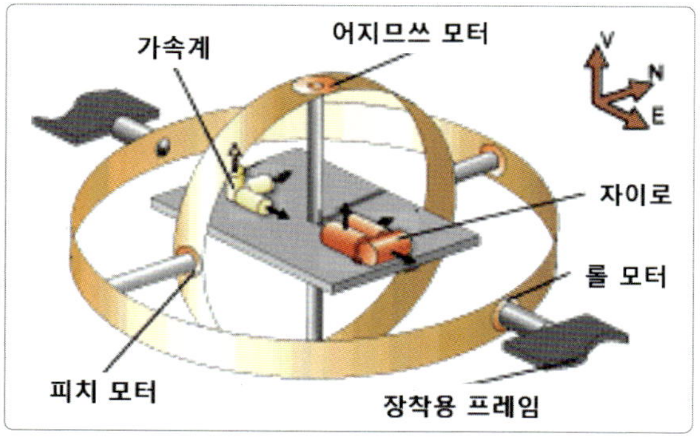


[그림 4-72] INS 주요 구성

INS 컴퓨터의 주요 기능은 다음과 같다.

- 가속 데이터를 사용하여 항공기 속도 및 이동 거리 계산
- 계획된 코스에서 항공기를 유지하는 데 필요한 명령 탐색 신호의 출력 제공
- 플랫폼 교정 신호 제공

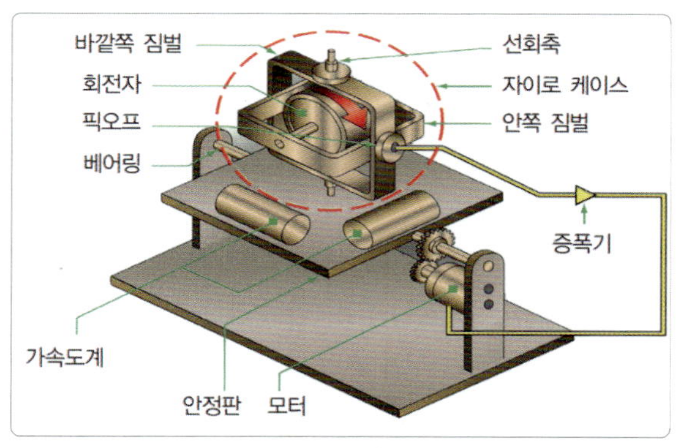


[그림 4-73] 짐벌 형 관성 항법 장치

수평면에서 가속도를 측정하려면 2개의 가속도계가 필요하다. 한쪽 방향 측정은 N-S 가속도, 다른 방향측정은 E-W 가속도. 가속 신호의 합은 실제 가속방향과 같다.

INS는 매우 정확하고 신뢰할 수 있는 항법기준이지만, 최근 레이저 검출 기능의 혁신으로 인해 가속계와 자이로기반 관성기준 시스템이 링 레이저 자이로(ring laser gyro)로 대체되었다.

## (5) 관성항법 시스템(INS: inertial navigation system) 작동

관성항법 시스템(INS)의 심장은 관성합법장치(INU: inertial navigation unit)이며, 자이로, 가속도계, 내비게이션 컴퓨터를 이용해 위치를 계산하는 완전 독립된 시스템이다. 관성항법 시스템은 매우 정확하며 출발 전 알려진 목적지가 설정되었을 때 비행하는 동안 항공기 현재 위치(present position), 지상속도(ground speed), 참 방향(true heading), 트랙

(track), 풍속/풍향(wind speed/direction), 다음 경유지(way point)까지의 거리/시간(distance/time), 교차 트랙 거리(cross track distance) 및 트랙 각도 오류(track angle error)를 계산하여 조종사에게 정확하고 신뢰할 수 있는 자료인 현재 위치를 지속적으로 추적하는 내비게이션 정보를 제공한다. 관성항법 장치(INU)는 경유지를 프로그래밍 할 수 있으며 자동조종 시스템과 결합될 경우 프로그래밍 된 비행경로를 따르는 조종 명령을 제공할 수 있다.

관성항법 시스템은 일반적으로 시간당 1~2해리 정도의 속도로 표류하는데, 이는 8시간 비행동안 서비스 가능한 관성합법장치가 겪을 수 있는 최대 오차는 16해리가 된다는 것을 의미한다.

정밀도를 유지하기 위해 많은 관성항법 시스템은 시각적 랜드마크, 지상 송신국의 라디오 내비게이션 송신 또는 GPS를 참조하여 수동으로 또는 자동으로 보정할 수 있다. 항공기가 정확한 위치를 확보하면 관성합법장치가 보정되고 누적 오차가 제거되어 비행 기간 동안 관성항법장치는 아주 정확하게 위치정보를 유지한다.

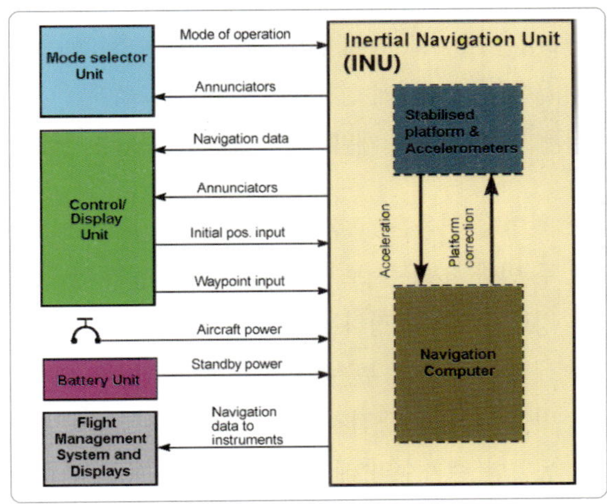


[그림 4-74] 관성항법 시스템(INS)의 작동

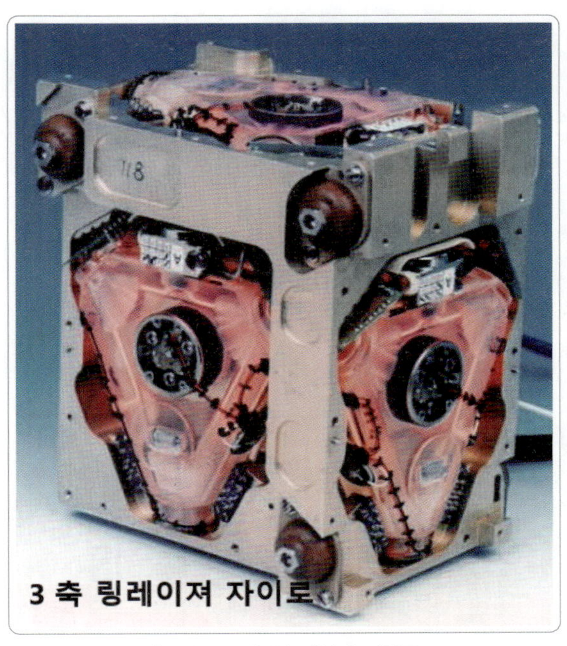


[그림 4-75] 링 레이저 자이로

## (6) 링 레이저 자이로(ring laser gyro)

레이저 자이로는 현재 항공기 항법 장비에 널리 사용되고 있다. 이 레이저 자이로는 높은 정확성과 신뢰성으로 정밀하고 독립적인 운항 데이터를 제공하고, 반도체를 이용한 장치로서 자이로 안정화 플랫폼 시스템에 비해 오작동에 덜 취약하다. 레이저 자이로는 추측 항법 시스템이며, 작동하기 위해 외부 입력이 필요하지 않다. 링 레이저 자이로 관성 장치는 자이로 안정화 플랫폼을 필요로 하지 않기 때문에 보다 정확하게는 스트랩 다운(strap down) 시스템이라고 불린다. 일반적으로 가속도계에서 오류를 발생시키는 피치 및 롤 움직임은 컴퓨터에 제공되며 가속도계 출력은 항공기 자세 변화를 보상하기 위해 전자적으로 수정된다.

이러한 형태의 관성 기준 장치(IRU: inertial reference unit)는 일반적으로 일차적인 자세 정보를 제공하며, 고도(수직), 상승률 및 하강 속도 및 지상

속도를 측정할 수 있다. 관성 기준 장치의 출력은 일반적으로 디지털 데이터 버스를 통해 비행 제어 컴퓨터(FCC: flight control computer), 내비게이션 컴퓨터(navigation computer), 다기능 디스플레이(MFD, multi-function display) 등으로 제공된다.

참조) 스트랩 다운 시스템(strap down system)
관성 센서를 직접[짐벌](gimbal)을 쓰지 않고] 이동체에 부착한 상태를 가리키는 용어로, 관성 센서는 이동체의 직선 운동 및 회전 운동을 검지(檢知)한다.

### (7) 링 레이저 자이로스코프의 이해

링 레이저 자이로는 우리가 알고 있는 의미에서 자이로스코프가 아니며, 단순히 움직임을 감지하고 자이로처럼 행동하도록 설계된 레이저 빛의 두 광선이다. 링 레이저 회로는 삼각형 주위로 두 개의 레이저 빔이 반사되어 빛이 닫힌 루프로 이동하도록 구성된다. 빛은 동시에 양방향으로 이동하므로 시계방향 빔과 시계반대방향 빔이 있다.

링 레이저 자이로스코프는 어떻게 움직임을 감지하는 데 사용될 수 있을까?

두 사람이 같은 출발점에서 걸으면서 정지해 있는 회전식 승강장을 생각해 보자. 한 사람은 시계방향으로 걷고 다른 한 사람은 시계 반대방향으로 걷는데, 두 사람 모두 100보를 걸으면 완전히 돌아 출발점으로 되돌아갈 수 있다.

그러나 플랫폼이 시계 방향으로 천천히 회전한다면, 플랫폼과 함께 걷는 사람은 동일한 수의 스텝으로 이동을 완료하기 위해 더 짧은 스텝을 밟아야 할 것이다.

반대로 회전 방향과 반대로 걷는 사람은 100단계로 여행을 완료하기 위해 더 큰 스텝을 밟아야 할 것이다. (예: 에스컬레이터를 타고 걷는 것 -같은 거리를 도달하기 위해 더 많은 단계)

이것은 도플러 원리로도 설명할 수 있다.

비슷한 현상이 링 레이저 자이로에서도 일어난다. 자이로를 시계 방향(CW)으로 돌리면, 시계 방향 빔은 짧은 시간 안에 이동을 완료한다. 동일한 수의 사이클로 여정을 완료하려면 빔 파장을 압축해야 하며, 즉 주파수를 늘려야 한다. 반대로 시계 반대 방향(CCW) 빔 파장은 증가해야 한다(주파수 감소).

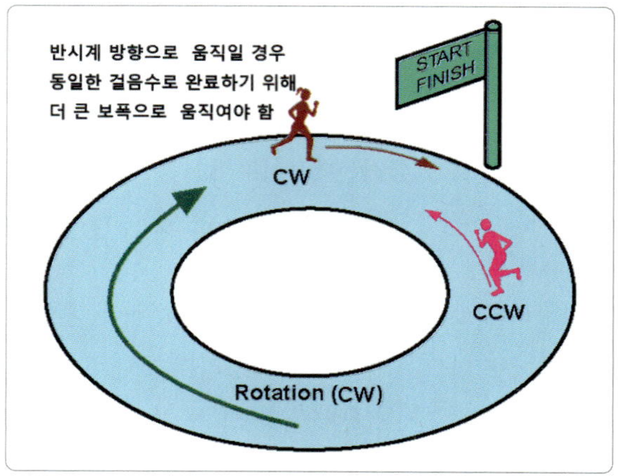


[그림 4-76] 링 레이저 자이로스코프의 이해

### (8) 링 레이저 자이로 작동

현대 항법 장비에 사용되는 레이저 자이로는 온도에 안정적인 단단한 삼각형 유리블록으로 제조된다. 정확한 구멍을 유리를 통해 뚫어 삼각형 경로를 만든다.

거울은 각 모서리에 설치되고 유리안의 구멍에는 네온-헬륨 가스 혼합물로 채워진다. 각 거울은 구조가 다르다.

- 첫번째 거울은 고정되어 있음
- 두 번째 거울은 서보 모터에 의해 조정될 수 있으며, 경로길이를 조정하는 데 사용된다.
- 세 번째 거울은 부분적으로 투명하여 일부 레이저 빛이 두 개의 광전지 검출기에 도달 할 수 있다. 동일한 주파수의 레이저 빔 두개가 동시에 반대 방향으로 닫힌 루프주위로 반사된다.

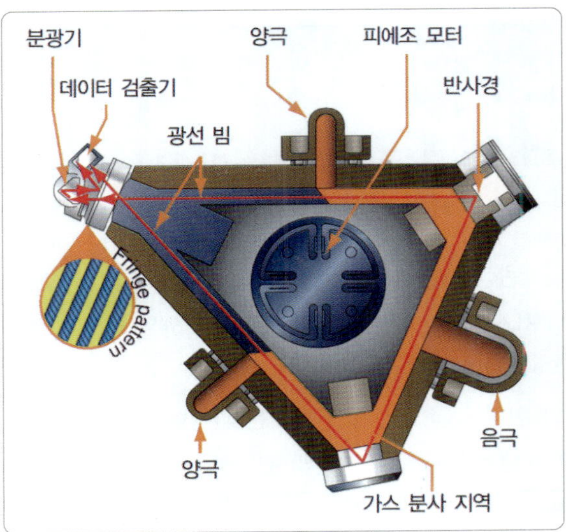

[그림 4-77] 링 레이저 자이로 작동



레이저 자이로는 빔 주파수의 차이를 측정하여 항공기의 움직임을 감지한다. 그러나 회전에 의한 이러한 변화는 극히 미미하다. 레이저 광 주파수는 약 4700 Tera Hertz (4,700,000,000 Hz)이다. 하지만 자이로는 단 몇 헤르츠의 주파수 차이도 감지할 수 있다.

예를 들어, 자이로는 4 Hz의 레이저 빔 주파수 변화를 일으키는 시간당 15도의 지구의 회전 속도를 정확하게 감지한다. 이러한 민감도를 달성하기 위해 빔은 부분적으로 투명한 거울을 통해 한 쌍의 광전지 탐기지로 유도되며, 여기서 링 레이저 자이로 어셈블리의 이동으로 주파수(파장) 차이가 정량화된다.

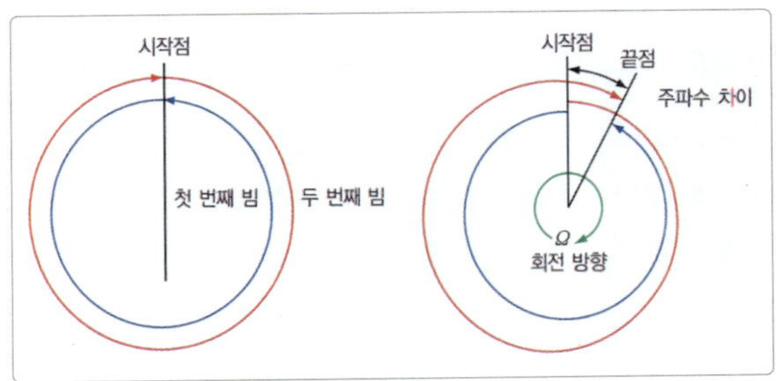



[그림 4-78] 항공기 링 레이저 자이로 주파수 차이

## (나) 관성 기준 시스템 (IRS, inertial reference system)

관성 기준 시스템(IRS)은 관성항법 시스템(INS)를 기반으로 한다. 관성기준 시스템은 자체계산과 항공기의 다른 시스템에 대한 기본적이고 복잡한 항법, 자세 및 속도 데이터를 제공한다. 관성 기준 시스템(IRS)은 관성항법 시스템(INS)의 복잡한 가속도계/자이로스코프 기반 시스템을 사용하나 대신 항공기의 피치(pitch), 요(yaw), 방위면(azimuth plane)에서 항공기의 상세 가속속도를 제공하는 일련의 스트랩다운 레이저 자이로스코프를 사용하며 관성 기준 시스템은 이전의 에어 데이터 시스템에서만 사용할 수 있는 일부 데이터를 제공할 수 있다.

예: 순간 수직 속도(IVSI: instantaneous vertical speed ) 및 고도

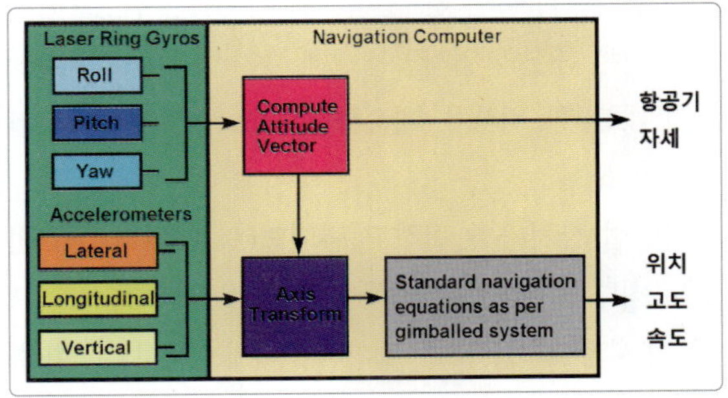



[그림 4-79] 관성 기준 시스템(IRS)

## (1) 관성항법 시스템 초기화(initialization)

관성항법 시스템(INS)이 작동하기 위해서는 최초의 위치정보를 사람이 직접 입력하거나 GPS등으로부터 가져와야 한며, 이 과정을 얼라인(align)이라고 한다.

정확한 Align은 항공기가 정지된 상태에서 이루어져야 하며, 지역에 따라 차이가 있으나 보통 수분이 소요된다. 관성항법시스템의 Align이 끝나면 그때부터 Motion Sensor들을 통해서 얻어지는 정보를 계산

하여 항공기의 새로운 위치, 속도, 진행 방향을 구하게 된다.

관성항법 시스템의 장점은 시스템이 한번 Align 된 후 항공기의 위치, 속도, 진행 방향을 구하는데 어떠한 외부 도움도 필요 없다는데 있다.

관성항법 시스템이 켜지면 관성항법 장치(INU) 자이로의 속도는 빨라지고 플랫폼은 중력에 대해 정렬된다. 관성항법 장치는 지구의 회전을 감지하고 따라서 진북(true north)에 대한 자체적인 참조 기준을 확립할 수 있으며, 초기 정렬 중에 이를 수행한다. 관성항법 장치에는 최초의 위치 정보로 항공기가 위치한 지점의 위도/경도를 입력하거나 GPS로부터 가져와서 지구 및 이동 속도에 대한 자이로 드리프트를 수정하고 항해를 시작할 출발점을 제공해야 한다. 로컬 위도/경도 및 모든 웨이포인트(waypoint 데이터는 control display 장치를 통해 입력된다. 관성항법 장치는 정렬 단계 중에 이동하면 안 된다. 이는 잘못된 가속을 감지하여 낮은 품질의 얼라인을 초래하여 업데이트가 수행되지 않는 한 비행을 계속하면서 오류를 발생시키기 때문이다.

관성항법 장치가 완전히 정렬되면(링 레이저 INU의 경우 최대 3분 더 빠름) 항법 모드로 선택할 수 있으며, 이 시점부터 항공기가 정확히 어디에 있는지 추적한다.

MSU(mode selector unit)는 조종사가 사용하는 간단한 스위칭 및 표시기 장치다.

- 관성항법 시스템(inertial navigation system)에 전원 공급
- 운전 모드 선택
  (초기 시동 및 정렬(alignment), 항법 모드 (navigation modes), 시험 및 교정)
- INS 알림/경고 수신

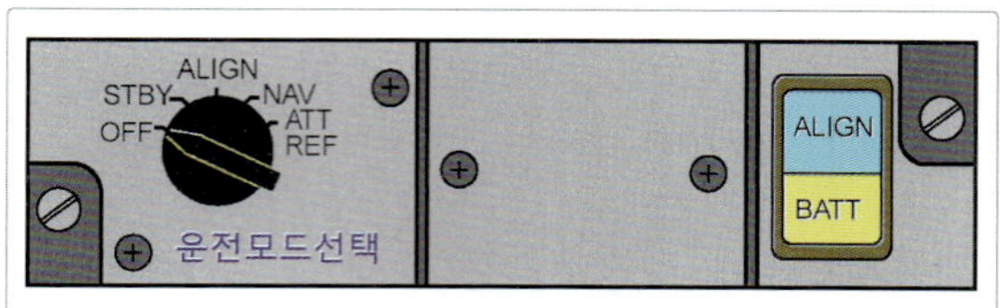



[그림 4-80] Mode selector unit(MSU)

### (2) 관성항법 시스템의 오차

시스템이 가속도와 각속도를 측정하는 과정에서 작은 오차가 발생하고, 이 작은 오차는 속도(velocity)와 위치(position)가 구해지는 과정에서 계속 축적된다. 새로운 위치는 기존의 위치로부터 구해지기 때문에 이 작은 오차는 최초로 항공기 위치가 압력 된 이후부터 시간에 비례하여 점점 커지게 된다. 축적되는 오차 때문에 관성항법장비의 위치는 타 항법장비로부터 구해진 정보를 이용하여 지속적으로 수정되어야 한다.

현재 관성항법 시스템은 더 높은 정확도를 제공하는 타 항법 시스템의 보조 시스템 수준에서 사용되고 있다. 타 항법 시스템의 가장 좋은 예가 GPS이다. GPS와 같은 타 항법 시스템들과 같이 사용됨으로써, 안정적인 위치 정보제공이 가능해졌으며, 타 항법 시스템을 사용 할 수 없을 경우 단기적 대체항법수단으로 사용될 수 있다.

### 4.6.2.5 위성항법(GPS Navigation)

지상 항행안전시설의 위치라는 한계를 극복하고, 기존 항행시스템들 보다 더욱 정확한 위치 정보를 제공하면서 하나의 시스템만으로 전 비행구간을 커버할 수 있도록 하기 위해 개발된 항법시스템이 GPS(global positioning system)이다.

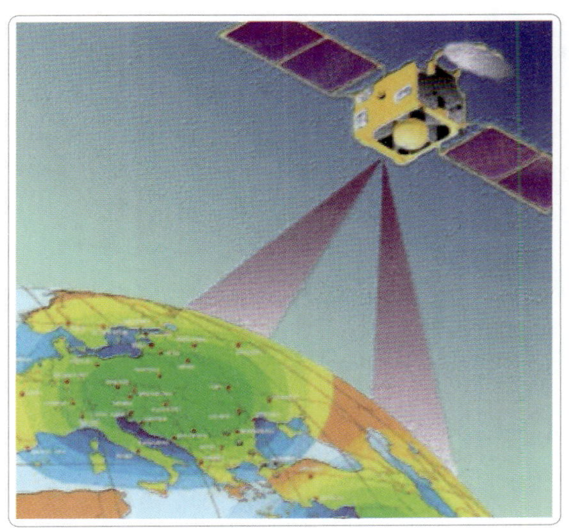

[그림 4-81] 인공 위성

GPS는 1950년 대 말부터 개발되기 시작한 미 해군과 공군의 위성항법시스템을 통합하여 1973년에 만들어졌다. GPS는 위성들과 지상 기지들의 네트워크로 이루어진 하나의 우주 공간 기반(space-based) 무선 항행시스템이다.

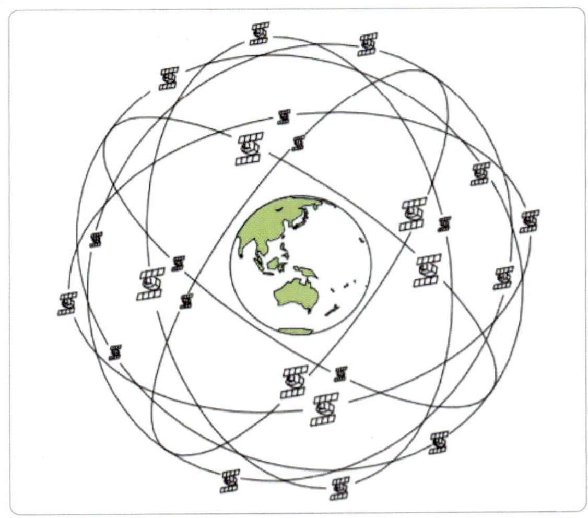

[그림 4-82] Global Positioning System

지구로부터 약 11,000 마일의 고도에서 최소 24개의 GPS 위성들이 6개의 궤도에서 지구를 공전하면서

위치, 속도, 시간 정보를 지구로 보낸다. 이 정보들을 항공기 GPS 수신기를 통해 받아 위치를 파악할 수 있게 되었다.

GPS는 미국의 국방성에 의해 운영 유지되고 있다. 최초의 GPS는 군사적 용도로 개발되어 초기에는 GPS 신호의 민간 사용이 허가되지 않았으나, 1983년 대한항공 007편이 구소련에 의해 격추당한 사건을 계기로 그 다음해 미국의 Ronald Reagan 전 대통령에 의해 GPS 신호의 민간 사용이 허가되었으며 초기에는 민간 사용 GPS 신호의 정확도를 고의로 저하시키는 "Selective Availability(SA)" 를 운영하였다. 미 정부는 미국의 적대국이나 적대 집단에 의한 GPS 민간 신호의 군사적 사용을 방지하기 위해 SA를 운영한다는 명분을 내세웠으나, SA 운영에 대한 전 세계적 반대에 봉착하게 되었고, 결국 2000년 5월 SA 가동이 중단되면서 GPS의 오차는 약 100 meters 에서 20 meters 정도로 개선되었다.

따라서 소형의 GPS 수신기만 있어도 GPS를 이용할 수 있다는 장점 때문에 GPS는 전세계 다양한 사용자들에게 가장 선호되는 항행시스템으로 인식되고 있으며, 전 세계에서 광범위하게 사용되고 있으며 GPS는 기존 항법의 한계를 극복하고 항법의 새 장을 열었다.

## (가) GPS의 역사

2차 세계대전이 끝나고 미국과 구 소련은 자본주의와 공산주의로 나뉘어 본격적인 체제경쟁을 시작했고, 그 중에는 위성항법시스템 개발을 포함한 우주경쟁도 있었다. 미 해군과 공군에 의해 1950년대 말부터 진행돼오던 위성항법시스템 개발이 1973년 통합되어 현재의 GPS에 이르고 있다.

위치확인 시스템은 미국이 개발한 GPS 뿐만 아니라 러시아가 1995년부터 운영중인 글로나스(GLONASS), 유럽연합의 갈릴레오(GLONASS)가 있고 중국은 2000

년부터 베이더우(북두) 라는 시스템을 구축해 활용하고 있다, ICAO에서는 위성을 이용한 항법시스템을 GNSS(global navigation satellite System)로 통합하여 부르고 있다.

- GPS의 3 요소
- GPS는 우주 요소(space element),
- 지상 요소(ground element),
- 사용자 요소(user element)의 세 부분으로 구성되어있다.

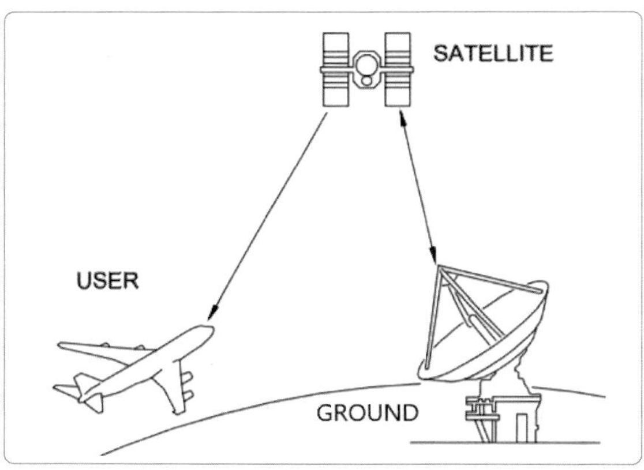


[그림 4-83] GPS의 3 요소

- 우주 요소(space element)

GPS 궤도는 지상의 대부분 위치에서 최소한 6개의 GPS 위성을 관측할 수 있도록 배열되어 있다. 2019년 4월 기준 총 31개의 GPS 위성이 운용 중이다. 추가 위성들은 기본 위성에 문제가 발생할 경우의 백업 역할을 함과 동시에 GPS 수신기의 정밀도를 향상시키는 데에 이용된다.

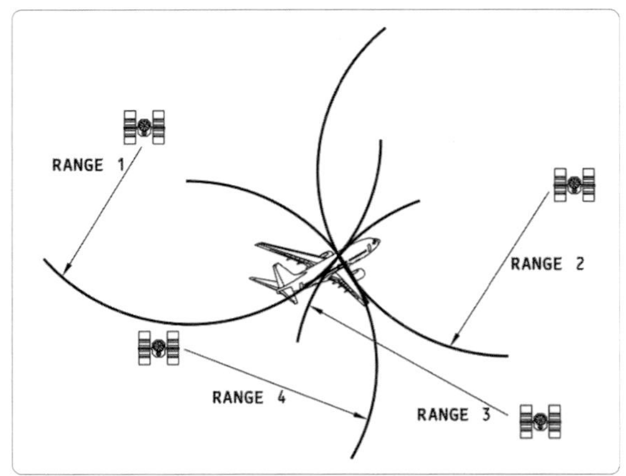


[그림 4-84] GPS의 위치 계산

계획된 위성의 수는 총 36개이다. 이중 24개의 위성이 6개의 궤도에서 궤도 당 4대씩, 12시간 간격으로 궤도를 돌며 위치, 속도, 시간 정보를 지구로 보내고 있다. 위성이 위치한 고도는 약 10,900 NM (20,200 KM) 이다. 3차원이란 하늘에서 비행하는 항공기의 위치파악을 위해서는 최소 4개의 위성이 필요한데, 지구 어디에서도 최소 5개의 위성으로부터 항상 신호를 받을 수 있도록 설계되어 있다.

우주요소(space element)는 크게 세부분 태양열 전지판(solar panels), 외부부품(external components), 내부부품(internal components)으로 구성되어 있다. 태양열 전지판은 태양으로부터 에너지를 받아 위성에 전력을 공급한다. 외부 부품인 Antenna는 무선 송신기 (radio transmitter)에서 생산된 신호를 지상으로 전송한다. 내부부품의 핵심은 원자시계와 무선 송신기이다.

원자시계는 시간정보를 생산하여 무선 송신기에 제공하고, 송신기는 시간 정보를 포함한 신호를 생산해서 송출한다. 각각의 위성에는 4개의 원자시계가 탑재된다.

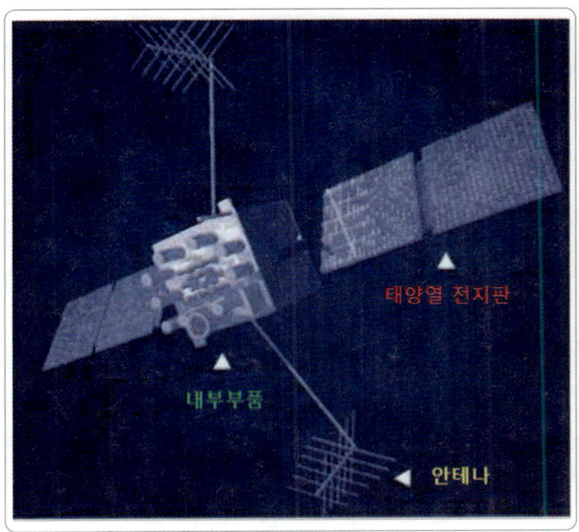



[그림 4-85] 우주 요소의 구성

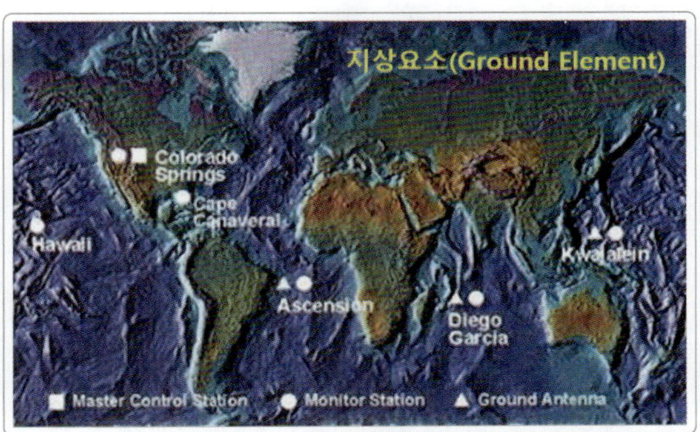



[그림 4-86] 지상 요소의 구성

• 지상 요소(ground element)

지상 요소는 중앙 통제소(master control station), 감시국(monitor stations), 지상 안테나(ground antennas)로 구성되어 있다. 중앙 통제소은 미국의 콜로라도 스프링스의 팰콘 공군기지에 위치해 있으며, Remote Monitoring과 Transmission Sites에 대한 전반적 관리를 담당하고 있다. 6개의 감시국들은 전 세계에 퍼져있으면서, 궤도를 돌고 있는 각 위성들의 정확한 고도, 위치, 속도, 전반적 작동상태 등을 점검한다. 제어 세그먼트(control segment)는 감시국 들로부터 수집된 측정값을 이용하여 각 위성의 궤도와 시간을 예상하고, 그 예상 데이터를 위성으로 Uplink 시켜 사용자들에게 전송시킨다.

뿐만 아니라 제어 세그먼트는 GPS 위성의 궤도와 시계가 허용 한계 내에 있도록 조절한다. 하나의 감시국은 동시에 11개 위성을 추적할 수 있으며, "Check-Up"은 하루 2번 실시된다. 지상 안테나들은 담당하고 있는 범위 내에 있는 위성들을 감시하고 추적하며 때대로 각각의 위성들로 수정 정보를 송신한다.

• 사용자 요소(user element)

사용자 요소는 GPS 수신기이며, 사용자에 따라 민간용 수신 장비와 군용 수신 장비로 구분되며, 민간용은 또 항공 부문과 비 항공 부문으로 나눌 수 있다. 기존의 항법들이 가지고 있던 한계를 극복한 위성항법은 현재 전 세계에서 폭 넓게 사용되고 있다. GPS는 기존의 지상항행 안전시설들과는 달리 항공기가 지구상 어디에 있던 정확한 위치 정보를 제공한다.

항공기의 수신 위성의 수가 4개 이하이거나, GPS 신호의 정확도가 기준 이하인 경우 항공기 제작사별로 3개씩의 경고 메시지(warning message)가 있다.

아래와 같은 경고 메시지가 있다면 GPS는 정상 작동되지 않다고 간주할 수 있다.

| Boeing |
| --- |
| "GPS" |
| "UNABLE RNP" |
| "VERIFY POSITION" |

| Airbus |
| --- |
| "GPS PRIMARY LOST" |
| "NAV ACCURACY DOWNGRADE" |
| "FM / GPS POSITION DISAGREE" |

- GPS의 혜택

GPS의 도입에 따른 혜택은 다음과 같다.

- 비행 전 구간에서의 안전도 강화
- Seamless(멈춤 없이 유연하고 부드러운) 항법 가능
- 효율적, 최적화, 유연한, 사용자 선호 항로 설계 가능
- 분리간격 축소로 인한 공역 수용능력 확대
- 비행시간 단축 및 연료 절감
- 불필요한 지상 항행안전시설의 축소 운영에 따른 비용 절감
- 강화된 지상 및 조종사 상황 인식(situational awareness)
- 증가된 접근 능력

## (나) 항법의 현재와 미래

현재 공중 항법의 큰 틀은 무선항법, 관성항법, 위성항법으로 구성 되어있다. 위성항법이 도입되기 전까지만 해도 지상에서는 무선항법이, 대양과 외진 내륙 지역의 장거리 항법에는 관성항법의 역할이 컸으나, GPS가 도입된 이후로는 지역을 떠나 위성항법의 중요도가 점점 커지고 있다.

그림 4-88에서 볼 수 있듯이 현재 대형 항공기에는 대부분 비행관리 시스템(FMS: flight management system)이 장착되어 있어, 무선항법 장비, 위성항법 장비, 관성항법 장비를 통해 들어온 위치정보를 통합 처리하여 조종사에게 항공기의 위치를 보여준다. 비행관리 시스템(FMS)의 통합 처리 과정을 통해 하나의 항법장비로 얻어진 위치정보 보다 더욱 정확한 위치 정보가 조종사에게 제공된다.

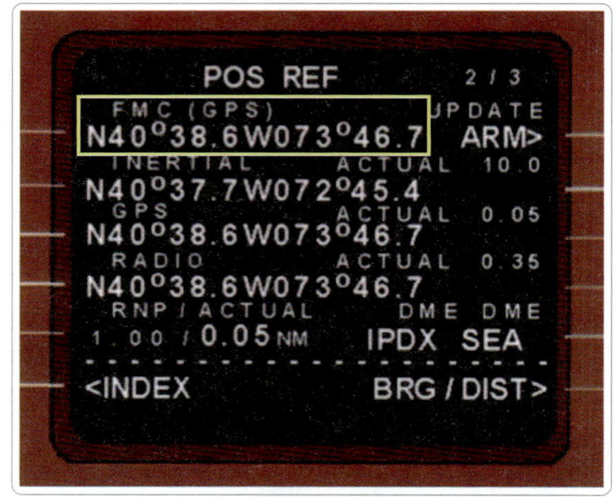

[그림 4-87] 비행관리 시스템(FMS)

GPS와 FMS의 도입으로 본격적인 지역항법(area navigation)의 시대가 열렸다. 지상항행 안전시설의 위치라는 한계와 관성합법 장비의 오차를 극복한 정확하고 섬세한 지역항법이 가능해졌다. 이제 항법의 미래는 지역항법이다.

## (다) 지역항법

### (RNAV: area navigation performance)

ICAO 부속서 11의 RNAV 정의를 간단히 요약하면 "지상항행 안전시설의 "TO-FROM" 원칙에 구애받지 않고 원하는 비행로로 직선 비행이 가능하다"는 의미이다. 1970년대 후반부터 증가하는 항공교통량으로 인해 세계의 곳곳에서 지연현상이 발생, 항공 산업 전반에 걸쳐 많은 경제적 손실을 가져왔으며, 이를 해결하기 위해 항공교통 관제시스템의 수용량을 증대하기 위한 방안의 하나로 항로 비행단계에 본격적으로 도입되기 시작하였다.

RNAV는 aRea Navigation의 약자로 지역항법이라고 한다. RNAV는 항행안전시설과 자립항법 시스템을 이용한 두 지점간의 최단거리 비행 또는 가장 효율적인 항로 비행을 가능하게 해주는 항법을 말한다. 지

금까지의 항법은 지상항행 안전시설의 위치에 제약을 받았으나, RNAV는 지상항행 안전시설의 위치라는 한계를 넘어선 항법이다. 기존의 항로와 SID/STAR (standard instrument departure / standard terminal arrival route)들은 지상 항행안전시설들의 위치와 통달 거리 등의 제약에 의해 최적의 설계가 이루어질 수 없었다. 그러나 RNAV를 이용한 항로와 SID/STAR들은 지상시설들의 위치에 관계없이 가장 효율적으로 설계될 수 있는 것이다. RNAV는 전통적으로 사용되던 항법과 대치되는 개념이다.

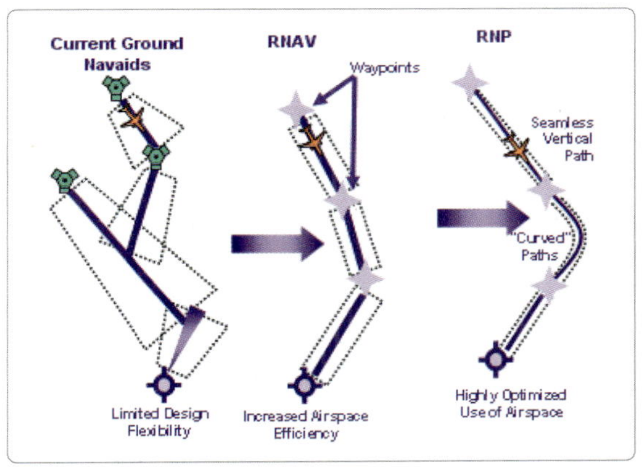


[그림 4-88] 지역항법

RNP(required navigation performance)는 '요구되는 항법 성능" 정도로 해석이 된다. 예를 하나 들어보면, RNP 5란 RNP 5 정확도가 요구되는 비행 구간을 비행할 때 소요되는 총 비행시간의 95%시간 동안 항공기 항법 시스템이 항공기의 위치로부터 5 NM 거리 안에 항공기가 위치해 있어야 되는 정확도를 말한다.

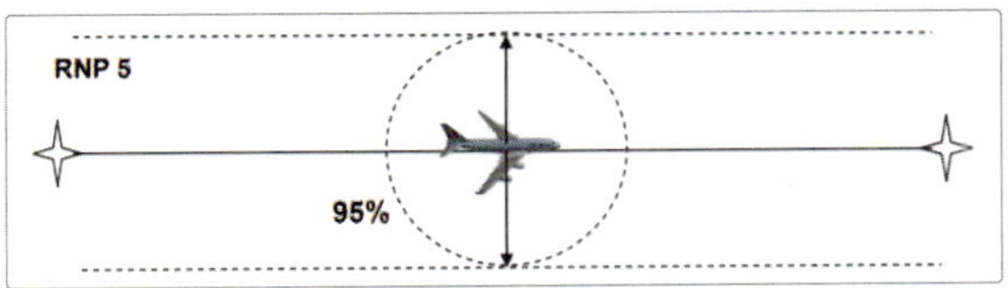


[그림 4-89] RNP 개념

항법에 있어서 혁명과도 같은 RNAV의 도입은 기존의 비행과 항공교통관제 그리고 나아가서는 항공산업 전반에 큰 영향을 끼쳤다.

공항관리자의 측면에서는 활주로 수용능력 증가 및 비행로 유지능력의 향상을 통한 소음 민감 지역 회피 등이 용이해져 환경영향의 감소, 공항주변 지역사회와의 관계증진이 가능하다는 점이며, 항공교통관제 측면에서의 이점을 살펴보면;

- 레이다 유도감소 등과 같은 관제방법의 변화를 통한 관제 및 교통량 처리능력 등의 잠재적 증가
- 충돌위험 해소 등과 같은 문제해결 가능시간 증가를 통한 안전도 제고 및 관제사 업무량 감소가능
- 레이다 유도대신 RNAV 비행로를 이용하도록 지시하여 관제사와 조종사간 교신량 감소
- 항공기 비행로의 정확성과 안전성 확대를 통한 비행로의 신뢰도 증가 등을 들 수 있다.

항공교통 관제부분 외에도 비행거리감소, 연료절감, 이륙화물 탑재량 증가, 이륙 및 출발 구간의 연료관리 개선 등을 통한 사용자 부분의 경제적 효과와 향후 지상항행 안전시설 설치수의 감소 등을 통해 설치 및 유지비 감소 등이 가능하다.

그러나 지상항행 안전시설의 경우 VOR과 DME는 아직까지도 RNAV 위치결정 시 사용되는 주요한 위치정보이므로 향 후 상당기간 동안 GPS와 함께 계속 사용될 것으로 판단되며, 전 세계적으로 현행 RNAV 절차는 기존의 VOR 비행로를 기본으로 중첩형태 (overlay)로 운영되고 있다.

## 4.7.1 개요(Introduction)

항공기는 사람이나 물건을 이동하는 것이 목적이므로 어디에서 출발하여 어디에 도착할 것인가가 정해지면 바람이 불거나 난기류가 있더라도 도착지에 갈 수 있어야 한다. 항공기가 목적지까지 비행하는 과정을 항법(navigation)이라 한다. 항법이 이루어지기 위해서는 항상 현재의 위치를 측정하여 목적지까지의 거리나 방향을 알아야 하는데, 비행 위치를 측정하는데 사용되는 항공 전자장치를 항법장치라 부른다.

항법의 중요성 때문에 항공기의 개발 초기부터 항법을 지원하기 위한 여러 가지 장치가 개발되어 사용되고 있다. 지형지물이 없는 사막이나 바다를 비행할 때 현재의 위치를 알아 내기 위하여 특정 전파를 내는 지상국을 설치하고, 항공기에서 두 곳 이상의 전파를 수신하면 지도에서 자기 위치를 구할 수 있는 장거리 항법 장치가 먼저 개발되었다. 항공기의 수가 늘어나면서 단거리 정밀항법을 위한 장치와 공항에서의 관제 및 착륙 유도 장치 등이 필요하게 되었다. 이러한 항법장치는 지상에서의 송신국을 필요로 하기 때문에 송신소를 설치할 수 없는 대양 위를 날아가는 대륙간 비행을 위해서 외부의 도움 없이 위치를 계산하는 관성 항법 장치가 개발되었다.

오늘날 다양한 종류의 항행안전무선시설(navigation aids)이 각기 다른 비행의 목적에 따라 이용되고 있다. 보편적으로 NDB, VOR, DME, ILS등의 재래식 항행 안전무전시설은 지상에 설치된 안테나(국)에서 송신된 전파를 항공기에 탑재된 수신장비에 의해 전달받아 이용할 수 있다. 조종사들은 이들 장비를 항행에

사용할 때 지상의 송신기가 오작동할 경우에 조종석의 계기가 일시적인 오류를 나타낼 수 있다는 것을 인지하고 있어야 한다. 또한, 항공고시보(NOTAM)를 확인하여 특정 장비의 송신기가 오작동 중이거나 사용이 불가하다고 명시되어 있는지 확인하고, 이에 따라 해당 장비가 지시하는 정보의 신뢰성 여부를 판단해야 한다.

## 4.7.2 무지향성 표지시설
### (NDB: Non-Directional Radio Beacon)

무지향성표지시설(NDB: non-directional radio beacon)은 가장 단순하고 전통적인 항행안전무선시설로서, 수평면에서 지상의 안테나(국)로부터 360° 방위의 전방향으로 무지향성의 전파를 발사하며, 이를 통하여 조종사에게 항공기의 방향정보를 제공한다. 조종사는 무지향성표지시설을 이용하여 방위(bearing)와 해당 표지시설로 향하는 방향을 결정할 수 있다.

그림 4-91의 무지향성표지시설(NDB)은 보통 190kHz~535kHz의 주파수 범위 내에서 운영되며 오랜 기간 항공과 항해 양쪽 모두에서 중요한 역할을 해왔으나 최근에는 초단파 및 극초단파를 이용한 전방향표지시설(VOR), 마이크로파착륙유도장치(MLS) 또는 위성항법시설(GPS) 등의 최신 항법 시설들이 개발되면서 상대적으로 그 중요성이 감소되고 있다.

무지향성표지시설은 NDB 접근시설, NDB 항로구성, 컴퍼스 로케이터, 계기착륙시스템의 일부, 고출력

[그림 4-90] 무지향성표지시설(NDB)

비컨등으로 분류되어 활용될수 있다. 이들중 계기 착륙시스템 마커와 함께 사용되는 NDB를 컴퍼스로케이터라고 부르는데, 이것은 계기착륙시설(ILS)의 일부로 사용되며 항공기의 접근 경로 선상에서 조종사에게 정확한 위치를 식별하도 록 돕는다. 음성 식별이 제공되지 않는 무지향성표지시설에 대해서는 NDB 송신소의 등급에 "W" 자(without voice에서 따온 글자)를 붙여 구분한다.

무지향성표지시설(NDB)는 전파의 방해를 받기 쉬우며 이로 인해 부정확한 방위정보를 지시할 수도 있다.

이러한 전파의 방해는 번개 및 강수 공전 등과 같은 요인에서 비롯되는 것이다. 무지향성표지시설(NDB)는 야간에 원거리 송신국에서 오는 전파 간섭에 대하여 취약하기 때문에 야간에는 상대적으로 떨어져 있는 시설로부터의 간섭을 받을 수도 있다.

모든 전파방해는 자동방향탐지기(ADF)가 방위를 지시할 때 영향을 줄뿐 아니라 식별부호에도 영향을 준다.

자동방향탐지기(ADF) 수신기에는 방위 정보가 정확하지 않게 지시될 때 조종사에게 알려주는 경고 플래그가 없기 때문에 조종사는 무지향성표지시설(NDB)의 식별부호 청취를 통해 장비의 신뢰성을 확인해야 한다.

자동방향탐지기(ADF)는 무지향성무선표지(NDB)로부터 전송된 지상신호로부터 동작한다. 초기에 무선방향탐지기(RDF:radio direction finder)도 동일한 원리를 이용하였다. 수직편파안테나는 190~535[㎑] 범위로서 저주파 주파수 전파를 전송하기 위해 사용되었다. 항공기에 수신기는 무지향성무선표지(NDB)의 전송주파수에 동조되어졌다. 루프안테나(loop antenna)를 사용하여, 안테나쪽으로의 방향 또는 안테나쪽으로부터의 방향은 수신된 신호)의 강도를 감시함으로써 판단되어질 수 있다. 이것은 루프안테나(loop antenna) 넓은 면을 부딪치는 전파가 Null 신호를 유발하기 때문에 가능한 것이었다. 루프(Loop)의 평면에 그것이 부딪칠 때, 아주 강한 신호가 유발되어진다. 무지향성무선표지(NDB) 신호는 조종사가 항행했던 곳에 표지를 인식하도록 했던 하나밖에 없는 모르스 코드 펄스로서 변조되어진다. 무선방향탐지기 장치로서 대형 경식루프안테나(rigid loop antenna)는 항공기의 동체 안쪽에 장착되어졌다. 안테나의 넓은 면은 항공기의 세로축에 직각을 이루었다. 조종사는 저주파 방송의 신호강도에서 변화의 양을 들었고 점차 증대하는 무효(Null) 신호가 유지되어지도록 항공기를 기동시킨다. 이것은 송신안테나에서 그들을 받는다. 위를 날아갔을 때, 무효(Null) 신호는 항공기가 기지국로부터 더 멀리 되었을 때 점차 희미해진다. 무효(Null) 신호의 증가하는 강도 또는 감소하는 강도는 만약 항공기가 무지향성무선표지(NDB)쪽으로 비행하고 있는지 또는 무지향성무선표지(NDB)로부터 비행하고 있는지를 단지 판단하기 위한 수단 이었다. 항로로부터 왼쪽 또는 오른쪽 편차는 신호강도로

하여금 루프안테나(loop antenna)의 수신되는 성질로 인하여 급격하게 증가하게 되었다. 그림 4-92에서 자동방향탐지기(ADF)는 이 개념으로 개선되었다. 방송주파수범위는 약1800[㎒]에 이르기까지 중주파(medium frequency)를 포함하도록 확장되어졌다. 항공기의 비행방향은 방송 전송안테나의 위치를 정하기 위해 변경시킬 필요가 없다. 초기에 모델(Model) 자동방향탐지기(ADF)에서, 회전가능 안테나가 대신 사용되었다. 안테나는 신호가 영으로 된 곳에 위치를 찾기 위해 회전했다. 방송안테나에서 방향은 조종실에 있는 자동방향탐지기(ADF) 표시기의 방위각 눈금에서 보여주었다. 이 형태의 계기는 아직도 오늘날 쓰이고 있는 것을 찾아볼 수 있다. 그것은 항상 비회전 눈금판의 맨 위에 0[°]으로 되는 고정카드를 갖고 있다. 지침은 기지국에 상대방위(relative bearing)를 지시한다. 지시가 0[°] 일 때, 항공기는 기지국로 또는 기지로부터 항로에 있다.

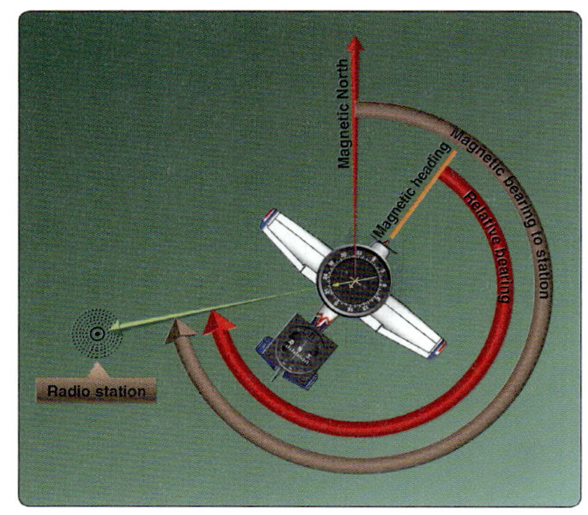



[그림 4-91]자동 방향 탐지기

그림 4-93에서 보여준 것과 같이, 자동방향탐지기 (ADF) 기술이 진보되었을 때, 회전가능 방위각카드 (azimuth card)를 구비한 표시기는 기준이 되었다. 자동방향탐지기(ADF) 신호가 수신되었을 때, 조종사는 현재의 비행방향이 눈금 맨 위에서 있도록 카드를 회전한다. 이것은 자동방향탐지기 송신기에 기수 자방위를 지시하는 지침으로 귀착한다. 이것은 다른 항행 실행에 더 직관적인 것이고 일치하는 것이다.

[그림 4-92] 자동 방향 탐지기 지시계

그림 4-94에서 보여준 것과 같이, 최신의 자동방향탐지기(ADF) 시스템에서, 추가의 안테나는 항공기가 송신기로 향하게 하고 있는지 아니면 송신기로부터의 발원하고 있는지에 관하여 불명료함을 없애주기 위해 사용되어진다. 그것은 감지안테나(sense antenna)라고 부른다. 감지안테나(sense antenna)의 수신 전계는 전방향성으로 루프안테나(loop antenna)의 전계와 통합되었을 때, 그것은 한쪽에서 단일상징(single significant) 무효(Null) 수신지역으로 전계를 형성한다. 이것은 동조에서 사용되어지고 언제든지 자동방향탐지기(ADF)의 기지(station)를 향하는 방향으로 지시를 만들어낸다. 탑재된 자동방향탐지기(ADF)의 수신기는 단지 동작하는 계통에서 방송 송신기의 정확한 주파수에 동조시키는 것이

필요하다. 루프안테나(loop antenna)와 감지안테나 (sense antenna)는 대개 단일, 편평(low profile) 안테나 틀에 수용되어진다.

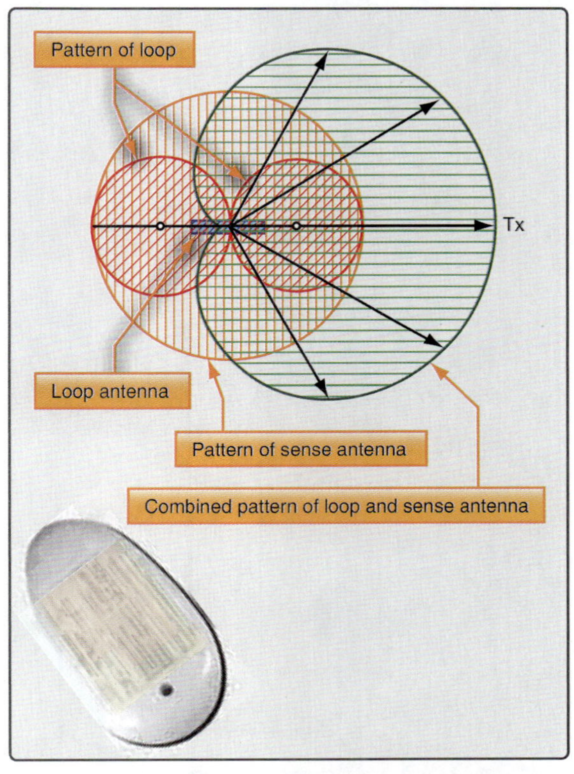


[그림 4-93] 루프 및 감지 안테나 수신 합성 신호

그림 4-95에서 보여준 것과 같이, 항공기 수신기의 동조 능력의 범위에서 어떤 지표안테나(ground antenna) 송신저주파 또는 송신중주파 전파는 자동방향탐지기에서 사용되어질 수 있다. 이것은 진폭변조(amplitude modulation) 무선국으로부터 이들을 포함한다. 가청식별음(audible identifier tone)은 무지향성무선표지(NDB) 반송파에 적재되어진다. 전형적으로 Two-character 모스부호지시어가 사용되어진다. 진폭변조 (amplitude modulation) 무선국 전송으로서, 진폭변조 (amplitude modulation) 방송은 기지식별부호 대신에

들려진다. 무지향성무선표지(NDB) 송신기에 대한 주파수는 송신기를 위한 기호 다음에 항공지도(aeronautical chart)에서 주어진다.

[그림 4-94] 자동방향 탐지기 지상안테나

자동방향탐지기(ADF) 수신기는 사용자에게 접근하기 쉬운 제어로서 조종실에 설치되어질 수 있다. 이것은 수많은 일반 항공기에서 찾아 볼 수 있다. 교대로 자동방향탐지기(ADF) 수신기는 단지 조종실에 있는 제어중추부로서 원격항공전자실에 설치되어진다. 이 중 자동방향탐지기 수신기가 일반적이다. 자동방향탐지기(ADF)의 정보는 언급된 자동방향탐지기 표시기에 나타낼 수 있다. 그림 4-96에서 보여준 것과 같이, 최신의, 평면, 다목적전자화면표시기(multipurpose electronic display)는 보통 디지털방식으로 자동방향탐지기를 나타낸다. 안테나가 자동방향탐지기(ADF)의 수신기에서 선택되어졌을 때, 루프안테나(loop antenna)는 정지하고 단지 감지안테나(sense antenna)만 활동하는 것이다. 이것은 날씨 또는 AWAS 방송과 같이, 자동방향탐지기 주파수범위에서 더 좋은 방송의 다방면의 수신을 제공한다.

[그림 4-95] 자동 방위 탐지기의 수신기

진동주파발진기(beat frequency oscillator)가 자동방향탐지기 수신·제어기에서 선택되었을 때, 내부의 진동주파발진기(BFO:beat frequency oscillator)는 자동방향탐지기 수신기 안쪽에 중간주파수증폭기(IF amplifier)로 연결되어진다. 이것은 무지향성무선표지가 변조신호를 전송하지 않을 때 사용되어진다.

그림 4-97에서 보여준 것과 같이, 자동방향탐지기(ADF) 기술에서 지속된 정밀함은 현재까지 사용하게 되었다. 회전식수신안테나(rotating receiving antenna)는 아철산염철심(ferrite core)으로 되어있는 고정루프(fixed loop)로 대체되어졌다. 이것은 감

도를 증가시켰고 더 작은 안테나로 사용하게 한다. 가장 최신의 자동방향탐지기 계통은 서로 90[°]로 설치된 2개의 루프안테나(loop antenna)를 갖는다. 수신된 신호는 해결기 또는 고니오미터(goniometer)에 있는 2개의 고정자(stator)로 보내진 전압을 유도한다. 고니오미터(goniometer) 고정자는 고정루프의 신호에 서로 관련시킨 회전자에서 전압을 유도한다. 회전자(rotor)는 무효(Null)을 찾기 위해 모터에 의해 가동되어진다. 동일한 모터 기지에 상대방위(relative bearing) 또는 기수자방위(magnetic heading)를 보여주기 위해 조종실 표시기에서 지침을 회전시킨다.

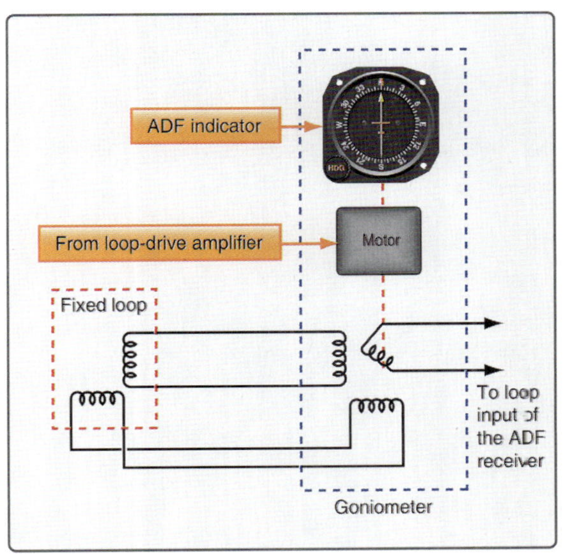


[그림 4-96] 자동 방위 탐지기 고니오미터의 원리

자동방향탐지기(ADF) 안테나의 장착은 그것이 방향성소자(directional device)이기 때문에 정확한 지시에 중대한 것이다. 항공기의 동체 또는 기수의 세로축(longitudinal axis)에 보정은 중요하다. Single Null 수신지역은 정확한 방향에서 나타나야 한다. 안테나는 자동방향탐지기(ADF)가 항공기에서 사라져 비행하고 있는 것보다는 오히려 항공기를 향하여 비

행하고 있을 때, 기지 장소를 지시하도록 방위를 바르게 맞추어야 한다.

## 4.8.1 전파 자방위 지시계 (RMI: Radio Magnetic Indicator)

그림 4-98에서 보여준 것과 같이, 계기판에 공간을 줄여주고 정보를 통합하기 위해, 전파자방위 지시계(RMI: radio magnetic indicator)가 개발되었다.

전파 자방위 지시계(RMI: radio magnetic indicator)는 하나의 계기 나침의(magnetic compass), 초단파 전방향 무선표지(VOR), 그리고 자동 방위 탐지기(ADF)에서 정보를 통합한다.

[그림 4-97] 전파 자방위 지시계

전파 자방위 지시계(RMI)의 방위각카드(azimuth card)는 멀리 위치된 플럭스게이트나침반(flux gate compass)에 의해 회전된다. 항공기의 기수자방위(magnetic heading)는 항상 지시되어진다. 방위기선(lubber line)은 보통 계기눈금판의 맨 위에 표시물 또는 삼각형 이다. 초단파전방향무선표지(VOR) 수신기는 동조된 VOR 기지국를 자기방향(magnetic direction) TO로 지시하기 위해 속이 비지 않은 지침

(pointer)을 가동시킨다. 자동방위탐지기(ADF)가 무지향성 무선 표지(NDB)에 동조되어졌을 때, 이중 또는 속이 빈(hollow) 지침(pointer)은 무지향성 무선 표지로 기수자방위(magnetic heading)를 지시한다.

　항공기 비행 방향이 계기의 맨 위에 있도록 플럭스 게이트나침반(flux gate compass)을 연속적으로 방위각카드(azimuth card)를 조정하기 때문에, 조종사 업무량은 경감되어진다. 지침은 초단파 전방향 무선 표지와 자동방위탐지기 전송 기지가 항공기의 현재 위치되어진 곳에 관계의 위치를 가리키는 곳을 지시한다. 푸쉬 버튼은 한 가지 타입의 기지에서 2개를 수반하는 항법에 대해 자동방위탐지기(ADF)또는 초단파전방향무선표지(VOR)로 각각의 지침의 전환을 하게 한다.

가장 오래되고 가장 유용한 항행안전무선시설(navigational aids) 중 하나는 초단파전방향무선표지장치 이다. 이시스템은 이차대전 이후에 구축되었으며 오늘날까지도 여전히 사용 중에 있다. 그것은 탑재한 항공기에서 무선수신장치(radio receiving equipment)로서 통신하는 수천 개의 지상송신소 또는 초단파전방향무선표지(VOR)로 이루어져 있다 수많은 VOR은 항공로를 따라 위치되어진다. 빅토르(Victor) 항공로 시스템은 VOR 항법장치(navigation system) 주위에 설치되어진다. 지상 VOR 송신기장치는 또한 공항초단파전방향무선표지(TVOR)또는 Terminal VOR이라고 알려진 공항에 위치되어진다.

초단파전방향무선표지장치(VOR)와 유사하게 동작되는 전술 항공 항법 장치(TACAN)로 알려진 항행장치가 있다. 이시스템은 VOR과 TACAN 송신기를 분담하며, 이들 VORTAC이라고 한다. 그림 4-99에서 보여준 것과 같이, 모든 VOR, TVOR, 그리고 VORTAC의 위치는 명칭, 탑재수신기가 기기를 이용하도록 동조되어야 하는 곳에 주파수, 그리고 지역에 대한 모스부호(morse code) 지정과 함께 항공지도(aeronautical chart)에 명시되어진다. 일부 VOR은 또한 지도에 포함되어진 독립된 주파수로서 음성식별자(voice identifier)를 보낸다.

그림 4-100에서 보여준 것과 같이, VOR은 각각의

[그림 4-98] 초근파전방향무선표지 지상 무선국

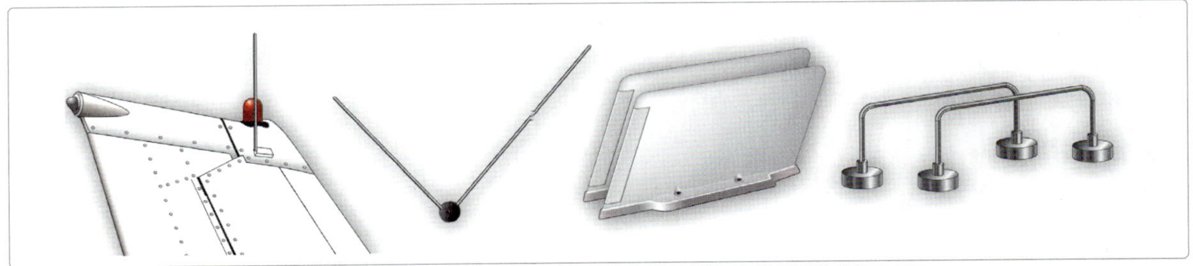

[그림 4-99] 츠단파전방향무선표지의 안테나

채널 사이에 50[KHz] 간격으로 108~117.95[MHz]의 초단파(VHF) 전파를 사용한다. 이것은 최소로 대기간섭을 유지하지만 가시선(line-of-sight) 사용법으로 VOR을 제한한다. 초단파 전방향 무선 표지(VOR)의 초단파(VHF) 전파를 수신하기 위해, 일반적으로 수평편파(horizontally polarized), 쌍극안테나(bi-pole antenna)가 사용된다. V Dipole에 대한 전형적인 장소는 Vertical Fin에 있다. 다른 타입의 안테나는 또한 보증된다. 장착 장소에 대해서는 제작사 사용법 설명서를 따른다. 그림 4-101에서 보여준 것과 같이, 초단파 전방향 무선표지(VOR)의 송신기에 의해 생성되는 신호는 장치로부터 360[°]을 전파하고 탑재 초단파 전방향무선표지(VOR) 수신기와 화면표시계기의 도움으로 지역과 지역간에 항행하기 위해 항공기에 의해 사용되어진다. 조종사는 VOR이 모든 방향으로 전파하기 때문에 VOR 기지국로부터 신호를 교차시키는 경향(pattern)으로 비행하는 것을 필요로 하지 않는다. 전파는 진행의 항공기의 방향에 관계없이 항공기가 지상장치의 범위 내에 있는 한 수신되어진다.

초단파 전방향 무선표지(VOR)의 송신기는 항공기에 탑재한 수신기가 지상국(ground station)에 관하여 자신의 위치를 정하는데 사용하는 2개의 신호를 만들어낸다. 하나의 신호는 기준신호(reference signal)이며, 두 번째는 가변신호(variable signal)를 전기적으로 회전하면서 만들어진다. 가변신호(variable signal)는 자북(magnetic north)에서 일때 기준신호(reference signal)와 동상이지만, 그것이 180[°] 회전되어졌을때 점점 이상(out-of-phase)이 된다.

그것이 360[°]으로 회전을 지속할 때, 신호는 그들이 다시 자북(magnetic north)에서 동상일 때까지 점점 동상이 된다. 그림 4-102에서 보여준 것과 같이, 항공기에 있는 수신기는 위상차를 해독하고 VOR 지상설치장치로부터 도로서 항공기의 위치를 판단한다.

대부분의 항공기는 이중 VOR 수신기가 장착되어 있다. VOR 수신기는 초단파(VHF) 통신 송수신기 처럼 동일한 항공전자장치의 부품이다. 이들은 NAV/COM 전파라고 알려져 있다. 그림 4-103에서 보여준 것과 같이, 내부구성요소는 각각에 대한 주파수대가 인접한 것이기 때문에 공유되어진다.

대형 항공기는 2개의 이중 수신기 그리고 이중 안테나(dual antenna)까지도 갖추게 된다. 하나의 수신기는 사용을 위해 선택되어지고 두 번째는 마주친 항공로상의 다음의 VOR 기지국의 주파수에 동조되어진다. 그림 4-104에서 보여준 것과 같이, NAV 1과 NAV 2 사이에 전환(switching)을 위한 수단은 활성주파수(active frequency) 또는 예비주파수(standby frequency)를 선택하기 위한 스위치로써 장착되어있다. 초단파전방향무선표지(VOR) 수신기는 또한 계기착륙장치(ILS)의 수신기와 글라이더 슬로프 수신기에 연결된 것을 찾아 볼 수 있다.

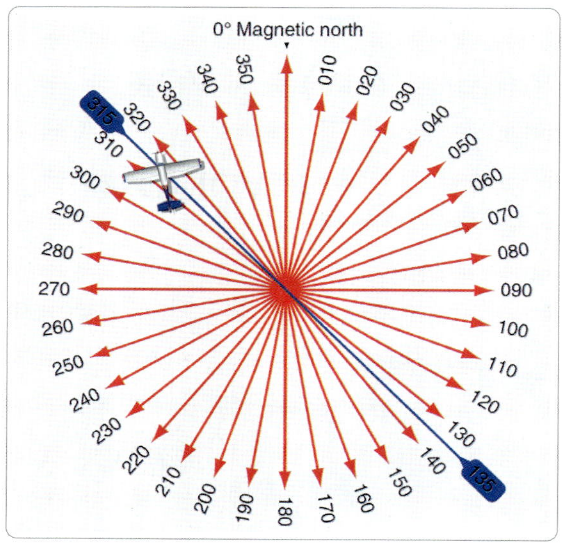


[그림 4-100] 초단파 전방향 무선표지의 송신기 신호

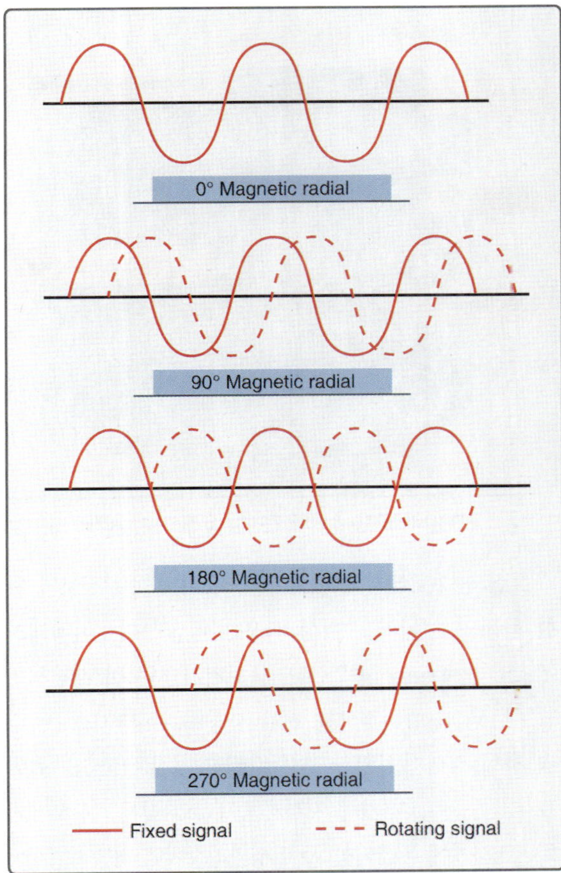



[그림 4-101] VOR 무선 위치에 따른 기준 신호와 가변 신호 간의 위상차

[그림 4-103] 초단파 전방향 무선 표지 수신기

그림 4-105에서 보여준 것과 같이, 초단파 전방향 무선 표지(VOR)의 수신기는 신호가 발생되어지는 VOR 기지로 또는 VOR 기지로부터 도로서 방위(bearing)를 해석한다. 그것은 또한 원하는 항로 중심선에서 선택된 지역으로 또는 선택된 지역에서 원하는 항로 중심선으로 편차(deviation)의 표시기를 가동시키기 위해 직류전압을 생성한다. 추가로 수신기는 항공기가 VOR을 향하여 비행하고 있는지 아니면 그것으로부터 멀리 비행하고 있는지를 결정한다. 이들의 항목은 여러 가지의 계기에서 다른 진로의 수를 나타내질 수 있다. 가끔 VOR 게이지로 구비되어진 구형항공기는 단지 VOR 정보를 나타낸다. 이것은 또한 전방위선택기(OBS : omni-bearing selector) 또는 항로편차지시계(CDI : course deviation indicator)라고

[그림 4-102] NAV/COM 수신기

도 부른다. 그림 4-105에서 보여준 것과 같이, 항로편차지시계(CDI) 선형표시기(linear indicator)는 본질적으로 수직면을 유지하지만, 그러나 항로에 방위(bearing)로부터 편차를 보여주기 위해 계기문자반(instrument face)에 눈금의 전역에서 왼쪽과 오른쪽으로 움직인다. 각각의 눈금은 2[°]씩 이다. 전방위선택기(OBS) 노브(Knob)는 방위각고리(azimuth ring)를 회전시킨다. VOR의 범위에 있을 때, 조종사는 항로편차지시계(CDI)가 중심에 있을 때까지 전방위선택기(OBS: omni-bearing selector)를 회전시킨다. 항공기의 각각의 장소에 대해, 전방위선택기(OBS)는 항로편차지시계(CDI)가 중심에 있게 될 곳인 2개의 위치로 회전시켜질 수 있다. 하나는 항공기가 VOR 기지국을 향하여 이동하고 있는 것을 지시하는 게이지의 TO Window에서 화살표를 생기게 한다. 다른 선택방위(selectable bearing)는 이것으로부터 180[°] 이다. 선택되었을 때, 화살표는 항공기가 선택된 항로에서 VOR로부터 멀리 움직이고 있는 것을 지시하는 FROM Window에 나타내진다. 조종사는 똑바로 VOR쪽으로 또는 VOR로부터 비행하도록 중심에 있는 항로편차지시계(CDI)와 비행방향(heading)에 항공기가 향해야 한다. VOR 정보는 VOR 지상국으로부터 동시에 송신된 2개의 신호 사이에 위상관계(phase relationship)를 해독하기를 끌어낸다. 전력이 상실되었거나 또는 VOR 신호가 약하거나 중단되었을 때, NAV 경고 플래그가 나온다.

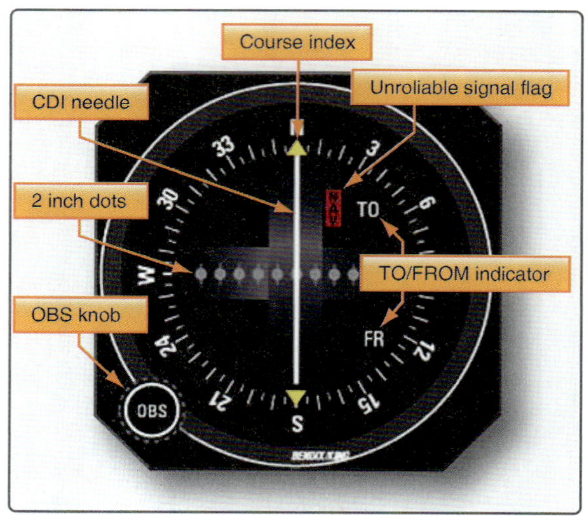


[그림 4-104] 초단파 전방향 무선 표지 계기

그림 4-106에서 보여준 것과 같이, VOR 정보를 위한 단독의 게이지는 항상 사용되지 않는다. 비행계기(flight instrument)와 화면표시기가 서서히 발전시켜질 때, VOR 항법정보는 전파 자방위 지시계(RMI), 수평 자세 지시계(HSI), 전자 비행 계기장치(EFIS) 화면표시기 또는 전자 자세 지시계(EADI)와 같은, 다른 계기 화면표시기에 통합되었다. 비행관리장치와 자동비행제어장치는 또한 자동적으로 그것의 계획된 비행구획에 항공기를 제어하기 위해 VOR 정보를 통합하도록 만들어졌다. 평면판넬 다기능장치(MFD)는 움직이는 지도표현과 다른 선택된 화면표시기로 VOR 정보를 통합한다. 그렇지만 도로서 방사상방위(radial bearing), 항로편차지시, 그리고 TO/FROM 정보의 기본정보는 변화되지 않도록 유지된다.

대형 공항에서, 계기착륙장치(ILS)는 계기착륙접근시에 활주로에 항공기를 유도한다. 항공기의 VOR 수신기는 무선신호를 해석하기 위해 사용되어진다. 그것은 VOR 항로편차지시계(CDI)가 나타날 때 동일한 계기 화면표시기에 더 민감한 항로편차지시(course deviation indication)를 제시한다. 계기착륙장치(ILS)의 이 부분은 로컬라이저)라고 한다. 계

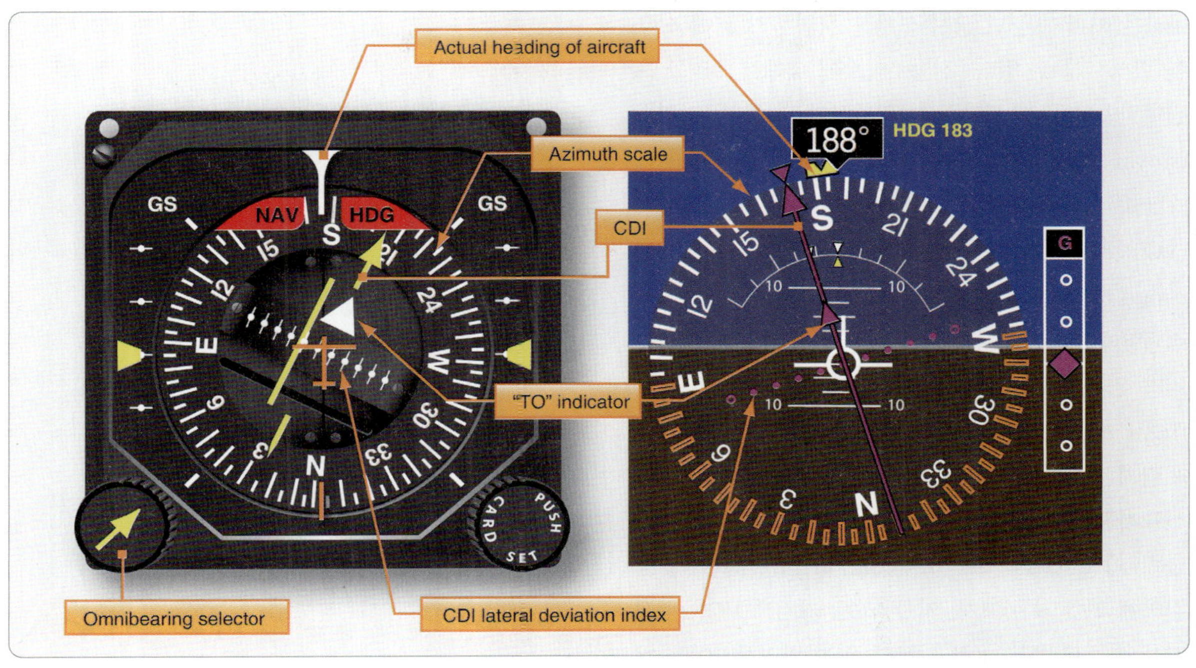


[그림 4-105] 수평 자세 지시계(HSI)

기착륙장치(ILS) 로컬라이저(localizer) 주파수에 동조된 동안, VOR/ILS 수신기의 VOR 회로 소자는 작동하지 않는다.

자동방위탐지기(ADF)의 송신기(transmitter)와 안테나(antenna)와 같은 거리측정장치(DME) 또는 무지향성무선표지(NDB)와 함께 VOR 송신기를 합병시키는 것은 VOR 기지국에서는 일상적인 것이다. 거리측정장치(DME)로서 사용되었을 때, 조종사는 초단파전방향무선표지(VOR)와 거리측정장치(DME)를 함께 사용하는 그들의 장소에 정확한 위치결정에 도달할 수 있다.

초단파전방향무선표지(VOR)는 VOR 송신기에 항공기의 방위(bearing)를 지시하고 같은 곳에 배치된 거리측정장치(DME)가 기지가 있는 먼 쪽을 지시하기 때문에, 이것은 조종사의 장소를 확신을 가지고 식별할 수 있도록 기지의 상공을 날도록 하는 것이다. 이들의 항행안전무선시설(navigational aids)는 다음 장에서 설명되어진다.

VOR 장비의 기능적인 정밀도는 비행 안전에 중요한 것이다. VOR 수신기는 초단파 전방향 무선 표지 시험설비(VOT: very high-frequency omni-directional range test facility)를 이용하는 중에 시험되어진다. 이들은 관계된 지역에 대해 공항시설 안내판에서 확인될 수 있는 다수의 공항에 위치되어진다. 공항지표면(airport surface)에 특정지점은 시험을 수행하기 위해 지정되었다. 대부분의 초단파전방향무선표지시험설비(VOT: very high-frequency omni -directional range test facility)는 VOR 수신기에서 108.0[MHz]을 동조하기와 항로편차지시계(CDI)를 중심에 두기를 필요로 한다. 전방위선택기(OBS)는 표시기에 FROM을 제시하는 0[°] 또는 TO를 제시하는 180[°]을 지시해야 한다. 만약 전파자방위지시계(RMI)가 표시기로써 사용되었다면, 시험비행방향(test heading)은 항상 180[°]을 지시해야 한다. 일부 수리소(repair station)는 또한 비록 108.0

[MHz]은 아니지만 VOR 수신기를 시험하기 위해 신호를 발생시킬 수 있다. 전송주파수에 대해서 그리고 초단파전방향무선표지장치을 점검하기 위해서 수리소(repair station)를 접속한다.

±4[°]의 오차는 초단파전방향무선표지시험설비(VOT:very high-frequency omni-directional range test facility)로 초단파전방향무선표지장치)를 점검할때 초과되어서는 안된다. 이것 이상의 오차는 수리가 완료될 때까지 계기비행규칙(IFR: instrument flight rule)에 의한 비행을 할 수 없다.

단지 안테나 만 공유되어지는 이중 초단파전방향무선표지장치을 갖추고 있는 항공기는 각각의 시스템의 출력(output)을 서로 비교(comparing)함으로써 점검하게 된다. 특정지역 지상 VOR 기지로 VOR 수신기를 동조시킨다. ±4[°] 이하의 방위지시차이는 허용된다.

수많은 초단파전방향무선표지(VOR국)은 전술 항법 장치(TACAN: tactical air navigation)로 알려진, VOR 국의 군사기지와 같은 곳에 배치된다.

이것이 발생할 때, 항행국(navigation station)을 VORTAC 기지라고 한다. 민간 항공기는 민간 초단파전방향무선표지(VOR) 기지와 거리측정장치(DME)에서 원래 장착되지 않은 TACAN 특색 중 한 가지를 이용한다. 거리측정장치(DME) 시스템은 VORTAC 지상국에서 항공기로부터 거리측정장치 구성부분 까지의 거리를 계산하여 조종실 계기에 나타낸다. 그것은 또한 항공기가 기지로 이동하고 있을 때 계산된 항공기 속도와 도착에 대한 경과 시간을 나타낼 수 있다.

그림 4-107에서 보여준 것과 같이, 거리측정장치의 지상국은 민간의 초단파 전방향 무선 표지(VOR) 뿐만 아니라 계기착륙장치(ILS)의 로컬라이저(localizer)와 함께 장착되어 있다.

이것은 VOR/DME와 ILS/DME 또는 LOC/DME 라고 알려져 있다. 착륙시에 활주로로 진입에 도움을 준다. 거리측정장치 시스템은 항공기용 거리측정장치의 송수신기, 화면표시기, 안테나 뿐만 아니라 지상설치 거리측정장치 구성부분과 그것의 안테나로 이루어진다.

[그림 4-106] VOR과 DME 지상국

그림 4-108에서 보여준 것과 같이, 거리측정장치(DME)는 초단파전방향무선표지(VOR)로부터 방위와 초단파전방향무선표지에서 거리측정장치의 안테나를 알고 있는 지점까지 거리로서, 조종사가 항공기의 위치를 확실히 인지할 수 있기 때문에 유용한 것이다.

거리측정장치(DME)는 962~1213[MHz]에서 극초단파(UHF) 주파수범위로 동작한다.

항공기로부터 전송된 반송파 신호는 한 줄의 통합 펄스로 변조되어진다. 지상장치는 펄스를 수신하고 항공기로 신호를 보낸다.

왕복 신호에 대한 시간을 계산하여 화면표시기에 NM(nautical mile)로 전환되어진다. 기지에서 시간과 속도는 계산되어 지시한다. 거리측정장치(DME) 지시는 거리측정장치 화면표시기에 지시되거나 또는 전자수평자세지시시계(EHSI), 전자자세지시시계(EADI), 전자비행계기장치(EFIS), 또는 자동화된 조종석의 주비행표시장치(PFD)에 지시 될 수 있다.

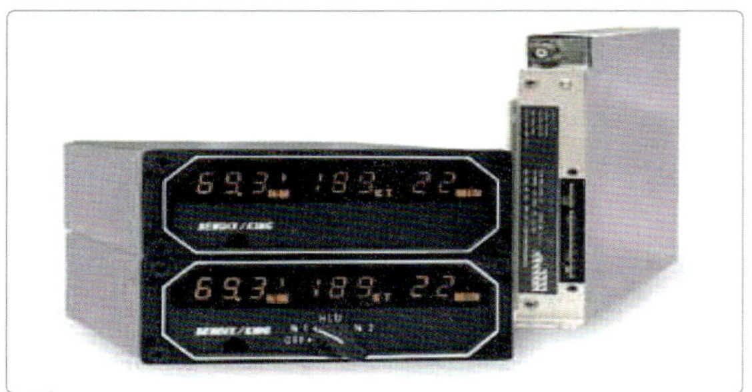

[그림 4-107] DME 송.수신기

그림 4-109에서 보여준 것과 같이, 거리측정장치(DME) 주파수는 같은 장소에 배치된 초단파전방향무선표지(VOR) 또는 VORTAC 주파수와 같이 쌍이 된다. 정확한 주파수가 VOR신호에 동조되어질 때, 거리측정장치(DME)는 자동적으로 동조되어진다.

톤(tone)은 VOR 기지 식별과 거리측정장치(DME)에 대한 방송을 한다. 거리측정장치(DME) 판넬에 홀드선택기는 VOR 선택기가 다른 초단파전방향무선표지(VOR)에 동조되어지는 동안 동조된 거리측정장치(DME)를 유지시킨다. 대부분의 경우에서, 거리측정장치(DME)의 극초단파(UHF: ultra high- frequency)는 동체 중심선의 하면에 설치된 소형 익형안테나(blade-type antenna)를 경유하여 전송되어지고 수신되어진다.

[그림 4-108] 거리측정장치의 안테나

그림 4-110에서 보여준 것과 같이, 전형적인 거리측정장치(DME)는 거리측정장치의 송신기 안테나에서 항공기까지의 거리를 나타낸다. 이것을 경사거리라 하며 운항중에 항공기 바로 아래쪽에 지점으로부터 거리측정장치 지표안테나까지의 거리는 더 짧다. 일부 최신의 거리측정장치(DME)는 이 지상거리를 계산하기 위해 구비 된다.

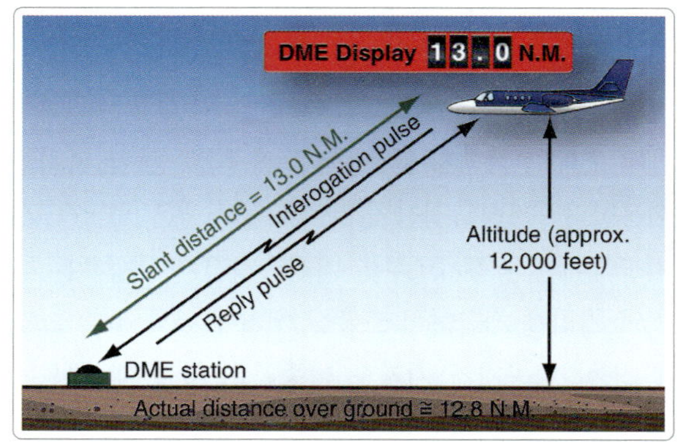


[그림 4-109] 거리 측정 원리

## 4.11.1 개요(Introduction)

항공기가 지정된 공항의 활주로 중심 연장선을 안개, 비 등의 악조건에서도 안전하게 최종 진입하여 소정의 착지점에 확실히 착륙하기 위하여 지상의 착륙유도장치에서 발사하는 진입착륙 코스의 유도전파를 착륙 직전까지 활용한다. 현재 이러한 착륙유도장치로는 민간항공기의 경우 계기 착륙시설(ILS: instrument landing system)이 국제표준으로 되어 있다. 일반적으로 항공기는 자동착륙 시스템의 센서로서 이와 같은 착륙유도와 전파고도계(radio altimeter)를 즈합하여 사용하고 있다.

계기 착륙시설(ILS)은 가장 중요한 착륙유도장치의 하나이며 항공기 탑재 장치에는 수신기, 안테나, 제어패널 및 지시기로 구성된다. 계기 착륙시설(ILS)의 수신기는 로칼라이저(localizer) 및 활공경로의 지상장치로 부터 유도전파를 수신하여 진입착륙 코스에서 좌우상하의 벗어남을 지시하며 마커 비컨(marker beacon)에서부터 전파를 수신하여 진입개시의 위치나 결정고도 위치 등을 알기 위한 장치이다.

계기 착륙시설(ILS)의 수신기는 로칼라이저 지상장치에서 전파를 수신하고 90Hz와 150Hz의 성분으로 분리한 후에 진폭 비교 회로에서 이 두 개 신호의 변조도를 비교하여 코스로부터의 편이를 구한다. 두 개 신호의 변조도 차이를 지시기상에 표시하거나 자동조종장치로 보내서 항공기를 기준 코스상에 유지시킨다. 항공기가 기준 코스상에 있으면 90Hz와 150Hz의 두 신호 레벨이 같아 십자선이 중앙에 위치한다. 150Hz 성분이 우세하면 지침은 좌측으로 기울

어 항공기가 기준 코스에는 이와 반대현상이 나타난다. 활공경로 신호는 ILS수신기로서 로칼라이저(localizer) 신호와 동일하게 처리하여 지시기의 수평지침을 구동시킨다.

마커 비컨(marker beacon)의 전파는 지상의 마커비컨 송신장치에서 공중으로 발사되고 있어 항공기가 그 전파 속을 통과할 때 이 전파를 수신하게 한다. 변조된 신호가 400Hz 이면 청록색의 램프가 점등되며 1,300Hz 이면 주황색의 램프가 점등되고 300Hz 이면 흰색의 램프가 점등된다. 또한 마커 비컨은 소리로써도 식별할 수 있도록 단속음의 연속으로 활주로가 가까워짐을 알린다. 진입 코스가 해상에 있거나 용지 확보가 곤란하여 지상의 마커 비컨 장치를 설치할 수 없는 입지조건의 경우 활공경로에 병설하여 작은 전력의 거리 측정 시설(DME)로서 활주로에서의 거리정보를 얻는 경우도 있다.

1940년대 초까지만 해도 조종사들은 지상을 볼 수 없는 기상상태에서의 비행은 불가능한 것으로 인식하고 있었다. 그러나 전자공학의 발달에 따라 미국에서 1942년 현대적인 계기착륙시설이 개발되기 시작하여 1947년 국제민간항공기구(ICAO)에서 착륙용 표준시설로서 계기 착륙시설(ILS: instrument landing system)방식을 채택하였다.

그러나 현재 사용 하고 있는 이착륙시스템은 1950～1960년대에 개발된 시설로 전파의 직진성으로 인한 통달 거리의 제한으로 원격지, 산악, 장애물 지역에서는 탐지가 곤란하며 지상과 항공기간의 주파수의 부족으로 용량상의 한계점이 드러나고 시설의 설치,

운영, 관리측면에서 많은 비용이 소요되며, 이처럼 현재 사용하고 있는 항공기 이착륙시설에 대한 한계점 및 문제점의 단점을 지니고 있다.

## 4.11.2 계기 착륙시설의 구성

극히 낮은 운고와 저시정상태의 악기상하에서 비행장에 진입하고 착륙하는 항공기에 대해 전파로서 강하경로정보를 제공해 주고 특정한 지점에서 착륙점까지의 거리를 알려 주는 무선항행방식으로서 조종사는 이 정보를 전달하는 지상계기의 유도를 이용하여 안전하게 항공기를 착륙시킬 수 있게 하는데 이에는 강하경로를 만드는 지상장비와 이 정보를 지시해 주는 기상장치가 포함된다.

로컬라이저(localizer)는 활주로에 접근하는 진입로에 대한 수평유도정보를 제공해 주는 지상시설로 주파수는 108.10~111.975MHz이며, 글라이드 슬로프(glide slope)는 활주로에 접근하는 진입각에 대

한 수직유도정보를 제공해 주는 지상시설이다.

외측 마커(outer marker)는 계기 착륙시설(ILS) 진입 Course상의 어느 위치를 인지시켜주기 위하여 지상에서 Course상공을 향해 선형의 VHF 전파를 발사하는 시설이며, 중간 마커(middle marker)는 외측 마커(outer marker)와 같은 용도이나 외측 마커(outer marker)에 비해 활주로에 더 접근되어 있는 시설이다.

보조시설로써 컴파스 로케이터(compass locator)는 보통 외측 마커(outer marker)와 같은 위치에 설치되는 장파·중파대의 무지향 표지시설(NDB)로서 항공기의 대기용 표지시설과 로컬라이저 코스(localizer course)의 진입에 이용된다.

고광도 진입등은 극히 낮은 시정상태에서도 활주로에 시각접근(visual approach)이 가능하도록 유도정보를 제공하는 등광이며, 거리 측정 시설(DME)는 보통 글라이드 슬로프(glide slope)와 같은 위치에 설치되어 거리 측정 시설 장비를 갖춘 항공기에 거리정보를 제공한다.

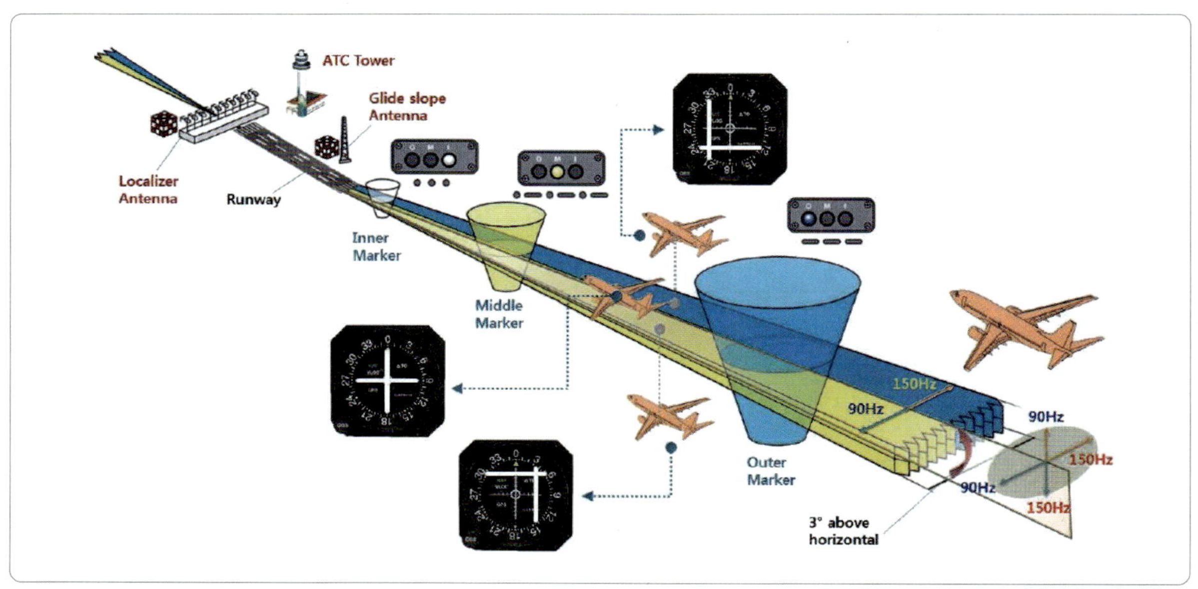


[그림 4-110] 계기 착륙 장치

## 4.11.3 지상 설비 및 원리

지상 로컬라이저(localizer) 장치의 안테나 위치는 계기진입용 활주로의 진입단(threshold) 반대측에 있는 활주로 중심선 연장선상에 설치되는데 이착륙 항공기와 충돌하지 않도록 활주로에서 적어도 1,000ft 떨어진 곳에 설치한다. 안테나(antenna)로부터 나오는 200W 출력의 지향선 전파는 활주로의 진입방향에 있는 중간 마커(middle marker)와 외측 마커(outer marker)쪽으로 발사되며 그 반대방향으로도 전파가 발사되는데 진입측 전파를 전방 코스(front Course), 반대쪽을 후방 코스(back course)라 부르고 송신기는 2,000ft의 고도에서 최고 25NM까지 빔이 전달될 수 있도록 전파를 발사한다.

코스를 형성하는 지향성전파는 외측 마커(outer marker)에서 활주로를 향해 우측은 150Hz의 변조성분이 우세한 지역이고 중심에서 좌측은 90Hz의 변조성분이 우세한 지역으로 우측을 블루 섹터(blue sector), 좌측을 옐로 섹터(yellow sector)라 하여 어프로치 차트(approach chart)나 기상의 계기에 표시되기도 한다.

코스(course) 계기의 폭은 보통 5°로서 안테나에서 10NM되는 곳의 폭거리는 약 4,600ft 활주로 접지점에서는 50~100ft가 되며 이론적으로 VOR Radial보다 4배의 정밀도가 있다.

계기 착륙시설(ILS)의 식별을 위한 국부호는 2개 또는 3개 문자부호 앞에 "I"부호(. .)를 삽입하여 모르스부호로 송신한다.

주파수 범위는 108.10~111.975MHz에서 기수의 1/10 MHz, 음성송신시설을 갖춘 것도 있으며 근래에는 이를 다시 50KHz 단위로 세분, 40개 Channel로 사용된다. 그림 4-111과 같이 기상의 계기에는 지상 송신기에서 나오는 좌우 주파수(90Hz, 150Hz)의 변조성분에 따른 전계의 강약 차이에 의하여 로컬라이저 지시기(localizer indicator)가 좌우로 움직이므로 조종사는 접근항공기의 위치편이를 알 수 있게 된다.

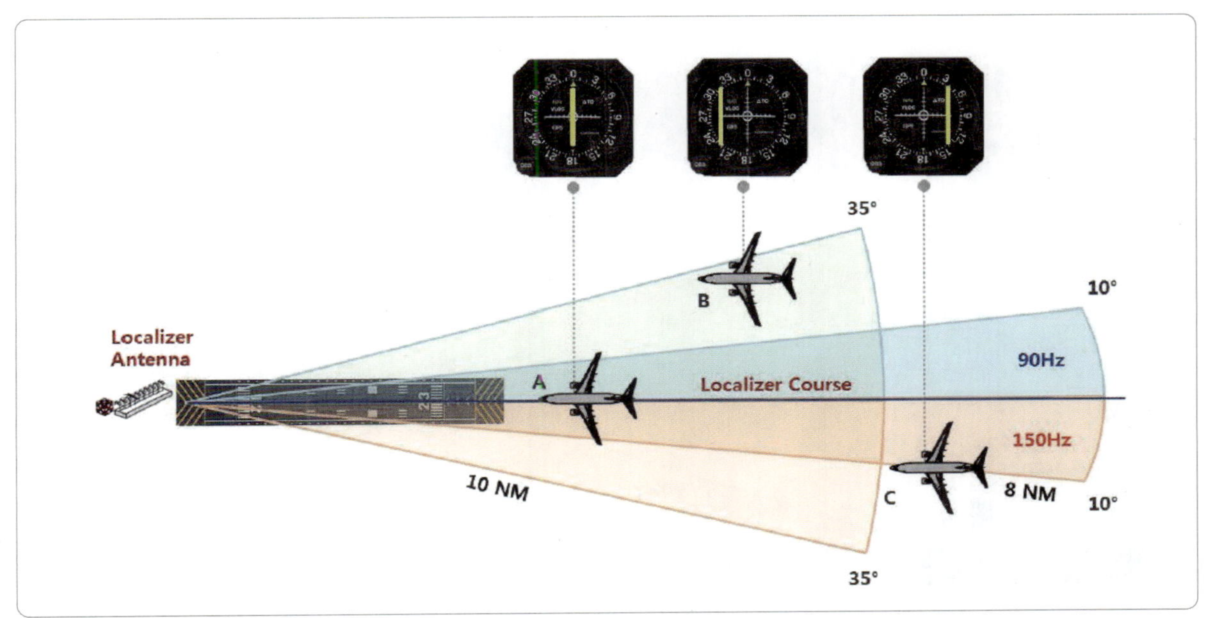


[그림 4-111] 로컬라이저

글라이드 슬로프(glide slope)는 활주로진입단으로부터 750~1,250ft 내측에, 활주로 중심선으로부터 400~600ft 옆으로 떨어진 위치에서 설치되는 2~15W 출력의 글라이드 슬로프(glide slope) 송신기는 UHF 328.6~335.4MHz 주파수로서 1.4의 두께로 빔을 전방 코스(front course)로 발사하고 접지점에서의 두께는 2~3ft 정도이다.

글라이드 슬로프(glide slope) 송신기에서 방사되는 주파수도 로컬라이저(localizer)와 같이 코스의 하측에는 150Hz, 상측은 90Hz로 변조되는 지향성 전파를 발사하고 기상의 수신기는 두 변조도의 차에 의해 글라이드 슬로프 지시기(glide slope indicator)가 상하로 움직여서 접근항공기의 중심선로 부터의 편이를 알려주며 로컬라이저(localizer)처럼 두 섹터를 색으로 구분시키지는 않고 보통 코스 빔(course beam) 중앙선이 수평선상(지표면) 3°의 각도가 되도록 발사하는데 지형에 따라 2°~4°로 운영되는 수도 있다.

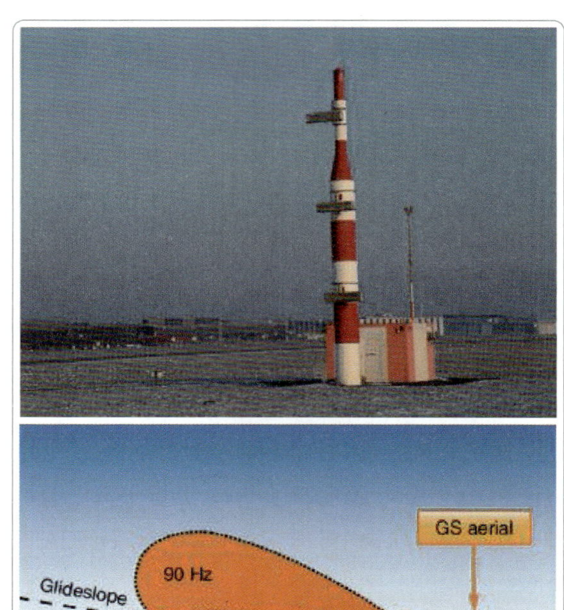



[그림 4-112] 글라이드 슬로프의 안테나 및 방사패턴

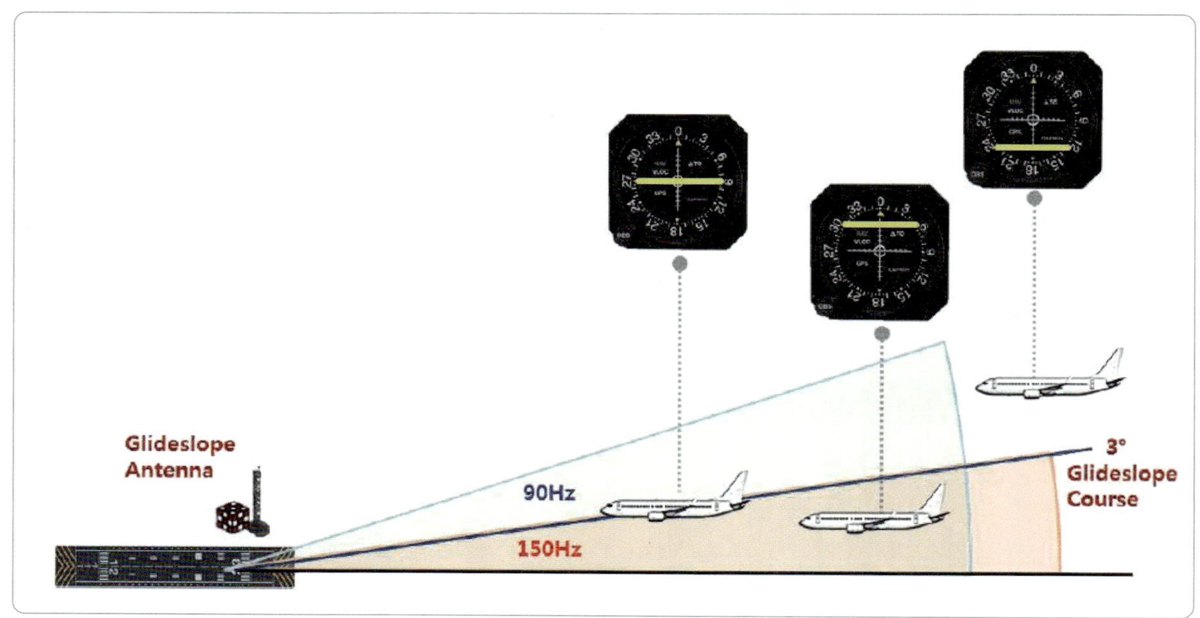



[그림 4-113] 글라이드 슬로프에 의한 ILS 계기지시

계기 착륙시설(ILS)의 마커는 2~5W의 저출력 팬 마커(fan marker)로서 주파수는 75MHz로 발사되는데 전파의 패턴은 원추를 거꾸로 놓은 것과 같은 선형으로 그의 단경은 접근 코스와 평행, 장경은 어프로치 차트(approach course)와 직각이 되도록 설치한다.

계기착륙시설(ILS) 마커는 최종 어프로치(final approach)중의 항공기에 거리 정보을 제공하면서 앞에서 언급한 바와 같이 단경(thickness)은 2,400ft 장경(폭)이 4,200ft되는 라디오 신호를 수직 상공으로 발사함으로서 120Kt속도의 항공기가 비컨 신호(beacon singal)을 수신하면서 진입할 때 1,000ft 진입로지시등(AGL:approach guidance light)을 통과하는데 소요되는 시간은 약12초이다.

75MHz의 마커 비컨 신호는 주로 정밀계기접근이 이루어지는 전방 코스(front course)상에만 설치되는 것이 상례이나 후방 코스(back course)상에도 Final Approach Fix로 설치될 수가 있는데 이를 후방 코스 마커(BCM: back course marker)라 하고 1분에 144~190(dot/sec)문자를 송신하는 율로 도트(dot) 신호를 발사한다.

외측 마커(outer marker)는 정밀계기접근이 이루어지는 전방 코스(front course) 방향으로 설치하고 활주로 말단으로부터 4~7NM되는 지점에 400Hz로 변조되는 전파를 발사하는데 매초 2회씩 모스 신호의 대시(−) 음을 연속 발사하여 조종사가 이를 듣고 계기 어프로치(instrument approach)에서 이 지점을 확인할수 있게 "O" 램프에 청록색등이 점멸된다.

중간 마커(middle marker)는 활주로 말단으로부터 약 3,500ft의 전방 코스(front course)상에 설치되고 1,300Hz로 변조되는 전파를 발사하는데 매초 2회씩 모스부호의 도트(dot)와 대시(.−.−)음을 연속 발사하여 조종사가 이를 듣고 계기접근 중에 이 지점을 확인할 수 있고 "M" 램프에 주황색 등이 점멸된다. 내측 마커(inner marker)는 MM와 활주로 말단(threshold) 사이에 설치되고 3,000Hz로 변조되는 전파를 발사하는데 흰색 램프와 매초 6회씩 모스 신호의 도트(.)음을 연속 발사하며(6 dot/sec) 카테고리(category II,III)로 운영되는 공항에 설치하고 있다.

측정의 목적은 측정량의 값, 즉 측정하고자 하는 특정한 양의 값을 결정하는 것이다. 따라서 측정을 하기 위해서는 먼저 측정량, 측정방법, 측정절차 등을 적절히 정의하고 명시하여야 한다.

일반적으로 측정결과는 측정량의 값에 대한 근사값 또는 측정값일 뿐이므로, 그 값에 대한 불확도가 함께 명시될 때에 비로소 완전해지게 된다.

컴퍼스 로케이터(compass locator)는 190~1,750kHz 대의 저출력 무지향 표지시설(NDB)로서 400Hz 또는 1,020Hz의 변조음으로 식별부호(국부호)를 송신한다. 보통 외측 마커, 중간 마커와 같은 위치에 설치하고 국부호는 해당 계기 착륙시설(ILS) 식별부호로 정해지는 3문자 중의 처음 2문자와 나중 2자를 선택, 처음 것은 외측 마커, 나중 것은 중간 마커에 설치되는 컴퍼스 로케이터(compass locator) 식별부호로 하고 항공기는 자동 방향 탐지기(ADF)로서 이 시설을 이용한다. 계기 착륙시설(ILS)의 각 지상시설은 지속적인 이용이 가능하도록 해당 관제기관에서 통제하고 계속적으로 감시하여야 한다.

## 4.11.4 기상장치

로컬라이저(localizer) 수신기의 안테나는 전방향 표지시설(VOR) 안테나와 같이 쓰고 있으며 조종석 위 또는 수직미익 양면에 설치되는데 고속기에서는 글라이드 슬로프(glide slope)수신 안테나와 같이 기체내부에 장치된다.

수신기도 전방향 표지시설(VOR) 수신기와 같으므로 같은 요령으로 국주파수를 선택 사용하는데 로컬라이저(localizer) 주파수를 맞추면 자동으로 글라이드 슬로프(glide slope) 수신기도 동조되어 이용 가능하게 된다.

로컬라이저(localizer) 주파수는 40개 Channel로 글라이드 슬로프(glide slope) 주파수와 짝을 이루어 로컬라이저(localizer) 주파수 선택만으로 이용 가능하게 되어 있다.

[그림 4-114] 로컬라이저의 안테나

## 4.11.5 계기(Instrument)

보통 중앙에서 좌우 또는 상하로 5 Dot씩 구분되어 있는 코스 지시기(course indicator/cross pointer indicator)라고 부르는 계기는 수평지침과 수직지침이 있어서 수직지침(localizer)은 코스의 중앙에서 횡적으로 항공기가 편이 되는 것을 나타내고 수평지침은 강하경로가 코스의 중앙으로부터 상하종적(수직적)으로 이탈되었는지를 지시하게 되어 있다.

즉 침의 이탈은 전방향 표지시설(VOR)과 같이 전방 코스(front course) Inbound와 후방 코스(back course) Outbound의 경우 항공기가 On Course에서 편류되는 반대방향으로 편향되는데 전방 코스(front course)에서 진입시 우측으로 편류되면 침은 중앙에서 좌측으로 편향된다.

또 지상에는 ILS Monitor Panel이 있어서 시설별로 고장이 생겼을 때 경고음과 함께 해당 시설에 경고등이 켜짐으로서 다른 예비장비를 즉시 가동할 수 있다.

## 4.11.6 마커 비컨(Marker Beacon)

계기 착륙시설(ILS) 용으로 설치되는 마커를 수신하기 위한 수신기는 OM, MM, IM를 구분하는 대시(dash) 및 도트(dot) 음을 들을 수 있는 볼륨 스위치(volume switch)와 OM, MM, IM 상공임을 눈으로도 인지할 수 있는 점등장치 등 두 종류가 있다.

점등장치는 마커 상공에서 대시(dash), 또는 도트(dot) 음을 들을 때 이것과 같은 주기로 점등되는데 외측 마커(OM)은 청록색(blue), 중앙 마커(MM)은 주황색(amber), 내측 마커(IM)에서는 흰색이 점멸되어 조종사가 시, 청각으로 마커 위치를 식별할 수 있게 함으로서 접근 경로상에서의 특정지점을 알 수 있게 하였다. 마커 비컨(marker beacon)은 계기착륙장치(ILS)에서 사용되는 최후의 라디오송신기이다. 그들은 활주로에서 계기비행 때 전파신호에 의한 활강진로를 따라 항공기의 위치를 지시하는 신호를 송신한다. 외측 마커(outer marker ) 송신기는 활주로의 맨 끝으로부터 4~7[mile]에 위치 한다. 그것은 일련의 대시로서 400[Hz] 가청주파음(audio tone)으로 변조된 75[MHz] 반송파를 송신한다. 전송은 매우 좁고 위쪽으로 일직선으로 향하게 된다. 마커비컨(marker beacon) 수신기는 신호를 수신하고 계기판에 청록색을 켜주기 위해 그것을 이용한다. 로컬라이저(localizer) 와 글라이드 슬로프(glideslope) 표시기와 결합하여 변조음을 송신하여 진입에 확실히 항공기의 위치를 알 수 있도록 한다.

그림 4-116에서 보여준 것과 같이, 중앙마커비컨(middle marker beacon)이 사용되어진다. 그것은

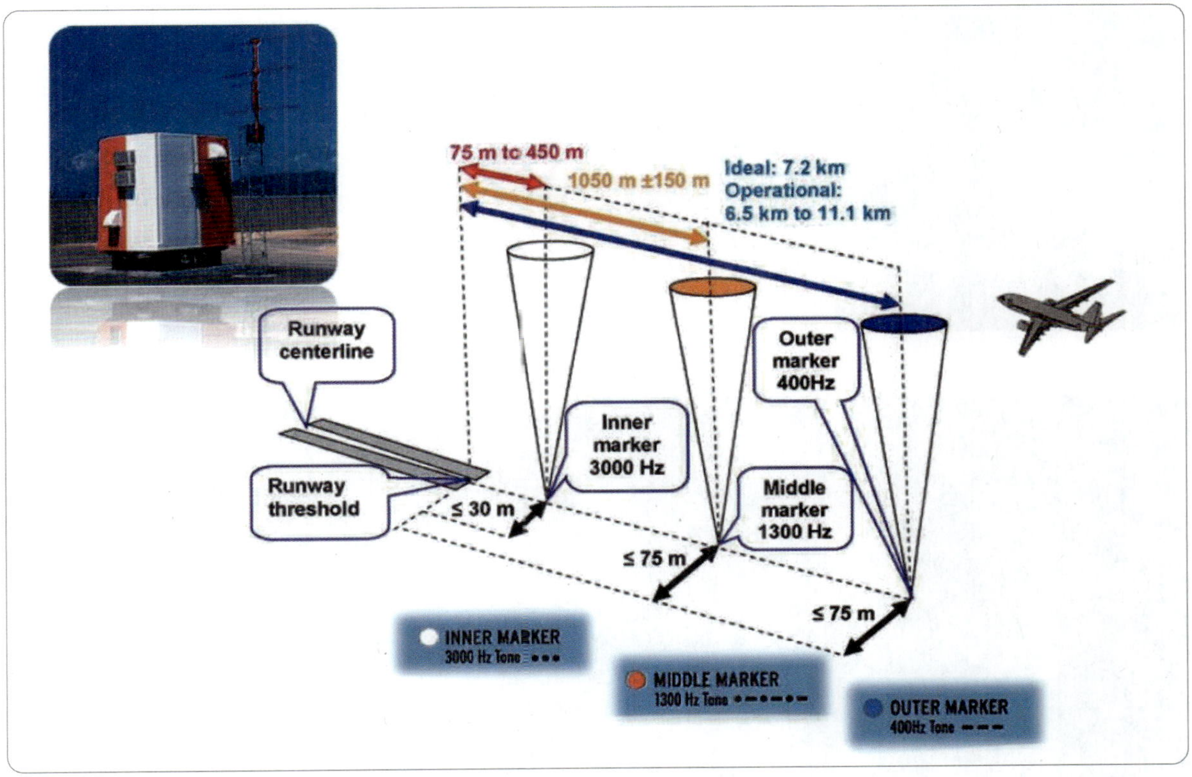

[그림 4-115] 마커 비컨의 구성

활주로로부터 약 3,500[feet] 진입에 위치 한다. 그것은 또한 75[㎒]로서 송신한다. 중앙마커(MM: middle marker) 전송은 외측마커(OM: outer marker)의 모든 대시음(tone)과 혼돈되지 않도록 일련의 도트(dot)와 대시(dash)가 있는 1300[Hz] 변조음(tone)으로 변조되어진다. 신호가 수신되었을 때, 그것은 계기판에 주황색(amber-colored light)이 들어오게 하는 수신기로서 사용되어진다. 그림 4-115에서 보여준 것과 같이, 일부 계기착륙장치(ILS) 진입은 오직 일련의 도트(dot)만 있는 3000[Hz]로서 변조된(modulated) 신호를 송신하는 내측마카비컨(inner marker beacon)을 갖고 있다. 그것은 활주로끝(runway threshold)에 근접한 진입의 착륙·복행 결심지점에 설치한다. 내측 마커(IM) 비컨은 중앙 마커와 활주로 진입단 사

이에 설치한다. 이것은 3,000Hz로 변조되는 전파를 발사하는데 매초 6회씩 모스 신호의 도트 음을 연속 발사한다. 이 지점에서 조종사는 모스 신호음을 들을 수 있으며, 계기판에 흰색이 켜짐으로써 내측마커의 통과를 확인할 수 있다. 3개의 마커비컨 라이트는 보통 일반 항공 항공기의 오디오판넬(audio panel)에 통합되어졌거나 또는 대형 항공기에는 주비행표시장치에 표시된다. 전자표시항공기는 보통 비행자세지시계(ADI: attitude director indicator)의 글라이드 슬로프(glide slope) 화면표시기 가까이에 마커 라이크(marker light) 또는 표시기에 통합하여 지시한다.

그림 4-118은 계기착륙장치(ILS) 관련 라디오 부분품(radio component)들을 계기착륙장치(ILS) 시험장치(test unit)로써 시험할 수 있다. 로컬라이저

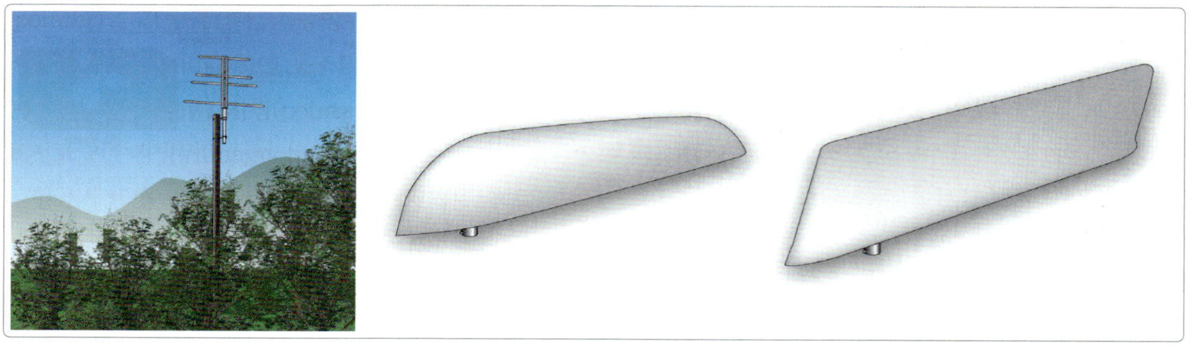

[그림 4-116] 마커 비컨 수신 안테나

[그림 4-117] 계기 착륙 장치의 테스트 장비

(localizer), 글라이드 슬로프(glideslope), 그리고 마커 비컨(marker beacon)의 신호는 수신기의 적절한 작동을 확인하기 위해 그리고 조종실 계기들의 작동 및 화면표시기 지시 여부를 시험할 수 있다.

## 4.11.7 이용

계기 착륙시설(ILS)의 후방 코스(back course)에서 인바운드(Inbound) 또는 전방 코스(front course)에서 아웃바운드(outbound) 비행 때는 전절과 반대로 편향된 바늘이 온 코스(On Course)에서의 항공기편향을 나타냄으로 코스 지시기(course indicator)로써 조종사가 실시할 수정조작은 편향된 바늘로부터 계기의 중앙을 향해 선회함으로써 온 코스(On Course)로 진입하게 된다.

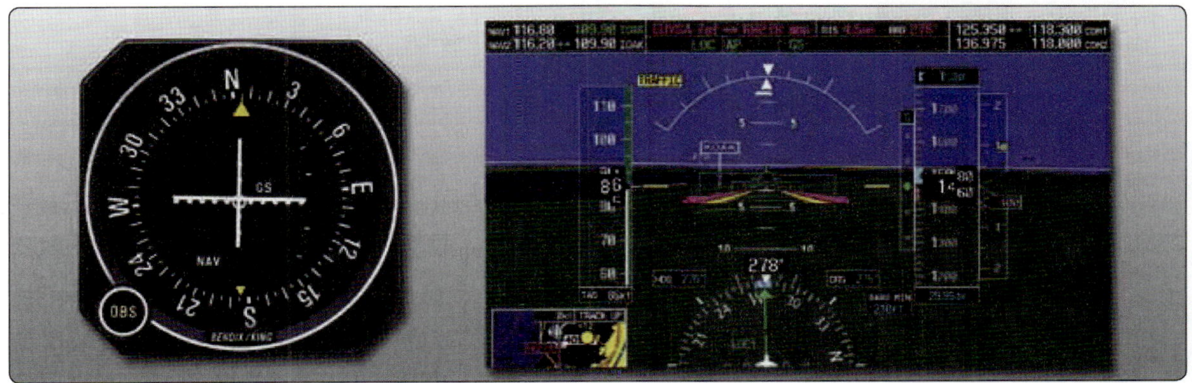

[그림 4-118] 항로 편차 지시기

1) 보통 항로상의 픽스(Fix)에서 계기 착륙시설(ILS) 접근으로의 전환은 조종사가 저고도 계기착륙절차에 의한 접근절차로 진입하면서 로컬라이저(localizer)에 포착(interception) 됨으로서 이루어진다.

2) 조종사는 포착(interception) 이전에 계기 착륙시설(ILS) 수신기를 동조시키고 국식별과 동시어 경로 경보기가 들어가고 진로 편차 지시계(CDI: course deviation indicator)가 확실하게 움직이게 하여 수신기가 이용 가능하게 되어야 한다.

3) 로컬라이저(localizer)는 온 코스(On Course)방향으로 보통 25Mile, 5° 폭으로 코스(Course)를 발사하며 글라이드 슬롭(slide Slope)는 15Mile 범위이나 계기접근을 위한 포착(interception)지점이나 고도는 계기착륙절차에 명시된다. 로컬라이저 코스(localizer course) 포착(interception) 이전에 전방향 표지시설(VOR)에서와 같이 전방 코스(front course)의 접근방위를 알아 놓고 Tear Drop 진입 또는 절차선회를 실시하여 포착(interception)하는데 포착(interception)각은 보통 30를 넘지 않는다.

4) 글라이드 슬로트 지시기(GSI: glide slope indicator)가 확실하게 움직이면서 글라이드 슬롭

(glide slope)에 포착(Interception)되면 대지속도 및 강하각이 맞도록 조절하여 수직속도와 코스(Course)를 유지해야 한다.

항공기 강하각은 대략 2.5° ~3° 로서 강하경로수정은 피치와 동력변화를 동시에 적절히 사용한다. 피치변화는 수직속도 300fpm이하의 범위에서 실시하는 것이 좋다. 보통 고도 지시기(attitude indication)에서 피치의 1 변화는 같은 동력에서 수직속도 200~300ft의 변화를 가져온다. 계기 착륙시설(ILS)에서 설명한 바와 같이 기지에 접근할수록 로컬라이저(localizer)나 글라이드 슬로프(glide slope)폭은 더욱 좁아짐으로 수정은 이탈 즉시 실시하되 유연한 조작이 요구된다.

## 4.11.8 계기 착륙시설의 제한사항

계기 착륙시설(ILS)의 주요 제한사항으로 계기 착륙시설 안테나 주변의 전반적인 환경과 계기 착륙시설 안테나 자체의 특성에 따라 정확성이 저하될 수 있다는 점이 지적되고 있다. 계기 착륙시설(ILS)의 사용하는 주파수대와 로컬라이저 및 글라이드 슬로프 안테나에서 송신되는 빔의 폭이 매우 좁다는 특성으로 인하여 신호의 왜곡 현상이 발생할 수 있으며 이러한 현상은 건물, 지형, 이륙항공기, 지상활주 항공기, 지상차량 등에 의하여 발생될 수 있다.

특히 글라이드 슬로프 안테나에서 송신되는 신호는 수평면에 대하여 약 3° 정도의 낮은 각도로 송신되기 때문에 신호의 왜곡 현상을 방지하기 위하여 비교적 넓은 평탄지형을 요구하고 있다. 계기 착륙시설(ILS) 안테나 주변의 고정반사체나 건물이 위치할 경우 그 크기와 위치가 신호의 정확성에 영향을 준다. 즉, 계기 착륙시설 주변 환경의 영향으로 계기 착륙시설 시설등급의 결정에 영향을 줄 수 있는 것이다. 고정반사체 외의 이동물체도 이러한 계기 착륙시설 시설의 등급결정에 영향을 준다. 따라서 고정반사체나 건물등은 비행안전을 위하여 공항시설의 계획단계에서 크기와 위치등이 충분히 고려되어야 하며 지상의 이동성 물체가 계기 착륙시설의 신호왜곡에 영향을 줄 수 있는 지역을 지정하여 출입을 통제하여야 한다.

# 4.12 마이크로파 착륙시설
## MLS: Microwave Landing System

### 4.12.1 개요(Introduction)

마이크로로파착륙시설(MLS: microwave landing system)는 활주로로 접근시에 정확한 강하 및 활주로로의 정렬에 관한 정보를 통하여 정밀한 내비게이션이 가능하도록 해준다. 이 장비는 조종사에게 방위각(azimuth), 높이(elevation), 거리(distance)의 정보를 제공한다. 수평(lateral) 및 수직(vertical) 유도 정보는 일반적인 진로편차지시계(CDI: course deviation indicator)에 의해 표시되고, 거리에 대한 정보는 일반적인 거리측정장치(DME) 계기에 표시된다. 이들 정보는 최신형 다목적 조정실 계기장비에서는 통합되어 다른 형태로 표시 되기도 한다.

이 장치는 접근방위각(approach azimuth), 후퇴방위각(back azimuth), 접근고도(approach elevation), 거리(range), 정보통신(data communication)의 5가지 기능으로 분류될 수 있 다. 일반으로 MLS의 지상 시설은 위와 같은 기능을 제공하는 방위각 장비로 구성된다. MLS 지상 시설은 항행에 필요한 방위각 정보를 송신해주며, 기본적으로 착륙시설 이용에 직접적으로 필요한 정보, 지상 장비의 성능과 관련한 보조 정보가 제공된다.

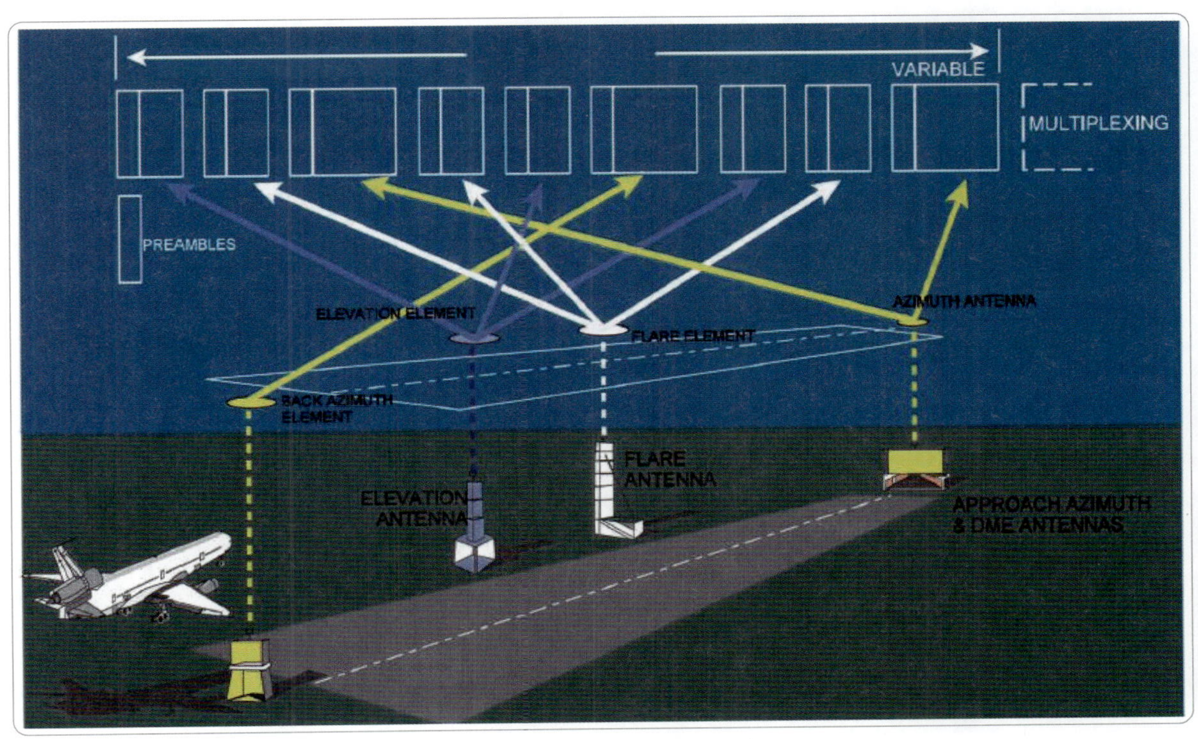


[그림 4-119] 마이크로파 착륙시설

## 4.12.2 접근 방위각 가이드 (Approach Azimuth Guidance)

마이크로파착륙시설(MLS: microwave landing system)의 지상시설은 5031~5091MHz 주파수 범위 내에서 200개 채널 중 하나를 이용하여 마이크로파착륙시설(MLS)의 각도 등의 정보를 송신한다.

이 시설은 일반적으로 활주로 끝단에서 1,000피트 떨어진 곳에 설치되지만, 위치가 항상 고정되어 있다기보다 유연성 있게 설치될 수 있다.

예를 들어 헬리포트에서는 방위각 송신기가 고도 정보 송신기와 같은 위치에 함께 설치될 수 있다. 방위각의 정보가 유효한 지역적 범위는 최소 한 2만 피트까지, 20NM 이내의 지역에 해당되며, 이때 가로 범위는 활주로 중심선을 기준으로 최소 양쪽 40°, 고도의 정보는 15° 각도까지 제공된다. 조종사가 마이크로파착륙시설(MLS)의 신호를 수신 받고 이용하기 위해서 항공기에는 별개의 탑재장비가 필요하다.

이것은 일반적으로 항공기에 보편적으로 탑재되어 있는 장비로, 정보 통신 기능, 송신 장비의 성능 및 상태에 대한 청각 정보 및 기상,활주로 상태등 관련 정보를 제공한다. MLS 식별부호는 첫 글자 "M"을 포함한 네 글자로 구성되며,분당 최소 6번 송신되는 국제표준 모르스 부호 청취를 통하여 식별이 가능하다.

마이크로파착륙시설(MLS) 시스템은 자기 감시가 가능하며,이를 통해서 지상시설의 성능 및 상태에 대한 정보 메시지를 공중의 수신기에 송신한다.정기적인 정비 기간 또는 특별 정비 기간 중에는 MLS 식별부호의 송수신이 불가능하다. 따라서 이러한 기간에는 소수의 시설만 이용할 수 있다.

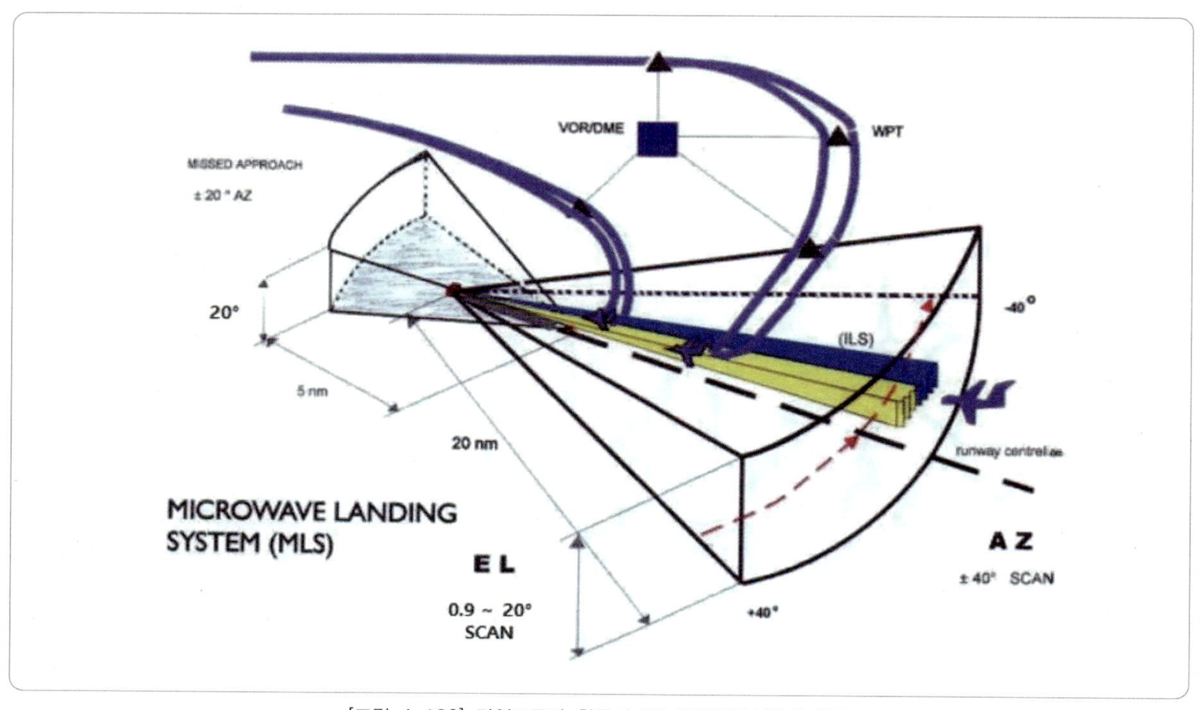


[그림 4-120] 마이크로파 착륙시설과 계기착륙시설의 비교

도플러 항법(doppler navigation) 장치는 도플러 효과를 이용하여 대지와의 상대 속도를 측정하는 장치(잠수함이나 선박에는 도플러 소나, 항공기에는 도플러 레이더)를 탑재하여 대지와 상대 속도 및 기수 방위와 진행 방향의 차이(편차각)를 측정하고, 시간을 적분하여 구한 이동 거리로 자신의 위치를 추정하는 장치로 1945년경 미국에서 개발된 자립 항법 시스템의 한 가지로 한때 널리 쓰였다.

도플러 항법장치(doppler navigation)는 "이동체의 속도에 비례하여 수신 주파수가 변화한다."는 도플러 원리를 이용한 것이며, 지상 보조 시설을 필요로 하지 않고 직접 행할 수 있는 기상항법 장치이다. 도플러 레이더(doppler radar)를 탑재한 항공기로부터 전파를 발사하면 지표에 부딪쳐 반사하여 되돌아오지만, 이 송·수신 전파의 주파수 차는 항공기의 속도에 비례하여 변화하므로, 이 차이를 측정하여 기상의 컴퓨터에 입력하면 대지 속도가 연속적으로 얻어지고, 비행 거리는 대지 속도를 적분함으로써 구해진다.

측풍이 없는 이상적인 비행에서 왼쪽과 오른쪽 도플러 빔에 의해서 검지한 대지속도는 차이가 없이 0에 가까운 값으로 되지만, 측풍을 받은 항공기가 왼쪽으로 흘렀을 경우, 왼쪽 빔에 검지된 대지속도는 오른쪽 빔에 검지된 대지 속도보다 높게 된다. 따라서, 왼쪽 빔에 의한 주파수 차이도 오른쪽 빔의 주파수 차이보다 높게 되므로, 이 주파수 차이를 검출하여 기수 방위 속도의 직각 방향 성분을 계산하게 되며, 지시기에 현재의 편류각(drift angle)을 나타낸다.

## 4.13.1 도플러 항법 장치의 구성

도플러 항법장치는 도플러 레이더와 항법계산기로 되어 있다. 도플러 레이더는 전파와 도플러 효과를 이용하여 항공기의 대지 속도 및 편류각을 연속적으로 구해 낸다. 또, 항법계산기는 항공기의 컴퍼스로부터 얻어지는 기수 방위각을 더하여 대지 속도를 요소 성분마다 적분함으로써 항공기의 위치를 연속적으로 지시해 준다.

## 4.13.2 도플러 레이더의 측정원리

대지 속도의 측정은 전방 빔과 후방 빔의 도플러 주파수의 차를 구함으로써 대지 속도를 구할 수 있다. 전방 빔과 후방 빔의 도플러 주파수의 차를 구함으로써 대지 속도를 구할 수 있다. 여기서, 오차를 줄이기 위해서 안테나를 항상 수평으로 유지시켜야 하는데, 수평을 유지시키는 방법으로는 가동 안테나를 수은 스위치에 의하여 수평을 유지시키는 방법과 기체에 고정된 고정 안테나에 의하여 전후 빔의 도플러 주파수 차로부터 항공기 속도(V)의 수직 성분을 구하여 대지 속도(V)의 계산 과정에서 수정하는 두 가지의 방법이 있다. 전자는 기계적인 복잡성으로 인한 고장 요인이 많고, 후자는 계산 회로가 전기적으로 복잡해지는 면이 있어 각각 장·단점이 있다.

편류각의 측정은 편류각을 구하기 위해서는 좌우 대칭의 두 빔을 발사해야 한다. 무풍 상태에서는 비행기가 기수 방향으로 직진하게 되어 좌우방향의 도플러 주파수는 일정하지만, 측풍으로 인하여 편류각이 나타나면 빔이 기축에 고정되어 있기 때문에 양쪽 빔의 도플러 주파수에 차이가 생긴다. 여기서 이 주파수 차에 의해 서보 기구가 작동하게 되고, 그 결과 수직축 주위로 회전시켜 좌우의 도플러 주파수가 같게 되는 점을 구하면 좌우 빔의 중심선이 대지 속도 방향에 일치하게 된다. 이 축과 기축과의 사이 각을 구하면 편류각이 된다. 이것은 대부분 안테나가 회전 가능한 위글리 안테나(wiggly antenna)에 의한 방법을 사용하지만, 고정 안테나를 사용하여 좌우의 주파수 차로부터 계산기에 의해 편류각을 구하는 방법도 있다.

## 4.13.3 도플러 초단파 전방향 무선표지 (DVOR)

초단파 전방향 무선표지 방식은 지상국 주변에 높은 장애물이 있거나 항공기가 산악 지형을 비행하면서 초단파 전방향 무선표지에 의한 방법을 하고 있을 때에는 상당히 큰 오차가 발생할 수 있다. 이 오차는 주로 반사하거나 회절하여 도달하는 전파를 수신하기 때문에 일어난다. 따라서, 지상국을 중심으로 반지름 500[m] 이내에 나무가 없어야 하고, 전파를 반사할 수 있는 큰 구조물이 없는 평판한 지면에 초단파 전방향 무선 표지의 지상국을 설치한다.

도플러 초단파 전방향 무선 표지 또는 DVOR는 지상국의 안테나를 넓은 면으로 펼쳐 놓는 방식을 사용하여 지상국 주변의 지형지물에 의한 오차를 줄이는 방법이다. 전파를 변조하는 방식은 다르지만 항공기 탑재 장치는 같다. 도플러 초단파 전방향 무선 표지에 기준 신호는 30[Hz]로 진폭변조되어 있고, 가변 위상 신호는 9960[Hz]의 부반송파에 30[Hz]로 주파수 변조되어 있다. 이것은 기존의 초단파 전방향 무선 표지 신호 체계와 비교하면 진폭 변조와 주파수 변조가 서로 뒤바꾸어 있는 것과 같다. 따라서, 수신 신호에서 지상국과의 상대 방위를 구하면 위상의 지연이 아니

라 위상이 앞서는 것으로 나타난다.

반송파 주파수에 30[Hz] 진폭 변조된 신호가 중심에 있는 전방위 안테나를 통하여 방사된다. 주파수가 9960[Hz]인 가변 위상 신호는 중심 안테나를 가운데에 두고 지름 13.5[m]의 원주에 같은 간격으로 분포된 50개의 안테나를 통하여 방사된다. 전파가 1/30초 주기에 반시계 방향으로 안테나 하나씩 돌라가며 공급된다.

안테나에서 멀리 떨어진 항공기에서 본다면 전파가 공간에 원형으로 분포되어 있는 안테나를 옮겨 가며 발사되는데, 송신점의 위치가 1/30초 주기로 다가오다가 멀어지고 있기 때문에 도플러 효과에 의해 부반송 주파수인 9960[Hz]가 ±480[Hz]의 폭으로 주파수 변조되는 것과 같다.

도플러효과는 파동을 내는 장치에 대하여 상대속도를 가진 관측자가 가까워질 때에는 관측되는 주파수가 높아지고, 멀어질 때에는 주파수가 낮아지는 현상을 말한다.

로란 시스템(LORAN: long range navigation system)은 제2차 세계대전 중에 개발되었고, 최신 로란(LORAN-C)은 비행기 조종사 뿐만 아니라 해상의 선원에게 아주 유용한 항법용장거리보조기기가 되었다. 로란(LORAN)은 타워 네트워크의 한가운데에 확실히 항공기의 위치를 정하기 위한 일련의 타워와 탑재한 수신기와 컴퓨터에서 전파 펄스를 사용한다. 12개의 로란(LORAN) 송신기 타워체인(chain)은 북아메리카의 전역에 구성되었다. 각각의 체인(chain)은 마스타 송신기 타워와 소수의 두 번째 타워를 갖추고 있다. 송신기에서 모든 방송은 동일한 주파수 100[KHz]이며, 로란(LORAN) 수신기는 동조시키는 것이 필요하지 않다. 저주파대역의 로란(LORAN) 전송은 장거리를 이동한다.

정시에 시간을 맞춘 펄스신호는 체인(chain)의 타워로부터 발송된다. 로란(LORAN) 수신기는 체인(chain)으로 마스터 타워(master tower)와 두 곳의 다른 타워로부터 펄스를 수신하기 위해 시간을 측정한다. 그것은 이들의 알려진 지점의 각각으로부터 경과 신호시간을 묘사하는 포물선 같은 곡선(parabolic curves)의 교차점을 기준으로서 항공기의 위치를 계산한다. 그림 4-122는 로란 유니트(LORAN unit)에 장착된 판넬이며, 로란(LORAN-C)의 주파수는 중파대 1750~1950[kHz]의 펄스를 사용하며, 유효범위는 주간과 야간에 따라 다르나 약 1450~2250[km]로서, 위치 측정의 정확도는 150~300[m]정도로 높다. 로란(LORAN-C)은 두 송신국을 한 조로 하여 그 중 하나를 주국, 다른 하나를 종국이라고 하며 동일

주파수의 주기 펄스를 송신한다. 종국의 전파 발사는 주국에 의해 제어되고, 국의 식별은 주파수와 펄스의 반복 주기별로 식별된다. 로란(LORAN-C )항법은 위성항법장치가 보급됨으로써 현재 항공기 항법 장치로는 거의 사용되지 않고 있다.

[그림 4-121] 로란 유니트

지역항법(RNAV)은 초단파전방향무선표지(VOR)국 또는 자동방향탐지기(ADF), 무지향성무선표지(NDB)와 같은 항행안전시설의 직접 특정지역상공통과 없이 지점 A에서 지점 B까지 효율적인 항법을 위해 사용된다.

그것은 VORTAC과 VOR/DME국 시스템 뿐만 아니라 운송 항공기의 위성항법장치(GPS), 관성항법장치(IRS), 비행관리시스템(FMS)의 주변에 기지를 둔 지역항법(RNAV)의 시스템 까지도 포함한다. 그러나 최근까지도, 용어 지역항법(RNAV)은 지역항법(area navigation) 또는 이 지점에서 설명되어진 VORTAC과 VOR/DME-based 기준을 이용하여 지점 A에서 지점 B까지 직항편의 과정을 설명하는데 가장 일반적으로 사용되었다.

모든 지역항법장치는 중간지점(way point)을 활용한다. 중간지점은 지명된 지리적 위치 또는 항로 한정 또는 중간보고 목적을 위해 사용된 지점 이다. 그것은 위도와 경도 격자좌표(grid coordinate)를 이용하기로 정의되거나 설명되어질 수 있거나, 또는 VOR 지역 지역항법(RNAV)의 경우에서, 예를 들면 200/25는 200[°] 반경(radial)에 VOR 기지(station)로부터 Point 25[nautical mile]을 의미하며, VOR국으로부터 지점의 거리로써 뒤따르는 VOR 반경에 지점으로써 설명되어질 수 있다.

그림 4-123에서는 공항 A에서 공항 B까지 비행의 지역항법(RNAV) 항로를 보여준다. 보여준 VOR/DME와 VORTAC 기지는 실제의 기지라기 보다는 상공을 나는 환상(phantom)의 중간지점(way point)을 만들어내기 위해 사용되어진다. 이것은 더욱 직행노선이 취해지게 한다. 환상(phantom)의 중간지점(way point)은 반경(radial)과 거리 숫자가 한 쌍이 될 때 지역항법(RNAV) 항로컴퓨터(CLC: course-line computer)에 입력되어진다. 컴퓨터는 중간지점(way

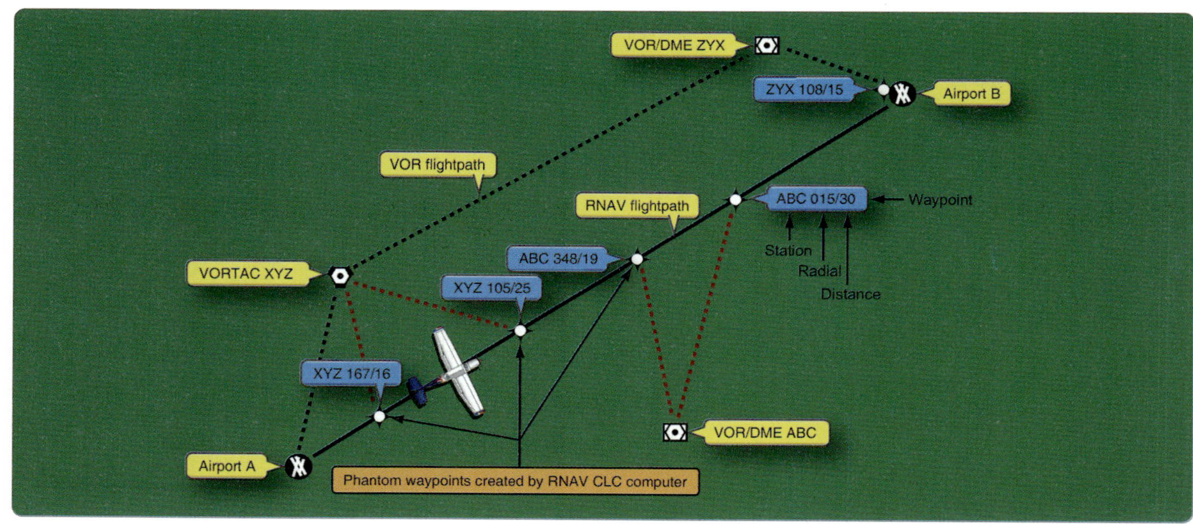


[그림 4-122] 지역 항법 개념도

point)을 생성하고 그래서 항공기의 항로편차지시계(CDI: course deviation indicator)로 하여금 마치 그들이 실제의 VOR 기지처럼 동작되게 한다. 코드 스위치는 표준 VOR 항법과 지역항법(RNAV) 사이에서 선택을 하게 한다.

그림 4-124에서 보여준 것과 같이, VOR 기지 지역항법(RNAV: area navigation)는 항로편차지시계(CDI: course deviation indicator)처럼, VOR 수신기, 안테나, 표시장비를 이용한다. 지역항법장치에 있는 컴퓨터는 각각의 중간지점(way point)에 대해 비행방향, 속도, 시간 판독을 산출하기위해 기본적인 기하학과 삼각법 계산을 사용한다. VOR 국은 지역항법(RNAV) 이용을 위해 항공기로부터 가시선(line-of-sight)과 운영범위 이내에 있는 것이 필요하다.

[그림 4-123] 지역 항법 유니트

지역항법(RNAV)는 위성항법장치(GPS)의 발전으로서 증진되었다. 계획된 VOR RNAV 비행계획서에서 위성항법장치(GPS) 자료의 통합은 어떤 VOR 기지의 이용 없이 위성항법장치(GPS) 항로 선정으로써 가능한 것이다.

1970년대 후반 증가하는 항공교통량으로 인해 세계 곳곳에서 지연현상이 발생, 항공 산업 전반에 걸쳐 많은 경제적 손실을 가져왔으며, 이를 해결하기 우해 항공교통 관제시스템의 수용량을 증대하기 위한 방안

의 하나로 항로 비행단계에 본격적으로 도입되기 시작하였다. RNAV는 항행안전시설과 자립항법 시스템을 이용한 두 지점간의 최단거리 비행 또는 가장 효율적인 항로 비행을 가능하게 해주는 항법을 말한다. 지금까지의 항법은 지상항행안전시설의 위치에 제약을 받았으나, RNAV는 지상항행안전시설의 위치라는 한계를 넘어선 항법입니다. 기존의 항로와 SID(standard instrument departure)/STAR(standard terminal arrival route)들은 지상 항행안전시설들의 위치와 통달 거리 등의 제약에 의해 최적의 설계가 이루어질 수 없었다. 그러나 RNAV를 이용한 항로와 SID/STAR들은 지상시설들의 위치에 관계없이 가장 효율적으로 설계될 수 있는 것이다. RNAV는 재래식(conventional) 항법과 대치되는 개념이다.

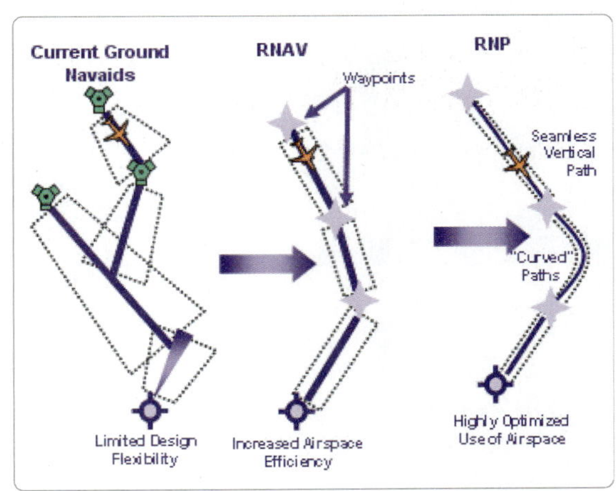


[그림 4-124] 기존 항법과 지역 항법 비교

항법에 있어서 혁명과도 같은 RNAV(area navigation)의 도입은 당연히 기존의 비행과 항공교통관제 그리고 나아가서는 항공산업 전반에 큰 영향을 미친다.

공항관리자의 측면에서는 활주로 수용능력 증가 및 비행로 유지능력의 향상을 통한 소음민감지역 회피 등이 다소 용이해져 환경영향의 감소, 공항주변 지역사회와의 관계증진이 가능하다는 점이다.

　항공교통관제부분 외에도 비행거리감소, 연료절감, 이륙화물탑재량 증가, 이륙 및 출발 구간의 연료관리 개선 등을 통한 사용자 부분의 경제적 효과와 향후 지상 항행안전시설 설치수의 감소 등을 통해 설치 및 유지비 감소 등이 가능하다.

　그러나 지상 항행안전시설의 경우 VOR과 DME는 아직까지도 RNAV 위치결정시 사용되는 주요한 위치정보이므로 향후 상당기간 동안 GPS와 함께 계속 사용될 것으로 판단되며, 전 세계적으로 현행 RNAV 절차는 기존의 VOR 비행로를 기본으로 중첩형태로 운영되고 있다.

# 4.16 관성항법장치
## Inertial Navigation System

## 4.16.1 관성항법시스템(INS)의 원리

관성항법시스템(INS)이란 외부의 도움 없이 컴퓨터, 가속도계(accelerometers), 자이로(gyroscopes)를 사용하여 움직이는 물체의 위치, 속도, 진행 방향을 구하는 항법장비이다.

관성항법 시스템(INS)은 완전히 독립적인 추측 항법 시스템이다. 출발 위치를 고려하여 관성항법시스템(INS)는 모든 방향의 움직임을 추적하여 출발 지점과 비교하여 항공기의 비행 위치를 계산한다. 관성항법시스템(INS)가 작동하도록 하기 위해 지상 송신기나 인공위성의 형태로 항공기의 외부 시설을 요구하지 않는다. 이것은 조종사가 추측 항법을 할 때와 마찬가지로 속도, 헤딩, 시간 등의 측정에 기초한 현재 위치에 대한 모든 계산을 수행한다.

관성항법 시스템(INS)의 심장은 관성항법장치(INU: inertial navigation unit)이다. 자이로, 가속도계, 내비게이션 컴퓨터를 이용해 위치를 계산하는 완전 독립된 시스템이다. 관성항법장치(INU)는 매우 정확하며 출발 전 알려진 목적지가 설정되었을 때 비행하는 동안 항공기 현재 위치(present position), 지상속도(ground speed), 참 방향(true heading), 트랙(track), 풍속/방향(wind speed/direction), 경유지(waypoint)까지의 거리/시간(distance/time), 교차 트랙 거리(cross track distance), 트랙 각도 오류(track angle error)를 계산하여 조종사에게 정확하고 신뢰할 수 있는 자료인 현재 위치를 지속적으로 추적하는 내비게이션 정보를 제공한다. INU는 경유지를 프로그래밍할 수 있으며, 자동 조종 시스템과 결합될 경우 프로그래밍된 비행 경로를 따르는 조종 명령을 제공할 수 있다.

## 4.16.2 관성 기준 시스템(IRS)

관성 기준 시스템(IRS: inertial reference system)은 관성항법 시스템(INS)를 기반으로 한다. 관성 기준 시스템은 자체 계산과 항공기의 다른 시스템에 대한 기본적이고 복잡한 항법, 자세 및 속도 데이터를 제공한다. 관성 기준 시스템(IRS)은 관성항법 시스템(INS)의 복잡한 가속도계/자이로스코프 기반 시스템을 사용한다. 대신에 이것은 항공기의 피치(pitch), 요(yaw), 방위면(azimuth plane)에서 항공기의 상세 가속 속도를 제공하는 일련의 스트랩 다운 레이저 자이로스코프를 사용한다.

관성 기준 시스템은 이전에 에어 데이터 시스템에서만 사용할 수 있는 일부 데이터를 제공할 수 있다. 관성항법 시스템이 작동하기 위해서는 최초의 위치정보를 사람이 직접 입력하거나 GPS등으로부터 가져와야 하며, 이 과정을 얼라인(align)이라고 한다.

정확한 얼라인은 항공기가 정지된 상태에서 이루어져야 하며, 지역에 따라 차이가 있으나 보통 수분이 소요된다. 관성항법시스템의 얼라인이 끝나면 그때부터 모션 센서(motion sensor)들을 통해서 얻어지는 정보를 계산하여 항공기의 새로운 위치, 속도, 진행 방향을 구하게 된다.

관성항법 시스템의 장점은 시스템이 한번 Align인 된 후 항공기의 위치, 속도, 진행 방향을 구하는데 어떠한 외부 도움도 필요 없다는데 있다.

관성항법장치(INS)는 장거리항법을 위해 대형 항공기에서 사용한다. 이것은 관성기준항법장치(IRS)로 대체되어 더 최신의 시스템으로 되었다.

INS/IRS는 지상항법시설 또는 송신기로부터 입력무선신호를 요구하지 않는 독립된 시스템이다. 시스템은 알려진 출발점을 제공한 항공기의 가속도계의 측정치로부터 자세정보, 속력정보, 방향정보를 이끌어낸다.

항공기의 장소는 관성항법장치(INS)는 가속도계의 계산을 통해 계속해서 갱신되어진다. 2개의 가속도계의 최소한도가 이용되어지는데, 하나는 북쪽을 참고하기 쉽게 하고 다른 하나는 동쪽을 참고하기 쉽게 한다.

구형 유니트에서, 그들은 자이로안정식(gyro-stabilized) 플렛폼에 설치되어진다. 이것은 중력으로 인하여 가속도의 결과로서 일어나게 되는 오차의 이입(introduction)을 막아준다.

복잡한 계산법을 사용하는 관성항법장치(INS)는 위치정보에 가해진 힘을 변환시키는 관성항법장치(INS) 컴퓨터에 의해 만들어진다. 항공기가 지상에 정지된 동안 출발장소 위치자료를 입력하기 위해 사용되어진다. 그림 4-126에서 보여준 것과 같이, 이것을 초기화하기(initializing)라고 부른다. 그때부터 항공기의 모든 운동은 내장 가속도계(built-in accelerometer)에 의해 감지되어지고 컴퓨터를 통해 가동한다. 귀환루프(feedback loop)과 수정루프(correction loop)는 비행시간이 진척될 때 누적된 오차에 대해 수정하는데 사용되어진다. 1[hour]의 비행시간에 있어서 부정확한 관성항법장치(INS)의 양은 성능을 판단하는 기준점 이다. 1[hour]의 비행 후에 1[mile] 이하의 누적된 오차는 일어날 수 있는 것이다. 지표면에 평행한 것을 유지하도록 자이로안정식(gyro-stabilized) 플렛폼으로 연속적인 정밀한 조정은 누적된 오차를 줄이도록 경감시키기 위한 중요한

필요조건 이다. 위도(latitude)/경도(longitude) 좌표계(coordinate system)는 장소 출력을 줄때 사용되어진다.

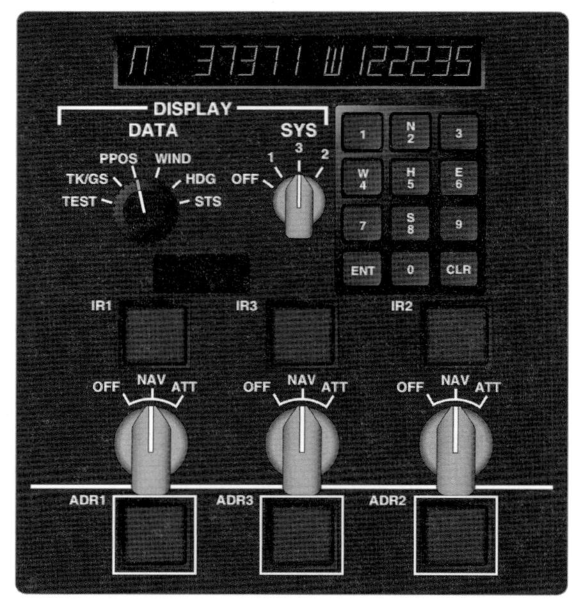

[그림 4-125] 관성항법장치의 에어 데이터 판넬

관성항법장치(INS)는 정기 여객기 비행관리장치와 자동비행제어장치에 통합되어졌다. 중간지점(way point)은 미리 정해진 비행경로에 대해 입력되어지고 관성항법장치(INS)는 각각의 중간지점(way point)으로 항공기를 유도한다. 다른 항해용 기기와 통합은 또한 연속적으로 수정하여 정밀도(accuracy) 개선이 가능하다. 최신의 관성항법장치 시스템은 관성기준항법장치(IRS)로 가동부 없이 완전히 고체장치(solid-state unit)이다. 3개 고리형(three-ring), 레이저자이로(laser gyro)는 구형 관성항법장치(INS) 플렛폼 시스템에 있는 기계식자이로(mechanical gyro)를 대체하고, 이것은 세차운동(precession)과 다른 기계식자이로(mechanical gyro) 결점을 보완한다. 움직임의 각각의 평면에 1개씩, 3개의 고체가속도계

(solid-state accelerometer)의 사용은 정밀도를 증대시킨다. 가속도계(accelerometer)와 자이로(gyro) 출력은 항공기의 위치의 연속적인 계산을 위해 컴퓨터에 입력된다. 위성항법장치(GPS)는 정밀(accurate)하며 관성기준항법장치(IRS)와 결합하였을 때 정밀한 항법계통을 만들어낸다. 위성항법장치(GPS)는 관성기준항법장치(IRS)를 초기화하는데 사용되어지며, 위성항법장치(GPS)는 오차수정을 위해 사용하고자 하는 관성기준항법장치(IRS) 컴퓨터로 자료를 공급한다. 현재 관성항법 시스템은 더 높은 정확도를 제공하는 타 항법 시스템의 보조 시스템 수준에서 사용되고 있다. 타 항법 시스템의 가장 좋은 예가 GPS이다. GPS와 같은 타 항법 시스템들과 같이 사용됨으로써, 안정적인 위치 정보제공이 가능해졌으며, 타 항법 시스템을 사용할 수 없을 경우 단기적 대체 항법수단으로 사용될 수 있다. 최근의 전자기술(electronic technology)은 INS/ IRS 항공전자 구성부분의 크기와 무게를 줄였다. 그림 4-127에서는 각 면에서 약 6[inch]의 길이인 최신의 Micro-IRS Unit를 보여준다.

[그림 4-126] 관성기준항법장치 유니트

# 4.17 위성항법장치
## GPS: Global Positioning System

### 4.17.1 GPS의 기본원리

GPS는 미국 국방성에서 구축한 인공위성을 이용한 위치 결정 시스템이다. GPS의 기본적인 목적은 지상, 해상 및 공중에서 사용자의 위치를 기상 상태에 관계없이 지속적으로 측정이 가능하도록 하는 것이다.

GPS는 크게 보아 24개의 위성으로 구성된 우주 부분(space segment), 지상에서 위성을 추적·관리하는 제어 부분(control segment), 위성 신호를 수신하여 이용하는 수신기 및 신호처리기의 사용자 부분(user segment)의 세부분으로 나누어진다.

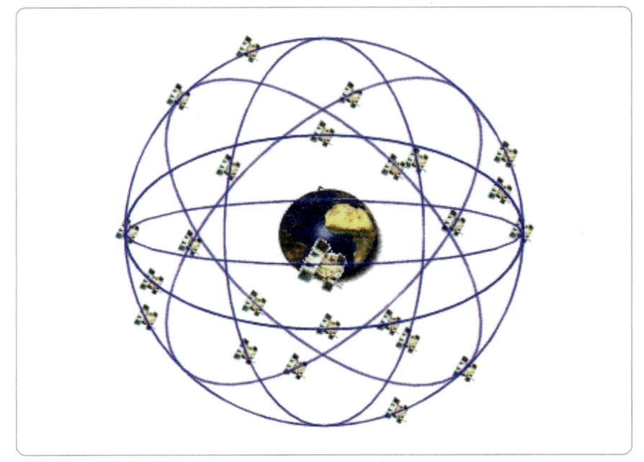

[그림 4-128] GPS 위성의 배치 우주

[그림 4-127] GPS 위성

우주 부분(space segment)는 24개의 위성을 궤도면의 기울기가 55도인 6개의 궤도 평면상에 4개씩 배치하고 이 중 21개를 실제로 사용하고 나머지 3개는 고장난 위성을 대치하는 예비용으로 하며 20200km의 원궤도를 11시간 58분의 주기로 비행하며 자신의 위치정보를 끊임없이 내보내고 있다. 제어 부분(control segment)는 주 제어국(master control station), 감시국(monitor station), 지상 안테나(ground antenna)로 나뉘어져 위성의 궤도 추적, 위성 시계의 보정 및 동기화, 위성으로의 보정 신호 전송 등 각각의 임무를 수행한다.

사용자 부분은 L1 주파수(1575.42MHz)를 이용하는 SPS(standard positioning service) 신호로 사용자의 위치를 측위할 수 있는 상용(C/A code) 부분과 L2 주파수(1227.60MHz)를 이용하는 PPS(precisse positioning service)신호로 사용자의 위치를 측위 하는 P-code용 부분이 있다. PPS를 이용하여 측위를 할 겨우 SPS를 이용할 때보다 10분의

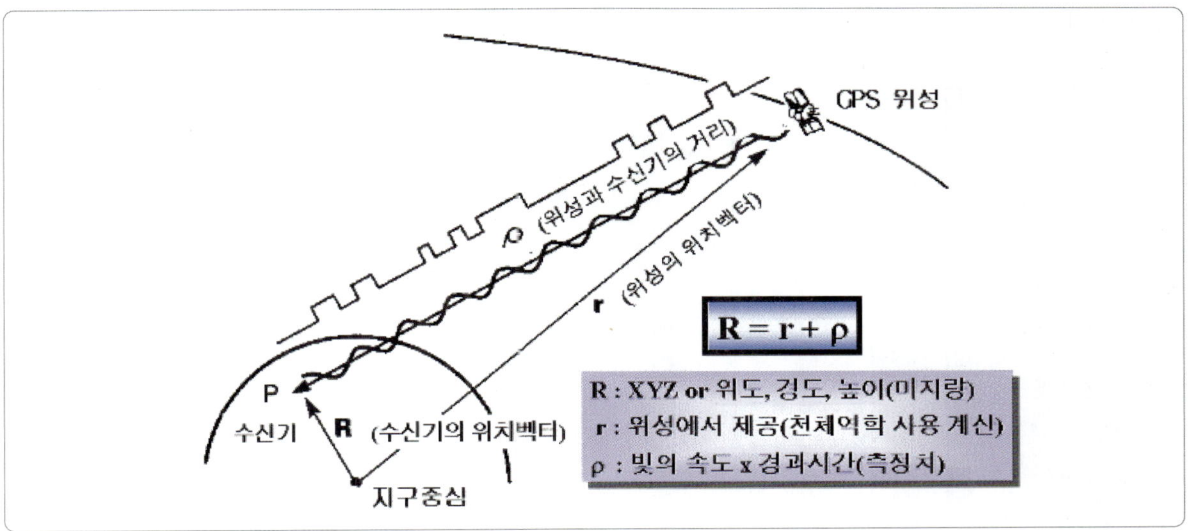


[그림 4-129] GPS의 기본원리

1정도의 측정 오차가 발생한다. 하지만 현재 GPS 신호는 민간용으로 SPS 신호만이 개방이 되어 있고 PPS는 암호화되어 있어 암호 해독기를 가지고 있는 특정 분야의 사용자들만이 이용한다. GPS를 이용한 측위원리는 여러 개의 GPS 위성으로부터 수신되는 전파의 도달시간(TOA, time of arrival)을 측정하여 수신기와 위치를 계산하는 것이다. 이 방법은 1968년부터 미국 해군에서 Transit 이라는 6개의 위성을 이용하여 측위를 한 것으로부터 시작하였다. 하지만 고도를 제외한 2차원 위치결정 시스템이라는 점과 위치 측정에 필요한 시간이 90분이나 된다는 단점 때문에 1970년대 GPS 프로그램으로 발전되었다. 잘 알려진 바와 같이 GPS를 이용한 3차원 측위를 하기 위해서는 GPS위성의 시계와 수신기 시계 사이의 오차를 보정하기 위하여 총 4개 이상의 GPS위성이 필요하다. 수신기에서 출력되는 사용자와 GPS위성간의 거리에 대한 측정 식은 다음과 같이 표현한다.

여기서 $X,\ Y,\ Z$는 사용자의 3차원 좌표를 나타내고, $dT$는 시계 바이어스를 나타낸다.

$\rho_{i,},\ i = 1, 2, 3, 4$ 는 수신기로부터 위성 $i$ 까지의 의사거리(pseudo range)의 측정값이고 $(x^i, y^i, z^i)$ 는 위성 $i$ 의 좌표이다.

$$\rho_{a1(t)} = \sqrt{(x^1(t) - X)^2 + (y^1(t) - Y)^2 + (z^1(t)a - Z)^2} + c \cdot dT \quad (4.1)$$

$$\rho_{2(t)} = \sqrt{(x^2(t) - X)^2 + (y^2(t) - Y)^2 + (z^2(t) - Z)^2} + c \cdot dT$$

$$\rho_{3(t)} = \sqrt{(x^3(t) - X)^2 + (y^3(t) - Y)^2 + (z^3(t) - Z)^2} + c \cdot dT$$

$$\rho_{4(t)} = \sqrt{(x^4(t) - X)^2 + (y^4(t) - Y)^2 + (z^4(t) - Z)^2} + c \cdot dT$$

## 4.17.2 위성분포에 따른 GPS 오차 (DOP: Dilution of Precision)

위성분포에 따른 GPS 오차(DOP)는 위성과 사용자의 상대적인 위치에 관계되는 위상차의 성질을 나타낸다. 동일한 성능의 수신기 및 위성의 신호로부터 위치계산 오차가 커지는 현상을 나타내며 위성 신호나 수신기의 성능에 따라 영향을 받지 않는다.

의사거리 측정식은

$$\rho_i(t) = \sqrt{(x^i(t)-X)^2 + (y^i(t)-Y)^2 + (z^i(t)-Z)^2} + cdT \quad (4.2)$$
$$= f(X, Y, Z, dT)$$

위 식과 같으며, 위의 식을 선형화 하면

$$X = X_o + \Delta X \quad (4.3)$$
$$Y = Y_o + \Delta Y$$
$$Z = Z_o + \Delta Z$$
$$dT = dT_o + \Delta T$$

$X_o, Y_o, Z_o, dT_o$ : 실제값

$\Delta X, \Delta Y, \Delta Z, \Delta T$ : 오차값

위의 식을 Taylor 전개를 하면

$$f(X, Y, Z, dT) \quad (4.4)$$
$$= f(X_o + \Delta X, Y_o + \Delta Y, Z_o + \Delta Z, dT_o + \Delta T)$$
$$= f(X_o, Y_o, Z_o, dT_o) + \frac{\partial f}{\partial X}\big|_{dT=dT_o}\Delta T +$$
$$\frac{\partial f}{\partial Y}\big|_{Y=Y_o}\Delta Y + \frac{\partial f}{\partial Z}\big|_{Z=Z_o}\Delta Z + \frac{\partial f}{\partial dT}\big|_{dT=dT_o}\Delta T +$$
$$\frac{1}{2!}\frac{\partial^2 f}{\partial X^2}\big|_{X=X_o}(\Delta X)^2 + \frac{\partial^2 f}{\partial Y^2}\big|_{Y=Y_o}(\Delta Y)^2 +$$

$\Delta X, \Delta Y, \Delta Z, \Delta T$ 가 작다고 가정하면 2차 항 이상을 무시할 수 있으므로 다음 식을 얻을 수 있다.

$$f(X, Y, Z, dT) \quad (4.5)$$
$$\cong f(X_o, Y_o, Z_o, dT_o) + \frac{\partial f}{\partial X}\big|_{X=X_o}\Delta X + \frac{\partial f}{\partial Y}\big|_{Y=Y_o}\Delta Y$$
$$+ \frac{\partial f}{\partial Z}\big|_{Z=Z_o}\Delta Z + \frac{\partial f}{\partial dT}\big|_{dT=dT_o}\Delta T$$

$$\rho^i(t) = \rho_o^i(t) - \frac{x^i(t)-X_o}{\rho_o^i(t)}\Delta X - \frac{y^i(t)-Y_o}{\rho_o^i(t)}\Delta Y \quad (4.6)$$
$$- \frac{z^i(t)-Z_o}{\rho_o^i(t)}\Delta Z + c\Delta T$$

Matrix의 형태로 나타내면

$$l = AX \quad (4.7)$$
$$l = [\, l^1, \, l^2, \, l^3, \, l^4 \,]^T$$
$$l^i = -\rho^i(t) + \rho_o^i(t) \quad (i = 1,2,3,4)$$

$$A = \begin{bmatrix} \dfrac{x^1(t)-X_o}{\rho_o^1(t)} & \dfrac{y^1(t)-X_o}{\rho_o^1(t)} & \dfrac{z^1(t)-Z_o}{\rho_o^1(t)} & -c \\[2mm] \dfrac{x^2(t)-X_o}{\rho_o^2(t)} & \dfrac{y^2(t)-X_o}{\rho_o^2(t)} & \dfrac{z^2(t)-Z_o}{\rho_o^2(t)} & -c \\[2mm] \dfrac{x^3(t)-X_o}{\rho_o^3(t)} & \dfrac{y^3(t)-X_o}{\rho_o^3(t)} & \dfrac{z^3(t)-Z_o}{\rho_o^3(t)} & -c \\[2mm] \dfrac{x^4(t)-X_o}{\rho_o^4(t)} & \dfrac{y^4(t)-X_o}{\rho_o^4(t)} & \dfrac{z^4(t)-Z_o}{\rho_o^4(t)} & -c \end{bmatrix} \quad (4.8)$$

$$X = \begin{bmatrix} \Delta X \\ \Delta Y \\ \Delta Z \\ \Delta T \end{bmatrix} \quad (4.9)$$

따라서 오차 벡터는 다음과 같이 얻어진다.

$$X = A^{-1}l \quad (4.10)$$

X의 공분산은 다음과 같다.

$$cov(X) = cov(A^{-1}l) \quad (4.11)$$
$$= A^{-1}cov(l)A^{-T}$$
$$= cov\sqrt{tr(A^TA)^{-1}}$$

$$Q_X = (A^TA)^{-1} \quad (4.12)$$

$$Q_X = \begin{bmatrix} q_{XX} & q_{XY} & q_{XZ} & q_{XT} \\ & q_{XY} & q_{YY} & q_{YZ} \\ q_{YT} & & q_{XZ} & q_{YZ} \\ q_{ZZ} & q_{ZT} & & q_{XY} \\ q_{YT} & q_{ZT} & q_{TT} \end{bmatrix} \quad (4.13)$$

여기서 $q_{ij}$ 는 공통인자를 나타낸다. 위치측정 오차는 의사거리 오차와 위성의 배치에 영향을 받으며, 의사거리 측정오차는 수신기의 성능과 환경에 영향을 받는다. GDOP(geometric dilution of precision)가 작은 경우에는 위성이 공간에 넓게 분포될 때이며 GDOP 값이 작은 경우에는 좋은 상태(good-condition) 이다.

$$GDOP = \sqrt{q_{xx},\ q_{YY},\ q_{ZZ},\ q_{TT}} \qquad (4.14)$$

GDOP는 의사거리 측정오차가 위치측정오차로 증폭되는 정도를 나타내며 사용자가 바라보는 위성의 기하학적인 배치에 의하여 그 값이 결정된다. GDOP는 사용자가 바라본 위성으로서 시선 각의 끝점들이 이루는 체적과 대략 반비례하며 GDOP값이 작은 경우는 위성이 공간에 넓게 분포될 때이며, 발산하는 경우는 위성이 한곳에 집중하여 위치할 때 나타난다.

(a) 위성 분포가 균일한 경우
(b) 위성 분포가 밀집된경우

위치오차와 관련된 DOP:

$$PDOP = \sqrt{q_{XX} + q_{YY} + q_{ZZ}}$$

평면상에서의 DOP: $HDOP = \sqrt{q_{XX} + q_{YY}}$    (4.15)
고도 방향의 DOP: $VDOP = \sqrt{q_{ZZ}}$
시간에 대한 DOP: $TDOP = \sqrt{q_{TT}}$

위성이 4개 이상이 수신될 경우에는 DOP값이 가장 작은 것 4개를 선택하여 수신을 하면 오차가 적은 신호를 받을 수 있으나 위성이 4개 혹은 그 이하의 위성이 관측될 때에는 DOP의 값과 관계없이 신호를 이용하여야 하므로 위성 신호에 많은 오차가 포함 될 수밖에 없다.

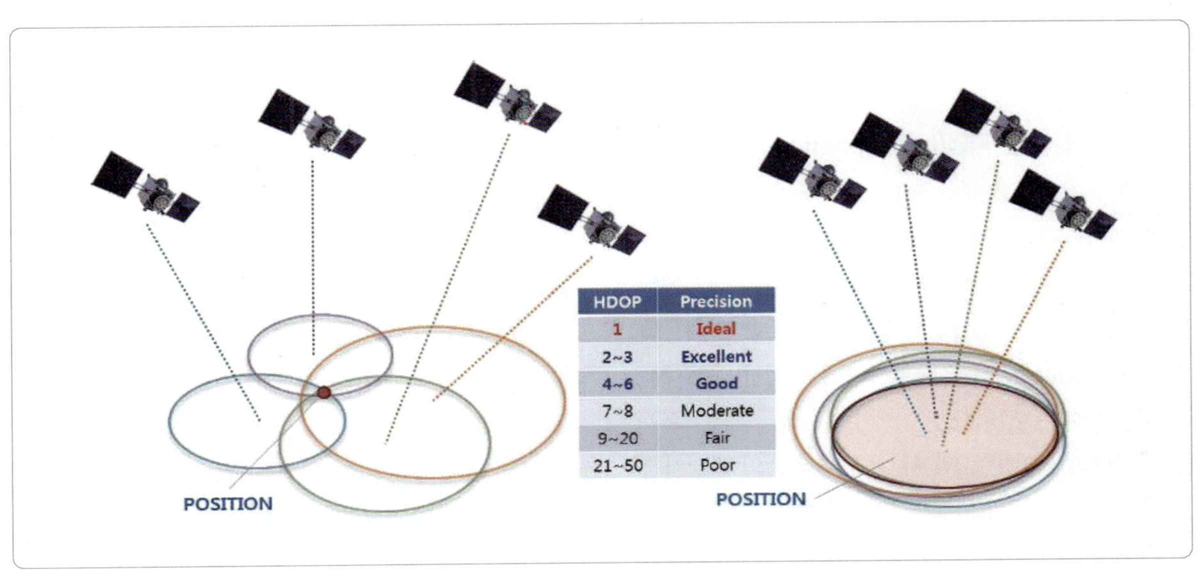



[그림 4-130] 위성의 분포에 따른 위치오차(DOP)

## 4.17.3 GPS 측정오차

### 4.17.3.1 위성 시계 오차(Satellite Clock Error)

GPS 위성은 전송신호 발생을 포함하여 모든 탑재된 타이밍동작(timing operation)을 제어하는 원자시계를 가지고 있다. 원자시계는 매우 안정적이지만 dT는 GPS 시스템 시간으로부터 약 $10^{-3}sec$정도 오차가 생긴다. 이러한 시계오차는 $1\sigma$인 경우 약 3m 정도이다. 주 제어국에서는 시계교정 파라미터를 결정하여 항행 메시지에 포함하여 재 전송한다. 이러한 교정 파라미터들은 2차 다항식을 사용하는 수신기에 의해 수행된다.

### 4.17.3.2 위성궤도 예측 오차 (Ephemeris Prediction Error)

모든 위성에 대한 최적의 궤도는 사용자들에게 재전송할 항행 데이터 메시지 파라미터들로 계산되어져 위성에 전송된다. 위성 시계오차 교정처럼 이러한 교정들은 예측되고 잔류오차(residual error)를 포함한다. 이런 오차의 크기는 위성과 수신자 사이의 가시선 벡터상의 정사영 벡터를 이용하여 효과적인 의사거리 오차로서 확인된다. 의사거리 오차는 $1\sigma$인 경우 약 4.2m정도이다.

### 4.17.3.3 전리층 지연(Lonospheric Delay)

전파가 전리층을 통과할 때 시간지연에 의한 오차인데 의사거리 측정에 포함되는 오차 중에서 SA에 의한 오차를 제외하고는 가장 크다. 신호의 경우에는 군지연(group delay)으로 작용하고 반송파 위상의 경우에는 phase advance로 작용한다. 전리층 활동이 심한 낮에는 20~30m, 밤에는 3~6m 정도의 오차를 나타낸다. L1과 L2의 두 가지 주파수의 반송파를 사용하는 경우 주파수에 따라 지연의 정도가 다름으로 두 주파수 전파의 도달시간 차이로 이 전리층 지연

오차를 효과적으로 제거할 수 있다. 그러나 L1만 사용하는 SPS에서는 전리층 모델을 사용하는 것이 일반적인데 이 경우에는 약 50~75%정도의 오차만을 제거할 수 있다. DGPS를 사용하는 경우에는 기준국과 사용자의 거리가 가까운 경우 공통의 오차로 동작하므로 대부분이 상쇄된다.

### 4.17.3.4 대류층 지연(Tropospheric Delay)

대류층을 통과할 때 전파의 시간지연에 의한 오차이다. 공기 중의 수증기가 큰 영향을 끼치고 있으므로 이를 모델화하기가 매우 힘들다. 대류층 지연에 의한 오차는 대기의 상태에 따라 다르지만 보통 의사거리 측정오차로 환산하여 10m정도로 나타난다. 이 오차 역시 DGPS의 경우 전리층 오차처럼 공통의 오차로 처리할 수 있지만, 대기의 상태가 고도에 따라 차이가 많이 나기 때문에 DGPS 기준국과 사용자의 고도가 다르면 효과적으로 제거하기가 어렵다.

### 4.17.3.5 다중경로(Multipath)

위성 신호는 굴절로 인해 다중 경로를 통하여 수신기에 도착한다. 다중 경로는 C/A 코드 변조, P코드 변조, 반송자위상 관측 등을 왜곡시킨다. 다중 경로 신호는 위성에서 같은 송신 시간을 갖더라도 각 경로 길이의 굴절 차이로 인해 코드와 반송자 위상 편차를 가지고 수신기에 도착한다. 다중 경로 신호는 굴절에 의해 직진 신호보다 더 길어진 진해 경로 때문에 직진 신호에 비하여 항상 지연이 된다.

지상의 수신기에 대한 반사체는 지구 표면 자체, 빌딩, 나무, 언덕 등이 될 수 있다. 동적 응용에서는 이동중인 수신기의 안테나와 주변의 반사체 사이에서 변화하는 기하학 때문에 다중 경로의 영향은 빠르게 변화한다. 항공기 탑재 수신기는 항공기 기체의 반사로 인한 부가적인 다중 경로 영향을 받는다. 다중경로

는 모델링이 대단히 어려워, 주위의 환경에 따라 적절한 방법으로 줄여야 한다.

### 4.17.3.6 수신기의 오차(Receiver Error)

GPS 수신기에는 일반적으로 위성의 원자 시계보다 정밀도가 낮은 저가의 수정(crystal)시계가 사용되고 있다. 그 결과 GPS 시간의 동조 오차가 발생한다. 이를 해결하기 위하여 시계 오차를 미지수로 다루는 네 개의 의사거리 방정식을 사용하여 수신기의 위도, 경도, 고도와 시계오차 하나를 구할 수 있다. 이외에 위상 측정에만 사용되는 오차로서 cycle slip이 있다.

### 4.17.3.7 의도적인 오차(SA)

미 국방성은 군사 보안을 고려해서 P코드 수신기 외에는 해독할 수 없는 암호화된 Y코드를 송신하는 Anti-Spoofing(AS)을 비인가 사용자에게 부과한다. 비인가 사용자의 또 다른 제약은 SA는 송신좌표 자료의 교묘한 조작으로 오차를 발생시키는 $\epsilon$-프로세서와 위성 시계의 흔들림을 통하여 오차를 발생시키는 $\delta$-프로세서에 의하여 이루어진다고 알려져 있으나 상세한 내용은 알려져 있지 않다. 현재 작동중인 모든 Block II 위성에서 시행되고 있다. SA에 의한 잘못된 송신 좌표는 단일 수신기 항법 해에 직접적인 영향을 미치고 대개 80m 정도의 오차를 유발한다. 이렇게 유도된 좌표 오차는 위성의 통과 동안 비주기의 경향을 보인다. 다행히도 이 SA에 의한 오차는 DGPS 방식을 사용하면 제거할 수 있다.

위성항법장치(GPS) 항행은 항공기산업에서 가장 빠르게 성장하는 항해술이다. 그것은 NAVSTAR (navigation system with time and ranging) 위성 세트의 사용을 통해 이루어졌고 지구 주위에 궤도에서 유지되어진다. 위성(satellite)으로부터 연속적인

부호전송은 최고의 정밀도로서 위성항법장치(GPS) 수신기를 장치한 항공기의 위치를 찾아내기를 손쉽게 한다. 위성항법장치(GPS) 항공로 상의 항행에 대해 그 자체로서 이용되어질 수 있거나, 또는 VOR/RNAV, 관성기준항법장치(IRS), 또는 비행관리장치(FMS)와 같은 다른 항법계통에 통합될 수도 있다.

위성항법장치(GPS)에서 세 가지의 부분(segment)이 있는데, 우주부분(space segment), 제어부분(control segment), 사용자부분(user segment) 이다. 단지 위성항법장치(GPS) 수신기(receiver), 화면표시기(display), 안테나(antenna)와 같은 사용자부분(user segment) 장비에 관련시켜진다.

그림 4-132에서 보여준 것과 같이, 지구의 상공에 궤도 12,625[feet]의 6개 분리광역(separate plain)에 있는 활동 중인(active) 21개, 예비품(spare) 3개, 즉 24개의 위성(satellite)은 위성항법장치(GPS) 시스템의 우주부분(space segment)으로 알려진 것으로 이루어져 있다. 적어도 수평선의 위에 최소(minimum) 15[°]로 될 4개의 위성(satellite)은 임의의 시간에 지구에 어떤 곳에 있는 것처럼 위치되어진다. 전형적으로 5~8 위성(satellite)은 보이는 곳에 있다. 디지털방식으로(digitally) 부호정보(coded information)를 적재된(loaded) 2개의 신호는 각각의 위성(satellite)으로부터 전송되어진다. 1575.42[MHz] 반송주파수(carrier frequency)로서 L1 Channel 전송은 민간 항공용에 사용되어진다. 위성(satellite) 식별, 위치, 시간은 상태에 따라 이 디지털방식으로 변조신호(modulated signal)와 다른 정보로서 항공기 위성항법장치(GPS) 수신기로 전달되어진다.

1,227.60[MHz]의 L2 Channel 전송은 군(military)에서 사용되어진다.

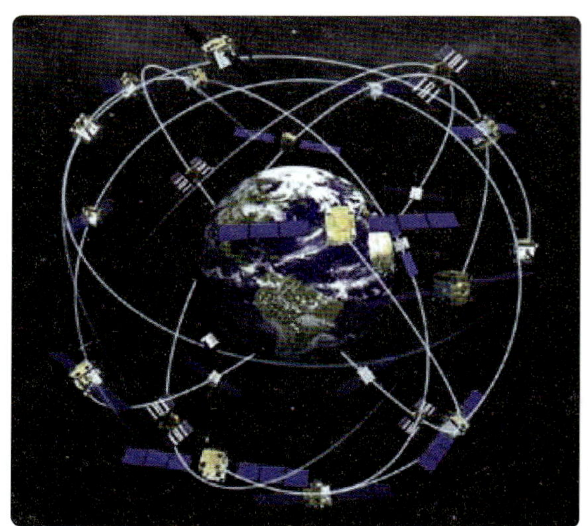

[그림 4-131] 위성항법장치(GPS)의 우주 부분

송신 위성(transmitting satellite)으로부터 항공기 위성항법장치(GPS) 수신기에 도달하기 위해 신호에서 갖는 시간의 양은 항공기의 위치를 계산하기 위해 각각의 위성의 정확한 장소와 결합되어진다. 그것의 장소와 시간을 확인하기 위해 각각의 위성(satellite)을 감시하는 위성항법장치(GPS)의 제어부분(control segment)은 정밀한 것이다. 이 제어부분(control segment)은 5개의 지상설치수신국, 중앙통제소, 그리고 3개의 송신안테나로 이루어져 있다.

수신국은 위성에서 중앙통제소로 수신된 상태 정보를 전송하면, 계산이 되고 정확한 지령(instruction)은 송신기를 경유하여 위성으로 보내진다.

그림 4-133에서 보여준 것과 같이, 위성항법장치(GPS)의 사용자부분(user segment)은 항공기에 장착된 수천 개의 수신기 뿐만 아니라 위성항법장치(GPS) 전송을 이용하는 다른 수신기까지도 포함되어진다. 사용자부분(user segment)은 제어판, 화면표시기, 위성항법장치(GPS) 수신기 회로소자, 안테나로 이루어진다. 제어, 화면표시기, 수신기는 보통 VOR/ILS 회로 소자와 초단파통신 송수신기를 포함

하게 되는 단일구성 부분으로서 위치되어진다. 위성항법장치(GPS) 정보는 자동화된 조종석 항공기의 다기능화면표시기(MFD)에  통합되어진다. 위성항법장치(GPS) 수신기는 3개의 송신위성(transmitting satellite)으로부터 도달하는 신호로 시간을 측정한다. 전파는 186,000[mile/sec]로서 이동하기 때문에, 각각의 위성(satellite)까지 거리를 계산한다.

[그림 4-132] 위성항법장치(GPS)의 유니트

## 4.17.4 광역보정위성항법장치 (WAAS: Wide Area Augmentation System)

항공기 항행을 위한 위성항법장치(GPS)의 정밀도(accuracy)를 증진시키기 위해, 광역보정위성항법장치(WAAS: wide area augmentation system)이 개발되어졌다. 그것은 위성항법장치(GPS) 신호를 수신하고 항공기로 수정정보를 전송하는 약 25개의 정확히 측량된 지상국으로 이루어진다. 그림 6-25에서는 광역보정위성항법장치(WAAS) 구성요소와 그것의 운영의 전체상을 보여준다.

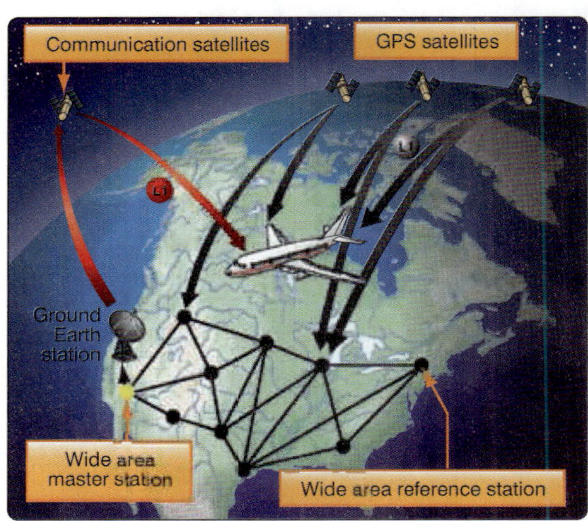


[그림 4-133] 광역보정위성항법장치

광역보정위성항법장치(WAAS) 지상국은 위성항법장치(GPS) 신호와 2개의 중앙지상국(master ground station)에서 진행된 위치오차를 수신한다. 시간과 위치정보는 분석되어지고, 그리고 수정사용법설명서(correction instruction)는 국가공역체계(NAS: national airspace system) 위쪽 정지궤도(geostationary orbit)에 있는 통신위성(communication satellite)으로 보내진다.

위성(satellite)은 광역보정위성항법장치(WAAS)가 위성항법장치(GPS) 위성으로부터 수신된 위치정보를 수정하기 위해 이용하는 위성항법장치(GPS) 수신기에게 권한을 준 GPS−like 신호(signal)를 방송한다.

위성항법장치(GPS) 수신기에게 권한을 주는 광역보정위성항법장치(WAAS)는 광역보강시스템을 사용하는 것이 요구되어진다. 만약 구비되었다면, 항공기는 어떤 지상설치진입장비 없이도 수천 개의 공항에서 정교한 진입을 수행하도록 적합하게 한다. 간격최소한도(separation minimum)는 또한 구비된 광역보정위성항법장치(WAAS)가 있는 항공기 사이에서 줄여질 수 있다. 광역보정위성항법장치(WAAS) 시스템은 측면으로 그리고 수직으로(vertically) 1~3[m]로서 위치오차를 줄이는 것으로 알려져 있다.

비행관리장치(FMS: flight management system)는 조종사가 설정한 비행계획에 의거 최적의 연료 소비량과 소요시간으로 비행할 수 있도록 관성기준항법장치(IRS) 및 에어데이터컴퓨터(ADC: air data computer)등으로부터 수집되는 동적인 비행정보와 항법데이터베이스(NDB)에 저장되어 있는 중간지점 및 이착륙 절차 등과 같은 고정 정보를 활용하여 최적화된 속도, 상승률, 경로, 추력 등을 계산한다. 계산된 내용을 바탕으로 비행관리장치(FMS)는 자동비행방향지시시스템(AFDS: autopilot flight director system)나 엔진의 자동추력시스템에게 자세제어 및 추력 제어를 수행시켜 자동비행이 가능하도록 한다. 제어지시장비(CDU: control display unit)는 비행관리장치(FMC)가 처리한 항행 데이터나 엔진 회전수 등의 내용을 조종사에게 보여주는 디스플레이 기능과 조종사가 FMC에 명령할 때 사용하는 입력 기능을 제공 한다.

### 4.18.1 수평항법(LNAV: Lateral Navigation) 기능

비행관리장치(FMS: flight management system)의 LNAV 기능은 수평방향의 비행경로를 제어한다. FMC는 전 세계의 공항, 지상의 무선 항법 지원시설, 경로에 관련된 모든 정보가 저장되어 있는 항법데이터베이스(NDB: navigation data base)라고 부르는 데이터베이스를 가지고 있기 때문에 조종사는 원하는 비행경로만 단순히 입력하면 된다. 이 경로는 보통 출발시에 설정하지만 비행 중 변경도 가능하다. 일단 비행경로가 선택되면 현재의 위치로부터 다음의 지정한 경로점(way point)까지의 비행경로가 비행관리장

치(FMC)에서 자동으로 계산된다. 비행 중 FMC는 현재의 위치와 설정된 비행경로를 비교하여 차이가 있다면 수평 위치 제어를 수행하는 신호를 자동조종장치(FCC: flight control computer)에 보내어 자동조종장치(FCC)로 하여금 방향타를 조작하여 비행경로를 조종할 수 있다. 이를 위하여 비행관리장치(FMC)는 자신의 현재 위치를 정확하게 알고 있어야 하므로 관성항법장치(IRS)로부터의 정보나 무선항법지원시설로부터 수신되는 항법 정보를 참조한다.

### 4.18.2 수직항법(VNAV: Vertical Navigation) 기능

비행관리컴퓨터(FMC)의 수직항법(VNAV) 기능은 연료 절약을 위한 가장 효율적인 수직 방향의 비행경로를 제어한다. FMC는 출발전에 항공기의 무게, 연료량, 엔진의 성능등의 데이터를 수집하여 비행계획에 따른 각 경로점(way point)에서의 속도 및 고도 제한 사항을 고려하여 기종과 장착 엔진에 적합한 최적 속도나 승강률에 따른 추력값을 계산한다. 비행중에도 비행고도, 무게, 풍향, 풍속 등의 데이터를 참조하여 최적의 속도나 추력을 계산한다. 또한 비행시간, 비행거리에 따른 연료 소모량의 예측이나 최적 비행고도의 계산, 진입속도의 계산 등의 운항에 필요한 다양한 계산을 수행하여 목표치에 따른 상승각 정보를 자동조종장치(FCC)에 전달하여 승강타를 제어하도록 한다. 동시에 자동추력시스템(auto throttle system)을 이용하여 엔진의 추력을 제어한다.

레이더(rader)는 강력한 전자기파를 발산하고 그 전자기파가 대상 물체에서 반사되어 돌아오는 반사파를 수신하여 물체를 식별하거나 물체의 위치, 움직이는 속도 등을 탐지하는 장치이다. 기상레이더장치(weather radar system)는 구름이나 악천후 지역의 빗방울로 인한 전파반사를 이용하여 강우량 정보와 기상상태를 조종실 계기 중 항법표시장치(ND: navigation display) 상에 표시한다.

빗방울에 반사되기 쉬운 초고주파 대역을 이용하며, C-band 레이더(5.4 GHz, 파장 5.6cm) 또는 X-band 레이더(9.4 GHz 대역, 파장 3.2cm)가 사용된다. C-band 레이더는 강우에 의한 레이더 전파의 감쇠가 적어 구름 뒤의 배후지역 기상상태를 탐지할 수 있는 장점을 가지며, X-band 기상레이더는 C-band 보다 파장이 짧고 빔폭이 좁아 강우량이 적은 비와 눈 및 밀집된 구름을 보다 정확히 탐지할 수 있다.

기상레이더는 항로 및 그 주변의 악천후 여역을 야간이나 시계가 나쁜 경우에도 정확히 탐지하고 표시하여 조종사가 이러한 영역을 피해 비행하도록 정보를 제공한다. 전방의 기상상태 탐지뿐 아니라 지상 쪽으로 기살 레이더를 틸팅(tilting)시켜 지형, 지물 등의 탐지도 가능하며, 특히 전단풍(windshear) 탐지 기능이 있다. 밀도가 높은 응결(precipitation)은 옅은 응결보다 더 강한 반송(return)을 만들어 낸다. 탑재기상레이더(on-board weather radar) 수신기는 조종실에 있는 화면표시기에서 빨강색(Red)으로 진한 반송(return), 노란색(Yellow)으로 중간(medium) 반송(return), 그리고 녹색(Green)으로 옅은(light) 반송(return)을 묘사하기 위해 설정되어진다.

구름은 반송(return)을 만들어내지 않는다. 자홍색(Magenta)은 결렬하거나 또는 극심한 응결(precipitation) 또는 난류(turbulence)를 묘사하기 위해 설정되어진다. 일부 항공기는 전용기상레이더화면(dedicated weather radar screen)을 갖추고 있다.

대부분의 최신의 항공기는 항법표시기(navigation display)에 기상레이더(weather radar) 화면표시기를 통합시킨다. 그림 4-135에서는 항공기에서 찾아볼 수 있는 기상레이더(weather radar) 화면표시기를 보여준다.

기상레이더(weather radar)에서 사용되는 전파(radio wave)는 5.44[㎓] 또는 9.375[㎓]와 같은 초고주파범위 이다. 그들은 보통 비금속 기수원추형(nose cone) 뒤쪽에 위치된 지향성안테나(directional antenna)로부터 항공기의 앞쪽방향으로 발신되어진다. 길이(length)에서 약 1[micro-second]인 펄스가 발신되어진다.

레이더송수신기(radar transceiver)에 있는 송수신전환기(duplexer)는 펄스(Pulse)가 어떤 반송(return)을 수신하기 위해 그리고 처리하기 위해 발신되어진 후 약 2500[micro-second]동안 수신하도록 안테나를 전환한다. 이 주기(cycle)는 반복되고 수신기 회로소자는 화면표시기에서 응결의 2차원 영상(two dimensional image)을 짜 맞춘다. 게인조정(gain adjustment)은 레이더의 범위를 제어한다. 그림 4-136에서 보여준 것과 같이, 제어판(control panel)은 이것과 다른 조정을 손쉽게 한다.

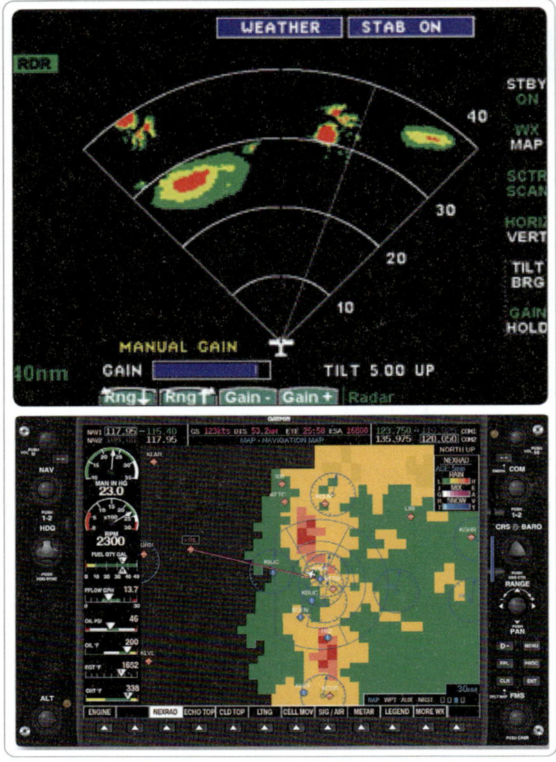

[그림 4-134] 항법표시장치 상의 기상 레이더 정보화면

맹렬한 난류(turbulence), 전단풍(wind shear, 풍향에 대하여 수직 또는 수평 방향의 풍속변화), 그리고 우박은 조종사의 주요 관심사 이다. 우박은 기상레이더(weather radar)에 반송(return)을 제공하는 반면에, 전단풍(wind shear)와 난류(turbulence)는 탐지되어지는 어떤 응결의 움직임으로부터 판단해야 한다. 경계는 만약 이 상황이 구비된 기상레이더장치(weather radar system)에서 일어났다면 통고되어진다. 건조난기류(dry air turbulence)는 탐지할 수 없다. 지상교란(ground clutter)은 레이더 스위프(radar sweep)가 어떤 지형지물(terrain features)을 포함하고 있을 때 약하게 되어야 한다.

기상레이더장치(weather radar system)의 정비와 작동 내내 주의를 해야한다. 안테나를 덮고 있는 레이돔은 오직 무선신호(radio signal)가 방해받지 않고 통과되도록 승인된 페인트로서 칠해야 한다. 레이돔(radome)은 레이돔에 떨어진 낙뢰(lightning strike)와 전파방해를 전도시키도록 접지띠(grounding strip)를 갖고 있다. 레이돔에 장착되어 있는 기상레이더가 작동할 때, 제작사 사용법 설명서(manufacturer instruction)를 준수해야 한다. 신체적 손상 특히 눈(eye)과 고환(testes)은 방출된(emitted) 고에너지(high-energy) 방사로부터 보호되어야 한다. 송신레이더(transmitting radar)의 안테나(antenna)를 바라보지 않는다. 비록 특별한 전파(radio wave) 흡수재료(absorption material)가 사용되었다고 할지라도 레이돔의 작동은 격납고(hangar) 내에서 작동하면 안된다. 레이더의 작동은 레이더가 건물을 향하여 가리키는 동안 또는 재급유 할때는 작동하지 말아야

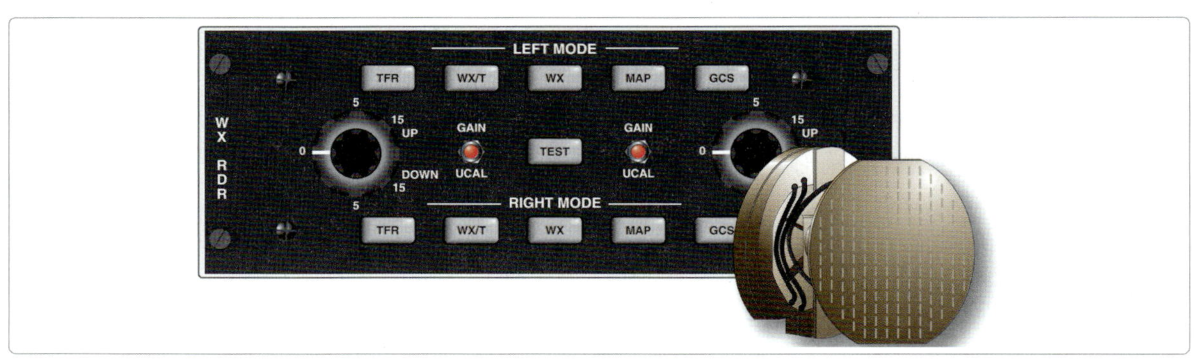


[그림 4-135] 기상 레이더 제어 패널

한다. 레이더 유닛는 오직 자격을 갖춘 사람만이 유지시키고 작동시켜야 한다. 그림 4-137에서 보여즌 것과 같이, 낙뢰(lightning strike)의 방위각(azimuth)은 자동방향탐지기(ADF)에서 사용된 것과 같은 루프형안테나(loop-type antenna)를 이용하여 수신기에 의해 계산되어질 수 있다. 일부 번개탐지기(lightning detector)는 자동방향탐지기(ADF) 안테나를 활용한다. 낙뢰(lightning strike)의 범위는 그것의 강도에 밀접하게 관련되어진다. 격렬한 낙뢰(lightning strike)는 항공기에 가까이에 있을 때 좌표에 의해 우치가 결정된다.

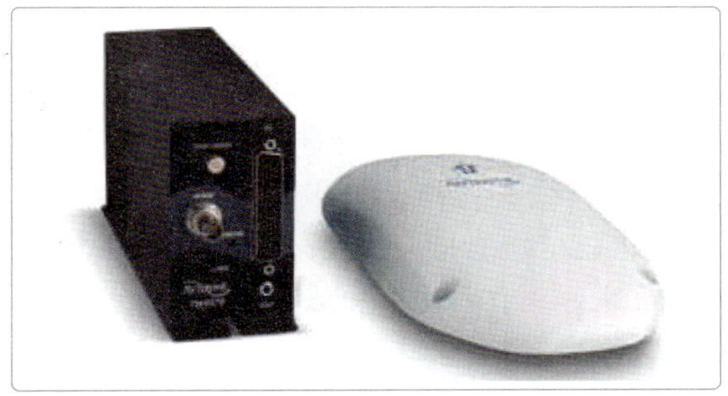

[그림 4-136] 수신 안테나

그림 4-138에서 보여준 것과 같이, Stormscope는 가끔 번개탐지기(lightning detector)에 관련되는 특허명이다. 전용화면표시기(dedicated display)는 화면에 작은 기호로서 200[mile] 이내에서 각각의 낙뢰(lightning strike)의 장소를 좌표로서 위치를 결정한다. 시간이 진척될 때, 기호(mark)는 그들의 시기(age)를 지시하기 위해 색(color)을 변화하게 된다. 좁은 지역(small area)에서 낙뢰(lightning strike)의 수는 Storm Cell을 지시하고, 그리고 조종사는 그것을 돌아서 항행할 수 있다.

낙뢰(lightning strike)는 또한 다기능(multi-functional) 항법표시기에 좌표로서 위치를 결정시킬 수 있다.

세 번째 Type의 기상레이더(weather radar)는 항공기의 모든 등급(class)에서 더욱 일반적인 것이 되고 있다. ADS-B IN으로 설명된 것과 같은, 궤도위성장치(orbiting satellite system) 또는 지상업링크(ground up-link, 지상에서 위성으로 전송)의 이용을 통해, 기상정보(weather information)는 실질적으로 전 세계 어디든지 비행 중인 항공기로 보내질 수 있다.

[그림 4-137] 번개 탐지기와 전자 항법표시지시기

이것은 항공기의 항법표시기(navigation display)에 덧씌움에서 텍스트 데이터뿐만 아니라 실시간(real-time) 레이더정보(radar information)까지도 포함한다. 먼 곳에서 생산된 그리고 항공기로 보내진 기상레이더(weather radar) 자료는 서로 다른 관점과 위성에서 보내오는 사진(satellite imagery)으로부터 여러 가지의 레이더 시선(view)의 합병(consolidation)을 통하여 다듬어진다. 이것은 실제의 기상상태(weather condition)에서 더욱 정확한 묘사를 제시한다. 지형(terrain) 데이터베이스는 지상교란(ground clutter)을 배제하기 위해 통합되어졌다. 보조 자료는 국립기상대(NWS: national weather service)와 미국해양대기관리국(NOAA: national oceanographic and atmospheric administration)으로부터 이용 가능한 정보의 범위 전체를 포함한다. 그림 4-139에서는 위성 또는 지상 연결(ground link) 기상정보제공(weather information service)을 통해 이용할 수 있는 다른 기상정보(weather information)의 리스트와 함께 항공기에서 수신된 평문, 기상 개요를 보여준다.

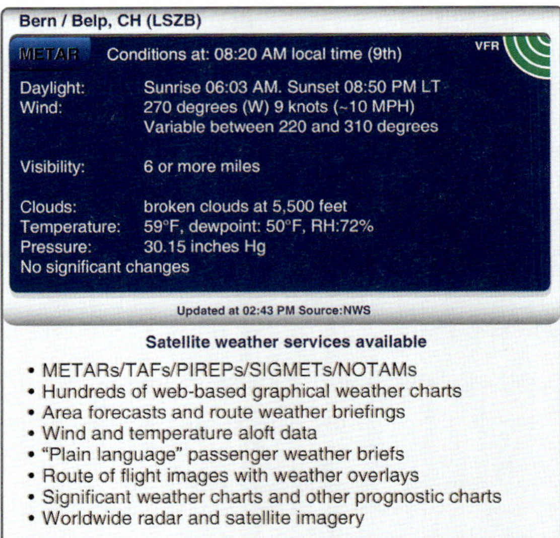


[그림 4-138] METAR 기상정보제공

그림 4-140에서 보여준 것과 같이, 언급한 것과 같이, 자동종속감시 · 방송(ADS-B: automatic dependant surveillance broadcast) 기상신호를 수신하기 위해, 안테나에 관련된 1090ES 또는 970 UAT 송수신기는 탑재한 항공기에 장착되어지는 것이 필요하다. 위성 기상관측업무(weather service)는 유용의 주파수에 임피던스를 같게 하여 잇는 안테나에 의해 수신되어진다. 수신기는 전형적으로 멀리 위치되어지고 기존의 항법표시기와 다기능표시기(multi-function display)에 접속되어진다.

[그림 4-139] 위성 기상 수신기와 안테나

## 4.19.1 전파고도계(Radio Altimeter)

전파고도계(RA: radio altimeter)는 항공기에서 지표면을 향해 전파를 발사하여 이 전파가 되돌아오기까지의 시간이나 주파수 차를 측정한 뒤 항공기와 지면과의 거리, 즉 절대고도를 구하는 장치입니다. 항공기가 공항에 착륙하기 위하여 활주로로 진입하는 비행과 같이 저고도(2,500ft 이하)에서만 작동한다. 항공기가 이.착륙시에 필요한 정보는 활주로 지면과의 정확한 거리이므로, 전파고도계는 이.착륙 비행 단계에서 지면과 항공기 사이의 고도를 측정하기 위하여 이용한다.

전파고도계는 펄스식 전파고도계와 FM식 전파고도계로 분류됩니다. 펄스식 전파고도계는 송.수신 전파의 시간차를 이용하여 고도를 계산하며, FM식 전파고도계는 송.수신 주파수의 차이를 이용하여 고도를 계산한다.

전파고도계(radio altimeter), 또는 레이더고드계(radar altimeter)는 항공기로부터 항공기 바로 아래쪽 지형(terrain)까지의 거리를 측정하는데 사용되어진다. 그것은 계기진입시 2,500[feet] 이하의 저공의 또는 야간비행시에 우선적으로 사용된다. 전파고드계(radio altimeter)는 착륙결심고도)에 대한 제1고도정보(primary altitude information)를 제공한다. 그것은 항공기가 그 고도에 도달할 때 조종사에게 시각경고(visual warning) 또는 음성경고(aural warning)을 일으키는 조정가능고도버그(adjustable altitude bug)를 합체시킨다.

그림 4-141에서 보여준 것과 같이, 송수신기(transceiver)와 지향성안테나(directional antenna)를 사용하여, 전파고도계(radio altimeter)는 항공기로부터 바로 지상으로 향하여 4.3[GHz]로서 반송파(carrier wave)를 방송한다. 전파는 50[MHz]로서 변조된

(modulated) 주파수이며 알고 있는 속도로서 전해진다. 그것은 표면지형을 때리고 이차안테나(second antenna)가 반송신호(return signal)를 수신하는 항공기로 향하여 다시 튀게 한다. 송수신기(transceiver)는 신호가 이동한 소요시간과 일어난 주파수변조(frequency modulation)를 측정하여 신호를 처리한다. 화면표시기(display)는 또한 지상고도(AGL: above ground level)라고 알려진 지형(terrain) 위에 표고를 지시한다.

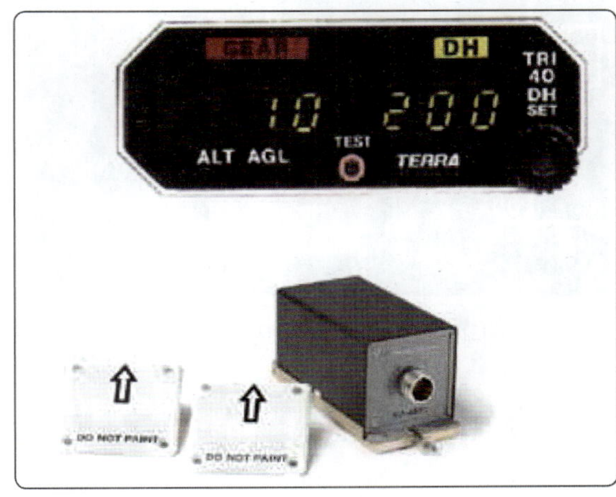

[그림 4-140] 전파고도계 안테나와 송수신기

전파고도계(radio altimeter)는 저고도(low-altitude)에서 지상고도(AGL: above ground level) 정보에 대해 공기압식고도계(air pressure altimeter)보다 더 정확하다. 송수신기ver)는 보통 표시기로부터 멀리 위치되어진다. 다기능(multi-function)과 자동화된 조종석 화면표시기는 전형적으로 고도에 도달되어졌을 때 지시하기 위해 사용된 버그, 라이트 또는 채색변화로서 화면에 나타낸 수치값(digital number)으로서 고도계로부터 결심고도(DH: decision height) 인지에 결합시킨다. 대형 항공기는 항공기 아래쪽 지형(terrain)에 잠재적으로 위험한 접근(proximity)을 승무원에게 청각으로 경보를 발하는 지상접근경고장

치(GPWS: ground proximity warning system)에 전파고도계 정보를 합체시키게 한다. 결심고도창 (decision height window)은 그림 4-142에서 전자 자세지시계(EADIr)에 레이더고도를 나타낸다.

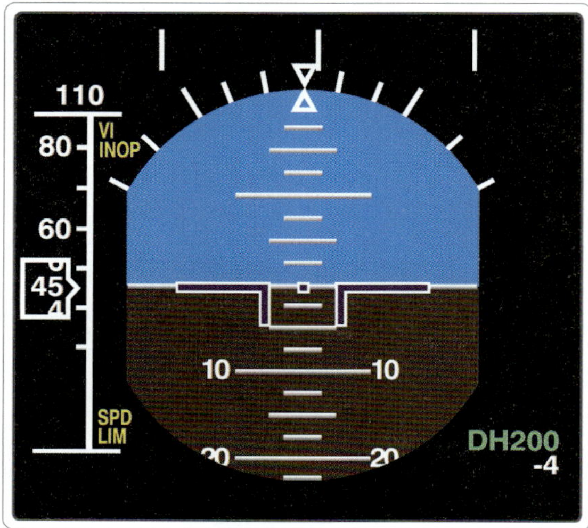

[그림 4-141] 전자자세지시기(EADI)

항공 교통 관제란 일반적으로 항공기가 안전하고 질서 정연하게 운항할 수 있도록 상호 간의 충돌 방지와 항공 교통의 질서 유지가 가장 큰 목적인데 계기 비행 방식으로 항공로를 비행하는 항공기들에 대한 관제가 그 중심이 되고 있다.

항공 교통 관제 시스템(ATC: air traffic control system)은 항공기를 탐지하고 감시하는 감시 레이더 시스템과 이를 자료나 비행 계획 자료로 처리하는 시스템으로 구성되어 있다. 전파에너지는 지향성 안테나에서 발산되어 어느 목표물에 부딪히면 에너지의 일부가 되돌아 나오는 반사파가 생기고 이 반사파를 수신·검파한다.

즉, 전파의 왕복시간과 안테나의 지향특성에 의해 목표물의 위치(방위 및 거리)를 측정하며 전파가 지상 안테나에서 전 방향으로 발사되고 수신되는 것은 그 소요시간이 거리에 비례하므로 목표물의 방위(bearing)로 위치확인과 동시에 거리도 알 수 있게 된다.

보통 레이더라 하면 1차 감시 레이더와 2차 감시 레이더로 구성되며 안테나는 회전한다.

1차 감시 레이더는 전파의 왕복 시간과 안테나의 지향 특성에 의하여 목표물의 방위와 거리를 알 수 있게 한다. 2차 감시 레이더는 지상에서 질문하면 항공기에 장착된 트랜스폰더(ATC transponder)가 질문 신호에 대응하는 응답 신호(항공기 정보)를 지상으로 반송하고, 이를 수신하여 항공기 정보를 파악한다.

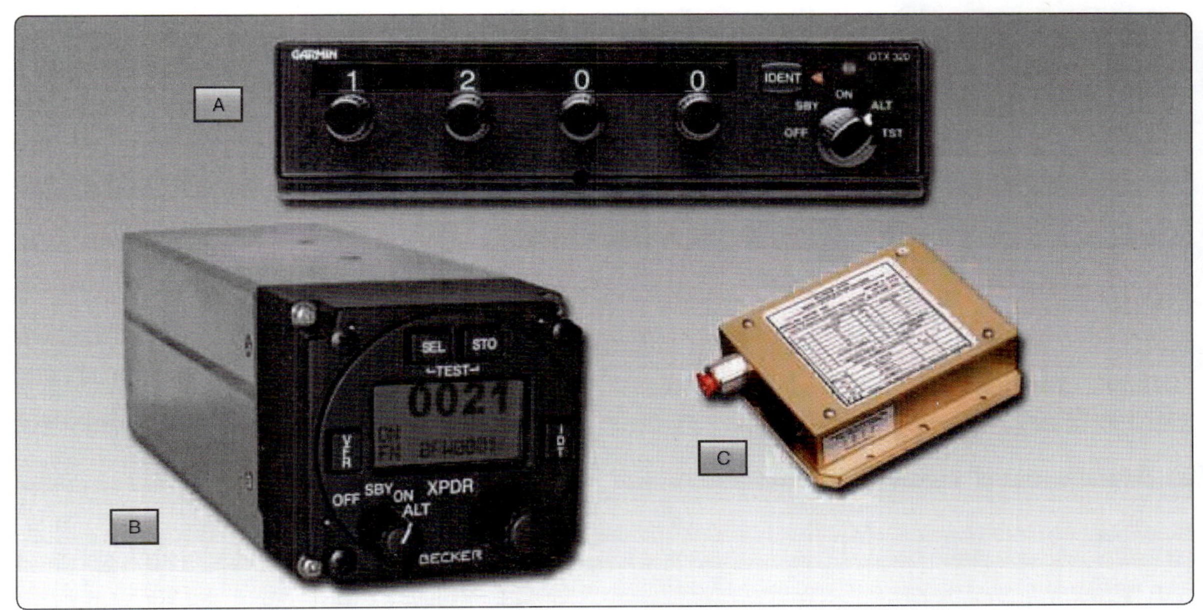

[그림 4-142] 트랜스폰더와 고도부호기(altitude encoder)

## 4.20.1 레이더표지무선응답기
## (Radar Beacon Transponder)

그림 4-143에서 보여준 것과 같이, 레이더표지무선응답기(radar beacon transponder) 또는 간단히 무선응답기(transponder)는 항공교통관제(ATC: air traffic control)의 레이더화면(radar screen)에서 확실한 식별(positive identification)과 항공기의 장소를 마련한다. 고도부호기(altitude encoder)를 갖춘 각각의 항공기에 대해, 무선응답기(transponder)는 또한 항공기를 묘사한 화면의 삐 소리와 함께 화면에 나타나는 깜박신호(blip) 근처에 나타내는 항공기의 기압고도(pressure altitude)를 공급한다.

그림 4-144에서 보여준 것과 같이, 공항(airport)에서 레이더(radar) 성능은 다양하다. 대체로 두 가지 타입의 레이더가 항공교통관제(ATC)에 의해서 사용되어진다. 일차레이더(primary radar)는 사방팔방으로 연속하여 지향성(directional) 극초단파(UHF) 또는 초고주파(SHF) 전파를 송신한다. 전파e)가 항공기에 부닥칠 때, 이들의 전파 중 일부는 지표안테나로 되돌아 반사한다. 계산(calculation)은 송신기(transmitter)로부터 항공기의 방향과 거리를 결정하기 위해 수신기에서 만들어진다. 레이더화면(radar screen)에 나타내어진 항공기를 묘사하는 삐 소리와 함께 화면에 나타나는 깜박신호 또는 표적(target)은 평면위치표시기(PPI: plan position indicator)로 알려져 있다. 관제탑(tower)으로부터의 방위각방향(azimuth direction)과 환산거리(scaled distance)는 항공기에 이차원위치결정(two dimensional fix)을 제어기에 주는 것을 나타낸다.

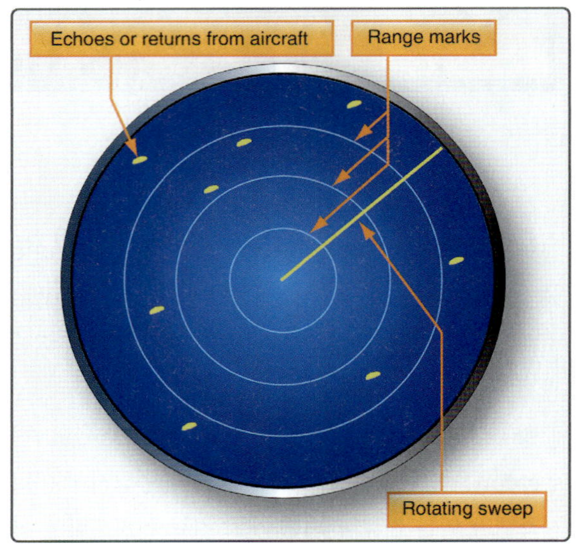


[그림 4-143] 감시레이더

이차감시레이더(SSR: secondary surveillance radar)는 항공기의 위치를 확인하기 위해 그리고 그것의 장소에서 3차원(third dimension)의 고도를 부가하기 위해 항공교통관제(ATC)로서 이용되어진다. SSD Radar는 항공기에 탑재한 무선응답기(transponder)에 의해 수신되어지는 부호식펄스행렬(coded pulse train)을 송신한다. Mode 3/A Pulse는 항공기의 장소를 확인하기에서 도움을 준다. 구두 연락(verbal communication)이 항공교통관제(ATC)로서 이루어졌을 때, 조종사는 무선응답기(transponder)에서 4,096 불연속부호(discrete code) 중 하나를 선택하도록 명령되어진다. 이들은 디지털 8진부호(digital octal code) 이다. 지상국은 1030[MHz]로서 에너지의 펄스(Pulse)를 송신하고 무선응답기(transponder)는 1090[MHz]에 부여된 할당된 부호(code)로서 응답(reply)을 송신한다. 이것은 전형적으로 레이더화면(radar screen)에서 그것의 표적부호(target symbol)를 변경하여 항공기의 장소를 확인한다. 화면(screen)이 수많은 확인된 항공기로서

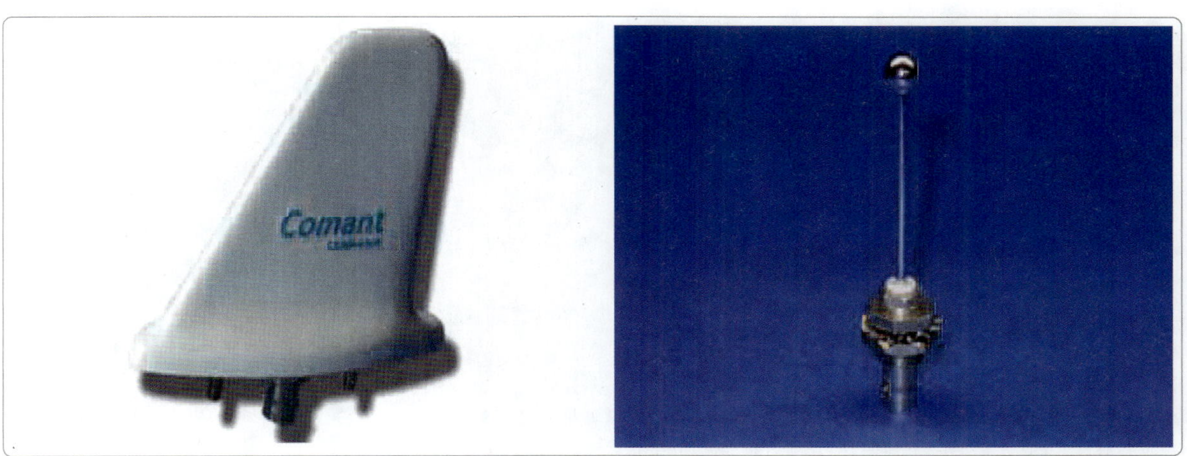

[그림 4-144] 레이더 표지 무선응답기의 안테나

채워지게 되었을 때, 항공교통관제(ATC)는 또한 IDENT로 조종사에게 질문할 수 있다. 무선응답기 (transponder)에서 IDENT Button을 누르기 (pressing)로서, 항공기의 표적부호(target symbol)가 구별할 수 있는 것으로 평면위치표시기(PPI)에서 강조되어지는 것과 같은 수단으로 송신한다.

고도 명시(clarification)를 얻기 위해, 무선응답기 (transponder) Control은 ALT 또는 Mode C Position에 놓여야 한다. 펄스 질문(interrogation)에 응하여 항공교통관제(ATC)에 역으로 송신된 신호는 레이더화면(radar screen)에 표적부호 다음에 항공기의 기압고도(pressure altitude)를 배치하는 부호로서 변경되어진다. 무선응답기(transponder)는 무선응답기에 전기적으로 연결되어진 고도부호기 (altitude encoder)로부터 항공기의 기압고도(pressure altitude)를 얻는다. 그림 4-145에서는 전형적인 항공기 무선응답기(transponder) 안테나를 보여준다.

그림 4-146에서 보여준 것과 같이, 항공교통관제 (ATC)/항공기무선응답기장치(aircraft transponder system)는 교통관제레이더표지시스템(ATCRBS: air traffic control radar beacon system)라고 알려져

있다. 안전을 증진시키기 위해, Mose S Altitude Response가 개발되어졌다.

Mode S로서, 각각의 항공기는 무선응답기(transponder)가 이차감시레이더(SSR: secondary surveillance radar) 질문에 응답할 때 항공교통관제(ATC) 레이더에 그것의 기압고도(pressure altitude)와 함께 나타내는 유일한 일치부호(identity code)가 미리 부여되어진다. 다른 항공기는 이 부호(code)로서 응답할 수 없기 때문에, 무선응답기(transponder)에서 동일한 응답부호(response code)를 선택하는 조종사에 2번의 기회는 배제되어진다. 최신의 비행자료강공처리컴퓨터(FDP: flight data processor computer)는 무선표지부호(beacon code)를 할당하고 각각의 항공기에 대해 Data Block에 있는 표적(target) 다음의 화면(screen)에 나타내고자 하는 유익한 정보를 위해 비행계획자료를 검색한다.

Mode S는 때때로 Mode Select라고도 부른다. 그것은 또한 탑재한 충돌회피장치(collision avoidance system)에서 사용되는 자료다발규약(data packet protocol) 이다. 항공교통관제(AMC)에서 사용될 때, Mode S는 한번에 하나의 항공기에 질문한다. 무선응

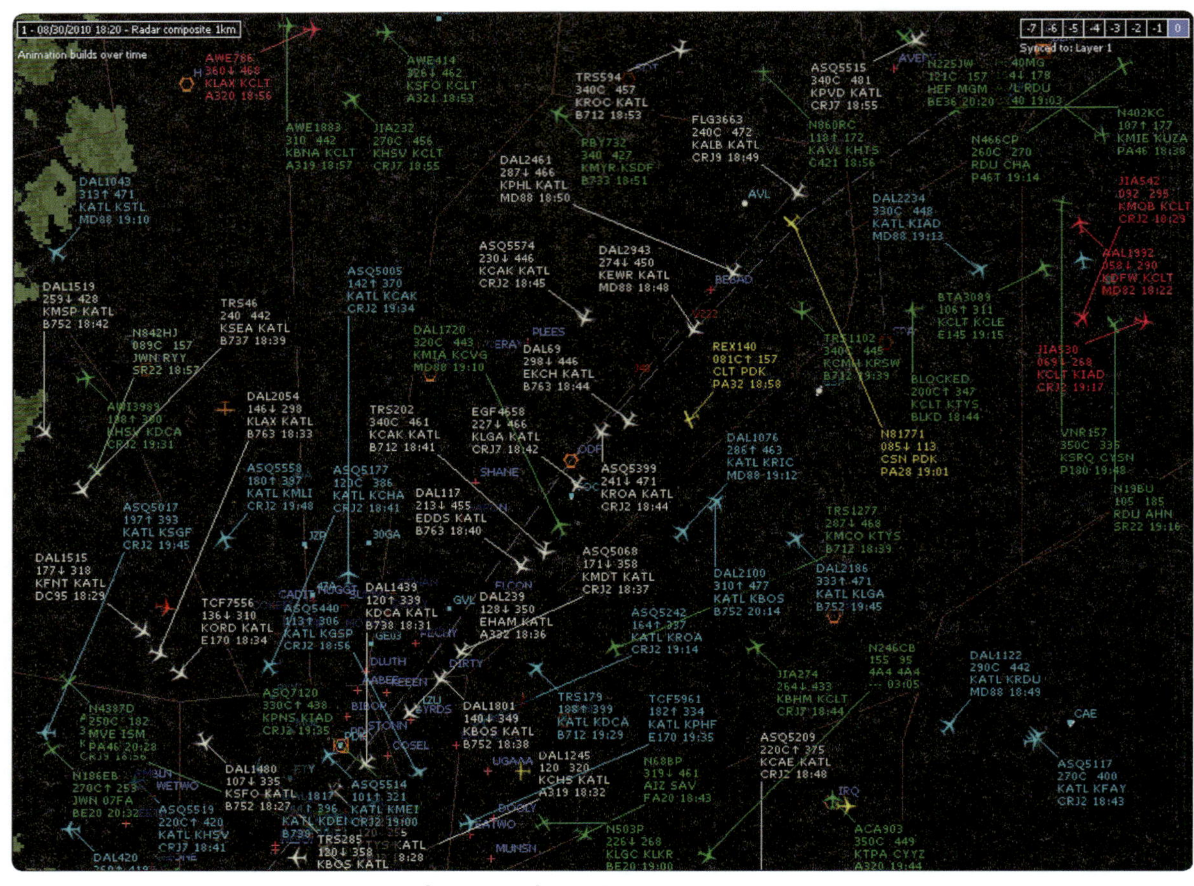

[그림 4-145] 교통관제레이더 표지시스템

답기(transponder) 표준작업량은 공역에서 모든 질문에 응답하지 않음으로서 경감되어진다. 추가적으로 위치정보는 Mode S로서 더 정확하다. Mono-pulse 라고 부르는, 무선응답기(transponder) 응답(reply)의 위상(phase)이 위치를 계산하기 위해 사용되어진 곳에서 단일응답은 항공기의 위치를 결정하기에 충분하다. Mode S는 또한 미래를 위해 미개발잠재력(untapped potential)인 정보교환의 폭 넓은 다양성에 대한 용량(capacity)을 담고 있다. 동시에, 구형 Radar와 무선응답기(transponder) 기술에 양립성은 유지되어졌다.

## 4.20.2 Transponder Tests and Inspections

그림 4-146에서 보여준 것과 같이, Code of Federal Regulation(CFR) part 91의 Title 14, section 91.413은 관제공역(controlled airspace) 내에서 비행하는 항공기에 모든 무선응답기(transponder)는 24[calendar month]마다 14 CFR part 43, Appendix F에 의거 검사되어지고 시험되어지는 것이 요구되어지는 것을 지정한다. 무선응답기(transponder) 오차를 받아들이게 되는 장착과 정비는 또한 Appendix F에 의거 검사(inspection)와 시험(test)에 대한 동기 이다. 오직 적당히 등급을 갖춘 수리소,

만약 항공기가 무선응답기(transponder)를 장착했다면 항공기 제작사 그리고 지속적인 감항성프로그램(airworthy program)의 소유자는 절차를 처리하기 위해 승인되어진다. 수많은 무선·전자장치로서 시험장비(test equipment)는 무선응답기(transponder)의 감항성운영(airworthy operation)을 시험하기 위해 존재한다.

[그림 4-146] 트랜스폰더의 검사 유니트

격납고(hangar) 내에서 또는 주기장에서 무선응답기(transponder)를 작동하기는 질문(interrogation)과 응답(reply)으로부터 영향을 받는다. 비상활동(emergency activity) 또는 군사활동(military activity)을 위해 마련해 둔 어떤 부호(code)의 전송은 피허야 한다. 지상작동시에 부호(code)를 선택하기 위한 절차는 부주의한 전송을 피하기 위해 OFF 또는 STANDBY Mode에서 무선응답기(transponder)로서 그렇게 한다. Code 0000은 군용(military use)으로 사용할 수 있는 부호(code) 이다. Code 7500은 납치사태(hijack situation)에서 사용되어지고 Code

7600과 Code 7700은 비상용(emergency use)을 위해 사용한다. 항공교통관제(ATC) 지휘를 받지 않는 시계비행규칙(VFR: visual flight rules) 비행을 위해 사용하는 Code 1200의 부주의한 전송(transmission)이라도 탈출 행동으로 귀착할 수 있다. 레이더표지무선응답기(radar beacon transponder)로부터 수신된 모든 신호는 항공교통관제에 의해 진지하게 받아들여진다.

## 4.20.3 고도부호기(Altitude Encoder)

그림 4-148에서 보여준 것과 같이, 고도부호기(altitude encoder)는 항공교통관제(ATC)로 무선응답기(transponder)에 의해 보내진 부호 안에 항공기의 기압고도를 변환한다. 100[feet]씩 증가량이 보통 기록되어진다. 고도부호기(altitude encoder)는 수 년간 바뀌었다. 일부는 계기판에 사용된 고도계(altimeter) 계기에 들어가겼고 무선응답기(transponder)에 전선으로 연결되었다. 다른 것은 항공전자선반 또는 벽지의 장소에 설치되어진다. 이들은 계기비행부호기(blind encoder)라고 부른다. 운송부류항공기(transport category aircraft)에서, 고도부호기는 내부 아네로이드로 정압관(static line) 연결을 갖춘 대형 Black Box로 있게 된다. 최신의 범용항공 고도부호기(altitude encoder)는 더 소형이며 더 경량화 되었으며, 아네로이드와 정압관(static line) 연결의 특징을 이룬다. 일부 고도부호기(altitude encoder)는 마이크로트랜지스터(micro-transistor)를 사용하며 고도가 파생되어진 곳으로부터 압력감지장치를 포함하는 완벽하게 반도체를 이용한 것이다. 정압공 연결은 요구되지 않는다. 위성항법장치(GPS)와 다른 시스템으로서 교환된 자료는 공용이 되게 된다.

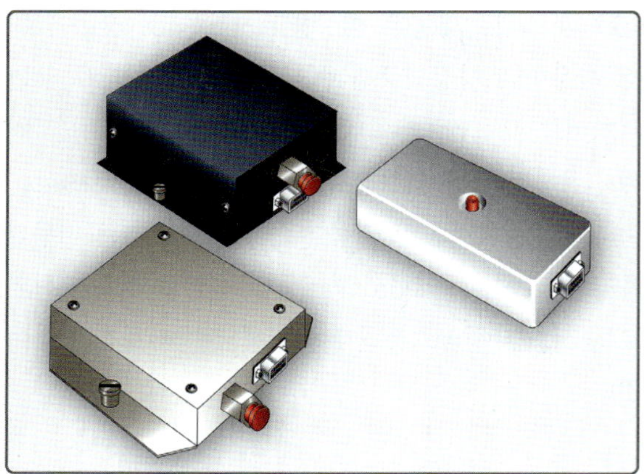

[그림 4-147] 고도 부호기(altitude encoder)

　무선응답기(transponder) 선택기가 ALT에 설정되었을 때, 이차감시레이더(SSR) 질문에 응하여 보내진 Digital Pulse Message는 항공기의 기압고도의 디지털표현으로 된다. 1280 고도부호(altitude code)가 있는데, 1200[feet] 평균해면(MSL: mean sea level)과 126,700[feet] 평균해면(MSL) 사이에 매 100[feet]의 고도 마다 하나씩 있다. 고도 증가마다 부호(code)가 부여되어진다. 이들은 장소와 IDENT에서 사용된 동일한 부호(code) 중 1280이게 되는 반면에, Mode C 또는 Mode S 질문은 4096 장소부호를 활동력을 잃게 하고 고도부호기(altitude encoder)로 하여금 활동할 수 있도록 하게 한다. 정확한 고도부호(altitude code)는 질문에 응답하는 무선응답기로 보내진다. 이차감시레이더(SSR) 수신기는 Mode C 또는 Mode S 질문에 응답으로서 이것을 승인했고 고도부호 처럼 부호를 기계언어로 해석한다.

공중충돌경고장치의 ICAO 공식명칭은 공중충돌경고장치(ACAS: airborne collision avoidance system)로 미국에서 개발한 TCAS(traffic alert and collision avoidance system)가 대표적으로 사용되기 때문에 TCAS가 공중충돌경고장치의 대명사처럼 통용되고 있다. 국제민간항공기구(ICAO)에서는 최대이륙중량(MTOW) 5,700kg (12,500 lb) 초과 또는 승객 19인 초과 비행기는 의무적으로 TCAS를 1기 이상 장착하도록 의무화하고 있다.

공중충돌경고장치(TCAS)는 항공기에 장착된 항공교통관제 트랜스폰더(ATC transponder)를 통해 주변 항공기와 통신을 수행합니다. ATC 트랜스폰더(질문기)에서 1,030 MHz의 질문신호(interrogation signal)를 발신하면 주변 항공기에 탑재된 항공교통관제 트랜스폰더가 질문신호를 수신한 후 자동으로 1,090 MHz의 응답신호(reponse signal)를 송출한다.

공중충돌경고장치(TCAS) 컴퓨터는 질문신호(모드 A, 모드 C, 모드 S)에 따라 상대 항공기에서 송출된 응답신호에 포함된 고도 정보와 항공기 식별부호를 추출해내고, 신호의 왕복 도달시간을 통해 상대항공기와의 거리와 상대 방위(relative bearing)를 계산한다.

이 정보를 기반으로 공중충돌경고장치(TCAS) 컴퓨터는 상대 항공기와의 최대근접점(CPA: closest point of approach), 접근율 및 충돌 예상시간을 기준으로 2개의 구역을 설정하는데 주의구역(CA)과 경보구역(WA)으로 나눈다. TCAS는 주의구역(CA)과 경보구역(WA)에서 각각 접근정보(TA)를 내리고, 충돌을 회피하기 위한 회피권고(RA)를 조종사에게 제공하며, 다기능시현장치(MFD) 또는 항공표시장치(ND) 화면에 주변 항공기에 대한 관련 정보를 제공한다.

공중충돌경고장치(TCAS)는 무선응답기식(transponder-based) 공대공공중감시장치와 경고장치(alerting system)이다. 공중충돌경고장치(TCAS)에는 두 가지의 종류가 있다. TCAS I은 일반 항공공용비행기와 지역비행기(regional airline)를 도모하기 위해 개발되었다. 이 시스템은 항공기의 35~40[mile] 범위에서 교통량을 인지하고 침입항공기(intruder aircraft)의 시각포착(visual acquisition)으로 조종사를 돕기 위해 접근경보(TA: traffic advisory)를 발행한다. 그림 4-148에서 보여준 것과 같이, TCAS II는 더욱 정교한(sophisticated) 시스템 이다. 그것은 국제적으로 30인 이상 또는 15,000[kg] 이상의 무거운 항공기에 요구되어진다. TCAS II는 TCAS I의 정보를 고려하지만, 또한 진입항공기(approaching aircraft)의 예측된 비행경로를 분석한다. 만약 충돌 또는 위기일발이 절박한 것이라면, TCAS II 컴퓨터는 회피권고(RA: resolution advisory)를 발행한다.

이것은 예를 들어 하강하라는 특정한 회피행동을 갖도록 조종사에 대한 청각정보를 제공한다. 컴퓨터는 침입항공기(encroaching aircraft)에 있는 조종사가 만약 항공기가 TCAS II를 갖추었다면 반대방향(opposite direction)으로 회피행동(evasive action)을 위해 회피권고(RA: resolution advisory)를 수신하는 프로그램이 있다.

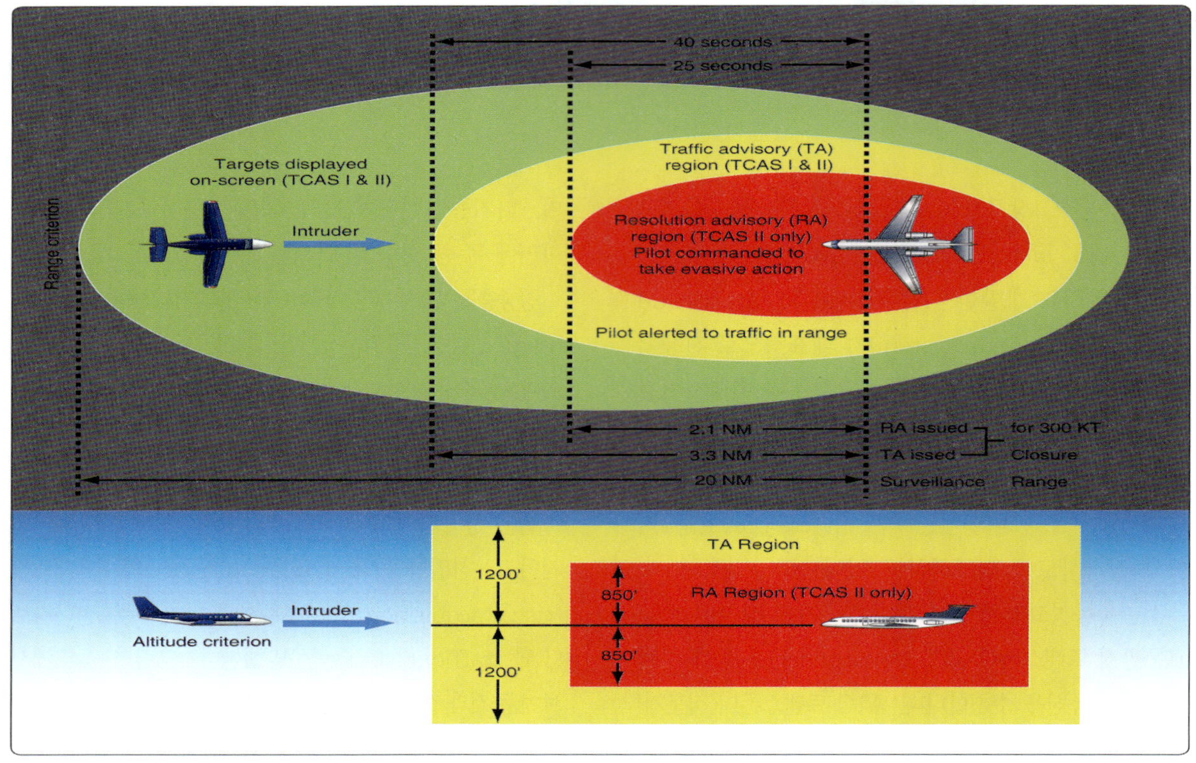


[그림 4-148] 공중 충돌 경고 장치의 구역 설정

공중충돌경고장치(TCAS)를 구비한 항공기의 무선응답기(transponder)는 Mode C와 Mode S의 이차감시레이더(SSR: secondary surveillance radar) 기술을 이용하는 가까운 다른 항공기의 무선응답기(transponder)에 질문할 수 있다.

이것은 1030[MHz] 신호로서 이루어진다. 질문된(interrogated) 항공기 무선응답기(transponder)는 공중충돌경고장치(TCAS) 컴퓨터가 각각의 항공기의 위치와 고도를 나타내게 하는 암호화된(encoded) 1090[MHz] 신호로서 응답한다. 항공기는 그림 4-148에서 보여준 수평거리(horizontal distance) 또는 수직거리(vertical distance) 이내로 들어와진 경우, 가청의 접근경보(TA: traffic advisory)를 알린다. 조종사는 행동을 취할 것인지 그리고 어떤 행동을 취할 것인지를 결정해야 한다. 항공기에 구비된 TCAS Ⅱ는 인접(close proximity)에 있는 표적항공기(target aircraft)의 속도와 궤적을 분석하기 위해 지속적인 응답정보를 활용한다.

만약 충돌이 절박한 것으로 계산되어진다면, 회피권고(RA: resolution advisory)가 내려진다.

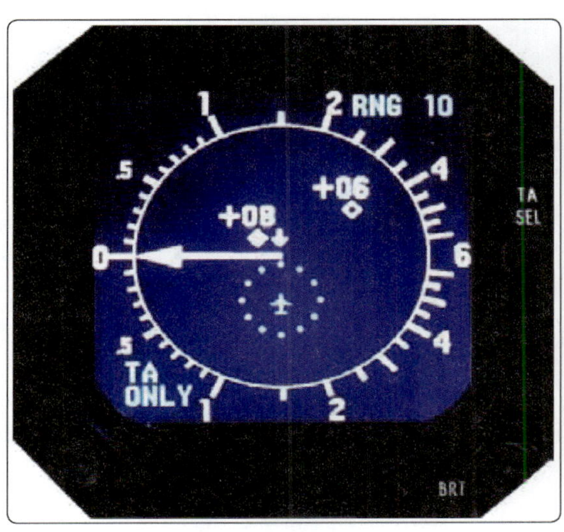

[그림 4-149] 공중 충돌 경고 장치의 지시기

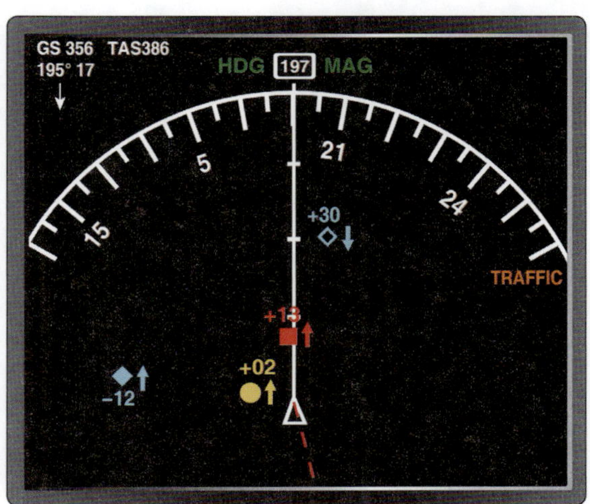

[그림 4-150] 공중 충돌 경고 장치의 표시

공중충돌경고장치(TCAS) 표적 항공기는 조종실의 화면에 나타난다. 서로 다른 색과 모양은 절박한 위협수준에 따라 진입항공기(approaching aircraft)를 묘사하도록 사용되어진다. 회피권고(RA: resolution advisory)가 널리 수직회피방향조종(vertical evasive maneuver)으로 제한되기 때문에, 일부 독립형의 공중충돌경고장치(TCAS) 화면표시기는 전자 승강계 이다. 그림 4-151에서 보여준 것과 같이, 대부분의 항공기는 항행화면 또는 공중충돌경고장치(TCAS) 정보를 나타내는 페이지에서 전자수평자세지시계(EHSI)의 일부 버전을 사용한다. 그림 4-151에서 보여준 것과 같이, 다기능화면표시기(multi-function display)는 동일한 화면에 공중충돌경고장치(TCAS)와 기상레이더 정보를 지시한다. 그림 4-152에서 보여준 공중충돌경고장치(TCAS) 제어판과 컴퓨터는 겸용식의(compatible) 무선응답기와 그것의 안테나로서 동작하는 것이 요구된다. 전자비행계기장치(EFIS) 또는 이전에 장착된 또는 선택된 화면표시기와 다른 것과 상호작용의 수단이 요구 된다.

[그림 4-151] 공중 충돌 경고 장치의 제어 판넬

공중충돌경고장치(TCAS)는 동일한 시스템에 대한 국제적인 명칭인, 공중충돌경고장치(ACAS: airborne collision avoidance system)라고도 한다. 가장 마지막 개정으로서의 TCAS Ⅱ는 Version 7로 알려져 있다. 공중충돌경고장치(TCAS) 정보의 정밀도와 신뢰도는 조종사가 항공교통관제(ATCl) 명령(command)에 우선하여 공중충돌경고장치(TCAS) 회피권고(RA: resolution advisory)를 따르도록 요구된다.

## 4.21.1 자동종속감시.방송(ADS-B)

그림 4-152에서 보여준 것과 같이, 충돌회피(collision avoidance)는 국가공역체계(NAS: ational airspace system)를 전환하기에서 FAA의 차세대 계획의 중요한 부분이다. 공역과 지상설비의 동일한 수량을 이용하는 항공기의 대수의 증대시키기는 높은 수준으로 성능과 안전을 유지하기 위해 신기술의 이행을 필요로 한다. 위성항법장치(GPS)와 같은 위성항법시스템(GNSS: global navigation satellite system)의 성공적인 확산은 자동종속감시·방송(ADS-B: automatic dependant surveillance broadcast)이라고 알려진 충돌회피장치의 개발로 인도되어졌다.

자동종속감시·방송(ADS-B)은 차세대 프로그램의 통합부분이다. 그것의 지상과 공중 기반시설의 구현은 현재 진행 중인것이다. 자동종속감시·방송(ADS-B)은 미국과 전 세계의 일부에서 적용중 이다.

[그림 4-152] 자동종속감시·방송(ADS-B) 기지국

그림 4-153에서 보여준 것과 같이, 자동종속감시·방송(ADS-B)은 2개의 구획으로 고려되어지는데, ADS-B OUT과 ADS-B IN 이다. ADS-B OUT은 예를 들어 고도, 속력, 그리고 시간을 포함하는 장소와 같은, 내장한 비행상태정보를 갖춘 위성항법장치(GPS) 수신기로부터 이용할 수 있는 위치결정정보를 결합시킨다. 그때 그것은 항공기와 지상국에 설비된 다른 자동종속감시·방송(ADS-B)으로 이 정보를 방송한다.

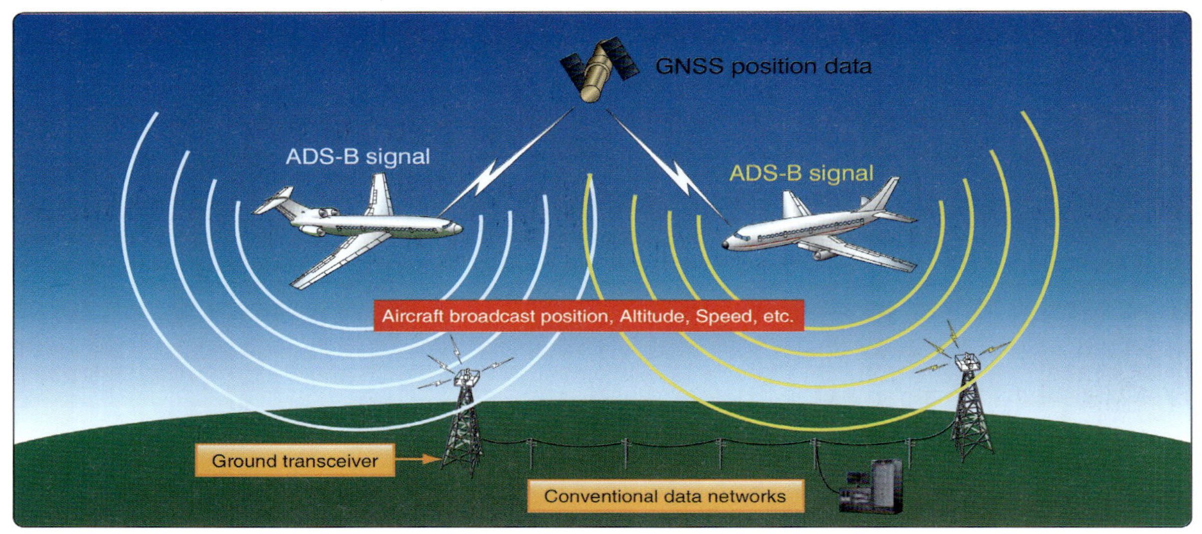


[그림 4-153] 자동종속감시·방송(ADS-B) OUT

그림 4-154에서 보여준 것과 같이, 두 가지 서로 다른 주파수는 데이터링크능력(data link capability)을 갖춘 이들의 방송을 실어 보내기 위해 사용된다. 첫 번째는 1090ES라고 알려진 1090[㎒] Mode-S 무선응답기 규약에 확정되어 사용한다. 두 번째, 자동종속감시 · 방송(ADS-B)의 범용항공 이행을 위해 새로운 광대역의 해결책으로서 광범위하게 소개되고 있는 것은 978[㎒] 이다. 978 국제시청권송 · 수신기(UAT: universal access transceiver)은 이것들 수행하기 위해 이용되어진다. 전방향성안테나(omni-directional antenna)는 위성항법장치(GPS) 안테나와 수신기에 더하여 요구되어진다. 자동종속감시 · 방송(ADS-B) 방송의 탑재수신기는 공중충돌경고장치(TCAS)와 유사한 조종실 화면표시기에서 송신하고 있는 항공기의 장소와 움직임을 조종하기 위해 정보를 이용한다.

레이더에 비유되는 저렴한 지상국은 자동종속감시 · 방송(ADS-B)을 확산시키기 위해 먼 곳에서 그리고 차단된 지역에 조립되어진다. 지상국은 항공교통관리시스템(ATMS: air traffic management system)의 일부분인 다른 지상국과 함께 탑재자동종속감시 · 방송의 방송으로부터 정보를 공유한다. 초고주파전송(microwave transmission)과 위성전송(satellite transmission)은 네트워크을 연결하기 위해 사용되어진다.

항행분리와 교통정리를 위해, 자동종속감시 · 방송(ADS-B)은 전통적인 지상설치레이더보다 많은 몇몇의 이점을 갖는다. 첫 번째는 전체의 공역이 아주 저렴한 비용으로 보호될 수 있다는 것이다. 그곳에 있는 노화된(aging) 항공교통관제(ATC) 레이더 시스템은 유지하기 위해 그리고 교체하기 위해 값이 비싸다. 추가로 자동종속감시 · 방송(ADS-B)은 벡터상태(vector state)가 위성항법장치(GPS)의 도움으로 항공기로부터 발생되어지기 때문에 더욱 정확한 정보를 준다. 날씨는 자동종속감시 · 방송(ADS-B)으로서 요소를 크게 경감시킨다. 극초단파(UHF) 위성항법장치(GPS) 전송에게 영향을 주지 않는다. 증진된 위치결정정밀도는 더 높은 밀집상태 교통흐름과 착륙접근, 명확한 필요조건이 동수의 시설에 들어가고 나오는 더 많은 항공기를 움직이게 한다. 고도의 유효한 통제는 적은 기상지연과 최적의 연료 연소율에 대한 순서를 정하기를 가능케 한다. 충돌회피(collision

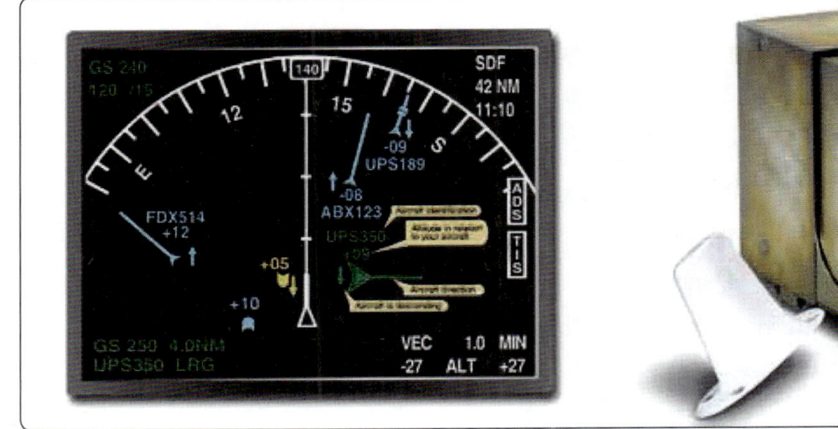

[그림 4-154] 자동종속감시 · 방송(ADS-B) 지시기와 수신기, 안테나

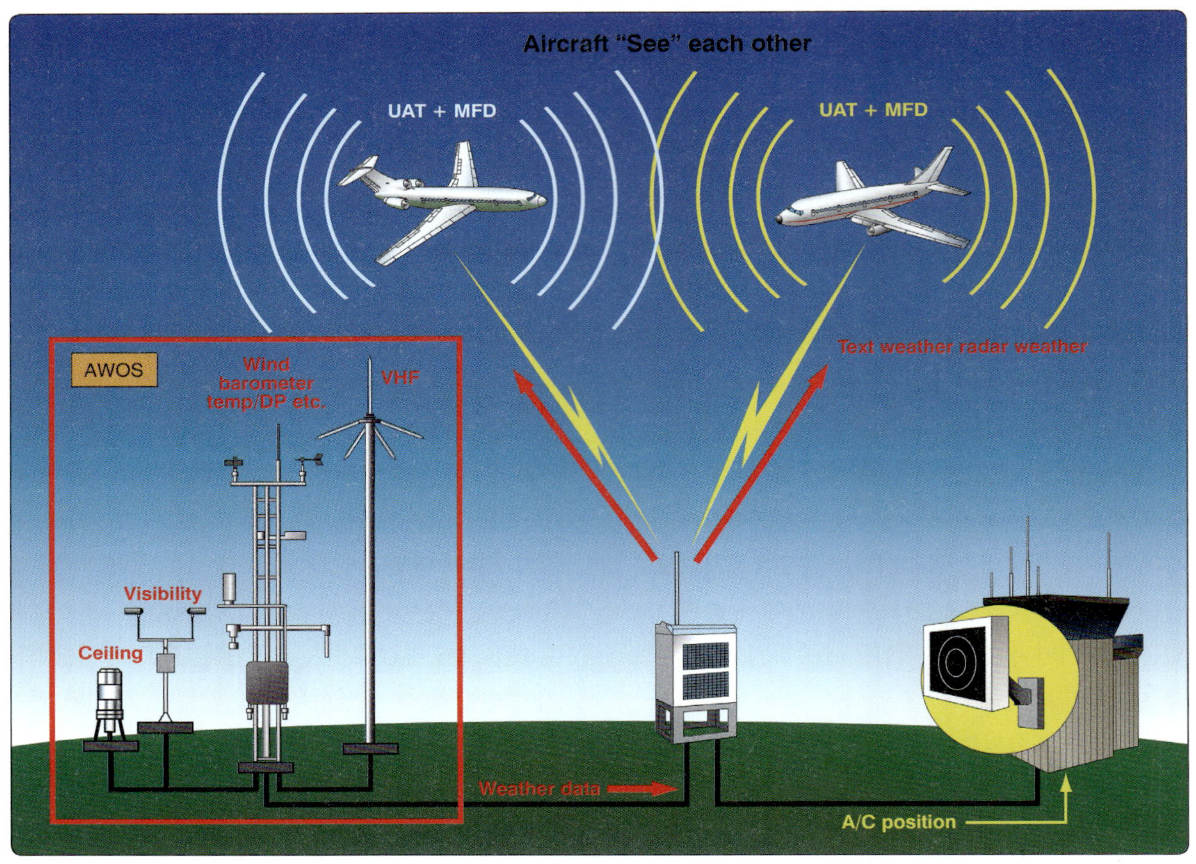


[그림 4-155] 자동종속감시·방송(ADS-B) IN

avoidance)는 다른 항공기로부터 활주로침범을 포함하도록 그리고 공항의 지면에 수송수단을 제공하도록 확장되어졌다.

그림 4-155에서 보여준 것과 같이, ADS-B IN은 공중충돌경고장치(TCAS)에서 이용할 수 없는 특색을 야기한다. 장치된 항공기는 상황인지를 향상시키기 위해 풍부한 자료를 수신할 수 있다. 교통정보서비스·방송(TIS-B: traffic information service- broadcast)은 서로 다른 주파수로서 비자동종속감시·방송(non-automatic dependant surveillance broadcast) 항공기와 자동종속감시·방송(ADS-Bt) 항공기로부터의 교통정보를 지원한다. 지상표적의 지상레이더 감시

하기 그리고 지상국의 연결된 네트워크에서 어떤 교통자료는 조종실로 ADS-B IN을 경유하여 보내진다. 이것은 오직 충돌회피를 항공기에서 항공기로의 것보다 더 완전한 사진으로 제공된다. 비행정보서비스·방송(FIS-B)은 또한 ADS-B IN에 의해서 수신되어진다. 기상 텍스트와 그래픽, 비행장정보방송서비스(ATIS: automatic terminal information service) 정보, 승무원에 대한 항공정보(NOTAM: notice to airmen)는 987 국제시청권송·수신기(UAT: universal access transceiver) 성능을 갖춘 항공기에서 수신하고자 이용할 수 있다.

그림 4-156에서 보여준 것과 같이, ADS-B 시험

장치는 ADS-B 장비의 적절한 작동을 확인하기 위
해 훈련된 정비사가 이용할 수 있다. 이것은 항행분
리의 근접허용한계가 각각의 항공기로부터 그리고
자동종속감시 · 방송방식(ADS-B)의 모든 구성요소
의 전체에 걸쳐서 정밀한 자료에 따르기 때문에 중대
한 것이다.

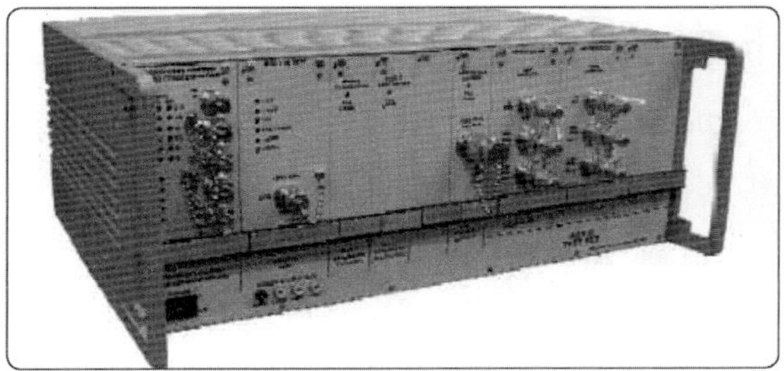

[그림 4-156] 자동종속감시·방송 테스트 유니트

지상접근경고장치(GPWS)는 항공기가 지면에 이상접근, 즉 강하율 과도, 착륙 지형이 아닌 상태에 착륙을 시도할 때 등 지표면에 접근하여 위험한 상태에 달할 때 조종사에게 알려주기 위한 경보 장치이다.

전파고도를 이용한 고도 계산을 기준으로 경보정보를 컴퓨터의 표시계기에 나타내고 동시에 스피커로부터 음성으로 'PULL UP, PULL UP' 등의 경고를 하는 기능이나 전단풍(windshear) 검출기능이 추가되어 있다. 신형 지상접근 경고장치(EGPWS)는 항공기가 지상으로 과도하게 접근시 조종사에게 시각 및 청각 경고를 제공하고 지형이 화면(TAD: terrain awareness and display)에 보여주어 지상충돌 가능성을 방지하여 주며 아래의 기능을 갖는다.

① Mode 1: 강하율 과도 (excessive descent rate)

② Mode 2: 지표 접근율 과도 (excessive terrain closure rate)

③ Mode 3: 이륙 후 고도 감소 과도 (altitude loss after take off)

④ Mode 4: 착륙하지 않았으나 고도 부족 (unsafe terrain clearence)

⑤ Mode 5: 착륙 경로 중 아래로 벗어난 편이 과도 (excessive deviation below glideslope)

⑥ Mode 6: 전파 고도의 음성 기능/경사각과도 (altitude callout/bank angle)

⑦ Mode 7: 전단풍 검출 기능 (windshear warning detection)

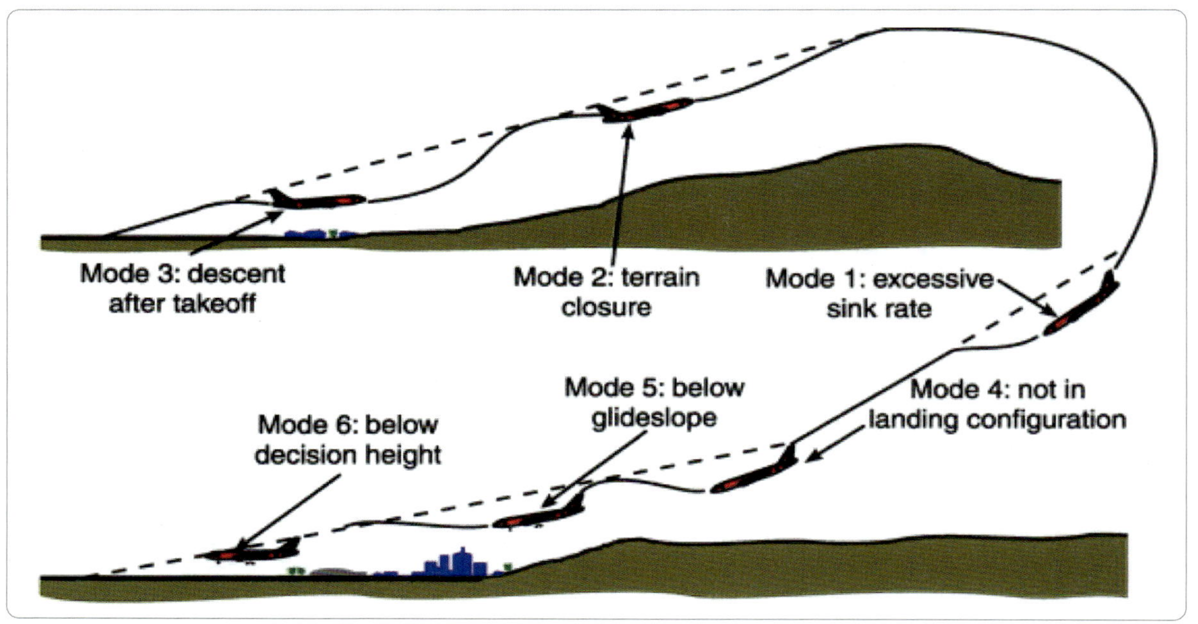


[그림 4-157] 지상 접근 경고장치의 작동 모드

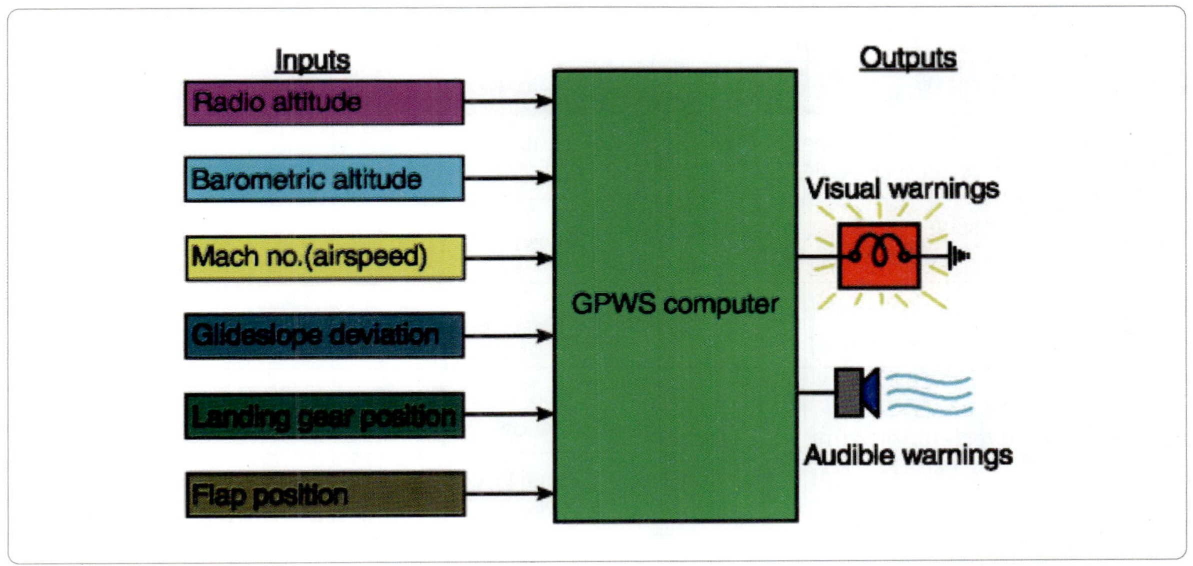


[그림 4-158] 지상 접근 경고 장치의 입력신호

또한, 기존의 지상접근 경고장치(GPWS)의 기능에 기능을 보강한 새로운 지상 경고장치인 개선된 지상접근 경고장치(EGPWS)도 개발되어 사용되고 있는데, 이는 항로의 지형을 데이터베이스에 입력해 놓고 계산된 항공기 위치와 데이터베이스에 있는 지형의 위치를 상호 비교하여 그 지형에 충돌이 예상되면 경고음을 발생하는 성능이 향상된 기능을 지닌다.

예상 충돌 시점으로부터 60초 전에 'CAUTION TERRAIN' 그리고 40초 전에는 'TERRAIN AHEAD PULL UP' 이라는 경보가 주어지며, 이러한 지형 을 기상레이더의 화면이나 항법정보 표시기(ND: navigation display) 화면에 충돌 예상시간 및 거 리를 모양과 색상을 다르게 표현하여 시각적으로 보여준다.

지상 접근 경고 장치는 항공기가 하늘을 비행하고 있지만 지상에 근접 비행시 조종사에게 위험을 경고해 주기 위하여 마련된 장치이다. 지상에 급격하게 강하할 때 'sink rate' 라는 음성 경고 메시지가 울리고, 착륙할 때 산이나 언덕 등에 충돌할 위험이 있을 경우 'terrain' 이라는 음성 경고 메시지가 울린다. 또 이

륙 후 항공기가 상승하지 못하고 고도가 떨어지게 되면 'don't sink' 라는 음성 경고 메시지가 울린다. 'too low flap' 이라는 음성 경고 메시지는 항공기 속도에 따른 플랩의 조작이 잘못되었거나 적당한 각도를 유지하지 못했을 때 울린다. 'too low gear' 라는 음성 경고 메시지는 항공기가 착륙을 위하여 지상에 접근 중 착륙 장치를 내리지 않았을 경우, 또는 접근 속도와 착륙 장치의 작동이 불일치할 경우에 울리는 경고음이다. 'minimums' 라는 음성 경고 메시지는 항공기의 고도가 결심 고도 위치에 있을 때 나오는 경고음 인데, 결심 고도는 공항마다 정해져 있다. 따라서 □착륙시 조종사는 결심 고도를 설정하고 활주로에 진입해야 한다. 결심고도에 도달해서 활주로가 안보이거나, 착륙이 안 될 것 같아 복행을 하거나, 또는 착륙을 계속할 것인가를 결심하는 고도이다. 'glade slope' 이라는 음성 경고 메시지는 항공기가 활주로 진입시 활주로 진입각 이하로 진입할 경우에 울린다. "윈드시어' 라는 음성 경고 메시지는 착륙시 순간 돌풍(수직 전단 돌풍)이 감지되었을 경우에 울린다.

[표 4-1] EGPWS의 경보 모드

| Mode | | Aural Warning Message | |
|---|---|---|---|
| Mode 1 | Excessive descent rate<br>(하강률 과도) | "Sink Rate, Sink Rate" | "Pull Up, Pull Up" |
| Mode 2 | Excessive terrain closure rate<br>(지형 접근률 과도) | "Terrain, Terrain" | "Pull Up" |
| Mode 3 | Descent after take-off<br>(이륙 후 고도 감소 과도) | "Don' t Sink" | "Too Low Terrain" |
| Mode 4 | Inadvertent proximity to terrain<br>(지형과 간격 부족) | "Too Low Gear"<br>@low speed | "Too Low Terrain"<br>@high speed |
| | | "Too Low Flap"<br>@low speed | "Too Low Terrain"<br>@high speed |
| Mode 5 | Descent below ILS glide slope<br>(글라이드 슬로프 이하로 하강) | "Glideslope" | |
| Mode 6 | Altitude callout<br>(착륙 진입시 전파고도 정보 제공) | Callouts of Radio Altitude | "Bank Angle, Bank Angle" |
| Mode 7 | Reactive Windshear detection<br>(전단풍(윈드쉬어) 검출 기능) | "Windshear, Windshear" | |

## GPWS 종류(Kinds of GPWS)

① Mode 1 : 강하율 과도(Excessive Descent Rate)

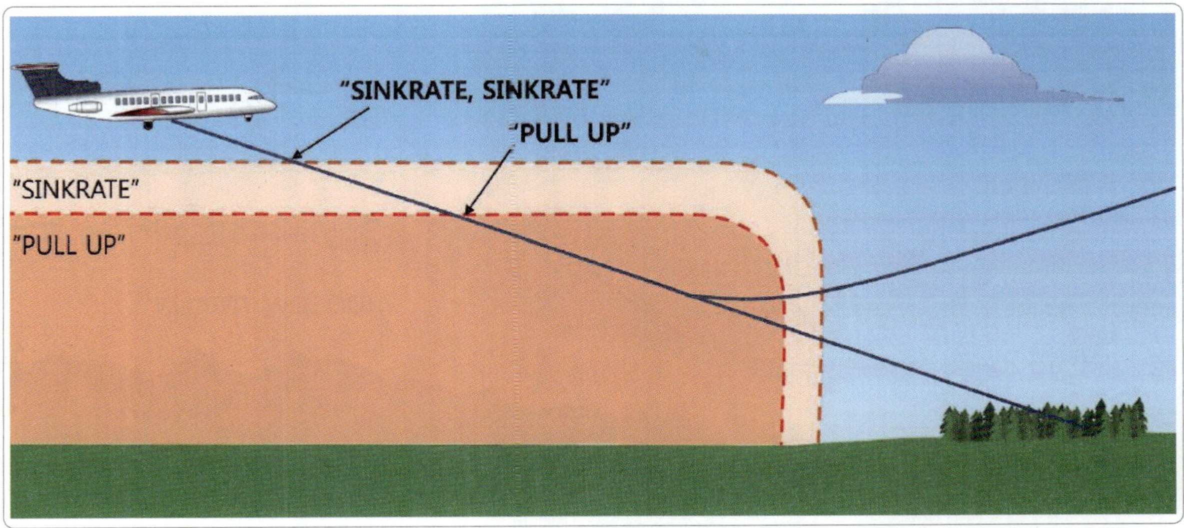


[그림 4-159] 지상접근경고장치 모드 1 경고 (Mode 1 Warning)

② Mode 2: 지표 접근율 과도(excessive closure to terrain)

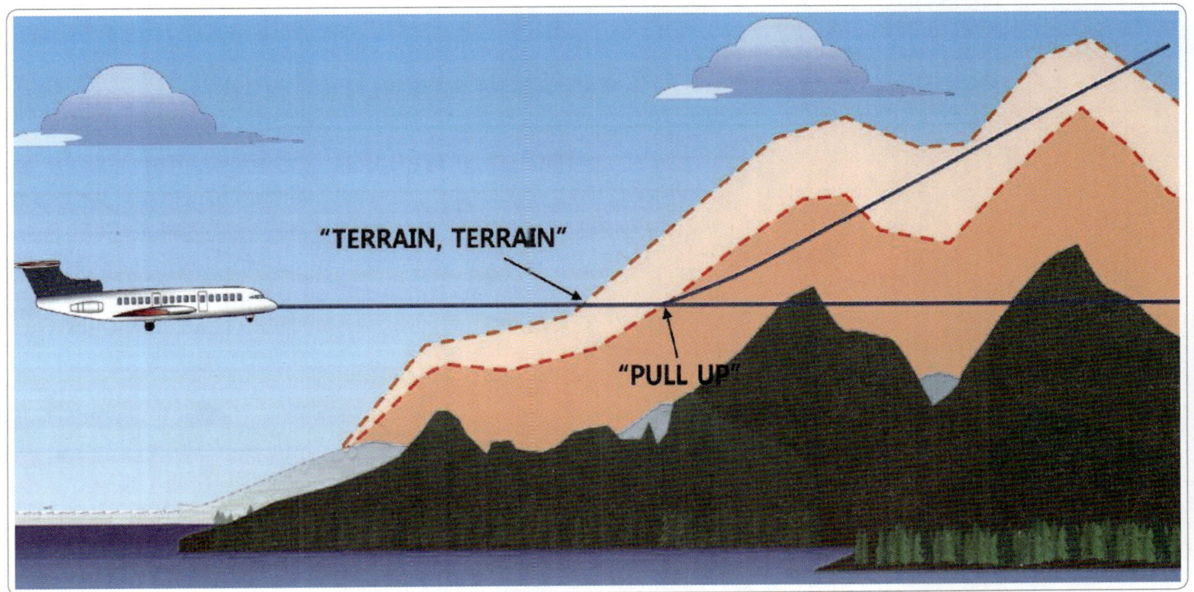


[그림 4-160] 지상접근경고장치 모드 2 경고 (Mode 2 Warning)

③ Mode 3: 이륙 후 고도 감소 과도(altitude loss

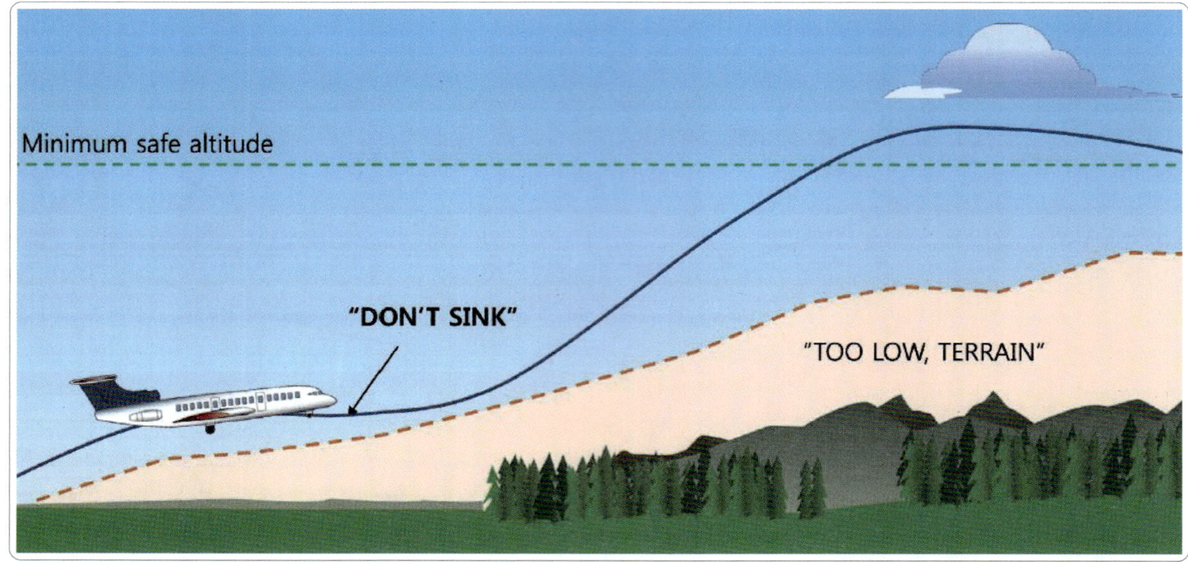


[그림 4-161] 지상접근경고장치 모드 3 경고 (Mode 3 Warning)

④ Mode 4: 착륙하지 않았으나 고도 부족(unsafe terrain clearance)

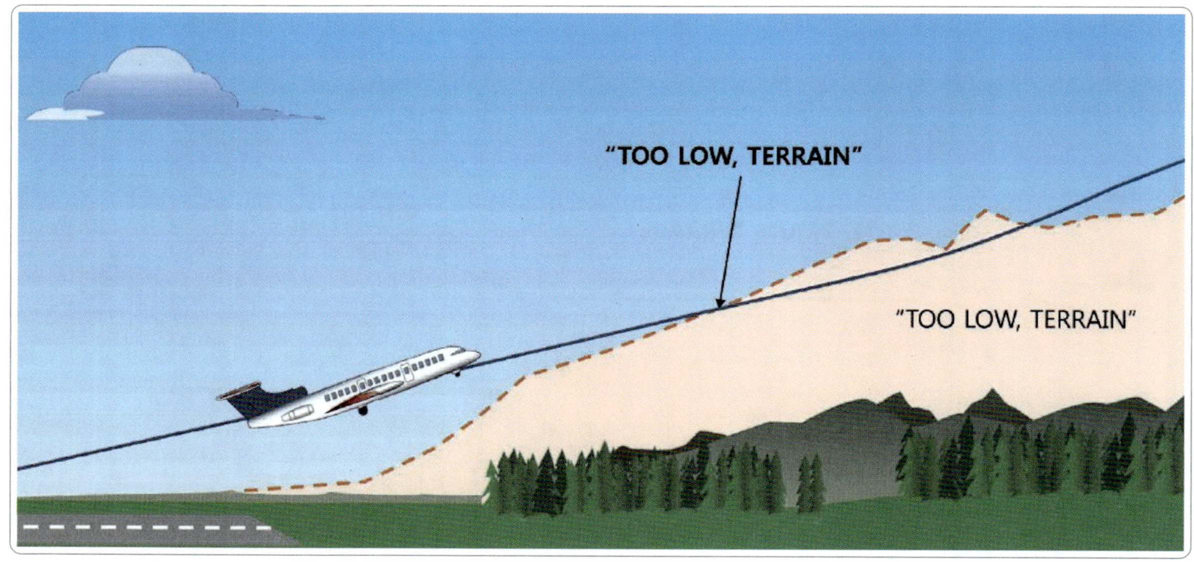


[그림 4-162] 지상접근경고장치 모드 4 경고 (Mode 4 Warning)

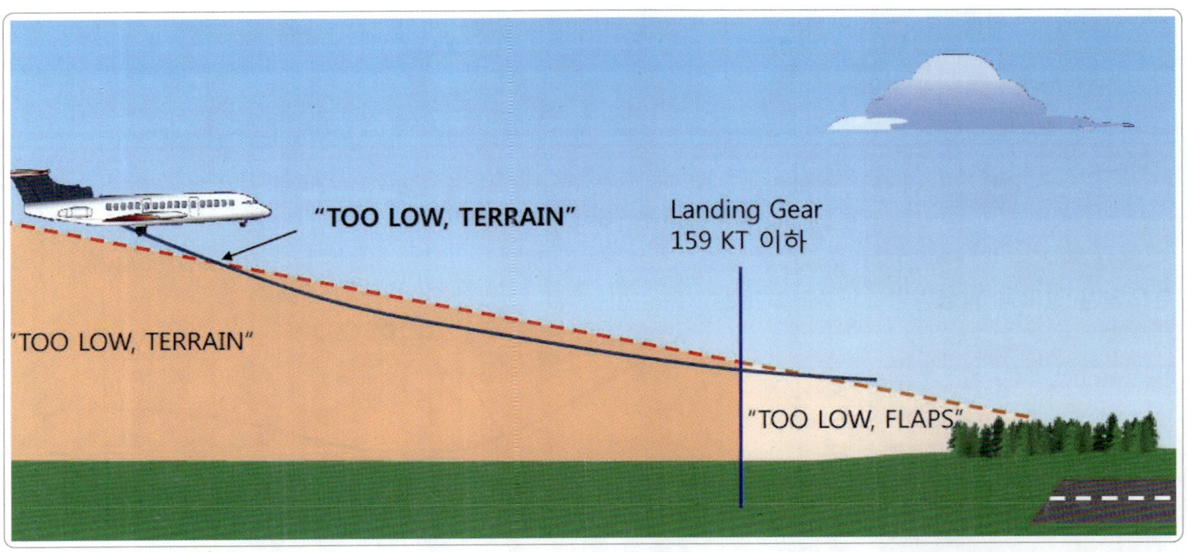


[그림 4-163] 지상접근경고장치 모드 4 경고 (Mode 4 Warning(1)-When aircraft approch)

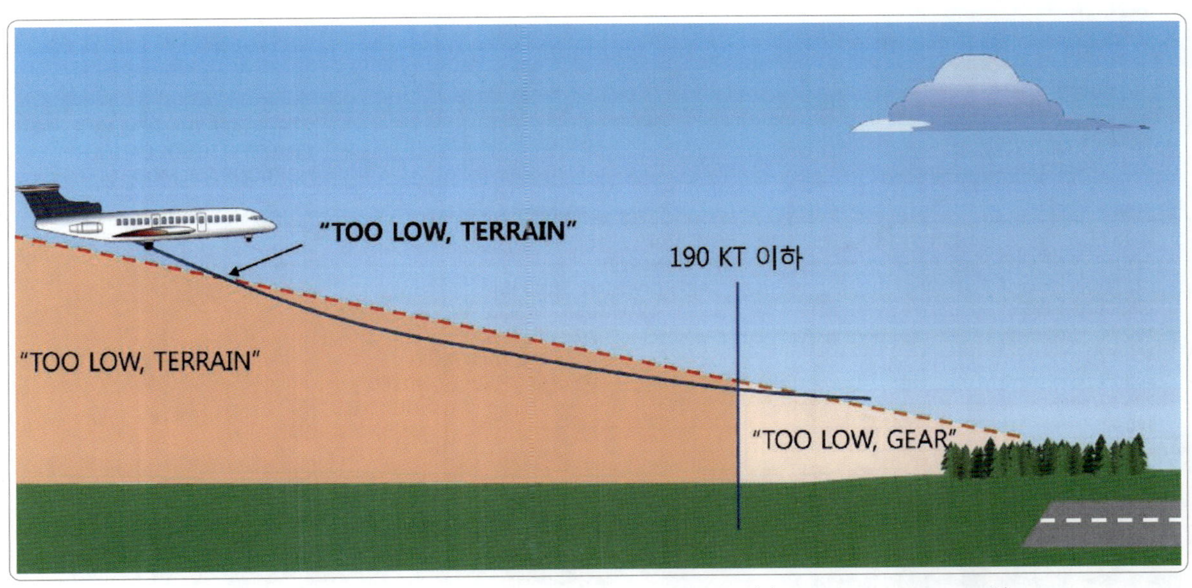


[그림 4-164] 지상접근경고장치 모드 4 경고 (Mode 4 Warning(2)-When aircraft approch)

⑤ Mode 5: 착륙 경로 중 아래로 벗어난 편이 과도(excessive glide slope deviation)

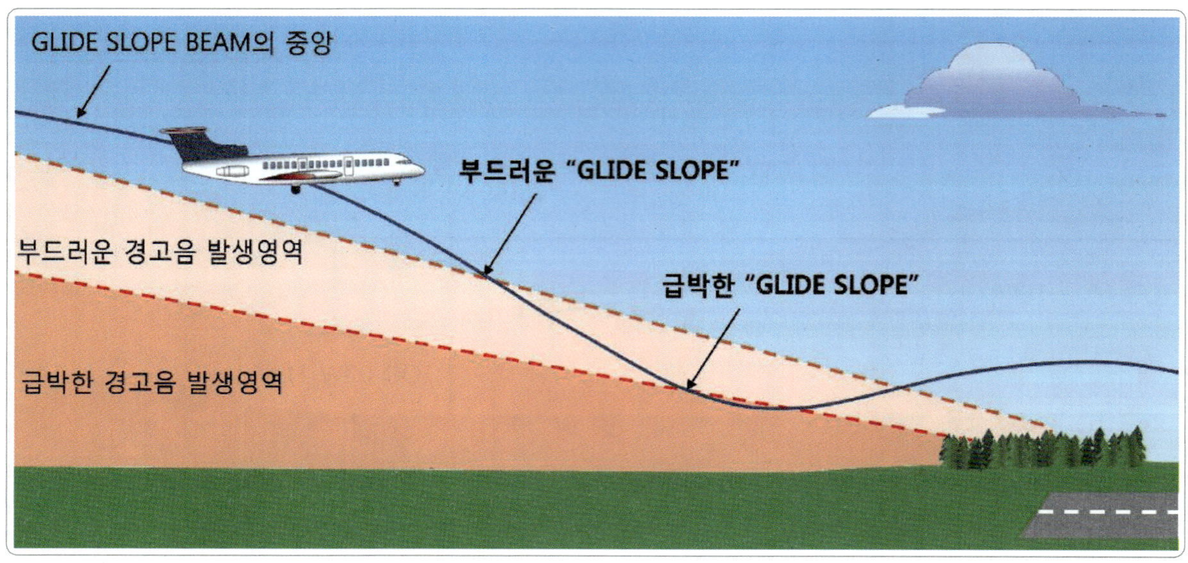


[그림 4-165] 지상접근경고장치 모드 5 경고 (Mode 5 Warning)

⑥ Mode 6: 전파 고도의 음성 기능(advisory callouts) 및 경사각(bank angle) 경고

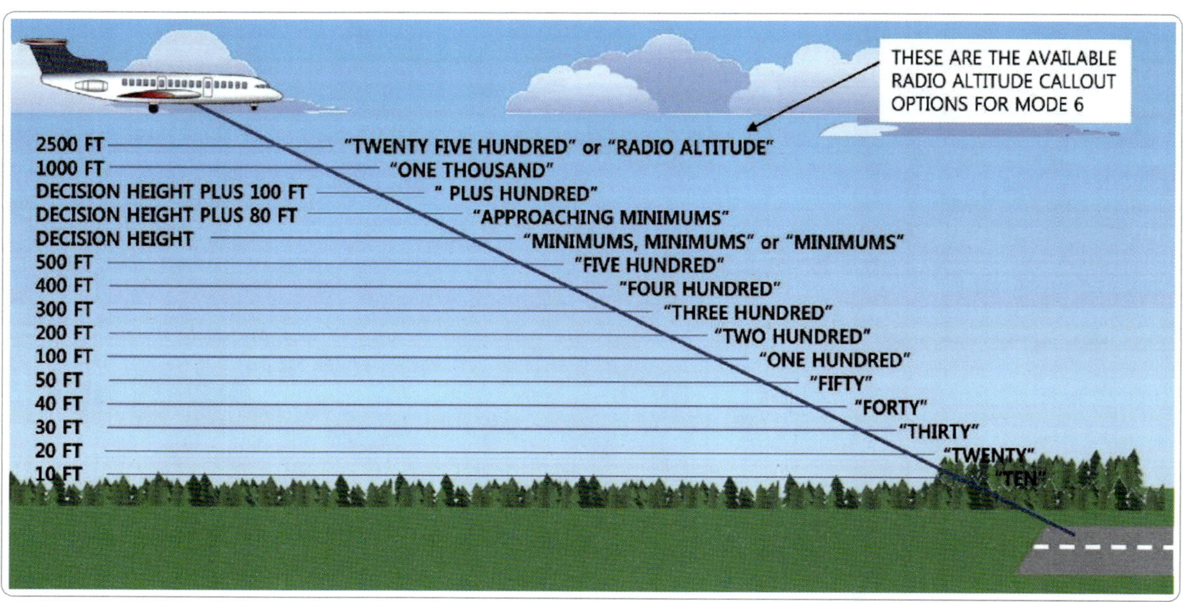


[그림 4-166] 지상접근경고장치 모드 6 경고 (Mode 6 Warning(1)-Advisory Call outs)

[그림 4-167] 지상접근경고장치 모드 6 경고 (Mode 6 Warning(2)-Bank Angle)

⑦ Mode 7: 전단풍 검출 기능(windshear alerting)

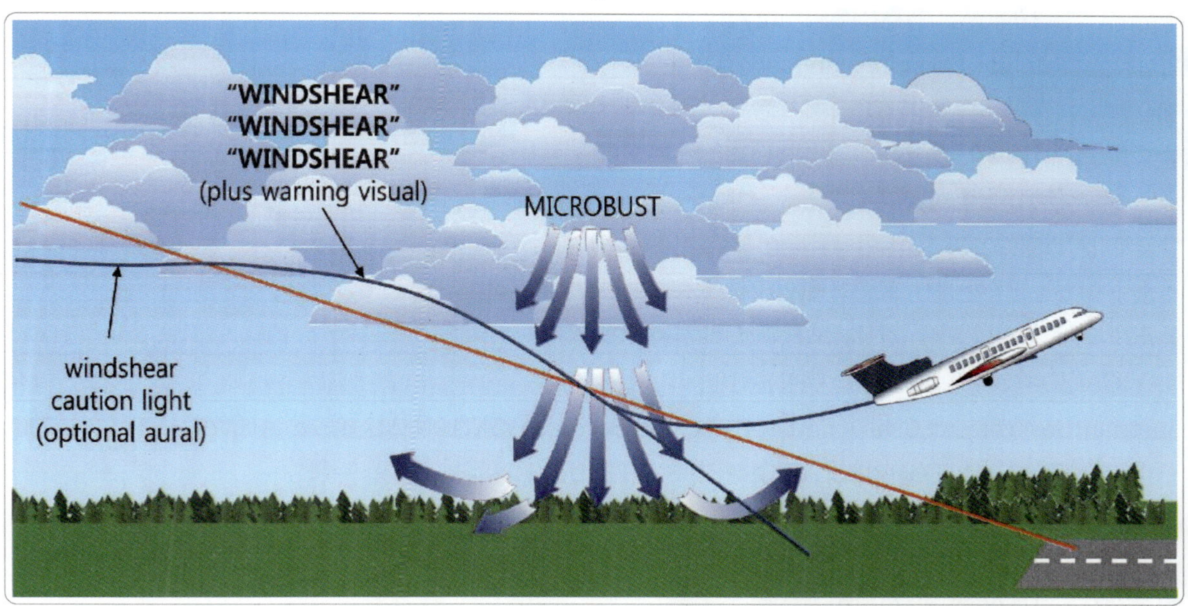


[그림 4-168] 지상접근경고장치 모드 7 경고 (Mode 7 Warning-Windshear Alerting)

# 인용 및 참고문헌


Aviation Maintenance Technician Handbook, 2018.

U.S. Department of Transportation FAA.

Digital Modulation in Communications System And Introduction, 1997 Hewlett-Packard Company Introduction to Digital Modulation Schemes, Geoff Smithson 06 August 2002 IET London UK.

Basic Concept of Modulation, 2002 Charan Langton.

Understanding Modern Digital Techniques, 2012 Louis E. Frenzel, Electronic Design Aeronautical Radio Communication Systems and Networks-Dale Stacey 2008 John Wiley & Sons Ltd, The Atrium, Southern Gate, Chichester.

Using Global Positioning System (GPS), 2001 Richard C. Daniels and Robert H. HuxfordWashington Department of Ecology Shorelands & Environmental Assistance Program Fundamentals of Satellite Communications Part 1, Howara Hausman MITEQ, Inc. Hauppauge, NY11788 May 29, 2008.

GPS: Theory of Operation and Applications- Christopher R. Carlson, March 18, 2004 DynamicDesign LaboratoryAviation Australia Student Handbook, 2004.

Aviation AustraliaQantas CAA Communication Systems Radio basic Course.

Qantas TECHNICAL TRAINING July 1993

위성통신 (Satellite Communications)-김교일.

항공정비사 자격 및 훈련관련 국제기준-국토교통부 항공정책실.

항공전자장치(1999). 「교육부」. 대한 교과서 주식회사.

국토교통부(2015). 「항공정비사 표준교재 항공기 전자전기계기」. 「성진문화」.

항공계기시스템(2019). 「성안당 」. 이상종 지음.

조종사 & 항공교통관제사 표준교재(2017), 국토교통부, 성진문화.

항공기 전자 장치(2014), 경상남도교육청, 도서출판 드림북.

NAVIGATION(2018), 대한항공 운항훈련원.

Austrian Government Civil Aviation Safety Authority, AVIATION AUSTRALIA 147 PART 66 BASIC. LICENCING CATEGORIES AIRCRAFT SYSTEM, 2009.

BOEING, B737 AMM PART 1, 2019.

BOEING, B777 AMM PART 1, 2019.

FAA, FAA-H-8083-31(2012), AMT-Airframe.

FAA, FAA-H-8083-18(2011), Flight Navigator handbook.

AUSTRALIA AVIATION, B1-11. f-Aeroplane Systems-Instruments.

Mike Tooley and David Wyatt. 〈Aircraft Electrical and Electronic Systems-Principles, operation and maintenance〉. Elsevier, 2009, pp 59~80.

James W. Wasson. 〈EASA Module 05 B2 Digital Techniques〉. Aircraft Technical Biik Co, 2015.

Thomas L. Floyd. (옮긴이) 이응혁, 박병훈, 한영환, 최진구. 〈최신 디지털 공학. 제10판〉. ITC, 2009.

Aviation Australia.

FAA General.

FAA Airframe I.

Qantas.

항공정비사 표준교재, 항공기전자전기계기.

◆ **집필위원**

조승래(前 에어부산 정비본부장)　　이창학(대한항공)　　채성병(아시아나항공)
윤희석(경북전문대 교수)　　이명원(정석항공고 교사)　　유희준(극동대학교 교수)

◆ **연구 및 감수위원**

이성용(한국교통안전공단)　　김정호(항공안전기술원)　　권병국(세한대학교)
이병모(한국항공우주기술교육원)

◆ **기획 및 관리**

**국토교통부**
김영국(항공안전정책관)　　김상수(항공안전정책과장)　　강경범(항공안전정책과)
홍덕곤(항공기술과)　　김은진(항공안전정책과)　　홍범표(항공안전정책과)

**항공안전기술원**
정은영(본부장)　　이영대(책임연구원)　　이미르(행정)

**극동대학교**
조한진(산학협력단장)　　유희준(항공정비학과 교수)　　이학재(항공정비학과 교수)
박수영(항공정비학과 교수)　　정근우(행정)

# 항공기 전자전기계기 | 심화편

2021.　2.　17.　1판 1쇄 발행
**2025.　8.　20.　1판 3쇄 발행**

지은이 ｜ 국토교통부
펴낸이 ｜ 이종춘
펴낸곳 ｜ BM ㈜도서출판 **성안당**
주소 ｜ 04032 서울시 마포구 양화로 127 첨단빌딩 3층(출판기획 R&D 센터)
　　　 10881 경기도 파주시 문발로 112 파주 출판 문화도시(제작 및 물류)
전화 ｜ 02) 3142-0036
　　　 031) 950-6300
팩스 ｜ 031) 955-0510
등록 ｜ 1973. 2. 1. 제406-2005-000046호
출판사 홈페이지 ｜ www.cyber.co.kr
ISBN ｜ 978-89-315-3915-8 (93550)
정가 ｜ 28,000원

※ 잘못 만들어진 책은 바꾸어 드립니다.